U. Kirchgraber/E. Stiefel

Methoden der analytischen Störungsrechnung und ihre Anwendungen

Leitfäden der angewandten Mathematik und Mechanik

herausgegeben von
Prof. Dr. Dr. h.c. H. Görtler, Freiburg

Band 44

B. G. Teubner Stuttgart

Methoden der analytischen Störungsrechnung und ihre Anwendungen

Von Dr. sc. math. Urs Kirchgraber
Eidg. Technische Hochschule Zürich

und Dr. math. Eduard Stiefel
o. Professor an der Eidg. Technischen Hochschule Zürich

Mit 39 Figuren und zahlreichen Beispielen

B. G. Teubner Stuttgart 1978

Dr. sc. math. Urs Kirchgraber

Geboren 1945 in Zürich. Von 1964 bis 1969 Studium der Mathematik und Physik, 1972 Promotion an der ETH Zürich. Von 1969 bis 1975 Assistent am Seminar für Angewandte Mathematik der ETH. Seit 1975 Oberassistent und Lehrbeauftragter am Mathematik-Seminar der ETH. 1977/78 Gastaufenthalt an der Universität Würzburg.

Prof. Dr. math. Eduard Stiefel

1909 geboren in Zürich. 1928 bis 1932 Studium der Mathematik an der Eidgenössischen Technischen Hochschule Zürich, 1932 bis 1933 Studium in Hamburg und Göttingen. 1935 Promotion, 1936 bis 1942 wissenschaftlicher Assistent, 1942 Privatdozent, 1943 ord. Professor, 1948 Direktor des Instituts für Angewandte Mathematik an der ETH Zürich. 1956 Präsident der Schweizerischen Mathematischen Gesellschaft. 1966 bis 1970 Präsident des Schweizerischen Komitees für Raumforschung. 1968 Professeur agrée de l'Université Libre de Bruxelles. 1970 bis 1974 Präsident der Gesellschaft für Angewandte Mathematik und Mechanik. Mitglied der Deutschen und Norwegischen Akademie der Wissenschaften. 1971 Dr. h.c. Universität Louvain, 1974 Dr. h.c. Universität Würzburg, 1975 Dr. h.c. Technische Universität Braunschweig.

CIP-Kurztitelaufnahme der Deutschen Bibliothek

Kirchgraber, Urs:
Methoden der analytischen Storungsrechnung
und ihre Anwendungen/von Urs Kirchgraber u.
Eduard Stiefel.—1. Aufl.—Stuttgart: Teubner,
1978.
(Leitfaden der angewandten Mathematik und
Mechanik; Bd. 44)

ISBN 978-3-322-92148-2 ISBN 978-3-322-92147-5 (eBook)
DOI 1007/978-3-322-92147-5

NE Stiefel, Eduard:

Softcover reprint of the hardcover 1st edition 1978

Satz: Universities Press Ltd., Belfast

Vorwort

Dieses Buch (es ist aus Vorlesungen und Vorträgen entstanden, die die Verfasser an der ETH, Zürich, an der Universität Texas in Austin und anderswo gehalten haben) möchte eine Einführung in die Mittelwertmethode bei gewöhnlichen Differentialgleichungssystemen geben, die auch neueren Entwicklungen Rechnung trägt. Diese Methode hat sich in Theorie und Anwendung als so fruchtbar erwiesen, daß es gerechtfertigt erscheint, ihr auch ein Buch in der LAMM-Reihe zu widmen. Es gliedert sich wie folgt: Formale Untersuchungen (erstes und drittes Kapitel), Anwendungen (zweites Kapitel), mathematische Begründung der Methode (viertes Kapitel).

Das Buch besitzt folgende Merkmale, auf die hingewiesen sei: (i) Wir entwickeln die Mittelwertmethode konsequent auf der Grundlage der Lieschen Reihen und befassen uns ausführlich mit den Implikationen dieses Grundkonzepts. (ii) Wir versuchen, anwendungsnahe Beispiele vorzuführen, insbesondere werden auch höherdimensionale Probleme behandelt. Wann immer möglich leiten wir die zu Grunde liegenden Differentialgleichungen her oder interpretieren sie zumindest. (iii) Obwohl wir uns mit diesem Buch an anwendungsorientierte Mathematiker, Ingenieure und Naturwissenschaftler richten, haben wir es für richtig gehalten, im theoretischen Teil des Buches auch tiefliegende Resultate herzuleiten. Wir haben uns jedoch um einfache und durchsichtige Beweise bemüht, die wir ausführlich darlegen. Auch in den theoretischen Teilen wird immer wieder die Brücke zu den Anwendungen geschlagen.

An Vorkenntnissen setzt das Buch die üblichen Vorlesungen über Analysis und Lineare Algebra voraus, wie sie in den ersten vier Semestern an Hochschulen geboten werden.

Die Verfasser haben die Freude, sich bei verschiedenen Persönlichkeiten zu bedanken, die in der einen oder anderen Weise zum Zustandekommen dieses Buches beigetragen haben und zwar bei:

Herrn H. Rüssmann, Mainz, für einen neuen Beweis des Twist-Theorems, der in dieses Buch Eingang gefunden hat; Herrn H. W. Knobloch, Würzburg, für Anregungen zu den Fehlerabschätzungssätzen und Diskussionen über die Theorie der Integralmannigfaltigkeiten; Herrn J. Henrard, Namur, für Gespräche über die formalen und mathematischen Aspekte der Störungstheorie; Herrn N. Sigrist, Zürich, für seine Untersuchungen zur kanonischen Störungstheorie und zu den Anwendungen des Twist-Theorems, die uns beeinflußt haben; Herrn M. Vitins, Zürich, für seine Beiträge zur Kreisel- und Satellitentheorie, die verwendet wurden und endlich bei Herrn F. Spirig, Zürich, für seine Arbeiten über algebraische Aspekte der Störungstheorie, die wir benutzt haben.

Die folgenden Herren haben Teile des Manuskripts überprüft und Druckfahnen gelesen: F. Spirig, K. Flöscher, W. Hein, K. Nipp.

Ein Wort des Dankes gebührt unserer Sekretärin, Frau C. Blum, die die Reinschrift dieses typographisch anspruchsvollen Buches mit Einfühlung und speditiv besorgt hat.

Schließlich danken wir dem Verlag für seine Geduld und die gute Zusammenarbeit.

Zürich, im Sommer 1978 U. Kirchgraber E. Stiefel

Inhalt

Einführung

Gegenstand dieses Buches sind Systeme von gewöhnlichen Differentialgleichungen (fortan DGl.-Systeme genannt), wie sie z.B. in der Technik und Physik, aber auch in der Biologie und Chemie oft vorkommen. Während die Frage nach der Existenz von Lösungen bei Anfangswertproblemen für gewöhnliche Differentialgleichungen vollkommen geklärt ist und zur approximativen Berechnung einzelner Lösungen wirksame numerische Methoden zur Verfügung stehen, erfordert die *Beschreibung des qualitativen Verhaltens der Gesamtheit der Lösungen* in jedem Fall gesonderte Untersuchungen. Die vollständige Diskussion der geometrischen Eigenschaften eines Systems ist ein hochgestecktes Ziel, das am ehesten noch für Probleme des folgenden Typs erreicht werden kann: Betrachten wir ein DGl.-System

$$\dot{\boldsymbol{x}} = \boldsymbol{f}(\boldsymbol{x}) \tag{1}$$

(Hierbei ist $\boldsymbol{x} = (x_1, \ldots, x_n)^T$ eine 1-kolonnige Matrix (welche wir aus Platzgründen als transponierte Zeile schreiben), $\boldsymbol{f}(\boldsymbol{x}) = (f_1(\boldsymbol{x}), f_2(\boldsymbol{x}), \ldots, f_n(\boldsymbol{x}))^T$ eine auf einem Gebiet $G \subset \mathbf{R}^n$ definierte Funktion mit Werten in $\mathbf{R}^n$, von der wir voraussetzen, daß sie bezüglich $\boldsymbol{x}$ mindestens stetig differenzierbar ist; unter einer Lösung von (1) verstehen wir eine auf einem offenen Intervall $I \subset \mathbf{R}$ definierte Funktion $\boldsymbol{x}(t)$ mit Werten in $\mathbf{R}^n$, die bezüglich t stetig differenzierbar ist und für die $\dot{\boldsymbol{x}}(t) = \mathrm{d}\boldsymbol{x}(t)/\mathrm{d}t = \boldsymbol{f}(\boldsymbol{x}(t))$, $t \in I$, gilt). Nehmen wir an, für $\boldsymbol{f}(\boldsymbol{x})$ gelte eine Aufspaltung der Form:

$$\boldsymbol{f}(\boldsymbol{x}) = \boldsymbol{g}(\boldsymbol{x}) + \boldsymbol{h}(\boldsymbol{x}), \tag{2}$$

wobei $|\boldsymbol{h}(\boldsymbol{x})|$ "klein" sei im Vergleich zu $|\boldsymbol{g}(\boldsymbol{x})|$ ($| \; |$ bezeichnet eine Norm im $\mathbf{R}^n$), und überdies könne das Verhalten des Systems

$$\dot{\boldsymbol{y}} = \boldsymbol{g}(\boldsymbol{y}) \tag{3}$$

ermittelt werden; ferner sei garantiert, daß die Lösungen von (1) und diejenigen von (3) für alle Zeiten "wenig" voneinander abweichen. Dann ist das Ziel erreicht.

Die Mittelwertmethode, der dieses Buch gewidmet ist, kann als Algorithmus verstanden werden, der für gestörte schwingende Systeme eine Aufspaltung der Form (2) liefert.

Bevor wir die Grundidee der Mittelwertmethode skizzieren, zeigen wir anhand einiger Beispiele ihren Anwendungsbereich.

Beispiel 1 Betrachten wir das in Fig. 1 gezeigte Modell eines Fundaments, das durch die Asymmetrien eines auf dem Fundament gelagerten, gleichförmig drehenden Motors zum Schwingen angeregt wird. Die Auslenkung x gehorcht

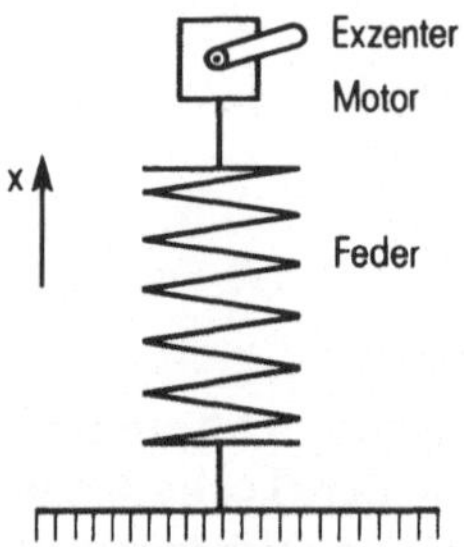

Fig. 1

folgender DGl.:

$$\ddot{x} = -(x + Bx^3) - 2D\dot{x} + A \cos \omega t.$$

Hierbei bedeutet die unabhängige Variable t die Zeit, $-(x + Bx^3)$ beschreibt die nicht-lineare Rückstellkraft der Feder, $-2D\dot{x}$ die Reibung, $A \cos \omega t$ die durch den Exzenter bewirkte Anregung des Systems. Es soll vorausgesetzt werden, daß die Nichtlinearität, die Dämpfung und die Anregung klein sind. Um das auszudrücken, führen wir einen Störungsparameter ε ein, indem wir

$$B = \varepsilon b, \qquad D = \varepsilon d, \qquad A = \varepsilon a$$

setzen. Dann lautet die DGl.:

$$\ddot{x} + x = \varepsilon[-2d\dot{x} - bx^3 + a \cos \omega t] \stackrel{\text{Def}}{=} \varepsilon f(\omega t, x, \dot{x}) \tag{4}$$

Im Spezialfall $\varepsilon = 0$ ist (4) die DGl. des harmonischen Oszillators

$$\ddot{x} + x = 0 \tag{5}$$

Seine Lösungen

$$x(t) = a \cos \phi, \qquad \dot{x}(t) = -a \sin \phi, \qquad \phi = t + \vartheta \tag{6}$$

(a, ϑ bezeichnen Integrationskonstanten) sind alle periodisch mit Periode 2π. Den zu ε proportionalen Term in (4) bezeichnen wir als Störung, die DGl. (5) nennen wir das zu (4) gehörige ungestörte Problem. Man könnte an dieser Stelle vermuten, daß eine Aufspaltung im Sinne von (2), (3) möglich ist, einfach indem man $\varepsilon = 0$ setzt, so daß das approximierende System (3) das ungestörte Problem (5) wäre. Es ist jedoch nicht wahr, daß die Systeme (4) und (5) für alle Zeiten dasselbe Verhalten zeigen. Beispielsweise besitzt die Gl. (4) unter geeigneten Voraussetzungen einzelne isolierte periodische Lösungen; im Gegensatz dazu sind, wie wir schon festgestellt haben, sämtliche Lösungen von (5) periodisch. Für ein endliches Zeitintervall allerdings unterscheiden sich die Systeme (4) und (5) wenig, wie der folgende Satz über die stetige Abhängigkeit der Lösung eines DGl.-Systems von der rechten Seite zeigt. Seien $x(t)$ bzw. $y(t)$ Lösungen von (4) bzw. (5) mit: $x(0) = y(0)$, $\dot{x}(0) = \dot{y}(0)$. Dann gibt es zu jedem $T > 0$ Zahlen $\varepsilon_0 > 0, k > 0$, so daß für $t \in [0, T], \varepsilon \in [0, \varepsilon_0]$ gilt: $|x(t) - y(t)| \leq k\varepsilon$.

Bevor wir zum nächsten Beispiel übergehen, wollen wir zeigen, daß das DGl.-System (4) durch Transformation der abhängigen Variablen auf eine für gestörte schwingende Systeme typische Form gebracht werden kann.

Ausgehend von den Lösungsformeln (6) für das ungestörte Problem (5) definieren wir (im Sinne der Methode der Variation der Konstanten) für eine Lösung $x(t), \dot{x}(t)$ des gestörten Problems (4), Funktionen $\phi(t)$, $a(t)$ implizit, durch

$$x(t) = a(t)\cos\phi(t) \qquad \dot{x}(t) = -a(t)\sin\phi(t) \tag{7}$$

und suchen die DGl., denen $\phi(t)$ $a(t)$, gehorchen müssen. Aus (7) und (4) folgt

$$\begin{aligned} \dot{a}\cos\phi - a\sin\phi\dot{\phi} &= -a\sin\phi \\ -\dot{a}\sin\phi - a\cos\phi\dot{\phi} &= -a\cos\phi + \varepsilon f(\omega t, a\cos\phi, -a\sin\phi) \end{aligned}$$

Auflösen nach $\dot{\phi}$, $\dot{a}$ ergibt das gewünschte DGl.-System

$$\begin{cases} \dot{\phi} = 1 - \varepsilon \dfrac{1}{a} f(\omega t, a\cos\phi, -a\sin\phi)\cos\phi \\ \dot{a} = \quad -\varepsilon \quad f(\omega t, a\cos\phi, -a\sin\phi)\sin\phi \end{cases} \tag{8}$$

(8) kann als Beispiel für den folgenden Typ von DGl.-Systemen interpretiert werden:

$$\begin{cases} \dot{\boldsymbol{\phi}} = \boldsymbol{\omega} + \varepsilon \boldsymbol{R}(\boldsymbol{\phi}, \boldsymbol{a}) \\ \dot{\boldsymbol{a}} = \qquad \varepsilon \boldsymbol{T}(\boldsymbol{\phi}, \boldsymbol{a}) \end{cases} \tag{9}$$

Die Komponenten $\phi_i (1 \leq i \leq r)$ von $\boldsymbol{\phi}$ bezeichnet man als Winkel-, die Komponenten $a_i (1 \leq i \leq t)$ von $\boldsymbol{a}$ als Amplituden- oder Wirkungsvariable[1] In der Himmelsmechanik ist die Bezeichnung Elemente gebräuchlich. Die Funktionen $\boldsymbol{R}$, $\boldsymbol{T}$ sind auf einem Gebiet der Form $\mathbf{R}^r \times G$, $G \subset \mathbf{R}^t$ definiert mit Werten in $\mathbf{R}^r$ bzw. $\mathbf{R}^t$, hinreichend regulär, und sie sind 2π-periodisch in jeder Komponente von $\boldsymbol{\phi}$.

Das System (9) ist Ausgangspunkt für alle weiteren Untersuchungen. □

Beispiel 2 Himmelsmechanische und astronomische Probleme führen oft auf gestörte Schwingungsprobleme. Betrachten wir das sog. Erdwulstproblem, d.h. die Bewegung eines masselosen Satelliten S im Schwerefeld eines ruhenden Zentralkörpers der Masse M (Fig. 2). Die Bewegungsgleichungen lauten bekanntlich[2]

$$\ddot{\boldsymbol{x}} = -\frac{\partial V(\boldsymbol{x})}{\partial \boldsymbol{x}} \tag{10}$$

Hierbei bezeichnet $\boldsymbol{x}$ den Ortsvektor von S, $V(\boldsymbol{x})$ ist das Potential des Zentralkörpers, r die euklidische Länge $|\boldsymbol{x}|$ von $\boldsymbol{x}$, ϑ der Polarwinkel. V ist außerhalb des Zentralkörpers bekanntlich Lösung der Laplace-Gleichung $\Delta V = 0$. Nehmen wir an, der Zentralkörper sei zur x_3-Achse symmetrisch, dann ist V

[1] t bedeutet also einerseits die unabhängige Variable, andererseits die Dimension von $\boldsymbol{a}$. Der Leser wird sich dadurch nicht verwirren lassen!

[2] $\partial V/\partial \boldsymbol{x}$ bezeichnet den Gradienten der Funktion $V(\boldsymbol{x})$.

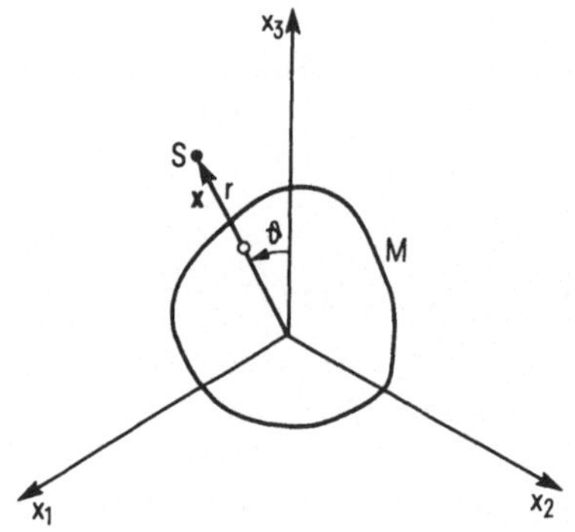

Fig. 2

nur eine Funktion von r, ϑ und kann durch

$$V = \sum_{n=0}^{\infty} C_n \frac{P_n(\cos\vartheta)}{r^{n+1}} \tag{11}$$

mit: P_n Legendre Polynome:

$$P_0(x) = 1, \quad P_1(x) = x, \quad P_2(x) = -\tfrac{1}{2} + \tfrac{3}{2}x^2, \ldots$$

dargestellt werden. Die C_n hängen von der Gestalt des Zentralkörpers ab. Ist speziell die Erde der Zentralkörper, so ist dieser (annähernd) symmetrisch zur x_1, x_2-Ebene und es gilt dann $C_{2n+1} = 0$ für $n = 0, 1, 2, \ldots$ Ferner:

$$C_0 = -k^2, \qquad C_2 = k^2 R^2 J_2$$

Hierin ist k^2 das Produkt aus Gravitationskonstante und Erdmasse, R der Äquatorradius, J_2 eine dimensionslose Konstante: $J_2 = 1{,}08265 \cdot 10^{-3}$. Begnügen wir uns in der Summe (11) mit den ersten drei Termen, dann lautet (10):

$$\ddot{\boldsymbol{x}} = -\frac{k^2}{r^3}\boldsymbol{x} + \frac{J_2}{2} k^2 R^2 \frac{\partial}{\partial \boldsymbol{x}} \left(\frac{1}{r^3} - 3\frac{x_3^2}{r^5} \right) \tag{12}$$

In dieser Gleichung kann der zweite Term auf der rechten Seite, wegen der Kleinheit von J_2 im Vergleich zu 1, als Störung aufgefasst werden, und es ist natürlich, $J_2/2 = \varepsilon$ als Störungsparameter einzuführen. Im Spezialfall $J_2 = 0$ stellt (12) das sog. Kepler-Problem dar. Seine Lösung ist wohlbekannt: Für negative Energie $h = -k^2/r + \frac{1}{2}|\dot{\boldsymbol{x}}|^2$ sind alle Lösungen periodisch mit Periode $T = 2\pi[k^2/\sqrt{(-2h)^3}]$ und die Bahnkurven sind Ellipsen. □

Beispiel 3 Denken wir uns, $\boldsymbol{p}$ sei Gleichgewichtslage eines DGl.-Systems

$$\dot{\boldsymbol{x}} = \boldsymbol{f}(\boldsymbol{x}) \tag{13}$$

d.h. es gelte $\boldsymbol{f}(\boldsymbol{p}) = \boldsymbol{0}$. Um das System (13) in einer Umgebung von $\boldsymbol{p}$ zu studieren, untersucht man, wegen[1] $(\boldsymbol{x}-\boldsymbol{p})^{\cdot} = f(\boldsymbol{p}+(\boldsymbol{x}-\boldsymbol{p})) = B(\boldsymbol{x}-\boldsymbol{p}) + 0(|\boldsymbol{x}-\boldsymbol{p}|^2)$, $B = \partial f/\partial \boldsymbol{x}(\boldsymbol{p})$, zuerst das lineare System

$$(\boldsymbol{x}-\boldsymbol{p})^{\cdot} = B(\boldsymbol{x}-\boldsymbol{p}) \tag{14}$$

Nun weiß man aus der Stabilitätstheorie, daß sich die DGl.-Systeme (13) und (14) in einer (eventuell sehr kleinen) Umgebung von $\boldsymbol{p}$ qualitativ gleich verhalten, falls alle Eigenwerte von B von Null verschiedene Realteile haben. Diese Aussage ist jedoch falsch, falls B auch rein imaginäre Eigenwerte hat. Glücklicherweise kann (13), unter dieser Voraussetzung, aber auch im Fall nahe bei der imaginären Achse gelegener Eigenwerte, in einer geeigneten Umgebung von $\boldsymbol{p}$, als gestörtes Schwingungsproblem betrachtet und mit der Mittelwertmethode behandelt werden. Die Anwendungen sind zahlreich, nicht nur bei physikalisch-technischen Problemen, sondern, wie sich erst neuerdings herausstellt, auch in biologischen und chemischen Systemen (z.B. bei Jäger-Beute-Modellen bzw. in der Reaktionskinetik) □

Es soll nun die Grundidee der Mittelwertmethode dargestellt werden. Wir betrachten ein System des Typs (9):

$$\begin{cases} \dot{\boldsymbol{\phi}} = \boldsymbol{\omega} + \varepsilon \boldsymbol{R}(\boldsymbol{\phi}, \boldsymbol{a}) \\ \dot{\boldsymbol{a}} = \qquad \varepsilon \boldsymbol{T}(\boldsymbol{\phi}, \boldsymbol{a}) \end{cases} \tag{15}$$

Da $\boldsymbol{R}$ und $\boldsymbol{T}$ nach Voraussetzung in den Komponenten von $\boldsymbol{\phi}$ 2π-periodische Funktionen sind, können wir ihre Fourierreihen einführen:

$$\boldsymbol{R}(\boldsymbol{\phi}, \boldsymbol{a}) = \bar{\boldsymbol{R}}(\boldsymbol{a}) + \sum{}' e^{i(\boldsymbol{n},\boldsymbol{\phi})} \boldsymbol{R}_{\boldsymbol{n}}(\boldsymbol{a}); \qquad \boldsymbol{T}(\boldsymbol{\phi}, \boldsymbol{a}) = \bar{\boldsymbol{T}}(\boldsymbol{a}) + \sum{}' e^{i(\boldsymbol{n},\boldsymbol{\phi})} \boldsymbol{T}_{\boldsymbol{n}}(\boldsymbol{a}) \tag{16}$$

Die Summation durchläuft alle Vektoren $\boldsymbol{n}$ aus $\mathbf{Z}^r$ (r bezeichnet die Dimension von $\boldsymbol{\phi}$) mit Ausnahme von $\boldsymbol{n} = \boldsymbol{0}$ (was durch den Akzent an der Summe angedeutet ist). i bezeichnet die imaginäre Einheit, $(\boldsymbol{n}, \boldsymbol{\phi}) = n_1\phi_1 + n_2\phi_2 + \cdots + n_r\phi_r$. Die Fourierkoeffizienten $\boldsymbol{R}_{\boldsymbol{n}}$ werden bekanntlich gemäß der Formel

$$\begin{aligned} \boldsymbol{R}_{\boldsymbol{n}}(\boldsymbol{a}) &= \frac{1}{(2\pi)^r} \int_0^{2\pi} \cdots \int_0^{2\pi} \boldsymbol{R}(\boldsymbol{\phi}, \boldsymbol{a}) e^{-i(\boldsymbol{n},\boldsymbol{\phi})} d\phi_1 \cdots d\phi_r, \\ \bar{\boldsymbol{R}}(\boldsymbol{a}) &= \frac{1}{(2\pi)^r} \int_0^{2\pi} \cdots \int_0^{2\pi} \boldsymbol{R}(\boldsymbol{\phi}, \boldsymbol{a}) \, d\phi_1 \cdots d\phi_r \end{aligned} \tag{17}$$

berechnet. Im folgenden machen wir die in der Praxis meist erfüllte Annahme, daß nur endlich viele der Fourierkoeffizienten $\boldsymbol{R}_{\boldsymbol{n}}$, $\boldsymbol{T}_{\boldsymbol{n}}$ von Null verschieden sind.

Die Mittelwertmethode beruht auf der Beobachtung, daß nicht alle Terme in den Entwicklungen für $\boldsymbol{R}$ und $\boldsymbol{T}$ für das Verhalten des Systems (15) dieselbe

[1] $\partial f/\partial \boldsymbol{x}$ bezeichnet die aus den partiellen Ableitungen $\partial f_i/\partial x_j$ gebildete Matrix.

Bedeutung haben. Tatsächlich besteht das Mittelwertprinzip darin, alle diejenigen Terme in $\boldsymbol{R}$, $\boldsymbol{T}$ wegzulassen, die von $\boldsymbol{\phi}$ abhängen, oder anders ausgedrückt: man ersetzt in (15) die Funktionen $\boldsymbol{R}$, $\boldsymbol{T}$ duch ihre Mittelwerte $\bar{\boldsymbol{R}}$, $\bar{\boldsymbol{T}}$, bezüglich $\boldsymbol{\phi}$

$$\begin{cases}\dot{\boldsymbol{\phi}} = \boldsymbol{\omega} + \varepsilon \bar{\boldsymbol{R}}(\boldsymbol{a}) \\ \dot{\boldsymbol{a}} = \qquad \varepsilon \bar{\boldsymbol{T}}(\boldsymbol{a})\end{cases} \tag{18}$$

Nicht selten ist das System (18), man nennt es aus naheliegenden Gründen das gemittelte System, in den Anwendungen so einfach, daß es mittels elementaren Funktionen gelöst, oder wenigstens qualitativ diskutiert werden kann. Beim Übergang von (15) zu (18) werden gewisse Terme der Größenordnung ε weggelassen, andere derselben Größenordnung bleiben stehen. Es ist deshalb nicht unmittelbar einzusehen, daß das gemittelte System (18) eine adäquate Approximation für das ursprüngliche System (15) ist. Den Schlüssel zum Verständnis liefert das Instrument der fast-identischen Transformation. Betrachten wir ein System der Form:

$$\dot{\boldsymbol{x}} = \boldsymbol{f}^0(\boldsymbol{x}) + \varepsilon \boldsymbol{f}^1(\boldsymbol{x}) \tag{19}$$

Zu einer Lösung $\boldsymbol{x}(t)$ von (19) definieren wir eine Funktion $\bar{\boldsymbol{x}}(t)$ durch

$$\boldsymbol{x}(t) = \bar{\boldsymbol{x}}(t) + \varepsilon \boldsymbol{u}(\bar{\boldsymbol{x}}(t)), \tag{20}$$

wobei $\boldsymbol{u}(\boldsymbol{x})$ vorläufig als vorgegebene Funktion zu betrachten ist. Wir nennen (20) eine fast-identische Transformation, da für $\varepsilon = 0$ die Identität $\boldsymbol{x}(t) = \bar{\boldsymbol{x}}(t)$ folgt. Bestimmen wir die DGl., der $\bar{\boldsymbol{x}}(t)$ genügen muß: Aus (19), (20) folgt

$$\dot{\boldsymbol{x}} = \left[E + \varepsilon \frac{\partial \boldsymbol{u}}{\partial \boldsymbol{x}}(\bar{\boldsymbol{x}})\right] \dot{\bar{\boldsymbol{x}}} = \boldsymbol{f}^0(\bar{\boldsymbol{x}} + \varepsilon \boldsymbol{u}(\bar{\boldsymbol{x}})) + \varepsilon \boldsymbol{f}^1(\bar{\boldsymbol{x}} + \varepsilon \boldsymbol{u}(\bar{\boldsymbol{x}})), \tag{21}$$

wobei E die $n \times n$-Einheitsmatrix bezeichnet. Mit den Taylorentwicklungen

$$\left(E + \varepsilon \frac{\partial \boldsymbol{u}}{\partial \boldsymbol{x}}\right)^{-1} = E - \varepsilon \frac{\partial \boldsymbol{u}}{\partial \boldsymbol{x}} + 0(\varepsilon^2)$$

$$\boldsymbol{f}^0(\bar{\boldsymbol{x}} + \varepsilon \boldsymbol{u}(\bar{\boldsymbol{x}})) = \boldsymbol{f}^0(\bar{\boldsymbol{x}}) + \varepsilon \frac{\partial \boldsymbol{f}^0}{\partial \boldsymbol{x}}(\bar{\boldsymbol{x}}) \boldsymbol{u}(\bar{\boldsymbol{x}}) + 0(\varepsilon^2),$$

$$\varepsilon \boldsymbol{f}^1(\bar{\boldsymbol{x}} + \varepsilon \boldsymbol{u}(\bar{\boldsymbol{x}})) = \varepsilon \boldsymbol{f}^1(\bar{\boldsymbol{x}}) + 0(\varepsilon^2)$$

(mit $0(\varepsilon^2)$ bezeichnen wir Restterme der Form $\varepsilon^2 \boldsymbol{\rho}(\boldsymbol{x}, \varepsilon)$, wobei die Funktion $\boldsymbol{\rho}(\boldsymbol{x}, \varepsilon)$ von den Funktionen $\boldsymbol{f}^0$, $\boldsymbol{f}^1$, $\boldsymbol{u}$, ihren Ableitungen und von ε abhängt) findet man:

$$\dot{\bar{\boldsymbol{x}}} = \boldsymbol{f}^0(\bar{\boldsymbol{x}}) + \varepsilon \left[\frac{\partial \boldsymbol{f}^0}{\partial \boldsymbol{x}}(\bar{\boldsymbol{x}}) \boldsymbol{u}(\bar{\boldsymbol{x}}) - \frac{\partial \boldsymbol{u}}{\partial \boldsymbol{x}}(\bar{\boldsymbol{x}}) \boldsymbol{f}^0(\bar{\boldsymbol{x}}) + \boldsymbol{f}^1(\bar{\boldsymbol{x}})\right] + 0(\varepsilon^2) \tag{22}$$

Wir wenden Formel (22) auf das System (15) an; mit

$$\boldsymbol{x} = \begin{pmatrix}\boldsymbol{\phi} \\ \boldsymbol{a}\end{pmatrix}, \quad \bar{\boldsymbol{x}} = \begin{pmatrix}\bar{\boldsymbol{\phi}} \\ \bar{\boldsymbol{a}}\end{pmatrix}, \quad \boldsymbol{f}^0 = \begin{pmatrix}\boldsymbol{\omega} \\ \boldsymbol{0}\end{pmatrix}, \quad \boldsymbol{f}^1 = \begin{pmatrix}\boldsymbol{R} \\ \boldsymbol{T}\end{pmatrix}, \quad \boldsymbol{u} = \begin{pmatrix}\boldsymbol{r}(\bar{\boldsymbol{\phi}}, \bar{\boldsymbol{a}}) \\ \boldsymbol{t}(\bar{\boldsymbol{\phi}}, \bar{\boldsymbol{a}})\end{pmatrix}$$

erhält man:

$$\begin{cases} \dot{\bar{\boldsymbol{\phi}}} = \boldsymbol{\omega} + \varepsilon\left[-\dfrac{\partial \boldsymbol{r}}{\partial \bar{\boldsymbol{\phi}}}\boldsymbol{\omega} + \boldsymbol{R}(\bar{\boldsymbol{\phi}}, \bar{\boldsymbol{a}})\right] + \varepsilon^2 \boldsymbol{\rho}_\phi(\bar{\boldsymbol{\phi}}, \bar{\boldsymbol{a}}, \varepsilon) \\ \dot{\bar{\boldsymbol{a}}} = \quad \varepsilon\left[-\dfrac{\partial \boldsymbol{t}}{\partial \bar{\boldsymbol{\phi}}}\boldsymbol{\omega} + \boldsymbol{T}(\bar{\boldsymbol{\phi}}, \bar{\boldsymbol{a}})\right] + \varepsilon^2 \boldsymbol{\rho}_a(\bar{\boldsymbol{\phi}}, \bar{\boldsymbol{a}}, \varepsilon) \end{cases} \tag{23}$$

$\boldsymbol{\rho}_\phi$, $\boldsymbol{\rho}_a$ bezeichnen wiederum Restterme, die von $\boldsymbol{R}$, $\boldsymbol{T}$, $\boldsymbol{r}$, $\boldsymbol{t}$, deren Ableitungen und von ε abhängen.

Nach dieser Vorbereitung kommen wir zum Kern der Untersuchung. Es stellt sich die Aufgabe, (23) durch ein möglichst einfaches System zu approximieren. Es ist naheliegend das approximierende System durch Weglassen der Restterme in (23) zu bilden:

$$\begin{cases} \dot{\bar{\boldsymbol{\phi}}} = \boldsymbol{\omega} + \varepsilon\left[-\dfrac{\partial \boldsymbol{r}}{\partial \bar{\boldsymbol{\phi}}}\boldsymbol{\omega} + \boldsymbol{R}(\bar{\boldsymbol{\phi}}, \bar{\boldsymbol{a}})\right] \\ \dot{\bar{\boldsymbol{a}}} = \quad \varepsilon\left[-\dfrac{\partial \boldsymbol{t}}{\partial \bar{\boldsymbol{\phi}}}\boldsymbol{\omega} + \boldsymbol{T}(\bar{\boldsymbol{\phi}}, \bar{\boldsymbol{a}})\right] \end{cases} \tag{24}$$

Freilich wird (24) das System (23) höchstens dann approximieren, wenn die Funktionen $\boldsymbol{\rho}_\phi(\bar{\boldsymbol{\phi}}, \bar{\boldsymbol{a}}, \varepsilon)$, $\boldsymbol{\rho}_a(\bar{\boldsymbol{\phi}}, \bar{\boldsymbol{a}}, \varepsilon)$ auf $\mathbf{R}^r \times G \times (0, \varepsilon_0)$, $\varepsilon_0 > 0$ beschränkt sind. Um diese Bedingung zu erfüllen, verlangen wir, daß die Funktionen $\boldsymbol{r}(\bar{\boldsymbol{\phi}}, \bar{\boldsymbol{a}})$, $\boldsymbol{t}(\bar{\boldsymbol{\phi}}, \bar{\boldsymbol{a}})$ und ihre Ableitungen auf $\mathbf{R}^r \times G$ beschränkt sind.

Abgesehen von dieser Einschränkung sind die Funktionen $\boldsymbol{r}$, $\boldsymbol{t}$ frei wählbar. Sie sollen so bestimmt werden, daß das System (24) möglichst einfach ist. Am liebsten möchte man die eckigen Klammern in (24) zum Verschwinden bringen. Es zeigt sich jedoch, daß dies, falls die Mittelwerte $\bar{\boldsymbol{R}}$, $\bar{\boldsymbol{T}}$ von $\boldsymbol{R}$, $\boldsymbol{T}$ nicht verschwinden, nur durch in $\bar{\boldsymbol{\phi}}$ unbeschränkte Funktionen $\boldsymbol{r}$, $\boldsymbol{t}$ gelingt. Hingegen können durch folgende Wahl von $\boldsymbol{r}$, $\boldsymbol{t}$ alle von $\bar{\boldsymbol{\phi}}$ abhängigen Terme in (24) ohne Widerspruch zur Beschränktheitsforderung, eliminiert werden:

$$\boldsymbol{r} = -\sum{}' \frac{\mathrm{i}e^{\mathrm{i}(\boldsymbol{n}, \boldsymbol{\phi})}}{(\boldsymbol{n}, \boldsymbol{\omega})} \boldsymbol{R}_{\boldsymbol{n}}(\boldsymbol{a}) \qquad \boldsymbol{t} = -\sum{}' \frac{\mathrm{i}e^{\mathrm{i}(\boldsymbol{n}, \boldsymbol{\phi})}}{(\boldsymbol{n}, \boldsymbol{\omega})} \boldsymbol{T}_{\boldsymbol{n}}(\boldsymbol{a}) \tag{25}$$

(Wir setzen voraus, daß alle vorkommenden Nenner $(\boldsymbol{n}, \boldsymbol{\omega})$ nicht verschwinden). Mit (25) lautet (24)

$$\begin{cases} \dot{\bar{\boldsymbol{\phi}}} = \boldsymbol{\omega} + \varepsilon \bar{\boldsymbol{R}}(\bar{\boldsymbol{a}}) \\ \dot{\bar{\boldsymbol{a}}} = \quad \varepsilon \bar{\boldsymbol{T}}(\bar{\boldsymbol{a}}) \end{cases} \tag{26}$$

Die Probleme (26) und (18) sind identisch. Damit ist gezeigt, daß das Mittelwertprinzip auf das Weglassen von Termen höherer Ordnung hinausläuft. Ob allerdings die Systeme (26) und (23) sich geometrisch gleich verhalten, ob also eine Aufspaltung im früher dargelegten Sinne vorliegt, muß noch abgeklärt werden.

Betrachten wir als einfaches **Beispiel** die folgende Gleichung:

$$\ddot{x} + x = \varepsilon[\alpha_{10}x + \alpha_{01}\dot{x} + \beta_{20}x^2 + \beta_{11}x\dot{x} + \beta_{02}\dot{x}^2 + \gamma_{30}x^3 + \gamma_{21}x^2\dot{x} + \gamma_{12}x\dot{x}^2 + \gamma_{03}\dot{x}^3]$$

dabei sind die α_{ij}, β_{ij}, γ_{ij} beliebig vorgegebene Koeffizienten. Für $\alpha_{01}<0$, $\alpha_{10}=\beta_{ij}=\gamma_{ij}=0$ stellt diese Gleichung einen linearen, leicht gedämpften Oszillator dar; für $\alpha_{01}=1$, $\gamma_{21}=-1$, $\alpha_{10}=\beta_{ij}=\gamma_{30}=\gamma_{12}=\gamma_{03}=0$ erhalten wir die sog. van der Polsche Gleichung. Wenden wir die Elementtransformation (7) an, erhalten wir das folgende System:

$$\begin{cases} \dot{\phi}=1-\dfrac{\varepsilon}{a}[\alpha_{10}a\cos^2\phi-\alpha_{01}a\sin\phi\cos\phi+\beta_{20}a^2\cos^3\phi \\ \qquad -\beta_{11}a^2\cos^2\phi\sin\phi+\beta_{02}a^2\sin^2\phi\cos\phi+\gamma_{30}a^3\cos^4\phi \\ \qquad -\gamma_{21}a^3\cos^3\phi\sin\phi+\gamma_{12}a^3\cos^2\phi\sin^2\phi-\gamma_{03}a^3\sin^3\phi\cos\phi] \\ \dot{a}= \quad -\varepsilon[\alpha_{10}a\cos\phi\sin\phi-\alpha_{01}a\sin^2\phi+\beta_{20}a^2\sin\phi\cos^2\phi \\ \qquad -\beta_{11}a^2\cos\phi\sin^2\phi+\beta_{02}a^2\sin^3\phi+\gamma_{30}a^3\cos^3\phi\sin\phi \\ \qquad -\gamma_{21}a^3\cos^2\phi\sin^2\phi+\gamma_{12}a^3\cos\phi\sin^3\phi-\gamma_{03}a^3\sin^4\phi] \end{cases}$$

Die Anwendung des Mittelwertprinzips ergibt das folgende gemittelte System:

$$\begin{cases} \dot{\phi}=1-\varepsilon[A+Ba^2] & A=\dfrac{\alpha_{10}}{2}, \quad B=\tfrac{3}{8}\gamma_{30}+\tfrac{1}{8}\gamma_{12} \\ \dot{a}= \quad \varepsilon[E+Fa^2]a & E=\dfrac{\alpha_{01}}{2}, \quad F=\tfrac{3}{8}\gamma_{03}+\tfrac{1}{8}\gamma_{21} \end{cases}$$

Die Untersuchung dieses Systems ist sehr einfach, da die beiden Gleichungen entkoppelt sind. Wir betrachten zuerst die zweite Gleichung, ϕ ergibt sich dann durch Quadratur. Je nach den Vorzeichen von E und F ergeben sich, abgesehen von den Ausnahmefällen $E=0$ oder $F=0$ vier verschiedene Situationen, die in Fig. 3 a bis d dargestellt sind

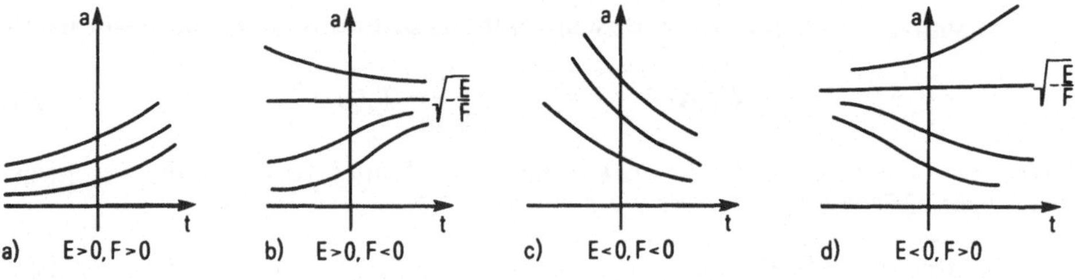

Fig. 3

Betrachtet man nicht nur $a(t)$, sondern auch $\phi(t)$ und stellt $\phi(t)$, $a(t)$ einer x_1, x_2-Ebene dar, ϕ, a als Polarkoordinaten auffassend, erhält man die Bilder in Fig. 4 a bis d. □

Es folgt eine Übersicht über den Inhalt des Buches.

Die ersten drei Paragraphen (Kapitel I) sind der Herleitung der Mittelwertmethode gewidmet. Im Mittelpunkt steht der Begriff der fast-identischen Transformationsgruppe d.h., es wird eine von einem reellen Parameter μ

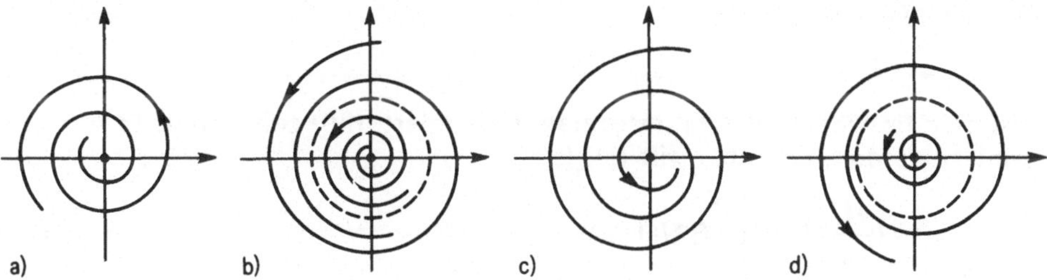

Fig. 4

abhängige Schar von fast-identischen Transformationen $\boldsymbol{U}(\mu, \bar{\boldsymbol{x}}, \varepsilon)$ betrachtet, die bezüglich μ eine additive Gruppe bilden:

$$\boldsymbol{U}(\mu_1, \boldsymbol{U}(\mu_2, \bar{\boldsymbol{x}}, \varepsilon), \varepsilon) = \boldsymbol{U}(\mu_1 + \mu_2, \bar{\boldsymbol{x}}, \varepsilon) \tag{27}$$

Es zeigt sich nämlich, daß sich der Zusammenhang zwischen einem DGl.-System und dem daraus durch fast-identische Transformation gewonnenen System dann besonders elegant beschreiben läßt, wenn die fast-identische Transformation Element einer solchen Gruppe ist: Zunächst definieren wir

$$\boldsymbol{u}(\boldsymbol{x}, \varepsilon) = \left.\frac{\mathrm{d}\boldsymbol{U}(\mu, \boldsymbol{x}, \varepsilon)}{\mathrm{d}\mu}\right|_{\mu=0}$$

und bemerken, daß $\boldsymbol{U}(\mu, \bar{\boldsymbol{x}}, \varepsilon)$ Lösung des folgenden Anfangswertproblems ist:

$$\frac{\mathrm{d}\boldsymbol{U}}{\mathrm{d}\mu} = \boldsymbol{u}(\boldsymbol{U}, \varepsilon), \qquad \boldsymbol{U}(0, \bar{\boldsymbol{x}}, \varepsilon) = \bar{\boldsymbol{x}} \tag{28}$$

(Dies folgt sofort aus (27), indem man nach μ_1 differenziert und dann $\mu_1 = 0$, $\mu_2 = \mu$ setzt). Damit $\boldsymbol{U}(\mu, \bar{\boldsymbol{x}}, \varepsilon)$ für jedes μ eine fast-identische Transformation ist, d.h. damit $\boldsymbol{U}(\mu, \bar{\boldsymbol{x}}, 0) = \bar{\boldsymbol{x}}$ gilt, muß offenbar

$$\boldsymbol{u}(\boldsymbol{x}, 0) = \boldsymbol{0} \tag{29}$$

sein $\boldsymbol{u}(\boldsymbol{x}, \varepsilon)$ heißt infinitesimale Erzeugende der Transformationsgruppe. Umgekehrt: Jede Funktion $\boldsymbol{u}(\boldsymbol{x}, \varepsilon)$ mit der Eigenschaft (29) definiert durch (28) eine einparametrige fast-identische Transformationsgruppe[1)].

Es sei nun ein DGl.-System[2)]

$$\dot{\boldsymbol{x}} = \boldsymbol{f}(\boldsymbol{x}) \tag{30}$$

sowie eine Transformationsgruppe $\boldsymbol{U}(\mu, \boldsymbol{x})$ mit infinitesimaler Erzeugender

---

[1)] Es soll hier die Frage nach der Existenz der Lösung von (28) auf **R** sowie ihre Regularitätseigenschaften ausgeklammert werden.

[2)] Zur Vereinfachung der Schreibweise unterdrücken wir im folgenden die Abhängigkeit vom Störparameter.

$\boldsymbol{u}(\boldsymbol{x})$ vorgegeben. Durch

$$\boldsymbol{x} = \boldsymbol{U}(1, \bar{\boldsymbol{x}}) \tag{31}$$

wird eine fast-identische Transformation definiert. (30) soll mittels (31) transformiert werden. Offenbar gilt (cf. (21))

$$\dot{\bar{\boldsymbol{x}}} = \left[\frac{\partial \boldsymbol{U}}{\partial \bar{\boldsymbol{x}}}(1, \bar{\boldsymbol{x}})\right]^{-1} \boldsymbol{f}(\boldsymbol{U}(1, \bar{\boldsymbol{x}})) \tag{32}$$

Betrachten wir für eine beliebige Funktion $\boldsymbol{f}(\boldsymbol{x})$ den Ausdruck $\boldsymbol{f}(\boldsymbol{U}(\mu, \boldsymbol{x}))$. Mit (28) folgt:

$$\frac{\mathrm{d}}{\mathrm{d}\mu}[\boldsymbol{f}(\boldsymbol{x})|_{\boldsymbol{x}=\boldsymbol{U}(\mu,\bar{\boldsymbol{x}})}] = \left[\frac{\partial \boldsymbol{f}}{\partial \boldsymbol{x}}(\boldsymbol{x})\boldsymbol{u}(\boldsymbol{x})\right]\Big|_{\boldsymbol{x}=\boldsymbol{U}(\mu,\bar{\boldsymbol{x}})} \overset{\mathrm{Def}}{=} \boldsymbol{f}\circ\boldsymbol{u} \qquad \boldsymbol{x}\to\boldsymbol{U}(\mu, \bar{\boldsymbol{x}}) \tag{33}$$

Dabei haben wir das "Dot-Produkt" $\circ$ zwischen zwei Funktionen $\boldsymbol{f}(\boldsymbol{x})$, $\boldsymbol{u}(\boldsymbol{x})$ eingeführt:

$$\boldsymbol{f}\circ\boldsymbol{u} = \frac{\partial \boldsymbol{f}}{\partial \boldsymbol{x}}(\boldsymbol{x})\boldsymbol{u}(\boldsymbol{x})$$

(Man beachte, daß das Zeichen $\circ$ hier also nicht, wie häufig in mathematischen Texten, die Bedeutung der Zusammensetzung zweier Abbildungen hat), sowie die "Pfeilnotation", welche besagt, daß die Variable $\boldsymbol{x}$ in der linksstehenden Formel durch den Ausdruck $\boldsymbol{U}(\mu, \bar{\boldsymbol{x}})$ zu ersetzen ist.

Das Dot-Produkt ist weder kommutativ noch assoziativ, jedoch distributiv. Um das Auftreten von vielen Klammern bei mehrfachen Produkten zu vermeiden, verabreden wir folgende rekursiv zu verstehende Konvention: $\boldsymbol{f}_1\circ\boldsymbol{f}_2\circ\cdots\circ\boldsymbol{f}_n = (\boldsymbol{f}_1\circ\boldsymbol{f}_2\circ\cdots\boldsymbol{f}_{n-1})\circ\boldsymbol{f}_n$, d.h., ein mehrfaches Dot-Produkt ohne Klammern hat man sich automatisch "nach links geklammert" zu denken. Neben dem Dot-Produkt benützen wir den "Kommutator" zwischen zwei Funktionen $\boldsymbol{f}(\boldsymbol{x})$, $\boldsymbol{u}(\boldsymbol{x})$:

$$\boldsymbol{f}\times\boldsymbol{u} = \boldsymbol{f}\circ\boldsymbol{u} - \boldsymbol{u}\circ\boldsymbol{f}$$

Diese Bildung ist antisymmetrisch, nicht assoziativ (wir benutzen deshalb hinsichtlich mehrfacher Produkte dieselbe Klammernkonvention wie beim Dot-Produkt), aber distributiv.

Doch nun zurück zu Formel (33). Wiederholte Anwendung ergibt:

$$\frac{\mathrm{d}^n}{\mathrm{d}\mu^n}[\boldsymbol{f}(\boldsymbol{x})\,|_{\boldsymbol{x}=\boldsymbol{U}(\mu,\bar{\boldsymbol{x}})}] = \boldsymbol{f}\circ\underbrace{\boldsymbol{u}\circ\cdots\circ\boldsymbol{u}}_{n\text{-Faktoren}} \qquad \boldsymbol{x}\to\boldsymbol{U}(\mu, \bar{\boldsymbol{x}})$$

Somit erhalten wir für $\boldsymbol{f}(\boldsymbol{U}(\mu, \boldsymbol{x}))$ folgende Taylorentwicklung nach μ

$$\boldsymbol{f}(\boldsymbol{U}(\mu, \boldsymbol{x})) = \boldsymbol{f} + \frac{\mu}{1!}\boldsymbol{f}\circ\boldsymbol{u} + \frac{\mu^2}{2!}\boldsymbol{f}\circ\boldsymbol{u}\circ\boldsymbol{u} + \cdots \tag{34}$$

von der wir erwarten können, daß sie für genügend kleine Werte von ε konvergiert, da ja $\boldsymbol{u}$ (cf. (29)) für $\varepsilon = 0$ verschwindet. Speziell ergibt sich aus

(34) mit $\boldsymbol{f}(\boldsymbol{x})=\boldsymbol{x}$ die folgende Darstellung von $\boldsymbol{U}(\pm 1, \boldsymbol{x})$

$$\boldsymbol{U}(\pm 1, \boldsymbol{x})=\boldsymbol{x}\pm\frac{1}{1!}\boldsymbol{u}+\frac{1}{2!}\boldsymbol{u}\circ\boldsymbol{u}\pm\cdots \tag{35}$$

Die Reihe (35) nennt man eine Lie-Reihe. Um zu der gewünschten Darstellung der rechten Seite von (32) zu kommen, bemerken wir, daß aus (27) die Gleichung $\boldsymbol{U}(-1, \boldsymbol{U}(1, \bar{\boldsymbol{x}}))=\bar{\boldsymbol{x}}$ folgt, also durch Differentiation:

$$\left[\frac{\partial \boldsymbol{U}(1, \bar{\boldsymbol{x}})}{\partial \bar{\boldsymbol{x}}}\right]^{-1}=\frac{\partial \boldsymbol{U}(-1, \boldsymbol{U}(1, \bar{\boldsymbol{x}}))}{\partial \boldsymbol{x}}$$

Unter Verwendung von (35) und (34) folgt daraus für die rechte Seite von (32)

$$\left[\boldsymbol{f}-\frac{1}{1!}\boldsymbol{u}\circ\boldsymbol{f}+\frac{1}{2!}\boldsymbol{u}\circ\boldsymbol{u}\circ\boldsymbol{f}-\cdots\right]\Bigg|_{\boldsymbol{x}=\boldsymbol{U}(1,\bar{\boldsymbol{x}})}=$$

$$\left[\boldsymbol{f}+\frac{1}{1!}\boldsymbol{f}\circ\boldsymbol{u}+\frac{1}{2!}\boldsymbol{f}\circ\boldsymbol{u}\circ\boldsymbol{u}+\cdots\right]-\frac{1}{1!}\left[\boldsymbol{u}\circ\boldsymbol{f}+\frac{1}{1!}\boldsymbol{u}\circ\boldsymbol{f}\circ\boldsymbol{u}+\cdots\right]$$

$$+\frac{1}{2!}[\boldsymbol{u}\circ\boldsymbol{u}\circ\boldsymbol{f}+\cdots]+\cdots=\boldsymbol{f}+\frac{1}{1!}\boldsymbol{f}\times\boldsymbol{u}+\frac{1}{2!}\boldsymbol{f}\times\boldsymbol{u}\times\boldsymbol{u}+\cdots \qquad \boldsymbol{x}\to\bar{\boldsymbol{x}}$$

(dabei haben wir die leicht zu verifizierende Formel $\boldsymbol{f}\circ(\boldsymbol{g}\times\boldsymbol{h})=\boldsymbol{f}\circ\boldsymbol{g}\circ\boldsymbol{h}-\boldsymbol{f}\circ\boldsymbol{h}\circ\boldsymbol{g}$ benützt). Das mit (31) transformierte System (30) lautet also

$$\dot{\bar{\boldsymbol{x}}}=\boldsymbol{f}+\frac{1}{1!}\boldsymbol{f}\times\boldsymbol{u}+\frac{1}{2!}\boldsymbol{f}\times\boldsymbol{u}\times\boldsymbol{u}+\cdots \qquad \boldsymbol{x}\to\bar{\boldsymbol{x}} \tag{36}$$

Aus der übersichtlichen Struktur dieser von G. Hori entdeckten Formel werden wir in diesem Buch mehrfach Gewinn ziehen.

In den drei Paragraphen des zweiten Kapitels werden Anwendungen behandelt. Zuerst entwickeln wir die Grundlagen der Kreiseltheorie unter Verwendung von Quaternionen und untersuchen schnelle Kreisel. §5 ist dem in Beispiel 2 eingeführten Erdwulstproblem gewidmet. Im letzten Paragraphen des Kapitels beschäftigen wir uns mit der Abzweigung periodischer Lösungen aus einer Gleichgewichtslage (cf. Beispiel 3).

Im dritten Kapitel studieren wir die formalen Eigenschaften der auf Lie-Reihen gegründeten Störungstheorie. In §7 benutzen wir den übersichtlichen Aufbau der rechten Seite von (36) um Einsicht in die Struktur des Systems (36) unter verschiedenen Voraussetzungen über $\boldsymbol{f}$ zu gewinnen. Im darauf folgenden Paragraphen beschäftigen wir uns mit dem Spezialfall Hamiltonscher DGl.-Systeme. §9 ist dem Problem der geometrischen Singularitäten gewidmet: Die Mittelwertmethode verlangt, wie wir schon bemerkt haben, die Einführung von Wirkungs- und Winkelvariablen, welche ein gegebenes Problem jedoch nur lokal beschreiben. Dadurch werden für die Anwendung interessante Lösungen des Problems nicht erfaßt, die jedoch, wie wir in §9 zeigen, durch eine Art Kompaktifizierung i.allg. wieder zugefügt werden können. Im letzten Paragraphen des Kapitels studieren wir die Zusammensetzung zweier durch Lie-Reihen erzeugter fast-identischer Transformationen.

Das letzte Kapitel ist dem Zusammenhang zwischen einem Problem und seiner durch die Mittelwertmethode ermittelten Approximation gewidmet. Wir haben schon am Anfang dieser Einführung darauf hingewiesen, daß die Existenz- und Eindeutigkeitsfrage bei gewöhnlichen DGl.-Systemen gelöst ist. Unter den dort genannten Bedingungen gilt nämlich der **globale Existenzsatz:** *Zu* $\boldsymbol{x}^0 \in G$ *gibt es eine auf einem Intervall* $I = (m_1, m_2)$, $m_1 < 0$, $m_2 > 0$, *definierte Lösung* $\boldsymbol{x}(t)$ *von* (1) *mit* $\boldsymbol{x}(0) = \boldsymbol{x}^0$ *und den folgenden Eigenschaften*: (i) *Jede andere Lösung* $\tilde{\boldsymbol{x}}(t)$ *mit* $\tilde{\boldsymbol{x}}(0) = \boldsymbol{x}^0$ *ist höchstens auf I definiert und im gemeinsamen Definitionsbereich stimmen* $\boldsymbol{x}(t)$ *und* $\tilde{\boldsymbol{x}}(t)$ *überein.* (ii) *Falls* $m_2 < \infty (m_1 > -\infty)$ *verläßt* $\boldsymbol{x}(t)$ *für* $t \to m_2 (t \to m_1)$ *jede kompakte in G gelegene,* $\boldsymbol{x}^0$ *enthaltende Menge F.*

Auf der Grundlage dieses Satzes studieren wir die geometrischen Eigenschaften gestörter schwingender Systeme. Der erste der drei Paragraphen dieses Kapitels ist einer strengen Begründung der auf Lie-Reihen beruhenden Transformationstheorie und Fehlerabschätzungen gewidmet. Zitieren wir ein einfaches Resultat: *Sei* $\boldsymbol{\phi}(t)$, $\boldsymbol{a}(t)$ *Lösung von* (15), *bzw.* $\bar{\boldsymbol{\phi}}(t)$, $\bar{\boldsymbol{a}}(t)$ *Lösung des gemittelten Systems* (18), *mit* $\boldsymbol{\phi}(0) = \bar{\boldsymbol{\phi}}(0)$, $\boldsymbol{a}(0) = \bar{\boldsymbol{a}}(0)$. *Dann gilt für alle genügend kleinen* ε

$$|\boldsymbol{\phi}(t) - \bar{\boldsymbol{\phi}}(t)| \leqslant k\varepsilon, \qquad |\boldsymbol{a}(t) - \bar{\boldsymbol{a}}(t)| \leqslant k\varepsilon \quad \text{für} \quad t \in \left[0, \frac{L}{\varepsilon}\right] \tag{37}$$

Dabei sind L, k von ε unabhängige Konstanten. Charakteristisch an dieser Abschätzung ist, daß mit $\varepsilon \to 0$ der Fehler gegen Null strebt, obwohl das t-Intervall, auf dem die Fehlerschranke gilt, anwächst.

In §12 beginnen wir mit der Entwicklung einer Theorie über die Existenz invarianter Mannigfaltigkeiten. Eine Mannigfaltigkeit (Fläche) heißt invariant bezüglich eines DGl.-Systems, falls jede Lösung, die zu einem Zeitpunkt einen Punkt mit der Mannigfaltigkeit gemeinsam hat, ganz in ihr liegt. Im Zusammenhang mit schwingenden Systemen sind Gleichgewichtspunkte, geschlossene Bahnen, Tori die wichtigsten invarianten Mannigfaltigkeiten. In §12 beweisen wir das folgende Hauptresultat: *Falls die Gleichung* $\dot{\boldsymbol{a}} = \varepsilon \bar{\boldsymbol{T}}(\boldsymbol{a})$ (cf. (18)) *eine in der linearen Approximation asymptotisch stabile Gleichgewichslage hat, besitzt das ursprüngliche Problem einen stabilen, attraktiven invarianten Torus.*

Es sei darauf hingewiesen, daß es, durch Verknüpfung dieses lokalen Satzes mit einer Fehlerabschätzung, oft gelingt, ein gestörtes schwingendes System nicht-lokal zu beschreiben.

Im letzten Paragraphen des Buches geht es um invariante Tori bei Hamiltonschen Systemen. Für solche Systeme ist die Grundvoraussetzung des §12 nie erfüllt, und es muß deshalb eine neue Theorie entwickelt werden. Als Hauptresultat beweisen wir (uns auf eine Arbeit von H. Rüssmann stützend) das Twist-Theorem von J. Moser und untersuchen damit die Stabilität periodischer Lösungen von nichtautonomen zweidimensionalen Hamiltonschen Systemen.

Hinweise für den Leser

Die vier Kapitel sind in 13 Paragraphen gegliedert, die durchgehend numeriert werden. Die Kenntnis der drei ersten Paragraphen ist notwendig für das Verständnis der übrigen 10 Paragraphen, die ihrerseits fast unabhängig voneinander gelesen werden können. Im Verlaufe eines Paragraphen werden die Formeln durchnumeriert. Formelzitate innerhalb eines Paragraphen erfolgen durch Angabe der Formelnummer. Verweisen wir jedoch auf eine Formel aus einem anderen Paragraphen, dann schicken wir die Nummer des Paragraphen der Formelnummer voraus: (2, 19) bezeichnet die Formel (19) in §2. Hinweise auf verwendete oder verwandte Publikationen geben wir ausschließlich im Abschnitt "Kommentare und Literaturhinweise", der jeweils ein Kapitel abschließt. Das Literaturverzeichnis ist bezüglich des Anfangsbuchstabens der Autoren, nicht jedoch innerhalb eines Anfangsbuchstabens, alphabetisch geordnet.

Kapitel I

Im ersten Kapitel dieses Buches beschreiben wir die Mittelwertmethode auf der Grundlage von Lie-Reihen.

In §1 führen wir den Begriff des gestörten schwingenden Systems ein, d.h. diejenige Klasse von DGl.-Systemen, der dieses Buch gewidmet ist.

Im folgenden Paragraphen besprechen wir das Transformieren von DGl.-Systemen mittels Lie-Reihen.

Der abschließende dritte Paragraph befaßt sich mit der Anwendung der in §2 entwickelten Technik auf gestörte schwingende Systeme.

1 Transformation von Differentialgleichungssystemen, Elemente

1.1 Autonome Systeme

In der Einführung haben wir DGl.-Systeme betrachtet, deren rechte Seite von der unabhängigen Variablen abhängt. Solche Systeme nennt man nicht-autonom. Im Gegensatz dazu nennt man ein System

$$\dot{\boldsymbol{x}} = \boldsymbol{f}(\boldsymbol{x}) \tag{1}$$

autonom. Da sämtliche Betrachtungen, die wir im folgenden anstellen werden, etwas einfacher sind im autonomen Fall, beschränken wir uns auf diesen. Daß dies keine Einschränkung der Allgemeinheit unserer Theorie bedeutet, sieht man wie folgt: Es sei das nicht-autonome, n-dimensionale DGl.-System

$$\dot{\boldsymbol{x}} = \boldsymbol{f}(\boldsymbol{x}, t) \tag{2}$$

mit der Anfangsbedingung $\boldsymbol{x}(t^0) = \boldsymbol{x}^0$ gegeben. Betrachten wir daneben das autonome $(n+1)$-dimensionale System

$$\begin{cases} \dot{\boldsymbol{x}} = \boldsymbol{f}(\boldsymbol{x}, x_{n+1}) \\ \dot{x}_{n+1} = 1 \end{cases} \tag{3}$$

mit der Anfangsbedingung $\boldsymbol{x}(t^0) = \boldsymbol{x}^0$, $x_{n+1}(t^0) = t^0$, so folgt: Ist $\boldsymbol{x}(t)$, $x_{n+1}(t)$ die Lösung von (3), so ist $\boldsymbol{x}(t)$ die Lösung von (2), denn es gilt $x_{n+1}(t) = t$. *Jedes nicht-autonome System kann also durch ein autonomes ersetzt werden.*

1.2 Das Transformieren von DGl.-Systemen

Die Einführung zeigt deutlich, daß das Transformieren von DGl.-Systemen eines der Hauptinstrumente für die Konstruktion analytischer Näherungslösungen ist. Wir benutzten dort einerseits die Transformation auf Elemente und andererseits fast-identische Transformationen.

Wir wollen den Transformationsgedanken in etwas allgemeinerer Form darstellen. Es sei $\boldsymbol{U}(\mathbf{y})$ eine n-dimensionale Vektorfunktion des m-dimensionalen Vektors $\mathbf{y}$. Unter der Jacobi-Matrix J von $\boldsymbol{U}$ verstehen wir die Matrix der partiellen Ableitungen:

$$J(\mathbf{y}) = \frac{\partial \boldsymbol{U}}{\partial \mathbf{y}} = \begin{pmatrix} \frac{\partial U_1}{\partial y_1} & \dots & \frac{\partial U_1}{\partial y_m} \\ \cdot & & \cdot \\ \cdot & & \cdot \\ \cdot & & \cdot \\ \frac{\partial U_n}{\partial y_1} & \dots & \frac{\partial U_n}{\partial y_m} \end{pmatrix} \tag{4}$$

Definition *Die Vektorfunktion* $\boldsymbol{U}(\mathbf{y})$ *heißt Transformation bezüglich des Systems* (1) *falls es eine* m*-dimensionale Vektorfunktion* $\mathbf{g}(\mathbf{y})$ *gibt, so daß gilt:*

$$J(\mathbf{y})\mathbf{g}(\mathbf{y}) = \boldsymbol{f}(\boldsymbol{U}(\mathbf{y}))^{1)} \tag{5}$$

Die Bedeutung dieser Definition ergibt sich aus dem folgenden Lemma

Lemma 1 *Es sei* $\mathbf{y}(t)$ *eine Lösung des DGl.-Systems*

$$\dot{\mathbf{y}} = \mathbf{g}(\mathbf{y}) \tag{6}$$

wobei $\mathbf{g}(\mathbf{y})$ *Gl.* (5) *erfülle. Dann ist*

$$\boldsymbol{x}(t) = \boldsymbol{U}(\mathbf{y}(t)) \tag{7}$$

eine Lösung von (1).

Der Beweis ergibt sich unmittelbar aus der Kettenregel.

Betrachten wir den Spezialfall $n = m$. Dann ist J eine quadratische Matrix und es gilt:

$$\mathbf{g}(\mathbf{y}) = J^{-1}(\mathbf{y})\boldsymbol{f}(\boldsymbol{U}(\mathbf{y})) \tag{8}$$

falls J regulär ist. J^{-1} bezeichnet die zu J inverse Matrix. Es sei $\boldsymbol{U}(\mathbf{y})$ umkehrbar d.h. es gibt eine n-dimensionale Vektorfunktion $\boldsymbol{V}(\boldsymbol{x})$, so daß sowohl

$$\boldsymbol{x} = \boldsymbol{V}(\boldsymbol{U}(\boldsymbol{x})) \tag{9a}$$

gilt, als auch

$$\boldsymbol{x} = \boldsymbol{U}(\boldsymbol{V}(\boldsymbol{x})) \tag{9b}$$

Durch Differentiation von (9a) nach $\boldsymbol{x}$ folgt:

$$J^{-1}(\mathbf{y}) = \frac{\partial \boldsymbol{V}(\boldsymbol{x})}{\partial \boldsymbol{x}} \qquad \boldsymbol{x} \to \boldsymbol{U}(\mathbf{y})$$

[1)] Das Gleichheitszeichen bedeutet Gleichheit von Funktionen.

und somit aus (8):

$$\boldsymbol{g}(\boldsymbol{y})=\frac{\partial \boldsymbol{V}}{\partial \boldsymbol{x}}\cdot \boldsymbol{f} \qquad \boldsymbol{x}\rightarrow \boldsymbol{U}(\boldsymbol{y}) \tag{10}$$

1.3 Elementtransformationen

Das Problem

$$\dot{\boldsymbol{x}}=\boldsymbol{f}^0(\boldsymbol{x})+\varepsilon \boldsymbol{f}^1(\boldsymbol{x})+\varepsilon^2\boldsymbol{f}^2(\boldsymbol{x})+\cdots \tag{11}$$

wird in diesem Buch als Störungsproblem *bezeichnet, falls:*

1. *der Parameter ε nur kleine Werte annimmt*
2. *das zugehörige ungestörte Problem*

$$\dot{\boldsymbol{x}}=\boldsymbol{f}^0(\boldsymbol{x}) \tag{12}$$

lauter periodische oder quasiperiodische Lösungen hat.

Eine Funktion $\boldsymbol{x}(t)$ heißt quasiperiodisch, falls es eine Funktion $\boldsymbol{X}(t_1,\ldots,t_k)$ gibt, welche 2π-periodisch in jedem ihrer Argumente ist und Zahlen $\omega_1,\ldots,\omega_k$, so daß gilt:

$$\boldsymbol{x}(t)=\boldsymbol{X}(\omega_1 t, \omega_2 t, \ldots, \omega_k t).$$

Aufgrund der Eigenschaft 2. ist es i.allg. möglich, eine Transformation zu definieren, die, angewandt auf (11), dieses System in eine Form überführt, welche für unsere Zwecke besonders geeignet ist. Diese Transformation heißt Elementtransformation und die neuen Variablen Elemente.

Wir beginnen mit drei typischen und deshalb außerordentlich wichtigen Beispielen:

Beispiel 1 Wir betrachten ein Paar gekoppelter Oszillatoren

$$\ddot{x}_1+\omega_1^2 x_1=\varepsilon f_1(x_\iota, \dot{x}_\iota, \varepsilon), \qquad \ddot{x}_2+\omega_2^2 x_2=\varepsilon f_2(x_\iota, \dot{x}_\iota, \varepsilon) \tag{13}$$

wobei wir voraussetzen wollen, daß die beiden reellen Zahlen ω_1, ω_2 inkomensurabel sind, d.h. das einzige Paar ganzer Zahlen (m_1, m_2) das die Gl.

$$m_1\omega_1+m_2\omega_2=0 \tag{14}$$

erfüllt, ist das Paar $(0,0)$. Die Bedeutung dieser Bedingung wird später verständlich werden. Schreiben wir (13) als System 1. Ordnung:

$$\begin{cases}\dot{x}_1=x_3 & \dot{x}_3=-\omega_1^2 x_1+\varepsilon f_1\\ \dot{x}_2=x_4 & \dot{x}_4=-\omega_2^2 x_2+\varepsilon f_2\end{cases} \tag{15}$$

Die allgemeine Lösung des zu (15) gehörigen ungestörten Problems lautet:

$$\begin{cases}x_1(t)=x_1^0\cos\omega_1 t+x_3^0\sin\omega_1 t & x_3(t)=-\omega_1 x_1^0\sin\omega_1 t+\omega_1 x_3^0\cos\omega_1 t\\ x_2(t)=x_2^0\cos\omega_2 t+x_4^0\sin\omega_2 t & x_4(t)=-\omega_2 x_2^0\sin\omega_2 t+\omega_2 x_4^0\cos\omega_2 t\end{cases} \tag{16}$$

In den allgemeinen Betrachtungen über das Transformieren von DGl.-Systemen in Abschn. 1.2 haben wir den Vektor der neuen Variablen mit $\boldsymbol{y}$ bezeichnet. Für unsere weiteren Zwecke ist es günstig, die neuen Variablen in zwei, später drei Gruppen aufzuteilen, die wir mit $\boldsymbol{\phi}$, $\boldsymbol{a}$ bzw. $\boldsymbol{\phi}$, $\boldsymbol{\Omega}$, $\boldsymbol{a}$ bezeichnen. Nach dieser Bemerkung definieren wir eine Elementtransformation zu (15). In Anlehnung an (16) führen wir die Elemente ϕ_1, ϕ_2, a_1, a_2, a_3, a_4 wie folgt ein:

$$\begin{cases} x_1 = U_1 = a_1 \cos\phi_1 + a_2 \sin\phi_1 & x_3 = U_3 = -\omega_1 a_1 \sin\phi_1 + \omega_1 a_2 \cos\phi_1 \\ x_2 = U_2 = a_3 \cos\phi_2 + a_4 \sin\phi_2 & x_4 = U_4 = -\omega_2 a_3 \sin\phi_2 + \omega_2 a_4 \cos\phi_2 \end{cases} \tag{17}$$

(Es ist also $n=4$, $m=6$). Nimmt man die neuen Variablen in der Reihenfolge ϕ_1, ϕ_2, a_1, a_2, a_3, a_4 so erhält man für die Jacobi-Matrix:

$$J = \begin{pmatrix} U_3/\omega_1 & 0 & \cos\phi_1 & \sin\phi_1 & 0 & 0 \\ 0 & U_4/\omega_2 & 0 & 0 & \cos\phi_2 & \sin\phi_2 \\ -U_1\omega_1 & 0 & -\omega_1 \sin\phi_1 & \omega_1 \cos\phi_1 & 0 & 0 \\ 0 & -U_2\omega_2 & 0 & 0 & -\omega_2 \sin\phi_2 & \omega_2 \cos\phi_2 \end{pmatrix}$$

Indem wir $\boldsymbol{g}^T = (\boldsymbol{R}^T, \boldsymbol{T}^T)$ setzen, lautet Gl. (5) wie folgt:

$$J \cdot \begin{pmatrix} R_1 \\ R_2 \\ T_1 \\ T_2 \\ T_3 \\ T_4 \end{pmatrix} = \begin{pmatrix} U_3 \\ U_4 \\ -\omega_1^2 U_1 + \varepsilon f_1 \\ -\omega_2^2 U_2 + \varepsilon f_2 \end{pmatrix} \tag{18}$$

Die Gleichungen des Systems (18) bestimmen offenbar die 6 Funktionen R_ι, T_ι nicht vollständig. Wir können zwei zusätzliche Bedingungen aufstellen. Die folgende Wahl wirkt vereinfachend:

$$R_1 = \omega_1, \qquad R_2 = \omega_2$$

Die Größen T_ι sind jetzt eindeutig bestimmt. Das transformierte System lautet:

$$\begin{cases} \dot\phi_1 = R_1 = \omega_1 & \dot a_1 = T_1 = -\varepsilon \dfrac{1}{\omega_1} f_1 \sin\phi_1 & \dot a_3 = T_3 = -\varepsilon \dfrac{1}{\omega_2} f_2 \sin\phi_2 \\ \dot\phi_2 = R_2 = \omega_2 & \dot a_2 = T_2 = \varepsilon \dfrac{1}{\omega_1} f_1 \cos\phi_1 & \dot a_4 = T_4 = \varepsilon \dfrac{1}{\omega_2} f_2 \cos\phi_2 \end{cases} \tag{19}$$

In den Funktionen f_1, f_2 sind x_1, x_2, x_3, x_4 durch die Ausdrücke (17) zu ersetzen. □

Beispiel 2 Wir betrachten erneut das System (13) bzw. (15). Diesmal gehen wir von der Bemerkung aus, daß die allgemeine Lösung des zu (15) gehörigen ungestörten Problems wie folgt dargestellt werden kann:

$$\begin{cases} x_1(t) = c_1 \cos(\omega_1 t + c_3) & x_3(t) = -c_1\omega_1 \sin(\omega_1 t + c_3) \\ x_2(t) = c_2 \cos(\omega_2 t + c_4) & x_4(t) = -c_2\omega_2 \sin(\omega_2 t + c_4) \end{cases} \tag{20}$$

Dabei bezeichnen c_1, c_2, c_3, c_4 Integrationskonstanten. In Anlehnung an (20) definieren wir Elemente ϕ_1, ϕ_2, a_1, a_2 wie folgt:

$$\begin{cases} x_1 = U_1 = a_1 \cos \phi_1 & x_3 = U_3 = -a_1\omega_1 \sin \phi_1 \\ x_2 = U_2 = a_2 \cos \phi_2 & x_4 = U_4 = -a_2\omega_2 \sin \phi_2 \end{cases} \tag{21}$$

In der Terminologie von Abschn. 1.2 befinden wir uns im Spezialfall $n = m = 4$, die Jacobi-Matrix J zu (21) ist regulär falls $a_1 \neq 0$, $a_2 \neq 0$. Deshalb errechnet sich $\mathbf{g}$ aus (8). Das transformierte System heißt:

$$\begin{cases} \dot\phi_1 = \omega_1 - \varepsilon \dfrac{1}{\omega_1 a_1} f_1 \cos \phi_1 & \dot a_1 = -\varepsilon \dfrac{1}{\omega_1} f_1 \sin \phi_1 \\ \dot\phi_2 = \omega_2 - \varepsilon \dfrac{1}{\omega_2 a_2} f_2 \cos \phi_2 & \dot a_2 = -\varepsilon \dfrac{1}{\omega_2} f_2 \sin \phi_2 \end{cases} \tag{22}$$

In den Funktionen f_1, f_2 sind x_1, x_2, x_3, x_4 durch die Ausdrücke (21) zu ersetzen. □

Beispiel 3 Auch in diesem Beispiel betrachten wir ein System von zwei gekoppelten Oszillatoren, jedoch im Falle $\omega_1 = \omega_2 = 1$. Die Bedingung (14) ist also verletzt. Wir führen deshalb die Elementtransformation in anderer Weise durch. Im neuen Fall heißt das System (15) also

$$\begin{cases} \dot x_1 = x_3 & \dot x_3 = -x_1 + \varepsilon f_1 \\ \dot x_2 = x_4 & \dot x_4 = -x_2 + \varepsilon f_2 \end{cases} \tag{23}$$

Dieses System ist durch eine gewisse Unsymmetrie gekennzeichnet, indem die Störungsterme nur bei zwei Gleichungen auftreten. Um diese Unsymmetrie aufzuheben, führen wir anstelle der Variablen x_i neue Variable z_i ein:

$$\begin{cases} x_1 = z_1 - z_3 & x_3 = z_2 - z_4 \\ x_2 = -z_2 - z_4 & x_4 = z_1 + z_3 \end{cases} \quad \text{bzw.} \quad \begin{matrix} z_1 = \tfrac{1}{2}(x_1 + x_4) & z_3 = \tfrac{1}{2}(x_4 - x_1) \\ z_2 = \tfrac{1}{2}(x_3 - x_2) & z_4 = -\tfrac{1}{2}(x_2 + x_3) \end{matrix} \tag{24}$$

Die transformierten Gleichungen lauten:

$$\begin{cases} \dot z_1 = z_2 + \tfrac{1}{2}\varepsilon f_2 & \dot z_3 = z_4 + \tfrac{1}{2}\varepsilon f_2 \\ \dot z_2 = -z_1 + \tfrac{1}{2}\varepsilon f_1 & \dot z_4 = -z_3 - \tfrac{1}{2}\varepsilon f_1 \end{cases} \tag{25}$$

Die allgemeine Lösung des zu (25) gehörigen ungestörten Problems kann wie folgt geschrieben werden:

$$\begin{cases} z_1(t) = c_1 \cos(t + c_3 + c_4) & z_3(t) = c_2 \cos(t + c_3 - c_4) \\ z_2(t) = -c_1 \sin(t + c_3 + c_4) & z_4(t) = -c_2 \sin(t + c_3 - c_4) \end{cases} \tag{26}$$

c_1, c_2, c_3, c_4 bedeuten Integrationskonstanten. In Anlehnung an (26) definieren wir folgende Elementtransformation

$$\begin{cases} z_1 = U_1 = \quad a_1 \cos(\phi + \Omega) & z_3 = U_3 = \quad a_2 \cos(\phi - \Omega) \\ z_2 = U_2 = -a_1 \sin(\phi + \Omega) & z_4 = U_4 = -a_2 \sin(\phi - \Omega) \end{cases} \tag{27}$$

In der Sprechweise des Abschn. 1.3 liegt der Spezialfall $n = m = 4$ vor. Die Jacobi-Matrix zu (27) ist regulär für $a_1 \neq 0$, $a_2 \neq 0$. Somit kann Formel (8) benutzt werden. Das transformierte System heißt:

$$\begin{cases} \dot{\phi} = 1 - \dfrac{\varepsilon}{4a_1}[f_2 \sin(\phi + \Omega) + f_1 \cos(\phi + \Omega)] - \dfrac{\varepsilon}{4a_2}[f_2 \sin(\phi - \Omega) - f_1 \cos(\phi - \Omega)] \\ \dot{\Omega} = \ -\dfrac{\varepsilon}{4a_1}[f_2 \sin(\phi + \Omega) + f_1 \cos(\phi + \Omega)] + \dfrac{\varepsilon}{4a_2}[f_2 \sin(\phi - \Omega) - f_1 \cos(\phi - \Omega)] \\ \dot{a}_1 = \ -\dfrac{\varepsilon}{2} \quad [f_1 \sin(\phi + \Omega) - f_2 \cos(\phi + \Omega)] \\ \dot{a}_2 = \quad \dfrac{\varepsilon}{2} \quad [f_1 \sin(\phi - \Omega) + f_2 \cos(\phi - \Omega)] \end{cases} \tag{28}$$

In den Funktionen f_1, f_2 sind zunächst x_1, x_2, x_3, x_4 durch die Ausdrücke (24) zu ersetzen, sodann z_1, z_2, z_3, z_4 durch (27). □

Wir sind in der Lage, die an den Beispielen gewonnenen Erkenntnisse allgemein zu formulieren.

Unter dem Einführen von Elementen versteht man den Übergang von $\boldsymbol{x}$ zu einem neuen Satz von Variablen $\boldsymbol{\phi}$, $\boldsymbol{a}$ (bzw. $\boldsymbol{\phi}$, $\boldsymbol{\Omega}$, $\boldsymbol{a}$) durch eine Transformation $\boldsymbol{U}(\boldsymbol{\phi}, \boldsymbol{a})$ (bzw. $\boldsymbol{U}(\boldsymbol{\phi}, \boldsymbol{\Omega}, \boldsymbol{a})$) mit folgenden Eigenschaften:

(i) *$\boldsymbol{U}(\boldsymbol{\phi}, \boldsymbol{a})$ ist 2π-periodisch in den Komponenten von $\boldsymbol{\phi}$* (bzw. *$\boldsymbol{U}(\boldsymbol{\phi}, \boldsymbol{\Omega}, \boldsymbol{a})$ ist 2π-periodisch in den Komponenten von $\boldsymbol{\phi}$ und $\boldsymbol{\Omega}$*)

(ii) *Das transformierte System* (11) *hat folgende Gestalt:*

$$\begin{cases} \dot{\boldsymbol{\phi}} = \boldsymbol{\omega}(\boldsymbol{a}) + \varepsilon \boldsymbol{R}^1(\boldsymbol{\phi}, \boldsymbol{a}) + \varepsilon^2 \boldsymbol{R}^2(\boldsymbol{\phi}, \boldsymbol{a}) + \cdots \\ \dot{\boldsymbol{a}} = \qquad\quad \varepsilon \boldsymbol{T}^1(\boldsymbol{\phi}, \boldsymbol{a}) + \varepsilon^2 \boldsymbol{T}^2(\boldsymbol{\phi}, \boldsymbol{a}) + \cdots \end{cases} \tag{29}$$

bzw.

$$\begin{cases} \dot{\boldsymbol{\phi}} = \boldsymbol{\omega}(\boldsymbol{a}) + \varepsilon \boldsymbol{R}^1(\boldsymbol{\phi}, \boldsymbol{\Omega}, \boldsymbol{a}) + \cdots \\ \dot{\boldsymbol{\Omega}} = \qquad\quad \varepsilon \boldsymbol{S}^1(\boldsymbol{\phi}, \boldsymbol{\Omega}, \boldsymbol{a}) + \cdots \\ \dot{\boldsymbol{a}} = \qquad\quad \varepsilon \boldsymbol{T}^1(\boldsymbol{\phi}, \boldsymbol{\Omega}, \boldsymbol{a}) + \cdots \end{cases} \tag{29}$$

wobei die Funktionen $\boldsymbol{R}^i(\boldsymbol{\phi}, \boldsymbol{a})$, $\boldsymbol{T}^i(\boldsymbol{\phi}, \boldsymbol{a})$ (bzw. *$\boldsymbol{R}^i(\boldsymbol{\phi}, \boldsymbol{\Omega}, \boldsymbol{a})$, $\boldsymbol{S}^i(\boldsymbol{\phi}, \boldsymbol{\Omega}, \boldsymbol{a})$, $\boldsymbol{T}^i(\boldsymbol{\phi}, \boldsymbol{\Omega}, \boldsymbol{a})$*) *dieselbe Periodizitätseigenschaft haben wie die Funktion $\boldsymbol{U}(\boldsymbol{\phi}, \boldsymbol{a})$* (bzw. *$\boldsymbol{U}(\boldsymbol{\phi}, \boldsymbol{\Omega}, \boldsymbol{a})$*).

Man beachte, daß wir zulassen, daß $\boldsymbol{\omega}$ eine Funktion von $\boldsymbol{a}$ ist.

(iii) *In dem Gebiet $\mathscr{G}$, in dem die Variable $\boldsymbol{a}$ interessiert, gilt folgendes: Zu jeder nichtleeren, endlichen Menge $\mathscr{N}$ von Vektoren der Dimension von $\boldsymbol{\omega}$ und mit Komponenten aus den ganzen Zahlen $\mathbf{Z}$, welche den Nullvektor nicht enthält, gibt es eine Zahl $k(\mathscr{N}, \mathscr{G})$, so daß gilt*[1]*:*

$$|\boldsymbol{n} \cdot \boldsymbol{\omega}(\boldsymbol{a})| \geqslant k(\mathcal{N}, \mathcal{G}) > 0 \tag{30}$$

für jeden Vektor $\boldsymbol{n} \in \mathcal{N}$ *und alle* $\boldsymbol{a} \in \mathcal{G}$

Zur Begründung der Forderung (iii) bemerken wir folgendes: In den später zu konstruierenden fast-identischen Transformationen für das System (29) werden Ausdrücke der Form

$$\frac{1}{\boldsymbol{n} \cdot \boldsymbol{\omega}(\boldsymbol{a})} \tag{31}$$

auftreten, wobei $\boldsymbol{n}$ einer Menge $\mathcal{N}$ angehört, die nicht a priori bekannt ist (sondern erst nach Abschluß der Konstruktion der fast-identischen Transformation), die jedoch von der Art der Mengen ist, wie sie in (iii) beschrieben sind. Durch die Forderung (iii) erreichen wir also, daß die genannten fast-identischen Transformationen wohl definiert und die Ausdrücke (31) sogar beschränkt sind.

Schließlich wollen wir noch einige Bezeichnungen einführen. Die Variable $\boldsymbol{a}$ wollen wir als Amplitudenvariable, $\boldsymbol{\phi}$ und $\boldsymbol{\Omega}$ als Winkelvariable bezeichnen; da $\boldsymbol{\phi}$ schon im ungestörten Fall ($\varepsilon = 0$) variiert, während $\boldsymbol{\Omega}$ konstant ist, nennt man $\boldsymbol{\phi}$ eine schnelle, $\boldsymbol{\Omega}$ eine langsame Winkelvariable. Gelingt es, Elemente einzuführen, ohne Benutzung von langsamen Winkelvariablen, wollen wir das System nicht-ausgeartet nennen; im anderen Fall heißt es ausgeartet, denn häufig entsteht ein ausgeartetes System aus einem nicht-ausgearteten, indem dieses so abgeändert wird, daß eine zusätzliche Symmetrie entsteht (cf. Beispiel 2 und 3). Endlich nennen wir die Voraussetzung (iii) die Nicht-Resonanz-Bedingung oder sagen auch, der Frequenzvektor $\boldsymbol{\omega}(\boldsymbol{a})$ sei linear unabhängig über dem Ring $\mathbf{Z}$ der ganzen Zahlen. Im folgenden werden wir uns meist mit dem ausgearteten Fall befassen, da dieser den nicht-ausgearteten als Grenzfall enthält, wenn wir zulassen, daß $\boldsymbol{\Omega}$ die Dimension 0 hat.

Ein System (11), das die Einführung von Elementen im eben dargelegten Sinn erlaubt, wollen wir ein gestörtes schwingendes System nennen.

2 Die Störungsgleichungen

Hauptziel ist die Verallgemeinerung der Formel (36) der Einführung.

2.1 Notationen

Wir erinnern zunächst an die in der Einführung definierten Begriffe des Dot-Produktes und des Kommutators zweier n-dimensionaler Vektorfunktionen $\boldsymbol{f}(\boldsymbol{x})$ und $\boldsymbol{g}(\boldsymbol{x})$ der n-dimensionalen Variablen $\boldsymbol{x}$:

$$\boldsymbol{f}(\boldsymbol{x}) \circ \boldsymbol{g}(\boldsymbol{x}) = \frac{\partial \boldsymbol{f}(\boldsymbol{x})}{\partial \boldsymbol{x}} \cdot \boldsymbol{g}(\boldsymbol{x}) \quad \text{bzw.} \quad \boldsymbol{f}(\boldsymbol{x}) \times \boldsymbol{g}(\boldsymbol{x}) = \boldsymbol{f}(\boldsymbol{x}) \circ \boldsymbol{g}(\boldsymbol{x}) - \boldsymbol{g}(\boldsymbol{x}) \circ \boldsymbol{f}(\boldsymbol{x}) \tag{1}$$

Beide Produkte sind linear in beiden Faktoren, hingegen nicht kommutativ. Da auch das assoziative Gesetz nicht gilt, benützen wir (cf. Einführung) folgende rekursiv zu verstehende Konvention beim Auftreten mehrfacher Produkte:

$$\begin{aligned} \boldsymbol{f}^1 \circ \boldsymbol{f}^2 \circ \cdots \circ \boldsymbol{f}^n &= (\boldsymbol{f}^1 \circ \boldsymbol{f}^2 \circ \cdots \circ \boldsymbol{f}^{n-1}) \circ \boldsymbol{f}^n \\ \boldsymbol{f}^1 \times \boldsymbol{f}^2 \times \cdots \times \boldsymbol{f}^n &= (\boldsymbol{f}^1 \times \boldsymbol{f}^2 \times \cdots \times \boldsymbol{f}^{n-1}) \times \boldsymbol{f}^n \end{aligned} \qquad n = 3, 4, \ldots \tag{2}$$

Als weitere wichtige Objekte treten formale Potenzreihen des Typs

$$\boldsymbol{f}(\boldsymbol{x}, \mu) = \sum_{\iota=0}^{\infty} \boldsymbol{f}^{\iota}(\boldsymbol{x}) \cdot \mu^{\iota} \tag{3}$$

hinzu, wobei die Koeffizienten $\boldsymbol{f}^{\iota}(\boldsymbol{x})$ n-dimensionale Vektorfunktionen von $\boldsymbol{x}$ sind. Die Gleichheit solcher Potenzreihen, die Addition, die Multiplikation mit einem Skalar sind im Sinne des Operierens mit formalen Potenzreihen definiert. Für das Dot-Produkt zwischen formalen Potenzreihen setzen wir

$$\boldsymbol{f}(\boldsymbol{x}, \mu) \circ \boldsymbol{g}(\boldsymbol{x}, \mu) = \sum_{\iota=0}^{\infty} \mu^{\iota} \left(\sum_{j=0}^{\iota} \boldsymbol{f}^{j} \circ \boldsymbol{g}^{\iota - j} \right) \tag{4}$$

Ein Spezialfall der Reihen des Typs (3) sind die in der Einführung definierten Lie-Reihen: Mit einer Vektorfunktion $\boldsymbol{u}(\boldsymbol{x})$ bilden wir

$$\boldsymbol{U}(\boldsymbol{x}, \mu) = \boldsymbol{x} + \frac{\mu}{1!} \boldsymbol{u} + \frac{\mu^2}{2!} \boldsymbol{u} \circ \boldsymbol{u} + \frac{\mu^3}{3!} \boldsymbol{u} \circ \boldsymbol{u} \circ \boldsymbol{u} + \cdots \tag{5}$$

Von grosser Bedeutung ist, wie man sich aus der Einführung erinnert, die Operation des Einsetzens einer Lie-Reihe (5) in eine Vektorfunktion $\boldsymbol{f}(\boldsymbol{x})$. In Anlehnung an Formel (34) der Einführung setzen wir

$$\boldsymbol{f}(\boldsymbol{U}(\boldsymbol{x}, \mu)) = \boldsymbol{f} + \frac{\mu}{1!} \boldsymbol{f} \circ \boldsymbol{u} + \frac{\mu^2}{2!} \boldsymbol{f} \circ \boldsymbol{u} \circ \boldsymbol{u} + \cdots \tag{6}$$

Schließlich wollen wir die Operation des Einsetzens auf formale Potenzreihen erweitern. In natürlicher Weise definieren wir (indem wir Formel (6) auf jeden Koeffizienten anwenden und nach aufsteigenden Potenzen von μ ordnen)

$$\boldsymbol{f}(\boldsymbol{U}(\boldsymbol{x}, \mu), \mu) = \sum_{\iota=0}^{\infty} \mu^{\iota} \left[\sum_{j=0}^{\iota} \frac{1}{j!} \boldsymbol{f}^{\iota - j} \circ \underbrace{\boldsymbol{u} \circ \boldsymbol{u} \circ \cdots \circ \boldsymbol{u}}_{j \text{ Faktoren}} \right] \tag{7}$$

2.2 Die grundlegenden Formeln

Wir erinnern an die grundlegende Definition in Abschn. 1.2: Es sei $\dot{\boldsymbol{x}} = \boldsymbol{f}(\boldsymbol{x})$ ein gegebenes DGl.-System, $\boldsymbol{U}(\boldsymbol{y})$ eine gegebene Funktion, wobei wir annehmen wollen, daß $\boldsymbol{x}$ und $\boldsymbol{y}$ gleiche Dimension haben. $\boldsymbol{U}$ heißt Transformation des DGl.-Systems, falls es eine Funktion $\bar{\boldsymbol{f}}(\boldsymbol{x})$ gibt, so daß gilt:

$$\boldsymbol{U}(\boldsymbol{x}) \circ \bar{\boldsymbol{f}}(\boldsymbol{x}) = \boldsymbol{f}(\boldsymbol{U}(\boldsymbol{x}))$$

Diese Gleichung ist identisch mit Gl. (1, 5), wobei wir das Dot-Produkt benutzten, statt $\boldsymbol{g}$ die Bezeichnung $\bar{\boldsymbol{f}}$ wählten, das Argument mit $\boldsymbol{x}$ statt mit $\boldsymbol{y}$ bezeichneten.

Schon in der Einführung benutzten wir Lie-Reihen zur Definition von Transformationen.

So stellen wir denn folgende Frage: Es sei eine Funktion $\boldsymbol{f}(\boldsymbol{x})$ und eine Lie-Reihe $\boldsymbol{U}(\boldsymbol{x}, \mu)$ gegeben. Gibt es eine Potenzreihe

$$\bar{\boldsymbol{f}}(\boldsymbol{x}, \mu) = \sum_{i=0}^{\infty} \mu^i \frac{1}{i!} \bar{\boldsymbol{f}}^i(\boldsymbol{x}) \tag{8}$$

so daß gilt:

$$\boldsymbol{U}(\boldsymbol{x}, \mu) \circ \bar{\boldsymbol{f}}(\boldsymbol{x}, \mu) = \boldsymbol{f}(\boldsymbol{U}(\boldsymbol{x}, \mu)) \tag{9}$$

und wie bestimmen sich die $\bar{\boldsymbol{f}}^i$ aus $\boldsymbol{u}$ und $\boldsymbol{f}$? Aufgrund von Formel (36) der Einführung erwartet man folgende Antwort:

Satz 1 *Es gilt:*

$$\bar{\boldsymbol{f}}(\boldsymbol{x}, \mu) = \boldsymbol{f} + \frac{\mu}{1!} \boldsymbol{f} \times \boldsymbol{u} + \frac{\mu^2}{2!} \boldsymbol{f} \times \boldsymbol{u} \times \boldsymbol{u} + \frac{\mu^3}{3!} \boldsymbol{f} \times \boldsymbol{u} \times \boldsymbol{u} \times \boldsymbol{u} + \cdots \tag{10}$$

Beweis. Wir definieren folgende Hilfsgrößen

$$\boldsymbol{A}^0 = \boldsymbol{x}, \qquad \boldsymbol{A}^j = \underbrace{\boldsymbol{u} \circ \boldsymbol{u} \circ \boldsymbol{u} \cdots \circ \boldsymbol{u}}_{j \text{ Faktoren}} \qquad j \geq 1$$

$$\boldsymbol{D}^j_k = \overbrace{\boldsymbol{u} \circ \boldsymbol{u} \circ \boldsymbol{u} \circ \cdots \circ \underset{\substack{\uparrow \\ k\text{-te Stelle}}}{\boldsymbol{f}} \circ \boldsymbol{u} \circ \cdots \circ \boldsymbol{u}}^{j \text{ Faktoren}} \qquad j \geq 1,\ 1 \leq k \leq j$$

$$\boldsymbol{T}^j = \underbrace{\boldsymbol{f} \times \boldsymbol{u} \times \boldsymbol{u} \times \cdots \times \boldsymbol{u}}_{j \text{ Faktoren}} \qquad j \geq 1$$

und beginnen mit einem Lemma.

Lemma 1 *Für $k \geq 0$, $n \geq 1$ gilt folgende Formel*

$$\boldsymbol{A}^k \circ \boldsymbol{T}^n = \sum_{p=0}^{n-1} \binom{n-1}{p} (-1)^p \boldsymbol{D}^{k+n}_{k+p+1} \tag{11}$$

Bemerkung. Wurde das assoziative Gesetz für das Dot-Produkt gelten, so wäre Lemma 1 natürlich auch richtig und einfacher zu beweisen. Damit der Leser die Struktur und Bedeutung des Lemmas besser einsieht, raten wir ihm, einige einfache Fälle zu diskutieren unter der fiktiven Annahme der Gültigkeit des assoziativen Gesetzes.

Beweis von Lemma 1. Wir führen den Beweis induktiv nach n.
Verankerung ($n=1$): Die linke Seite von (11) ist gleich:

$$\boldsymbol{A}^k \circ \boldsymbol{f}$$

Die rechte Seite von (11) heißt:

$$\boldsymbol{D}_{k+1}^{k+1} = \boldsymbol{A}^k \circ \boldsymbol{f}$$

Induktionsschritt: Annahme: die Formel ist richtig für $n-1$. Behauptung: die Formel stimmt für n. Wir formen die rechte Seite von (11) um, indem wir die vom Pascalschen Dreieck her bekannte Formel

$$\binom{n-1}{p} = \binom{n-2}{p} + \binom{n-2}{p-1} \qquad p=1,\ldots,n-2$$

benutzen und berücksichtigen, daß gilt

$$\boldsymbol{D}_{k+p+1}^{k+n} = \boldsymbol{D}_{k+p+1}^{k+n-1} \circ \boldsymbol{u} \qquad \text{für} \quad p=0,\ldots,n-2$$

Man erhält:

rechte Seite von (11)

$$= \left[\sum_{p=0}^{n-2} \binom{n-2}{p} (-1)^p \boldsymbol{D}_{k+p+1}^{k+n-1}\right] \circ \boldsymbol{u} + \sum_{p=1}^{n-2} \binom{n-2}{p-1} (-1)^p \boldsymbol{D}_{k+p+1}^{k+n} + (-1)^{n-1} \boldsymbol{D}_{k+n}^{k+n}$$

Weiter findet man durch zweimalige Anwendung der Induktionsvoraussetzung (mit verschiedenen Werten von k) und durch Einführung eines neuen Summationsindexes:

$$= \boldsymbol{A}^k \circ \boldsymbol{T}^{n-1} \circ \boldsymbol{u} - \sum_{s=0}^{n-2} \binom{n-2}{s} (-1)^s \boldsymbol{D}_{(k+1)+s+1}^{(k+1)+(n-1)}$$

$$= \boldsymbol{A}^k \circ \boldsymbol{T}^{n-1} \circ \boldsymbol{u} - \boldsymbol{A}^{k+1} \circ \boldsymbol{T}^{n-1} = \boldsymbol{A}^k \circ \boldsymbol{T}^{n-1} \circ \boldsymbol{u} - \boldsymbol{A}^k \circ \boldsymbol{u} \circ \boldsymbol{T}^{n-1} = \boldsymbol{A}^k \circ \boldsymbol{T}^n$$

Der letzte Schritt folgt aus der folgenden Gleichung

$$\boldsymbol{f} \circ (\boldsymbol{g} \times \boldsymbol{h}) = \boldsymbol{f} \circ \boldsymbol{g} \circ \boldsymbol{h} - \boldsymbol{f} \circ \boldsymbol{h} \circ \boldsymbol{g} \tag{12}$$

von deren Richtigkeit man sich durch Nachrechnung leicht überzeugt. ∎

Wir kommen zum eigentlichen Beweis des Satzes: Unter Verwendung der eingeführten Bezeichnungen schreiben sich die Formeln (5), (6) wie folgt:

$$\boldsymbol{U}(\boldsymbol{x}, \mu) = \sum_{r=0}^{\infty} \mu^r \frac{1}{r!} \boldsymbol{A}^r \quad \text{bzw.} \quad \boldsymbol{f}(\boldsymbol{U}(\boldsymbol{x}, \mu)) = \sum_{r=0}^{\infty} \mu^r \frac{1}{r!} \boldsymbol{D}_1^{r+1} \tag{13}$$

Mit (8), (13) ergibt sich infolge der Definition (4) aus (9) mit der Definition der Gleichheit zweier Potenzreihen

$$\sum_{j=0}^{k} \binom{k}{j} \boldsymbol{A}^j \circ \bar{\boldsymbol{f}}^{k-j} = \boldsymbol{D}_1^{k+1}$$

Hieraus erhalten wir, wegen $\boldsymbol{A}^0 = \boldsymbol{x}$ und folglich $\boldsymbol{A}^0 \circ \bar{\boldsymbol{f}}^k = \bar{\boldsymbol{f}}^k$:

$$\bar{\boldsymbol{f}}^0 = \boldsymbol{f} \tag{14a}$$

$$\bar{\boldsymbol{f}}^k = \boldsymbol{D}_1^{k+1} - \sum_{j=1}^{k} \binom{k}{j} \boldsymbol{A}^j \circ \bar{\boldsymbol{f}}^{k-j} \qquad k \geqslant 1 \tag{14b}$$

Wir müssen zeigen, daß

$$\bar{\boldsymbol{f}}^k = \boldsymbol{T}^{k+1} \qquad k \geqslant 0 \tag{15}$$

gilt. Wir führen wieder einen Induktionsbeweis. Die Verankerung folgt aus (14a). Als Voraussetzung für den Induktionsschritt nehmen wir an, daß Gl. (15) für $0, 1, 2, \ldots, k-1$ gilt. Aus (14b), der Induktionsvoraussetzung und wegen Lemma 1 ergibt sich

$$\bar{\boldsymbol{f}}^k = \boldsymbol{D}_1^{k+1} - \sum_{j=1}^{k} \binom{k}{j} \boldsymbol{A}^j \circ \boldsymbol{T}^{k-j+1} = \boldsymbol{D}_1^{k+1} + \sum_{j=1}^{k} \sum_{p=0}^{k-j} \binom{k}{j} \binom{k-j}{p} (-1)^{p+1} \boldsymbol{D}_{j+p+1}^{k+1}$$

Wegen

$$\sum_{j=1}^{k} \sum_{p=0}^{k-j} a_{jp} = \sum_{l=1}^{k} \sum_{j=1}^{l} a_{jl-j}$$

folgt weiter:

$$\begin{aligned} \bar{\boldsymbol{f}}^k &= \boldsymbol{D}_1^{k+1} + \sum_{l=1}^{k} \left[\sum_{j=1}^{l} \binom{k}{j} \binom{k-j}{l-j} (-1)^{l-j+1} \right] \boldsymbol{D}_{l+1}^{k+1} \\ &= \boldsymbol{D}_1^{k+1} + \sum_{l=1}^{k} (-1)^l \binom{k}{l} \boldsymbol{D}_{l+1}^{k+1} = \sum_{l=0}^{k} (-1)^l \binom{k}{l} \boldsymbol{D}_{l+1}^{k+1} = \boldsymbol{T}^{k+1} \end{aligned}$$

Dabei wurde benützt, daß

$$\begin{aligned} \sum_{j=1}^{l} \binom{k}{j} \binom{k-j}{l-j} (-1)^{l-j+1} &= \binom{k}{l} (-1)^{l+1} \sum_{j=1}^{l} \binom{l}{j} (-1)^j \\ &= \binom{k}{l} (-1)^{l+1} [\{1 + (-1)\}^l - 1] = (-1)^l \binom{k}{l} \end{aligned}$$

gilt, ferner, für den letzten Schritt, Lemma 1. Damit ist der Beweis von Satz 1 erbracht. ■

Wir beschließen diesen Abschnitt mit einer Betrachtung über die Umkehrbarkeit einer Transformation. In Abschn. 1.2 sagten wir, eine Transformation $\boldsymbol{U}(\boldsymbol{x})$ sei umkehrbar, falls es eine Funktion $\boldsymbol{V}(\boldsymbol{x})$ gibt, so daß gilt:

$$\boldsymbol{x} = \boldsymbol{V}(\boldsymbol{U}(\boldsymbol{x})) \quad \text{und} \quad \boldsymbol{x} = \boldsymbol{U}(\boldsymbol{V}(\boldsymbol{x}))$$

Deshalb stellen wir die Frage: Gibt es zu einer Lie-Reihe $\boldsymbol{U}(\boldsymbol{x}, \mu)$ eine Lie-Reihe $\boldsymbol{V}(\boldsymbol{x}, \mu)$ so daß gilt:

$$\boldsymbol{x} = \boldsymbol{V}(\boldsymbol{U}(\boldsymbol{x}, \mu), \mu) \quad \text{und} \quad \boldsymbol{x} = \boldsymbol{U}(\boldsymbol{V}(\boldsymbol{x}, \mu), \mu) \tag{16}$$

Satz 2 *Es sei* $\boldsymbol{U}(\boldsymbol{x}, \mu)$ *durch* (5) *definiert. Dann gelten die Gl.* (16) *mit*

$$\boldsymbol{V}(\boldsymbol{x}, \mu) = \boldsymbol{x} - \frac{\mu}{1!}\boldsymbol{u} + \frac{\mu^2}{2!}\boldsymbol{u} \circ \boldsymbol{u} - \frac{\mu^3}{3!}\boldsymbol{u} \circ \boldsymbol{u} \circ \boldsymbol{u} + \cdots \tag{17}$$

Beweis. Wir beweisen die erste der Gl. (16). Unter Verwendung der früher eingeführten Bezeichnung folgt aus (7):

$$\begin{aligned} \boldsymbol{V}(\boldsymbol{U}(\boldsymbol{x}, \mu)\, \mu) &= \sum_{i=0}^{\infty} \mu^i \left[\sum_{j=0}^{i} \frac{1}{j!} \frac{(-1)^{i-j}}{(i-j)!} \boldsymbol{A}^{i-j+j}\right] \\ &= \sum_{i=0}^{\infty} \mu^i \frac{(-1)^i}{i!} \left[\sum_{j=0}^{i} \binom{i}{j} (-1)^j\right] \boldsymbol{A}^i \\ &= \sum_{i=0}^{\infty} \mu^i \frac{(-1)^i}{i!} [1 + (-1)]^i \boldsymbol{A}^i = \boldsymbol{x} \end{aligned}$$

Die zweite Formel (16) folgt aus der obigen Überlegung durch Ersetzung von $\boldsymbol{u}$ durch $-\boldsymbol{u}$. ■

2.3 Die Störungsgleichungen

Wie in der Einführung setzen wir in (10) von nun an $\mu = 1$ (Vergl. Formeln (31), (36) der Einführung). Da $\boldsymbol{f}$ bei Störungsproblemen von ε abhängig ist (cf. (1, 11)), setzen wir:

$$\boldsymbol{u}(\boldsymbol{x}) = \sum_{i=1}^{\infty} \varepsilon^i \boldsymbol{u}^i(\boldsymbol{x}), \qquad \boldsymbol{f}(\boldsymbol{x}) = \sum_{i=0}^{\infty} \varepsilon^i \boldsymbol{f}^i(\boldsymbol{x}), \qquad \bar{\boldsymbol{f}}(\boldsymbol{x}) = \sum_{i=0}^{\infty} \varepsilon^i \bar{\boldsymbol{f}}^i(\boldsymbol{x}) \tag{18}$$

Wir führen die Ausdrücke (18) in die Formel (10) ein, multiplizieren formal aus und ordnen nach Potenzen von ε. Ein formaler Koeffizientenvergleich ergibt den folgenden Satz von Gleichungen, die wir Störungsgleichungen nennen:

$$\begin{aligned} \bar{\boldsymbol{f}}^0 &= \boldsymbol{f}^0 \\ \bar{\boldsymbol{f}}^i &= \sum_{r=1}^{i} \frac{1}{r!} \left[\sum_{j_0 + j_1 + \cdots + j_r = i} \boldsymbol{f}^{j_0} \times \boldsymbol{u}^{j_1} \times \boldsymbol{u}^{j_2} \times \cdots \times \boldsymbol{u}^{j_r}\right] + \boldsymbol{f}^i, \qquad i \geq 1 \end{aligned} \tag{19.i}$$

Hierin bedeutet: j_0 eine nicht negative ganze Zahl, $j_1, j_2 \ldots, j_r$ natürliche Zahlen. Die innere Summe ist so zu verstehen: Es soll über alle Kombinationen der Indizes $j_0, j_1, \ldots, j_r$ für die $j_0 + j_1 + \cdots + j_r = i$ gilt, summiert werden. Protokollieren wir explizit die Formeln (19.1) bis (19.3)

$$\bar{\boldsymbol{f}}^0 = \boldsymbol{f}^0 \tag{19.0}$$

$$\bar{\boldsymbol{f}}^1 = \boldsymbol{f}^0 \times \boldsymbol{u}^1 + \boldsymbol{f}^1 \tag{19.1}$$

$$\bar{\boldsymbol{f}}^2 = \boldsymbol{f}^0 \times \boldsymbol{u}^2 + \boldsymbol{f}^1 \times \boldsymbol{u}^1 + \tfrac{1}{2}\boldsymbol{f}^0 \times \boldsymbol{u}^1 \times \boldsymbol{u}^1 + \boldsymbol{f}^2 \tag{19.2}$$

$$\begin{aligned} \bar{\boldsymbol{f}}^3 = {} & \boldsymbol{f}^0 \times \boldsymbol{u}^3 + \boldsymbol{f}^1 \times \boldsymbol{u}^2 + \boldsymbol{f}^2 \times \boldsymbol{u}^1 + \tfrac{1}{2}\boldsymbol{f}^0 \times \boldsymbol{u}^1 \times \boldsymbol{u}^2 + \tfrac{1}{2}\boldsymbol{f}^0 \times \boldsymbol{u}^2 \times \boldsymbol{u}^1 \\ & + \tfrac{1}{2}\boldsymbol{f}^1 \times \boldsymbol{u}^1 \times \boldsymbol{u}^1 + \tfrac{1}{6}\boldsymbol{f}^0 \times \boldsymbol{u}^1 \times \boldsymbol{u}^1 \times \boldsymbol{u}^1 + \boldsymbol{f}^3 \end{aligned} \tag{19.3}$$

Die obigen Formeln können durch äquivalente ersetzt werden, welche einfacher sind. Um dies einzusehen, lösen wir Gl. (19.1) nach $f^0 \times u^1$ auf und setzen das Resultat in (19.2) ein:

$$\bar{f}^2 = f^0 \times u^2 + \tfrac{1}{2}(f^1 + \bar{f}^1) \times u^1 + f^2 \tag{19.2'}$$

Diese Gleichung, die (19.2) ersetzt, hat gegenüber (19.2) den offensichtlichen Vorteil, daß nur ein einfacher (und nicht ein doppelter) Kommutator auftritt.

In ähnlicher Weise könnten die Gl. (19.3), (19.4), ... vereinfacht werden. Jedoch ist es sehr mühsam auf diesem Wege die entsprechenden Formeln zu gewinnen.

Wir beweisen den folgenden Satz:

Satz 3 *Die Gleichungen* (19.i) *sind äquivalent mit folgenden*

$$\begin{aligned}
\bar{f}^0 &= f^0 \\
\bar{f}^1 &= f^0 \times u^1 + f^1 \\
\bar{f}^2 &= f^0 \times u^2 + \tfrac{1}{2}(f^1 + \bar{f}^1) \times u^1 + f^2 \\
\bar{f}^i &= f^0 \times u^i + \frac{1}{2} \sum_{j_0 + j_1 = i} (f^{j_0} + \bar{f}^{j_0}) \times u^{j_1} \\
&\quad + \sum_{r=2}^{i-1} \frac{B_r}{r!} \sum_{j_0 + j_1 + \cdots + j_r = i} [(f^{j_0} - \bar{f}^{j_0}) \times u^{j_1} \times \cdots \times u^{j_r}] + f^i \qquad i \geq 3
\end{aligned} \tag{20.i}$$

Hierbei bedeuten $j_1, \ldots, j_r$ ebenso wie j_0 natürliche Zahlen. Überdies bezeichnen wir mit B_r die Bernoulli-Zahlen. Bekanntlich gilt

$$B_1 = -\tfrac{1}{2}, \quad B_2 = \tfrac{1}{6}, \quad B_3 = 0, \quad B_4 = -\tfrac{1}{30}, \quad B_5 = 0, \quad B_6 = \tfrac{1}{42}, \ldots$$

Zur Illustration und zu Vergleichszwecken mit Gl. (19.3) notieren wir Gl. (20.3):

$$\bar{f}^3 = f^0 \times u^3 + \tfrac{1}{2}(f^1 + \bar{f}^1) \times u^2 + \tfrac{1}{2}(f^2 + \bar{f}^2) \times u^1 + \tfrac{1}{12}(f^1 - \bar{f}^1) \times u^1 \times u^1 + f^3 \tag{20.3}$$

Man erkennt, daß statt 2 einfacher, 3 doppelter und eines dreifachen Kommutators in Gl. (20.3) nur 2 einfache und ein doppelter Kommutator auftreten.

Beweis von Satz 3. Wir zeigen zunächst, daß die Gl. (19.i) die Gl. (20.i) implizieren. Wir führen folgende Abkürzungen ein:

$$\Phi_k^s = \sum_{\substack{j_0 + j_1 + \cdots + j_{s-1} = k \\ j_0 \in \mathbf{N}_0,\, j_r \in \mathbf{N}}} f^{j_0} \times u^{j_1} \times \cdots \times u^{j_{s-1}}, \qquad s \geq 2,\, k \geq s-1$$

$$\Psi_k^s = \sum_{\substack{j_0 + j_1 + \cdots + j_{s-1} = k \\ j_0 \in \mathbf{N},\, j_r \in \mathbf{N}}} f^{j_0} \times u^{j_1} \times \cdots \times u^{j_{s-1}}, \qquad s \geq 2,\, k \geq s$$

Hierbei bezeichnet $\mathbf{N}$ die Menge der natürlichen Zahlen, $\mathbf{N}_0$ die Menge der nicht negativen ganzen Zahlen. Man beachte, daß in der ersten Summe j_0 auch 0 sein darf, während in der zweiten Summe j_0 eine natürliche Zahl sein muß.

Ferner benützen wir auch die Größe $\bar{\boldsymbol{\psi}}_k^s$, welche genau gleich gebaut ist wie $\boldsymbol{\psi}_k^s$, jedoch wird $\boldsymbol{f}^{j_0}$ durch $\bar{\boldsymbol{f}}^{j_0}$ ersetzt.

Mit den neuen Bezeichnungen lauten die Gl. (19), (20) wie folgt:

$$\bar{\boldsymbol{f}}^k = \sum_{j=2}^{k+1} \frac{1}{(j-1)!} \boldsymbol{\Phi}_k^j + \boldsymbol{f}^k, \qquad k \geqslant 1 \tag{21.k}$$

$$\bar{\boldsymbol{f}}^k = \boldsymbol{f}^0 \times \boldsymbol{u}^k + \tfrac{1}{2}(\boldsymbol{\psi}_k^2 + \bar{\boldsymbol{\psi}}_k^2) + \sum_{r=2}^{k-1} \frac{B_r}{r!}(\boldsymbol{\psi}_k^{r+1} - \bar{\boldsymbol{\psi}}_k^{r+1}) + \boldsymbol{f}^k, \qquad k \geqslant 3 \tag{22.k}$$

Wir beweisen zunächst das folgende Lemma:

Lemma 2 *Aus den Gl.* (21) *folgt:*

$$\bar{\boldsymbol{\psi}}_k^s = \sum_{\nu=2}^{k-s+2} \frac{1}{(\nu-1)!} \boldsymbol{\Phi}_k^{s+\nu-1} + \boldsymbol{\psi}_k^s, \qquad s \geqslant 2,\ k \geqslant s$$

Beweis. Aus der Definition von $\bar{\boldsymbol{\psi}}_k^s$ folgt, durch Einsetzen von Gl. (21) und mit der Definition von $\boldsymbol{\psi}_k^s$, sowie durch Aufspaltung einer Summe

$$\bar{\boldsymbol{\psi}}_k^s = \sum_{\substack{j_0+\cdots+j_{s-1}=k \\ j_0 \in \mathbf{N}, j_r \in \mathbf{N}}} \boldsymbol{f}^{j_0} \times \boldsymbol{u}^{j_1} \times \cdots \times \boldsymbol{u}^{j_{s-1}} + \sum_{\substack{j_0+\cdots+j_{s-1}=k \\ j_0 \in \mathbf{N}, j_r \in \mathbf{N}}} \sum_{r=2}^{j_0+1} \frac{1}{(r-1)!} \boldsymbol{\Phi}_{j_0}^r \times \boldsymbol{u}^{j_1} \times \cdots \times \boldsymbol{u}^{j_{s-1}}$$

$$= \boldsymbol{\psi}_k^s + \sum_{j_0=1}^{k-s+1} \sum_{\substack{j_1+\cdots+j_{s-1}=k-j_0 \\ j_r \in \mathbf{N}}} \sum_{r=2}^{j_0+1} \frac{1}{(r-1)!} \boldsymbol{\Phi}_{j_0}^r \times \boldsymbol{u}^{j_1} \times \cdots \times \boldsymbol{u}^{j_{s-1}}$$

Indem man die beiden inneren Summationen vertauscht, und dann eine Umsummation der äußeren Doppelsumme gemäß

$$\sum_{j_0=1}^{k-s+1} \sum_{r=2}^{j_0+1} a_{j_0 r} = \sum_{\nu=2}^{k-s+2} \sum_{\gamma=\nu-1}^{k-s+1} a_{\gamma\nu}$$

vornimmt, ergibt sich:

$$\bar{\boldsymbol{\psi}}_k^s = \boldsymbol{\psi}_k^s + \sum_{\nu=2}^{k-s+2} \frac{1}{(\nu-1)!} \sum_{\gamma=\nu-1}^{k-s+1} \sum_{\substack{j_1+\cdots+j_{s-1}=k-\gamma \\ j_r \in \mathbf{N}}} \boldsymbol{\Phi}_\gamma^\nu \times \boldsymbol{u}^{j_1} \times \cdots \times \boldsymbol{u}^{j_{s-1}}$$

Nun folgt weiter für die innere Doppelsumme aus der Definition von $\boldsymbol{\Phi}_\gamma^\nu$

$$\sum_{\gamma=\nu-1}^{k-s+1} \sum_{\substack{j_1+\cdots+j_{s-1}=k-\gamma \\ j_r \in \mathbf{N}}} \sum_{\substack{r_0+r_1+\cdots+r_{\nu-1}=\gamma \\ r_0 \in \mathbf{N}_0, r_k \in \mathbf{N}}} [\boldsymbol{f}^{r_0} \times \boldsymbol{u}^{r_1} \times \cdots \times \boldsymbol{u}^{r_{\nu-1}} \times \boldsymbol{u}^{j_1} \times \cdots \times \boldsymbol{u}^{j_{s-1}}] = \boldsymbol{\Phi}_k^{s+\nu-1}$$

Damit ist das Lemma bewiesen. ∎

Kommen wir nun zum eigentlichen Beweis. Er verläuft wie folgt: Wir zeigen, daß unter der Voraussetzung der Gültigkeit der Gl. (21) die rechte Seite von (22) mit derjenigen von (21) übereinstimmt, falls die Zahlen B_r geeignet bestimmt werden. Dann zeigen wir, daß B_r die Bernoulli-Zahlen sind.

Aus dem Lemma folgt:

$$\begin{aligned}
&\boldsymbol{f}^0\times\boldsymbol{u}^k+\tfrac{1}{2}(\boldsymbol{\psi}_k^2+\bar{\boldsymbol{\psi}}_k^2)+\sum_{r=2}^{k-1}\frac{B_r}{r!}(\boldsymbol{\psi}_k^{r+1}-\bar{\boldsymbol{\psi}}_k^{r+1})\\
&=\boldsymbol{f}^0\times\boldsymbol{u}^k+\boldsymbol{\psi}_k^2+\tfrac{1}{2}\sum_{\nu=2}^{k}\frac{1}{(\nu-1)!}\boldsymbol{\Phi}_k^{\nu+1}-\sum_{r=2}^{k-1}\frac{B_r}{r!}\sum_{\nu=2}^{k-r+1}\frac{1}{(\nu-1)!}\boldsymbol{\Phi}_k^{r+\nu}\\
&=\boldsymbol{\Phi}_k^2+\frac{1}{2!}\boldsymbol{\Phi}_k^3+\sum_{t=4}^{k+1}\frac{1}{2(t-2)!}\boldsymbol{\Phi}_k^t-\sum_{t=4}^{k+1}\left[\sum_{s=2}^{t-2}\frac{B_s}{s!}\frac{1}{(t-s-1)!}\right]\boldsymbol{\Phi}_k^t\\
&=\boldsymbol{\Phi}_k^2+\frac{1}{2!}\boldsymbol{\Phi}_k^3+\sum_{t=4}^{k+1}\left\{\frac{1}{2(t-2)!}-\sum_{s=2}^{t-2}\frac{B_s}{s!}\frac{1}{(t-s-1)!}\right\}\boldsymbol{\Phi}_k^t
\end{aligned}$$

Beim vorletzten Schritt benutzten wir, daß $\boldsymbol{f}^0\times\boldsymbol{u}^k+\boldsymbol{\psi}_k^2=\boldsymbol{\Phi}_k^2$ gilt, ferner wurde eine Umsummation der Art

$$\sum_{r=2}^{k-1}\sum_{\nu=2}^{k-r+1}a_{r\nu}=\sum_{t=4}^{k+1}\sum_{s=2}^{t-2}a_{st-s}$$

ausgeführt. Die behauptete Aussage ist bewiesen, falls wir gezeigt haben, daß gilt:

$$\frac{1}{(t-1)!}+\sum_{s=1}^{t-2}\frac{B_s}{s!}\frac{1}{(t-s-1)!}=0 \qquad t=3,4,\ldots \tag{23}$$

Ausführlich geschrieben lauten die Gleichungen wie folgt:

$$\begin{aligned}
&\frac{1}{2!}+\frac{B_1}{1!}\frac{1}{1!}=0\\
&\frac{1}{3!}+\frac{B_1}{1!}\frac{1}{2!}+\frac{B_2}{2!}\frac{1}{1!}=0\\
&\frac{1}{4!}+\frac{B_1}{1!}\frac{1}{3!}+\frac{B_2}{2!}\frac{1}{2!}+\frac{B_3}{3!}\frac{1}{1!}=0\\
&\vdots
\end{aligned} \tag{24}$$

Offenbar gibt es genau einen Satz von Zahlen $B_1, B_2, \ldots$ welcher Gl. (24) befriedigt. Um zu zeigen, daß diese Zahlen die Bernoulli-Zahlen sind, benützen wir deren erzeugende Funktion, d.h. die Funktion deren Taylor-Koeffizienten die Bernoulli-Zahlen sind. Bekanntlich gilt

$$\frac{x}{e^x-1}=\sum_{m=0}^{\infty}\frac{B_m}{m!}x^m \tag{25}$$

Aus (25) folgt, indem man mit e^x-1 multipliziert und die Potenzreihenentwicklung von e^x benützt:

$$x=\sum_{k=0}^{\infty}x^{k+1}\left[\sum_{m=0}^{k}\frac{1}{(k+1-m)!}\frac{B_m}{m!}\right]$$

Hieraus folgt durch Koeffizientenvergleich

$$B_0 = 1$$

$$\sum_{m=1}^{k-2} \frac{1}{(k-m-1)!} \frac{B_m}{m!} + \frac{1}{(k-1)!} = 0 \qquad k = 3, 4, \ldots$$

D.h. die Bernoulli-Zahlen erfüllen die Gl. (24).

B e m e r k u n g. Das Verschwinden der ungeraden Bernoulli-Zahlen $B_3, B_5, \ldots$ folgt sofort aus der Tatsache, daß

$$\frac{x}{e^x - 1} - \frac{B_1}{1!} x$$

eine gerade Funktion darstellt.

Resümieren wir das bisher Erreichte: Es sei $\boldsymbol{f}^0, \boldsymbol{f}^1, \ldots, \boldsymbol{u}^1, \boldsymbol{u}^2, \ldots, \bar{\boldsymbol{f}}^0, \bar{\boldsymbol{f}}^1, \ldots$ ein Satz von Funktionen, der die ursprünglichen Störungsgleichungen (19) befriedigt. Dann erfüllt derselbe Satz von Funktionen auch die Gl. (20).

Wir zeigen abschließend die Umkehrung: Es sei $\boldsymbol{f}^0, \boldsymbol{f}^1, \ldots, \boldsymbol{u}^1, \boldsymbol{u}^2, \ldots, \bar{\boldsymbol{f}}^0, \bar{\boldsymbol{f}}^1, \ldots$ ein Satz von Funktionen der die Gleichung (20) erfüllt. Nun definieren wir Funktionen $\bar{\boldsymbol{f}}^0_*, \bar{\boldsymbol{f}}^1_*, \ldots$ indem wir die Funktionen $\boldsymbol{f}^0, \boldsymbol{f}^1, \ldots, \boldsymbol{u}^1, \boldsymbol{u}^2, \ldots$ in die rechten Seiten der Gleichungen (19) einsetzen. Die so definierten Funktionen $\bar{\boldsymbol{f}}^0_*, \bar{\boldsymbol{f}}^1_*, \ldots$ erfüllen, zusammen mit den $\boldsymbol{f}^0, \boldsymbol{f}^1, \ldots, \boldsymbol{u}^1, \boldsymbol{u}^2, \ldots$ einen Satz von Gleichungen des Typs (20) — wie aus dem oben Bewiesenen folgt. Somit haben wir zwei Sätze von Relationen der Form (20), der eine gebildet mit den Funktionen $\bar{\boldsymbol{f}}^\iota$ der andere mit den $\bar{\boldsymbol{f}}^\iota_*$. Durch Vergleich ergibt sich sofort: $\bar{\boldsymbol{f}}^1 = \bar{\boldsymbol{f}}^1_*$, $\bar{\boldsymbol{f}}^2 = \bar{\boldsymbol{f}}^2_*$ usw. Damit ist gezeigt, daß die Funktionen $\boldsymbol{f}^0, \boldsymbol{f}^1, \ldots, \boldsymbol{u}^1, \boldsymbol{u}^2, \ldots, \bar{\boldsymbol{f}}^0, \bar{\boldsymbol{f}}^1, \ldots$ auch Lösung der Gl. (19) sind. ∎

Abschließend notieren wir noch die Formeln für die Transformation und ihre Umkehrung, die entstehen, indem man in (5) und (17) ebenfalls $\mu = 1$ setzt, $\boldsymbol{u}(\boldsymbol{x})$ durch die entsprechende Potenzreihe in (18) ersetzt und nach Potenzen von ε ordnet:

$$\boldsymbol{U}(\boldsymbol{x}, \varepsilon) = \boldsymbol{x} + \sum_{\iota=1}^{\infty} \varepsilon^\iota \sum_{r=1}^{\iota} \frac{1}{r!} \sum_{j_1+\cdots+j_r=\iota} \boldsymbol{u}^{j_1} \circ \boldsymbol{u}^{j_2} \circ \cdots \circ \boldsymbol{u}^{j_r} \tag{26}$$

$$\boldsymbol{V}(\boldsymbol{x}, \varepsilon) = \boldsymbol{x} + \sum_{\iota=1}^{\infty} \varepsilon^\iota \sum_{r=1}^{\iota} \frac{(-1)^r}{r!} \sum_{j_1+\cdots+j_r=\iota} \boldsymbol{u}^{j_1} \circ \cdots \circ \boldsymbol{u}^{j_r} \tag{27}$$

hierbei sind $j_1, j_2, \ldots, j_r$ natürliche Zahlen.

2.4 Der Zusammenhang mit der Mittelwertmethode

Der Vorteil, der auf Lie-Reihen gegründeten Transformationstheorie, wie sie in den vorangegangenen Abschnitten dargelegt wurde, besteht darin, daß man Störungsgleichungen erhält, deren Struktur einfach ist. Andererseits besteht ein Nachteil darin, daß nach der Bestimmung der $\boldsymbol{u}^1, \boldsymbol{u}^2, \ldots$ aus den Störungsgleichungen (cf. Abschn. 2.3) die fast-identische Transformation nicht sofort zu Verfügung steht, sondern zuerst die Formel (26) ausgewertet werden muß. Diesen Nachteil weist die übliche Mittelwertmethode nicht auf, und wir widmen deshalb den vorliegenden Abschnitt dem Zusammenhang zwischen den beiden Methoden. In der Mittelwertmethode wird die fast-identische Transformation $\boldsymbol{U}(\boldsymbol{x}, \varepsilon)$ durch Funktionen $\boldsymbol{U}^1(\boldsymbol{x}), \boldsymbol{U}^2(\boldsymbol{x}), \ldots$ auf folgende Weise erzeugt (cf. Gl. (20) der Einführung)

$$\boldsymbol{U}(\boldsymbol{x}, \varepsilon) = \boldsymbol{x} + \sum_{i=1}^{\infty} \varepsilon^i \boldsymbol{U}^i(\boldsymbol{x}) \tag{28}$$

Die Formeln (26) und (28) stellen offenbar genau dann dieselbe Transformation dar, wenn:

$$\boldsymbol{U}^i = \sum_{r=1}^{i} \frac{1}{r!} \sum_{j_1+\cdots+j_r=i} \boldsymbol{u}^{j_1} \circ \boldsymbol{u}^{j_2} \circ \cdots \circ \boldsymbol{u}^{j_r} \qquad i \geqslant 1 \tag{29}$$

gilt. Explizit lautet dieser Zusammenhang für $i = 1, 2, 3$:

$$\boldsymbol{U}^1 = \boldsymbol{u}^1 \tag{29.1}$$

$$\boldsymbol{U}^2 = \boldsymbol{u}^2 + \tfrac{1}{2}\boldsymbol{u}^1 \circ \boldsymbol{u}^1 \tag{29.2}$$

$$\boldsymbol{U}^3 = \boldsymbol{u}^3 + \tfrac{1}{2}\boldsymbol{u}^1 \circ \boldsymbol{u}^2 + \tfrac{1}{2}\boldsymbol{u}^2 \circ \boldsymbol{u}^1 + \tfrac{1}{6}\boldsymbol{u}^1 \circ \boldsymbol{u}^1 \circ \boldsymbol{u}^1 \tag{29.3}$$

Die Gleichung (29) läßt sich rekursiv nach $\boldsymbol{u}^1, \boldsymbol{u}^2, \boldsymbol{u}^3, \ldots$ auflösen:

$$\boldsymbol{u}^1 = \boldsymbol{U}^1 \tag{30.1}$$

$$\boldsymbol{u}^2 = \boldsymbol{U}^2 - \tfrac{1}{2}\boldsymbol{U}^1 \circ \boldsymbol{U}^1 \tag{30.2}$$

$$\boldsymbol{u}^3 = \boldsymbol{U}^3 - \tfrac{1}{2}\boldsymbol{U}^1 \circ \boldsymbol{U}^2 - \tfrac{1}{2}\boldsymbol{U}^2 \circ \boldsymbol{U}^1 + \tfrac{1}{4}\boldsymbol{U}^1 \circ (\boldsymbol{U}^1 \circ \boldsymbol{U}^1) + \tfrac{1}{12}\boldsymbol{U}^1 \circ \boldsymbol{U}^1 \circ \boldsymbol{U}^1 \tag{30.3}$$

Die Formeln (29), (30) gestatten den Übergang von der einen Methode zur anderen, d.h. kennen wir die "erzeugenden Funktionen" der einen Theorie, so können wir mit (29) oder (30) diejenigen der anderen ermitteln.

Benutzen wir die Gleichungen (30) zur Herleitung der Störungsgleichungen der Mittelwertmethode. Zu diesem Zweck muß man lediglich in den Störungsgleichungen (19.i) der Lie-Reihen-Theorie die $\boldsymbol{u}^i$ mittels (30) durch die $\boldsymbol{U}^i$ ausdrücken. Man erhält

$$\bar{\boldsymbol{f}}^0 = \boldsymbol{f}^0 \tag{31.0}$$

$$\bar{\boldsymbol{f}}^1 = \boldsymbol{f}^0 \times \boldsymbol{U}^1 + \boldsymbol{f}^1 \tag{31.1}$$

$$\bar{\boldsymbol{f}}^2 = \boldsymbol{f}^0 \times \boldsymbol{U}^2 + \boldsymbol{f}^1 \circ \boldsymbol{U}^1 - \boldsymbol{U}^1 \circ \bar{\boldsymbol{f}}^1 + \tfrac{1}{2}\boldsymbol{f}^0 \circ \boldsymbol{U}^1 \circ \boldsymbol{U}^1 - \tfrac{1}{2}\boldsymbol{f}^0 \circ (\boldsymbol{U}^1 \circ \boldsymbol{U}^1) + \boldsymbol{f}^2 \tag{31.2}$$

Bei der Herleitung von Formel (31.2) benützten wir die Formel

$$\boldsymbol{U}^1 \circ \boldsymbol{f}^1 = \boldsymbol{U}^1 \circ \bar{\boldsymbol{f}}^1 - \boldsymbol{U}^1 \circ (\boldsymbol{f}^0 \times \boldsymbol{U}^1)$$

welche aus (31.1) folgt, sowie

$$\boldsymbol{f} \circ (\boldsymbol{g} \times \boldsymbol{h}) = \boldsymbol{f} \circ \boldsymbol{g} \circ \boldsymbol{h} - \boldsymbol{f} \circ \boldsymbol{h} \circ \boldsymbol{g}$$

In der Mittelwertmethode ist es gebräuchlicher, die Störungsgleichungen in Komponentennotation anzugeben. Für (31.1), (31.2) findet man:

$$\bar{f}_i^1 = \frac{\partial f_i^0}{\partial x_j} U_j^1 - \frac{\partial U_i^1}{\partial x_j} f_j^0 + f_i^1 \tag{31.1}$$

$$\bar{f}_i^2 = \frac{\partial f_i^0}{\partial x_j} U_j^2 - \frac{\partial U_i^2}{\partial x_j} f_j^0 + \frac{\partial f_i^1}{\partial x_j} U_j^1 - \frac{\partial U_i^1}{\partial x_j} \bar{f}_j^1 + \frac{1}{2} \frac{\partial^2 f_i^0}{\partial x_j \, \partial x_k} U_j^1 U_k^1 + f_i^2 \tag{31.2}$$

wobei über doppelt vorkommende Indizes summiert werden soll. Die Gl. (31.1), (31.2) sind genau die Formeln, die in der üblichen Mittelwertmethode zur Anwendung gelangen.

3 Integration der Störungsgleichungen

In §1 haben wir die Idee der Elementtransformation dargestellt. Diese hinterläßt, wie wir gesehen haben, ein Störungsproblem der Form:

$$\begin{cases} \dot{\boldsymbol{\phi}} = \boldsymbol{\omega}(\boldsymbol{a}) + \varepsilon \boldsymbol{R}^1(\boldsymbol{\phi}, \boldsymbol{\Omega}, \boldsymbol{a}) + \cdots \\ \dot{\boldsymbol{\Omega}} = \qquad \varepsilon \boldsymbol{S}^1(\boldsymbol{\phi}, \boldsymbol{\Omega}, \boldsymbol{a}) + \cdots \\ \dot{\boldsymbol{a}} = \qquad \varepsilon \boldsymbol{T}^1(\boldsymbol{\phi}, \boldsymbol{\Omega}, \boldsymbol{a}) + \cdots \end{cases} \tag{1}$$

wobei die Funktionen $\boldsymbol{R}^i$, $\boldsymbol{S}^i$, $\boldsymbol{T}^i$ bezüglich aller Komponenten von $\boldsymbol{\phi}$, $\boldsymbol{\Omega}$ 2π-periodisch sind. (Wir besprechen wieder sogleich den ausgearteten Fall, der nicht-ausgeartete entspricht dem Grenzfall: Der Vektor $\boldsymbol{\Omega}$ hat Dimension Null) In §2 haben wir den Zusammenhang studiert zwischen einem DGl.-System:

$$\dot{\boldsymbol{x}} = \boldsymbol{f}^0(\boldsymbol{x}) + \varepsilon \boldsymbol{f}^1(\boldsymbol{x}) + \ldots, \tag{2a}$$

einer fast-identischen Transformation $\boldsymbol{U}(\bar{\boldsymbol{x}})$, die durch Funktionen $\boldsymbol{u}^1$, $\boldsymbol{u}^2, \ldots$ definiert ist, und dem transformierten System:

$$\dot{\bar{\boldsymbol{x}}} = \bar{\boldsymbol{f}}^0(\bar{\boldsymbol{x}}) + \varepsilon \bar{\boldsymbol{f}}^1(\bar{\boldsymbol{x}}) + \cdots \tag{2b}$$

Das Hauptergebnis bestand im Aufstellen der Störungsgleichungen, welche einen Satz von Beziehungen zwischen den Funktion $\boldsymbol{f}^i$, $\boldsymbol{u}^i$, $\bar{\boldsymbol{f}}^i$ darstellen.

Der vorliegende Paragraph beschäftigt sich mit der Wahl der Funktionen $\boldsymbol{u}^i$ unter der Annahme, daß das System (2a) von der Form (1) ist.

3.1 Mittelwert- und Integrationsoperator

Als Vorbereitung für die weiteren Ausführungen in diesem Paragraphen wollen wir folgendes partielles DGl.-System für die Funktion $\boldsymbol{u}(\boldsymbol{\phi}, \boldsymbol{\Omega}, \boldsymbol{a})$

$$\frac{\partial \boldsymbol{u}}{\partial \boldsymbol{\phi}} \boldsymbol{\omega} = \boldsymbol{F}(\boldsymbol{\phi}, \boldsymbol{\Omega}, \boldsymbol{a}) \tag{3}$$

untersuchen. Dabei ist $\boldsymbol{\omega}(\boldsymbol{a})$ die in (1) eingeführte Funktion, während $\boldsymbol{F}$ eine beliebig vorgegebene Funktion sei, welche 2π-periodisch ist bezüglich aller Komponenten von $\boldsymbol{\phi}$ und $\boldsymbol{\Omega}$. Hieraus folgt, daß $\boldsymbol{F}$ eine Fourierdarstellung besitzt:

$$\boldsymbol{F} = \sum \boldsymbol{F}_{\boldsymbol{nm}}^{(c)} \cos(\boldsymbol{n} \cdot \boldsymbol{\phi} + \boldsymbol{m} \cdot \boldsymbol{\Omega}) + \boldsymbol{F}_{\boldsymbol{nm}}^{(s)} \sin(\boldsymbol{n} \cdot \boldsymbol{\phi} + \boldsymbol{m} \cdot \boldsymbol{\Omega}) \tag{4}$$

Hierbei bedeuten $\boldsymbol{F}_{\boldsymbol{nm}}^{(c)}$, $\boldsymbol{F}_{\boldsymbol{nm}}^{(s)}$ Funktionen von $\boldsymbol{a}$, ferner $\boldsymbol{n}$, $\boldsymbol{m}$ Vektoren derselben Dimension wie $\boldsymbol{\phi}$ bzw. $\boldsymbol{\Omega}$ mit Komponenten aus $\mathbf{Z}$; $\boldsymbol{n} \cdot \boldsymbol{\phi}$ bzw. $\boldsymbol{m} \cdot \boldsymbol{\Omega}$ bezeichnet das skalare Produkt zwischen $\boldsymbol{n}$ und $\boldsymbol{\phi}$ bzw. $\boldsymbol{m}$ und $\boldsymbol{\Omega}$. Die Summation in (4) läuft grundsätzlich über alle ganzzahligen Vektoren $\boldsymbol{n}$, $\boldsymbol{m}$, wir machen jedoch die für das ganze Buch gültige, fundamentale **Annahme**: Wann immer eine Funktion des Typs (4) auftritt, so sind nur endlich viele der Koeffizienten $\boldsymbol{F}_{\boldsymbol{nm}}^{(c)}$, $\boldsymbol{F}_{\boldsymbol{nm}}^{(s)}$ von $\boldsymbol{0}$ verschieden. *Insbesondere soll dies für die Funktionen* $\boldsymbol{R}'$, $\boldsymbol{S}'$, $\boldsymbol{T}'$ *in Gl.* (1) *gelten.*

Wir fragen nun, im Sinne einer Vorbereitung für die Integration der Störungsgleichungen, nach denjenigen Lösungen von (3), die dieselbe Periodizitätseigenschaft haben wie $\boldsymbol{F}$, d.h. die 2π-periodisch sind bezüglich der Komponenten von $\boldsymbol{\phi}$ und $\boldsymbol{\Omega}$.

Zur Beantwortung dieser Frage führen wir den Mittelwertoperator $M_{\boldsymbol{\phi}}$ ein. Er wird auf Funktionen des Typs (4) angewandt und bewirkt das Verschwinden der von $\boldsymbol{\phi}$ abhängigen Terme:

Definition

$$M_{\boldsymbol{\phi}}(\boldsymbol{F}) = \sum \boldsymbol{F}_{\boldsymbol{om}}^{(c)} \cos(\boldsymbol{m} \cdot \boldsymbol{\Omega}) + \boldsymbol{F}_{\boldsymbol{om}}^{(s)} \sin(\boldsymbol{m} \cdot \boldsymbol{\Omega})$$

Es gilt:

Lemma 1 *Gl.* (3) *hat genau dann Lösungen* $\boldsymbol{u}$ *mit der genannten Periodizitätseigenschaft, wenn gilt:*

$$M_{\boldsymbol{\phi}}(\boldsymbol{F}) = \boldsymbol{0}$$

Unter diesen gibt es genau eine mit der Eigenschaft $M_{\boldsymbol{\phi}}(\boldsymbol{u}) = \boldsymbol{0}$. *Alle anderen ergeben sich aus dieser durch Addition einer nur von* $\boldsymbol{\Omega}$, $\boldsymbol{a}$ *abhängigen willkürlichen Funktion.*

Definition *Die in Lemma* 1 *genannte ausgezeichnete Lösung wird mit*

$$I_{\boldsymbol{\phi}}(\boldsymbol{F})$$

bezeichnet. $I_{\boldsymbol{\phi}}$ *heißt Integrationsoperator.*

Beweis. $\boldsymbol{u}(\boldsymbol{\phi}, \boldsymbol{\Omega}, \boldsymbol{a})$ soll eine Funktion des Typs (4) sein:

$$\boldsymbol{u} = \sum \boldsymbol{u}_{\boldsymbol{nm}}^{(c)} \cos(\boldsymbol{n} \cdot \boldsymbol{\phi} + \boldsymbol{m} \cdot \boldsymbol{\Omega}) + \boldsymbol{u}_{\boldsymbol{nm}}^{(s)} \sin(\boldsymbol{n} \cdot \boldsymbol{\phi} + \boldsymbol{m} \cdot \boldsymbol{\Omega}) \tag{5}$$

Führen wir diesen Ausdruck in (3) ein:

$$\sum (\boldsymbol{n} \cdot \boldsymbol{\omega}) \boldsymbol{u}_{\boldsymbol{nm}}^{(s)} \cos(\boldsymbol{n} \cdot \boldsymbol{\phi} + \boldsymbol{m} \cdot \boldsymbol{\Omega}) - (\boldsymbol{n} \cdot \boldsymbol{\omega}) \boldsymbol{u}_{\boldsymbol{nm}}^{(c)} \sin(\boldsymbol{n} \cdot \boldsymbol{\phi} + \boldsymbol{m} \cdot \boldsymbol{\Omega}) = \boldsymbol{F}$$

Unter Verwendung von (4) ergeben sich hieraus durch Koeffizientenvergleich die folgenden notwendigen und hinreichenden Bedingungen:

$$(\boldsymbol{n}\cdot\boldsymbol{\omega})\boldsymbol{u}^{(s)}_{\boldsymbol{nm}}=\boldsymbol{F}^{(c)}_{\boldsymbol{nm}};\qquad -(\boldsymbol{n}\cdot\boldsymbol{\omega})\boldsymbol{u}^{(c)}_{\boldsymbol{nm}}=\boldsymbol{F}^{(s)}_{\boldsymbol{nm}} \tag{6}$$

Da $\boldsymbol{n}\cdot\boldsymbol{\omega}$ dann und nur dann verschwindet, wenn $\boldsymbol{n}$ der Nullvektor ist (cf. Abschn. 1.3 Bedingung (iii)), folgt: (3) ist lösbar genau dann, wenn:

$$\boldsymbol{F}^{(c)}_{\boldsymbol{0m}}=\boldsymbol{F}^{(s)}_{\boldsymbol{0m}}=\boldsymbol{0} \tag{7}$$

für alle Vektoren $\boldsymbol{m}$. Die Aussage (7) bedeutet aber $M_{\boldsymbol{\phi}}(\boldsymbol{F})=\boldsymbol{0}$. Damit ist die erste Aussage des Lemmas gezeigt. Weiter folgt aus (6), falls (7) erfüllt ist:

$$\begin{cases}\boldsymbol{u}^{(s)}_{\boldsymbol{nm}}=\dfrac{\boldsymbol{F}^{(c)}_{\boldsymbol{nm}}}{\boldsymbol{n}\cdot\boldsymbol{\omega}};\qquad \boldsymbol{u}^{(c)}_{\boldsymbol{nm}}=\dfrac{-\boldsymbol{F}^{(s)}_{\boldsymbol{nm}}}{\boldsymbol{n}\cdot\boldsymbol{\omega}}\quad \text{für}\quad \boldsymbol{n}\neq\boldsymbol{0}\\ \boldsymbol{u}^{(s)}_{\boldsymbol{0m}},\qquad \boldsymbol{u}^{(c)}_{\boldsymbol{0m}}\quad \text{beliebig}\end{cases} \tag{8}$$

Hieraus ergeben sich die übrigen Behauptungen des Lemmas. Insbesondere folgt:

$$I_{\boldsymbol{\phi}}(\boldsymbol{F})=\sum_{\boldsymbol{n}\neq\boldsymbol{0}}-\frac{\boldsymbol{F}^{(s)}_{\boldsymbol{nm}}}{\boldsymbol{n}\cdot\boldsymbol{\omega}}\cos(\boldsymbol{n}\cdot\boldsymbol{\phi}+\boldsymbol{m}\cdot\boldsymbol{\Omega})+\frac{\boldsymbol{F}^{(c)}_{\boldsymbol{nm}}}{\boldsymbol{n}\cdot\boldsymbol{\omega}}\sin(\boldsymbol{n}\cdot\boldsymbol{\phi}+\boldsymbol{m}\cdot\boldsymbol{\Omega}) \tag{9}$$

(Es wird über alle Vektoren $\boldsymbol{n}$, $\boldsymbol{m}$ summiert mit Ausnahme der Paare $(\boldsymbol{0},\boldsymbol{m})$) ■

3.2 Die Integration der Störungsgleichungen

Wir wollen nun die in §2 entwickelte Transformationstechnik auf das System (1) anwenden. Offenbar ist

$$\boldsymbol{x}=\begin{pmatrix}\boldsymbol{\phi}\\ \boldsymbol{\Omega}\\ \boldsymbol{a}\end{pmatrix},\qquad f^0=\begin{pmatrix}\boldsymbol{\omega}\\ \boldsymbol{0}\\ \boldsymbol{0}\end{pmatrix},\qquad f^\iota=\begin{pmatrix}\boldsymbol{R}^\iota\\ \boldsymbol{S}^\iota\\ \boldsymbol{T}^\iota\end{pmatrix} \tag{10}$$

zu setzen. Weiter führen wir ein:

$$\boldsymbol{u}^\iota=\begin{pmatrix}\boldsymbol{r}^\iota\\ \boldsymbol{s}^\iota\\ \boldsymbol{t}^\iota\end{pmatrix},\qquad \bar{f}^\iota=\begin{pmatrix}\bar{\boldsymbol{R}}^\iota\\ \bar{\boldsymbol{S}}^\iota\\ \bar{\boldsymbol{T}}^\iota\end{pmatrix} \tag{11}$$

Dann wird das System mittels der Transformation (2, 26) in das folgende übergeführt:

$$\begin{cases}\dot{\bar{\boldsymbol{\phi}}}=\boldsymbol{\omega}+\varepsilon\bar{\boldsymbol{R}}^1+\cdots\\ \dot{\bar{\boldsymbol{\Omega}}}=\qquad\varepsilon\bar{\boldsymbol{S}}^1+\cdots\\ \dot{\bar{\boldsymbol{a}}}=\qquad\varepsilon\bar{\boldsymbol{T}}^1+\cdots\end{cases} \tag{12}$$

wobei zwischen den Größen f^ι, $\boldsymbol{u}^\iota$, $\bar{f}^\iota$ die Relationen (2, 20i) (Störungsgleichungen) bestehen, die wir symbolisch wie folgt schreiben:

$$f^0\times\boldsymbol{u}^\iota+\mathscr{F}^\iota=\bar{f}^\iota \tag{13.i}$$

Dabei ist $\mathcal{F}^i$ eine Funktion von $f^0, f^1, \dots f^i, u^1, \dots u^{i-1}, \bar{f}^1, \bar{f}^2, \dots, \bar{f}^{i-1}$, also bekannt, falls die ersten $i-1$ der Funktionen u^j, $\bar{f}^j$ bestimmt sind. Dies nehmen wir im Sinne einer Induktionsvoraussetzung an. Unter Benutzung von (10), (11) läßt sich (13.i) wie folgt schreiben:

$$\begin{cases} \dfrac{\partial \boldsymbol{r}^i}{\partial \boldsymbol{\phi}} \boldsymbol{\omega} = \mathcal{R}^i - \bar{\boldsymbol{R}}^i + \dfrac{\partial \boldsymbol{\omega}}{\partial \boldsymbol{a}} \boldsymbol{t}^i \\ \dfrac{\partial \boldsymbol{s}^i}{\partial \boldsymbol{\phi}} \boldsymbol{\omega} = \mathcal{S}^i - \bar{\boldsymbol{S}}^i \\ \dfrac{\partial \boldsymbol{t}^i}{\partial \boldsymbol{\phi}} \boldsymbol{\omega} = \mathcal{T}^i - \bar{\boldsymbol{T}}^i \end{cases} \tag{14.i}$$

dabei wurde der Vektor $\mathcal{F}^i$ in die Vektoren $\mathcal{R}^i$, $\mathcal{S}^i$, $\mathcal{T}^i$ aufgeteilt. Zur Integration von (14.i) muß zunächst die dritte Gleichung gelöst werden, damit $\boldsymbol{t}^i$ in die rechte Seite der ersten Gleichung eingesetzt werden kann. Beachtet man dies, so folgt, daß alle drei Gleichungen vom Typus der Gl. (3) sind.

Die Gleichungen (13.i) genügen nicht, um die Funktionen u^j, $\bar{f}^j$ zu bestimmen. Wir verlangen deshalb:

Forderung A: *Die Funktionen $u^j(\boldsymbol{\phi}, \boldsymbol{\Omega}, \boldsymbol{a})$ sind 2π-periodisch bezüglich der Komponenten von $\boldsymbol{\phi}$ und $\boldsymbol{\Omega}$ mit endlicher Fourierdarstellung.*

Forderung B: *Die Funktionen $\bar{f}^j$ sollen so einfach wie möglich sein.*

Forderung B ist selbstverständlich. Für eine Begründung der Forderung A verweisen wir den Leser auf die Einführung oder auf die Untersuchungen im letzten Kapitel dieses Buches. Nehmen wir an, die Funktionen u^1, $u^2, \dots, u^{i-1}$ erfüllen die Forderung A. Hieraus sowie aus der Voraussetzung über die Funktionen $\boldsymbol{R}^j$, $\boldsymbol{S}^j$, $\boldsymbol{T}^j$ (cf. 3.1) und dem Bau der Funktionen $\mathcal{R}^i, \mathcal{S}^i, \mathcal{T}^i$ folgt, daß die Gleichungen (14.i) gemäß Abschn. 3.1 behandelt werden können. Betrachten wir zunächst die dritte Gleichung. Damit Lemma 1 anwendbar ist, müssen wir $M_{\phi}(\bar{\boldsymbol{T}}^i) = M_{\phi}(\mathcal{T}^i)$ verlangen. Diese Bedingung ist sicher erfüllt, wenn wir

$$\bar{\boldsymbol{T}}^i = M_{\phi}(\mathcal{T}^i) \tag{15a}$$

setzen. Sie wäre auch genau dann noch erfüllt, wenn wir zu $M_{\phi}(\mathcal{T}^i)$ eine beliebige Funktion von $\boldsymbol{\phi}$, $\boldsymbol{\Omega}$, $\boldsymbol{a}$ addieren würden, deren Mittelwert verschwindet. Das wäre jedoch unzweckmäßig, denn dann würde die rechte Seite auch beim transformierten System von allen Variablen abhängen, wodurch die Durchführung der fast-identischen Transformation ihren Sinn verlieren würde, indem das neue System nicht einfacher wäre als das alte, im Widerspruch zur Forderung B.

Eine Lösung der letzten Gleichung (14.i) lautet z.B. nun:

$$\boldsymbol{t}^i = I_{\phi}(\mathcal{T}^i - \bar{\boldsymbol{T}}^i) \tag{15a}$$

Indem wir mit den übrigen Gleichungen analog verfahren, finden wir:

$$\bar{\boldsymbol{S}}^{\iota} = M_{\Phi}(\mathscr{S}^{i}), \qquad \boldsymbol{s}^{\iota} = I_{\Phi}(\mathscr{S}^{i} - \bar{\boldsymbol{S}}^{\iota}) \tag{15b}$$

und

$$\bar{\boldsymbol{R}}^{\iota} = M_{\Phi}(\mathscr{R}^{i}), \qquad \boldsymbol{r}^{\iota} = I_{\Phi}\left(\mathscr{R}^{i} - \bar{\boldsymbol{R}}^{\iota} + \frac{\partial \boldsymbol{\omega}}{\partial \boldsymbol{a}} \boldsymbol{t}^{\iota}\right) \tag{15c}$$

(man beachte, daß $M_{\Phi}((\partial\boldsymbol{\omega}/\partial\boldsymbol{a})\boldsymbol{t}^{\iota}) = \boldsymbol{0}$ gilt).
Damit ist gezeigt: Es ist möglich, die Funktionen $\boldsymbol{u}^{j}$ so zu bestimmen, daß die Forderung A erfüllt ist und die rechten Seiten des transformierten Systems unabhängig von $\bar{\boldsymbol{\Phi}}$ sind:

$$\begin{cases} \dot{\bar{\boldsymbol{\Phi}}} = \boldsymbol{\omega}(\bar{\boldsymbol{a}}) + \varepsilon \bar{\boldsymbol{R}}^{1}(\bar{\boldsymbol{\Omega}}, \bar{\boldsymbol{a}}) + \cdots \\ \dot{\bar{\boldsymbol{\Omega}}} = \qquad\quad \varepsilon \bar{\boldsymbol{S}}^{1}(\bar{\boldsymbol{\Omega}}, \bar{\boldsymbol{a}}) + \cdots \\ \dot{\bar{\boldsymbol{a}}} = \qquad\quad \varepsilon \bar{\boldsymbol{T}}^{1}(\bar{\boldsymbol{\Omega}}, \bar{\boldsymbol{a}}) + \cdots \end{cases} \tag{16}$$

Dies bedeutet, daß man zuerst das Teilsystem

$$\begin{cases} \dot{\bar{\boldsymbol{\Omega}}} = \varepsilon \bar{\boldsymbol{S}}^{1}(\bar{\boldsymbol{\Omega}}, \bar{\boldsymbol{a}}) + \cdots \\ \dot{\bar{\boldsymbol{a}}} = \varepsilon \bar{\boldsymbol{T}}^{1}(\bar{\boldsymbol{\Omega}}, \bar{\boldsymbol{a}}) + \cdots \end{cases} \tag{17}$$

behandeln kann, während sich $\bar{\boldsymbol{\Phi}}$ nachher durch Quadratur ergibt. Das System (16) bzw. (17) wird als gemitteltes Sytem oder säkulares System oder verbleibendes System bezeichnet.

Approximation k-ter Ordnung Da man sich auf die Kenntnis endlich vieler der Funktionen $\boldsymbol{u}^{\iota}$, $\bar{\boldsymbol{f}}^{\iota}$ beschränken muß, hat man zu definieren, was man unter der Approximation k-ter Ordnung verstehen will.
Wir verwenden folgende

Definition 1. *Man bestimme die Funktionen* $\boldsymbol{u}^{1}, \boldsymbol{u}^{2}, \ldots, \boldsymbol{u}^{k}$ *und* $\bar{\boldsymbol{f}}^{1}, \bar{\boldsymbol{f}}^{2}, \ldots, \bar{\boldsymbol{f}}^{k+1}$.
2. *Es sei* $\boldsymbol{x}^{0}$ *die Anfangsbedingung zum System* (1). *Man bilde:*

$$\bar{\boldsymbol{x}}^{0} = \boldsymbol{x} + \sum_{\iota=1}^{k} \varepsilon^{\iota} \sum_{r=1}^{\iota} \frac{(-1)^{r}}{r!} \sum_{j_1+j_2+\cdots+j_r=\iota} \boldsymbol{u}^{j_1} \circ \boldsymbol{u}^{j_2} \circ \cdots \circ \boldsymbol{u}^{j_r} \qquad \boldsymbol{x} \to \boldsymbol{x}^{0\,1)} \tag{18}$$

3. *Man ermittle die Lösung* $\bar{\boldsymbol{x}}(t)$ *von*

$$\dot{\bar{\boldsymbol{x}}} = \sum_{\iota=0}^{k+1} \varepsilon^{\iota} \bar{\boldsymbol{f}}^{\iota}(\bar{\boldsymbol{x}}) \tag{19}$$

zur Anfangsbedingung $\bar{\boldsymbol{x}}^{0}$.
4. *Man bilde*

$$\boldsymbol{x} + \sum_{\iota=1}^{k} \varepsilon^{\iota} \sum_{r=1}^{\iota} \frac{1}{r!} \sum_{j_1+j_2+\cdots+j_r=\iota} \boldsymbol{u}^{j_1} \circ \boldsymbol{u}^{j_2} \circ \cdots \circ \boldsymbol{u}^{j_r} \qquad \boldsymbol{x} \to \bar{\boldsymbol{x}}(t) \tag{20}$$

[1)] Man erinnere sich an die früher definierte Pfeilnotation: Das Argument $\boldsymbol{x}$ in der links stehenden Funktion ist durch $\boldsymbol{x}^{0}$ zu ersetzen.

Die durch (20) *definierte Funktion von t heißt Approximation der Ordnung k.*
Für den besonders wichtigen Fall einer Approximation 1. Ordnung wollen wir eine Formelsammlung geben: Es sei

$$\begin{cases} \dot{\boldsymbol{\phi}} = \boldsymbol{\omega}(\boldsymbol{a}) + \varepsilon \boldsymbol{R}^1(\boldsymbol{\phi}, \boldsymbol{\Omega}, \boldsymbol{a}) + \varepsilon^2 \boldsymbol{R}^2(\boldsymbol{\phi}, \boldsymbol{\Omega}, \boldsymbol{a}) & \text{mit} \quad \boldsymbol{\phi}(0) = \boldsymbol{\phi}^0 \\ \dot{\boldsymbol{\Omega}} = \quad \varepsilon \boldsymbol{S}^1(\boldsymbol{\phi}, \boldsymbol{\Omega}, \boldsymbol{a}) + \varepsilon^2 \boldsymbol{S}^2(\boldsymbol{\phi}, \boldsymbol{\Omega}, \boldsymbol{a}) & \text{mit} \quad \boldsymbol{\Omega}(0) = \boldsymbol{\Omega}^0 \\ \dot{\boldsymbol{a}} = \quad \varepsilon \boldsymbol{T}^1(\boldsymbol{\phi}, \boldsymbol{\Omega}, \boldsymbol{a}) + \varepsilon^2 \boldsymbol{T}^2(\boldsymbol{\phi}, \boldsymbol{\Omega}, \boldsymbol{a}) & \text{mit} \quad \boldsymbol{a}(0) = \boldsymbol{a}^0 \end{cases} \tag{21}$$

1\. Schritt. Mit den in Abschn. 3.1 eingeführten Operatoren M_{ϕ}, I_{ϕ} berechne man

$$\bar{\boldsymbol{T}}^1 = M_{\phi}(\boldsymbol{T}^1); \qquad \bar{\boldsymbol{S}}^1 = M_{\phi}(\boldsymbol{S}^1); \qquad \bar{\boldsymbol{R}}^1 = M_{\phi}(\boldsymbol{R}^1) \tag{22.1}$$

$$\boldsymbol{t}^1 = I_{\phi}(\boldsymbol{T}^1 - \bar{\boldsymbol{T}}^1); \qquad \boldsymbol{s}^1 = I_{\phi}(\boldsymbol{S}^1 - \bar{\boldsymbol{S}}^1); \qquad \boldsymbol{r}^1 = I_{\phi}\left(\boldsymbol{R}^1 - \bar{\boldsymbol{R}}^1 + \frac{\partial \boldsymbol{\omega}}{\partial \boldsymbol{a}} \boldsymbol{t}^1\right) \tag{23}$$

und weiter

$$\begin{pmatrix} \bar{\boldsymbol{R}}^2 \\ \bar{\boldsymbol{S}}^2 \\ \bar{\boldsymbol{T}}^2 \end{pmatrix} = M_{\phi}(\tfrac{1}{2}\boldsymbol{f}^1 \times \boldsymbol{u}^1) + M_{\phi}(\boldsymbol{f}^2) \qquad \text{wo } \boldsymbol{f}^i = \begin{pmatrix} \boldsymbol{R}^i \\ \boldsymbol{S}^i \\ \boldsymbol{T}^i \end{pmatrix}, \qquad \boldsymbol{u}^1 = \begin{pmatrix} \boldsymbol{r}^1 \\ \boldsymbol{s}^1 \\ \boldsymbol{t}^1 \end{pmatrix} \tag{22.2}$$

2\. Schritt. Man bilde transformierte Anfangsbedingungen nach der Vorschrift:

$$\begin{cases} \bar{\boldsymbol{\phi}}^0 = \boldsymbol{\phi}^0 - \varepsilon \boldsymbol{r}^1(\boldsymbol{\phi}^0, \boldsymbol{\Omega}^0, \boldsymbol{a}^0) \\ \bar{\boldsymbol{\Omega}}^0 = \boldsymbol{\Omega}^0 - \varepsilon \boldsymbol{s}^1(\boldsymbol{\phi}^0, \boldsymbol{\Omega}^0, \boldsymbol{a}^0) \\ \bar{\boldsymbol{a}}^0 = \boldsymbol{a}^0 - \varepsilon \boldsymbol{t}^1(\boldsymbol{\phi}^0, \boldsymbol{\Omega}^0, \boldsymbol{a}^0) \end{cases} \tag{24.a}$$

3\. Schritt. Man ermittle die Lösung $\bar{\boldsymbol{\phi}}(t)$, $\bar{\boldsymbol{\Omega}}(t)$, $\bar{\boldsymbol{a}}(t)$ des verbleibenden Systems:

$$\begin{cases} \dot{\bar{\boldsymbol{\phi}}} = \boldsymbol{\omega}(\bar{\boldsymbol{a}}) + \varepsilon \bar{\boldsymbol{R}}^1(\bar{\boldsymbol{\Omega}}, \bar{\boldsymbol{a}}) + \varepsilon^2 \bar{\boldsymbol{R}}^2(\bar{\boldsymbol{\Omega}}, \bar{\boldsymbol{a}}) & \text{mit} \quad \bar{\boldsymbol{\phi}}(0) = \bar{\boldsymbol{\phi}}^0 \\ \dot{\bar{\boldsymbol{\Omega}}} = \quad \varepsilon \bar{\boldsymbol{S}}^1(\bar{\boldsymbol{\Omega}}, \bar{\boldsymbol{a}}) + \varepsilon^2 \bar{\boldsymbol{S}}^2(\bar{\boldsymbol{\Omega}}, \bar{\boldsymbol{a}}) & \text{mit} \quad \bar{\boldsymbol{\Omega}}(0) = \bar{\boldsymbol{\Omega}}^0 \\ \dot{\bar{\boldsymbol{a}}} = \quad \varepsilon \bar{\boldsymbol{T}}^1(\bar{\boldsymbol{\Omega}}, \bar{\boldsymbol{a}}) + \varepsilon^2 \bar{\boldsymbol{T}}^2(\bar{\boldsymbol{\Omega}}, \bar{\boldsymbol{a}}) & \text{mit} \quad \bar{\boldsymbol{a}}(0) = \bar{\boldsymbol{a}}^0 \end{cases} \tag{25}$$

4\. Schritt. Man bilde die Approximation 1. Ordnung für die Lösungen $\boldsymbol{\phi}(t)$, $\boldsymbol{\Omega}(t)$, $\boldsymbol{a}(t)$:

$$\begin{cases} \bar{\boldsymbol{\phi}}(t) + \varepsilon \boldsymbol{r}^1(\bar{\boldsymbol{\phi}}(t), \bar{\boldsymbol{\Omega}}(t), \bar{\boldsymbol{a}}(t)) \\ \bar{\boldsymbol{\Omega}}(t) + \varepsilon \boldsymbol{s}^1(\bar{\boldsymbol{\phi}}(t), \bar{\boldsymbol{\Omega}}(t), \bar{\boldsymbol{a}}(t)) \\ \bar{\boldsymbol{a}}(t) + \varepsilon \boldsymbol{t}^1(\bar{\boldsymbol{\phi}}(t), \bar{\boldsymbol{\Omega}}(t), \bar{\boldsymbol{a}}(t)) \end{cases} \tag{24.b}$$

In den Anwendungen ist $\boldsymbol{\omega}$ oft eine von $\boldsymbol{a}$ unabhängige Konstante. Dies bewirkt eine Vereinfachung in Gl. (22.2) aufgrund von:

Lemma 2 *Falls* $\boldsymbol{\omega}$ *unabhängig ist von* $\boldsymbol{a}$, *gilt:*

$$M_{\phi}(\tfrac{1}{2}\boldsymbol{f}^1 \times \boldsymbol{u}^1) = M_{\phi}(\boldsymbol{f}^1 \circ \boldsymbol{u}^1)$$

Beweis. Wegen $f^1 = \bar{f}^1 - f^0 \times u^1$ und $M_\Phi(\bar{f}^1 \times u^1) = 0$ folgt:

$$M_\Phi(f^1 \times u^1) = -M_\Phi(f^0 \times u^1 \times u^1)$$

Aus der Definition des Kommutators und wegen (2, 12) ergibt sich

$$f^0 \times u^1 \times u^1 = f^0 \circ u^1 \circ u^1 - 2u^1 \circ f^0 \circ u^1 + u^1 \circ u^1 \circ f^0$$

Für eine beliebige Funktion g gilt: $M_\Phi(g \circ f^0) = 0$, speziell also: $M_\Phi(u^1 \circ u^1 \circ f^0) = 0$, somit

$$\begin{aligned} M_\Phi(f^1 \times u^1) &= -2M_\Phi(f^0 \circ u^1 \circ u^1 - u^1 \circ f^0 \circ u^1) + M_\Phi(f^0 \circ u^1 \circ u^1) \\ &= -2M_\Phi([f^0 \times u^1] \circ u^1) + M_\Phi(f^0 \circ u^1 \circ u^1) \end{aligned}$$

Indem man neuerdings die 1. Störungsgleichung benützt, folgt

$$M_\Phi(f^1 \times u^1) = -2M_\Phi(\bar{f}^1 \circ u^1) + 2M_\Phi(f^1 \circ u^1) + M_\Phi(f^0 \circ u^1 \circ u^1)$$

Mit $M_\Phi(\bar{f}^1 \circ u^1) = 0$ erhalten wir endlich:

$$M_\Phi(f^1 \times u^1) = 2M_\Phi(f^1 \circ u^1) + M_\Phi(f^0 \circ u^1 \circ u^1) \tag{26}$$

Man beachte, daß diese Formel gilt, auch wenn $\partial\omega/\partial a \neq 0$ ist. Die Behauptung des Lemmas folgt nun aus $f^0 = \text{const}$. ■

Bemerkung. Die bis dahin entwickelte Theorie reicht für das Verständnis der in §4 behandelten Kreiselbeispiele aus.

3.3 Unwesentlich ausgeartete Systeme

In Abschn. 1.3 haben wir den Begriff des nicht-ausgearteten Systems bzw. des ausgearteten Systems eingeführt. Wie man sich erinnert, ist die Eigenschaft eines Systems, ausgeartet zu sein oder nicht, durch das ungestörte Problem bestimmt. Der nun zu definierende Begriff eines unwesentlich ausgearteten Systems setzt ein ausgeartetes System voraus, drückt jedoch eine Eigenschaft der Störung aus.

Es sei ein ausgeartetes System vorgelegt (cf. Gl. (1)). Nehmen wir an, die in Abschn. 3.2 beschriebene Prozedur sei durchgeführt. Dann verbleibt die Behandlung des Systems (17):

$$\begin{cases} \dot{\bar{\Omega}} = \varepsilon \bar{S}^1(\bar{\Omega}, \bar{a}) + \varepsilon^2 \bar{S}^2(\bar{\Omega}, \bar{a}) + \cdots \\ \dot{\bar{a}} = \varepsilon \bar{T}^1(\bar{\Omega}, \bar{a}) + \varepsilon^2 \bar{T}^2(\bar{\Omega}, \bar{a}) + \cdots \end{cases} \tag{27}$$

Indem wir die folgende triviale Transformation der unabhängigen Variablen vornehmen:

$$\tau = \varepsilon t \tag{28}$$

geht (27) über in

$$\begin{cases} \bar{\boldsymbol{\Omega}}' = \bar{\boldsymbol{S}}^1(\bar{\boldsymbol{\Omega}}, \bar{\boldsymbol{a}}) + \varepsilon \bar{\boldsymbol{S}}^2(\bar{\boldsymbol{\Omega}}, \bar{\boldsymbol{a}}) + \cdots \\ \bar{\boldsymbol{a}}' = \bar{\boldsymbol{T}}^1(\bar{\boldsymbol{\Omega}}, \bar{\boldsymbol{a}}) + \varepsilon \bar{\boldsymbol{T}}^2(\bar{\boldsymbol{\Omega}}, \bar{\boldsymbol{a}}) + \cdots \end{cases} \tag{29}$$

(der Akzent bezeichnet Ableitung nach τ).

Das System (29) kann unter Umständen mit den in den vorigen Abschnitten entwickelten Techniken weiter vereinfacht werden. Gilt nämlich:

1. *Die Funktion* $\bar{\boldsymbol{S}}^1 = M_{\boldsymbol{\phi}}(\boldsymbol{S}^1)$ *ist unabhängig von* $\bar{\boldsymbol{\Omega}}$. ($\bar{\boldsymbol{S}}^1$ wird die Rolle der Funktion $\boldsymbol{\omega}(\bar{\boldsymbol{a}})$ übernehmen und wird daher mit $\boldsymbol{\nu}(\bar{\boldsymbol{a}})$ bezeichnet und soll ebenfalls linear unabhängig sein über dem Ring $\mathbf{Z}$ der ganzen Zahlen (Vergl. Abschn. 1.3, Bedingung (iii)).)

2. *Es ist* $\bar{\boldsymbol{T}}^1 = 0$.

So kann das Problem (29) als ein nicht-ausgeartetes System betrachtet werden und das Verfahren von Abschn. 3.2 wird anwendbar (wobei $\bar{\boldsymbol{\Omega}}$ anstelle von $\boldsymbol{\phi}$ tritt): Mittels einer fast-identischen Transformation wird (29) in das folgende System übergeführt:

$$\begin{cases} \bar{\bar{\boldsymbol{\Omega}}}' = \boldsymbol{\nu}(\bar{\bar{\boldsymbol{a}}}) + \varepsilon \bar{\bar{\boldsymbol{S}}}^2(\bar{\bar{\boldsymbol{a}}}) + \cdots \\ \bar{\bar{\boldsymbol{a}}}' = \qquad \varepsilon \bar{\bar{\boldsymbol{T}}}^2(\bar{\bar{\boldsymbol{a}}}) + \cdots \end{cases} \tag{30}$$

Dies bedeutet, daß man zuerst das Teilsystem

$$\bar{\bar{\boldsymbol{a}}}' = \varepsilon \bar{\bar{\boldsymbol{T}}}^2(\bar{\bar{\boldsymbol{a}}}) + \cdots \tag{31}$$

behandeln kann, während sich $\bar{\bar{\boldsymbol{\Omega}}}$ nachher durch Ouadratur ergibt.

Ein System, das den Bedingungen 1, 2 genügt, wollen wir unwesentlich ausgeartet nennen. Diese Bezeichnung wird deshalb nahegelegt, weil man am Schluß wie beim nicht-ausgearteten Fall nur eine Amplitudengleichung zu lösen hat.

Die Behandlung eines unwesentlich ausgearteten Systems durch Weglassen der $\bar{\boldsymbol{\phi}}$-Gleichung, wie wir es soeben geschildert haben, erweist sich als ungeeignet für gewisse theoretische Zwecke. Wir schildern deshalb im folgenden Abschnitt eine andere Version.

3.3.1 Integrationsmethode für unwesentlich ausgeartete Systeme

Wir nehmen an, daß ein unwesentlich ausgeartetes System vorgelegt sei, das wir in der Form

$$\dot{\boldsymbol{x}} = \boldsymbol{f}^0(\boldsymbol{x}) + \varepsilon \boldsymbol{f}^1(\boldsymbol{x}) + \varepsilon^2 \boldsymbol{f}^2(\boldsymbol{x}) + \cdots \tag{32}$$

bzw. in der Gestalt

$$\begin{cases} \dot{\boldsymbol{\phi}} = \boldsymbol{\omega}(\boldsymbol{a}) + \varepsilon \boldsymbol{R}^1(\boldsymbol{\phi}, \boldsymbol{\Omega}, \boldsymbol{a}) + \varepsilon^2 \boldsymbol{R}^2(\boldsymbol{\phi}, \boldsymbol{\Omega}, \boldsymbol{a}) + \cdots \\ \dot{\boldsymbol{\Omega}} = \qquad \varepsilon \boldsymbol{S}^1(\boldsymbol{\phi}, \boldsymbol{\Omega}, \boldsymbol{a}) + \varepsilon^2 \boldsymbol{S}^2(\boldsymbol{\phi}, \boldsymbol{\Omega}, \boldsymbol{a}) + \cdots \\ \dot{\boldsymbol{a}} = \qquad \varepsilon \boldsymbol{T}^1(\boldsymbol{\phi}, \boldsymbol{\Omega}, \boldsymbol{a}) + \varepsilon^2 \boldsymbol{T}^2(\boldsymbol{\phi}, \boldsymbol{\Omega}, \boldsymbol{a}) + \cdots \end{cases} \tag{32}$$

anschreiben.

Denken wir uns die in Abschn. 3.2 beschriebene Prozedur durchgeführt, d.h., denken wir uns die Funktionen $\boldsymbol{u}^{\iota}$ bestimmt, die die formale Transformation

$$\boldsymbol{x} = \boldsymbol{x} + \sum_{\iota=1}^{\infty} \varepsilon^{\iota} \sum_{r=1}^{\iota} \frac{1}{r!} \sum_{j_1+j_2+\cdots+j_r=\iota} \boldsymbol{u}^{j_1} \circ \boldsymbol{u}^{j_2} \circ \cdots \circ \boldsymbol{u}^{j_r} \qquad \boldsymbol{x} \to \bar{\boldsymbol{x}} \tag{33}$$

so definieren, daß das transformierte System

$$\dot{\bar{\boldsymbol{x}}} = \boldsymbol{f}^{0}(\bar{\boldsymbol{x}}) + \varepsilon \bar{\boldsymbol{f}}^{1}(\bar{\boldsymbol{x}}) + \varepsilon^{2} \bar{\boldsymbol{f}}^{2}(\bar{\boldsymbol{x}}) + \cdots \tag{34}$$

die Form

$$\begin{cases} \dot{\bar{\boldsymbol{\phi}}} = \boldsymbol{\omega}(\bar{\boldsymbol{a}}) + \varepsilon \bar{\boldsymbol{R}}^{1}(\bar{\boldsymbol{\Omega}}, \bar{\boldsymbol{a}}) + \varepsilon^{2} \bar{\boldsymbol{R}}^{2}(\bar{\boldsymbol{\Omega}}, \bar{\boldsymbol{a}}) + \cdots \\ \dot{\bar{\boldsymbol{\Omega}}} = \qquad \varepsilon \boldsymbol{\nu}(\bar{\boldsymbol{a}}) \qquad + \varepsilon^{2} \bar{\boldsymbol{S}}^{2}(\bar{\boldsymbol{\Omega}}, \bar{\boldsymbol{a}}) + \cdots \\ \dot{\bar{\boldsymbol{a}}} = \qquad \varepsilon^{2} \bar{\boldsymbol{T}}^{2}(\bar{\boldsymbol{\Omega}}, \bar{\boldsymbol{a}}) + \cdots \end{cases} \tag{34}$$

hat.

Unser Ziel ist es, das System (34) durch eine weitere formale fast-identische Transformation in ein neues

$$\dot{\bar{\bar{\boldsymbol{x}}}} = \boldsymbol{f}^{0}(\bar{\bar{\boldsymbol{x}}}) + \varepsilon \bar{\bar{\boldsymbol{f}}}^{1}(\bar{\bar{\boldsymbol{x}}}) + \varepsilon^{2} \bar{\bar{\boldsymbol{f}}}^{2}(\bar{\bar{\boldsymbol{x}}}) + \cdots \tag{35}$$

der Gestalt:

$$\begin{cases} \dot{\bar{\bar{\boldsymbol{\phi}}}} = \boldsymbol{\omega}(\bar{\bar{\boldsymbol{a}}}) + \varepsilon \bar{\bar{\boldsymbol{R}}}^{1}(\bar{\bar{\boldsymbol{\Omega}}}, \bar{\bar{\boldsymbol{a}}}) + \varepsilon^{2} \bar{\bar{\boldsymbol{R}}}^{2}(\bar{\bar{\boldsymbol{\Omega}}}, \bar{\bar{\boldsymbol{a}}}) + \cdots \\ \dot{\bar{\bar{\boldsymbol{\Omega}}}} = \qquad \varepsilon \boldsymbol{\nu}(\bar{\bar{\boldsymbol{a}}}) \qquad + \varepsilon^{2} \bar{\bar{\boldsymbol{S}}}^{2}(\bar{\bar{\boldsymbol{a}}}) + \cdots \\ \dot{\bar{\bar{\boldsymbol{a}}}} = \qquad \varepsilon^{2} \bar{\bar{\boldsymbol{T}}}^{2}(\bar{\bar{\boldsymbol{a}}}) + \cdots \end{cases} \tag{35}$$

überzuführen.

Die diese letzte Transformation vermittelnde Lie-Reihe werde durch Funktionen $\bar{\boldsymbol{u}}^{\iota}$ erzeugt, so daß

$$\bar{\boldsymbol{x}} = \bar{\boldsymbol{x}} + \sum_{\iota=1}^{\infty} \varepsilon^{\iota} \sum_{r=1}^{\iota} \frac{1}{r!} \sum_{j_1+j_2+\cdots+j_r=\iota} \bar{\boldsymbol{u}}^{j_1} \circ \bar{\boldsymbol{u}}^{j_2} \circ \cdots \circ \bar{\boldsymbol{u}}^{j_r} \qquad \bar{\boldsymbol{x}} \to \bar{\bar{\boldsymbol{x}}} \tag{36}$$

gilt. Die den Zusammenhang zwischen den Funktionen $\bar{\boldsymbol{f}}^{\iota}$ und $\bar{\bar{\boldsymbol{f}}}^{\iota}$ beschreibenden Störungsgleichungen (cf. (2, 19i)) können, beginnend mit der ersten, in folgender Form geschrieben werden:

$$\bar{\boldsymbol{f}}^{1} = \bar{\bar{\boldsymbol{f}}}^{1} - \boldsymbol{f}^{0} \times \bar{\boldsymbol{u}}^{1} \tag{37.1}$$

$$\bar{\boldsymbol{f}}^{1} \times \bar{\boldsymbol{u}}^{1} + \bar{\boldsymbol{f}}^{2} = \bar{\bar{\boldsymbol{f}}}^{2} - \boldsymbol{f}^{0} \times \bar{\boldsymbol{u}}^{2} - \tfrac{1}{2} \boldsymbol{f}^{0} \times \bar{\boldsymbol{u}}^{1} \times \bar{\boldsymbol{u}}^{1} \tag{37.2}$$

$$\begin{aligned} \bar{\boldsymbol{f}}^{1} \times \bar{\boldsymbol{u}}^{2} + \bar{\boldsymbol{f}}^{2} \times \bar{\boldsymbol{u}}^{1} + \tfrac{1}{2} \bar{\boldsymbol{f}}^{1} \times \bar{\boldsymbol{u}}^{1} \times \bar{\boldsymbol{u}}^{1} + \bar{\boldsymbol{f}}^{3} = \bar{\bar{\boldsymbol{f}}}^{3} &- \boldsymbol{f}^{0} \times \bar{\boldsymbol{u}}^{3} - \tfrac{1}{2} \boldsymbol{f}^{0} \times \bar{\boldsymbol{u}}^{1} \times \bar{\boldsymbol{u}}^{2} \\ &- \tfrac{1}{2} \boldsymbol{f}^{0} \times \boldsymbol{u}^{2} \times \boldsymbol{u}^{1} - \tfrac{1}{6} \boldsymbol{f}^{0} \times \boldsymbol{u}^{1} \times \boldsymbol{u}^{1} \times \boldsymbol{u}^{1} \end{aligned} \tag{37.3}$$

.
.
.

(Wir haben also alle Terme, die $\boldsymbol{f}^{0}$ enthalten auf die rechte Seite geschrieben). Führen wir für die rechten Seiten dieser Gleichungen die Abkürzungen $\tilde{\boldsymbol{f}}^{1}$, $\tilde{\boldsymbol{f}}^{2}$,

$\tilde{f}^3, \ldots$ ein, so heißen die Gleichungen (37)

$$\bar{f}^1 = \tilde{f}^1 \tag{38.1}$$

$$\bar{f}^1 \times \bar{\boldsymbol{u}}^1 + \bar{f}^2 = \tilde{f}^2 \tag{38.2}$$

$$\bar{f}^1 \times \bar{\boldsymbol{u}}^2 + \bar{f}^2 \times \bar{\boldsymbol{u}}^1 + \tfrac{1}{2}\bar{f}^1 \times \bar{\boldsymbol{u}}^1 \times \bar{\boldsymbol{u}}^1 + \bar{f}^3 = \tilde{f}^3 \tag{38.3}$$

$$\vdots$$

Diese Gleichungen haben dieselbe Struktur wie die alten Störungsgleichungen (2, 19), wenn wir die Funktionen $\bar{\boldsymbol{u}}^i$ und $\tilde{f}^i$ als unbekannt betrachten. Der wesentlichste Unterschied besteht darin, daß die Rolle des f^0 in den Gl. (2, 19) jetzt von $\bar{f}^1$ übernommen wird. Infolge der speziellen Struktur von $\bar{f}^1$ lassen sich jedoch die Gl. (38) ganz analog zu den Gl. (2, 19) behandeln. Sind dann die Funktionen $\bar{\boldsymbol{u}}^i$, $\tilde{f}^i$ bestimmt, so ergeben sich die gesuchten $\bar{\bar{f}}^i$, (37) zufolge, aus den Formeln

$$\bar{\bar{f}}^1 = \tilde{f}^1 + f^0 \times \bar{\boldsymbol{u}}^1, \qquad \bar{\bar{f}}^2 = \tilde{f}^2 + f^0 \times \bar{\boldsymbol{u}}^2 + \tfrac{1}{2} f^0 \times \bar{\boldsymbol{u}}^1 \times \bar{\boldsymbol{u}}^1, \ldots \tag{39}$$

Wir behandeln zunächst die Gleichungen (38) und zeigen dann, daß die aus (39) gewonnenen $\bar{\bar{f}}^i$ die Struktur (35) haben.

Die Gl. (38) haben folgende Gestalt:

$$\bar{f}^1 \times \bar{\boldsymbol{u}}^i + \bar{\mathcal{F}}^{i+1} = \tilde{f}^{i+1} \tag{40.i+1}$$

Dabei ist $\bar{\mathcal{F}}^{i+1}$ eine Funktion von $\bar{f}^1, \ldots, \bar{f}^{i+1}, \bar{\boldsymbol{u}}^1, \ldots, \bar{\boldsymbol{u}}^{i-1}$, also bekannt, falls die Gl. (40.2) bis (40.i) schon behandelt sind, was wir im Sinne einer Induktionsvoraussetzung annehmen wollen. Wir setzen:

$$\bar{f}^1 = \begin{pmatrix} \bar{\boldsymbol{R}}^1(\boldsymbol{\Omega}, \boldsymbol{a}) \\ \boldsymbol{\nu}(\boldsymbol{a}) \\ \boldsymbol{0} \end{pmatrix}; \qquad \bar{\boldsymbol{u}}^i = \begin{pmatrix} \bar{\boldsymbol{r}}^i(\boldsymbol{\Omega}, \boldsymbol{a}) \\ \bar{\boldsymbol{s}}^i(\boldsymbol{\Omega}, \boldsymbol{a}) \\ \bar{\boldsymbol{t}}^i(\boldsymbol{\Omega}, \boldsymbol{a}) \end{pmatrix};$$
$$\bar{\mathcal{F}}^{i+1} = \begin{pmatrix} \bar{\mathcal{R}}^{i+1} \\ \bar{\mathcal{S}}^{i+1} \\ \bar{\mathcal{T}}^{i+1} \end{pmatrix}; \qquad \tilde{f}^{i+1} = \begin{pmatrix} \tilde{\boldsymbol{R}}^{i+1} \\ \tilde{\boldsymbol{S}}^{i+1} \\ \tilde{\boldsymbol{T}}^{i+1} \end{pmatrix} \tag{41}$$

(Der einfacheren Schreibweise halber haben wir die Argumente mit $\boldsymbol{\Omega}$, $\boldsymbol{a}$ statt mit $\bar{\boldsymbol{\Omega}}$, $\bar{\boldsymbol{a}}$ bezeichnet).

Wir haben angenommen, daß die $\bar{\boldsymbol{u}}^i$ von $\boldsymbol{\phi}$ unabhängig sind; damit vermeiden wir, daß die Funktionen $\tilde{f}^i$ $(i \geq 2)$ und schließlich die $\bar{\bar{f}}^i$ von $\boldsymbol{\phi}$ abhängen. Mit (41) kann (40.i+1) in folgende Form gebracht werden:

$$\begin{aligned} \frac{\partial \bar{\boldsymbol{r}}^i}{\partial \boldsymbol{\Omega}} \boldsymbol{\nu} &= \bar{\mathcal{R}}^{i+1} - \tilde{\boldsymbol{R}}^{i+1} + \frac{\partial \bar{\boldsymbol{R}}^1}{\partial \boldsymbol{\Omega}} \bar{\boldsymbol{s}}^i + \frac{\partial \bar{\boldsymbol{R}}^1}{\partial \boldsymbol{a}} \bar{\boldsymbol{t}}^i \\ \frac{\partial \bar{\boldsymbol{s}}^i}{\partial \boldsymbol{\Omega}} \boldsymbol{\nu} &= \bar{\mathcal{S}}^{i+1} - \tilde{\boldsymbol{S}}^{i+1} + \frac{\partial \boldsymbol{\nu}}{\partial \boldsymbol{a}} \bar{\boldsymbol{t}}^i \\ \frac{\partial \bar{\boldsymbol{t}}^i}{\partial \boldsymbol{\Omega}} \boldsymbol{\nu} &= \bar{\mathcal{T}}^{i+1} - \tilde{\boldsymbol{T}}^{i+1} \end{aligned} \tag{42.i+1}$$

Die Analogie von (42.i+1) zu (14.i) ist offensichtlich. Um die Lösung des Problems (42.i) beschreiben zu können, führen wir, in Analogie zu den Operatoren $M_{\boldsymbol{\Phi}}$, $I_{\boldsymbol{\Phi}}$ die Operatoren $M_{\boldsymbol{\Omega}}$, $I_{\boldsymbol{\Omega}}$ ein. Es sei

$$\boldsymbol{F} = \sum \boldsymbol{F}_{\boldsymbol{m}}^{(c)} \cos(\boldsymbol{m} \cdot \boldsymbol{\Omega}) + \boldsymbol{F}_{\boldsymbol{m}}^{(s)} \sin(\boldsymbol{m} \cdot \boldsymbol{\Omega})$$

Dann setzen wir:

$$M_{\boldsymbol{\Omega}}(\boldsymbol{F}) = \boldsymbol{F}_{\boldsymbol{0}}^{(c)}; \qquad I_{\boldsymbol{\Omega}}(\boldsymbol{F}) = \sum_{\boldsymbol{m} \neq \boldsymbol{0}} -\frac{\boldsymbol{F}_{\boldsymbol{m}}^{(s)}}{(\boldsymbol{m} \cdot \boldsymbol{\nu})} \cos(\boldsymbol{m} \cdot \boldsymbol{\Omega}) + \frac{\boldsymbol{F}_{\boldsymbol{m}}^{(c)}}{(\boldsymbol{m} \cdot \boldsymbol{\nu})} \sin(\boldsymbol{m} \cdot \boldsymbol{\Omega}) \tag{43}$$

Mit diesen Bezeichnungen finden wir als Lösung von (42. i+1):

$$\begin{aligned}
\tilde{\boldsymbol{T}}^{i+1} &= M_{\boldsymbol{\Omega}}(\bar{\mathcal{T}}^{i+1}); & \tilde{\boldsymbol{t}}^{i} &= I_{\boldsymbol{\Omega}}(\bar{\mathcal{T}}^{i+1} - \tilde{\boldsymbol{T}}^{i+1})\\
\tilde{\boldsymbol{S}}^{i+1} &= M_{\boldsymbol{\Omega}}(\bar{\mathcal{S}}^{i+1}); & \tilde{\boldsymbol{s}}^{i} &= I_{\boldsymbol{\Omega}}\left(\bar{\mathcal{S}}^{i+1} - \tilde{\boldsymbol{S}}^{i+1} + \frac{\partial \boldsymbol{\nu}}{\partial \boldsymbol{a}} \tilde{\boldsymbol{t}}^{i}\right)\\
\tilde{\boldsymbol{R}}^{i+1} &= M_{\boldsymbol{\Omega}}\left(\bar{\mathcal{R}}^{i+1} + \frac{\partial \bar{\boldsymbol{R}}^{1}}{\partial \boldsymbol{\Omega}} \tilde{\boldsymbol{s}}^{i} + \frac{\partial \bar{\boldsymbol{R}}^{1}}{\partial \boldsymbol{a}} \tilde{\boldsymbol{t}}^{i}\right); & \tilde{\boldsymbol{r}}^{i} &= I_{\boldsymbol{\Omega}}\left(\bar{\mathcal{R}}^{i+1} - \tilde{\boldsymbol{R}}^{i+1} + \frac{\partial \bar{\boldsymbol{R}}^{1}}{\partial \boldsymbol{\Omega}} \tilde{\boldsymbol{s}}^{i} + \frac{\partial \bar{\boldsymbol{R}}^{1}}{\partial \boldsymbol{a}} \tilde{\boldsymbol{t}}^{i}\right)
\end{aligned} \tag{44}$$

Damit ist der Integrationsprozeß für unwesentlich ausgeartete Systeme definiert. Es bleibt zu zeigen, daß die schließlich gewonnenen Funktionen $\bar{\bar{\boldsymbol{f}}}^{i}$ ein System der Gestalt (35) definieren.

Aus (44) folgt, daß die $\tilde{\boldsymbol{f}}^{i}$ nur von $\boldsymbol{a}$ abhängen, also unabhängig sind von $\boldsymbol{\Phi}$ und $\boldsymbol{\Omega}$.

Es fragt sich, was nun beim Bilden der Ausdrücke (39) passiert. Dazu bemerken wir, daß folgende Formel gilt:

$$\begin{pmatrix} \boldsymbol{R}(\boldsymbol{\Omega}, \boldsymbol{a}) \\ \boldsymbol{0} \\ \boldsymbol{0} \end{pmatrix} \times \begin{pmatrix} \boldsymbol{r}(\boldsymbol{\Omega}, \boldsymbol{a}) \\ \boldsymbol{s}(\boldsymbol{\Omega}, \boldsymbol{a}) \\ \boldsymbol{t}(\boldsymbol{\Omega}, \boldsymbol{a}) \end{pmatrix} = \begin{pmatrix} \dfrac{\partial \boldsymbol{R}}{\partial \boldsymbol{\Omega}} \boldsymbol{s} + \dfrac{\partial \boldsymbol{R}}{\partial \boldsymbol{a}} \boldsymbol{t} \\ \boldsymbol{0} \\ \boldsymbol{0} \end{pmatrix} \tag{45}$$

Hieraus und mit (39) ergibt sich sofort:

$$\bar{\bar{\boldsymbol{S}}}^{i} = \tilde{\boldsymbol{S}}^{i}; \qquad \bar{\bar{\boldsymbol{T}}}^{i} = \tilde{\boldsymbol{T}}^{i} \tag{46}$$

womit nachgewiesen ist, daß die vorgeschlagene Prozedur ein DGl.-System der Form (35) hinterläßt.

Eine **Approximation der Ordnung k** definieren wir wie folgt. Gemäß Abschn. 3.2 wird zuerst eine Störungsrechnung der Ordnung k für das ursprünglich gegebene Problem (32) ausgeführt, d.h., es werden die Funktionen $\boldsymbol{u}^{1}, \ldots, \boldsymbol{u}^{k}$ und $\bar{\boldsymbol{f}}^{1}, \ldots, \bar{\boldsymbol{f}}^{k+1}$ bestimmt. Die Reihe (33) wird nach dem Glied mit der Potenz k in ε abgebrochen. Dann wird die Störungsrechnung für das System (34) durchgeführt und zwar werden die Funktionen $\bar{\boldsymbol{u}}^{1}, \ldots, \bar{\boldsymbol{u}}^{k}$ und $\bar{\bar{\boldsymbol{f}}}^{2}, \ldots, \bar{\bar{\boldsymbol{f}}}^{k+1}$ gemäß der vorhin beschriebenen Prozedur bestimmt. Die Reihe (36) wird ebenfalls nach dem Glied mit der Potenz k in ε abgebrochen. Das verbleibende System ist durch

$$\dot{\bar{\bar{x}}} = f^0(\bar{\bar{x}}) + \varepsilon \bar{\bar{f}}^1(\bar{\bar{x}}) + \cdots + \varepsilon^{k+1} \bar{\bar{f}}^{k+1}(\bar{\bar{x}}) \tag{47}$$

gegeben.

Wir wollen uns schließlich mit einem Spezialfall befassen. Einerseits nehmen wir an, daß die Frequenzen des ungestörten Problems unabhängig sind von den Anfangsbedingungen, d.h. daß $\boldsymbol{\omega} = \text{const.}$, i.e. unabhängig von $\boldsymbol{a}$ ist. Ferner wollen wir voraussetzen, daß $\bar{\boldsymbol{R}}^1 = M_\phi(\boldsymbol{R}^1(\boldsymbol{\phi}, \boldsymbol{\Omega}, \boldsymbol{a}))$ unabhängig ist von $\boldsymbol{\Omega}$, d.h. $\bar{\boldsymbol{R}}^1$ soll eine Funktion von $\boldsymbol{a}$ allein sein.

Es ist leicht einzusehen, daß die rechte Seite des verbleibenden Systems (35) unabhängig ist von $\bar{\boldsymbol{\Omega}}$. (Man beachte, daß, wegen $\boldsymbol{\omega} = \text{const.}$, $\tilde{f}^i = \bar{\bar{f}}^i$ gilt). Neben dieser prinzipiellen Konsequenz ergeben sich, unter den genannten Voraussetzungen, zahlreiche rechnerische Vereinfachungen.

Wir begnügen uns damit, die Formeln für eine Approximation 1. Ordnung zu protokollieren, da wir sie in §5 bei der Behandlung des Satellitenproblems brauchen.

Man ermittle:

$$\bar{\boldsymbol{R}}^1(\boldsymbol{a}) = M_\phi(\boldsymbol{R}^1); \qquad \bar{\boldsymbol{S}}^1(\boldsymbol{a}) = \boldsymbol{\nu}(\boldsymbol{a}) = M_\phi(\boldsymbol{S}^1) \tag{48}$$

$$\boldsymbol{r}^1 = I_\phi(\boldsymbol{R}^1 - \bar{\boldsymbol{R}}^1); \qquad \boldsymbol{s}^1 = I_\phi(\boldsymbol{S}^1 - \bar{\boldsymbol{S}}^1); \qquad \boldsymbol{t}^1 = I_\phi(\boldsymbol{T}^1) \tag{49}$$

$$\begin{pmatrix} \bar{\boldsymbol{R}}^2 \\ \bar{\boldsymbol{S}}^2 \\ \bar{\boldsymbol{T}}^2 \end{pmatrix} = M_\phi(f^1 \circ \boldsymbol{u}^1 + f^2) \quad \text{mit} \quad f^\iota = \begin{pmatrix} \boldsymbol{R}^\iota \\ \boldsymbol{S}^\iota \\ \boldsymbol{T}^\iota \end{pmatrix}, \quad \boldsymbol{u}^1 = \begin{pmatrix} \boldsymbol{r}^1 \\ \boldsymbol{s}^1 \\ \boldsymbol{t}^1 \end{pmatrix} \tag{50}$$

(Hiermit sind die Schritte der Prozedur des Abschn. 3.2 abgeschlossen)

$$\bar{\bar{\boldsymbol{T}}}^2 = M_\Omega(\bar{\boldsymbol{T}}^2); \qquad \bar{\bar{\boldsymbol{S}}}^2 = M_\Omega(\bar{\boldsymbol{S}}^2); \qquad \bar{\bar{\boldsymbol{R}}}^2 = M_\Omega(\bar{\boldsymbol{R}}^2) \tag{51}$$

$$\bar{\boldsymbol{t}}^1 = I_\Omega(\bar{\boldsymbol{T}}^2 - \bar{\bar{\boldsymbol{T}}}^2); \qquad \bar{\boldsymbol{s}}^1 = I_\Omega\left(\bar{\boldsymbol{S}}^2 - \bar{\bar{\boldsymbol{S}}}^2 + \frac{\partial \boldsymbol{\nu}}{\partial \boldsymbol{a}} \bar{\boldsymbol{t}}^1\right); \qquad \bar{\boldsymbol{r}}^1 = I_\Omega\left(\bar{\boldsymbol{R}}^2 - \bar{\bar{\boldsymbol{R}}}^2 + \frac{\partial \bar{\boldsymbol{R}}^1}{\partial \boldsymbol{a}} \bar{\boldsymbol{t}}^1\right) \tag{52}$$

Die beiden Transformationen lauten

$$\begin{aligned} \boldsymbol{x} &= \bar{\boldsymbol{x}} + \varepsilon \boldsymbol{u}^1(\bar{\boldsymbol{x}}) \\ \bar{\boldsymbol{x}} &= \bar{\bar{\boldsymbol{x}}} + \varepsilon \bar{\boldsymbol{u}}^1(\bar{\bar{\boldsymbol{x}}}) \end{aligned} \tag{53}$$

Vernachlässigen wir Terme höherer Ordnung, so können wir für die Zusammensetzung der beiden Transformationen

$$\boldsymbol{x} = \bar{\bar{\boldsymbol{x}}} + \varepsilon(\boldsymbol{u}^1(\bar{\bar{\boldsymbol{x}}}) + \bar{\boldsymbol{u}}^1(\bar{\bar{\boldsymbol{x}}})) \tag{54}$$

setzen.

Mit derselben Genauigkeit setzen wir für die inverse Transformation:

$$\bar{\bar{\boldsymbol{x}}} = \boldsymbol{x} - \varepsilon(\boldsymbol{u}^1(\boldsymbol{x}) + \bar{\boldsymbol{u}}^1(\boldsymbol{x})) \tag{55}$$

Schließlich ist das verbleibende DGl.-System durch

$$\begin{cases} \dot{\bar{\bar{\boldsymbol{\phi}}}} = \boldsymbol{\omega} + \varepsilon \bar{\boldsymbol{R}}^1(\bar{\bar{\boldsymbol{a}}}) + \varepsilon^2 \bar{\bar{\boldsymbol{R}}}^2(\bar{\bar{\boldsymbol{a}}}) \\ \dot{\bar{\bar{\boldsymbol{\Omega}}}} = \qquad \varepsilon \boldsymbol{\nu}(\bar{\bar{\boldsymbol{a}}}) \ + \varepsilon^2 \bar{\bar{\boldsymbol{S}}}^2(\bar{\bar{\boldsymbol{a}}}) \\ \dot{\bar{\bar{\boldsymbol{a}}}} = \qquad\qquad \varepsilon^2 \bar{\bar{\boldsymbol{T}}}^2(\bar{\bar{\boldsymbol{a}}}) \end{cases} \tag{56}$$

gegeben.

3.3.2 Eine notwendige Bedingung für unwesentliche Ausartung

Auch in diesem Abschnitt beschäftigen wir uns mit ausgearteten Systemen:

$$\begin{cases} \dot{\boldsymbol{\phi}} = \boldsymbol{\omega}(\boldsymbol{a}) + \varepsilon \boldsymbol{R}(\boldsymbol{\phi}, \boldsymbol{\Omega}, \boldsymbol{a}) \\ \dot{\boldsymbol{\Omega}} = \qquad \varepsilon \boldsymbol{S}(\boldsymbol{\phi}, \boldsymbol{\Omega}, \boldsymbol{a}) \\ \dot{\boldsymbol{a}} = \qquad \varepsilon \boldsymbol{T}(\boldsymbol{\phi}, \boldsymbol{\Omega}, \boldsymbol{a}) \end{cases} \tag{57}$$

wobei wir annehmen, daß die rechten Seiten in ε linear sind. (Treten auch in ε nichtlineare Terme auf, so können diese weggelassen werden, wodurch ein System des Typs (57) entsteht).

Sind die Funktionen $\boldsymbol{R}$, $\boldsymbol{S}$, $\boldsymbol{T}$ durch ihre Fourierdarstellungen gegeben, dann ist es sehr einfach zu entscheiden, ob (57) unwesentlich ausgeartet ist oder nicht.

I.allg. ist jedoch das Problem nicht in der Form (57) gegeben, sondern es ist ein System des Typs

$$\dot{\boldsymbol{x}} = \boldsymbol{f}(\boldsymbol{x}) = \boldsymbol{f}^0(\boldsymbol{x}) + \varepsilon \boldsymbol{f}^1(\boldsymbol{x}) \tag{58}$$

vorgelegt, sowie eine Elementtransformation

$$\boldsymbol{x} = \boldsymbol{U}(\boldsymbol{\phi}, \boldsymbol{\Omega}, \boldsymbol{a}) \tag{59}$$

und die Darstellung (57) muß daraus nach der Methode von §1 ermittelt werden. Dies ist nicht ohne einen mehr oder weniger großen Rechenaufwand zu erreichen. Aus diesem Grunde wäre es wünschenswert, ein Kriterium zu haben, das gestattet vorauszusagen, ob das mittels (59) transformierte System (58) unwesentlich ausgeartet ist oder nicht. Leider existieren bis jetzt nur Teile eines solchen Kriteriums, die jedoch so nützlich sind, daß wir sie herleiten wollen. Wir benötigen den Begriff eines ersten Integrals. Eine skalare, nicht identisch konstante Funktion $P(\boldsymbol{x})$ heißt erstes Integral des Systems (58), falls gilt:[1)]

$$\frac{\partial P}{\partial \boldsymbol{x}} \cdot \boldsymbol{f} = 0 \tag{60}$$

(identisch in $\boldsymbol{x}$)

Wir bemerken, daß sich ein erstes Integral längs einer Lösungskurve nicht ändert, d.h. für jede Lösung $\boldsymbol{x}(t)$ von (58) gilt:

$$P(\boldsymbol{x}(t)) = P(\boldsymbol{x}(0)),$$

wie man durch Differentiation von $P(\boldsymbol{x}(t))$ leicht feststellt.

[1)] $\partial P / \partial \boldsymbol{x}$ bezeichnet den Gradienten der Funktion P.

Weiter merken wir an, daß

$$p(\boldsymbol{\phi}, \boldsymbol{\Omega}, \boldsymbol{a}) = P(\boldsymbol{U}(\boldsymbol{\phi}, \boldsymbol{\Omega}, \boldsymbol{a})) \tag{61}$$

ein erstes Integral von (57) darstellt, falls P ein erstes Integral von (58) ist. Wir sind in der Lage die folgende Aussage zu machen.

Satz 1 *Es sei $P(\boldsymbol{x})$ ein erstes Integral des Systems* (58). *Das gemäß Gl.* (61) *gebildete Integral $p(\boldsymbol{\phi}, \boldsymbol{\Omega}, \boldsymbol{a})$ des Systems* (57) *sei unabhängig von $\boldsymbol{\phi}$, jedoch abhängig von $\boldsymbol{\Omega}$. Dann ist das System* (57) *nicht unwesentlich ausgeartet.*

Dem einfachen Beweis schicken wir folgende Vorbemerkung voraus:
Die Funktion $p(\boldsymbol{\phi}, \boldsymbol{\Omega}, \boldsymbol{a})$ erfülle die Gleichung

$$\frac{\partial p}{\partial \boldsymbol{\phi}} \cdot \boldsymbol{\omega} = 0 \tag{62}$$

Dann ist p eine Funktion von $\boldsymbol{\Omega}, \boldsymbol{a}$ allein.
Dies folgt leicht aus Lemma 1. Entsprechend gilt: Erfüllt die Funktion $p(\boldsymbol{\Omega}, \boldsymbol{a})$ die Gleichung

$$\frac{\partial p}{\partial \boldsymbol{\Omega}} \cdot \boldsymbol{\nu} = 0, \tag{63}$$

so ist p eine Funktion von $\boldsymbol{a}$ allein.

Beweis. Da p von $\boldsymbol{\phi}$ unabhängiges erstes Integral von (57) ist, folgt:

$$\frac{\partial p}{\partial \boldsymbol{a}} \cdot \boldsymbol{T} + \frac{\partial p}{\partial \boldsymbol{\Omega}} \cdot \boldsymbol{S} = 0$$

Wenden wir auf diese Gleichung den Mittelwertoperator $M_{\boldsymbol{\phi}}$ an:

$$\frac{\partial p}{\partial \boldsymbol{a}} \cdot M_{\boldsymbol{\phi}}(\boldsymbol{T}) + \frac{\partial p}{\partial \boldsymbol{\Omega}} \cdot M_{\boldsymbol{\phi}}(\boldsymbol{S}) = 0$$

Nehmen wir nun an, die Behauptung sei falsch, d.h. das System (57) sei unwesentlich ausgeartet. Dann ist $M_{\boldsymbol{\phi}}(\boldsymbol{T}) = \boldsymbol{0}$ und $M_{\boldsymbol{\phi}}(\boldsymbol{S}) = \boldsymbol{\nu}$ ist eine Funktion von $\boldsymbol{a}$ und linear unabhängig über dem Ring der ganzen Zahlen. Deshalb folgt aus der letzten Gleichung

$$\frac{\partial p}{\partial \boldsymbol{\Omega}} \cdot \boldsymbol{\nu} = 0,$$

und somit, aus der Vorbemerkung: p ist eine Funktion von $\boldsymbol{a}$ allein. Dies steht im Widerspruch zur Voraussetzung. ∎

Falls mehrere erste Integrale zur Verfügung stehen, gibt der folgende Zusatz einen Hinweis, welche zuerst untersucht werden sollten.

Zusatz *Ist $P(\boldsymbol{x})$ unabhängig von ε, so ist $p(\boldsymbol{\phi}, \boldsymbol{\Omega}, \boldsymbol{a})$ unabhängig von $\boldsymbol{\phi}$.*

Beweis. Da p ein erstes Integral von (57) ist, gilt:

$$\varepsilon \frac{\partial p}{\partial \boldsymbol{a}} \cdot \boldsymbol{T} + \varepsilon \frac{\partial p}{\partial \boldsymbol{\Omega}} \cdot \boldsymbol{S} + \frac{\partial p}{\partial \boldsymbol{\phi}} \cdot (\boldsymbol{\omega} + \varepsilon \boldsymbol{R}) = 0$$

Hieraus folgt, da mit P auch p von ε unabhängig ist:

$$\frac{\partial p}{\partial \boldsymbol{\phi}} \cdot \boldsymbol{\omega} = 0$$

Dies ergibt, zusammen mit der Vorbemerkung, die Behauptung des Zusatzes. ■

Wir wollen nun die Wirkungsweise der gemachten Aussagen an einem Beispiel demonstrieren.

Beispiel Wir betrachten das folgende DGl.-System

$$\begin{cases} \dot{x}_1 = x_3 & \dot{x}_3 = -x_1 + \varepsilon g(r) x_1 \\ \dot{x}_2 = x_4 & \dot{x}_4 = -x_2 + \varepsilon g(r) x_2 \end{cases} \qquad r = x_1^2 + x_2^2 \tag{64}$$

Es handelt sich um einen Spezialfall des in §1 behandelten Beispiels 3. Die Lösungen des zu (64) gehörigen ungestörten Problems lauten:

$$\begin{cases} x_1(t) = c_1 \cos(t + c_3 + c_4) & x_3(t) = -c_1 \sin(t + c_3 + c_4) \\ x_2(t) = c_2 \cos(t + c_3 - c_4) & x_4(t) = -c_2 \sin(t + c_3 - c_4) \end{cases}$$

wobei c_1, c_2, c_3, c_4 Integrationskonstanten bezeichnen.
Es ist deshalb naheliegend, die Elementtransformation wie folgt zu definieren:

$$\begin{cases} x_1 = a_1 \cos(\phi + \Omega) & x_3 = -a_1 \sin(\phi + \Omega) \\ x_2 = a_2 \cos(\phi - \Omega) & x_4 = -a_2 \sin(\phi - \Omega) \end{cases} \tag{65}$$

Das Problem (64) hat offenbar die beiden folgenden Integrale

$$P_1 = x_4 x_1 - x_3 x_2 \tag{66}$$

$$P_2 = x_1^2 + x_2^2 + x_3^2 + x_4^2 - \varepsilon G(r) \qquad \text{mit} \quad G(r) = \int g(r)\, dr \tag{67}$$

Gl. (66) stellt das Drehimpuls –, Gl. (67) das Energieintegral dar. Wir drücken P_1 durch die Elemente aus. Aufgrund des Zusatzes erwarten wir eine von $\boldsymbol{\phi}$ unabhängige Funktion; man findet

$$p_1 = a_1 a_2 \sin 2\Omega$$

Aus Satz 1 folgt, daß die Anwendung der Elementtransformation (65) auf (64), ein System ergibt, das nicht unwesentlich ausgeartet ist.
Führt man hingegen die in §1, Beispiel 3, beschriebene Elementtransformation durch, entsteht ein unwesentlich ausgeartetes System. □

Kommentare und Literaturhinweise zu Kapitel I

Die in diesem Kapitel entwickelte Methode zur approximativen Lösung schwingender DGl.-Systeme geht im Prinzip auf H. Poincaré [P1] zurück, der durch angenäherte Lösung der Hamilton-Jacobi-Gleichung der klassischen Mechanik Hamiltonsche Systeme näherungsweise gelöst hat. Angewandt wurde seine Methode zunächst auf ein himmelsmechanisches Problem durch H. v. Zeipel [Z1]. Diese Arbeit wiederum dürfte beigetragen haben zu D. Brouwers Satellitentheorie [B1], die 1959 erschien, und vor allem in den USA eine Renaissance der sog. "v.-Zeipel-Methode" bewirkte.

Offenbar in Unkenntnis dieser Ansätze entwickelte sich etwa seit 1930 in der USSR, motiviert durch technische Fragestellungen, die sog. Mittelwertmethode, cf. N. Krylow und N. N. Bogoliubov [K1], die ihre erste umfassende Darstellung durch das Buch von N. N. Bogoliubov und Y. A. Mitropolski [B2] erhielt. Seither hat das Interesse der sowjetischen Forscher an dieser Methode noch ständig zugenommen, und es ist eine kaum zu überblickende Zahl von teilweise nicht leicht zugänglichen Publikationen erschienen. Etwas Einblick vermitteln Veröffentlichungen von V. Volosov [V2], Y. A. Mitropolski [M5], [M6].

1966 kam Brouwers Schüler G. Hori [H1] auf die Idee, fast-identische Transformationen durch Lie-Reihen darzustellen. Der Begriff der Lie-Reihe geht auf S. Lie [L1] zurück und ist von W. Gröbner [G1], [G2] und seinen Schülern analysiert und angewandt worden. Eine Arbeit von A. Deprit [D1], welche eine Variante von Horis Idee ist, hat eine größere Zahl von Artikeln bewirkt: Waren die genannten Arbeiten von Hori und Deprit auf Hamiltonsche Systeme beschränkt, so wird nun von J. Henrard [H3], G. Hori [H2], A. A. Kamel [K2], [K3] sowie J. Choi und B. Tapley [C1] auch der allgemeine Fall behandelt. J. A. Campbell und W. H. Jeffreys [C2], H. Shniad [S1], W. Mersman [M1], J. Henrard und J. Roels [H4], D. Stern [S2] und U. Kirchgraber [K4] klären den Zusammenhang zwischen den Ansätzen von Poincaré-v.Zeipel, Hori und Deprit.

Eine erste zusammenfassende Darstellung der Lie-Reihenmethode findet man in G. Giacaglia [G3].

Bisher haben wir zwei Hauptzweige der Entwicklung angedeutet. Daneben gibt es zahlreiche verwandte, zum Teil weniger weit reichende Methoden. Etwa die Methode der harmonischen Balance (cf. N. N. Bogoliubov und Y. A. Mitropolski [B2]), die stroposkopische Methode von N. Minorski [M2], die Zweivariablenmethode von J. Cole und J. Kevorkian [C3], cf. auch J. Kevorkian [K5], A. Nayfeh [N1]. Aber auch die von I. G. Malkin [M3] angewandte Methode zur Behandlung der sog. kritischen Stabilitätsfälle oder die Birkhoffsche Normalform, cf. C. L. Siegel und J. Moser [S3] gehört in diesen Gedankenkreis.

Wir haben hier die Lie-Reihen-Methode von Hori vorgelegt, nicht nur weil sie gestattet, Approximationen beliebiger Ordnung zu konstruieren (das leistet die Mittelwertmethode, wie P. Musen [M4] gezeigt hat, auch), sondern weil sie eine überaus elegante Darstellung der Störungsgleichungen ermöglicht und deshalb Aussagen über die Struktur der höheren Näherungen erlaubt, ohne diese wirklich zu errechnen (cf. Kapitel III).

Die Herleitung der Störungsgleichungen in §2 ist neu. Die vereinfachten Störungsgleichungen (20.i) erscheinen in dieser allgemeinen Form hier zum ersten Mal. Weitere Herleitungen geben wir in 10.4 und 11.1. Satz 1 in §3 stammt von M. Vitins [V3] sowie aus U. Kirchgraber und M. Vitins [K6].

Die Frage, unter welchen allgemeinen Bedingungen sich Elemente einführen lassen (cf. §1) hat V. I. Arnold untersucht, cf. V. I. Arnold und A. Avez [A2].

Kapitel II

In diesem Kapitel geht es darum, die entwickelten Störungsmethoden anzuwenden. Zuerst befassen wir uns mit Anwendungen auf die Kreiseltheorie. In Abschn. 4.1 geben wir zuerst eine Einführung in die Grundlagen, während in Abschn. 4.2 die Störungstheorie dann auf den schnellen Kreisel angewandt wird.

§5 ist der Bewegung eines Erdsatelliten, d.h. der Bewegung eines Massenpunktes im Feld eines nicht-kugelförmigen Zentralkörpers gewidmet.

In §6 schließlich behandeln wir die sog. Hopf-Bifurkation, d.h. die "Geburt" einer periodischen Lösung in der Nähe einer kritischen Gleichgewichtslage und geben Anwendungen aus der Biologie.

4 Kreiselprobleme

4.1 Dynamische Grundlagen der Kreiseltheorie

Ein Kreisel ist ein starrer Körper, der sich um einen festgehaltenen Punkt 0 bewegt.

4.1.1 Geometrische Betrachtungen

Zur Beschreibung der Bewegung benutzen wir zwei kartesische Koordinatensysteme, nämlich:

(i) Ein im Raum ruhendes Koordinatensystem z_1, z_2, z_3 mit 0 als Nullpunkt.

(ii) Ein körperfestes System x_1, x_2, x_3 mit 0 als Nullpunkt, dessen Achsen in den Hauptträgheitsrichtungen liegen sollen. A, B, C, seien die Trägheitsmomente in bezug auf die Achsen x_1, x_2, x_3.

Ein Körperpunkt ist also charakterisiert, einerseits durch seine Koordinaten x_ι (die wir zu einer einkolonnigen Matrix $\boldsymbol{x}$ zusammenfassen) bezüglich des x-Systems, als andererseits auch durch seine Koordinaten z_ι (die wir zur einkolonnigen Matrix $\boldsymbol{z}$ zusammenfassen) bezüglich des z-Systems. Es besteht dann die lineare Beziehung

$$\boldsymbol{z} = A\boldsymbol{x} \tag{1}$$

wobei A eine eigentliche orthogonale 3×3 Matrix ist (d.h. es gilt $\mathrm{Det}(A) = 1$, $A^{-1} = A^T$, wobei A^T die Transponierte von A ist), die nur von der Zeit t, nicht von $\boldsymbol{x}$, $\boldsymbol{z}$ abhängt. $A(t)$ charakterisiert die Bewegung offenbar vollständig.

Da die Bewegung eines Kreisels drei Freiheitsgrade hat, muß es möglich sein, A durch drei Parameter festzulegen. Als solche nimmt man oft die Eulerschen Winkel, die aber den Nachteil haben, für gewisse spezielle Lagen des starren Körpers teilweise unbestimmt zu sein, wodurch Singularitäten in die

Bewegungsdifferentialgleichungen eingeschleppt werden. Um solche Singularitäten zu vermeiden, werden wir andere Parameter verwenden.

Es seien s_1, s_2, s_3 drei reelle Parameter, S die aus ihnen gebildete schiefsymmetrische Matrix:

$$S = \begin{pmatrix} 0 & -s_3 & s_2 \\ s_3 & 0 & -s_1 \\ -s_2 & s_1 & 0 \end{pmatrix}$$

Es bezeichne E die 3-reihige Einheitsmatrix. Zur Vorbereitung bemerken wir, daß gilt:

$$\mathrm{Det}(E+S) = \mathrm{Det}(E-S) = 1 + s_1^2 + s_2^2 + s_3^2 \overset{\mathrm{Def.}}{=} 1 + \sigma^2 \tag{2}$$

d.h. die Inversen der Matrizen $E+S$ und $E-S$ existieren. Die beiden folgenden einfachen Sätze sind für die Kreiseltheorie von zentraler Bedeutung.

Satz *Durch*

$$A = (E+S)(E-S)^{-1} \tag{3}$$

wird eine eigentliche orthogonale Matrix definiert.

Beweis. Offenbar gilt:

$$A^T = (E - S^T)^{-1}(E + S^T) = (E+S)^{-1}(E-S)$$

$$A^{-1} = (E-S)(E+S)^{-1}$$

Aus der Vertauschbarkeit von $E-S$ und $(E+S)^{-1}$ folgt somit die Orthogonalität von A. Aus Gl. (2) folgt überdies $\mathrm{Det}(A) = +1$. ■

Im wesentlichen ist dieser Satz umkehrbar:

Satz *Es sei A eine eigentliche orthogonale Matrix, der Drehwinkel der A entsprechenden Drehung sei verschieden von* 180°. *Dann gibt es eine schiefsymmetrische Matrix S, so daß gilt:*

$$A = (E+S)(E-S)^{-1}$$

Beweis. Da der Drehwinkel von 180° verschieden ist, gibt es keinen nichttrivialen Vektor, der in den entgegengesetzten Vektor abgebildet wird, d.h., die Gleichung

$$A\boldsymbol{x} = -\boldsymbol{x}$$

hat nur die triviale Lösung $\boldsymbol{x} = \mathbf{0}$. Folglich ist

$$\mathrm{Det}(E + A) \neq 0$$

Man verifiziert nun leicht, daß die Matrix

$$S = (A+E)^{-1}(A-E) \tag{4}$$

die verlangten Eigenschaften hat. ■

Die Formel (3) kann auch wie folgt geschrieben werden:

$$A=(E+S)(E-S)^{-1}=E+\frac{2}{1+\sigma^2}(S^2+S) \tag{5}$$

Zum Beweis bemerken wir, daß

$$S^3=-\sigma^2 S$$

gilt, sodann verifiziert man leicht die folgende Formel:

$$E+S=\{E+\frac{2}{1+\sigma^2}(S^2+S)\}(E-S)$$

woraus sich die Behauptung durch Multiplikation von rechts mit $(E-S)^{-1}$ ergibt.

Benützt man die Cayley-Darstellung (5) für die Matrix A, dann kann A wie folgt geschrieben werden:

$$A=\frac{1}{1+\sigma^2}\begin{pmatrix} 1+s_1^2-s_2^2-s_3^2 & 2(s_1s_2-s_3) & 2(s_1s_3+s_2) \\ 2(s_1s_2+s_3) & 1-s_1^2+s_2^2-s_3^2 & 2(s_2s_3-s_1) \\ 2(s_1s_3-s_2) & 2(s_2s_3+s_1) & 1-s_1^2-s_2^2+s_3^2 \end{pmatrix} \tag{6}$$

Durch (6) können, wie wir bemerkt haben, Drehungen um 180° nicht erfaßt werden. Um diese Ausnahmefälle zu beseitigen, führen wir anstelle der drei Parameter s_1, s_2, s_3 vier Parameter u_1, u_2, u_3, u_4 ein, von denen wir verlangen, daß sie der Gleichung

$$u_1^2+u_2^2+u_3^2+u_4^2=1 \tag{7}$$

genügen. Zwischen den u_i und den s_i soll folgende Beziehung bestehen:

$$u_1=u_4s_1 \qquad u_2=u_4s_2 \qquad u_3=u_4s_3 \tag{8}$$

Im Hinblick auf (7) folgt für u_4 folgende Bedingung:

$$u_4^2(1+\sigma^2)=1 \tag{9}$$

Führen wir (8), (9) in (6) ein, ergibt sich:

$$A=\begin{pmatrix} u_1^2-u_2^2-u_3^2+u_4^2 & 2(u_1u_2-u_3u_4) & 2(u_1u_3+u_2u_4) \\ 2(u_1u_2+u_3u_4) & -u_1^2+u_2^2-u_3^2+u_4^2 & 2(u_2u_3-u_1u_4) \\ 2(u_1u_3-u_2u_4) & 2(u_2u_3+u_1u_4) & -u_1^2-u_2^2+u_3^2+u_4^2 \end{pmatrix} \tag{10}$$

Satz *Durch A werden genau die eigentlichen Drehungen dargestellt.*

Beweis. Es sei $u_4\neq 0$. Dann lassen sich die Gleichungen (8) eindeutig nach den s_i auflösen und (10) ist identisch mit (6), stellt also nach dem ersten Satz eine eigentliche orthogonale Transformation dar. Es sei $u_4=0$. Dann reduziert sich Gl. (10) auf:

$$A = \begin{pmatrix} -1+2u_1^2 & 2u_1u_2 & 2u_1u_3 \\ 2u_1u_2 & -1+2u_2^2 & 2u_2u_3 \\ 2u_1u_3 & 2u_2u_3 & -1+2u_3^2 \end{pmatrix} \tag{11}$$

Führen wir für einen Moment die einkolonnige Matrix[1] $\boldsymbol{u} = (u_1, u_2, u_3)^T$ ein, so kann die symmetrische Matrix A wie folgt geschrieben werden:

$$A = -E + 2\boldsymbol{u}\boldsymbol{u}^T.$$

Offenbar gilt:

$$A\boldsymbol{u} = \boldsymbol{u}$$

(man beachte, daß $\boldsymbol{u}^T\boldsymbol{u} = 1$ gilt) d.h. $\boldsymbol{u}$ bleibt fest. Ist $\boldsymbol{v}$ orthogonal zu $\boldsymbol{u}$ so gilt:

$$A\boldsymbol{v} = -\boldsymbol{v}$$

Hieraus folgt, daß A eine Drehung um 180° beschreibt, wobei u_1, u_2, u_3 die Komponenten des Einheitsvektors in Richtung der Drehachse sind.
Ist umgekehrt eine eigentliche orthogonale Matrix A gegeben, so läßt diese sich in der Form (10) darstellen: Ist der Drehwinkel von 180° verschieden, so läßt sich A nach dem zweiten Satz in der Form (6) schreiben. Auflösen der Gleichungen (8) und (9) ergibt zwei entgegengesetzt gleiche zulässige Sätze von Werten für die Parameter u_ι. Ist der Drehwinkel 180°, so wählen wir als u_1, u_2, u_3 die Komponenten des Einheitsvektors in Richtung der Drehachse und setzen $u_4 = 0$. ■

4.1.2 Kinematische Betrachtungen

Bezeichnen wir die Kolonnen der Matrix (10) mit $\boldsymbol{\xi}$, $\boldsymbol{\eta}$, $\boldsymbol{\zeta}$, respektive. $\boldsymbol{\xi}$ besteht also zum Beispiel aus den Koordinaten des Einheitsvektors in Richtung der x_1-Achse, wenn dieser im raumfesten System dargestellt wird. Es sollen nun die Geschwindigkeiten $\dot{\boldsymbol{\xi}}$, $\dot{\boldsymbol{\eta}}$, $\dot{\boldsymbol{\zeta}}$ während irgend einer Bewegung des starren Körpers ermittelt werden. Zunächst folgt für $\dot{\boldsymbol{\xi}}$:

$$\dot{\boldsymbol{\xi}} = 2 \begin{pmatrix} u_1 & -u_2 & -u_3 & u_4 \\ u_2 & u_1 & u_4 & u_3 \\ u_3 & -u_4 & u_1 & -u_2 \end{pmatrix} \begin{pmatrix} \dot{u}_1 \\ \dot{u}_2 \\ \dot{u}_3 \\ \dot{u}_4 \end{pmatrix}$$

Die auftretende Matrix—wir bezeichnen sie mit Λ—hat orthogonale Zeilen. Es ist zweckmässig, sie durch eine vierte Zeile zu einer 4-reihigen orthogonalen

[1] Aus Platzgründen führen wir die Bezeichnung $(u_1, u_2, u_3)^T = \begin{pmatrix} u_1 \\ u_2 \\ u_3 \end{pmatrix}$ ein.

Matrix

$$L=\begin{pmatrix} u_1 & -u_2 & -u_3 & u_4 \\ u_2 & u_1 & u_4 & u_3 \\ u_3 & -u_4 & u_1 & -u_2 \\ u_4 & u_3 & -u_2 & -u_1 \end{pmatrix}$$

zu ergänzen und deren Kolonnen $\boldsymbol{u}$, $\boldsymbol{v}$, $\boldsymbol{w}$, $\boldsymbol{q}$ einzuführen. Durch einfache Rechnung bestätigt man die folgenden Formeln:

$$\boldsymbol{\xi}=\Lambda\boldsymbol{u} \qquad \boldsymbol{\eta}=-\Lambda\boldsymbol{v} \qquad \boldsymbol{\zeta}=-\Lambda\boldsymbol{w} \tag{12}$$

$$\dot{\boldsymbol{\xi}}=2\Lambda\dot{\boldsymbol{u}} \qquad \dot{\boldsymbol{\eta}}=-2\Lambda\dot{\boldsymbol{v}} \qquad \dot{\boldsymbol{\zeta}}=-2\Lambda\dot{\boldsymbol{w}} \tag{13}$$

Aus (7) folgt durch Differentiation:

$$\boldsymbol{u}^T\dot{\boldsymbol{u}}=0 \tag{14}$$

d.h. $\dot{\boldsymbol{u}}$ ist orthogonal zu $\boldsymbol{u}$. Da die $\boldsymbol{u}$, $\boldsymbol{v}$, $\boldsymbol{w}$, $\boldsymbol{q}$ eine orthogonale Basis bilden, folgt hieraus, daß $\dot{\boldsymbol{u}}$ sich als Linearkombination von $\boldsymbol{v}$, $\boldsymbol{w}$, $\boldsymbol{q}$ darstellen läßt. Um mit den gebräuchlichen Formeln in Einklang zu kommen, setzen wir:

$$\dot{\boldsymbol{u}}=\tfrac{1}{2}[\omega_1\boldsymbol{q}+\omega_2\boldsymbol{w}-\omega_3\boldsymbol{v}] \tag{15}$$

oder, komponentenweise geschrieben:

$$\begin{aligned} \dot{u}_1&=\tfrac{1}{2}[\omega_1u_4-\omega_2u_3+\omega_3u_2]\\ \dot{u}_2&=\tfrac{1}{2}[\omega_1u_3+\omega_2u_4-\omega_3u_1]\\ \dot{u}_3&=\tfrac{1}{2}[-\omega_1u_2+\omega_2u_1+\omega_3u_4]\\ \dot{u}_4&=\tfrac{1}{2}[-\omega_1u_1-\omega_2u_2-\omega_3u_3] \end{aligned} \tag{15}$$

Mit Hilfe dieser Formeln findet man leicht auch die folgenden:

$$\dot{\boldsymbol{v}}=\tfrac{1}{2}[\omega_1\boldsymbol{w}-\omega_2\boldsymbol{q}+\omega_3\boldsymbol{u}] \qquad \dot{\boldsymbol{w}}=\tfrac{1}{2}[-\omega_1\boldsymbol{v}-\omega_2\boldsymbol{u}-\omega_3\boldsymbol{q}] \tag{16}$$

Aus (15) folgt unter Verwendung von (13) und (12) mit Rücksicht auf

$$\Lambda\boldsymbol{q}=0$$

folgende Darstellung für $\dot{\boldsymbol{\xi}}$

$$\dot{\boldsymbol{\xi}}=\omega_1\Lambda\boldsymbol{q}+\omega_2\Lambda\boldsymbol{w}-\omega_3\Lambda\boldsymbol{v}=-\omega_2\boldsymbol{\zeta}+\omega_3\boldsymbol{\eta} \tag{17}$$

und analog:

$$\dot{\boldsymbol{\eta}}=\omega_1\boldsymbol{\zeta}-\omega_3\boldsymbol{\xi} \qquad \dot{\boldsymbol{\zeta}}=\omega_2\boldsymbol{\xi}-\omega_1\boldsymbol{\eta} \tag{17}$$

Da $\boldsymbol{\xi}$, $\boldsymbol{\eta}$, $\boldsymbol{\zeta}$ die Kolonnen der Matrix A darstellen, $\dot{\boldsymbol{\xi}}$, $\dot{\boldsymbol{\eta}}$, $\dot{\boldsymbol{\zeta}}$ diejenigen der Matrix $\dot{A}$, folgt, unter Verwendung von:

$$\Omega=\begin{pmatrix} 0 & -\omega_3 & \omega_2 \\ \omega_3 & 0 & -\omega_1 \\ -\omega_2 & \omega_1 & 0 \end{pmatrix} \tag{18}$$

die Relation

$$\dot{A} = A\Omega \tag{19}$$

Sie ist für das Folgende von zentraler Bedeutung.
Der Drall $\vec{D}$ wird im raumfesten System durch die einkolonnige Matrix

$$\boldsymbol{D}^R = \begin{pmatrix} D_1^R \\ D_2^R \\ D_3^R \end{pmatrix} = \int \mathrm{d}m\,(\boldsymbol{z} \wedge \dot{\boldsymbol{z}}) \tag{20}$$

definiert, dabei bedeutet $\wedge$ das Vektorprodukt, die Integration ist über alle Massenelemente des Körpers auszuführen.
Bezogen auf das körperfeste System wird $\vec{D}$ durch die einkolonnige Matrix $\boldsymbol{D}^K$ dargestellt, dabei gilt

$$\boldsymbol{D}^K = A^T\boldsymbol{D}^R = \int \mathrm{d}m A^T(\boldsymbol{z} \wedge \dot{\boldsymbol{z}}) = \int \mathrm{d}m(A^T\boldsymbol{z} \wedge A^T\dot{\boldsymbol{z}}) \tag{21}$$

Der letzte Schritt benutzt das Transformationsverhalten des Vektorprodukts unter Drehungen.
Aus $\boldsymbol{z} = A\boldsymbol{x}$ folgt durch Differentiation $\dot{\boldsymbol{z}} = \dot{A}\boldsymbol{x} = A\Omega\boldsymbol{x}$ (man beachte $\dot{\boldsymbol{x}} = \boldsymbol{0}$ und Gl. (19)). Dann folgt

$$\boldsymbol{D}^K = \int \mathrm{d}m(\boldsymbol{x} \wedge \Omega\boldsymbol{x})$$

also z.B.

$$D_1^K = \omega_1 \int \mathrm{d}m(x_2^2 + x_3^2) - \omega_2 \int \mathrm{d}m x_1 x_2 - \omega_3 \int \mathrm{d}m x_1 x_3$$

Der Drall $\boldsymbol{D}^K$ geht also durch lineare Transformation aus der Kolonne

$$\begin{pmatrix} \omega_1 \\ \omega_2 \\ \omega_3 \end{pmatrix}$$

hervor, wobei die symmetrische Transformationsmatrix der Trägheitstensor ist, der nach Voraussetzung Diagonalgestalt hat, so daß in seiner Hauptdiagonale beziehlich die Hauptträgheitsmomente A, B, C stehen. Somit folgt:

$$D_1^K = A\omega_1 \qquad D_2^K = B\omega_2 \qquad D_3^K = C\omega_3 \tag{22}$$

(A tritt in doppelter Bedeutung auf: einmal als orthogonale Matrix, ein anderes Mal als Trägheitsmoment)

4.1.3 Dynamische Betrachtungen

Das Grundgesetz der Kreiseltheorie ist der Drehimpulssatz

$$\dot{\boldsymbol{D}}^R = \boldsymbol{M}^R$$

wobei $\boldsymbol{M}^R$ die Kolonne der raumfesten Komponenten des wirkenden Moments $\vec{M}$ ist. Nun folgt aus Gl. (21) mit (19) unter Betrachtung der schiefen Symmetrie von Ω

$$\dot{\boldsymbol{D}}^K = \dot{A}^T\boldsymbol{D}^R + A^T\dot{\boldsymbol{D}}^R = \Omega^T A^T \boldsymbol{D}^R + A^T\boldsymbol{M}^R = -\Omega\boldsymbol{D}^K + \boldsymbol{M}^K \tag{23}$$

Dies sind die Eulerschen Kreiselgleichungen, welche explizite wie folgt lauten (cf Gl. (22))

$$\begin{aligned} A\dot{\omega}_1 - (B-C)\omega_2\omega_3 &= M_1^K \\ B\dot{\omega}_2 - (C-A)\omega_1\omega_3 &= M_2^K \\ C\dot{\omega}_3 - (A-B)\omega_1\omega_2 &= M_3^K \end{aligned} \tag{24a}$$

Zusammen mit Gl. (15)

$$\begin{aligned} \dot{u}_1 &= \tfrac{1}{2}(\omega_1 u_4 - \omega_2 u_3 + \omega_3 u_2) \\ \dot{u}_2 &= \tfrac{1}{2}(\omega_1 u_3 + \omega_2 u_4 - \omega_3 u_1) \\ \dot{u}_3 &= \tfrac{1}{2}(-\omega_1 u_2 + \omega_2 u_1 + \omega_3 u_4) \\ \dot{u}_4 &= \tfrac{1}{2}(-\omega_1 u_1 - \omega_2 u_2 - \omega_3 u_3) \end{aligned} \tag{24b}$$

ergibt dies ein DGl.-System der Ordnung 7 für die Bewegung. Nach dessen Integration ergibt sich die Lage des Kreisels aus der Cayley-Matrix (10).

Bemerkungen. 1. Was die Anfangsbedingungen betrifft, wird man die Lage des Kreisels für $t=0$, d.h. die Matrix $A(0)$, geben. Daraus ergibt sich vermöge der Gl. (4) die Matrix $S(0)$ und hieraus mit (8) und (9) der Vektor $\boldsymbol{u}(0)$. Zusätzlich sind die Anfangswerte der Funktionen ω_1, ω_2, ω_3 zu geben.

2. Die Bedingung $\boldsymbol{u}^T\boldsymbol{u}=1$ ist dauernd erfüllt, wenn sie am Anfang erfüllt ist. Denn mit (24b) folgt:

$$(\boldsymbol{u}^T\boldsymbol{u})^\cdot = 2\boldsymbol{u}^T\dot{\boldsymbol{u}} = 0$$

d.h. $\boldsymbol{u}^T\boldsymbol{u}$ ist ein Integral der Bewegung.

3. Die Größen ω_1, ω_2, ω_3 sind die Komponenten des momentanen Rotationsvektors, bezogen auf das körperfeste System. Zum Beweis betrachten wir einen Punkt des starren Körpers mit Koordinaten $\boldsymbol{x}$ bzw. $\boldsymbol{z}$. Gemäß (1) gilt:

$$\boldsymbol{z} = A\boldsymbol{x}$$

Somit die Geschwindigkeit, beobachtet und dargestellt im raumfesten System:

$$\dot{\boldsymbol{z}} = \dot{A}\boldsymbol{x} = A\Omega\boldsymbol{x}$$

(cf. Gl. (19)). Bezeichnet man die Darstellung dieser Geschwindigkeit im raumfesten System mit $\boldsymbol{v}$, so folgt:

$$\boldsymbol{v} = A^T\dot{\boldsymbol{z}} = A^T A\Omega\boldsymbol{x} = \Omega\boldsymbol{x} = \boldsymbol{\omega}\wedge\boldsymbol{x}$$

wobei $\boldsymbol{\omega} = (\omega_1, \omega_2, \omega_3)^T$ gesetzt ist.

Die letzte Gleichung stellt die bekannte Formel für das Geschwindigkeitsfeld eines starren Körpers, erzeugt durch den momentanen Rotationsvektor, dar.

4.1.4 Energiebetrachtungen

Die kinetische Energie des Kreisels ist durch

$$2T=\int(\dot{\boldsymbol{z}},\dot{\boldsymbol{z}})\,\mathrm{d}m$$

definiert, wobei (,) das skalare Produkt bedeutet.
Hat $\boldsymbol{v}$ dieselbe Bedeutung wie in Abschn. 4.1.3, Bemerkung 3, so ergibt sich:

$$2T=\int(A\boldsymbol{v},A\boldsymbol{v})\,\mathrm{d}m=\int(\boldsymbol{v},\boldsymbol{v})\,\mathrm{d}m$$

Benützen wir nun die Beziehung $\boldsymbol{v}=\boldsymbol{\omega}\wedge\boldsymbol{x}$, sowie eine Regel über das gemischte Produkt, so folgt:

$$2T=\int(\boldsymbol{v},\boldsymbol{\omega}\wedge\boldsymbol{x})\,\mathrm{d}m=\int(\boldsymbol{\omega},\boldsymbol{x}\wedge\boldsymbol{v})\,\mathrm{d}m=\left(\boldsymbol{\omega},\int\boldsymbol{x}\wedge\boldsymbol{v}\,\mathrm{d}m\right)=(\boldsymbol{\omega},\boldsymbol{D}^K)$$

und unter Verwendung von (22) endlich:

$$2T=A\omega_1^2+B\omega_2^2+C\omega_3^2$$

Differenzieren wir diesen Ausdruck und verwenden Gl. (24a), so finden wir

$$\dot{T}=(\boldsymbol{\omega},\boldsymbol{M}^K)$$

Es bezeichne $\vec{b}$ das Beschleunigungsfeld, dem der Körper ausgesetzt ist, $\boldsymbol{b}^R$ bzw. $\boldsymbol{b}^K$ dessen Darstellung in den beiden Systemen. Dann gelten für das Moment folgende Darstellungen:

$$\boldsymbol{M}^R=\int\boldsymbol{z}\wedge\boldsymbol{b}^R\,\mathrm{d}m;\qquad \boldsymbol{M}^K=\int\boldsymbol{x}\wedge\boldsymbol{b}^K\,\mathrm{d}m$$

Mit Bemerkung 3 in Abschn. 4.1.3 folgt:

$$\begin{aligned}\dot{T}&=\left(\boldsymbol{\omega},\int\boldsymbol{x}\wedge\boldsymbol{b}^K\,\mathrm{d}m\right)=\int(\boldsymbol{\omega},\boldsymbol{x}\wedge\boldsymbol{b}^K)\,\mathrm{d}m=\int(\boldsymbol{b}^K,\boldsymbol{\omega}\wedge\boldsymbol{x})\,\mathrm{d}m\\&=\int(\boldsymbol{b}^K,\boldsymbol{v})\,\mathrm{d}m\qquad=\int(\boldsymbol{b}^R,\dot{\boldsymbol{z}})\,\mathrm{d}m\end{aligned}$$

Diese Gleichung besagt, daß die Änderung der kinetischen Energie gleich der geleisteten Arbeit ist. Gibt es eine Funktion U, so daß gilt:

$$-\dot{U}=\int(\boldsymbol{b}^K,\boldsymbol{v})\,\mathrm{d}m=\int(\boldsymbol{b}^R,\dot{\boldsymbol{z}})\,\mathrm{d}m$$

so folgt:

$$T + U = \text{const} = E$$

d.h. es gilt der Energiesatz.

Beispiel Kreisel im zentralsymmetrischen Schwerefeld. Der Ort einer kugelförmigen Zentralmasse werde durch $\boldsymbol{r}^R = (0, 0, -r)^T$ definiert. Das erzeugte Beschleunigungsfeld ist

$$\boldsymbol{b}^R = k^2 \frac{\boldsymbol{r}^R - \boldsymbol{z}}{|\boldsymbol{r}^R - \boldsymbol{z}|^3} \quad \text{bzw.} \quad \boldsymbol{b}^K = k^2 \frac{\boldsymbol{r}^K - \boldsymbol{x}}{|\boldsymbol{r}^K - \boldsymbol{x}|^3}$$

$|\ |$ bezeichnet die euklidische Distanz, k^2 das Produkt aus Zentralmasse und Gravitationskonstante.

Wir nehmen in der Folge an, daß der Abstand der Zentralmasse groß ist im Vergleich zu den Abmessungen des Kreisels. Dann können wir die Taylorentwicklung von $\boldsymbol{b}^K$ nach $|\boldsymbol{x}|/r$ wie folgt abbrechen:

$$\boldsymbol{b}^K = \frac{k^2}{r^3}(\boldsymbol{r}^K - \boldsymbol{x}) + \frac{3k^2}{r^5}(\boldsymbol{r}^K, \boldsymbol{x})(\boldsymbol{r}^K - \boldsymbol{x})$$

Hieraus ergibt sich zunächst für das Moment

$$\boldsymbol{M}^K = \frac{k^2}{r^3} \cdot \left(\int \boldsymbol{x}\, \mathrm{d}m \right) \wedge \boldsymbol{r}^K + \frac{3k^2}{r^5} \int (\boldsymbol{r}^K, \boldsymbol{x}) \cdot \boldsymbol{x} \wedge \boldsymbol{r}^K\, \mathrm{d}m$$

Bezeichnet M die Masse des Kreisels, $\boldsymbol{x}_s$ den Ort des Schwerpunkts, dann gilt bekanntlich $M\boldsymbol{x}_s = \int \boldsymbol{x}\, \mathrm{d}m$. Wir wollen der Einfachheit halber annehmen, daß der Schwerpunkt auf der x_3-Achse liegt, d.h. daß $\boldsymbol{x}_s = (0, 0, h)^T$ gilt. Bemerken wir schließlich noch, daß $\boldsymbol{r}^K = -r(a_{31}, a_{32}, a_{33})^T$ gilt (a_{ij} bezeichnen die Elemente der Matrix (10)), so kann $\boldsymbol{M}^K$ in folgender Form dargestellt werden:

$$\boldsymbol{M}^K = Gh \begin{pmatrix} a_{32} \\ -a_{31} \\ 0 \end{pmatrix} + \frac{3g}{r} \begin{pmatrix} [C-B]a_{33}a_{32} \\ [A-C]a_{33}a_{31} \\ [B-A]a_{31}a_{32} \end{pmatrix}$$

Hierbei bedeutet $g = k^2/r^2$, $G = Mg$.

Wir kommen zur Bestimmung der potentiellen Energie U. Wegen $\boldsymbol{v} = \boldsymbol{\omega} \wedge \boldsymbol{x}$ findet man zunächst:

$$\int (\boldsymbol{b}^K, \boldsymbol{v})\, \mathrm{d}m = \frac{k^2}{r^3} \int (\boldsymbol{r}^K, \boldsymbol{\omega} \wedge \boldsymbol{x})\, \mathrm{d}m + \frac{3k^2}{r^5} \int (\boldsymbol{r}^K, \boldsymbol{x})(\boldsymbol{r}^K, \boldsymbol{\omega} \wedge \boldsymbol{x})\, \mathrm{d}m$$

Nun gilt:

$$(\boldsymbol{r}^K, \boldsymbol{\omega} \wedge \boldsymbol{x}) = (\boldsymbol{r}^K, \boldsymbol{v}) = (\boldsymbol{r}^R, \dot{\boldsymbol{z}}) = -r\dot{z}_3 = -r(x_1\dot{a}_{31} + x_2\dot{a}_{32} + x_3\dot{a}_{33})$$

Hieraus folgt:

$$\int (\boldsymbol{b}^K, \boldsymbol{v})\, \mathrm{d}m = -Gh\dot{a}_{33} + 3\frac{g}{r}\int (x_1^2 a_{31}\dot{a}_{31} + x_2^2 a_{32}\dot{a}_{32} + x_3^2 a_{33}\dot{a}_{33})\, \mathrm{d}m$$

Wegen $a_{31}^2 + a_{32}^2 + a_{33}^2 = 1$ folgt $a_{31}\dot{a}_{31} + a_{32}\dot{a}_{32} + a_{33}\dot{a}_{33} = 0$. Deshalb kann die letzte Formel wie folgt umgeformt werden:

$$\int (\boldsymbol{b}^K, \boldsymbol{v})\, \mathrm{d}m = -Gh\dot{a}_{33} - \frac{3g}{r}(Aa_{31}\dot{a}_{31} + Ba_{32}\dot{a}_{32} + Ca_{33}\dot{a}_{33})$$

Somit finden wir für die potentielle Energie:

$$U = Gha_{33} + \frac{3g}{2r}(Aa_{31}^2 + Ba_{32}^2 + Ca_{33}^2)$$

wobei

$$a_{31} = 2(u_1u_3 - u_2u_4) \qquad a_{32} = 2(u_2u_3 + u_1u_4) \qquad a_{33} = -u_1^2 - u_2^2 + u_3^2 + u_4^2$$

Bemerkung. Natürlich könnte man das Potential U auch gewinnen aus dem Newton-Potential in den einzelnen Kreiselpunkten durch Integration und Entwicklung nach r.

Sind die Abmessungen des Kreisels so klein, daß man sich in der Entwicklung des Beschleunigungsfeldes auf den Ausdruck $(k^2/r^3)\boldsymbol{r}^K$ beschränken kann, so bedeutet dies den Übergang zum homogenen Schwerefeld. Moment und Potential heißen dann:

$$\boldsymbol{M}^K = Gh\begin{pmatrix} a_{32} \\ -a_{31} \\ 0 \end{pmatrix}; \qquad U = Gha_{33}$$

In dieser Situation spricht man vom schweren Kreisel.

4.2 Der schnelle Kreisel

Die Integration der Bewegungsgleichungen (24) ist i.allg. schwierig. Schon für den kräftefreien Kreisel ($M_1^K = M_2^K = M_3^K = 0$) müssen bekanntlich elliptische Funktionen benützt werden. Nur im Falle des symmetrischen Kreisels (d.h. wenn $A = B$ gilt) genügen elementare Funktionen. Wir beschränken uns deshalb auf eine Klasse von Problemen, die praktisch wichtig sind und sich störungstheoretisch behandeln lassen.

Wir betrachten den schnellen Kreisel. Ein Kreisel heißt schnell, falls die momentane Rotationsachse sich von der x_3-Achse nur wenig unterscheidet.

Wir formalisieren diese Voraussetzung durch Einführung eines Störparameters ε sowie der neuen abhängigen Variablen y_1, y_2, y_3:

$$\omega_1 = y_1 \qquad \omega_2 = y_2 \qquad \omega_3 = \frac{1}{\varepsilon}y_3 \tag{25}$$

Als Anfangswerte denken wir uns $y_1(0)$, $y_2(0)$, $y_3(0)$ beliebig, aber fest, d.h. unabhängig von ε vorgegeben.
Die Bewegungsgleichungen (24) lauten nun:

$$\dot{u}_1 = \frac{1}{\varepsilon}\tfrac{1}{2}y_3u_2 + \tfrac{1}{2}(-y_2u_3 + y_1u_4) \qquad \dot{u}_3 = \frac{1}{\varepsilon}\tfrac{1}{2}y_3u_4 + \tfrac{1}{2}(y_2u_1 - y_1u_2)$$
$$\dot{u}_2 = -\frac{1}{\varepsilon}\tfrac{1}{2}y_3u_1 + \tfrac{1}{2}(y_1u_3 + y_2u_4) \qquad \dot{u}_4 = -\frac{1}{\varepsilon}\tfrac{1}{2}y_3u_3 + \tfrac{1}{2}(-y_1u_1 - y_2u_2) \tag{26a}$$

$$\dot{y}_1 = \frac{1}{\varepsilon}\frac{B-C}{A}y_2y_3 + \frac{M_1}{A} \qquad \dot{y}_2 = \frac{1}{\varepsilon}\frac{C-A}{B}y_1y_3 + \frac{M_2}{B}$$
$$\dot{y}_3 = \varepsilon\left(\frac{A-B}{C}y_1y_2 + \frac{M_3}{C}\right) \tag{26b}$$

Zur Vereinfachung der Notation haben wir den Index K (für körperfest) weggelassen.
Man erkennt, daß der Einfluß eines Moments $\boldsymbol{M}$ mit $\varepsilon \to 0$ immer kleiner wird. Hierin liegt die technische Bedeutung des schnellen Kreisels. Für genügend kleine Werte von ε kann man das obige System durch das Folgende ersetzen:

$$\dot{u}_1 = \frac{1}{\varepsilon}\tfrac{1}{2}y_3u_2 \qquad \dot{u}_2 = -\frac{1}{\varepsilon}\tfrac{1}{2}y_3u_1 \qquad \dot{u}_3 = \frac{1}{\varepsilon}\tfrac{1}{2}y_3u_4 \qquad \dot{u}_4 = -\frac{1}{\varepsilon}\tfrac{1}{2}y_3u_3 \tag{27a}$$

$$\dot{y}_1 = \frac{1}{\varepsilon}\frac{B-C}{A}y_2y_3 \qquad \dot{y}_2 = \frac{1}{\varepsilon}\frac{C-A}{B}y_1y_3 \qquad \dot{y}_3 = 0 \tag{27b}$$

Für das Weitere wollen wir voraussetzen, daß C (d.h. das Trägheitsmoment bezüglich der x_3-Achse) entweder das größte oder das kleinste der drei Trägheitsmomente ist (denn nur dann ist die Bewegung des Kreisels stabil). D.h. $B-C$ und $C-A$ haben verschiedene Vorzeichen. Berücksichtigt man überdies, daß $y_3 = \text{const.} = n$ gilt, stellt man fest, daß jedes der Paare u_1, u_2; u_3, u_4 und y_1, y_2 einen harmonischen Oszillator bildet.
Wir protokollieren die Lösung des Systems (27):

$$u_1 = u_1(0)\cos\phi_1 + u_2(0)\sin\phi_1 \qquad u_3 = u_3(0)\cos\phi_1 + u_4(0)\sin\phi_1$$
$$u_2 = -u_1(0)\sin\phi_1 + u_2(0)\cos\phi_1 \qquad u_4 = -u_3(0)\sin\phi_1 + u_4(0)\cos\phi_1 \tag{28a}$$

$$y_1 = y_1(0)\cos\phi_2 + \frac{y_2(0)}{D}\sin\phi_2 \qquad y_3 = y_3(0) = n$$
$$y_2 = D[-y_1(0)\sin\phi_2 + \frac{y_2(0)}{D}\cos\phi_2] \tag{28b}$$

mit:

$$\phi_1 = \frac{1}{\varepsilon}t\cdot\frac{n}{2} \qquad \phi_2 = \frac{1}{\varepsilon}t\cdot m\cdot n \tag{28c}$$

Dabei wurden folgende Abkürzungen verwendet:

$$m=\sqrt{\frac{(C-A)(C-B)}{AB}} \qquad D=\frac{Am}{B-C}$$

Um die durch (28) definierte Bewegung zu diskutieren, setzen wir (ohne Beschränkung der Allgemeinheit)

$$u_1(0)=u_2(0)=u_3(0)=0 \qquad u_4(0)=1$$

Unter Verwendung von (1) und (10) ergibt sich:

$$\boldsymbol{z}=\begin{pmatrix}\cos 2\phi_1 & -\sin 2\phi_1 & 0\\ \sin 2\phi_1 & \cos 2\phi_1 & 0\\ 0 & 0 & 1\end{pmatrix}\boldsymbol{x}$$

D.h. der Kreisel führt eine konstante Rotation um die z_3-Achse aus. Die Umlaufszeit beträgt $(2\pi/n)\varepsilon$ und ist um so kleiner, je kleiner ε ist. Aus diesem Grund spricht man vom schnellen Kreisel.

Die Bewegungsgleichungen (26) haben noch nicht die Form, die der Störungstheorie zu Grunde liegt. Um dies zu erreichen, führen wir anstelle der unabhängigen Variablen t eine neue unabhängige Variable s wie folgt ein:

$$s=\frac{t}{\varepsilon} \tag{29}$$

Die Bewegungsgleichungen (26) lauten dann

$$\begin{cases} u_1'= \tfrac{1}{2}y_3u_2+\dfrac{\varepsilon}{2}(-y_2u_3+y_1u_4)\\ u_2'=-\tfrac{1}{2}y_3u_1+\dfrac{\varepsilon}{2}(\ \ y_1u_3+y_2u_4)\\ u_3'= \tfrac{1}{2}y_3u_4+\dfrac{\varepsilon}{2}(\ \ y_2u_1-y_1u_2)\\ u_4'=-\tfrac{1}{2}y_3u_3+\dfrac{\varepsilon}{2}(-y_1u_1-y_2u_2)\end{cases} \tag{30a}$$

$$\begin{cases} y_1'=\dfrac{B-C}{A}y_3y_2+\varepsilon\dfrac{M_1}{A}\\ y_2'=\dfrac{C-A}{B}y_3y_1+\varepsilon\dfrac{M_2}{B}\\ y_3'= \varepsilon^2\left(\dfrac{A-B}{C}y_1y_2+\dfrac{M_3}{C}\right)\end{cases} \tag{30b}$$

Die Lösung des ungestörten Problems ($\varepsilon=0$) wird durch (28a, b) gegeben, zusammen mit den Ausdrücken

$$\phi_1 = s \cdot \frac{n}{2} \qquad \phi_2 = s \cdot m \cdot n \tag{28c'}$$

welche die Formeln (28.c) ersetzen. Das ungestörte Problem beschreibt also dieselbe Bewegung wie das System (27), nur daß nun die Umlaufszeit $2\pi/n$ ist, also unabhängig von ε.

Für das ungestörte Problem ist also das Auftreten zweier Frequenzen

$$\nu_1 = \tfrac{1}{2}n \qquad \nu_2 = m \cdot n \tag{31}$$

charakteristisch. Überdies hängen diese Frequenzen von den Anfangsbedingungen der Bewegung ab (n ist der Anfangswert von y_3).

4.2.1 Der schwere unsymmetrische schnelle Kreisel

Das Moment des schweren Kreisels wurde in 4.1.4 hergeleitet. Somit lauten die Bewegungsgleichungen (30b) wie folgt:

$$\begin{cases} y_1' = \dfrac{B-C}{A} y_3 y_2 + \varepsilon \dfrac{2a}{A}(u_1 u_4 + u_2 u_3) \\[2ex] y_2' = \dfrac{C-A}{B} y_3 y_1 + \varepsilon \dfrac{2a}{B}(-u_1 u_3 + u_2 u_4) \\[2ex] y_3' = \varepsilon^2 \dfrac{A-B}{C} y_1 y_2 \end{cases} \tag{32}$$

mit $a = G \cdot h$.

a) Elemente. Die Einführung von Elementen erfolgt gemäß Abschn. 1.3, Beispiel 1. Der Bequemlichkeit des Lesers zuliebe wiederholen wir die wesentlichsten der dort angestellten Überlegungen.

Bei der Diskussion des ungestörten Problems haben wir bemerkt, daß dieses durch das Auftreten der beiden Frequenzen ν_1, ν_2 charakterisiert ist. Man wird deshalb zwei Winkelvariable ϕ_1, ϕ_2 als Elemente einführen. Überdies benutzen wir, entsprechend den Anfangswerten $u_1(0)$, $u_2(0)$, $u_3(0)$, $u_4(0)$, $y_1(0)$, $y_2(0)$, $y_3(0) = n$ in Formel (28a, b) die 7 Amplitudenvariable a_i $(i = 1, \ldots, 7)$. In Analogie zu (28) definieren wir folgende Transformation:

$$\begin{aligned} u_1 &= a_1 \cos\phi_1 + a_2 \sin\phi_1 & y_1 &= a_5 \cos\phi_2 + a_6 \sin\phi_2 \\ u_2 &= -a_1 \sin\phi_1 + a_2 \cos\phi_1 & y_2 &= -Da_5 \sin\phi_2 + Da_6 \cos\phi_2 \\ u_3 &= a_3 \cos\phi_1 + a_4 \sin\phi_1 & y_3 &= a_7 \\ u_4 &= -a_3 \sin\phi_1 + a_4 \cos\phi_1 \end{aligned} \tag{33}$$

Da wir die Zahl der abhängigen Variablen durch Einführung von ϕ_1, ϕ_2 von 7 auf 9 erhöht haben, dürfen wir zwei der 9 zu erwartenden DGl. vorschreiben. Wir fordern, im Hinblick auf (28c') und (31)

$$\phi_1' = \tfrac{1}{2}a_7 \qquad \phi_2' = ma_7 \tag{34}$$

Nun sind die DGl. für die Amplitudenvariablen vollständig bestimmt. Durch Differentiation der Formeln (33), unter Verwendung von Gl. (34), ergibt sich aus den Bewegungsgleichungen (30a) und (32) ein System von linearen Gleichungen für die a_i' $(i=1,\ldots,7)$, das nach den a_i' aufgelöst werden kann. Die einfache, aber etwas längliche Rechnung liefert:

$$
\begin{aligned}
a_1' &= \frac{\varepsilon}{2}[-Y_2a_3+Y_1a_4] \overset{\text{Def}}{=} \varepsilon T_1^1 \qquad & a_3' &= \frac{\varepsilon}{2}[\ Y_2a_1-Y_1a_2] \overset{\text{Def}}{=} \varepsilon T_3^1 \\
a_2' &= \frac{\varepsilon}{2}[\ Y_1a_3+Y_2a_4] \overset{\text{Def}}{=} \varepsilon T_2^1 \qquad & a_4' &= \frac{\varepsilon}{2}[-Y_1a_1-Y_2a_2] \overset{\text{Def}}{=} \varepsilon T_4^1
\end{aligned}
$$

$$
a_5' = \varepsilon[b_{32}(bc(2,1)+dc(-2,1))+b_{31}(-bs(2,1)+ds(-2,1))] \overset{\text{Def}}{=} \varepsilon T_5^1 \quad (35)
$$

$$
a_6' = \varepsilon[b_{32}(bs(2,1)+ds(-2,1))+b_{31}(bc(2,1)-dc(-2,1))] \overset{\text{Def}}{=} \varepsilon T_6^1
$$

$$
a_7' = \varepsilon^2\frac{A-B}{C}D[a_5a_6c(0,2)+\tfrac{1}{2}(a_6^2-a_5^2)s(0,2)] \overset{\text{Def}}{=} \varepsilon^2 T_7^2
$$

Dabei wurden folgende Abkürzungen verwendet:

$$
\begin{aligned}
Y_1 = \frac{a_5}{2}&[(1-D)c(2,1)+(1+D)c(-2,1)] \\
&+\frac{a_6}{2}[(1-D)s(2,1)+(1+D)s(-2,1)]
\end{aligned}
$$

$$
\begin{aligned}
Y_2 = \frac{a_5}{2}&[(1-D)s(2,1)-(1+D)s(-2,1)] \\
&+\frac{a_6}{2}[-(1-D)c(2,1)+(1+D)c(-2,1)]
\end{aligned}
$$

und

$$
\begin{aligned}
b_{31} &= 2(a_1a_3-a_2a_4) \qquad & b_{32} &= 2(a_1a_4+a_2a_3) \\
b &= \frac{a}{2}\left(\frac{1}{A}-\frac{1}{BD}\right) \qquad & d &= \frac{a}{2}\left(\frac{1}{A}+\frac{1}{BD}\right) \\
c(\sigma,\mu) &= \cos(\sigma\phi_1+\mu\phi_2) \qquad & s(\sigma,\mu) &= \sin(\sigma\phi_1+\mu\phi_2)
\end{aligned}
$$

b) Die Störungsrechnung. Die Differentialgleichungen (34), (35), die in naheliegender Abkürzung wie folgt heißen:

$$
\begin{cases}
\phi_1' = \tfrac{1}{2}a_7 \\
\phi_2' = ma_7 \\
a_i' = \varepsilon T_i^1 + \varepsilon^2 T_i^2 \qquad (i=1,\ldots,7)
\end{cases}
\tag{36}
$$

sind von dem in Abschn. 3.2 beschriebenen Typus. Zunächst bestimmen wir $\bar{T}_i^1$. Gemäß (3, 22.1) ist $\bar{T}_i^1$ gleich dem konstanten Glied der Fourierreihe von T_i^1. Offenbar ist

$$
\bar{T}_i^1 = 0 \qquad (i=1,\ldots,7) \tag{37}
$$

Die Anwendung des Integrationsoperators I_Φ auf $\boldsymbol{T}^1$ ergibt $\boldsymbol{t}^1$ (cf. (3,23), (3,9)). Man findet:

$$
\begin{aligned}
t_1^1 &= \tfrac{1}{2}[-\tilde{Y}_2 a_3 + \tilde{Y}_1 a_4] \qquad t_3^1 = \tfrac{1}{2}[\tilde{Y}_2 a_1 - \tilde{Y}_1 a_2] \\
t_2^1 &= \tfrac{1}{2}[\ \tilde{Y}_1 a_3 + \tilde{Y}_2 a_4] \qquad t_4^1 = \tfrac{1}{2}[-\tilde{Y}_1 a_1 - \tilde{Y}_2 a_2] \\
t_5^1 &= \frac{b_{32}}{a_7}\left[\frac{b}{\mu_1} s(2,1) + \frac{d}{\mu_2} s(-2,1)\right] + \frac{b_{31}}{a_7}\left[\frac{b}{\mu_1} c(2,1) - \frac{d}{\mu_2} c(-2,1)\right] \\
t_6^1 &= \frac{-b_{32}}{a_7}\left[\frac{b}{\mu_1} c(2,1) + \frac{d}{\mu_2} c(-2,1)\right] + \frac{b_{31}}{a_7}\left[\frac{b}{\mu_1} s(2,1) - \frac{d}{\mu_2} s(-2,1)\right] \\
t_7^1 &= 0
\end{aligned}
\tag{38}
$$

Dabei wurden folgende Abkürzungen verwendet:

$$
\tilde{Y}_1 = \frac{a_5}{2a_7}\left[\frac{1-D}{\mu_1} s(2,1) + \frac{1+D}{\mu_2} s(-2,1)\right] - \frac{a_6}{2a_7}\left[\frac{1-D}{\mu_1} c(2,1) + \frac{1+D}{\mu_2} c(-2,1)\right]
$$

$$
\tilde{Y}_2 = \frac{-a_5}{2a_7}\left[\frac{1-D}{\mu_1} c(2,1) - \frac{1+D}{\mu_2} c(-2,1)\right] + \frac{a_6}{2a_7}\left[-\frac{1-D}{\mu_1} s(2,1) + \frac{1+D}{\mu_2} s(-2,1)\right]
$$

$$
\mu_1 = m+1 \qquad \mu_2 = m-1
$$

Aus diesen Resultaten und wegen $R_\iota^1 = 0$ folgt weiter (cf. (3,22.1–23))

$$
\bar{R}_\iota^1 = 0 \qquad r_\iota^1 = 0 \qquad (i = 1, 2) \tag{39}
$$

Zur Konstruktion einer Approximation 1. Ordnung müssen wir noch $\bar{R}_\iota^2$, $\bar{T}_\iota^2$ bestimmen.

Da $t_7^1 = 0$, folgt $\boldsymbol{f}^0 \circ \boldsymbol{u}^1 \circ \boldsymbol{u}^1 = \boldsymbol{0}$. Zufolge von Formel (3,26) gilt die Schlußfolgerung von Lemma 2, §3. Also erhalten wir

$$
\begin{aligned}
\bar{\boldsymbol{R}}^2 &= M_\Phi\left[\frac{\partial \boldsymbol{R}^1}{\partial \boldsymbol{\phi}} \boldsymbol{r}^1 + \frac{\partial \boldsymbol{R}^1}{\partial \boldsymbol{a}} \boldsymbol{t}^1\right] + M_\Phi\left[\boldsymbol{R}^2\right] \\
\bar{\boldsymbol{T}}^2 &= M_\Phi\left[\frac{\partial \boldsymbol{T}^1}{\partial \boldsymbol{\phi}} \boldsymbol{r}^1 + \frac{\partial \boldsymbol{T}^1}{\partial \boldsymbol{a}} \boldsymbol{t}^1\right] + M_\Phi\left[\boldsymbol{T}^2\right]
\end{aligned}
\tag{40}
$$

wobei M_Φ der in Abschn. 3.1 eingeführte Mittelwertoperator ist.
Offenbar gilt:

$$
\bar{R}_i^2 = 0 \qquad (i = 1, 2) \tag{41}
$$

Um die Berechnung von $\bar{\boldsymbol{T}}^2$ zu erleichtern, bemerken wir zunächst, daß folgende Formeln gelten:

$$
M_\Phi[Y_1 \tilde{Y}_1] = 0 \qquad M_\Phi[Y_2 \tilde{Y}_2] = 0 \qquad M_\Phi[Y_1 \tilde{Y}_2] = -M_\Phi[Y_2 \tilde{Y}_1] = d_1(a_5^2 + a_6^2)
$$

$$
M_\Phi\left[\frac{\partial Y_i}{\partial a_5} t_5^1 + \frac{\partial Y_\iota}{\partial a_6} t_6^1\right] = d_2 b_{3\iota} \qquad (i = 1, 2)
$$

wobei:

$$d_1 = \frac{1}{8a_7}\left(\frac{(1+D)^2}{\mu_2} - \frac{(1-D)^2}{\mu_1}\right) \qquad d_2 = \frac{1}{2a_7}\left(\frac{1-D}{\mu_1}b - \frac{1+D}{\mu_2}d\right)$$

Die Berechnung von $\bar{\boldsymbol{T}}^2$ bietet nun keine weiteren Schwierigkeiten. Bestimmen wir etwa $\bar{T}_1^2$:

$$\bar{T}_1^2 = M_\Phi\left[\sum_{j=1}^{6} \frac{\partial T_1^1}{\partial a_j} t_j^1\right] + M_\Phi[T_1^2]$$

$$= \tfrac{1}{2}M_\Phi\left[-Y_{22}^{\ 1}(\tilde{Y}_2 a_1 - \tilde{Y}_1 a_2) + Y_{12}^{\ 1}(-\tilde{Y}_1 a_1 - \tilde{Y}_2 a_2) + \left(-\frac{\partial Y_2}{\partial a_5}a_3 + \frac{\partial Y_1}{\partial a_5}a_4\right)t_5^1\right.$$

$$\left. + \left(-\frac{\partial Y_2}{\partial a_6}a_3 + \frac{\partial Y_1}{\partial a_6}a_4\right)t_6^1\right] + M_\Phi[T_1^2]$$

$$= -\tfrac{1}{2}[d_1(a_5^2 + a_6^2) + 2d_2(a_3^2 + a_4^2)] \cdot a_2$$

Analog findet man die übrigen Terme. Wir protokollieren sogleich das verbleibende System:

$$\begin{cases} \bar{\phi}_1' = \tfrac{1}{2}\bar{a}_7 & \bar{\phi}_2' = m\bar{a}_7 & \\ \bar{a}_1' = -\varepsilon^2\Omega_1\bar{a}_2 & \bar{a}_3' = -\varepsilon^2\Omega_2\bar{a}_4 & \bar{a}_5' = -\varepsilon^2\Omega_3\bar{a}_6 \\ \bar{a}_2' = \varepsilon^2\Omega_1\bar{a}_1 & \bar{a}_4' = \varepsilon^2\Omega_2\bar{a}_3 & \bar{a}_6' = \varepsilon^2\Omega_3\bar{a}_5 \\ \bar{a}_7' = 0 & & \end{cases} \tag{42}$$

wobei:

$$\Omega_1 = \tfrac{1}{2}[d_1(\bar{a}_5^2 + \bar{a}_6^2) + 2d_2(\bar{a}_3^2 + \bar{a}_4^2)]$$

$$\Omega_2 = \tfrac{1}{2}[d_1(\bar{a}_5^2 + \bar{a}_6^2) - 2d_2(\bar{a}_1^2 + \bar{a}_2^2)]$$

$$\Omega_3 = \frac{1}{2\bar{a}_7}\left(\frac{1-D}{\mu_1}b + \frac{1+D}{\mu_2}d\right)(-\bar{a}_1^2 - \bar{a}_2^2 + \bar{a}_3^2 + \bar{a}_4^2)$$

Um das System (42) zu lösen, bemerken wir, daß

$$\bar{a}_1^2 + \bar{a}_2^2 \qquad \bar{a}_3^2 + \bar{a}_4^2 \qquad \bar{a}_5^2 + \bar{a}_6^2 \qquad \text{und} \qquad \bar{a}_7$$

Integrale, also konstant sind längs einer Bewegung. Dann sind aber auch Ω_1, Ω_2, Ω_3 Konstanten der Bewegung, so daß die Paare $\bar{a}_1$, $\bar{a}_2$; $\bar{a}_3$, $\bar{a}_4$ und $\bar{a}_5$, $\bar{a}_6$ harmonische Oszillatoren beschreiben. Somit lautet die Lösung des Systems (42) wie folgt:

$$\begin{cases} \bar{\phi}_1 = \tfrac{1}{2}\bar{a}_7^0 s \qquad \bar{\phi}_2 = m\bar{a}_7^0 s & \\ \bar{a}_1 = \bar{a}_1^0\cos(\varepsilon^2\Omega_1^0 s) - \bar{a}_2^0\sin(\varepsilon^2\Omega_1^0 s) & \bar{a}_2 = \bar{a}_1^0\sin(\varepsilon^2\Omega_1^0 s) + \bar{a}_2^0\cos(\varepsilon^2\Omega_1^0 s) \\ \bar{a}_3 = \bar{a}_3^0\cos(\varepsilon^2\Omega_2^0 s) - \bar{a}_4^0\sin(\varepsilon^2\Omega_2^0 s) & \bar{a}_4 = \bar{a}_3^0\sin(\varepsilon^2\Omega_2^0 s) + \bar{a}_4^0\cos(\varepsilon^2\Omega_2^0 s) \\ \bar{a}_5 = \bar{a}_5^0\cos(\varepsilon^2\Omega_3^0 s) - \bar{a}_6^0\sin(\varepsilon^2\Omega_3^0 s) & \bar{a}_6 = \bar{a}_5^0\sin(\varepsilon^2\Omega_3^0 s) + \bar{a}_6^0\cos(\varepsilon^2\Omega_3^0 s) \\ \bar{a}_7 = \bar{a}_7^0 & \end{cases} \tag{43}$$

Dabei bezeichnet $\bar{a}_i^0$, Ω_i^0 den Anfangswert von $\bar{a}_i$, Ω_i. Diese Formeln, zusammen mit der fast-identischen Transformation:

$$\begin{cases} \boldsymbol{\phi} = \bar{\boldsymbol{\phi}} \\ \boldsymbol{a} = \bar{\boldsymbol{a}} + \varepsilon \boldsymbol{t}^1(\bar{\boldsymbol{\phi}}, \bar{\boldsymbol{a}}) \end{cases} \tag{44}$$

(cf. Gl. (38)) und der Elementtransformation (33) ergeben die Approximation 1. Ordnung für die Größen u_1, u_2, u_3, u_4, y_1, y_2, y_3 des Systems (30a), (32).

Bemerkung. Die Formeln (38) enthalten die Ausdrücke $a_7(m+1)$, $a_7(m-1)$ als Nenner. Damit sie also sinnvoll sind, muß gelten: $a_7 \neq 0$, $m \neq \pm 1$. (Vergl. auch die Bedingung (iii), in Abschn. 1.3.)

c) Diskussion der Bewegung. Wir wollen die Bewegung der x_3-Achse vom raumfesten System aus betrachten. Zu diesem Zwecke haben wir die Approximationen für die Funktionen u_i in den Ausdruck für $\boldsymbol{\zeta}$:

$$\boldsymbol{\zeta} = (2u_1u_3 + 2u_2u_4, 2u_2u_3 - 2u_1u_4, -u_1^2 - u_2^2 + u_3^2 + u_4^2)^T$$

einzusetzen, denn die Komponenten von $\boldsymbol{\zeta}$ beschreiben die x_3-Achse im raumfesten System. Vernachlässigt man die Terme der Ordnung ε in (44), d.h. vernachlässigt man die Nutation, folgt:

$$\begin{aligned} \zeta_1 &= \zeta_1^0 \cos(\varepsilon[\Omega_1^0 - \Omega_2^0]t) - \zeta_2^0 \sin(\varepsilon[\Omega_1^0 - \Omega_2^0]t) \\ \zeta_2 &= \zeta_2^0 \cos(\varepsilon[\Omega_1^0 - \Omega_2^0]t) + \zeta_1^0 \sin(\varepsilon[\Omega_1^0 - \Omega_2^0]t) \\ \zeta_3 &= \zeta_3^0 \end{aligned} \tag{45}$$

wobei wir zur Abkürzung

$$\zeta_1^0 = 2(\bar{a}_1^0\bar{a}_3^0 + \bar{a}_2^0\bar{a}_4^0) \qquad \zeta_2^0 = 2(\bar{a}_2^0\bar{a}_3^0 - \bar{a}_1^0\bar{a}_4^0) \qquad \zeta_3^0 = -(\bar{a}_1^0)^2 - (\bar{a}_2^0)^2 + (\bar{a}_3^0)^2 + (\bar{a}_4^0)^2$$

eingeführt haben.

Aus den Formeln (45) folgt der bekannte Effekt, daß die x_3-Achse unter dem Einfluß der Schwere eine Präzessionsbewegung um die z_3-Achse ausführt.

Die Winkelgeschwindigkeit $\varepsilon[\Omega_1^0 - \Omega_2^0]$ der Präzession beträgt im Falle des symmetrischen Kreisels mit $A = B < C$, wenn $y_3(0)$ den Anfangswert von y_3 bezeichnet, $\varepsilon a/(y_3(0)C)$. Der Kreisel präzessiert um so schneller, je kleiner $y_3(0)$ ist, d.h. je langsamer seine Eigenrotation ist. Umgekehrt präzessiert der Kreisel um so langsamer, je kleiner ε ist, d.h. je schneller die Eigenrotation des Kreisels ist.

4.2.2 Der schwere symmetrische schnelle Kreisel mit Luftwiderstand

Ohne prinzipiellen Grund, lediglich zur Vereinfachung der Rechnungen, untersuchen wir hier den symmetrischen Kreisel. Als äußeres Moment betrachten wir nicht nur das durch ein homogenes Schwerefeld erzeugte Moment, sondern auch das durch den Luftwiderstand hervorgerufene Moment. Für dieses machen wir den Ansatz:

$$\boldsymbol{M}_{Luft} = (-\lambda\omega_1, -\lambda\omega_2, -\lambda\omega_3)^T \tag{46}$$

Unter Berücksichtigung von Gl. (25) und wegen $A = B$ ergeben sich aus Gl. (30b) folgende Gleichungen für die Variablen y_1, y_2, y_3:

$$\begin{aligned} y_1' &= -my_3y_2 + \varepsilon\left[\frac{2a}{A}(u_1u_4 + u_2u_3) \quad - \frac{\lambda}{A}y_1\right] \\ y_2' &= my_3y_1 + \varepsilon\left[\frac{2a}{A}(-u_1u_3 + u_2u_4) - \frac{\lambda}{A}y_2\right] \\ y_3' &= \qquad\qquad \varepsilon\left[\qquad\qquad\qquad\qquad - \frac{\lambda}{C}y_3\right] \end{aligned} \tag{47}$$

mit $m = (C-A)/A$. Im folgenden wollen wir annehmen, daß $C > A = B$ gilt.

a) Elemente. Um andere Aspekte der Theorie zu zeigen, benützen wir hier einen anderen Elementensatz. Die im folgenden dargestellte Einführung von Elementen entspricht derjenigen in Abschn. 1, Beispiel 3. Wir benützen drei Winkelvariable ϕ_1, ϕ_2, Ω, wobei ϕ_1, ϕ_2 im ungestörten Fall linear variieren, während Ω konstant bleibt. Überdies werden vier Amplitudenvariable a_1, a_2, a_3, a_4 verwendet:

$$\begin{aligned} &u_1 = a_1\cos(\phi_1 + \Omega) \qquad u_3 = a_2\cos(\phi_1 - \Omega) \qquad y_1 = a_3\sqrt{2m}\cos\phi_2 \\ &u_2 = -a_1\sin(\phi_1 + \Omega) \quad\; u_4 = -a_2\sin(\phi_1 - \Omega) \quad\; y_2 = -a_3\sqrt{2m}\sin\phi_2 \\ &\qquad\qquad\qquad\qquad\qquad\qquad\qquad\qquad\qquad\quad y_3 = a_4 \end{aligned} \tag{48}$$

Es bereitet keine Schwierigkeiten, die Differentialgleichungen für die neuen Variablen aufzustellen. Man findet:

$$\left\{\begin{aligned} &\phi_1' = \tfrac{1}{2}a_4 \quad + \varepsilon A_1 c(2,-1) \qquad a_1' = \varepsilon B_1 s(2,-1) \\ &\phi_2' = -ma_4 + \varepsilon A_2 c(2,-1) \qquad a_2' = \varepsilon B_2 s(2,-1) \\ &\Omega' = \qquad\quad\;\; \varepsilon A_3 c(2,-1) \qquad a_3' = \varepsilon\left[B_3 s(2,-1) - \frac{\lambda}{A}a_3\right] \\ &\qquad\qquad\qquad\qquad\qquad\qquad\quad a_4' = \varepsilon\left[\qquad\qquad\quad - \frac{\lambda}{C}a_4\right] \end{aligned}\right. \tag{49}$$

mit

$$A_1 = \frac{\sqrt{2m}}{4}a_3\left[\frac{a_1}{a_2} - \frac{a_2}{a_1}\right] \qquad A_2 = \frac{2a}{A\sqrt{2m}}\frac{a_1a_2}{a_3} \qquad A_3 = -\frac{\sqrt{2m}}{4}a_3\left[\frac{a_1}{a_2} + \frac{a_2}{a_1}\right]$$

$$B_1 = -\frac{\sqrt{2m}}{2}a_2a_3 \qquad B_2 = \frac{\sqrt{2m}}{2}a_1a_3 \qquad B_3 = -\frac{2a}{A\sqrt{2m}}a_1a_2$$

$$c(\sigma,\mu) = \cos(\sigma\phi_1 + \mu\phi_2) \qquad s(\sigma,\mu) = \sin(\sigma\phi_1 + \mu\phi_2)$$

Man erkennt, daß der Winkel Ω auf der rechten Seite von Gl. (49) nicht vorkommt.

b) Die Störungsrechnung. Die Gleichungen (49) haben folgende Struktur:

$$\begin{cases}\phi_1' = \frac{1}{2}a_4 + \varepsilon R_1^1 \\ \phi_2' = -ma_4 + \varepsilon R_2^1 \\ \Omega' = \varepsilon S^1\end{cases} \qquad a_i' = \varepsilon T_i^1 \qquad (i = 1, 2, 3, 4) \tag{50}$$

Sie sind also von dem in Abschn. 3.2 beschriebenen Typus.
Zunächst ermitteln wir die Mittelwerte $\bar{R}_i^1$, $\bar{S}^1$, $\bar{T}_i^1$, cf Gl. (3,22.1). Man findet:

$$\bar{R}_1^1 = \bar{R}_2^1 = \bar{S}^1 = \bar{T}_1^1 = \bar{T}_2^1 = 0 \qquad \bar{T}_3^1 = -\frac{\lambda}{A}a_3 \qquad \bar{T}_4^1 = -\frac{\lambda}{C}a_4 \tag{51}$$

Die Anwendung des Integrationsoperators I_ϕ auf $\boldsymbol{T}^1$ ergibt $\boldsymbol{t}^1$, cf Gl. (3,23)

$$t_i^1 = -\frac{B_i}{(1+m)a_4}c(2,-1) \qquad (i = 1, 2, 3), \qquad t_4^1 = 0 \tag{52a}$$

Nunmehr lassen sich $\boldsymbol{r}^1$, s^1 bestimmen; man findet:

$$r_i^1 = \frac{A_i}{(1+m)a_4}s(2,-1) \qquad (i = 1, 2) \qquad s^1 = \frac{A_3}{(1+m)a_4}s(2,-1) \tag{52b}$$

Zur Konstruktion einer Approximation 1. Ordnung müssen wir $\bar{R}_i^2$, $\bar{S}^2$, $\bar{T}_i^2$ bestimmen. Genau wie vor Gl. (40) verifiziert man, daß die Schlußfolgerung von Lemma 2 in §3 anwendbar ist, und da überdies $R_i^2 = S^2 = T_i^2 = 0$ gilt, folgt:

$$\bar{\boldsymbol{R}}^2 = M_\phi\left[\frac{\partial \boldsymbol{R}^1}{\partial \boldsymbol{\phi}}\boldsymbol{r}^1 + \frac{\partial \boldsymbol{R}^1}{\partial \Omega}s^1 + \frac{\partial \boldsymbol{R}^1}{\partial \boldsymbol{a}}\boldsymbol{t}^1\right]$$

$$\bar{S}^2 = M_\phi\left[\frac{\partial S^1}{\partial \boldsymbol{\phi}}\boldsymbol{r}^1 + \frac{\partial S^1}{\partial \Omega}s^1 + \frac{\partial S^1}{\partial \boldsymbol{a}}\boldsymbol{t}^1\right]$$

und eine ähnliche Formel für $\bar{\boldsymbol{T}}^2$. Die nicht zu komplizierte Durchführung ergibt:

$$\bar{\boldsymbol{R}}^2 = \begin{pmatrix}\dfrac{1}{2(m+1)a_4}\left[ma_3^2 + \dfrac{a}{A}(a_1^2 - a_2^2)\right] \\ \dfrac{a}{A(m+1)a_4}[-a_1^2 + a_2^2]\end{pmatrix} \tag{53}$$

$$\bar{S}^2 = -\frac{a}{2\cdot A(m+1)a_4}(a_1^2 + a_2^2) \qquad \bar{\boldsymbol{T}}^2 = 0$$

Hieraus und mit Gl. (51) ergibt sich das verbleibende System:

$$\left\{\begin{aligned} \bar{\phi}_1' &= \tfrac{1}{2}\bar{a}_4 + \varepsilon^2 \frac{1}{2(m+1)\bar{a}_4}\left[m\bar{a}_3^2 + \frac{a}{A}(\bar{a}_1^2 - \bar{a}_2^2)\right] \\ \bar{\phi}_2' &= -m\bar{a}_4 + \varepsilon^2 \frac{a}{A(m+1)\bar{a}_4}[-\bar{a}_1^2 + \bar{a}_2^2] \\ \bar{\Omega}' &= -\frac{\varepsilon^2 a}{2A(m+1)\bar{a}_4}(\bar{a}_1^2 + \bar{a}_2^2) \qquad \bar{a}_1' = \bar{a}_2' = 0 \\ \bar{a}_3' &= -\varepsilon\frac{\lambda}{A}\bar{a}_3 \qquad \bar{a}_4' = -\varepsilon\frac{\lambda}{C}\bar{a}_4 \end{aligned}\right. \tag{54}$$

Das System (54) ist leicht zu integrieren, man findet:

$$\left\{\begin{aligned} &\bar{a}_1 = \bar{a}_1^0 \qquad \bar{a}_2 = \bar{a}_2^0 \qquad \bar{a}_3 = \bar{a}_3^0 e^{-\varepsilon(\lambda/A)s} \qquad \bar{a}_4 = \bar{a}_4^0 e^{-\varepsilon(\lambda/C)s} \\ &\bar{\Omega} = \bar{\Omega}^0 - \varepsilon\frac{a}{\lambda}\frac{C}{A}\frac{1}{2(m+1)}\frac{(\bar{a}_1^0)^2 + (\bar{a}_2^0)^2}{\bar{a}_4^0}(e^{\varepsilon(\lambda/C)s} - 1) \end{aligned}\right. \tag{55}$$

Für $\bar{\phi}_1$, $\bar{\phi}_2$ ergeben sich ähnliche Ausdrücke. Die Größen $\bar{a}_1^0$, $\bar{a}_2^0$ etc. bezeichnen die Anfangswerte von $\bar{a}_1$, $\bar{a}_2$ etc. Die Formeln (55), zusammen mit der fast-identischen Transformation

$$\boldsymbol{\phi} = \bar{\boldsymbol{\phi}} + \varepsilon \boldsymbol{r}^1 \qquad \Omega = \bar{\Omega} + \varepsilon s^1 \qquad \boldsymbol{a} = \bar{\boldsymbol{a}} + \varepsilon \boldsymbol{t}^1 \tag{56}$$

($\boldsymbol{r}^1$, s^1, $\boldsymbol{t}^1$ wurden in (52) bestimmt) und der Elementtransformation (48) bestimmen die Approximation 1. Ordnung für die u_1, u_2, u_3, u_4, y_1, y_2, y_3 des Systems (30a) und (47).

Bemerkung. In den Formeln für die Approximation 1. Ordnung treten folgende Größen als Nenner auf: (i) $a_4(m+1)$ (ii) a_1, a_2, a_3. Das Auftreten des Nenners $a_4(m+1)$ haben wir schon in Abschn. 4.2.1 (Bemerkung) festgestellt. Neu ist das Auftreten von a_1, a_2 als Nenner. Der Grund hierfür liegt in der Wahl der Elementtransformation (48). In Abschn. 4.2.1 hatten wir zu den 7 abhängigen Variabeln u_i, y_i die 9 Elemente ϕ_i, a_i eingeführt. Im jetzigen Abschnitt dagegen haben wir nur 7 Elemente ϕ_i, Ω, a_i verwendet. Der Preis für diese—rechnerisch erwünschte—Reduktion der Dimension des Systems ist das Auftreten dieser neuen Nenner. Wir werden in §9 auf dieses Problem zurückkommen.

c) Diskussion der Bewegung. Wie in Abschn. 4.2.1 wollen wir das Verhalten der x_3-Achse vom raumfesten System aus betrachten. Vernachlässigt man wie in Abschn. 4.2.1 in der fast-identischen Transformation (56) die in ε linearen Terme, so ergibt sich für $\boldsymbol{\zeta}$:

$$\zeta_1 = 2\bar{a}_1^0\bar{a}_2^0\cos(2\Omega(t)) \qquad \zeta_2 = -2\bar{a}_1^0\bar{a}_2^0\sin(2\Omega(t)) \qquad \zeta_3 = -(\bar{a}_1^0)^2 + (\bar{a}_2^0)^2$$

mit

$$\Omega(t) = \bar{\Omega}^0 - \varepsilon\frac{a}{2\lambda y_3(0)}(e^{(\lambda/C)t} - 1)$$

Aus diesen Formeln ist ersichtlich, daß 1. die x_3-Achse um die z_3-Achse präzessiert und zwar zunehmend schneller, 2. der Winkel ϑ zwischen z_3- und x_3-Achse konstant ist. Dies ist qualitativ in Übereinstimmung mit dem Experiment. Allerdings vergrößert sich ϑ bekanntlich mit zunehmender Abnahme der Eigenrotation des Kreisels. Diesen Effekt kann unsere Theorie nicht erklären, da sie auf der Annahme beruht, daß es sich um einen schnellen Kreisel handelt.

5 Das Satellitenproblem

Das Problem wurde in der Einführung (Beispiel 2) vorgestellt. Nun soll es mit den Methoden der Störungstheorie behandelt werden. Wir beginnen mit einigen Vorbemerkungen.

Das dem Satellitenproblem zugrunde liegende ungestörte Problem ist das sog. Keplerproblem. Es wird durch das DGl.-System

$$\ddot{\boldsymbol{x}} + k^2 \frac{\boldsymbol{x}}{r^3} = 0 \tag{1}$$

definiert, wobei k^2 das Produkt aus Gravitationskonstante und Zentralmasse ist. Es ist bekannt, daß die Darstellung der Lösungen von (1) als Funktionen von t die Auflösung einer transzendenten Gleichung (Keplergleichung) erfordert. Infolge dieses Sachverhalts wird in der Himmelsmechanik häufig eine andere Größe als die Zeit t als unabhängige Variable verwendet, wobei die Wahl von den betrachteten Störungen abhängt. In der Einführung haben wir festgestellt, daß das Potential des Satellitenproblems zweckmäßig nach Potenzen von $\rho = 1/r$ entwickelt wird. Daher ist es ratsam, die unabhängige Variable so zu wählen, daß sich ρ in der ungestörten Bewegung einfach durch sie ausdrücken läßt. Die ungestörte Bewegung erfolgt bekanntlich in einer Ebene durch den Zentralkörper und beschreibt in dieser einen Kegelschnitt mit dem Zentralkörper als Brennpunkt. Benützt man den Polarwinkel α als unabhängige Variable, so ist der obige Wunsch erfüllt, denn es gilt:

$$\rho = \frac{1}{p}(1 + e \cos \alpha) \tag{2}$$

dabei ist p der Parameter, e die numerische Exzentrizität des Kegelschnitts. Der zeitliche Ablauf wird durch den Flächensatz gegeben:

$$r^2 \dot{\alpha} = \text{const} = k\sqrt{p} \tag{3}$$

wobei k die früher eingeführte Konstante ist.

Zur Motivation von späteren Definitionen wollen wir noch p durch r, $\dot{r}$ und v (= Geschwindigkeit des Mobils) ausdrücken. Offenbar gilt hinsichtlich der Polarkoordinaten r, α:

$$v^2 = \dot{r}^2 + (r\dot{\alpha})^2 = \dot{r}^2 + \frac{k^2 p}{r^2} \tag{4}$$

also

$$p=\frac{r^2}{k^2}(v^2-\dot{r}^2) \tag{5}$$

Aufgrund dieser Vorbemerkungen werden wir in Abschn. 5.1 die abhängigen und die unabhängige Variablen einführen, in Abschn. 5.2 dann die Elemente. Abschn. 5.3 ist der Störungsrechnung gewidmet, deren Resultate in Abschn 5.4 und 5.5 diskutiert werden.

5.1 Die Bewegungsgleichungen

5.1.1 Das System der Ordnung 10

Wir betrachten das DGl.-System:

$$\ddot{\boldsymbol{x}}+\frac{k^2}{r^3}\boldsymbol{x}=\boldsymbol{P}-\frac{\partial V}{\partial \boldsymbol{x}}\overset{\text{Def}}{=}\boldsymbol{F} \tag{6}$$

wobei $V(\boldsymbol{x}, t)$ das Störungspotential, $\boldsymbol{P}$ die (eventuell nicht von einem Potential herleitbare) Störkaft darstellt. $\boldsymbol{F}$ bezeichnet die totale Störkraft. In Verallgemeinerung von α definieren wir in Anlehnung an (3) eine neue unabhängige Variable s durch die Gleichung

$$\frac{\mathrm{d}t}{\mathrm{d}s}=\frac{r^2}{k\sqrt{p}}=\frac{1}{k\sqrt{p}\rho^2} \tag{7}$$

wobei p in Analogie zu (5) durch

$$p=\frac{r^2}{k^2}[(\dot{\boldsymbol{x}}, \dot{\boldsymbol{x}})-\dot{r}^2+2V] \tag{8}$$

definiert ist. (Es bezeichnet (,) das skalare Produkt). Neben $\rho=1/r$ führen wir als abhängige Variable noch den Einheitsvektor in der Richtung nach dem Mobil

$$\boldsymbol{\xi}=\rho\boldsymbol{x} \tag{9}$$

ein.

Unser erstes Ziel ist es, Differentialgleichungen für $\boldsymbol{\xi}(s)$ und $\rho(s)$ aufzustellen. Wegen

$$\ddot{\boldsymbol{x}}=r\ddot{\boldsymbol{\xi}}+2\dot{r}\dot{\boldsymbol{\xi}}+\ddot{r}\boldsymbol{\xi}$$

wird aus (6):

$$r\ddot{\boldsymbol{\xi}}+2\dot{r}\dot{\boldsymbol{\xi}}+\ddot{r}\boldsymbol{\xi}+\frac{k^2}{r^2}\boldsymbol{\xi}=\boldsymbol{P}-\frac{\partial V}{\partial \boldsymbol{x}}=\boldsymbol{F} \tag{10}$$

Aus (7) findet man folgende Regeln für das Umrechnen auf die neue unabhängige Variable s

$$(\ )^{\cdot} = k\sqrt{p}\rho^2(\ )' \tag{11}$$

$$(\ )^{\cdot\cdot} = k^2 p\rho^4\left[(\ )'' + \left(\frac{1}{2}\frac{p'}{p} - 2r'\rho\right)(\ )'\right] \tag{12}$$

wobei der Akzent Ableitung nach s bedeutet.
Damit folgt aus (10):

$$\boldsymbol{\xi}'' + \frac{1}{2}\frac{p'}{p}\boldsymbol{\xi}' + \left[\frac{r''}{r} + \left\{\frac{1}{2}\frac{p'}{p} - 2r'\rho\right\}r'\rho + \frac{r}{p}\right]\boldsymbol{\xi} = \frac{r^3}{k^2 p}\boldsymbol{F} \tag{13}$$

Nun sollen die Ableitungen von r eliminiert werden. Aus $r = \sqrt{(\boldsymbol{x}, \boldsymbol{x})}$ folgt durch Differentiation:

$$\ddot{r} = \frac{-\dot{r}^2}{r} + \frac{(\dot{\boldsymbol{x}}, \dot{\boldsymbol{x}})}{r} + \frac{(\ddot{\boldsymbol{x}}, \boldsymbol{x})}{r}$$

und durch Einsetzen der Bewegungsgleichungen (6):

$$\ddot{r} = \frac{1}{r}(\boldsymbol{F}, \boldsymbol{x}) - \frac{k^2}{r^2} + \frac{k^2 p}{r^3} - \frac{2V}{r},$$

wobei (8) benutzt wurde. Anderseits gilt, wegen (12),

$$\ddot{r} = k^2 p\rho^3\left[\frac{r''}{r} + \left(\frac{1}{2}\frac{p'}{p} - 2r'\rho\right)r'\rho\right]$$

Durch Vergleich der letzten beiden Formeln findet man:

$$\frac{r''}{r} + \left(\frac{1}{2}\frac{p'}{p} - 2r'\rho\right)r'\rho + \frac{r}{p} = 1 + \frac{r^3}{k^2 p}\left[(\boldsymbol{F}, \boldsymbol{\xi}) - 2V\rho\right] \tag{14}$$

Durch Einsetzen von (14) in (13) ergibt sich:

$$\boldsymbol{\xi}'' + \boldsymbol{\xi} = \frac{1}{k^2 p\rho^3}\{\boldsymbol{F} - [(\boldsymbol{F}, \boldsymbol{\xi}) - 2V\rho]\boldsymbol{\xi}\} - \frac{1}{2}\frac{p'}{p}\boldsymbol{\xi}' \tag{15}$$

Wir brauchen noch die Differentialgleichung für ρ. Indem wir in (14) die Ausdrücke r, r', r'' durch ρ, ρ', ρ'', ausdrücken, erhalten wir:

$$\rho'' + \rho = \frac{1}{p} - \frac{1}{k^2 p\rho^2}\{(\boldsymbol{F}, \boldsymbol{\xi}) - 2V\rho\} - \frac{1}{2}\frac{p'}{p}\rho' \overset{\text{Def}}{=} \frac{1}{p} + g_1 \tag{16}$$

Es ist zweckmäßig, p nicht aus (8) zu berechnen, sondern für p eine DGl. aufzustellen.
Aus $\dot{\boldsymbol{x}} = r\dot{\boldsymbol{\xi}} + \dot{r}\boldsymbol{\xi}$ entsteht, wegen $(\boldsymbol{\xi}, \boldsymbol{\xi}) = 1$ und $(\dot{\boldsymbol{\xi}}, \boldsymbol{\xi}) = 0$

$$(\dot{\boldsymbol{x}}, \dot{\boldsymbol{x}}) - \dot{r}^2 = r^2(\dot{\boldsymbol{\xi}}, \dot{\boldsymbol{\xi}})$$

Daher aus (8):

$$p = \frac{r^4}{k^2}(\dot{\boldsymbol{\xi}}, \dot{\boldsymbol{\xi}}) + \frac{2r^2}{k^2} V \tag{17}$$

Wird hier differenziert, (10) eingesetzt und $(\dot{\boldsymbol{\xi}}, \boldsymbol{\xi}) = 0$ beachtet, dann folgt:

$$\dot{p} = \frac{2r^3}{k^2}(\boldsymbol{F}, \dot{\boldsymbol{\xi}}) + \left(\frac{2Vr^2}{k^2}\right)^{\cdot} \tag{18}$$

Der letzte Summand wird nun ausdifferenziert, dann werden r, $\dot{r}$, $\dot{\boldsymbol{x}}$ durch ρ, $\dot{\rho}$, $\dot{\boldsymbol{\xi}}$ ersetzt und schließlich wird s statt t eingeführt. Das Endresultat lautet:

$$p' = \frac{2}{k^2\rho^3}(\boldsymbol{P}, \boldsymbol{\xi}') + \frac{2}{k^3\sqrt{p}\rho^4}\frac{\partial V}{\partial t} - \frac{2\rho'}{k^2\rho^3}\left[\left(\frac{\partial V}{\partial \boldsymbol{x}}, \boldsymbol{x}\right) + 2V\right] \stackrel{\text{Def}}{=} g_2 \tag{19}$$

Die Gleichungen (15), (16), (19), (7) stellen ein System der Ordnung 10 zur Behandlung des Satellitenproblems dar. Im ungestörten Fall ist p konstant, während $\boldsymbol{\xi}$ (cf. (15)) harmonisch oszilliert; ρ schwingt gemäß (2).

5.1.2 Das Zeitelement

Anstelle der Zeit t, die der Gleichung (7) genügt, wollen wir ein Element τ einführen. Zur Motivation der folgenden Definition stützen wir uns auf einige bekannte Formeln über die Keplerbewegung im elliptischen Fall:

$$t = t_0 + \frac{k^2}{(2h)^{3/2}}(\beta - e \sin \beta) \tag{20a}$$

$$\tan\frac{\beta}{2} = \sqrt{\frac{1-e}{1+e}} \tan\frac{\alpha}{2} \tag{20b}$$

$$h = \frac{k^2}{2a} \qquad p = a(1-e^2) \tag{20c}$$

$$\rho = \frac{1}{p}(1 + e \cos \alpha) \qquad \rho' = -\frac{1}{p} e \sin \alpha \tag{20d}$$

Gl. (20a) stellt die Keplergleichung dar. Während α als wahre Anomalie bezeichnet wird, heißt β die exzentrische Anomalie. Der Zusammenhang zwischen beiden wird durch Gl. (20b) vermittelt. h ist die negative Energie, a die große Halbachse. Die numerische Exzentrizität e und der Parameter p wurden schon früher eingeführt.

Man könnte nun auf die Idee kommen, die Integrationskonstante t_0 als weiteres Element τ einzuführen. Dadurch würde jedoch eine Grundforderung der Störungstheorie verletzt. Nehmen wir nämlich an, die Störkraft $\boldsymbol{F}$ sei zeitabhängig und zwar 2π-periodisch in t, dann bekäme man den Ausdruck

$$\boldsymbol{F}(t) = \boldsymbol{F}\left(\tau + \frac{k^2}{(2h)^{3/2}}(\beta - e \sin \beta)\right)$$

(Die Abhängigkeit von $\boldsymbol{F}$ von $\boldsymbol{x}$ etc. interessiert in diesem Zusammenhang nicht und wurde deshalb unterdrückt). Dieser ist wohl bezüglich τ, jedoch nicht bezüglich β (und damit bezüglich α) 2π-periodisch zufolge des Faktors $k^2/(2h)^{3/2}$. Gemäß §3 verlangen wir aber 2π-Periodizität in allen unbeschränkten Variablen. Um diese Schwierigkeit zu überwinden, schreiben wir (20a) wie folgt:

$$t = t_0 + \frac{k^2}{(2h)^{3/2}}\,\alpha + \frac{k^2}{(2h)^{3/2}}\,((\beta-\alpha) - e\sin\beta)$$

und definieren

$$\tau = t_0 + \frac{k^2}{(2h)^{3/2}}\,\alpha$$

d.h.

$$t = \tau + \frac{k^2}{(2h)^{3/2}}\,((\beta-\alpha) - e\sin\beta) \tag{21}$$

Da $\beta-\alpha$ in α die Periode 2π hat, folgt, daß $\boldsymbol{F}$ in τ und α die Periode 2π hat. Es bereitet keine große Mühe, aus den Formeln (20) die folgenden Relationen herzuleiten:

$$\begin{aligned} e^2 &= (p\rho-1)^2 + (p\rho')^2 \qquad & h &= \frac{k^2}{2p}\,\tilde{e}^2 \\ e\sin\beta &= -\tilde{e}\,\frac{\rho'}{\rho} \qquad & \beta-\alpha &= 2\arctan\frac{p\rho'}{\tilde{e}+p\rho} \end{aligned} \tag{22}$$

wobei abkürzend $\tilde{e} = \sqrt{1-e^2}$ geschrieben wurde.

Wir haben also alle in (21) vorkommenden Größen durch p, ρ, ρ' ausgedrückt, d.h. durch Variablen, die auch im System (7), (15), (16), (19) vorkommen.

Wir können deshalb (21) *als Definitionsgleichung für* τ *verwenden,* h, $\beta-\alpha$, $e\sin\beta$ *als Abkürzungen auffassend, die durch* (22) *bestimmt werden.*

Durch Differentiation von (21) läßt sich nun mit Hilfe von (7), (16), (19) und (22) die Bewegungsgleichung für τ herleiten. Um den Gang der Rechnung später nicht unterbrechen zu müssen, stellen wir zunächst einige Beziehungen zusammen, welche leicht aus (22) und (19) folgen:

$$(p\rho')^2 = -\tilde{e}^2 - (p\rho)^2 + 2p\rho \tag{23}$$

$$(\tilde{e}+p\rho)^2 + (p\rho')^2 = 2p\rho(1+\tilde{e}) \tag{24}$$

$$\tilde{e}' = \frac{ph'}{k^2\tilde{e}} + \frac{g_2\tilde{e}}{2p} \tag{25}$$

$$-h = \frac{k^2 p}{2}(\rho^2+\rho'^2) - k^2\rho \tag{26}$$

Aus (26) ergibt sich schließlich unter Benutzung von (16) und (19)

$$-h' = \frac{k^2}{2}(\rho^2+\rho'^2)g_2 + k^2 p\rho' g_1 \tag{27}$$

Differenzieren wir nun (21):

$$\tau' = t' - \frac{k^2}{(2h)^{3/2}}((\beta-\alpha)' - (e\sin\beta)') + \frac{3}{2}\frac{k^2}{(2h)^{5/2}}2h'((\beta-\alpha) - e\sin\beta) \quad (28)$$

Erweitert man die rechte Seite von (7) mit $k^2/(2h)^{3/2}$ und verwendet (22), so läßt sich t' schreiben als

$$t' = \frac{k^2}{(2h)^{3/2}}\frac{\tilde{e}^3}{(p\rho)^2} \quad (29)$$

Weiter erhält man aus (22) mit (24)

$$(\beta-\alpha)' = \frac{p'\rho'\tilde{e}}{p\rho(1+\tilde{e})} + \frac{\rho''(\tilde{e}+p\rho)}{\rho(1+\tilde{e})} - \frac{\rho'\tilde{e}'}{\rho(1+\tilde{e})} - \frac{(p\rho')^2}{p\rho(1+\tilde{e})}$$

und mit (25), (19)

$$-(e\sin\beta)' = \left(\frac{ph'}{k^2\tilde{e}} + \frac{g_2\tilde{e}}{2p}\right)\frac{\rho'}{\rho} + \tilde{e}\frac{\rho''}{\rho} - \frac{\tilde{e}\rho'^2}{\rho^2}$$

oder zusammengefaßt

$$(\beta-\alpha)' - (e\sin\beta)' = \frac{1}{\rho(1+\tilde{e})}\left(g_2\frac{\rho'}{2p}\tilde{e}(2+\tilde{e}) + \rho''(p\rho+\tilde{e}(2+\tilde{e})) - \frac{\rho'^2}{\rho}(p\rho+\tilde{e}(1+\tilde{e})) + \frac{p\rho'h'}{k^2}\right)$$

Eliminiert man aus dieser Gleichung noch ρ'' mittels (16) und (19) und ρ'^2 mittels (23), so kommt endlich

$$(\beta-\alpha)' - (e\sin\beta)' = \frac{1}{\rho(1+\tilde{e})}\left(g_1[\tilde{e}(2+\tilde{e}) + p\rho] + g_2\frac{\rho'}{2p}\tilde{e}(2+\tilde{e}) + \frac{p\rho'h'}{k^2}\right) + \frac{\tilde{e}^3}{(p\rho)^2} - 1 \quad (30)$$

Die Bewegungsgleichung (28) für das Zeitelement τ lautet also mit Rücksicht auf (29), (30) und (22)

$$\tau' = \frac{k^2}{(2h)^{3/2}}(1+g_3) \quad (31)$$

mit

$$g_3 = g_4 - \frac{p\rho'h'}{k^2\rho(1+\tilde{e})} + \frac{3h'}{2h}\left(2\arctan\frac{p\rho'}{\tilde{e}+p\rho} + \frac{\tilde{e}\rho'}{\rho}\right)$$

$$g_4 = -\frac{1}{\rho(1+\tilde{e})}\left(g_1[\tilde{e}(2+\tilde{e}) + p\rho] + g_2\frac{\rho'}{2p}\tilde{e}(2+\tilde{e})\right) \quad (31)$$

wobei h und h' durch (26) bzw. (27) auszudrücken sind.

Spezialisiert man g_1 und g_2 nach (16) und (19) auf den k o n s e r v a t i v e n F a l l ($\boldsymbol{P} = \mathbf{0}$, $\partial V/\partial t = 0$), so verschwindet die rechte Seite von (27), d.h. die totale Energie $-h$ bleibt erhalten. Daher definieren wir für k o n s e r v a t i v e

Störungen ein neues Zeitelement Ω durch

$$\Omega = \frac{(2h)^{3/2}}{k^2}\tau - s \tag{32}$$

und benutzen statt (31) die Bewegungsgleichung

$$\Omega' = g_4 \tag{33}$$

Mit (15), (16), (19) und (31) bzw. (33) haben wir damit ein System 10. Ordnung gewonnen, wobei im ungestörten Fall die Variablen p, τ bzw. Ω konstant sind oder in s linear variieren.

5.1.3 Das System der Ordnung 8

Es zeigt sich, daß die analytische Störungsrechnung für das System (15), (16), (19), (31) bzw. (33) Schwierigkeiten bereitet. (Das System ist ausgeartet und zwar nicht nur unwesentlich, cf. Abschn. 3.3.) M. Vitins hat deshalb die Ordnung des Systems reduziert, indem er Ideen aus der Kreiseltheorie verwendete. Die Bewegung des Mobils wird in der Folge nämlich durch ein bewegtes kartesisches Koordinatensystem beschrieben.

Die Größe $\boldsymbol{\xi}$ definiert einen Einheitsvektor und wird als erster Grundvektor dieses Koordinatensystems verwendet. Da $\boldsymbol{\xi}'$ senkrecht auf $\boldsymbol{\xi}$ steht, wird als zweiter Grundvektor der Einheitsvektor

$$\boldsymbol{\eta} = \frac{\boldsymbol{\xi}'}{\nu} \tag{34}$$

gewählt, wobei ν die Länge von $\boldsymbol{\xi}'$ bezeichnet. Mit (11), (17) folgt:

$$\nu^2 = (\boldsymbol{\xi}', \boldsymbol{\xi}') = \frac{r^4}{k^2 p}(\dot{\boldsymbol{\xi}}, \dot{\boldsymbol{\xi}}) = 1 - \frac{2r^2}{k^2 p} V = 1 - \frac{2}{k^2 p\rho^2} V \tag{35}$$

Als dritten Vektor des bewegten Systems nimmt man natürlich das Vektorprodukt

$$\boldsymbol{\zeta} = \boldsymbol{\xi} \wedge \boldsymbol{\eta} \tag{36}$$

Bevor wir die Dimensionsreduktion vornehmen, wollen wir noch eine Vorbereitung treffen und Gl. (15) in anderer Form darstellen. Offenbar gilt für $\boldsymbol{F}$:

$$\boldsymbol{F} = (\boldsymbol{F}, \boldsymbol{\xi})\boldsymbol{\xi} + (\boldsymbol{F}, \boldsymbol{\eta})\boldsymbol{\eta} + (\boldsymbol{F}, \boldsymbol{\zeta})\boldsymbol{\zeta}$$

so daß (15) wie folgt lautet:

$$\boldsymbol{\xi}'' + \boldsymbol{\xi} = \frac{1}{k^2 p\rho^3}[(\boldsymbol{F}, \boldsymbol{\eta})\boldsymbol{\eta} + (\boldsymbol{F}, \boldsymbol{\zeta})\boldsymbol{\zeta}] + \frac{2V}{k^2 p\rho^2}\boldsymbol{\xi} - \frac{\nu p'}{2p}\boldsymbol{\eta}$$

Indem wir diese Gleichung mit $\boldsymbol{\eta}$ multiplizieren und (34) benützen, folgt:

$$\nu p' = 2p\left(\frac{1}{k^2 p\rho^3}(\boldsymbol{F}, \boldsymbol{\eta}) - \nu'\right)$$

Somit finden wir:

$$\boldsymbol{\xi}'' + \nu^2\boldsymbol{\xi} = \frac{1}{k^2 p\rho^3}(\boldsymbol{F}, \boldsymbol{\zeta})\boldsymbol{\zeta} + \nu'\boldsymbol{\eta} \tag{37}$$

Nunmehr kommen wir zum wichtigsten Aspekt dieses Abschnittes.

Die Größen $\boldsymbol{\xi}$, $\boldsymbol{\eta}$, $\boldsymbol{\zeta}$ bilden offenbar, wenn man sie als Kolonnen betrachtet, eine eigentlich orthogonale Matrix. Nun haben wir uns in Abschn. 4.1 überlegt, daß sich jede solche Matrix durch 4 Cayley-Parameter u_1, u_2, u_3, u_4 beschreiben läßt, die u_ι erfüllen dabei die DGl. (4, 15) und der Zusammenhang zwischen $\boldsymbol{\xi}$, $\boldsymbol{\eta}$, $\boldsymbol{\zeta}$ und u_1, u_2, u_3, u_4 wird durch (4, 12) vermittelt.

Welche Bedeutung haben ω_1, ω_2, ω_3 in (4, 15)?

Gemäß (4, 17) gelten für $\boldsymbol{\xi}$, $\boldsymbol{\eta}$, $\boldsymbol{\zeta}$ folgende Gleichungen:

$$\boldsymbol{\xi}' = -\omega_2\boldsymbol{\zeta} + \omega_3\boldsymbol{\eta} \qquad \boldsymbol{\eta}' = \omega_1\boldsymbol{\zeta} - \omega_3\boldsymbol{\xi} \qquad \boldsymbol{\zeta}' = \omega_2\boldsymbol{\xi} - \omega_1\boldsymbol{\eta}$$

andererseits ist

$$\boldsymbol{\xi}' = \nu\boldsymbol{\eta}$$

und also

$$\omega_2 = 0 \qquad \omega_3 = \nu \tag{38}$$

Weiter folgt:

$$\boldsymbol{\xi}'' = (\nu\boldsymbol{\eta})' = \nu\boldsymbol{\eta}' + \nu'\boldsymbol{\eta} = \nu(\omega_1\boldsymbol{\zeta} - \omega_3\boldsymbol{\xi}) + \nu'\boldsymbol{\eta} = -\nu^2\boldsymbol{\xi} + \nu'\boldsymbol{\eta} + \nu\omega_1\boldsymbol{\zeta}$$

Durch Vergleich mit (37) erhalten wir:

$$\omega_1 = \frac{1}{k^2 p\rho^3 \nu}(\boldsymbol{F}, \boldsymbol{\zeta}) \tag{38}$$

Zusammenfassend erhalten wir folgende Bewegungsgleichungen für die Größen u_1, u_2, u_3, u_4, ρ, p, τ

$$u_1' = \tfrac{1}{2}[\omega_1 u_4 + \omega_3 u_2] \qquad u_3' = \tfrac{1}{2}[-\omega_1 u_2 + \omega_3 u_4] \qquad \omega_1 = \frac{1}{k^2 p\rho^3 \nu}(\boldsymbol{F}, \boldsymbol{\zeta})$$

$$u_2' = \tfrac{1}{2}[\omega_1 u_3 - \omega_3 u_1] \qquad u_4' = \tfrac{1}{2}[-\omega_1 u_1 - \omega_3 u_3] \qquad \omega_3 = \nu = \sqrt{1 - \frac{2}{k^2 p\rho^2} V}$$

$$\rho'' + \rho = \frac{1}{p} + g_1 \qquad g_1 = -\frac{1}{k^2 p\rho^2}[(\boldsymbol{F}, \boldsymbol{\xi}) - 2V\rho] - \frac{\rho'}{2p} g_2 \tag{39}$$

$$p' = g_2 \qquad g_2 = \frac{2\nu}{k^2\rho^3}(\boldsymbol{P}, \boldsymbol{\eta}) + \frac{2}{k^3\sqrt{p}\rho^4}\frac{\partial V}{\partial t} - \frac{2\rho'}{k^2\rho^3}\left[\left(\frac{\partial V}{\partial \boldsymbol{x}}, \boldsymbol{x}\right) + 2V\right]$$

$$\tau' = \frac{k^2}{(2h)^{3/2}}(1 + g_3) \qquad g_3 = g_4 - \frac{p\rho' h'}{k^2\rho(1+\tilde{e})} + \frac{3h'}{2h}\left(2\arctan\frac{p\rho'}{\tilde{e} + p\rho} + \frac{\tilde{e}\rho'}{\rho}\right)$$

$$g_4 = -\frac{1}{\rho(1+\tilde{e})}\left(g_1[\tilde{e}(2+\tilde{e}) + p\rho] + g_2\frac{\rho'}{2p}\tilde{e}(2+\tilde{e})\right)$$

$$h = -\frac{k^2 p}{2}(\rho^2 + \rho'^2) + k^2\rho \qquad h' = -\frac{k^2}{2}(\rho^2 + \rho'^2)g_2 - k^2 p\rho' g_1$$

$$\tilde{e}^2 = 1 - (p\rho - 1)^2 - (p\rho')^2$$

bzw. für konservative Störungen

$$\Omega' = g_4$$

Dabei ist $\boldsymbol{\xi}$, $\boldsymbol{\eta}$, $\boldsymbol{\zeta}$ durch

$$\boldsymbol{\xi} = \begin{pmatrix} u_1^2 - u_2^2 - u_3^2 + u_4^2 \\ 2(u_1u_2 + u_3u_4) \\ 2(u_1u_3 - u_2u_4) \end{pmatrix} \qquad \boldsymbol{\eta} = \begin{pmatrix} 2(u_1u_2 - u_3u_4) \\ -u_1^2 + u_2^2 - u_3^2 + u_4^2 \\ 2(u_2u_3 + u_1u_4) \end{pmatrix} \qquad \boldsymbol{\zeta} = \begin{pmatrix} 2(u_1u_3 + u_2u_4) \\ 2(u_2u_3 - u_1u_4) \\ -u_1^2 - u_2^2 + u_3^2 + u_4^2 \end{pmatrix} \tag{40}$$

zu ersetzen und $\boldsymbol{x}$, $\dot{\boldsymbol{x}}$ durch

$$\boldsymbol{x} = \frac{\boldsymbol{\xi}}{\rho} \qquad \dot{\boldsymbol{x}} = k\sqrt{p}[\rho\nu\boldsymbol{\eta} - \rho'\boldsymbol{\xi}] \tag{41}$$

Ist umgekehrt die Lösung des Systems (39) gegeben, so ergibt sich aus (40), (41) Ort und Geschwindigkeit des Mobils.

Schließlich bemerken wir, daß sich die Anfangsbedingungen wie folgt errechnen. Es sei $\boldsymbol{x}$, $\dot{\boldsymbol{x}}$ für $t = 0$ gegeben. Dann berechnet man sukzessive

$$r = \sqrt{(\boldsymbol{x}, \boldsymbol{x})} \qquad \dot{r} = \frac{(\boldsymbol{x}, \dot{\boldsymbol{x}})}{r}$$

$$p = \frac{r^2}{k^2}[(\dot{\boldsymbol{x}}, \dot{\boldsymbol{x}}) - \dot{r}^2 + 2V(\boldsymbol{x}, 0)] \qquad \rho = \frac{1}{r} \qquad \rho' = \frac{-\dot{r}}{k\sqrt{p}} \tag{42}$$

$$\boldsymbol{\xi} = \rho\boldsymbol{x} \qquad \boldsymbol{\eta} = \frac{1}{k\sqrt{p\rho\nu}}\,\dot{\boldsymbol{x}} + \frac{\rho'}{\rho\nu}\,\boldsymbol{\xi} = \frac{\dot{\boldsymbol{x}} - (\boldsymbol{\xi}, \dot{\boldsymbol{x}})\boldsymbol{\xi}}{|\dot{\boldsymbol{x}} - (\boldsymbol{\xi}, \dot{\boldsymbol{x}})\boldsymbol{\xi}|} \qquad \boldsymbol{\zeta} = \boldsymbol{\xi} \wedge \boldsymbol{\eta}$$

(| | bezeichnet die euklidische Distanz)

$$\tilde{e}^2 = 1 - (p\rho - 1)^2 - (p\rho')^2 \qquad h = \frac{k^2\tilde{e}^2}{2p}$$

$$\tau = -\frac{k^2}{(2h)^{3/2}}\left(2 \arctan \frac{p\rho'}{\tilde{e} + p\rho} + \tilde{e}\frac{\rho'}{\rho}\right) \tag{42}$$

bzw. für konservative Störungen

$$\Omega = -2 \arctan \frac{p\rho'}{\tilde{e} + p\rho} - \tilde{e}\frac{\rho'}{\rho}$$

(wobei $s = 0$ für $t = 0$ gesetzt wurde). Die Anfangswerte für die u_ι ergeben sich aus $\boldsymbol{\xi}$, $\boldsymbol{\eta}$, $\boldsymbol{\zeta}$ genau wie in der Kreiseltheorie.

5.1.4 Der Fall der J_2-Störung

Nach den Betrachtungen über das Satellitenproblem in der Einführung ist diese Störung gegeben durch

$$\boldsymbol{P} = \boldsymbol{0}, \qquad V = \varepsilon\frac{k^2}{2}\left(-\frac{1}{3r^3} + \frac{x_3^2}{r^5}\right) = \varepsilon\frac{k^2}{2}\rho^3(\xi_3^2 - \tfrac{1}{3}) \tag{43}$$

Hierbei wurde zur Abkürzung $\varepsilon = 3J_2R^2$ gesetzt. Eine einfache Rechnung ergibt für diesen Fall

$$\begin{aligned}
&\nu = \sqrt{1-\varepsilon\frac{\rho}{p}(\xi_3^2-\tfrac{1}{3})} = \omega_3 \qquad \omega_1 = -\varepsilon\frac{\rho}{p\nu}\xi_3\zeta_3 \\
&g_1 = -\frac{\varepsilon}{2p}(\xi_3^2-\tfrac{1}{3})(\rho^2+\rho'^2) \qquad g_2 = \varepsilon(\xi_3^2-\tfrac{1}{3})\rho' \\
&g_4 = \frac{\varepsilon}{2p^2}(\xi_3^2-\tfrac{1}{3})\left(2+\frac{[1+(1+\tilde{e})^2]\cdot[p\rho-1]}{1+\tilde{e}}\right)
\end{aligned} \tag{44}$$

wobei ξ_3, ζ_3 durch

$$\xi_3 = 2(u_1u_3-u_2u_4) \qquad \zeta_3 = -(u_1^2+u_2^2)+(u_3^2+u_4^2)$$

auszudrücken ist.

Wie üblich sollen die Störungen nach Potenzen von ε entwickelt werden. Dazu benötigen wir die Entwicklungen von ω_1, ω_3:

$$\begin{aligned}
\omega_1 &= -\varepsilon\frac{\rho}{p}\xi_3\zeta_3 - \varepsilon^2\frac{\rho^2}{2p^2}\xi_3\zeta_3(\xi_3^2-\tfrac{1}{3})+\dots \\
\omega_3 &= 1-\varepsilon\frac{\rho}{2p}(\xi_3^2-\tfrac{1}{3}) - \varepsilon^2\frac{\rho^2}{8p^2}(\xi_3^2-\tfrac{1}{3})^2+\dots
\end{aligned} \tag{45}$$

5.2 Elemente

5.2.1 Wahl der Elemente

Elemente sind, wie man sich erinnert, Variablen, die im ungestörten Fall konstant sind oder linear variieren. Betrachten wir das zu (39) gehörige ungestörte Problem. Dieses lautet:

$$\begin{aligned}
&p' = 0 \qquad \rho''+\rho = \frac{1}{p} \\
&u_1' = \tfrac{1}{2}u_2 \qquad u_3' = \tfrac{1}{2}u_4 \\
&u_2' = -\tfrac{1}{2}u_1 \qquad u_4' = -\tfrac{1}{2}u_3 \\
&\tau' = \frac{k^2}{(2h)^{3/2}} \qquad \text{bzw.} \qquad \Omega' = 0
\end{aligned} \tag{46}$$

Die Lösung der DGl. (46) bereitet keinerlei Schwierigkeiten, und deshalb werden die Elemente gemäß den üblichen Regeln (cf. §1) eingeführt.

$$\begin{aligned}
&p = a_4, \qquad \rho = a_3\cos(\phi_1-\Omega_1)+\frac{1}{a_4}, \qquad \rho' = -a_3\sin(\phi_1-\Omega_1) \\
&u_1 = a_1\cos\tfrac{1}{2}(\phi_1+\Omega_2) \qquad u_3 = a_2\cos\tfrac{1}{2}(\phi_1-\Omega_2) \\
&u_2 = -a_1\sin\tfrac{1}{2}(\phi_1+\Omega_2) \qquad u_4 = -a_2\sin\tfrac{1}{2}(\phi_1-\Omega_2) \\
&\tau = \phi_2 \qquad \text{bzw.} \qquad \Omega = \Omega_3.
\end{aligned} \tag{47}$$

5.2.2 Elementdifferentialgleichungen

Unterwirft man die Bewegungsgleichungen (39) der Elementtransformation (47), so erhält man für die Variablen ϕ_1, ϕ_2, Ω_1, Ω_2, (bzw. Ω_3), a_1, a_2, a_3, a_4 die DGl.

$$\phi_1' = \nu + \frac{\omega_1}{2} \cdot \frac{a_1^2 - a_2^2}{a_1 a_2} \cos \phi_1$$

bzw. $$\phi_2' = \frac{k^2}{(2h)^{3/2}} (1 + g_3)$$

$$\Omega_1' = \nu - 1 + \tfrac{1}{2}\omega_1 \frac{a_1^2 - a_2^2}{a_1 a_2} \cos \phi_1 + \frac{g_2}{a_3 a_4^2} \sin(\phi_1 - \Omega_1) + \frac{g_1}{a_3} \cos(\phi_1 - \Omega_1)$$

$$\Omega_2' = -\frac{\omega_1}{2 a_1 a_2} \cos \phi_1 \tag{48}$$

bzw. $$\Omega_3' = g_4$$

$$a_1' = -\frac{\omega_1}{2} a_2 \sin \phi_1 \qquad a_3' = \frac{1}{a_4^2} g_2 \cos(\phi_1 - \Omega_1) - g_1 \sin(\phi_1 - \Omega_1)$$

$$a_2' = \frac{\omega_1}{2} a_1 \sin \phi_1 \qquad a_4' = g_2$$

Dabei ist in den Ausdrücken für g_1, g_2, g_3, g_4, ω_1 und ν die Elementtransformation (47) zu substituieren.

5.2.3. Der Fall der J_2-Störung

Für das Folgende benützen wir die Abkürzungen:

$$A = 2a_1^2(1 - a_1^2) \qquad B = a_3^2 + \frac{1}{a_4^2} \qquad C = a_1 a_2 (2a_1^2 - 1) \tag{49}$$

Ferner bemerken wir, daß gilt:

$$e = a_3 a_4 \qquad \tilde{e} = \sqrt{1 - a_3^2 a_4^2} \tag{50}$$

Der Bedingung

$$u_1^2 + u_2^2 + u_3^2 + u_4^2 = 1 \qquad \text{(cf. (4, 7))}$$

entspricht

$$a_1^2 + a_2^2 = 1 \tag{51}$$

Dann folgt aus (44)

$$g_1=-\frac{\varepsilon}{2a_4}\left\{(A-\tfrac{1}{3})\cdot B+AB\cos 2\phi_1+2(A-\tfrac{1}{3})\frac{a_3}{a_4}\cos(\phi_1-\Omega_1)\right.$$
$$\left.+\frac{a_3}{a_4}A[\cos(3\phi_1-\Omega_1)+\cos(\phi_1+\Omega_1)]\right\}$$
$$g_2=-\varepsilon a_3\left\{(A-\tfrac{1}{3})\sin(\phi_1-\Omega_1)+\frac{A}{2}[\sin(3\phi_1-\Omega_1)-\sin(\phi_1+\Omega_1)]\right\} \tag{52}$$
$$g_4=\frac{\varepsilon}{a_4^2}\left\{(A-\tfrac{1}{3})+A\cos 2\phi_1+a_3a_4\frac{(1+(1+\tilde{e})^2)}{2(1+\tilde{e})}\right.$$
$$\left.\times\left((A-\tfrac{1}{3})\cos(\phi_1-\Omega_1)+\frac{A}{2}[\cos(3\phi_1-\Omega_1)+\cos(\phi_1+\Omega_1)]\right)\right\}$$

Weiter erhält man aus (45) für ω_1 und ω_3

$$\omega_1=\frac{\varepsilon C}{a_4}\left\{a_3[\cos(2\phi_1-\Omega_1)+\cos\Omega_1]+\frac{2}{a_4}\cos\phi_1\right\}+\varepsilon^2a_1a_2Q_1+\cdots$$
$$\omega_3=1-\frac{\varepsilon}{2a_4}\left\{(A-\tfrac{1}{3})\left(\frac{1}{a_4}+a_3\cos(\phi_1-\Omega_1)\right)+\frac{A}{2}\left(a_3\cos(3\phi_1-\Omega_1)\right.\right. \tag{53}$$
$$\left.\left.+a_3\cos(\phi_1+\Omega_1)+\frac{2}{a_4}\cos 2\phi_1\right)\right\}-\varepsilon^2\tfrac{1}{8}Q_2+\cdots$$

Hierbei bedeutet:

$$Q=a_3^2[\tfrac{1}{2}(1+\cos 2\Omega_1)-\sin^2\phi_1\cos 2\Omega_1+\cos\phi_1\sin\phi_1\sin 2\Omega_1]$$
$$+2\frac{a_3}{a_4}[\cos\phi_1\cos\Omega_1+\sin\phi_1\sin\Omega_1]+\frac{1}{a_4^2}$$
$$Q_1=\frac{(2a_1^2-1)}{a_4^2}[2A\cos^3\phi_1-\tfrac{1}{3}\cos\phi_1]Q \tag{54}$$
$$Q_2=\frac{1}{a_4^2}[4A^2\cos^4\phi_1-\tfrac{4}{3}A\cos^2\phi_1+\tfrac{1}{9}]Q$$

Nach diesen Vorbereitungen bereitet es keine Schwierigkeiten, die explizite Form der Gl. (48) anzuschreiben:

$$\phi_1'=1+\varepsilon[B_0^0+B_0^1\cos(\phi_1-\Omega_1)+B_0^2\cos(\phi_1+\Omega_1)+B_0^3\cos 2\phi_1$$
$$+B_0^4\cos(3\phi_1-\Omega_1)]+\varepsilon^2R^2+\cdots \tag{55}$$
$$\Omega_i'=\varepsilon[B_i^0+B_0^1\cos(\phi_1-\Omega_1)+B_i^2\cos(\phi_1+\Omega_1)+B_i^3\cos 2\phi_1$$
$$+B_i^4\cos(3\phi_1-\Omega_1)]+\varepsilon^2S_i^2+\cdots\qquad i=1,2,3$$

mit

$$a_i' = \varepsilon[C_i^1 \sin(\phi_1 - \Omega_1) + C_i^2 \sin(\phi_1 + \Omega_1) + C_i^3 \sin 2\,\phi_1 + C_i^4 \sin(3\phi_1 - \Omega_1)] + \varepsilon^2 T_i^2 + \cdots \quad i = 1, 2, 3, 4 \tag{55}$$

mit:

$$B_0^0 = \frac{4-9A}{6a_4^2}; \quad B_0^1 = \frac{4-9A}{6}\frac{a_3}{a_4}; \quad B_0^2 = \frac{1-3A}{4}\frac{a_3}{a_4};$$

$$B_0^3 = \frac{1-3A}{2a_4^2}; \quad B_0^4 = B_0^2$$

$$B_1^0 = \frac{2-5A}{2a_4^2}; \quad B_1^1 = \frac{1}{6a_3a_4}((1-3A)B + (4-9A)a_3^2);$$

$$B_1^2 = \frac{1-4A}{4}\cdot\frac{a_3}{a_4} - \frac{A}{4a_3a_4^3}; \quad B_1^3 = \frac{1-5A}{2a_4^2}; \quad B_1^4 = B_1^2$$

$$B_2^0 = \frac{1-2a_1^2}{2a_4^2}; \quad B_2^1 = \frac{1-2a_1^2}{2}\frac{a_3}{a_4}; \quad B_2^2 = \frac{1-2a_1^2}{4}\frac{a_3}{a_4};$$

$$B_2^3 = B_2^0; \quad B_2^4 = B_2^2$$

$$B_3^0 = \frac{3A-1}{3a_4^2}; \quad B_3^1 = \frac{e[1+(1+\tilde{e})^2]}{6(1+\tilde{e})a_4^2}(3A-1);$$

$$B_3^2 = \frac{e[1+(1+\tilde{e})^2]}{4(1+\tilde{e})a_4^2}A; \quad B_3^3 = \frac{A}{a_4^2}; \quad B_3^4 = B_3^2$$

$$C_1^1 = 0; \quad C_1^2 = -\frac{Ca_2a_3}{4a_4}; \quad C_1^3 = -\frac{Ca_2}{2a_4^2}; \quad C_1^4 = C_1^2$$

$$C_2^1 = 0; \quad C_2^2 = \frac{Ca_1a_3}{4a_4}; \quad C_2^3 = \frac{Ca_1}{2a_4^2}; \quad C_2^4 = C_2^2$$

$$C_3^1 = \frac{3A-1}{6}\frac{B}{a_4}; \quad C_3^2 = -\frac{A}{4}\frac{B}{a_4}; \quad C_3^3 = 0; \quad C_3^4 = -C_3^2$$

$$C_4^1 = -\frac{3A-1}{3}a_3; \quad C_4^2 = \frac{A}{2}a_3; \quad C_4^3 = 0; \quad C_4^4 = -C_4^2$$

$$R^2 = \tfrac{1}{2}(2a_1^2 - 1)Q_1 \cos\phi_1 - \tfrac{1}{8}Q_2; \quad S_1^2 = R^2; \quad S_2^2 = -\frac{Q_1}{2}\cos\phi_1; \quad S_3^2 = 0;$$

$$T_1^2 = -\tfrac{1}{2}Q_1a_1a_2^2 \sin\phi_1; \quad T_2^2 = \tfrac{1}{2}Q_1a_2a_1^2 \sin\phi_1; \quad T_3^2 = T_4^2 = 0$$

5.3 Die Störungsrechnung

Man erkennt leicht, daß durch (55) ein unwesentlich ausgeartetes Störungsproblem definiert ist. Derartige Probleme wurden in Abschn. 3.3 diskutiert. Da der Spezialfall $\boldsymbol{\omega} = \text{const}$ vorliegt, haben wir zur Konstruktion einer Approximation 1. Ordnung, die Formeln (3, 48 bis 56) auszuwerten. Aus (3, 48) folgt:

$$\bar{R}^1 = B_0^0 \qquad \bar{S}_i^1 = \nu_i = B_i^0 \tag{56}$$

Da der Vektor $\boldsymbol{\omega}$ eindimensional und seine einzige Komponente gleich 1 ist, hat der Operator I_Φ die Bedeutung der gewöhnlichen Integration. Aus (3, 49) folgt:

$$\begin{cases} r^1 = B_0^1 \sin(\phi_1 - \Omega_1) + B_0^2 \sin(\phi_1 + \Omega_1) + \frac{1}{2} B_0^3 \sin 2\phi_1 + \frac{1}{3} B_0^4 \sin(3\phi_1 - \Omega_1) \\ s_i^1 = B_i^1 \sin(\phi_1 - \Omega_1) + B_i^2 \sin(\phi_1 + \Omega_1) + \frac{1}{2} B_i^3 \sin 2\phi_1 + \frac{1}{3} B_i^4 \sin(3\phi_1 - \Omega_1) \\ t_i^1 = -C_i^1 \cos(\phi_1 - \Omega_1) - C_i^2 \cos(\phi_1 + \Omega_1) - \frac{1}{2} C_i^3 \cos 2\phi_1 - \frac{1}{3} C_i^4 \cos(3\phi_1 - \Omega_1) \end{cases} \tag{57}$$

Nun bestimmen wir mit Hilfe von (3, 50) $\bar{R}^2$, $\bar{\boldsymbol{S}}^2$, $\bar{\boldsymbol{T}}^2$. Eine kleine Rechnung ergibt zunächst:

$$\begin{pmatrix} \bar{R}^2 \\ \bar{\boldsymbol{S}}^2 \\ \bar{\boldsymbol{T}}^2 \end{pmatrix} = M_\Phi(f^1 \circ \boldsymbol{u}^1 + f^2) = \begin{pmatrix} D_0^0 + D_0^1 \cos 2\Omega_1 \\ D_1^0 + D_1^1 \cos 2\Omega_1 \\ D_2^0 + D_2^1 \cos 2\Omega_1 \\ D_3^0 + D_3^1 \cos 2\Omega_1 \\ E_1 \sin 2\Omega_1 \\ E_2 \sin 2\Omega_1 \\ E_3 \sin 2\Omega_1 \\ E_4 \sin 2\Omega_1 \end{pmatrix} \tag{58}$$

mit:

$$\begin{aligned} D_i^0 &= -\frac{1}{2} \sum_{j=1}^{4} B_i^j B_0^j + \tfrac{1}{2} B_i^1 B_1^1 - \tfrac{1}{2} B_i^2 B_1^2 + \tfrac{1}{6} B_i^4 B_1^4 \\ &\quad - \frac{1}{2} \sum_{j=1}^{4} \left\{ \frac{\partial B_i^1}{\partial a_j} C_j^1 + \frac{\partial B_i^2}{\partial a_j} C_j^2 + \frac{1}{2} \frac{\partial B_i^3}{\partial a_j} C_j^3 + \frac{1}{3} \frac{\partial B_i^4}{\partial a_j} C_j^4 \right\} + F_i^0 \\ D_i^1 &= -\tfrac{1}{2} B_i^2 B_0^1 - \tfrac{1}{2} B_i^1 B_0^2 - \tfrac{1}{2} B_i^2 B_1^1 + \tfrac{1}{2} B_i^1 B_1^2 \\ &\quad - \frac{1}{2} \sum_{j=1}^{4} \left\{ \frac{\partial B_i^2}{\partial a_j} C_j^1 + \frac{\partial B_i^1}{\partial a_j} C_j^2 \right\} + F_i^1 \\ E_i &= -\tfrac{1}{2} C_i^2 B_0^1 + \tfrac{1}{2} C_i^1 B_0^2 - \tfrac{1}{2} C_i^2 B_1^1 - \tfrac{1}{2} C_i^1 B_1^2 \\ &\quad - \frac{1}{2} \sum_{j=1}^{4} \left\{ \frac{\partial C_i^2}{\partial a_j} C_j^1 - \frac{\partial C_i^1}{\partial a_j} C_j^2 \right\} + G_i \end{aligned} \tag{59}$$

Dabei wurden zur Abkürzung die Größen F_i^0, F_i^1, G_i eingeführt, die wie folgt definiert sind:

$$\begin{aligned} M_\Phi(f_i^2) &= F_{i-1}^0 + F_{i-1}^1 \cos 2\Omega_1 \qquad i = 1, 2, 3, 4 \\ M_\Phi(f_{4+i}^2) &= \qquad\quad G_i \sin 2\Omega_1 \qquad i = 1, 2, 3, 4 \end{aligned} \tag{60}$$

Die Größen D_i^0, D_i^1, E_i lassen sich durch die Elemente a_1, a_2, a_3, a_4 ausdrücken. Nach einfacher, aber längerer Rechnung findet man:

$$\begin{aligned}
D_0^0 &= F_0^0 + \frac{1}{4a_4^2}\left\{\left(\tfrac{2}{3}a_3^2 + \frac{1}{a_4^2}\right)\left(3C^2 - \frac{(1-3A)^2}{2}\right) + (B + a_3^2)(1-3A)\right. \\
&\qquad \left. \times\left(\tfrac{4}{9} - \tfrac{5}{6}A\right)\right\} \\
D_0^1 &= F_0^1 + \frac{a_3^2}{4a_4^2}\left\{3C^2 + \tfrac{1}{6}(1-3A)^2 - \frac{(4-9A)(1-4A)}{6}\right\} \\
D_1^0 &= F_1^0 + \frac{1}{4a_4^2}\left\{\frac{C^2}{3}\left(8a_3^2 + \frac{17}{a_4^2}\right) + \tfrac{1}{18}(B + a_3^2)(1-3A)(7-15A)\right. \\
&\qquad \left. + \frac{A(1-3A)}{6}\left(4a_3^2 + \frac{9}{a_4^2}\right) - \frac{A^2}{3}\left(B + \frac{1}{a_4^2}\right)\right\} \\
D_1^1 &= F_1^1 + \frac{1}{24a_4^2}\{6C^2(B + 3a_3^2) + (4-9A)(AB - a_3^2[1-4A]) \\
&\qquad + a_3^2(1-3A)^2\} \\
D_2^0 &= F_2^0 + \frac{1-2a_1^2}{8a_4^2}\left\{(2a_1^2a_2^2 - 1 + 3A)\left(\tfrac{2}{3}a_3^2 + \frac{1}{a_4^2}\right) + \tfrac{1}{3}(B + a_3^2)(2-5A)\right\} \\
D_2^1 &= F_2^1 + \frac{1-2a_1^2}{8}\cdot\frac{a_3^2}{a_4^2}\{2a_1^2a_2^2 - 1 + 3A\} \\
D_3^0 &= F_3^0 - \frac{1}{2a_4^2}\left\{\left[C^2 + \frac{A(1-3A)}{2}\right]\left[\frac{1}{a_4^2} + \frac{a_3^2}{3}\,\frac{(1 + [1+\tilde{e}]^2)}{1+\tilde{e}}\right]\right. \\
&\qquad \left. + \left[\frac{(1-3A)^2}{9} - \frac{A^2}{6}\right]\left[\frac{B(1+\tilde{e})(2+3\tilde{e}) + 2a_3^2(4+\tilde{e})}{4(1+\tilde{e})}\right]\right\} \\
D_3^1 &= F_3^1 - \frac{a_3^2}{4a_4^2}\,\frac{[1 + (1+\tilde{e})^2]}{(1+\tilde{e})}\left\{\frac{A}{6}(4-9A) + C^2\right\} \\
E_1 &= G_1 + \frac{Ca_2}{8}\cdot\frac{a_3^2}{a_4^2}(1-2A) \\
E_2 &= G_2 - \frac{Ca_1}{8}\,\frac{a_3^2}{a_4^2}(1-2A) \\
E_3 &= G_3 + \frac{Ba_3}{8a_4^2}\left\{\frac{(4-9A)}{3}\cdot A + 2C^2\right\} \\
E_4 &= G_4 - \frac{a_3^2}{4a_4}\left\{\frac{(4-9A)A}{3} + 2C^2\right\}
\end{aligned} \tag{61}$$

wobei

$$
\begin{aligned}
F_0^0 &= -\frac{1}{8a_4^2}\left(\frac{a_3^2}{2}+\frac{1}{a_4^2}\right)\left\{(1-2a_1^2)^2\frac{(2-9A)}{3}+\frac{A^2}{2}+\frac{(1-3A)^2}{9}\right\}\\
F_0^1 &= \frac{a_3^2}{48a_4^2}\{-(1-2a_1^2)^2(1-6A)+A(1-3A)\}\\
F_1^0 &= F_0^0, \qquad F_1^1 = F_0^1\\
F_2^0 &= -\frac{1}{24a_4^2}\left(\frac{a_3^2}{2}+\frac{1}{a_4^2}\right)(2-9A)(1-2a_1^2)\\
F_2^1 &= -\frac{a_3^2}{48a_4^2}(1-6A)(1-2a_1^2)\\
F_3^0 &= 0, \qquad F_3^1 = 0\\
G_1 &= \frac{a_3^2}{48a_4^2}Ca_2(1-3A), \qquad G_2 = -\frac{a_3^2}{48a_4^2}Ca_1(1-3A)\\
G_3 &= 0; \qquad G_4 = 0
\end{aligned}
\tag{61}
$$

Damit sind wir in der Lage, die Formeln (3, 51) auszuwerten. Offenbar gilt:

$$\bar{\bar{R}}^2 = D_0^0 \qquad \bar{\bar{S}}_i^2 = D_i^0 \qquad \bar{\bar{T}}_i^2 = 0 \tag{62}$$

Wendet man den Operator I_{Ω} auf eine Funktion der Form $\boldsymbol{F} = \boldsymbol{F}^c \cos 2\Omega_1 + \boldsymbol{F}^s \sin 2\Omega_1$ an, so erhält man mit (3, 43)

$$I_{\Omega}(\boldsymbol{F}) = \frac{1}{2\nu_1}[\boldsymbol{F}^c \sin 2\Omega_1 - \boldsymbol{F}^s \cos 2\Omega_1] \tag{63}$$

Benützt man nun (3, 52), so findet man zunächst

$$\bar{t}_i^1 = -\frac{E_i}{2\nu_1}\cos 2\Omega_1 \qquad \text{für} \quad i = 1, 2, 3, 4 \tag{64}$$

sodann schließlich

$$\left(\frac{D_i^1}{2\nu_1} - \frac{1}{4\nu_1^2}\left(\sum_{j=1}^{4}\frac{\partial B_i^0}{\partial a_j}E_j\right)\right)\sin 2\Omega_1 = \begin{cases}\bar{r}^1 & \text{für} \quad i=0\\ \bar{s}_i^1 & \text{für} \quad i=1,2,3\end{cases} \tag{65}$$

Gemäß (3, 54) heißt die fast-identische Transformation

$$\begin{cases}\phi_1 = \bar{\bar{\phi}}_1 + \varepsilon(r^1 + \bar{r}^1)\\ \Omega_i = \bar{\bar{\Omega}}_i + \varepsilon(s_i^1 + \bar{s}_i^1)\\ a_i = \bar{\bar{a}}_i \ \ + \varepsilon(t_i^1 + \bar{t}_i^1)\end{cases} \tag{66}$$

wobei die Größen r^1, s_i^1, t_i^1 durch (57), $\bar{r}^1$, $\bar{s}_i^1$, $\bar{t}_i^1$ durch (64), (65) bestimmt sind. Das verbleibende System

$$\begin{cases}\bar{\bar{\phi}}_1' = 1 + \varepsilon B_0^0(\bar{\bar{\boldsymbol{a}}}) + \varepsilon^2 D_0^0(\bar{\bar{\boldsymbol{a}}})\\ \bar{\bar{\Omega}}_i' = \qquad \varepsilon B_i^0(\bar{\bar{\boldsymbol{a}}}) + \varepsilon^2 D_i^0(\bar{\bar{\boldsymbol{a}}})\\ \bar{\bar{a}}_i' = 0\end{cases} \tag{67}$$

besitzt offenbar die Lösung

$$\begin{aligned}\bar{\bar{\phi}}_1(s) &= [1+\varepsilon B_0^0(\bar{\bar{\boldsymbol{a}}}^0)+\varepsilon^2 D_0^0(\bar{\bar{\boldsymbol{a}}}^0)]s+\bar{\bar{\phi}}_1^0\\ \bar{\bar{\Omega}}_i(s) &= \varepsilon[B_i^0(\bar{\bar{\boldsymbol{a}}}^0)+\varepsilon D_i^0(\bar{\bar{\boldsymbol{a}}}^0)]s+\bar{\bar{\Omega}}_i^0\\ \bar{\bar{a}}_i(s) &= \bar{\bar{a}}_i^0\end{aligned} \tag{68}$$

Damit ist die Konstruktion der Approximation 1. Ordnung vollzogen.

5.4 Diskussion der Bewegung

Zur Diskussion der Bewegung und um die Querverbindung zu klassischen Ergebnissen herzustellen, greifen wir nochmals auf einige bekannte Resultate aus der Theorie der Keplerbewegung zurück, indem wir die sog. Laplace-Vektoren einführen.

Im ungestörten Keplerproblem erfolgt die Bewegung, wie man weiß, in einer Ebene, und es ist deshalb natürlich, einen Normalvektor $\boldsymbol{N}$ zu dieser Ebene einzuführen. Ist $\boldsymbol{x}$ der Ortsvektor, $\dot{\boldsymbol{x}}$ der Geschwindigkeitsvektor des Mobils zu einem beliebigen Zeitpunkt, dann können wir offenbar

$$\boldsymbol{N}=\boldsymbol{x}\wedge\dot{\boldsymbol{x}} \tag{69}$$

setzen, wobei das Zeichen $\wedge$ das Vektorprodukt bezeichnet. Für die Länge $|\boldsymbol{N}|$ von $\boldsymbol{N}$ gilt:

$$|\boldsymbol{N}|=k\sqrt{p}$$

wobei p der Parameter der Keplerellipse, d.h. gleich $a(1-e^2)$ ist (cf Gl. (20c)), a ist die Länge der Halbachse, e die Exzentrizität. Der zweite Laplace-Vektor, $\boldsymbol{L}$, zeigt in Richtung des Perizentrums (das Perizentrum ist der Punkt kleinsten Abstands des Mobils vom Nullpunkt) und hat die Länge k^2e. Bemerkenswert an diesem Vektor ist, daß er genau wie $\boldsymbol{N}$ durch $\boldsymbol{x}$ und $\dot{\boldsymbol{x}}$ ausgedrückt werden kann. Es gilt nämlich

$$\boldsymbol{L}=\left[(\dot{\boldsymbol{x}},\dot{\boldsymbol{x}})-\frac{k^2}{r}\right]\boldsymbol{x}-(\dot{\boldsymbol{x}},\boldsymbol{x})\cdot\dot{\boldsymbol{x}} \tag{70}$$

wo r die Länge von $\boldsymbol{x}$ bezeichnet. Man beachte, daß umgekehrt die Vektoren $\boldsymbol{N}$ und $\boldsymbol{L}$ die Keplerellipse vollständig festlegen.

Die Größen $\boldsymbol{N}$, $\boldsymbol{L}$ können nun auch in der gestörten Bewegung betrachtet werden, indem man die Formeln (69), (70) als Definitionen verwendet. Natürlich sind dann $\boldsymbol{N}$, $\boldsymbol{L}$ nicht mehr konstant, sondern sie ändern sich mit der Zeit. Dennoch behalten die beiden Größen eine gewisse Anschaulichkeit, indem sie eine momentane Keplerbahn definieren. Damit ist folgendes gemeint: Würde man die Störung zur Zeit t_0 "ausschalten", so würde sich das Mobil für $t\geqslant t_0$ in einer Keplerellipse bewegen, die durch $\boldsymbol{N}(t_0)$ und $\boldsymbol{L}(t_0)$ definiert ist.

Wir diskutieren im folgenden die Funktionen $\boldsymbol{N}(t)$, $\boldsymbol{L}(t)$. Dabei werden wir nur Terme der Größenordnung 1 berücksichtigen.

Als erstes wollen wir $\boldsymbol{N}$, $\boldsymbol{L}$ durch die Elemente ausdrücken. Aus Gl. (41) folgt, mit den Gln. (36), (44), (45), bei Beschränkung auf Terme der Größenordnung 1:

$$\boldsymbol{N} = k\sqrt{p}\boldsymbol{\zeta}$$

und daraus mit (40), (47):

$$\boldsymbol{N} = k\sqrt{a_4}\begin{pmatrix} 2a_1a_2\cos\Omega_2 \\ -2a_1a_2\sin\Omega_2 \\ a_2^2-a_1^2 \end{pmatrix} \tag{71}$$

Offenbar gilt:

$$|\boldsymbol{N}| = k\sqrt{a_4} \tag{72}$$

Weiter folgt aus (41) mit (44), (45) bis auf Terme der Ordnung ε

$$\boldsymbol{L} = k^2[p\rho-1]\boldsymbol{\xi} + k^2p\rho'\boldsymbol{\eta}$$

und unter Verwendung von (40), (47):

$$\boldsymbol{L} = k^2a_3a_4\begin{pmatrix} a_1^2\cos(\Omega_1+\Omega_2) - a_2^2\cos(\Omega_1-\Omega_2) \\ -a_1^2\sin(\Omega_1+\Omega_2) - a_2^2\sin(\Omega_1-\Omega_2) \\ 2a_1a_2\cos\Omega_1 \end{pmatrix} \tag{73}$$

Überdies folgt:

$$|\boldsymbol{L}| = k^2a_3a_4 \tag{74}$$

Für das Folgende ist es zweckmäßig, ein weiteres Koordinatensystem x_1', x_2', x_3' einzuführen. Als x_3'-Achse wählen wir die Richtung von $\boldsymbol{N}$, als x_1'-Achse die Schnittgerade der Normalebene zu $\boldsymbol{N}$ durch den Nullpunkt mit der x_1, x_2-Ebene. Die x_2'-Achse ist dann durch orthogonale Ergänzung definiert. Man findet folgenden Zusammenhang:

$$\boldsymbol{L}' = \begin{pmatrix} \sin\Omega_2 & \cos\Omega_2 & 0 \\ (a_1^2-a_2^2)\cos\Omega_2 & (a_2^2-a_1^2)\sin\Omega_2 & 2a_1a_2 \\ 2a_1a_2\cos\Omega_2 & -2a_1a_2\sin\Omega_2 & -a_1^2+a_2^2 \end{pmatrix}\boldsymbol{L} \tag{75}$$

Hierbei bedeuten $\boldsymbol{L}$, $\boldsymbol{L}'$ die Darstellungen eines Vektors im ungestrichenen bzw. im gestrichenen System.

Wendet man die Transformationsformel (75) auf den Vektor (73) an, ergibt sich:

$$\boldsymbol{L}' = k^2a_3a_4\begin{pmatrix} -\sin\Omega_1 \\ \cos\Omega_1 \\ 0 \end{pmatrix} \tag{76}$$

Nunmehr führen wir die in Abschn. 5.3 ermittelte Näherungslösung ein. Da wir uns auf Terme der Größenordnung 1 beschränken, genügt es, in den Formeln (71), (72), (74), (76) die a_ι durch ihre Anfangswerte a_ι^0 zu ersetzen, für Ω_1, Ω_2 aber sind die Ausdrücke

$$\Omega_i(s) = \varepsilon[B_i^0 + \varepsilon D_i^0]s + \Omega_i^0 \tag{77}$$

zu verwenden.

Aus (72) und (74) ergibt sich zunächst: *Der momentane Ellipsenparameter und die momentane Exzentrizität ändern sich nicht, d.h. die momentane Ellipse ändert ihre Gestalt nicht.* Aus (71) schließen wir: *Die momentane Bahnebene rotiert langsam mit der Winkelgeschwindigkeit* $\varepsilon[B_2^0 + \varepsilon D_2^0]$ *um die* x_3*-Achse.* Aus (76) folgt schließlich, wenn man bedenkt, daß das x_1', x_2', x_3'-System sich mit der momentanen Bahnebene bewegt: *Das momentane Perizentrum rotiert von einem mit der momentanen Bahnebene sich bewegenden Beobachter aus gesehen mit der Winkelgeschwindigkeit* $\varepsilon[B_1^0 + \varepsilon D_1^0]$.

5.5 Verschwindende Nenner

In den in Abschn. 5.3 hergeleiteten Formeln treten Nenner auf, die unter Umständen den Wert Null annehmen können und deshalb die Bedeutung der konstruierten Näherungslösung einschränken.

Kreisbahnsingularität Den Formeln (55), (57) entnehmen wir, daß s_1^1 nicht definiert ist, falls $a_3 = 0$ ist. Das Auftreten dieser Singularität ist eine Folge der gewählten Elementtransformation (47). Wir werden in Abschn. 9.3 auf dieses Problem zurückkommen.

Gemäß (50) bedeutet das Verschwinden von a_3, daß $e = 0$ wird, und da e im ungestörten Fall gleich der Exzentrizität der Keplerellipse ist, spricht man von Kreisbahnsingularität. Man darf dieser Bezeichnung jedoch kein zu großes Gewicht beimessen, da ihr keine exakte mathematische Bedeutung hinterlegt werden kann.

Kollisionssingularität In fast allen Formeln tritt a_4 als Nenner auf. Diese Singularität hat nichts mit der Wahl der Variablen zu tun; vielmehr ist sie eine Folge der Singularität der Newtonschen Bewegungsgleichungen (1), (6) im Nullpunkt. Gemäß (47) bedeutet das Verschwinden von a_4, daß $p = 0$ ist. Da p im ungestörten Fall gleich dem Parameter der Keplerellipse ist, spricht man von Kollisionssingularität. Denn $p = 0$ bedeutet im ungestörten Problem bei Beschränkung auf elliptische Bewegungen die Entartung der Ellipse zu einer Strecke, wobei einer ihrer Endpunkte in das Anziehungszentrum fällt.

Kritische Neigung Eine weitere Singularität entsteht durch das Verschwinden von ν_1 in den Formeln (64), (65). $\nu_1 = 0$ bedeutet, cf. Gln. (56), (55), (49):

$$5a_1^4 - 5a_1^2 + 1 = 0$$

Das ist genau dann der Fall, wenn

$$-2a_1^2 + 1 = \pm\frac{1}{\sqrt{5}} \tag{78}$$

gilt.

Zur Interpretation zieht man wieder das ungestörte Problem heran. Bezeichnet i den Winkel der Bahnebene zur x_1, x_2-Ebene, so folgt aus (71) für das ungestörte Problem:

$$\cos i = -2a_1^2 + 1$$

Aus diesem Grunde bezeichnet man

$$i_{krit} = \arccos\left(\frac{1}{\sqrt{5}}\right) = 63{,}43°$$

als kritische Neigung. Unsere Formeln beschreiben also die Bewegung des Mobils nicht, wenn die Bahnebene etwa die Neigung 63,5° hat.

6 Bifurkation periodischer Lösungen

Alle bisher behandelten Beispiele haben die gemeinsame Eigenschaft, daß das gemittelte System durch elementare Funktionen allgemein integrierbar ist. Für das nun zu behandelnde Problem gilt das nicht mehr. Vielmehr werden wir uns damit begnügen müssen, eine spezielle Lösung des gemittelten Systems zu finden. Tatsächlich geht es darum, Bedingungen anzugeben, unter denen das gemittelte System eine Gleichgewichtslösung besitzt. Es wird später (Kapitel IV) bewiesen werden, daß einer solchen Gleichgewichtslösung des gemittelten Systems eine periodische Lösung des ursprünglichen Systems entspricht, welche unter geeigneten Voraussetzungen gute Stabilitätseigenschaften hat, so daß die Betrachtung auch dieser einzelnen Lösung von praktischer Bedeutung ist.

In Abschn. 6.1 bis 6.3 leiten wir ein allgemeines Resultat her, das wir dann in Abschn. 6.4 anwenden.

6.1 Ein autonomes System mit einer Familie von Gleichgewichtslösungen

Betrachten wir ein autonomes System von Differentialgleichungen

$$\dot{\boldsymbol{\xi}} = \boldsymbol{h}(\boldsymbol{\xi}, \mu) \tag{1}$$

wobei μ ein Parameter ist, der in einem Intervall I variiere, das den Nullpunkt enthält. Machen wir nun die folgende fundamentale

Annahme 1 *Das System* (1) *besitzt für jedes μ eine Gleichgewichtslösung, d.h. es gibt eine Funktion $\boldsymbol{\xi}(\mu)$, so daß gilt:*

$$\boldsymbol{h}(\boldsymbol{\xi}(\mu), \mu) = \mathbf{0} \qquad \mu \in I \tag{2}$$

Da wir das System (1) in der Nähe dieser Gleichgewichtslösungen und in der Umgebung von $\mu = 0$ studieren wollen, führen wir die neue abhängige Variable $\boldsymbol{x}$ und anstelle von μ den neuen Parameter ν wie folgt ein

$$\boldsymbol{\xi} = \boldsymbol{\xi}(\mu) + \varepsilon \boldsymbol{x} \qquad \mu = \varepsilon^2 \nu \tag{3}$$

wobei ε ein kleiner Parameter ist, der die Rolle des Störparameters übernehmen wird. Aus

$$\boldsymbol{h}(\varepsilon) = \boldsymbol{h}(\boldsymbol{\xi}(\varepsilon^2 \nu) + \varepsilon \boldsymbol{x}, \varepsilon^2 \nu)$$

folgt:

$$h_i(0) = h_i(\boldsymbol{\xi}(0), 0)$$

$$\frac{dh_i}{d\varepsilon}(0) = \frac{\partial h_i}{\partial \xi_j}(\boldsymbol{\xi}(0), 0) x_j$$

$$\frac{d^2 h_i}{d\varepsilon^2}(0) = \frac{\partial^2 h_i}{\partial \xi_j \partial \xi_k}(\boldsymbol{\xi}(0), 0) x_j x_k + \left[\frac{\partial h_i}{\partial \xi_j}(\boldsymbol{\xi}(0), 0) \xi_j'(0) + \frac{\partial h_i}{\partial \mu}(\boldsymbol{\xi}(0), 0)\right] \cdot 2\nu$$

$$\frac{d^3 h_i}{d\varepsilon^3}(0) = \frac{\partial^3 h_i}{\partial \xi_j \partial \xi_k \partial \xi_l}(\boldsymbol{\xi}(0), 0) x_j x_k x_l + \left[\frac{\partial^2 h_i}{\partial \xi_j \partial \xi_k}(\boldsymbol{\xi}(0), 0) \xi_j'(0) + \frac{\partial^2 h_i}{\partial \xi_k \partial \mu}(\boldsymbol{\xi}(0), 0)\right] \cdot x_k \cdot 6\nu$$

Nun folgt aus (2):

$$\frac{\partial h_i}{\partial \xi_j}(\boldsymbol{\xi}(0), 0) \xi_j'(0) + \frac{\partial h_i}{\partial \mu}(\boldsymbol{\xi}(0), 0) = 0$$

Führen wir die folgenden Bezeichnungen ein:

$$\begin{aligned} A(\mu) &= \frac{\partial \boldsymbol{h}}{\partial \boldsymbol{\xi}}(\boldsymbol{\xi}(\mu), \mu) \qquad & A &= A(0) \\ \boldsymbol{F}^{ij} &= \frac{\partial^2 \boldsymbol{h}}{\partial \xi_i \partial \xi_j}(\boldsymbol{\xi}(0), 0) \qquad & \boldsymbol{F}^{ijk} &= \frac{\partial^3 \boldsymbol{h}}{\partial \xi_i \partial \xi_j \partial \xi_k}(\boldsymbol{\xi}(0), 0) \end{aligned} \tag{4}$$

so folgt zunächst:

$$A'_{ik} \stackrel{\text{Def}}{=} \frac{d}{d\mu} A_{ik} \bigg|_{\mu=0} = \frac{\partial^2 h_i}{\partial \xi_j \partial \xi_k}(\boldsymbol{\xi}(0), 0) \xi_j'(0) + \frac{\partial^2 h_i}{\partial \xi_k \partial \mu}(\boldsymbol{\xi}(0), 0) \tag{5}$$

so daß das transformierte und nach ε entwickelte System (1) in Vektorform wie folgt geschrieben werden kann:

$$\dot{\boldsymbol{x}} = A\boldsymbol{x} + \varepsilon \frac{1}{2!} \boldsymbol{F}^{ij} x_i x_j + \varepsilon^2 \left[\nu A' \boldsymbol{x} + \frac{1}{3!} \boldsymbol{F}^{ijk} x_i x_j x_k\right] + 0(\varepsilon^3) \tag{6}$$

Dabei benützen wir die Einsteinkonvention hinsichtlich Summation über doppelt vorkommende Indizes und $0(\varepsilon^3)$ bezeichnet einen Rest, den wir nicht näher aufschreiben wollen, von dem wir nur zu wissen brauchen, daß er proportional zu ε^3 ist und für $\boldsymbol{x} = \boldsymbol{0}$ verschwindet. Das System (6) hat für jeden Wert von ν die Gleichgewichtslösung $\boldsymbol{x} = \boldsymbol{0}$.

Fügen wir eine Bemerkung über die Bedeutung der Matrix $A(\mu)$ an. Das Gleichungssystem

$$\boldsymbol{y} = A(\mu) \boldsymbol{y} = \frac{\partial \boldsymbol{h}}{\partial \boldsymbol{\xi}}(\boldsymbol{\xi}(\mu), \mu) \boldsymbol{y} \tag{7}$$

heißt System der Variationsgleichungen von (1) zur Gleichgewichtslösung $\boldsymbol{\xi}(\mu)$, da man es erhält, indem man $\boldsymbol{y}=\boldsymbol{\xi}-\boldsymbol{\xi}(\mu)$ in (1) einführt, nach $\boldsymbol{y}$ entwickelt und die nichtlinearen Terme vernachlässigt. Es ist bekannt, daß das System (7) i.a. Aufschluß gibt über das Stabilitätsverhalten der Gleichgewichtslösung $\boldsymbol{\xi}(\mu)$, z.B. dann, wenn keiner der Eigenwerte von $A(\mu)$ auf der imaginären Achse liegt (haben alle Eigenwerte negative Realteile, ist $\mathbf{0}$ asymptotisch stabile Lösung von (7), hat nur ein Eigenwert positiven Realteil, so ist $\mathbf{0}$ instabile Lösung; nach Liapunov gilt dasselbe fur die Lösung $\boldsymbol{\xi}(\mu)$ des ursprünglichen Systems); gibt es hingegen Eigenwerte mit verschwindendem Realteil, dann kann das Stabilitätsverhalten für das System (1) nicht an den Variationsgleichungen abgelesen werden (da in diesem Fall die nichtlinearen Terme entscheidend sind); man nennt diese Situation kritisch. Wir wollen nun gerade annehmen, daß für einen Wert von μ (wir wählen o.B.d.A. $\mu=0$) die Situation kritisch ist, d.h. wir nehmen an, daß die Matrix $A(\mu)$ ein Paar konjugiert komplexer Eigenwerte $\lambda_{1,2}(\mu)$ besitzt, deren Realteil für $\mu=0$ verschwindet. Hinsichtlich der übrigen Eigenwerte setzen wir nur voraus, daß sie für $\mu=0$ nicht ganzzahlige Vielfache von $\lambda_{1,2}(0)$ sind.

Unter diesen Voraussetzungen kann das System (6) durch eine lineare Transformation der Variablen $\boldsymbol{x}$ und eine triviale Änderung der unabhängigen Variablen so transformiert werden, daß die Matrix des linearen Teils folgende Gestalt hat:

$$\left(\begin{array}{cc|c} 0 & 1 & 0 \\ -1 & 0 & \\ \hline \multicolumn{2}{c|}{0} & D \end{array}\right) \tag{8}$$

wobei D eine reelle $(n-2)\times(n-2)$-Matrix ist, deren Eigenwerte nicht ganzzahlige Vielfache der imaginären Einheit i sind. Einfachheitshalber machen wir die

Annahme 2: *Die Matrix A in* (6) *habe schon die Gestalt* (8).

Im folgenden Abschnitt werden wir das System (6) einem Mittelungsprozeß unterwerfen. Das gemittelte System wird dann, genau wie das System (6), $\mathbf{0}$ als Gleichgewichtslösung haben. Es wird jedoch weiter eine von $\mathbf{0}$ verschiedene zweite Gleichgewichtslösung haben und zwar nicht für jeden Wert von ν, sondern entweder nur für $\nu>0$ oder nur für $\nu<0$. Eine solche nichttriviale Gleichgewichtslösung entspricht einer periodischen Lösung des ursprünglichen Systems (1), cf. §12.

6.2 Die Hauptbetrachtung

Wie üblich geht es darum, das System (6), das wir abgekürzt durch

$$\dot{\boldsymbol{x}}=\boldsymbol{f}^0(\boldsymbol{x})+\varepsilon\boldsymbol{f}^1(\boldsymbol{x})+\varepsilon^2\boldsymbol{f}^2(\boldsymbol{x})+0(\varepsilon^3) \tag{9}$$

beschreiben, durch eine fast-identische Transformation zu vereinfachen. Nun ist es aber nicht möglich, die in Kapitel I entwickelte Technik direkt anzuwenden, denn die Lösungen des ungestörten Problems

$$\dot{\boldsymbol{x}} = \boldsymbol{f}^0(\boldsymbol{x}) = A\boldsymbol{x} \tag{10}$$

brauchen, je nach den Eigenwerten von D, nicht alle quasiperiodisch zu sein. Da jedoch ein Paar von Eigenwerten von A rein imaginär ist, ein Teil der allgemeinen Lösung von (10) also sicher periodischen Charakter hat, wird man versuchen, die Ideen von Kapitel I wenigstens auf diesen Anteil anzuwenden. Konkret gehen wir wie folgt vor: Wir unterwerfen das System (9) einer fastidentischen Transformation der Form:

$$\boldsymbol{x} = \bar{\boldsymbol{x}} + \varepsilon \boldsymbol{U}^1(\bar{x}_1, \bar{x}_2) + \varepsilon^2 \boldsymbol{U}^2(\bar{x}_1, \bar{x}_2) \tag{11}$$

(Man bemerkt, daß wir, der Abwechslung halber einmal, nicht eine durch eine Lie–Reihe erzeugte Transformation verwendet haben, sondern eine Transformation, wie sie der üblichen Mittelwertmethode zugrunde liegt, cf. Abschn. 2.4). Indem wir $\boldsymbol{U}^1$, $\boldsymbol{U}^2$ nur von $\bar{x}_1$ und $\bar{x}_2$ abhängen lassen, bringen wir zum Ausdruck, daß wir unsere Aufmerksamkeit auf den durch die Eigenwerte $\pm i$ erzeugten periodischen Anteil beschränken.
Das transformierte System heiße:

$$\dot{\bar{\boldsymbol{x}}} = \boldsymbol{f}^0(\bar{\boldsymbol{x}}) + \varepsilon \bar{\boldsymbol{f}}^1(\bar{\boldsymbol{x}}) + \varepsilon^2 \bar{\boldsymbol{f}}^2(\bar{\boldsymbol{x}}) + 0(\varepsilon^3) \tag{12}$$

Der Zusammenhang zwischen $\boldsymbol{f}^1$, $\boldsymbol{f}^2$, $\bar{\boldsymbol{f}}^1$, $\bar{\boldsymbol{f}}^2$, $\boldsymbol{U}^1$, $\boldsymbol{U}^2$ wird gemäß Abschn. 2.4 durch die Gleichungen (31.i) gegeben, welche in Vektornotation und unter Berücksichtigung der Tatsache, daß $\boldsymbol{f}^0(\boldsymbol{x})$ linear in $\boldsymbol{x}$ ist, wie folgt lauten:

$$\boldsymbol{f}^0 \times \boldsymbol{U}^1 + \boldsymbol{f}^1 = \bar{\boldsymbol{f}}^1 \tag{13.1}$$

$$\boldsymbol{f}^0 \times \boldsymbol{U}^2 + \boldsymbol{f}^1 \circ \boldsymbol{U}^1 - \boldsymbol{U}^1 \circ \bar{\boldsymbol{f}}^1 + \boldsymbol{f}^2 = \bar{\boldsymbol{f}}^2 \tag{13.2}$$

Wir wollen uns an dieser Stelle noch keine Gedanken machen über die Wahl von $\boldsymbol{U}^1$, $\boldsymbol{U}^2$, sondern das System (12) weiterbehandeln. Bisher haben wir noch nichts unternommen, was dem Einführen von Elementen entspricht. Im ungestörten Problem (10) sind die Variablen x_1, x_2 von den übrigen entkoppelt und schwingen harmonisch. Aus diesem Grunde führen wir eine Winkelvariable ϕ, eine zugehörige Amplitudenvariable a und einen $(n-2)$-dimensionalen Vektor $\boldsymbol{z}$ durch

$$\bar{\boldsymbol{x}} = \begin{pmatrix} a\cos\phi \\ -a\sin\phi \\ \boldsymbol{z} \end{pmatrix} \tag{14}$$

ein. Mit den Abkürzungen

$$\begin{cases} g_1^i = -\bar{f}_1^i(a\cos\phi, -a\sin\phi, \boldsymbol{z})\dfrac{1}{a}\sin\phi - \bar{f}_2^i(a\cos\phi, -a\sin\phi, \boldsymbol{z})\dfrac{1}{a}\cos\phi \\ g_2^i = \quad \bar{f}_1^i(a\cos\phi, -a\sin\phi, \boldsymbol{z})\cos\phi \quad - \bar{f}_2^i(a\cos\phi, -a\sin\phi, \boldsymbol{z})\sin\phi \qquad i = 1, 2 \\ g_j^i = \quad \bar{f}_j^i(a\cos\phi, -a\sin\phi, \boldsymbol{z}) \qquad j = 3, 4, \ldots, n \end{cases} \tag{15}$$

und indem wir $g_j^i (j = 3, 4, \ldots, n)$ zu einem Vektor $\boldsymbol{g}^i$ der Dimension $(n-2)$ zusammenfassen, lautet das transformierte System (12)

$$\begin{cases} \dot{\phi} = 1 \quad + \varepsilon g_1^1(\phi, a, \boldsymbol{z}) + \varepsilon^2 g_1^2(\phi, a, \boldsymbol{z}) + 0(\varepsilon^3) \\ \dot{a} = \qquad \varepsilon g_2^1(\phi, a, \boldsymbol{z}) + \varepsilon^2 g_2^2(\phi, a, \boldsymbol{z}) + 0(\varepsilon^3) \\ \dot{\boldsymbol{z}} = D\boldsymbol{z} + \varepsilon \boldsymbol{g}^1(\phi, a, \boldsymbol{z}) + \varepsilon^2 \boldsymbol{g}^2(\phi, a, \boldsymbol{z}) + 0(\varepsilon^3) \end{cases} \tag{16}$$

Wir kommen nun zur Frage der Wahl der Funktionen $\boldsymbol{U}^1$, $\boldsymbol{U}^2$, was nichts anderes heißt als: Wie soll das System (16) beschaffen sein? Wir werden zeigen, daß folgendes Lemma gilt:

Lemma 1 *Man kann die Funktionen $\boldsymbol{U}^1$, $\boldsymbol{U}^2$ so wählen, daß gilt:*

$$g_1^1(\phi, a, \boldsymbol{0}) = 0 \qquad g_1^2(\phi, a, \boldsymbol{0}) = g_1^2(a)$$

$$g_2^1(\phi, a, \boldsymbol{0}) = 0 \qquad g_2^2(\phi, a, \boldsymbol{0}) = a\left[\nu \frac{A'_{11} + A'_{22}}{2} + \chi a^2\right] \stackrel{\text{Def}}{=} g_2^2(a)$$

$$\boldsymbol{g}^1(\phi, a, \boldsymbol{0}) = \boldsymbol{0} \qquad \boldsymbol{g}^2(\phi, a, \boldsymbol{0}) = \boldsymbol{0}$$

wobei χ eine Konstante ist, die weiter unten (Gl. (37)) definiert ist. Die Funktion $g_1^2(a)$ brauchen wir nicht näher zu kennen.

(Man beachte, daß Lemma 1 dem angekündigten Mittelungsprozeß entspricht). Im Hinblick auf Lemma 1 interessiert uns das System (16) vor allem in der Umgebung von $\boldsymbol{z} = \boldsymbol{0}$. Wir führen deshalb anstelle von $\boldsymbol{z}$ eine neue Variable $\boldsymbol{\rho}$ durch

$$\boldsymbol{z} = \varepsilon^2 \boldsymbol{\rho} \tag{17}$$

ein. Dann lautet das System (16), wegen Lemma 1:

$$\begin{cases} \dot{\phi} = 1 \quad + \varepsilon^2 g_1^2(a) + 0(\varepsilon^3) \\ \dot{a} = \qquad \varepsilon^2 g_2^2(a) + 0(\varepsilon^3) \\ \dot{\boldsymbol{\rho}} = D\boldsymbol{\rho} \quad + \quad 0(\varepsilon) \end{cases} \tag{18}$$

Mit $0(\varepsilon^3)$, $0(\varepsilon)$ bezeichnen wir hier Funktionen von ϕ, a, $\boldsymbol{\rho}$, ε, welche proportional zu ε^3, ε und in ϕ 2π-periodisch sind. Diskutieren wir das System, das durch Weglassen dieser Restterme entsteht:

$$\dot{\phi} = 1 + \varepsilon^2 g_1^2(a) \tag{19.a}$$

$$\begin{cases} \dot{a} = \quad \varepsilon^2 g_2^2(a) \\ \dot{\boldsymbol{\rho}} = D\boldsymbol{\rho} \end{cases} \tag{19.b}$$

Im Hinblick auf eine Gleichgewichtslösung des Teilsystems (19.b) betrachten wir die Funktion $g_2^2(a)$, welche in Lemma 1 genauer beschrieben ist, und machen folgende

Annahme 3

$$\frac{A'_{11} + A'_{22}}{2} \neq 0 \quad \textit{und} \quad \chi \neq 0 \tag{20}$$

Um nun die weitere Gleichgewichtslösung von (19.b) zu erhalten, muß $g_2^2(a)$ eine nicht-triviale Nullstelle haben. Dazu müssen wir über das Vorzeichen von ν offenbar wie folgt verfügen:

$$\operatorname{sgn} \nu = -\operatorname{sgn} \frac{A'_{11}+A'_{22}}{2} \cdot \operatorname{sgn} \chi \tag{21}$$

Dann folgt, daß (19.b) die folgende Gleichgewichtslösung hat:

$$a^0 = \sqrt{-\frac{\nu}{\chi}\frac{A'_{11}+A'_{22}}{2}} \qquad \boldsymbol{\rho}^0 = \mathbf{0} \tag{22}$$

Betrachten wir das Stabilitätsverhalten der Gleichgewichtslösung (22) in bezug auf das System (19.b) unter der folgenden

Annahme 4

$\operatorname{sgn} \chi = -1$ *und alle Eigenwerte von D haben negative Realteile.*

Diese Annahme läßt zwei verschiedene Interpretationen zu.

1. Annahme 4 bedeutet, daß die triviale Lösung $a=0$, $\boldsymbol{\rho}=\mathbf{0}$ instabil ist, denn

$$\varepsilon^2 \frac{\partial g_2^2}{\partial a}(0) = \varepsilon^2 \nu \frac{A'_{11}+A'_{22}}{2} > 0 \tag{23}$$

ist ein Eigenwert der Variationsgleichungen der Lösung $a=0$, $\boldsymbol{\rho}=\mathbf{0}$ von (19.b).

2. Annahme 4 bedeutet, daß die Gleichgewichtslösung (22) asymptotisch stabil ist, denn neben den Eigenwerten von D ist

$$\varepsilon^2 \frac{\partial g_2^2}{\partial a}(a^0) = -\varepsilon^2 2\nu \frac{A'_{11}+A'_{22}}{2} < 0 \tag{24}$$

der weitere Eigenwert der entsprechenden Variationsgleichungen.

Tatsächlich ist die Gleichgewichtslösung (22) nicht nur asymptotisch stabil, sondern jede Lösung $a(t)$, $\boldsymbol{\rho}(t)$, für welche $a(0)>0$ ist, strebt für $t\to\infty$ gegen die Gleichgewichtslösung (22), wie man sofort aus der leicht zu gewinnenden allgemeinen Lösung des Systems (19.b) sieht.

Um schließlich die Bezeichnung "Bifurkation" zu erläutern, nehmen wir an, alle Annahmen seien erfüllt, es gelte überdies

$$\operatorname{sgn} \frac{A'_{11}+A'_{22}}{2} = 1$$

Untersuchen wir das Verhalten unseres Systems (19.b), wenn der Parameter ν von negativen zu positiven Werten anwächst. Solange ν negativ ist, verharrt das System im trivialen Gleichgewicht $a=0$, $\boldsymbol{\rho}=\mathbf{0}$ oder strebt asymptotisch gegen dieses. Sobald ν den kritischen Wert 0 überschritten hat, strebt das System, nach der kleinsten Auslenkung, aus der trivialen Gleichgewichtslage

(denn sie ist jetzt instabil) in den nichttrivialen Gleichgewichtszustand bzw. beim ursprünglichen System gegen die periodische Lösung. Eine solche strukturelle Änderung des Systems nennt man Bifurkation.
Man beachte dennoch folgendes: Da die zweite Gleichgewichtslage nahe bei der trivialen Gleichgewichtslösung liegt (dies folgt aus (3)), ist das Verhalten des Systems für $\mu > 0$ doch nicht so verschieden vom Verhalten für $\mu < 0$.

6.3 Beweis des Lemmas

Führen wir sogleich den Operator ~ ein, der einer Funktion $\boldsymbol{f}(\boldsymbol{x})$ die Funktion

$$\tilde{\boldsymbol{f}}(\phi, a) = \boldsymbol{f}(a \cos \phi, -a \sin \phi, 0, \ldots, 0) \tag{25}$$

zuordnet. Bemerken wir dazu, daß es zu jeder in ϕ 2π-periodischen Funktion $\boldsymbol{g}(\phi, a)$ eine Funktion $\boldsymbol{f}(x_1, x_2)$ gibt, so daß $\tilde{\boldsymbol{f}} = \boldsymbol{g}$ gilt.
Wenden wir den Operator ~ auf die Störungsgleichung (13.1) an. Offenbar gilt

$$\frac{\mathrm{d}\tilde{\boldsymbol{U}}^1}{\mathrm{d}\phi} = -a \sin \phi \widetilde{\frac{\partial \boldsymbol{U}^1}{\partial x_1}} - a \cos \phi \widetilde{\frac{\partial \boldsymbol{U}^1}{\partial x_2}} = \widetilde{\frac{\partial \boldsymbol{U}^1}{\partial \boldsymbol{x}} \boldsymbol{f}^0} = \widetilde{\boldsymbol{U}^1 \circ \boldsymbol{f}^0}$$

so daß folgt:

$$\widetilde{\boldsymbol{f}^0 \times \boldsymbol{U}^1} = \widetilde{\boldsymbol{f}^0 \circ \boldsymbol{U}^1} - \widetilde{\boldsymbol{U}^1 \circ \boldsymbol{f}^0} = A\tilde{\boldsymbol{U}}^1 - \frac{\mathrm{d}\tilde{\boldsymbol{U}}^1}{\mathrm{d}\phi}$$

Somit lautet die erste Störungsgleichung:

$$-\frac{\mathrm{d}\tilde{\boldsymbol{U}}^1}{\mathrm{d}\phi} + A\tilde{\boldsymbol{U}}^1 + \tilde{\boldsymbol{f}}^1 = \tilde{\bar{\boldsymbol{f}}}^1 \tag{26}$$

Wir müssen $\tilde{\bar{\boldsymbol{f}}}^1$ so wählen, daß (26) mit einer in ϕ 2π-periodischen Funktion $\tilde{\boldsymbol{U}}^1$ zu befriedigen ist. Wir werden zeigen, daß dies mit der Wahl

$$\tilde{\bar{\boldsymbol{f}}}^1 = \boldsymbol{0} \tag{27}$$

möglich ist.
Es ist im folgenden bequem, neben einem n-dimensionalen Vektor $\boldsymbol{f}$ den $(n-2)$-dimensionalen Vektor $\underline{\boldsymbol{f}}$ zu betrachten, der aus den $(n-2)$ letzten Komponenten von $\boldsymbol{f}$ gebildet ist:

$$\underline{\boldsymbol{f}} = (f_3, f_4, \ldots, f_n)^T$$

Mit dieser Bezeichnung, mit (27) und wegen $\boldsymbol{f}^1 = \frac{1}{2}\boldsymbol{F}^{ij} x_i x_j$ heißt (26)

$$\begin{aligned}
\frac{\mathrm{d}\tilde{U}_1^1}{\mathrm{d}\phi} &= \tilde{U}_2^1 + a^2[\tfrac{1}{4}(F_1^{11} + F_1^{22}) + \tfrac{1}{4}(F_1^{11} - F_1^{22}) \cos 2\phi - \tfrac{1}{2}F_1^{12} \sin 2\phi] \\
\frac{\mathrm{d}\tilde{U}_2^1}{\mathrm{d}\phi} &= -\tilde{U}_1^1 + a^2[\tfrac{1}{4}(F_2^{11} + F_2^{22}) + \tfrac{1}{4}(F_2^{11} - F_2^{22}) \cos 2\phi - \tfrac{1}{2}F_2^{12} \sin 2\phi] \\
\frac{\mathrm{d}\tilde{\underline{\boldsymbol{U}}}^1}{\mathrm{d}\phi} &= \boldsymbol{D}\tilde{\underline{\boldsymbol{U}}}^1 + a^2[\tfrac{1}{4}(\underline{\boldsymbol{F}}^{11} + \underline{\boldsymbol{F}}^{22}) + \tfrac{1}{4}(\underline{\boldsymbol{F}}^{11} - \underline{\boldsymbol{F}}^{22}) \cos 2\phi - \tfrac{1}{2}\underline{\boldsymbol{F}}^{12} \sin 2\phi]
\end{aligned} \tag{28}$$

Es ist nicht schwer, diese Gleichungen durch einen Ansatz der Form:

$$\begin{aligned}\tilde{U}_i^1 &= A_i + B_i \cos 2\phi + C_i \sin 2\phi \qquad i=1,2\\ \underline{\tilde{U}}^1 &= \underline{A} + \underline{B}\cos 2\phi + \underline{C}\sin 2\phi\end{aligned} \tag{29}$$

zu erfüllen. Man findet:

$$\begin{aligned}\tilde{U}_1^1 &= \frac{a^2}{6}\left[\tfrac{3}{2}(F_2^{11}+F_2^{22}) + (-\tfrac{1}{2}F_2^{11}+\tfrac{1}{2}F_2^{22}+2F_1^{12})\cos 2\phi\right.\\ &\qquad \left. + (F_1^{11}-F_1^{22}+F_2^{12})\sin 2\phi\right]\\ \tilde{U}_2^1 &= \frac{a^2}{6}\left[-\tfrac{3}{2}(F_1^{11}+F_1^{22}) + (\tfrac{1}{2}F_1^{11}-\tfrac{1}{2}F_1^{22}+2F_2^{12})\cos 2\phi\right.\\ &\qquad \left. + (F_2^{11}-F_2^{22}-F_1^{12})\sin 2\phi\right]\\ \underline{\tilde{U}}^1 &= -\frac{a^2}{4}D^{-1}(\underline{F}^{11}+\underline{F}^{22}) + \frac{a^2}{16}G[-D(\underline{F}^{11}-\underline{F}^{22})+4\underline{F}^{12}]\cos 2\phi\\ &\qquad + \frac{a^2}{16}G[2(\underline{F}^{11}-\underline{F}^{22})+2D\underline{F}^{12}]\sin 2\phi\end{aligned} \tag{30}$$

mit

$$G = (E+\tfrac{1}{4}D^2)^{-1}$$

Daß D^{-1} und G wirklich existieren, folgt aus der Tatsache, daß kein Eigenwert von D Vielfaches von i ist (zunächst ist 0 nicht Eigenwert von D, also existiert D^{-1}; würde G nicht existieren, wäre $\mathrm{Det}(E+\frac{1}{4}D^2)=0$, also $\mathrm{Det}(D^2+4E)=\mathrm{Det}(D-2\mathrm{i}E)\,\mathrm{Det}(D+2\mathrm{i}E)=0$, also wäre 2i oder −2i Eigenwert von D).
Wir kommen zur Betrachtung der zweiten Störungsgleichung (13.2). Wenden wir den Operator ~ an, berücksichtigen wir (27), so erhalten wir:

$$\begin{cases} -\dfrac{d\tilde{U}_1^2}{d\phi} + \tilde{U}_2^2 + \tilde{\Gamma}_1 = \tilde{\tilde{f}}_1^2\\[2mm] -\dfrac{d\tilde{U}_2^2}{d\phi} - \tilde{U}_1^2 + \tilde{\Gamma}_2 = \tilde{\tilde{f}}_2^2\end{cases} \tag{31.1}$$

$$-\frac{d\underline{\tilde{U}}^2}{d\phi} + D\underline{\tilde{U}}^2 + \underline{\tilde{\Gamma}} = \underline{\tilde{\tilde{f}}}^2 \tag{31.2}$$

wobei $\tilde{\Gamma}_i$ wie folgt definiert ist:

$$\tilde{\Gamma}_s = \nu\sum_{i=1}^{2} A'_{si}P_i + \frac{1}{3!}\sum_{i,j,k=1}^{2} F_s^{ijk}P_iP_jP_k + \sum_{i=1}^{2}\sum_{j=1}^{n} F_s^{ij}P_i\tilde{U}_j^1 \qquad (s=1,\dots,n) \tag{32}$$

und

$$P_1 = a\cos\phi, \qquad P_2 = -a\sin\phi$$

bedeutet.
Wiederum haben wir $\tilde{\tilde{f}}^2$ so zu wählen, daß das System (31) durch eine in ϕ 2π-periodische Funktion zu befriedigen ist.

Zur Behandlung des Teilsystems (31.2) stützen wir uns auf das folgende leicht zu beweisende

Lemma 2 *Es sei D eine konstante Matrix, keiner ihrer Eigenwerte sei ein Vielfaches der imaginären Einheit.* $\underline{\boldsymbol{h}}(\phi)$ *sei* 2π*-periodisch in* ϕ. *Dann gilt: Das System*

$$-\frac{\mathrm{d}\underline{\boldsymbol{U}}}{\mathrm{d}\phi}+D\underline{\boldsymbol{U}}=\underline{\boldsymbol{h}}(\phi)$$

hat eine 2π*-periodische Lösung* $\underline{\boldsymbol{U}}(\phi)$.

Wir fordern nun natürlich

$$\bar{\bar{\underline{f}}}^2=\mathbf{0} \tag{33}$$

und wissen aufgrund von Lemma 2, daß dann eine in ϕ 2π-periodische Funktion $\tilde{\underline{\boldsymbol{U}}}^2$ gefunden werden kann, so daß (31.2) gilt.
Wir beschäftigen uns jetzt mit dem Teilsystem (31.1). Im Hinblick auf die Definition der Funktion g_j^2 in (15) bilden wir folgende Ausdrücke:

$$\begin{aligned} ag_1^2(\phi, a, \mathbf{0}) &= -\bar{\bar{f}}_1^2\sin\phi-\bar{\bar{f}}_2^2\cos\phi=\frac{\mathrm{d}\tilde{U}_1^2}{\mathrm{d}\phi}\sin\phi-\tilde{U}_2^2\sin\phi-\tilde{\Gamma}_1\sin\phi \\ &\quad+\frac{\mathrm{d}\tilde{U}_2^2}{\mathrm{d}\phi}\cos\phi+\tilde{U}_1^2\cos\phi-\tilde{\Gamma}_2\cos\phi \\ &=\frac{\mathrm{d}}{\mathrm{d}\phi}[\tilde{U}_1^2\sin\phi+\tilde{U}_2^2\cos\phi]-\tilde{\Gamma}_1\sin\phi-\tilde{\Gamma}_2\cos\phi \end{aligned} \tag{34.1}$$

$$\begin{aligned} g_2^2(\phi, a, \mathbf{0}) &= \bar{\bar{f}}_1^2\cos\phi-\bar{\bar{f}}_2^2\sin\phi=-\frac{\mathrm{d}\tilde{U}_1^2}{\mathrm{d}\phi}\cos\phi+\tilde{U}_2^2\cos\phi+\tilde{\Gamma}_1\cos\phi \\ &\quad+\frac{\mathrm{d}\tilde{U}_2^2}{\mathrm{d}\phi}\sin\phi+\tilde{U}_1^2\sin\phi-\tilde{\Gamma}_2\sin\phi \\ &=\frac{\mathrm{d}}{\mathrm{d}\phi}[-\tilde{U}_1^2\cos\phi+\tilde{U}_2^2\sin\phi]+\tilde{\Gamma}_1\cos\phi-\tilde{\Gamma}_2\sin\phi \end{aligned} \tag{34.2}$$

Die Gleichungen (34.1), (34.2) besitzen offenbar eine in ϕ 2π-periodische Lösung $\tilde{U}_1^2$, $\tilde{U}_2^2$, wenn wir verlangen, daß gilt:

$$ag_1^2(\phi, a, \mathbf{0})=\frac{1}{2\pi}\int_0^{2\pi}[-\tilde{\Gamma}_1\sin\phi-\tilde{\Gamma}_2\cos\phi]\,\mathrm{d}\phi \tag{35.1}$$

$$g_2^2(\phi, a, \mathbf{0})=\frac{1}{2\pi}\int_0^{2\pi}[\tilde{\Gamma}_1\cos\phi-\tilde{\Gamma}_2\sin\phi]\,\mathrm{d}\phi \tag{35.2}$$

Die Berechnung des Integrals (35.2) bereitet keine prinzipiellen Schwierigkeiten, erfordert aber einigen Rechenaufwand. Man findet:

$$g_2^2(\phi, a, \mathbf{0}) = a\left[\nu\frac{A'_{11}+A'_{22}}{2}+\chi a^2\right]$$

mit

$$\begin{aligned}\chi = \tfrac{1}{16}[&-(F_1^{11}+F_1^{22})F_1^{12}+(F_2^{11}+F_2^{22})F_2^{12}+F_1^{11}F_2^{11}-F_1^{22}F_2^{22}+F_1^{111}+F_1^{122}+F_2^{112}\\ &+F_2^{222}]+\tfrac{1}{32}[-4(\underline{\boldsymbol{F}}_1^1+\underline{\boldsymbol{F}}_2^2)^T D^{-1}(\underline{\boldsymbol{F}}^{11}+\underline{\boldsymbol{F}}^{22})+(\underline{\boldsymbol{F}}_1^1-\underline{\boldsymbol{F}}_2^2)^T(-\tfrac{1}{2}GD[\underline{\boldsymbol{F}}^{11}-\underline{\boldsymbol{F}}^{22}]\\ &+2G\underline{\boldsymbol{F}}^{12})+(\underline{\boldsymbol{F}}_1^2+\underline{\boldsymbol{F}}_2^1)^T(-G[\underline{\boldsymbol{F}}^{11}-\underline{\boldsymbol{F}}^{22}]-GD\underline{\boldsymbol{F}}^{12})]\end{aligned} \tag{37}$$

wobei wir die folgenden $(n-2)$-dimensionalen Vektoren eingeführt haben:

$$\underline{\boldsymbol{F}}_k^i = \begin{pmatrix} F_k^{i3} \\ F_k^{i4} \\ \cdot \\ \cdot \\ \cdot \\ F_k^{in} \end{pmatrix} \quad i, k = 1, 2 \tag{38}$$

Wir schließen mit einer Interpretation der Bedingung

$$\frac{A'_{11}+A'_{22}}{2} \neq 0$$

welche wir in Annahme 3 gemacht haben.

Wir betrachten erneut die Matrix $A(\mu)$ (cf. Gl. (4)) und einen ihrer Eigenwerte $\lambda(\mu)$. Dann gilt offenbar

$$\operatorname{Det}(A(\mu)-\lambda(\mu)E)=0$$

Indem wir diese Gleichung differenzieren, $\mu=0$ setzen und (8) berücksichtigen, folgt:

$$\begin{aligned}&[2\lambda(0)\lambda'(0)-\lambda(0)\{A'_{11}(0)+A'_{22}(0)\}+\{A'_{12}(0)-A'_{21}(0)\}]\cdot\operatorname{Det}(D-\lambda(0)E)\\ &\qquad+[\lambda^2(0)+1]\frac{\mathrm{d}}{\mathrm{d}\mu}[\operatorname{Det}(D(\mu)-\lambda(\mu)E)]|_{\mu=0}=0\end{aligned}$$

Hierbei ist $D(\mu)$ diejenige Matrix, die aus $A(\mu)$ durch Streichen der ersten beiden Zeilen und Kolonnen entsteht.

Indem wir $\lambda(0)=\mathrm{i}$ setzen, folgern wir aus der letzten Gleichung

$$\lambda'(0)=\frac{A'_{11}(0)+A'_{22}(0)}{2}+\frac{A'_{12}(0)-A'_{21}(0)}{2}\,\mathrm{i} \tag{39}$$

Unsere Bedingung besagt also

$$\left.\frac{\mathrm{d}\,\mathrm{Re}\,\lambda(\mu)}{\mathrm{d}\mu}\right|_{\mu=0}\neq 0 \tag{40}$$

Dies bedeutet: *Der Eigenwert* $\lambda(\mu)$, $\lambda(0)=i$, *soll die imaginäre Achse, wenn* μ *durch* 0 *geht, schneiden.*

6.4 Anwendung auf ein neuro-biologisches System

Das folgende DGl.-System beschreibt ein Zwei-Zellen-Turing-Modell, wie es bei neuro-biologischen Untersuchungen verwendet wird:

$$\begin{cases} \dot{x}_1 = \alpha + \mu + x_1 + x_2 - \frac{1}{3}x_1^3 \\ \dot{x}_2 = \kappa\,(a - x_1 - bx_2) \end{cases} \tag{41}$$

Hierbei sind α, κ, a, b Konstanten, von denen wir voraussetzen, daß sie in folgenden Intervallen liegen

$$\alpha \in (-\infty, \infty) \qquad \kappa \in (0,1) \qquad a \in (-\infty, \infty) \qquad b \in (0,1) \tag{42}$$

Wir werden später α stark einschränken.
Suchen wir jetzt eine Schar von Gleichgewichtslösungen $x_1(\mu)$, $x_2(\mu)$ des Systems (41). Diese wird durch

$$\begin{cases} \alpha + \mu + x_1 + x_2 - \frac{1}{3}x_1^3 = 0 \\ \quad a - x_1 - bx_2 = 0 \end{cases} \tag{43}$$

definiert. Auflösung der 2. Gleichung nach x_2

$$x_2 = \frac{a}{b} - \frac{1}{b}x_1 \tag{44.1}$$

und Einsetzen in die 1. Gleichung ergibt:

$$p(x_1) \overset{\text{Def}}{=} \left(\alpha + \mu + \frac{a}{b}\right) - \left(\frac{1}{b} - 1\right)x_1 - \frac{1}{3}x_1^3 = 0 \tag{44.1}$$

Man erkennt sofort, daß $p'(x_1) < 0$ für alle x_1 gilt, so daß (44.1) für jede erlaubte Wahl der Konstanten und $\mu \in (-\infty, \infty)$ genau eine Lösung besitzt, die überdies regulär in allen Parametern ist. Führen wir neue Koordinaten y_1, y_2 durch

$$x_1 = x_1(\mu) + y_1 \qquad x_2 = x_2(\mu) + y_2 \tag{45}$$

ein. Das transformierte System heißt:

$$\begin{cases} \dot{y}_1 = (1 - x_1^2(\mu))y_1 + \quad y_2 - x_1(\mu)y_1^2 - \frac{1}{3}y_1^3 \\ \dot{y}_2 = \qquad\qquad -\kappa y_1 - b\kappa y_2 \end{cases} \tag{46}$$

Es gilt jetzt, daß $y_1 = y_2 = 0$ für jedes μ Lösung von (46) ist. Betrachten wir die Matrix der zugehörigen Variationsgleichungen.

$$\tilde{A}(\mu) = \begin{pmatrix} 1 - x_1^2(\mu) & 1 \\ -\kappa & -b\kappa \end{pmatrix} \tag{47}$$

Wir fragen nun nach den Bedingungen, unter denen diese Matrix für $\mu = 0$ rein imaginäre Eigenwerte hat. Offenbar muß die Spur verschwinden, d.h. es muß

$$x_1(0) = -\sqrt{1-b\kappa} \quad \text{oder} \quad x_1(0) = \sqrt{1-b\kappa} \tag{48}$$

gelten. Wir wollen uns überlegen, daß, bei gegebenem a, b, κ, jede der Gl. (48) bei geeigneter Wahl von α befriedigt werden kann. Zu diesem Zweck betrachten wir die Abhängigkeit von $x_1(0)$ von α. Aus der definierenden Gleichung (44.1) erhält man

$$\frac{\mathrm{d}x_1(0,\alpha)}{\mathrm{d}\alpha} = \frac{1}{\left(\frac{1}{b}-1\right) + x_1^2(0,\alpha)} \tag{49}$$

Daraus folgt sofort, daß $x_1(0,\alpha)$ in α monoton wachsend ist, ferner, daß

$$x_1(0,\alpha) \xrightarrow[\alpha\to\pm\infty]{} \pm\infty$$

gilt. Das bedeutet aber, daß es genau ein α_1 gibt, so daß die erste Gleichung (48) gilt und genau ein α_2 (mit $\alpha_2 > \alpha_1$), so daß die zweite gilt. Im folgenden sei nun immer entweder $\alpha = \alpha_1$ oder $\alpha = \alpha_2$. Man findet dann leicht die Eigenwerte von $\tilde{A}(0)$:

$$\pm\sqrt{\kappa(1-b^2\kappa)}\,\mathrm{i} \overset{\mathrm{Def}}{=} \pm\omega\mathrm{i}$$

Da die Matrix

$$\tilde{A}(0) = \begin{pmatrix} b\kappa & 1 \\ -\kappa & -b\kappa \end{pmatrix}$$

nicht die in Annahme 2 vorausgesetzte Form hat, können wir die in den vorangegangenen Abschnitten entwickelten Ergebnisse noch nicht anwenden. Nach einer linearen Transformation der abhängigen Variablen und einer trivialen Transformation der unabhängigen Variablen wird es dann aber soweit sein. Man bemerkt zunächst, daß

$$T^{-1}\tilde{A}(0)T = \begin{pmatrix} 0 & \omega \\ -\omega & 0 \end{pmatrix}$$

mit

$$T^{-1} = \begin{pmatrix} \frac{1}{2} & 0 \\ \frac{\kappa b}{2\omega} & \frac{1}{2\omega} \end{pmatrix} \qquad T = \begin{pmatrix} 2 & 0 \\ -2\kappa b & 2\omega \end{pmatrix}$$

gilt. Führen wir deshalb folgende Transformationen durch:

$$\begin{cases} y_1 = 2\xi_1 \\ y_2 = -2\kappa b\xi_1 + 2\omega\xi_2 \end{cases} \tag{50}$$
$$s = \omega t$$

Das transformierte System lautet dann (′ bedeutet Ableitung nach s)

$$\begin{cases} \xi_1' = A_{11}(\mu)\xi_1 + A_{12}(\mu)\xi_2 - \dfrac{2}{\omega} x_1(\mu)\xi_1^2 - \dfrac{4}{3\omega}\xi_1^3 \\ \xi_2' = A_{21}(\mu)\xi_1 + A_{22}(\mu)\xi_2 - \dfrac{2\kappa b}{\omega^2} x_1(\mu)\xi_1^2 - \dfrac{4\kappa b}{3\omega^2}\xi_1^3 \end{cases} \tag{51}$$

wobei die Matrix der $A_{ij}(\mu)$ durch

$$A(\mu) = \frac{1}{\omega} T^{-1}\tilde{A}(\mu)T \tag{52}$$

gegeben ist.

Es ist offensichtlich, daß $\xi_1(\mu) \equiv 0$, $\xi_2(\mu) \equiv 0$ für jedes μ Lösung von (51) ist. Ferner ist auch Annahme 2 offensichtlich erfüllt. Wir kommen zur Berechnung von $(A_{11}' + A_{22}')/2$. Gemäß (39), (40) können wir dazu $\lambda(\mu)$ betrachten, wobei $\lambda(\mu)$ denjenigen Eigenwert von $A(\mu)$ bezeichnet, für den $\lambda(0) = \mathrm{i}$ gilt. Aus (52) folgt, daß $\lambda(\mu) = (1/\omega)\tilde{\lambda}(\mu)$ gilt, wenn $\tilde{\lambda}(\mu)$ denjenigen Eigenwert von $\tilde{A}(\mu)$ bezeichnet, für den $\tilde{\lambda}(0) = \omega i$ gilt. $\tilde{\lambda}(\mu)$ gehorcht offenbar der folgenden Gleichung:

$$\tilde{\lambda}^2(\mu) + (x_1^2(\mu) - 1 + b\kappa)\tilde{\lambda}(\mu) + (b\kappa x_1^2(\mu) - b\kappa + \kappa) = 0$$

Indem wir diese Gleichung nach μ differenzieren, $\mu = 0$ setzen und nach $\operatorname{Re} \lambda'(0)$ auflösen, folgt unter Berücksichtigung von $x_1^2(0) = 1 - b\kappa$.

$$\frac{A_{11}' + A_{22}'}{2} = \operatorname{Re} \lambda'(0) = -\frac{1}{\omega} x_1(0)x_1'(0)$$

Da aus (49) sofort $x_1'(0) > 0$ folgt (Man beachte, daß $x_1(\mu) = x_1(\mu, \alpha_i) = x_1(0, \alpha_i + \mu)$ gilt!), finden wir mit (48):

$$\operatorname{sgn} \frac{A_{11}' + A_{22}'}{2} = \begin{cases} 1 & \text{für } \alpha = \alpha_1 \\ -1 & \text{für } \alpha = \alpha_2 \end{cases} \tag{53}$$

Führen wir jetzt die Berechnung von χ durch. Aus (51) folgt mit den Definitionen (4):

$$\boldsymbol{F}^{11} = \begin{pmatrix} -\dfrac{4}{\omega} x_1(0) \\ -\dfrac{4b\kappa}{\omega^2} x_1(0) \end{pmatrix} \qquad \boldsymbol{F}^{12} = \boldsymbol{F}^{21} = \boldsymbol{F}^{22} = \boldsymbol{0}, \qquad \boldsymbol{F}^{111} = \begin{pmatrix} -\dfrac{8}{\omega} \\ -\dfrac{8\kappa b}{\omega^2} \end{pmatrix}$$

(Alle übrigen Größen verschwinden). Die Auswertung von χ ergibt nun:

$$\chi = -\frac{\kappa}{2\omega^3}(b^2\kappa - 2b + 1) \tag{54}$$

Hieraus folgt

$$\operatorname{sgn}\chi = \begin{cases} -1 & b \in \left(0, \dfrac{1}{1+\sqrt{1-\kappa}}\right) \\ 1 & b \in \left(\dfrac{1}{1+\sqrt{1-\kappa}}, 1\right) \end{cases} \tag{55}$$

Aus (53), (55) folgt, daß die Annahme 3 erfüllt ist (man beachte allerdings, daß durch (55) der Wert $b = 1/(1+\sqrt{1-\kappa})$ ausgeschlossen wird). Betrachten wir nun Gleichung (21) und Annahme 4, und unterscheiden wir 4 Fälle.

Fall 1: $\alpha = \alpha_1,\ b \in \left(0, \dfrac{1}{1+\sqrt{1-\kappa}}\right)$

In diesem Fall ist $\operatorname{sgn}\nu = 1$. Somit findet die *Bifurkation nach rechts* statt, d.h. die periodische Lösung tritt im System (41) für positive Werte von μ auf. *Ferner ist die Stabilitätsannahme* 4 *erfüllt.*

Fall 2: $\alpha = \alpha_1,\ b \in \left(\dfrac{1}{1+\sqrt{1-\kappa}}, 1\right)$

Jetzt ist $\operatorname{sgn}\nu = -1$, d.h. die *Bifurkation findet nach links* statt. *Die Stabilitätsannahme* 4 *ist nicht erfüllt.*

Fall 3: $\alpha = \alpha_2,\ b \in \left(0, \dfrac{1}{1+\sqrt{1-\kappa}}\right)$.

Wir finden $\operatorname{sgn}\nu = -1$, d.h. die *Bifurkation findet nach links* statt. *Die Stabilitätsannahme* 4 *ist erfüllt.*

Fall 4: $\alpha = \alpha_2,\ b \in \left(\dfrac{1}{1+\sqrt{1-\kappa}}, 1\right)$

Nun ist $\operatorname{sgn}\nu = 1$, d.h. die *Bifurkation findet nach rechts* statt. *Die Stabilitätsannahme* 4 *ist nicht erfüllt.*

Kommentare und Literaturhinweise zu Kapitel II

§4 Eine Standardreferenz zur klassischen Kreiseltheorie stellt nach wie vor das monumentale Werk: "Über die Theorie des Kreisels" von F. Klein und A. Sommerfeld [K7] dar. Insbesondere wird hier auch schon die von uns ebenfalls benutzte "Quaternionenbeschreibung" durch 4 Parameter u_1, u_2, u_3, u_4 (anstelle der Euler–Winkel) beschrieben. Anwendungen der Kreiseltheorie in der Technik werden in einem Lehrbuch von K. Magnus [M7] dargestellt. Die Behandlung von Kreiselproblemen durch störungstheoretische Methoden hat in den letzten Jahren im Zusammenhang mit künstlichen Satelliten einen gewaltigen Aufschwung erfahren. Es sei auf folgende Arbeiten verwiesen: P. Sagirow [S5], R. Deutsch [D2], V. V. Beletzkii [B3].

§5 Die folgenden Werke stellen allgemeine Einführungen in die anwendungsorientierte Himmelsmechanik dar: K. Stumpff [S6], D. Brouwer und G. Clemence [B4], E. Stiefel und G. Scheifele [S7]. Die erste Satellitentheorie von der Art, wie wir sie hier dargestellt haben, wurde von D. Brouwer [B1] entwickelt. In der Folge entstand dann eine große Zahl von Arbeiten, die teils eine Erweiterung der Brouwerschen Publikation darstellen, teils eine Variante davon sind: z.B. D. Brouwer und G. Hori [B5], B. Garfinkel [G4], W. T. Kyner [K8], M. Eckstein et al. [E1], A. Deprit und A. Rom [D3], G. Scheifele [S8], U. Kirchgraber [K9]. Die hier vorgelegte Beschreibung des Problems unter Benützung von Resultaten aus der Kreiseltheorie stammt von M. Vitins [V3], [V4], der sich seinerseits auf eine Arbeit von C. A. Burdet [B6] stützt. Für eine Beschreibung der in Abschn. 5.4 benützten Laplace-Vektoren konsultiere man etwa E. Stiefel [S9].

Das in Abschn. 5.5 dargestellte Problem der kritischen Neigung ist von beträchtlichem Interesse und ist in der Literatur sowohl vom formalen, wie vom streng mathematischen Standpunkt aus behandelt worden, cf. etwa: G. Hori [H8], M. Eckstein et al. [E1], W. T. Kyner [K12], N. Sigrist [S10], [S11]. Das Vorgehen entspricht demjenigen in Abschn. 8.5.

Die Autoren sind den Herren M. Vitins, K. Flöscher und insbesondere Herrn F. Spirig für die Durchführung zahlreicher aufwendiger Rechnungen in §4 und §5 zu Dank verpflichtet.

§6 Das in diesem Abschnitt beschriebene Bifurkationsproblem wurde erstmals von E. Hopf [H5] behandelt, später von K. O. Friedrichs [F1], N. N. Bruslinskaya [B7], N. Chafee [C4], I. Hsü und N. Kazarinoff [H6], H. W. Knobloch [K10], U. Kirchgraber [K11] und in einer ausführlichen Monografie von J. Marsden und M. McCracken [M8]. Das kürzliche große Interesse an der Hopfverzweigung hat seinen Ursprung in deren Anwendbarkeit auf Probleme der Reaktionskinetik in der Chemie, auf Nervenfasermodelle (cf. R. Fitzhugh [F2]), Populationsmodelle der Biologie (cf. G. Bell [B8]). Das in Abschn. 6.4 behandelte Beispiel ist der Arbeit von I. Hsü und N. Kazarinoff [H6] entnommen.

Kapitel III

In diesem Kapitel beschäftigen wir uns mit allgemeinen formalen Eigenschaften der Störungstheorie.

In §7 wird die Struktur des gemittelten Systems unter verschiedenen Symmetrieannahmen für das gegebene Problem untersucht.

Im folgenden §8 befassen wir uns mit dem Spezialfall kanonischer Differentialgleichungssysteme, insbesondere mit der Anpassung der allgemeinen Störungstheorie an diese spezielle Problemklasse.

§9 ist dem durch die Verwendung von Wirkungs- und Winkelvariablen bedingten Singularitätenproblem gewidmet.

Im letzten Paragraphen des Kapitels schließlich wird die Zusammensetzung von Lie-Reihen studiert.

7 Strukturbetrachtungen

Das Ziel des vorliegenden Abschnittes ist es, einige Einsicht zu gewinnen in den Aufbau des aus der Störungsrechnung hervorgehenden verbleibenden DGl.-Systems, falls über das zugrundeliegende Elementdifferentialgleichungssystem gewisse Strukturvoraussetzungen gemacht werden.

Um dem Leser einen Eindruck zu vermitteln von den zu erwartenden Resultaten, führen wir folgendes Ergebnis an: Es sei ein nicht-ausgeartetes System vorgelegt:

$$\begin{cases} \dot{\boldsymbol{\phi}} = \boldsymbol{\omega}(\mathbf{a}) + \varepsilon \boldsymbol{R}^1(\boldsymbol{\phi}, \boldsymbol{a}) + \cdots \\ \dot{\boldsymbol{a}} = \qquad\qquad \varepsilon \boldsymbol{T}^1(\boldsymbol{\phi}, \boldsymbol{a}) + \cdots \end{cases}$$

Nehmen wir an, die (wie üblich: endlichen) Fourierdarstellungen der Funktionen $\boldsymbol{R}^1, \boldsymbol{R}^2, \ldots$ enthalten nur Cosinus-Terme, die Fourierentwicklungen von $\boldsymbol{T}^1, \boldsymbol{T}^2, \ldots$ hingegen nur Sinus-Terme, dann, werden wir zeigen, ist das verbleibende System von folgender Form:

$$\begin{cases} \dot{\bar{\boldsymbol{\phi}}} = \boldsymbol{\omega}(\bar{\boldsymbol{a}}) + \varepsilon \bar{\boldsymbol{R}}^1(\bar{\boldsymbol{a}}) + \cdots \\ \dot{\bar{\boldsymbol{a}}} = \mathbf{0} \end{cases}$$

Das für eine Approximation der Ordnung k aus diesem System durch Abbrechen gebildete DGl.-System ist offenbar trivialerweise integrierbar.

Die Bedeutung solcher Betrachtungen besteht einerseits darin, daß sie Aussagen gestatten über die Struktur der Approximationen, die durch die Störungsrechnung geliefert werden, ohne daß diese wirklich bestimmt werden. Andererseits ergeben sie eine nicht unbedeutende Rechenhilfe bei der Berechnung von Approximationen.

Die Begründung solcher Aussagen beruht ganz wesentlich auf dem übersichtlichen Aufbau der Störungsgleichungen (cf. Gl. (2, 19.i) und (2, 20.i)), insbesondere darauf, daß diese algebraisch aufgebaut sind, wobei nur die Kommutatormultiplikation, die Addition und die skalare Multiplikation auftreten.

7.1 Vorbereitungen

Wir führen zwei Mengen von skalaren Funktionen ein, die für das Folgende wichtig sind:

$$C=\left\{\sum_{\boldsymbol{n},\boldsymbol{m}} A_{\boldsymbol{nm}}(\boldsymbol{a})\cos(\boldsymbol{n}\cdot\boldsymbol{\phi}+\boldsymbol{m}\cdot\boldsymbol{\Omega})\right\},\qquad S=\left\{\sum_{\boldsymbol{n},\boldsymbol{m}} B_{\boldsymbol{nm}}(\boldsymbol{a})\sin(\boldsymbol{n}\cdot\boldsymbol{\phi}+\boldsymbol{m}\cdot\boldsymbol{\Omega})\right\} \tag{1}$$

Hierbei bedeutet, wie früher, $\boldsymbol{a}$ den Vektor der Amplituden, $\boldsymbol{\phi}$ bzw. $\boldsymbol{\Omega}$ den Vektor der schnellen bzw. langsamen Winkelvariablen. $\boldsymbol{n},\boldsymbol{m}$ sind Vektoren, deren Komponenten ganze Zahlen sind. Wie üblich sollen alle Summen nur aus endlich vielen Summanden bestehen. Im folgenden stellen wir einige einfache Eigenschaften der Funktionsklassen C, S zusammen, von deren Richtigkeit man sich leicht überzeugt:

Es seien c, c^* Funktionen aus C, s und s^* aus S. Überdies seien λ und λ^* reelle Zahlen. Dann gilt:

(i) $\lambda c+\lambda^* c^*\in C,\quad \lambda s+\lambda^* s^*\in S$

(ii) $\frac{\partial c}{\partial a_j}\in C,\quad \frac{\partial c}{\partial \Omega_j}\in S,\quad \frac{\partial c}{\partial \phi_j}\in S,\quad \frac{\partial s}{\partial a_j}\in S,\quad \frac{\partial s}{\partial \Omega_j}\in C,\quad \frac{\partial s}{\partial \phi_j}\in C$

(iii) $c\cdot c^*\in C,\quad s\cdot s^*\in C,\quad c\cdot s\in S$

Nun definieren wir Vektoren deren Komponenten Funktionen aus C und S sind.

Wir nennen einen Vektor einen C-Vektor, falls alle seine Komponenten Funktionen aus C sind; entsprechend sind die S-Vektoren definiert. Weiter führen wir Vektoren ein, die aus Teilvektoren zusammengesetzt sind, die C- oder S-Vektoren sind. Der Vektor[1)] $\boldsymbol{f}^T=(\boldsymbol{R}^T, \boldsymbol{S}^T, \boldsymbol{T}^T)$ heißt Γ-Vektor, falls $\boldsymbol{R}$, $\boldsymbol{S}$ beide C-Vektoren sind und $\boldsymbol{T}$ ein S-Vektor ist. Hierbei ist die Dimension von $\boldsymbol{R}$, wie üblich, gleich derjenigen von $\boldsymbol{\phi}$, etc. Hingegen ist $\boldsymbol{f}$ ein Σ-Vektor, falls $\boldsymbol{R}$, $\boldsymbol{S}$ jetzt S-Vektoren sind, während $\boldsymbol{T}$ nun C-Vektor zu sein hat.

Natürlich sind die Klassen der Γ-Vektoren bzw. der Σ-Vektoren abgeschlossen gegenüber der Addition und der skalaren Multiplikation, wie man aus (i) sieht. Ferner folgt aus (i), (ii), (iii) die wichtige Aussage:

(iv) *Es seien $\boldsymbol{f}$, $\boldsymbol{f}^*$ Γ-Vektoren, $\boldsymbol{g}$, $\boldsymbol{g}^*$ seien Σ-Vektoren. Dann gilt:*

$$\boldsymbol{f}\times\boldsymbol{f}^*,\quad \boldsymbol{g}\times\boldsymbol{g}^* \text{ sind } \Sigma\text{-Vektoren},\qquad \boldsymbol{f}\times\boldsymbol{g} \text{ ist } \Gamma\text{-Vektor}.$$

---

1) T bedeutet Transposition

Schließlich betrachten wir das Verhalten der C-Vektoren und S-Vektoren unter den Operatoren $M_{\boldsymbol{\phi}}$ und $I_{\boldsymbol{\phi}}$, die in Abschn. 3.1 eingeführt wurden, und deren Definition wir hier wiederholen.
Für eine Funktion

$$\boldsymbol{F} = \sum \boldsymbol{F}_{\boldsymbol{nm}}^{(c)} \cos(\boldsymbol{n} \cdot \boldsymbol{\phi} + \boldsymbol{m} \cdot \boldsymbol{\Omega}) + \boldsymbol{F}_{\boldsymbol{nm}}^{(s)} \sin(\boldsymbol{n} \cdot \boldsymbol{\phi} + \boldsymbol{m} \cdot \boldsymbol{\Omega})$$

gilt

$$M_{\boldsymbol{\phi}}(\boldsymbol{F}) = \sum \boldsymbol{F}_{\boldsymbol{0m}}^{(c)} \cos(\boldsymbol{m} \cdot \boldsymbol{\Omega}) + \boldsymbol{F}_{\boldsymbol{0m}}^{(s)} \sin(\boldsymbol{m} \cdot \boldsymbol{\Omega})$$

und

$$I_{\boldsymbol{\phi}}(\boldsymbol{F}) = \sum_{\boldsymbol{n} \neq \boldsymbol{0}} -\frac{\boldsymbol{F}_{\boldsymbol{nm}}^{(s)}}{(\boldsymbol{n} \cdot \boldsymbol{\omega})} \cos(\boldsymbol{n} \cdot \boldsymbol{\phi} + \boldsymbol{m} \cdot \boldsymbol{\Omega}) + \frac{\boldsymbol{F}_{\boldsymbol{nm}}^{(c)}}{(\boldsymbol{n} \cdot \boldsymbol{\omega})} \sin(\boldsymbol{n} \cdot \boldsymbol{\phi} + \boldsymbol{m} \cdot \boldsymbol{\Omega})$$

falls $M_{\boldsymbol{\phi}}(\boldsymbol{F}) = \boldsymbol{0}$. Daraus folgt sofort:

(v) *$M_{\boldsymbol{\phi}}(\boldsymbol{F})$ ist C-Vektor, $I_{\boldsymbol{\phi}}(\boldsymbol{F})$ ist S-Vektor, falls **F** ein C-Vektor ist*
*$M_{\boldsymbol{\phi}}(\boldsymbol{F})$ ist S-Vektor, $I_{\boldsymbol{\phi}}(\boldsymbol{F})$ ist C-Vektor, falls **F** ein S-Vektor ist*

Die Mengen (1) sind nicht die einzigen, die die Eigenschaften (i) bis (v) zur Folge haben. Wir geben ein zweites Paar solcher Mengen an:

$$C = \Bigg\{ \sum_{|\boldsymbol{n}|+|\boldsymbol{m}| \text{ gerade}} A_{\boldsymbol{nm}}(\boldsymbol{a}) \cos(\boldsymbol{n} \cdot \boldsymbol{\phi} + \boldsymbol{m} \cdot \boldsymbol{\Omega}) + \sum_{|\boldsymbol{n}|+|\boldsymbol{m}| \text{ ungerade}} B_{\boldsymbol{nm}}(\boldsymbol{a}) \sin(\boldsymbol{n} \cdot \boldsymbol{\phi} + \boldsymbol{m} \cdot \boldsymbol{\Omega}) \Bigg\} \tag{2}$$

$$S = \Bigg\{ \sum_{|\boldsymbol{n}|+|\boldsymbol{m}| \text{ ungerade}} A_{\boldsymbol{nm}}(\boldsymbol{a}) \cos(\boldsymbol{n} \cdot \boldsymbol{\phi} + \boldsymbol{m} \cdot \boldsymbol{\Omega}) + \sum_{|\boldsymbol{n}|+|\boldsymbol{m}| \text{ gerade}} B_{\boldsymbol{nm}}(\boldsymbol{a}) \sin(\boldsymbol{n} \cdot \boldsymbol{\phi} + \boldsymbol{m} \cdot \boldsymbol{\Omega}) \Bigg\}$$

Zu diesen Definitionen müssen einige Bemerkungen gemacht werden. Ist $\boldsymbol{n}$, wie üblich, ein Vektor, dessen Komponenten ganze Zahlen sind, so bezeichnen wir mit $|\boldsymbol{n}|$ die Summe aller Komponenten von $\boldsymbol{n}$. Es ist also $|\boldsymbol{n}|$ eine ganze Zahl. Natürlich nennen wir eine ganze Zahl gerade, wenn sie durch 2 teilbar ist und sonst ungerade. Das Symbol

$$\sum_{|\boldsymbol{n}|+|\boldsymbol{m}| \text{ gerade}}$$

bedeutet, daß die Summe nur Terme enthält, die die Bedingung: $|\boldsymbol{n}|+|\boldsymbol{m}|$ ist gerade, erfüllen.

Man überzeugt sich leicht, daß die Eigenschaften (i)–(v) auch erfüllt sind, wenn man statt den Mengen (1) die Mengen (2) zugrunde legt.

Wenn im folgenden nichts Näheres präzisiert ist, dann lassen wir immer zu, daß entweder die Mengen (1) oder aber die Mengen (2) den Betrachtungen zugrunde liegen.

7.2 Erste Resultate

Nun sind wir in der Lage, erste Resultate zu erhalten. Es sei uns ein ausgeartetes System vorgelegt:

$$\begin{cases} \dot{\boldsymbol{\phi}} = \boldsymbol{\omega}(\boldsymbol{a}) + \varepsilon \boldsymbol{R}^1(\boldsymbol{\phi}, \boldsymbol{\Omega}, \boldsymbol{a}) + \cdots \\ \dot{\boldsymbol{\Omega}} = \qquad \varepsilon \boldsymbol{S}^1(\boldsymbol{\phi}, \boldsymbol{\Omega}, \boldsymbol{a}) + \cdots \\ \dot{\boldsymbol{a}} = \qquad \varepsilon \boldsymbol{T}^1(\boldsymbol{\phi}, \boldsymbol{\Omega}, \boldsymbol{a}) + \cdots \end{cases} \tag{3}$$

und wir denken uns den in Abschn. 3.2 geschilderten Integrationsprozeß durchgeführt. Es verbleibt dann das System (3, 16):

$$\begin{cases} \dot{\bar{\boldsymbol{\phi}}} = \boldsymbol{\omega}(\bar{\boldsymbol{a}}) + \varepsilon \bar{\boldsymbol{R}}^1(\bar{\boldsymbol{\Omega}}, \bar{\boldsymbol{a}}) + \cdots \\ \dot{\bar{\boldsymbol{\Omega}}} = \qquad \varepsilon \bar{\boldsymbol{S}}^1(\bar{\boldsymbol{\Omega}}, \bar{\boldsymbol{a}}) + \cdots \\ \dot{\bar{\boldsymbol{a}}} = \qquad \varepsilon \bar{\boldsymbol{T}}^1(\bar{\boldsymbol{\Omega}}, \bar{\boldsymbol{a}}) + \cdots \end{cases} \tag{4}$$

Setzen wir zur Abkürzung:

$$f^\iota = \begin{pmatrix} \boldsymbol{R}^\iota \\ \boldsymbol{S}^\iota \\ \boldsymbol{T}^\iota \end{pmatrix} \qquad \bar{f}^\iota = \begin{pmatrix} \bar{\boldsymbol{R}}^\iota \\ \bar{\boldsymbol{S}}^\iota \\ \bar{\boldsymbol{T}}^\iota \end{pmatrix}$$

Satz 1 a) *Es seien die f^ι Γ-Vektoren; dann sind auch die $\bar{f}^\iota$ Γ-Vektoren.*
b) *Es seien $f^{2\iota-1}$ Σ-Vektoren, die $f^{2\iota}$ seien Γ-Vektoren. Dann sind auch die $\bar{f}^{2i-1}$ Σ-Vektoren und die $\bar{f}^{2i}$ Γ-Vektoren.*

Beweis. Wir stützen uns auf die Formel (3, 13.i) (die eine Abkürzung für die Formel (2, 19.i) ist) und (3, 15). Wir beginnen mit einem Induktionsbeweis für den Fall a).
Da $\mathcal{F}^1 = \boldsymbol{f}^1$ ist, d.h. $\mathcal{R}^1 = \boldsymbol{R}^1$, $\mathcal{S}^1 = \boldsymbol{S}^1$, $\mathcal{T}^1 = \boldsymbol{T}^1$, folgt aus (3, 15a bis c) wegen der Voraussetzung über $\boldsymbol{f}^1$ und mit (v), daß $\bar{\boldsymbol{f}}^1$ ein Γ-Vektor ist. Betrachten wir nun den Vektor $\boldsymbol{u}^1$, der aus $\boldsymbol{r}^1$, $\boldsymbol{s}^1$, $\boldsymbol{t}^1$ zusammengesetzt ist. Aus (3, 15a) folgt, da $\boldsymbol{T}^1 - \bar{\boldsymbol{T}}^1$ ein S-Vektor ist, mit (v), daß $\boldsymbol{t}^1$ ein C-Vektor ist. Analog schließt man, daß $\boldsymbol{s}^1$ und $\boldsymbol{r}^1$ beides S-Vektoren sind, d.h., $\boldsymbol{u}^1$ ist ein Σ-Vektor.
Nehmen wir nun als Induktionsvoraussetzung an, es sei bewiesen, daß $\bar{\boldsymbol{f}}^1, \ldots, \bar{\boldsymbol{f}}^{\iota-1}$ Γ-Vektoren, $\boldsymbol{u}^1, \ldots, \boldsymbol{u}^{\iota-1}$ Σ-Vektoren sind. Aus der Voraussetzung über die $\boldsymbol{f}^k$ sowie aus der Induktionsannahme über die $\boldsymbol{u}^k$ folgt wegen (iv) sofort, daß der Vektor $\mathcal{F}^\iota$ in Gl. (3, 13.i) ein Γ-Vektor ist. Hieraus folgt, ganz ähnlich wie bei der Verankerung, daß $\bar{\boldsymbol{f}}^\iota$ ein Γ-Vektor, $\boldsymbol{u}^\iota$ ein Σ-Vektor ist. Der Beweis für den Fall b) verläuft ähnlich. ■

Satz 1 besitzt das folgende interessante Korollar.

1. Korollar zu Satz 1 *Wir setzen voraus: Die Funktionen $\boldsymbol{f}^\iota$ d.h. die Funktionen $\boldsymbol{R}^\iota$, $\boldsymbol{S}^\iota$, $\boldsymbol{T}^\iota$ sind unabhängig von $\boldsymbol{\Omega}$. Dann gilt:*

a) *Sind die Funktionen f^ι Γ-Vektoren, so heißt das verbleibende System* (4)

$$\begin{cases}\dot{\boldsymbol{\phi}} = \boldsymbol{\omega}(\bar{\boldsymbol{a}}) + \varepsilon\bar{\boldsymbol{R}}^1(\bar{\boldsymbol{a}}) + \varepsilon^2\bar{\boldsymbol{R}}^2(\bar{\boldsymbol{a}}) + \cdots \\ \dot{\boldsymbol{\Omega}} = \qquad\quad \varepsilon\bar{\boldsymbol{S}}^1(\bar{\boldsymbol{a}}) + \varepsilon^2\bar{\boldsymbol{S}}^2(\bar{\boldsymbol{a}}) + \cdots \\ \dot{\bar{\boldsymbol{a}}} = \boldsymbol{0}\end{cases}$$

b) *Es seien: $f^{2\iota-1}$ Σ-Vektoren, $f^{2\iota}$ Γ-Vektoren; dann ist das System* (4) *von der Form*

$$\begin{cases}\dot{\boldsymbol{\phi}} = \boldsymbol{\omega}(\bar{\boldsymbol{a}}) \quad + \quad \varepsilon^2\bar{\boldsymbol{R}}^2(\bar{\boldsymbol{a}}) \quad + \cdots \\ \dot{\boldsymbol{\Omega}} = \qquad\qquad\quad \varepsilon^2\bar{\boldsymbol{S}}^2(\bar{\boldsymbol{a}}) \quad + \cdots \\ \dot{\bar{\boldsymbol{a}}} = \qquad \varepsilon\bar{\boldsymbol{T}}^1(\bar{\boldsymbol{a}}) \quad + \quad \varepsilon^3\bar{\boldsymbol{T}}^3(\bar{\boldsymbol{a}}) + \cdots\end{cases}$$

Dieses Korollar ist die direkte Konsequenz folgender Tatsache: Die einzige in S liegende Funktion, die unabhängig von $\boldsymbol{\phi}$ und $\boldsymbol{\Omega}$ ist, ist die Nullfunktion.

Bemerkungen. 1. Man sieht, daß das aus a) durch Abbrechen gebildete, zur Konstruktion einer Approximation der Ordnung k benötigte System trivialerweise integrierbar ist.

2. Man beachte, daß die Grundvoraussetzung des Korollars (d.h. die Forderung f^ι müsse von $\boldsymbol{\Omega}$ unabhängig sein) sicher im Grenzfall verschwindender Dimension des Vektors $\boldsymbol{\Omega}$, d.h. im Fall des nicht-ausgearteten Problems, erfüllt ist. Somit enthält das obige Korollar die am Anfang dieses Abschnitts angegebene Aussage.

Beispiel 1 Wir betrachten noch einmal den in Abschn. 4.2.1 untersuchten schweren, unsymmetrischen, schnellen Kreisel. Dieser wird durch die Gln. (4, 30 a), (4, 32) beschrieben. Anstelle der in Abschn. 4.2.1 gewählten Elementtransformation (4, 33) wollen wir für die gegenwärtige Betrachtung den folgenden Elementsatz verwenden

$$\begin{cases}u_1 = a_1\cos(\phi_1+\Omega) & y_1 = a_3\omega_1\cos\phi_2 \quad \text{mit} \quad \omega_1^2 = \dfrac{B-C}{A} \\ u_2 = -a_1\sin(\phi_1+\Omega) & y_2 = -a_3\omega_2\sin\phi_2 \quad \text{mit} \quad \omega_2^2 = \dfrac{A-C}{B} \\ u_3 = a_2\cos(\phi_1-\Omega) & y_3 = a_4 \\ u_4 = -a_2\sin(\phi_1-\Omega) & \end{cases}$$

Die Elementdifferentialgleichungen haben folgende Gestalt:

$$\begin{cases}\dot{\phi}_1 = \tfrac{1}{2}a_4 + \quad \varepsilon[B_1^1\cos(2\phi_1+\phi_2) + B_1^2\cos(2\phi_1-\phi_2)] \\ \dot{\phi}_2 = \omega_1\omega_2 a_4 + \varepsilon[B_2^1\cos(2\phi_1+\phi_2) + B_2^2\cos(2\phi_1-\phi_2)] \\ \dot{\Omega} = \qquad\quad \varepsilon[B_3^1\cos(2\phi_1+\phi_2) + B_3^2\cos(2\phi_1-\phi_2)] \\ \dot{a}_\iota = \qquad\quad \varepsilon[C_\iota^1\sin(2\phi_1+\phi_2) + C_\iota^2\sin(2\phi_1-\phi_2)] \qquad i = 1, 2, 3 \\ \dot{\boldsymbol{a}}_4 = \qquad\quad \varepsilon^2 C_4\sin 2\phi_2\end{cases}$$

Hierbei sind B_ι^j, C_ι^j gewisse Funktionen von $\boldsymbol{a}$.

Man sieht nun zunächst, daß unser DGl.-System die Voraussetzungen für das Korollar, Fall a) erfüllt, wenn als Grundmengen die Funktionsklassen (1) gewählt werden. Unser System erfüllt aber auch die Voraussetzungen zum Korollar, Fall b), wenn wir die Funktionsmengen (2) zugrunde legen. Also gelten beide Folgerungen des 1. Korollars, d.h., das verbleibende System hat folgende Gestalt:

$$\begin{cases} \dot{\bar{\phi}}_1 = \frac{1}{2}\bar{a}_4 \quad + \varepsilon^2 \bar{R}_1^2(\bar{\boldsymbol{a}}) + \varepsilon^4 \bar{R}_1^4(\bar{\boldsymbol{a}}) + \cdots \\ \dot{\bar{\phi}}_2 = \omega_1\omega_2\bar{a}_4 + \varepsilon^2 \bar{R}_2^2(\bar{\boldsymbol{a}}) + \varepsilon^4 \bar{R}_2^4(\bar{\boldsymbol{a}}) + \cdots \\ \dot{\bar{\Omega}} = \qquad \varepsilon^2 \bar{S}^2(\bar{\boldsymbol{a}}) + \varepsilon^4 \bar{S}^4(\bar{\boldsymbol{a}}) + \cdots \\ \dot{\bar{\boldsymbol{a}}} = \boldsymbol{0} \end{cases}$$

□

Gekoppelte Oszillatoren Wir betrachten N nichtlinear gekoppelte harmonische Oszillatoren:

$$\ddot{x}_i + \omega_i^2 x_i = \varepsilon h_i(x_j, \dot{x}_j) \qquad i = 1, 2, \ldots, N \tag{5}$$

wobei wir annehmen, daß die reellen Zahlen $\omega_1, \ldots, \omega_N$ einen Vektor $\boldsymbol{\omega}^T = (\omega_1, \ldots, \omega_N)$ bilden, der linear unabhängig ist über dem Ring $\mathbf{Z}$ der ganzen Zahlen (cf. Abschn. 1.3).

Schreiben wir die Gl. (5) als System 1. Ordnung

$$\begin{cases} \dot{x}_i = x_{N+i} \\ \dot{x}_{N+i} = -\omega_i^2 x_i + \varepsilon h_i(x_j, x_{N+j}) \end{cases} \qquad i = 1, \ldots, N$$

und führen wir Elemente a_i, ϕ_i gemäß den Gleichungen

$$\begin{cases} x_i = a_i \cos \phi_i \\ x_{N+i} = -a_i\omega_i \sin \phi_i \end{cases} \tag{6}$$

ein, so finden wir (vergl. Beispiel 2 in Abschn. 1.3)

$$\begin{cases} \dot{\phi}_i = \omega_i - \varepsilon \dfrac{1}{\omega_i a_i} h_i(a_j \cos \phi_j, -a_j\omega_j \sin \phi_j) \cos \phi_i \\ \dot{a}_i = \quad -\varepsilon \dfrac{1}{\omega_i} h_i(a_j \cos \phi_j, -a_j\omega_j \sin \phi_j) \sin \phi_i \end{cases} \tag{7}$$

Damit die rechten Seiten des Systems (7) Fourierreihen mit nur endlich vielen Summanden sind, nehmen wir an, daß die Funktionen $h_i(x_j, \dot{x}_j)$ Polynome in ihren Argumenten sind (dabei sind x_j und $\dot{x}_j$ als unabhängige Variable zu betrachten). System (7) stellt offenbar ein nicht-ausgeartetes Problem dar, deshalb ist die Grundvoraussetzung des Korollars immer erfüllt (cf. Bemerkung 2). Auf der Grundlage der beiden Mengenpaare (1), (2) und mit dem 1. Korollar erhalten wir vier Aussagen über das Problem (5):

2. Korollar zu Satz 1 (I) *Es gelte:*

$$h_i(x_1, \ldots, x_N, -\dot{x}_1, \ldots, -\dot{x}_N) = h_i(x_1, \ldots, x_N, \dot{x}_1, \ldots, \dot{x}_N) \qquad i = 1, \ldots, N$$

Dann ist die Voraussetzung des 1. *Korollars, Fall* a) *erfüllt, d.h. das verbleibende System hat folgende Gestalt:*

$$\begin{cases} \dot{\bar{\boldsymbol{\phi}}} = \boldsymbol{\omega} + \varepsilon \bar{\boldsymbol{R}}^1(\bar{\boldsymbol{a}}) + \cdots \\ \dot{\bar{\boldsymbol{a}}} = \boldsymbol{0} \end{cases} \tag{8}$$

(II) *Es gelte:*

$$h_\iota(x_1, \ldots, x_N, -\dot{x}_1, \ldots, -\dot{x}_N) = -h_\iota(x_1, \ldots, x_N, \dot{x}_1, \ldots, \dot{x}_N) \qquad i = 1, \ldots, N$$

Dann ist die Voraussetzung des Korollars, Fall b), *erfüllt, d.h. das verbleibende System hat folgende Gestalt:*

$$\begin{cases} \dot{\bar{\boldsymbol{\phi}}} = \boldsymbol{\omega} \quad + \quad \varepsilon^2 \bar{\boldsymbol{R}}^2(\bar{\boldsymbol{a}}) + \ldots \\ \dot{\bar{\boldsymbol{a}}} = \quad \varepsilon \bar{\boldsymbol{T}}^1(\bar{\boldsymbol{a}}) \quad + \ldots \end{cases} \tag{9}$$

(III) *Es gelte:*

$$h_\iota(-x_1, -x_2, \ldots, -x_N, \dot{x}_1, \ldots, \dot{x}_N) = -h_\iota(x_1, \ldots, x_N, \dot{x}_1, \ldots, \dot{x}_N) \qquad i = 1, \ldots, N$$

Dann ist die Voraussetzung des Korollars, Fall a), *erfüllt, d.h. das verbleibende System hat die Gestalt* (8).

(IV) *Es gelte:*

$$h_\iota(-x_1, -x_2, \ldots, -x_N, \dot{x}_1, \ldots, \dot{x}_N) = h_\iota(x_1, \ldots, x_N, \dot{x}_1, \ldots, \dot{x}_N) \qquad i = 1, \ldots, N$$

Dann ist die Voraussetzung des Korollars, Fall b), *erfüllt, d.h. das verbleibende System hat die Gestalt* (9).

Beweis. Wir bemerken, daß die Resultate (I), (II) mit den Mengen (1), die übrigen mit den Mengen (2) gefunden werden. Wir geben den Beweis von (III). Nehmen wir an, das Polynom h_ι enthalte den Term

$$p(\boldsymbol{x}, \dot{\boldsymbol{x}}) = x_1^{j_1} \cdots x_N^{j_N} \dot{x}_1^{k_1} \cdots \dot{x}_N^{k_N}$$

Dann folgt aus der Voraussetzung zu (III) und der Eindeutigkeit der Polynomdarstellung

$$(-1)^{j_1 + \cdots + j_N} \, p(\boldsymbol{x}, \dot{\boldsymbol{x}}) = -p(\boldsymbol{x}, \dot{\boldsymbol{x}})$$

d.h. $j_1 + \cdots + j_N$ muß eine ungerade Zahl sein. Daraus folgt aber, daß eine ungerade Anzahl der j_r ungerade Zahlen sein müssen, sagen wir, o.B.d.A., $j_1, j_2, \ldots, j_{2L+1}$.

Nun drücken wir p mittels (6) durch die Elemente aus

$$p = \lambda(\cos \phi_1)^{j_1} \cdots (\cos \phi_{2L+1})^{j_{2L+1}} \cdots (\cos \phi_N)^{j_N} (\sin \phi_1)^{k_1} \cdots (\sin \phi_N)^{k_N}$$

dabei bedeutet λ eine Funktion der a_ι.

Wegen $\sin \phi_r \in C$, $\cos \phi_r \in S$ (cf. Gl. (2)) und mit (iii) folgt

$$(\sin \phi_r)^M \in C, \qquad (\cos \phi_r)^{2M} \in C, \qquad (\cos \phi_r)^{2M-1} \in S$$

und hieraus, wieder mit (iii)

$$p \in S$$

Da p ein beliebiger Term des Polynoms h_ι war, gilt

$$h_\iota(a_j \cos \phi_j, -a_j\omega_j \sin \phi_j) \in S$$

Indem man nochmals (iii) anwendet folgt nun sofort, daß die Voraussetzungen des 1. Korollars, Fall a) erfüllt sind. ■

Wir geben noch einige konkrete Beispiele:

Beispiel 2 Betrachten wir folgende Gleichung

$$\ddot{x} + x = \varepsilon x^3$$

Offenbar ist die Bedingung zu (I) erfüllt, das verbleibende System somit von der Form (8). □

Beispiel 3 Nehmen wir die van-der-Polsche Gleichung

$$\ddot{x} + x = \varepsilon(1 - x^2)\dot{x}$$

welche einen elektrischen Schwingkreis beschreibt.
Offenbar ist die Bedingung zu (II) erfüllt, das verbleibende System ist somit von der Gestalt (9). □

Beispiel 4 Untersuchen wir das DGl.-System

$$\begin{cases} \ddot{x}_1 + \omega_1^2 x_1 = \varepsilon x_2^2 \\ \ddot{x}_2 + \omega_2^2 x_2 = \varepsilon 2 x_1 x_2 \end{cases}$$

Dieses System beschreibt einerseits ein Federpendelsystem, andererseits die Bewegung eines geladenen Teilchens im Zyklotron mit schwacher Fokussierung (cf. Abschn. 8.5).
Offenbar genügt das System den Bedingungen zu (I) und (IV). Daraus folgt, daß das verbleibende System folgende Gestalt haben muss:

$$\begin{cases} \dot{\boldsymbol{\phi}} = \boldsymbol{\omega} + \varepsilon^2 \bar{\boldsymbol{R}}^2(\bar{\boldsymbol{a}}) + \varepsilon^4 \bar{\boldsymbol{R}}^4(\bar{\boldsymbol{a}}) + \cdots \\ \dot{\bar{\boldsymbol{a}}} = \boldsymbol{0} \end{cases}$$

□

7.3 Unwesentlich ausgeartete Systeme

Ziel dieses Abschnittes ist es, ein Resultat herzuleiten, das demjenigen des Satzes 1, Fall a) entspricht.
Wir erinnern an die Definition eines unwesentlich ausgearteten Systems (cf. Abschn. 3.3).

Ein System der Gestalt:

$$\begin{cases} \dot{\boldsymbol{\phi}} = \boldsymbol{\omega}(\boldsymbol{a}) + \varepsilon \boldsymbol{R}^1(\boldsymbol{\phi}, \boldsymbol{\Omega}, \boldsymbol{a}) + \cdots \\ \dot{\boldsymbol{\Omega}} = \qquad \varepsilon \boldsymbol{S}^1(\boldsymbol{\phi}, \boldsymbol{\Omega}, \boldsymbol{a}) + \cdots \\ \dot{\boldsymbol{a}} = \qquad \varepsilon \boldsymbol{T}^1(\boldsymbol{\phi}, \boldsymbol{\Omega}, \boldsymbol{a}) + \cdots \end{cases} \tag{10}$$

heisst unwesentlich ausgeartet, falls gilt:

1. *Es ist* $\bar{\boldsymbol{S}}^1 = M_{\boldsymbol{\phi}}(\boldsymbol{S}^1) = \boldsymbol{\nu}(\boldsymbol{a})$, *und* $\boldsymbol{\nu}(\boldsymbol{a})$ *ist genau wie* $\boldsymbol{\omega}$ *linear unabhängig über dem Ring* $\mathbf{Z}$ *der ganzen Zahlen.*
2. *Es gilt* $\bar{\boldsymbol{T}}^1 = M_{\boldsymbol{\phi}}(\boldsymbol{T}^1) = \boldsymbol{0}$.

Gemäß der in Abschn. 3.3 beschriebenen Prozedur ist es möglich, das System (10) durch zwei sukzessive fast-identische Transformationen in ein System der Form

$$\begin{cases} \dot{\bar{\bar{\boldsymbol{\phi}}}} = \boldsymbol{\omega}(\bar{\bar{\boldsymbol{a}}}) + \varepsilon \bar{\bar{\boldsymbol{R}}}^1(\bar{\bar{\boldsymbol{\Omega}}}, \bar{\bar{\boldsymbol{a}}}) + \varepsilon^2 \bar{\bar{\boldsymbol{R}}}^2(\bar{\bar{\boldsymbol{\Omega}}}, \bar{\bar{\boldsymbol{a}}}) + \cdots \\ \dot{\bar{\bar{\boldsymbol{\Omega}}}} = \qquad \varepsilon \boldsymbol{\nu}(\bar{\bar{\boldsymbol{a}}}) \quad + \varepsilon^2 \bar{\bar{\boldsymbol{S}}}^2(\bar{\bar{\boldsymbol{a}}}) \quad + \cdots \\ \dot{\bar{\bar{\boldsymbol{a}}}} = \qquad\qquad + \varepsilon^2 \bar{\bar{\boldsymbol{T}}}^2(\bar{\bar{\boldsymbol{a}}}) \quad + \cdots \end{cases} \tag{11}$$

überzuführen.

Es soll nun die Frage abgeklärt werden, welche speziellen Eigenschaften das System (11) hat, falls man geeignete Voraussetzungen über (10) macht. Es gilt:

Satz 2 *Es sei ein unwesentlich ausgeartetes System* (10) *vorgelegt. Die Funktionen* $\boldsymbol{f}^i$ *seien* Γ*-Vektoren. Dann gilt für das System* (11)

$$\bar{\bar{\boldsymbol{T}}}^2(\bar{\bar{\boldsymbol{a}}}) = \bar{\bar{\boldsymbol{T}}}^3(\bar{\bar{\boldsymbol{a}}}) = \cdots = \boldsymbol{0} \tag{12}$$

Der Beweis beruht auf dem Algorithmus in Abschn. 3.3 und den folgenden Tatsachen, die man sich sukzessive überlegt: Die $\bar{\boldsymbol{f}}^i$ sind Γ-Vektoren; die $\bar{\boldsymbol{u}}^i$ sind Σ-, die $\tilde{\boldsymbol{f}}^i$ dagegen Γ-Vektoren; da die $\tilde{\boldsymbol{f}}^i$ unabhängig von $\boldsymbol{\Omega}$ sind, folgt $\tilde{\boldsymbol{T}}^i = \boldsymbol{0}$ und wegen (3, 46) die Behauptung (12). ∎

Man beachte, daß ein System (11), das die Bedingungen (12) erfüllt, trivialerweise integrierbar ist.

Beispiel 5 Das in §5 untersuchte Satellitenproblem (cf. Gl. (5.55)) erfüllt alle in Satz 2 genannten Bedingungen. □

8 Hamiltonsche Differentialgleichungssysteme

Das Ziel des vorliegenden Paragraphen ist es, eine Einführung in die kanonische Störungstheorie zu geben. In Abschn. 8.1 leiten wir die wenigen grundlegenden Eigenschaften der kanonischen Theorie, die wir nachher brauchen, her, so daß auch einem Leser, der mit kanonischen DGl.-Systemen nicht vertraut ist, die folgenden Abschnitte zugänglich sind. In Abschn. 8.2, 8.3 und 8.4 wird, in Analogie zur allgemeinen Theorie in den §§1, 2, 3 des

Kapitels I und auf diesen aufbauend, die kanonische Störungstheorie entwikkelt; in Abschn. 8.5 werden Beispiele dazu untersucht.

8.1 Kanonische Systeme und Transformationen

Wir betrachten wiederum ein autonomes System von Differentialgleichungen

$$\dot{\boldsymbol{x}} = \boldsymbol{f}(\boldsymbol{x}) \tag{1}$$

wobei wir annehmen wollen, daß die Dimension des Vektors $\boldsymbol{x}$ gerade sei, sagen wir $2n$. Es ist bequem, die folgende antisymmetrische $2n \times 2n$-Matrix M einzuführen:

$$M = \begin{pmatrix} 0 & E \\ -E & 0 \end{pmatrix} \tag{2}$$

(E, 0 bezeichnen die $n \times n$-Einheitsmatrix bzw. die $n \times n$-Nullmatrix). Mit ihrer Hilfe gelangen wir zur folgenden

Definition *Das System* (1) *heißt kanonisch, falls es eine skalare Funktion* $f(\boldsymbol{x})$ *gibt, so daß*

$$\boldsymbol{f}(\boldsymbol{x}) = M\frac{\partial f}{\partial \boldsymbol{x}} = \left(\frac{\partial f}{\partial x_{n+1}}, \ldots, \frac{\partial f}{\partial x_{2n}}, -\frac{\partial f}{\partial x_1}, \ldots, -\frac{\partial f}{\partial x_n}\right)^T {}^{1)} \tag{3}$$

gilt.

Die skalare Funktion f heißt Hamiltonfunktion des Systems. Bei kanonischen Systemen ist es üblich, die ersten n der Variablen x_i als Koordinatenvariable, die übrigen als Impulsvariable zu bezeichnen.

Wir wollen nun das System (1) einer Transformation unterwerfen:

$$\boldsymbol{x} = \boldsymbol{U}(\boldsymbol{y}) \tag{4}$$

Das transformierte System (1) lautet (cf. (1, 8))

$$\dot{\boldsymbol{y}} = \boldsymbol{g}(\boldsymbol{y}) = (J(\boldsymbol{y}))^{-1}\boldsymbol{f}(\boldsymbol{U}(\boldsymbol{y})) \tag{5}$$

dabei ist $J(\boldsymbol{y})$ die Jacobi-Matrix $\partial \boldsymbol{U}/\partial \boldsymbol{y}$ der Transformation (4). Es stellt sich die naheliegende Frage: Welche Bedingungen muß die Transformation (4) erfüllen, damit das System (5) kanonisch ist, falls (1) kanonisch ist? Wir wollen die Frage nicht in dieser Allgemeinheit beantworten, sondern die folgende einfachere stellen: Es sei $f(\boldsymbol{x})$ die Hamiltonfunktion zu (1). Unter welchen Bedingungen ist die Funktion

$$g(\boldsymbol{y}) = f(\boldsymbol{U}(\boldsymbol{y})) \tag{6}$$

Hamiltonfunktion zum System (5)? Die Forderung (6) ist vom Wunsche diktiert, die Hamiltonfunktion zum System (5) in möglichst einfacher Weise

---

1) Mit $\partial f/\partial \boldsymbol{x}$ bezeichnen wir die Spalte der partiellen Ableitungen von f, und mit T bezeichnen wir die Transposition.

aus derjenigen zum System (1) gewinnen zu können, nämlich einfach durch Einsetzen der Transformation (4).

Einerseits folgt aus (5) zufolge des Hamiltonschen Charakters des Systems (1):

$$\boldsymbol{g}(\boldsymbol{y}) = (J(\boldsymbol{y}))^{-1} M \frac{\partial f}{\partial \boldsymbol{x}} (\boldsymbol{U}(\boldsymbol{y})) \tag{7a}$$

Andererseits folgt aus (6):

$$M \frac{\partial g}{\partial \boldsymbol{y}} = M(J(\boldsymbol{y}))^T \frac{\partial f}{\partial \boldsymbol{x}} (\boldsymbol{U}(\boldsymbol{y})) \tag{7b}$$

Die Ausdrücke (7a) und (7b) sind einander offenbar gleich, wenn wir verlangen, daß

$$J^{-1} M = M J^T \tag{8}$$

gilt. (8) ist äquivalent zu

$$J M J^T = M, \qquad J = \frac{\partial \boldsymbol{U}}{\partial \boldsymbol{y}} \tag{9}$$

(Man beachte, daß die Determinante von M gleich 1 ist, so daß aus (9) gefolgert werden kann, daß die Determinante von J gleich ± 1 ist, d.h. J^{-1} existiert; wenn also (9) erfüllt ist, muß die Existenz von J^{-1} nicht besonders verlangt werden).

Gl. (9) führt uns zur folgenden

Definition *Eine Transformation* (4), *welche der Bedingung* (9) *genügt, heißt kanonisch.*

Aus unseren Betrachtungen folgt:

Satz 1 *Sind das System* (1) *und die Transformation* (4) *kanonisch, so ist auch das transformierte System* (5) *kanonisch, und die Hamiltonfunktion zu* (5) *erhält man aus derjenigen zu* (1) *durch Substitution der Transformation* (cf. Gl. (6)).

Schließlich wollen wir noch bemerken, daß (9) äquivalent ist zu

$$J^T M J = M \tag{10}$$

(Aus (9) folgt: $MJ^{-1}(JMJ^T)M^TJ = MJ^{-1}MM^TJ$, also, wegen $M^2 = -E$, $MM^T = E$, $M^T = -M$, die Beziehung $J^TMJ = M$; umgekehrt ergibt sich aus (10): $JM(J^TMJ)J^{-1}M^T = JMMJ^{-1}M^T$ mithin (9)).

Wir geben ein **Beispiel**. Betrachten wir zwei nichtlinear gekoppelte Oszillatoren.

$$\begin{cases} \ddot{x}_1 + \omega_1^2 x_1 = \dfrac{\partial V}{\partial x_1} \\ \ddot{x}_2 + \omega_2^2 x_2 = \dfrac{\partial V}{\partial x_2} \end{cases} \tag{11}$$

Hierbei ist V eine Funktion von x_1 und x_2. Schreiben wir dieses Problem zunächst als System 1. Ordnung.

$$\begin{cases} \dot{x}_1 = x_3 \\ \dot{x}_2 = x_4 \\ \dot{x}_3 = -\omega_1^2 x_1 + \dfrac{\partial V}{\partial x_1} \\ \dot{x}_4 = -\omega_2^2 x_2 + \dfrac{\partial V}{\partial x_2} \end{cases} \tag{12}$$

Dieses Problem hat kanonischen Charakter. Die zugehörige Hamiltonfunktion lautet offenbar

$$f = \tfrac{1}{2}(x_3^2 + x_4^2) + \tfrac{1}{2}(\omega_1^2 x_1^2 + \omega_2^2 x_2^2) - V(x_1, x_2) \tag{13}$$

Betrachten wir die folgende Transformation:

$$\begin{aligned} x_1 &= U_1 = \sqrt{\frac{2y_3}{\omega_1}} \sin y_1 \qquad & x_3 &= U_3 = \sqrt{2\omega_1 y_3} \cos y_1 \\ x_2 &= U_2 = \sqrt{\frac{2y_4}{\omega_2}} \sin y_2 \qquad & x_4 &= U_4 = \sqrt{2\omega_2 y_4} \cos y_2 \end{aligned} \tag{14}$$

Es bereitet keine prinzipiellen Schwierigkeiten nachzuprüfen, daß die Transformation (14) kanonisch ist. Unterzieht man das System (12) der Transformation (14), so lautet die transformierte Hamiltonfunktion $g(\mathbf{y})$ wie folgt:

$$g = \omega_1 y_3 + \omega_2 y_4 - V\left(\sqrt{\frac{2y_3}{\omega_1}} \sin y_1, \sqrt{\frac{2y_4}{\omega_2}} \sin y_2\right) \tag{15}$$

und die Bewegungsgleichungen heißen:

$$\begin{aligned} \dot{y}_1 &= \frac{\partial g}{\partial y_3} = \omega_1 - \frac{1}{\sqrt{2\omega_1 y_3}} \frac{\partial V}{\partial x_1} \sin y_1 \qquad & \dot{y}_3 &= -\frac{\partial g}{\partial y_1} = \frac{\partial V}{\partial x_1} \sqrt{\frac{2y_3}{\omega_1}} \cos y_1 \\ \dot{y}_2 &= \frac{\partial g}{\partial y_4} = \omega_2 - \frac{1}{\sqrt{2\omega_2 y_4}} \frac{\partial V}{\partial x_2} \sin y_2 \qquad & \dot{y}_4 &= -\frac{\partial g}{\partial y_2} = \frac{\partial V}{\partial x_2} \sqrt{\frac{2y_4}{\omega_2}} \cos y_2 \end{aligned}$$

wobei in $\partial V/\partial x_1$, $\partial V/\partial x_2$ die Ausdrücke (14) einzusetzen sind.

8.2 Störungsprobleme, Elementtransformation

Wir wollen wieder Störungsprobleme betrachten. Im Rahmen der kanonischen Theorie bedeutet dies, daß die Hamiltonfunktion f des Problems von einem Störparameter ε abhängt und in der folgenden Form dargestellt werden kann

$$f = f^0(\boldsymbol{x}) + \varepsilon f^1(\boldsymbol{x}) + \varepsilon^2 f^2(\boldsymbol{x}) + \cdots \tag{16}$$

Überdies soll genau wie früher das ungestörte Problem, d.h. das DGl.-System zur Hamiltonfunktion f^0 integrabel sein, d.h. es sollen die Bedingungen (i)–(iii) des Abschn. 1.3, übertragen auf die gegenwärtige Situation, gelten. Dazu ist folgendes zu bemerken: Ein Hamiltonsches System ist offenbar dann trivialerweise lösbar, wenn seine Hamiltonfunktion g^0 nur von der einen Hälfte der Variablen, etwa den Impulsen, abhängt. Dann gilt:

$$\dot{y}_i = \frac{\partial g^0(y_{n+1}, \ldots, y_{2n})}{\partial y_{n+i}}; \qquad \dot{y}_{i+n} = 0 \qquad i = 1, \ldots, n \tag{17}$$

D.h. die Impulse sind Konstanten der Bewegung, daher auch die rechten Seiten von Gl. (17), so daß die Koordinaten linear variieren. Das kanonische Problem mit der Hamiltonfunktion f^0 wird nun als integrabel bezeichnet, wenn eine kanonische Transformation $\boldsymbol{x} = \boldsymbol{U}(\mathbf{y})$ gefunden werden kann, so daß $g^0 = f^0(\boldsymbol{U}(\mathbf{y}))$ nur von den Impulsen $y_{n+1}, \ldots, y_{2n}$ abhängt. Zur Verwirklichung der Periodizitätsforderung (cf. Abschn. 1.3, (i)) verlangen wir, daß $\boldsymbol{U}$ bezüglich der Koordinaten $y_1, \ldots, y_n$ 2π-periodisch ist. Dies bedeutet, daß die Koordinaten Winkelvariable, die Impulse dagegen Amplitudenvariable sind (vergl. Abschn. 1.3). Die Winkelvariable zerfallen i.allg. wieder in zwei Klassen: y_i $(i = 1, \ldots, n)$ ist eine schnelle Winkelvariable, falls y_i in der ungestörten Bewegung linear variiert. Ist hingegen y_i in der ungestörten Bewegung konstant (d.h. es gilt $\partial g^0/\partial y_{n+i} \equiv 0$), ist y_i eine langsame Winkelvariable. Ohne Beschränkung der Allgemeinheit wollen wir annehmen, daß die ersten m $(m \leqslant n)$ der Koordinaten schnelle Winkelvariable, die übrigen langsame Winkelvariable sind. Die Frequenzen $\omega_i = \partial g^0/\partial y_{n+i}$ $(i = 1, \ldots, m)$ sollen wie üblich eine Nicht-Resonanz-Bedingung erfüllen. Es ist anschaulich, in Analogie zu Abschn. 1.3

$$\mathbf{y}^T = (\boldsymbol{\phi}^T, \boldsymbol{\Omega}^T, \boldsymbol{a}^T)$$

zu setzen.

Zusammenfassend kommen wir zu folgender **Definition** des kanonischen Störungsproblems und der Elementtransformation: *Es sei folgende Hamiltonfunktion vorgelegt:*

$$f(\boldsymbol{x}) = f^0(\boldsymbol{x}) + \varepsilon f^1(\boldsymbol{x}) + \cdots \tag{18}$$

Es gebe eine kanonische Transformation (im folgenden Elementtransformation genannt)

$$\boldsymbol{x} = \boldsymbol{U}(\boldsymbol{\phi}, \boldsymbol{\Omega}, \boldsymbol{a}), \tag{19}$$

wobei $\phi_1, \ldots, \phi_m$, $\Omega_1, \ldots, \Omega_{n-m}$ *Winkelvariable,* $a_1, \ldots, a_n$ *Amplitudenvariable bezeichnen.* $\boldsymbol{U}$ *sei bezüglich den* ϕ_i, Ω_i 2π*-periodisch. Weiter sei*

$$g^0 = f^0(\boldsymbol{U}(\boldsymbol{\phi}, \boldsymbol{\Omega}, \boldsymbol{a})) \tag{20}$$

eine Funktion von $a_1, a_2, \ldots, a_m$ *allein.*
Für die Frequenzen

$$\omega_i(\boldsymbol{a}) = \frac{\partial g^0(a_1, \ldots, a_m)}{\partial a_i} \qquad i = 1, \ldots, m \tag{21}$$

soll eine Nicht-Resonanz-Bedingung erfüllt sein, wie sie in Abschn. 1.3 *beschrieben ist.*

Falls $m = n$ ist, heißt das Problem nicht-ausgeartet, im Falle $m < n$ ausgeartet.
Wir betrachten das **Beispiel** aus Abschn. 8.1. Wir nehmen an, daß die Funktion V in (13) proportional zu ε sei. Dann ist f^0 durch den Ausdruck

$$f^0 = \tfrac{1}{2}(x_3^2 + x_4^2) + \tfrac{1}{2}(\omega_1^2 x_1^2 + \omega_2^2 x_2^2) \tag{22}$$

gegeben, die Transformation (14) kann als Elementtransformation benutzt werden, mit $y_1 = \phi_1$, $y_2 = \phi_2$, $y_3 = a_1$, $y_4 = a_2$. Aus (15) liest man

$$g^0 = \omega_1 a_1 + \omega_2 a_2 \tag{23}$$

ab. ■

8.3 Die Störungsgleichungen

Das wesentliche Charakteristikum der kanonischen Theorie ist, daß anstelle der Vektorfunktion, die das DGl.-System in der nicht-kanonischen Methode definiert, die skalare Hamiltonfunktion tritt. Die grundlegenden Störungsgleichungen (2,19i) und (2,20i) stellen offenbar Beziehungen zwischen Vektorfunktionen dar. Es erhebt sich die Frage, ob sie, im Rahmen der Kanonik, durch skalare Gleichungen ersetzt werden können. Dies ist in der Tat der Fall.

Wir führen den Kommutator zwischen zwei skalaren Funktionen $g(\mathbf{y})$ und $v(\mathbf{y})$ ein[1]:

$$g \times v = \left(\frac{\partial g}{\partial \mathbf{y}}\right)^T \cdot M \cdot \frac{\partial v}{\partial \mathbf{y}} \tag{24}$$

Schließlich führen wir den Hamiltonoperator $\boldsymbol{\kappa}$ ein, der die skalaren Funktionen in die Hamiltonschen Vektorfunktionen abbildet

$$\boldsymbol{\kappa} g = M \frac{\partial g}{\partial \mathbf{y}} \tag{25}$$

Nunmehr formulieren wir

Lemma 1 *Es gilt:*

$$\boldsymbol{\kappa}(g \times v) = \boldsymbol{\kappa} g \boldsymbol{\times} \boldsymbol{\kappa} v \tag{26}$$

(Die beiden Faktoren auf der rechten Seite sind Vektoren und das Kreuz bedeutet dort die übliche Kommutatorbildung)

Beweis. Zunächst bemerken wir, daß

$$\frac{\partial}{\partial \mathbf{y}}(\boldsymbol{h}^T \boldsymbol{e}) = \left(\frac{\partial \boldsymbol{h}}{\partial \mathbf{y}}\right)^T \boldsymbol{e} + \left(\frac{\partial \boldsymbol{e}}{\partial \mathbf{y}}\right)^T \boldsymbol{h} \tag{27}$$

[1] $g \times v$ wird in der Klassischen Mechanik als Poisson-Klammer bezeichnet und durch das Symbol $[g, v]$ gekennzeichnet. Im Rahmen unserer Theorie ist die oben eingeführte Bezeichnung naheliegender.

gilt. Sodann führen wir die symmetrischen Matrizen

$$(G)_{ij}=\frac{\partial^2 g}{\partial y_i \partial y_j};\qquad (V)_{ij}=\frac{\partial^2 v}{\partial y_i \partial y_j} \tag{28}$$

ein und erwähnen die Relationen:

$$\frac{\partial}{\partial \mathbf{y}}\left(\frac{\partial g}{\partial \mathbf{y}}\right)=G;\qquad \frac{\partial}{\partial \mathbf{y}}\left(M\frac{\partial g}{\partial \mathbf{y}}\right)=MG;\qquad \frac{\partial}{\partial \mathbf{y}}\left(M\frac{\partial v}{\partial \mathbf{y}}\right)=MV \tag{29}$$

Für die linke Seite von (26) folgt aus (27), (29), mit $M^T=-M$

$$M\frac{\partial}{\partial \mathbf{y}}\left(\left(\frac{\partial g}{\partial \mathbf{y}}\right)^T M\frac{\partial v}{\partial \mathbf{y}}\right)=MG^TM\frac{\partial v}{\partial \mathbf{y}}+MV^TM^T\frac{\partial g}{\partial \mathbf{y}}=MGM\frac{\partial v}{\partial \mathbf{y}}-MVM\frac{\partial g}{\partial \mathbf{y}}$$

Für die rechte Seite von (26) gilt:

$$\frac{\partial}{\partial \mathbf{y}}\left(M\frac{\partial g}{\partial \mathbf{y}}\right)\cdot M\frac{\partial v}{\partial \mathbf{y}}-\frac{\partial}{\partial \mathbf{y}}\left(M\frac{\partial v}{\partial \mathbf{y}}\right)\cdot M\frac{\partial g}{\partial \mathbf{y}}=MGM\frac{\partial v}{\partial \mathbf{y}}-MVM\frac{\partial g}{\partial \mathbf{y}}$$

Hieraus folgt die Behauptung. ■

Wir betrachten jetzt ein Störungsproblem

$$\dot{\mathbf{y}}=\mathbf{g}^0(\mathbf{y})+\varepsilon\mathbf{g}^1(\mathbf{y})+\cdots \tag{30}$$

wobei wir annehmen, daß die Vektorfunktionen $\mathbf{g}^i(\mathbf{y})$ sich von Hamiltonfunktionen ableiten lassen

$$\mathbf{g}^i=\boldsymbol{\kappa} g^i \tag{31}$$

Die Störungsrechnung besteht, wie man sich erinnert, im wesentlichen darin, das System (30) einer formalen fast-identischen Transformation $\mathbf{y}=\mathbf{V}(\bar{\mathbf{y}})$ mit

$$\mathbf{V}(\mathbf{y})=\mathbf{y}+\sum_{i=1}^{\infty}\varepsilon^i\sum_{r=1}^{i}\frac{1}{r!}\sum_{j_1+\cdots+j_r=i}\mathbf{v}^{j_1}\circ\cdots\circ\mathbf{v}^{j_r} \tag{32}$$

zu unterwerfen. Es sei

$$\dot{\bar{\mathbf{y}}}=\mathbf{g}^0(\bar{\mathbf{y}})+\varepsilon\bar{\mathbf{g}}^1(\bar{\mathbf{y}})+\cdots \tag{33}$$

das transformierte System. Der Zusammenhang zwischen den Funktionen $\mathbf{g}^i$, $\mathbf{v}^i$, $\bar{\mathbf{g}}^i$ wird, wie wir in §2 dargelegt haben, durch die Störungsgleichungen (2, 19i) oder (2, 20i) gegeben.

Welche Spezialisierung ergibt sich aus der Annahme (31)?

Die Antwort gibt:

Satz 2 Voraussetzung. *Zu den skalaren Funktionen g^i seien skalare Funktionen v^i und $\bar{g}^i$ bestimmt, so daß eines der folgenden Gleichungssysteme erfüllt wird:*

$$g^0\times v^1+g^1 = \bar{g}^1 \tag{34.1}$$

$$g^0\times v^2+g^1\times v^1+\tfrac{1}{2}g^0\times v^1\times v^1+g^2=\bar{g}^2 \tag{34.2}$$

.

.

.

oder

$$g^0 \times v^1 + g^1 = \bar{g}^1 \tag{35.1}$$

$$g^0 \times v^2 + \tfrac{1}{2}(g^1 + \bar{g}^1) \times v^1 + g^2 = \bar{g}^2 \tag{35.2}$$

.

.

.

(Die durch Punkte angedeuteten weiteren Gleichungen haben genau denselben Aufbau wie die entsprechenden in (2, 19) und (2, 20)).

Behauptung. *Dann erfüllen die Vektorfunktionen* $\boldsymbol{g}^i = \boldsymbol{\kappa} g^i$, $\boldsymbol{v}^i = \boldsymbol{\kappa} v^i$, $\bar{\boldsymbol{g}}^i = \boldsymbol{\kappa} \bar{g}^i$ *die ursprünglichen Störungsgleichungen* (2, 19.i) *und* (2, 20.i).

Bemerkung. Der äußere Aufbau der Gl. (34.i) bzw. (35.i) ist genau gleich wie derjenige der Störungsgleichungen (2,19.i) bzw. (2,20.i). Es gilt jedoch zu beachten, daß es sich bei den Gln. (34.i) bzw. (35.i) um skalare Gleichungen handelt, daß alle Größen in diesen Gleichungen skalare Funktionen sind und daß die Kreuzbildung nicht durch (2, 1), sondern durch (24) definiert ist. Die Gln. (34) und (35) werden als kanonische Störungsgleichungen bezeichnet.

Der Beweis von Satz 2 ergibt sich durch Anwendung des Operators $\boldsymbol{\kappa}$ auf die Gln. (34) bzw. (35) und mit Lemma 1. ∎

Für die Praxis besagt Satz 2 folgendes: Ist ein kanonisches Problem mit der Hamiltonfunktion $g^0 + \varepsilon g^1 + \varepsilon^2 g^2 + \cdots$ gegeben, so wird durch (32) mittels

$$\boldsymbol{v}^i = \boldsymbol{\kappa} v^i \tag{36}$$

eine Transformation definiert, dergestalt, daß das neue System wieder kanonisch ist und zwar mit der Hamiltonfunktion $g^0 + \varepsilon \bar{g}^1 + \varepsilon \bar{g}^2 + \cdots$.

Hinsichtlich der Transformation (32) machen wir folgende Bemerkung: Falls $\boldsymbol{v} = \boldsymbol{\kappa} v$ gilt und $\boldsymbol{h}$ eine beliebige Vektorfunktion ist, dann gilt für die k-te Komponente von $\boldsymbol{h} \circ \boldsymbol{v}$:

$$(\boldsymbol{h} \circ \boldsymbol{v})_k = h_k \times v \tag{37}$$

Hieraus folgt, daß (32) in der folgenden Weise geschrieben werden kann:

$$V_k(\boldsymbol{y}) = y_k + \sum_{i=1}^{\infty} \varepsilon^i \sum_{r=1}^{i} \frac{1}{r!} \sum_{j_1 + \cdots + j_r = i} y_k \times v^{j_1} \times \cdots \times v^{j_r} \tag{38}$$

Die kanonische Theorie braucht also nur eine Verknüpfung, nämlich die Poissonklammer.

8.4 Die Integration der Störungsgleichungen

In Abschn. 8.2 haben wir die Idee der kanonischen Elementtransformation besprochen und gesehen, daß diese ein Störungsproblem mit der Hamiltonfunktion

$$f = f^0 + \varepsilon f^1 + \varepsilon^2 f^2 + \cdots$$

in ein Störungsproblem überführt, dessen Hamiltonfunktion g folgende Struktur hat:

$$g = g^0(a_1, \ldots, a_m) + \varepsilon g^1(\boldsymbol{\phi}, \boldsymbol{\Omega}, \boldsymbol{a}) + \varepsilon^2 g^2(\boldsymbol{\phi}, \boldsymbol{\Omega}, \boldsymbol{a}) + \cdots \tag{39}$$

Durch die formale Transformation (32), (36) wird das Problem (39) in ein neues übergeführt, dessen Hamiltonfunktion mit

$$\bar{g} = g^0 + \varepsilon \bar{g}^1 + \varepsilon^2 \bar{g}^2 + \cdots \tag{40}$$

bezeichnet werde, wobei zwischen den Funktionen g^ι, v^ι, $\bar{g}^\iota$ die Relationen (34) bzw. (35) bestehen. Natürlich sind die Funktionen v^ι, $\bar{g}^\iota$ durch die Störungsgleichungen nicht eindeutig bestimmt, und wir können deshalb Zusatzforderungen postulieren. Damit die Funktionen $\boldsymbol{\kappa} v^\iota, \boldsymbol{\kappa} \bar{g}^\iota$, die den Funktionen

$$\begin{pmatrix} \boldsymbol{r}^\iota \\ \boldsymbol{s}^\iota \\ \boldsymbol{t}^\iota \end{pmatrix}, \quad \begin{pmatrix} \bar{\boldsymbol{R}}^\iota \\ \bar{\boldsymbol{S}}^i \\ \bar{\boldsymbol{T}}^i \end{pmatrix}$$

der nichtkanonischen Theorie von §3 entsprechen, dieselben Eigenschaften haben wie diese, verlangen wir:

Forderung A *Die Funktionen $v^\iota(\boldsymbol{\phi}, \boldsymbol{\Omega}, \boldsymbol{a})$ sollen in den Komponenten von $\boldsymbol{\phi}$ und $\boldsymbol{\Omega}$ periodisch mit Periode 2π sein.*

Forderung B *Die Funktionen $\bar{g}^\iota$ sollen unabhängig von $\boldsymbol{\phi}$ sein.*

Ehe wir zeigen wie die Forderungen *A*, *B* verwirklicht werden, wollen wir darauf hinweisen, daß die Bedingung *B* bewirkt, daß das System (40) wesentlich einfacher ist als das System (39). Schreiben wir uns nämlich die Bewegungsgleichungen zur Hamiltonfunktion $\bar{g}(\bar{\boldsymbol{\Omega}}, \bar{\boldsymbol{a}})$ auf:

$$\dot{\bar{\phi}}_\iota = \frac{\partial \bar{g}(\bar{\boldsymbol{\Omega}}, \bar{\boldsymbol{a}})}{\partial \bar{a}_\iota} \qquad \dot{\bar{a}}_\iota = 0 \qquad i = 1, \ldots, m \tag{41.a}$$

$$\dot{\bar{\Omega}}_\iota = \frac{\partial \bar{g}(\bar{\boldsymbol{\Omega}}, \bar{\boldsymbol{a}})}{\partial \bar{a}_{m+\iota}} \qquad \dot{\bar{a}}_{m+i} = -\frac{\partial \bar{g}(\bar{\boldsymbol{\Omega}}, \bar{\boldsymbol{a}})}{\partial \bar{\Omega}_\iota} \qquad i = 1, \ldots, n-m \tag{41.b}$$

so folgt aus (41.a), daß die $\bar{a}_\iota$ $(i = 1, \ldots, m)$ konstant sind. Überdies ergeben sich die $\bar{\phi}_\iota$ durch Quadraturen, wenn man erst das $(2n-2m)$-dimensionale System (41.b) gelöst hat. Der Übergang von (39) zu (40) bedeutet also eine Dimensionsreduktion von n auf $n-m$ Freiheitsgrade.

Wir zeigen jetzt wie die Funktionen v^ι, $\bar{g}^\iota$ aus den Störungsgleichungen (34) oder (35) und den Forderungen *A*, *B* aus den g^ι bestimmt werden. Natürlich verläuft die Konstruktion ganz ähnlich wie im allgemeineren Fall des §3. Nehmen wir im Sinne einer Induktionsannahme an, die Funktionen $v^1, \ldots, v^{\iota-1}$, $\bar{g}^1, \ldots, \bar{g}^{\iota-1}$ seien schon in der gewünschten Weise bestimmt. Dann kann die Störungsgleichung (34.i) oder (35.i) wie folgt geschrieben werden:

$$\left(\frac{\partial v^\iota}{\partial \boldsymbol{\phi}}\right)^T \boldsymbol{\omega} = \mathscr{G}^i - \bar{g}^i \tag{42.i}$$

Dabei wurde

$$\boldsymbol{\omega}^T = \left(\frac{\partial g^0}{\partial a_1}, \ldots, \frac{\partial g^0}{\partial a_m}\right)$$

eingeführt. $\mathscr{G}^i(\boldsymbol{\phi}, \boldsymbol{\Omega}, \boldsymbol{a})$ ist eine aufgrund der Induktionsvoraussetzung bekannte Funktion.

Gl. (42.i) ist offensichtlich von der Struktur der Gl. (3, 3) und das Lemma 1 in Abschn. 3.1 ist deshalb anwendbar. Wir erhalten:

$$\bar{g}^i = M_{\boldsymbol{\phi}}(\mathscr{G}^i), \qquad v^i = I_{\boldsymbol{\phi}}(\mathscr{G}^i - \bar{g}^i) \tag{43.i}$$

Dabei haben die Operatoren $M_{\boldsymbol{\phi}}$, $I_{\boldsymbol{\phi}}$ nach wie vor dieselbe Bedeutung wie in Abschn. 3.1.

Damit ist der Integrationsprozeß beschrieben.

Wir verzichten darauf, den Begriff der Approximation k-ter Ordnung explizit zu definieren, da sich diese Definition aus Analogie zum allgemeinen Fall von selbst versteht.

In Abschn. 3.3 haben wir den Begriff des unwesentlich ausgearteten Systems eingeführt; er hat ein kanonisches Analogon, auf das wir nun zu sprechen kommen. Wie man sich erinnert, ist unwesentliche Ausartung eine Eigenschaft nicht des ungestörten Problems, sondern der Störung. Grob gesprochen spricht man von unwesentlicher Ausartung, wenn das gemittelte System, nach Einführung der neuen unabhängigen Variablen $\tau = \varepsilon t$, dieselbe Struktur hat wie das ursprüngliche Störungsproblem, insbesondere soll $\bar{\boldsymbol{a}}$ im Fall $\varepsilon = 0$ konstant sein und $\bar{\boldsymbol{\Omega}}$ linear variieren. Aus Gl. (41.b) folgt sofort, daß dies genau dann der Fall ist, wenn gilt:

B e d i n g u n g f ü r u n w e s e n t l i c h e A u s a r t u n g $\bar{g}^1$ *ist unabhängig von* $\bar{\boldsymbol{\Omega}}$. *Überdies soll gelten: Der Vektor*

$$\boldsymbol{\nu}^T = \left(\frac{\partial \bar{g}^1}{\partial \bar{a}_{m+1}}, \ldots, \frac{\partial \bar{g}^1}{\partial \bar{a}_n}\right)$$

ist linear unabhängig über dem Ring $\mathbf{Z}$ *der ganzen Zahlen* (cf. Abschn. 1.3)

Während der Fall unwesentlicher Ausartung für nichtkanonische Probleme eine modifizierte Technik erfordert (cf. Abschn. 3.3.1), erübrigt sich, wie wir jetzt zeigen wollen, für kanonische Systeme diese Modifikation. Betrachten wir folgende Transformation:

$$\begin{aligned} \bar{\phi}_i &= \phi_i^* + \omega_i(a_1^*, \ldots, a_m^*) \cdot t & i &= 1, \ldots, m \\ \bar{\Omega}_j &= \Omega_j^* & j &= 1, \ldots, n-m \\ \bar{a}_k &= a_k^* & k &= 1, \ldots, n \end{aligned} \tag{44}$$

Obwohl sie von der unabhängigen Variablen t abhängt, ist sie in dem Sinne kanonisch, daß ein kanonisches System wieder in ein solches übergeführt wird, jedoch entsteht die neue Hamiltonfunktion nicht nur dadurch, daß man die Transformation (44) in die alte substituiert, sondern zusätzlich muß der Term

$g^0(a_1^*, \ldots, a_m^*)$ subtrahiert werden. Wendet man das eben Gesagte auf (40) an, erhält man die folgende Hamiltonfunktion:

$$\varepsilon \bar{g}^1(\boldsymbol{a}^*) + \varepsilon^2 \bar{g}^2(\boldsymbol{\Omega}^*, \boldsymbol{a}^*) + \cdots$$

Führt man schließlich die neue unabhängige Variable τ ein:

$$\tau = \varepsilon t$$

so lautet die Hamiltonfunktion:

$$g^*(\boldsymbol{\Omega}^*, \boldsymbol{a}^*) = \bar{g}^1(\boldsymbol{a}^*) + \varepsilon \bar{g}^2(\boldsymbol{\Omega}^*, \boldsymbol{a}^*) + \cdots \tag{45}$$

Auf das Problem (45) kann nun, bis auf Bezeichnungen, genau die am Anfang dieses Abschnitts beschriebene Störungstheorie angewandt werden. Es resultiert dann eine Hamiltonfunktion der Form:

$$\bar{g}^*(\bar{\boldsymbol{a}}^*) = \bar{\bar{g}}^1(\bar{\boldsymbol{a}}^*) + \varepsilon \bar{\bar{g}}^2(\bar{\boldsymbol{a}}^*) + \cdots \tag{46}$$

Betrachtet man die zugehörigen Bewegungsgleichungen, folgt sofort: $\bar{\boldsymbol{a}}^*$ ist konstant, $\bar{\boldsymbol{\Phi}}^*$, $\bar{\boldsymbol{\Omega}}^*$ sind lineare Funktionen in τ. Dies bedeutet: *Ist ein kanonisches Problem unwesentlich ausgeartet, so kann es, im Rahmen der formalen Störungstheorie, vollkommen gelöst werden.*

Wir fügen eine Bemerkung an über die Struktur der Approximation k-ter Ordnung bei einem unwesentlich ausgearteten kanonischen Problem. Eine Funktion $x(t)$ heisst quasiperiodisch in t, falls es positive reelle Zahlen $\kappa_1, \kappa_2, \ldots, \kappa_q$ und eine in jedem Argument 2π-periodische Funktion $X(z_1, \ldots, z_q)$ gibt, so daß für $x(t)$ folgende Darstellung gilt:

$$x(t) = X(\kappa_1 t, \kappa_2 t, \ldots, \kappa_q t)$$

Betrachtet man alle Transformationen, die zur Konstruktion einer Approximation der Ordnung k nötig sind, so stellt man fest, daß sie quasiperiodisch ist, falls das Problem kanonisch und unwesentlich ausgeartet ist.

8.5 Gekoppelte harmonische Oszillatoren

Zur Motivation der im folgenden untersuchten Gleichungen betrachten wir das in Fig. 1 gezeigte Feder-Pendel-System. Die Bewegung der Masse m wird durch die Gravitationskraft mg und die Federkraft, von der angenommen wird, daß sie proportional zur Auslenkung der Feder ist, bestimmt. Bezeichnen wir die Federkonstante mit K und nehmen wir an, der Nullpunkt $(X_1, X_2) = (0, 0)$ sei ein Gleichgewichtspunkt des Systems. Die potentielle Energie ist dann

$$V(X_1, X_2) = \frac{K}{2}(X_1^2 + X_2^2) + (gm - KL)[X_1 + \sqrt{X_2^2 + (L - X_1)^2}]$$

Wir interessieren uns für die Bewegung in der Nähe des Nullpunkts, entwikkeln deshalb V in der Umgebung von $(X_1, X_2) = (0, 0)$. Indem wir nur Terme

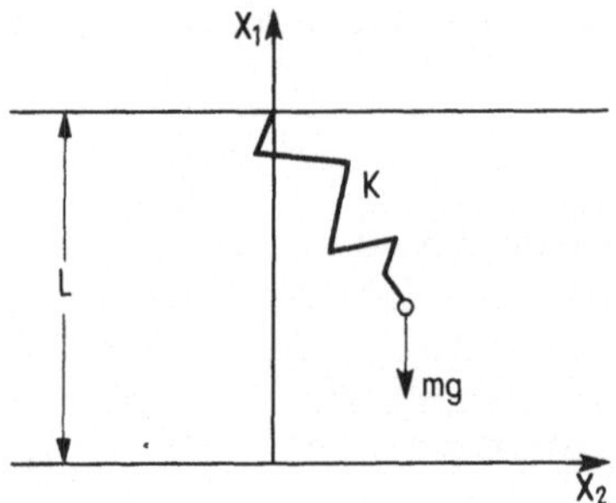

Fig. 1

bis zur Ordnung 3 berücksichtigen lauten die Bewegungsgleichungen:

$$\ddot{X}_1 + \omega_1^2 X_1 = cX_2^2 \qquad \ddot{X}_2 + \omega_2^2 X_2 = 2cX_1X_2 \tag{47}$$

mit

$$\omega_1^2 = \frac{K}{m} \qquad \omega_2^2 = \frac{g}{L} \qquad c = \frac{1}{2L}(\omega_1^2 - \omega_2^2)$$

Um zum Ausdruck zu bringen, daß das System (47) uns in der Nähe des Nullpunkts interessiert, setzen wir $X_\iota = \varepsilon x_\iota$:

$$\ddot{x}_1 + \omega_1^2 x_1 = \varepsilon c x_2^2 \qquad \ddot{x}_2 + \omega_2^2 x_2 = \varepsilon 2 c x_1 x_2 \tag{48}$$

Es ist offenbar kanonisch mit der Hamiltonfunktion:

$$f = \tfrac{1}{2}(x_3^2 + x_4^2) + \tfrac{1}{2}(\omega_1^2 x_1^2 + \omega_2^2 x_2^2) - \varepsilon c x_1 x_2^2 \tag{49}$$

Bevor wir uns der Behandlung von Störungsproblemen der Form (49) zuwenden, bemerken wir, daß die Hamiltonfunktion (49) auch im Zusammenhang mit der nicht-relativistischen Bewegung eines geladenen Teilchens in einem schwach inhomogenen Magnetfeld auftritt.

In Verallgemeinerung des durch die Gleichungen (49) gestellten Problems betrachten wir ein kanonisches System mit folgender Hamiltonfunktion:

$$f = \tfrac{1}{2}(x_3^2 + x_4^2) + \tfrac{1}{2}(\omega_1^2 x_1^2 + \omega_2^2 x_2^2) + \varepsilon(f_{30}x_1^3 + f_{21}x_1^2x_2 + f_{12}x_1x_2^2 + f_{03}x_2^3) \tag{50}$$

wobei die $f_{\iota\jmath}$ beliebig vorgegebene Konstanten sind.

In Anlehnung an (14) werden kanonische Elemente ϕ_1, ϕ_2, a_1, a_2 wie folgt eingeführt:

$$\begin{cases} x_1 = \sqrt{\dfrac{2a_1}{\omega_1}} \sin\phi_1 & x_3 = \sqrt{2\omega_1 a_1}\cos\phi_1 \\[2ex] x_2 = \sqrt{\dfrac{2a_2}{\omega_2}} \sin\phi_2 & x_4 = \sqrt{2\omega_2 a_2}\cos\phi_2 \end{cases} \tag{51}$$

Die transformierte Hamiltonfunktion lautet dann (cf. Gl. (23))

$$g = g^0 + \varepsilon g^1 \tag{52}$$

mit

$$
\begin{aligned}
g^0 &= \omega_1 a_1 + \omega_2 a_2 \\
g^1 &= -A_{10}s(1,0) - A_{01}s(0,1) - A_{30}s(3,0) - A_{03}s(0,3) \\
&\quad - A_{1-2}s(1,-2) - A_{12}s(1,2) - A_{2-1}s(2,-1) - A_{21}s(2,1)
\end{aligned} \tag{53}
$$

wobei

$$
s(i,j) = \sin(i\phi_1 + j\phi_2) \qquad c(i,j) = \cos(i\phi_1 + j\phi_2)
$$

und

$$
A_{10} = -\left(\frac{2a_1}{\omega_1}\right)^{1/2}\left[\frac{3}{2}\frac{f_{30}}{\omega_1}a_1 + \frac{f_{12}}{\omega_2}a_2\right] \qquad A_{01} = -\left(\frac{2a_2}{\omega_2}\right)^{1/2}\left[\frac{f_{21}}{\omega_1}a_1 + \frac{3}{2}\frac{f_{03}}{\omega_2}a_2\right]
$$

$$
A_{30} = \frac{1}{4}f_{30}\left(\frac{2a_1}{\omega_1}\right)^{3/2} \qquad A_{03} = \frac{1}{4}f_{03}\left(\frac{2a_2}{\omega_2}\right)^{3/2}
$$

$$
A_{1-2} = \frac{1}{2}f_{12}\left(\frac{2a_1}{\omega_1}\right)^{1/2}\left(\frac{a_2}{\omega_2}\right) \qquad A_{12} = \frac{1}{2}f_{12}\left(\frac{2a_1}{\omega_1}\right)^{1/2}\left(\frac{a_2}{\omega_2}\right)
$$

$$
A_{2-1} = -\frac{1}{2}f_{21}\left(\frac{a_1}{\omega_1}\right)\left(\frac{2a_2}{\omega_2}\right)^{1/2} \qquad A_{21} = \frac{1}{2}f_{21}\left(\frac{a_1}{\omega_1}\right)\left(\frac{2a_2}{\omega_2}\right)^{1/2}
$$

Zur Abkürzung von (53) schreiben wir auch:

$$
g^1 = -\sum_{(i_1,i_2)\in\sigma} A_{i_1 i_2} s(i_1, i_2)
$$

mit

$$
\sigma = \{(1,0), (0,1), (3,0), (0,3), (1,-2), (1,2), (2,-1), (2,1)\}
$$

Es ist nicht schwer, eine Approximation 1. Ordnung zu konstruieren: Aus (43.1) folgt wegen $\mathscr{G}^1 = g^1$ (cf. (35.1)):

$$
\bar{g}^1 = 0; \qquad v^1 = \sum_{(i_1,i_2)\in\sigma} \frac{A_{i_1 i_2}}{i_1\omega_1 + i_2\omega_2} c(i_1, i_2) \tag{54}
$$

Aus (35.2), (54), (43.2) ergibt sich, daß $\bar{g}^2 = \frac{1}{2}M_\Phi(g^1 \times v^1)$ gilt.

Mit

$$
g^1 \times v^1 = \sum_{k=1}^{2} \frac{\partial g^1}{\partial \phi_k}\frac{\partial v^1}{\partial a_k} - \frac{\partial g^1}{\partial a_k}\frac{\partial v^1}{\partial \phi_k}
$$

folgt aus (53) und (54):

$$2\bar{g}^2 = M_\Phi\left(-\sum_{k=1}^{2}\sum_{(i_1,i_2)\in\sigma}\sum_{(j_1,j_2)\in\sigma} A_{i_1i_2}\frac{\partial A_{j_1j_2}}{\partial a_k}\frac{i_k}{j_1\omega_1+j_2\omega_2}c(i_1,i_2)c(j_1,j_2)\right.$$
$$\left.-\sum_{k=1}^{2}\sum_{(i_1,i_2)\in\sigma}\sum_{(j_1,j_2)\in\sigma}\frac{\partial A_{i_1i_2}}{\partial a_k}A_{j_1j_2}\frac{j_k}{j_1\omega_1+j_2\omega_2}s(i_1,i_2)s(j_1,j_2)\right)$$
$$= -\sum_{k=1}^{2}\sum_{(i_1,i_2)\in\sigma}\frac{i_k}{i_1\omega_1+i_2\omega_2}A_{i_1i_2}\frac{\partial A_{i_1i_2}}{\partial a_k}$$

Führt man die Ausdrücke (53) für die $A_{i_1i_2}$ ein, erhält man:

$$\bar{g}^2 = -\frac{a_1^2}{2\omega_1^2}\left[\frac{15f_{30}^2}{2\omega_1^2}+\frac{f_{21}^2}{\omega_2^2}-\frac{f_{21}^2}{2(4\omega_1^2-\omega_2^2)}\right]-\frac{a_2^2}{2\omega_2^2}\left[\frac{15f_{03}^2}{2\omega_2^2}+\frac{f_{12}^2}{\omega_1^2}+\frac{f_{12}^2}{2(\omega_1^2-4\omega_2^2)}\right]$$
$$-\frac{a_1a_2}{2\omega_1\omega_2}\left[\frac{6f_{30}f_{12}}{\omega_1^2}+\frac{6f_{03}f_{21}}{\omega_2^2}+\frac{4f_{21}^2}{4\omega_1^2-\omega_2^2}-\frac{4f_{12}^2}{\omega_1^2-4\omega_2^2}\right] \tag{55}$$

Das gemittelte System wird also durch folgende Hamiltonfunktion beschrieben:

$$\bar{g} = \omega_1\bar{a}_1+\omega_2\bar{a}_2+\varepsilon^2\bar{g}^2(\bar{a}_1,\bar{a}_2)$$

Die zugehörigen Lösungen lauten:

$$\bar{\phi}_1 = \left[\omega_1+\varepsilon^2\frac{\partial\bar{g}^2}{\partial\bar{a}_1}(\bar{a}_1^0,\bar{a}_2^0)\right]\cdot t+\bar{\phi}_1^0,$$
$$\bar{\phi}_2 = \left[\omega_2+\varepsilon^2\frac{\partial\bar{g}^2}{\partial\bar{a}_2}(\bar{a}_1^0,\bar{a}_2^0)\right]\cdot t+\bar{\phi}_2^0 \tag{56}$$
$$\bar{a}_1=\bar{a}_1^0;\qquad \bar{a}_2=\bar{a}_2^0$$

Diese sind zunächst gemäß

$$\phi_i = \bar{\phi}_i+\varepsilon\frac{\partial v^1}{\partial a_i}(\bar{\phi}_j,\bar{a}_k);\qquad a_i=\bar{a}_i-\varepsilon\frac{\partial v^1}{\partial\phi_i}(\bar{\phi}_j,\bar{a}_k) \tag{57}$$

zu transformieren, das so erhaltene Resultat ist in (51) einzusetzen. Zur Diskussion der Bewegung vernachlässigen wir die Terme der Größenordnung ε in (57). Dann erhalten wir folgendes Resultat:

$$x_i(t) = \sqrt{\frac{2\bar{a}_i^0}{\omega_i}}\sin\left[\left(\omega_i+\varepsilon^2\frac{\partial\bar{g}^2}{\partial\bar{a}_i}(\bar{a}_1^0,\bar{a}_2^0)\right)t+\bar{\phi}_i^0\right],\qquad i=1,2$$

Diese Formel besagt: Die Koordinaten oszillieren genau wie im ungestörten Fall, die Störung bewirkt einzig eine, von den Anfangsbedingungen des Systems abhängige, Veränderung der Frequenz.

Schließlich wollen wir noch die auftretenden Nenner diskutieren. Zunächst bemerken wir, daß die Transformation (57) Ausdrücke der Form

$$\frac{1}{\sqrt{\bar{a}_1}}, \quad \frac{1}{\sqrt{\bar{a}_2}}$$

enthält, die durch die Differentiation nach a_1, a_2 entstehen. Die dadurch bewirkten Singularitäten sind eine Konsequenz der gewählten Elemente (51). Wir werden in einem späteren Abschnitt zeigen, wie sie zu vermeiden sind.

Weiter enthalten die Formeln (56), (57) Nenner der Form $i_1\omega_1 + i_2\omega_2$, welche dank der gemachten Voraussetzung über ω_1, ω_2 nicht verschwinden. Nun kann man sich natürlich aber auch fur den Fall $\omega_1/\omega_2 =$ rational interessieren. In der Tat behandeln wir jetzt ein solches Beispiel.

Die Ausdrücke (57) enthalten den Nenner $\omega_1 - 2\omega_2$. Wir werden den Fall $\omega_1 = 2\omega_2$ und benachbarte Fälle $\omega_1 \approx 2\omega_2$ betrachten. Ohne Beschränkung der Allgemeinheit setzen wir $\omega_1 = 1$ und nennen ω_2 jetzt ν: es geht dann um den Fall $\nu = 1/2$ bzw. $\nu \approx 1/2$.

Dieser Fall ist vergleichbar mit dem Beispiel 3 in Abschn. 1.3, dort war $\omega_1 = \omega_2$. Charakteristisch an diesem Beispiel war das Verschwinden einer schnellen Winkelvariablen und stattdessen das Auftreten einer langsamen Winkelvariablen Ω. Das gleiche Phänomen wird auch hier zu beobachten sein. Anstelle der Elementtransformation (51) führen wir die folgende ein:

$$\begin{cases} x_1 = \sqrt{a_1 - a_2}\sin(2\phi) & x_3 = \sqrt{a_1 - a_2}\cos(2\phi) \\ x_2 = \sqrt{\dfrac{2a_2}{\nu}}\sin(\phi + \Omega) & x_4 = \sqrt{2\nu a_2}\cos(\phi + \Omega) \end{cases} \tag{58}$$

Man kann diese (übrigens kanonische) Transformation auch aus der ursprünglichen (51) gewinnen, indem man die Transformation (51) mit folgender zusammensetzt:

$$\begin{aligned} &\phi_1 \to 2\phi && a_1 \to \tfrac{1}{2}(a_1 - a_2) \\ &\phi_2 \to \phi + \Omega && a_2 \to \ a_2 \end{aligned} \tag{59}$$

Die transformierte Hamiltonfunktion lautet nun:

$$\begin{aligned} g = \tfrac{1}{2}a_1 + (\nu - \tfrac{1}{2})a_2 - \varepsilon[&\tilde{A}_{10}s(2,0) + \tilde{A}_{01}s(1,1) + \tilde{A}_{30}s(6,0) + \tilde{A}_{03}s(3,3) \\ &- \tilde{A}_{1-2}s(0,2) + \tilde{A}_{12}s(4,2) + \tilde{A}_{2-1}s(3,-1) + \tilde{A}_{21}s(5,1)] \end{aligned} \tag{60}$$

$$\text{mit} \qquad s(i_1, i_2) = \sin(i_1\phi + i_2\Omega)$$

hierbei entstehen die $\tilde{A}_{ij}$ aus den A_{ij}, indem man die Substitution (59) durchführt und $\omega_1 = 1$, $\omega_2 = \nu$ setzt.

Im Fall $\nu = 1/2$ ist die Hamiltonfunktion des ungestörten Problems: $g^0 = a_1/2$. Wir müssen nun definieren, was wir unter $\nu \approx 1/2$ verstehen wollen. Es ist natürlich, wie folgt vorzugehen: Wir lassen zu, daß ν von ε abhängt und sagen $\nu \approx 1/2$ falls $\nu(\varepsilon) - 1/2$ von der Größenordnung ε ist. Dann folgt aber, daß der

Term $(v-1/2)a_2$ in (60) der Störung zuzurechnen ist und deshalb auch in diesem Fall

$$g^0=\tfrac{1}{2}a_1$$

gilt.

Es bereitet keine Mühe, jetzt die Störungsrechnung durchzuführen. Wir beschränken uns auf eine Approximation der Ordnung 0.

Das gemittelte System wird durch folgende Hamiltonfunktion gegeben:

$$\bar{g}=\tfrac{1}{2}a_1+(\nu-\tfrac{1}{2})a_2+\varepsilon\frac{1}{2\nu}f_{12}\sqrt{a_1-a_2}\cdot a_2\sin 2\Omega \tag{61}$$

(Da bei einer Approximation der Ordnung 0 die fast-identische Transformation gerade die Identität ist, haben wir die Variablen in (61) nicht mit einem Querstrich versehen).

Das durch (61) definierte System ist keineswegs in trivialer Weise lösbar. Dennoch gelingt es, sich in folgender Weise einen Überblick über das Verhalten der Lösungen zu verschaffen. Da $\bar{g}$ unabhängig ist von ϕ, ist a_1 längs jeder Bewegung konstant. Betrachtet man die Dgl. für die Variablen Ω und a_2, so stellen diese ein kanonisches System der Ordnung 2 dar, das durch die Hamiltonfunktion

$$\begin{aligned}\tilde{g}(\Omega,a_2)&=(\nu-\tfrac{1}{2})a_2+\varepsilon\frac{1}{2\nu}f_{12}\sqrt{a_1-a_2}\,a_2\sin 2\Omega\\ &=\varepsilon\frac{f_{12}a_1^{3/2}}{2\nu}\cdot\frac{a_2}{a_1}\left[\frac{(2\nu-1)\nu}{\varepsilon f_{12}a_1^{1/2}}+\sqrt{1-\frac{a_2}{a_1}}\sin 2\Omega\right]\end{aligned} \tag{62}$$

erzeugt wird, wobei a_1, genau wie f_{12} oder ν, als Parameter zu betrachten ist. Die Diskussion eines solchen Systems ist sehr einfach, denn es folgt sofort aus den Bewegungsgleichungen, die zu $\tilde{g}$ gehören, daß $\tilde{g}$ längs jeder Bewegung konstant ist; $\tilde{g}$ ist ein erstes Integral. Dies bedeutet, daß die durch die Lösungen des zu (62) gehörigen Systems in der Ω-a_2-Ebene definierten Kurven (die sog. Phasenkurven) der Gleichung

$$\tilde{g}(\Omega,a_2)=\text{const} \tag{63}$$

genügen oder umgekehrt aus ihr gewonnen werden können. Um einfache Verhältnisse zu haben, studieren wir folgende Gleichung

$$g^*(\Omega,r)=r^2(c+\sqrt{1-r^2}\sin 2\Omega)=\text{const}=d \tag{64}$$

Es ist offensichtlich, daß die Struktur der durch (63) bzw. (64) definierten Kurvenscharen dieselbe ist.

Um anschauliche Bilder zu erhalten, fassen wir Ω, r nicht als kartesische Koordinaten, sondern als Polarkoordinaten auf. Man bestimmt zunächst die stationären Punkte (d.h. die Paare Ω, r für die $(\partial g^*/\partial\Omega)=(\partial g^*/\partial r)=0$ gilt) und diskutiert dann das Verhalten der Funktion g^* für $\Omega = \pi/4, 3\pi/4$. Es ergeben sich folgende Bilder:

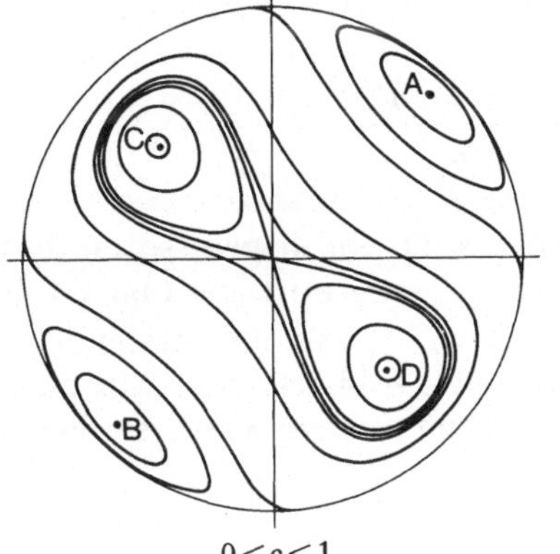

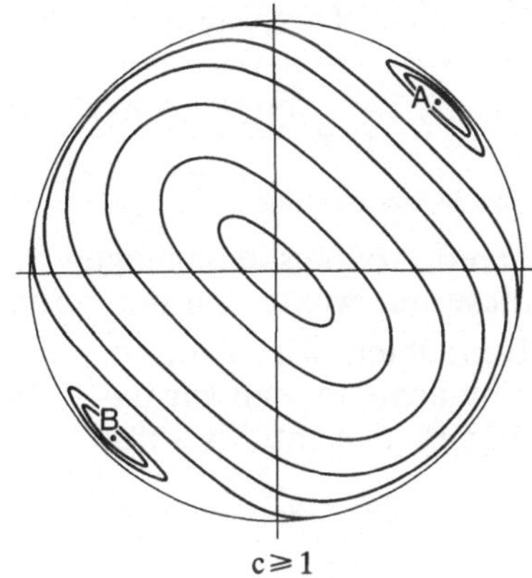

Fig. 2

$0 < c < 1$ $c \geqslant 1$

Hinsichtlich negativer Werte von c bemerken wir folgendes: Bezeichnet $r(\Omega, c, d)$ die Lösung von (64), so folgt $r(\Omega, -c, d) = r(\Omega + \pi/2, c, -d)$. Für negative Werte von c sind deshalb die Bilder, bis auf eine Drehung um $\pi/2$ um 0, identisch mit denjenigen von Fig. 2.

Es bleibt zu untersuchen, was aus dieser Diskussion für die Näherungslösungen des Systems (50) folgt.

Wir denken uns $a_1 = a_1^0$ gewählt. Ω^0, a_2^0 sei dann ein stationärer Punkt von $\tilde{g}$. Fügen wir die Funktion

$$\phi^0(t) = \frac{\partial \tilde{g}}{\partial a_1}(\Omega^0, a_1^0, a_2^0) \cdot t + \phi^0$$

hinzu, so stellen $\phi^0(t), \Omega^0, a_1^0, a_2^0$ offensichtlich eine Lösung des zur Hamiltonfunktion $\tilde{g}$ (cf. Gl. (61)) gehörigen Systems dar.

Führen wir diese Ausdrücke in die Elementtransformation (58) ein, so erhalten wir eine Näherungslösung, die offensichtlich periodisch ist. Jedem stationären Punkt von $\tilde{g}$ entspricht also eine periodische Näherungslösung des durch die Hamiltonfunktion f definierten Systems (50).

Es soll nunmehr die Stabilität dieser periodischen Näherungslösungen untersucht werden, d.h. wir fragen, ob Näherungslösungen, die einmal in der Nähe einer periodischen Näherungslösung sind, dies auch in Zukunft sein werden. Wir legen unseren Betrachtungen nicht den Liapunovschen Stabilitätsbegriff zugrunde, sondern den der orbitalen Stabilität. Es bezeichne $\boldsymbol{x}^p(t)$ eine periodische Näherungslösung, $\boldsymbol{x}(t)$ eine beliebige Näherungslösung. Wir nennen $\boldsymbol{x}^p(t)$ orbital stabil, falls es zu jedem $\varepsilon > 0$ ein $\delta > 0$ gibt, so daß gilt:
Ist $|\boldsymbol{x}(0) - \boldsymbol{x}^p(0)| < \delta$[1], so gilt für jedes $t \geqslant 0$: $\inf_{0 \leqslant \tau < \infty} |\boldsymbol{x}(t) - \boldsymbol{x}^p(\tau)| < \varepsilon$.

Anschaulich bedeutet dies folgendes: Denkt man sich $\boldsymbol{x}(t)$ und $\boldsymbol{x}^p(t)$ im $\boldsymbol{x}$-Raum dargestellt, so sollen die beiden Kurven (die sog. Phasenbahnen) benachbart sein.

[1] Mit | | ist irgend eine Norm gemeint.

Wir wählen a_1^0 und betrachten einen der stationären Punkte von $\bar{g}$ (0 lassen wir jedoch nicht zu, cf. Fig. 2) und bezeichnen ihn mit Ω^0, a_2^0. Betrachten wir die Lösungen des Systems

$$\dot{\Omega} = \frac{\partial \bar{g}(\Omega, a_2, a_1^0)}{\partial a_2} \qquad \dot{a}_2 = -\frac{\partial \bar{g}(\Omega, a_2, a_1^0)}{\partial \Omega}$$

deren Anfangsbedingungen in der Nähe von Ω^0, a_2^0 liegen, so entfernen sich diese nur wenig von der stationären Lösung, wie sofort aus Fig. 2 folgt.

Betrachten wir Variationen bezüglich a_1, so ist es, aus Stetigkeitsgründen, einleuchtend, daß wir das in Fig. 3 dargestellte Bild erhalten. Aus dieser Figur folgert man intuitiv sofort: Zu jedem $\eta > 0$ gibt es ein $\delta > 0$, so daß gilt: falls

$$|a_1 - a_1^0| < \delta, |\Omega(0) - \Omega^0| < \delta, |a_2(0) - a_2^0| < \delta \tag{65}$$

ist und $\Omega(t)$, $a_2(t)$ die Lösung des Systems

$$\dot{\Omega} = \frac{\partial \bar{g}(\Omega, a_2, a_1)}{\partial a_2} \qquad \dot{a}_2 = -\frac{\partial \bar{g}(\Omega, a_2, a_1)}{\partial \Omega}$$

mit den Anfangsbedingungen $\Omega(0)$, $a_2(0)$ bezeichnet, so gilt für alle $t \geqslant 0$

$$|\Omega(t) - \Omega^0| < \eta \qquad |a_2(t) - a_2^0| < \eta$$

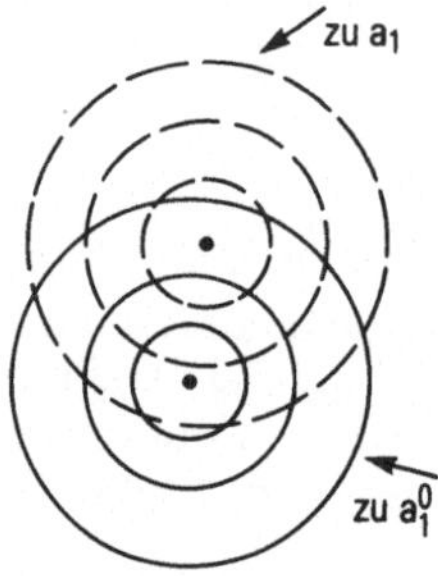

Fig. 3

Wir überlassen dem Leser den formalen Beweis dieser Aussage. Führen wir noch die Funktion $\phi(t)$ ein:

$$\phi(t) = \int_0^t \frac{\partial \bar{g}}{\partial a_1} (\Omega(t), a_1, a_2(t))\, dt + \phi(0)$$

so ist offensichtlich, daß $\phi(t)$, $\Omega(t)$, a_1, $a_2(t)$ eine Lösung des zur Hamiltonfunktion $\bar{g}$ (cf. Gl. (61)) gehörigen Systems darstellen. Betrachten wir jetzt

$$x_\iota(t) = x_\iota(\phi(t), \Omega(t), a_1, a_2(t)) \quad \text{und} \quad x_\iota^P(\tau) = x_\iota(\phi^0(\tau), \Omega^0, a_1^0, a_2^0)$$

wobei $x_\iota(\phi, \Omega, a_1, a_2)$ die Elementtransformation (58) bezeichnet. Man findet

$$x_1(t)-x_1^p(\tau)=\frac{(a_1-a_1^0)-(a_2(t)-a_2^0)}{\sqrt{a_1-a_2(t)}+\sqrt{a_1^0-a_2^0}}\sin 2\phi(t)$$

$$+2\sqrt{a_1^0-a_2^0}\cos[\phi(t)+\phi^0(\tau)]\sin[\phi(t)-\phi^0(\tau)]$$

$$x_2(t)-x_2^p(\tau)=\sqrt{\frac{2}{\nu}}\left[\frac{a_2(t)-a_2^0}{\sqrt{a_2(t)}+\sqrt{a_2^0}}\sin(\phi(t)+\Omega(t))\right.$$

$$\left.+2\sqrt{a_2^0}\cos\tfrac{1}{2}(\phi(t)+\phi^0(\tau)+\Omega(t)+\Omega^0)\sin\tfrac{1}{2}(\phi(t)-\phi^0(\tau)+\Omega(t)-\Omega^0)\right]$$

$$x_3(t)-x_3^p(\tau)=\frac{(a_1-a_1^0)-(a_2(t)-a_2^0)}{\sqrt{a_1-a_2(t)}+\sqrt{a_1^0-a_2^0}}\cos 2\phi(t)$$

$$-2\sqrt{a_1^0-a_2^0}\sin(\phi(t)+\phi^0(\tau))\sin(\phi(t)-\phi^0(\tau))$$

$$x_4(t)-x_4^p(\tau)=\sqrt{2\nu}\left[\frac{a_2(t)-a_2^0}{\sqrt{a_2(t)}+\sqrt{a_2^0}}\cos(\phi(t)+\Omega(t))\right.$$

$$\left.-2\sqrt{a_2^0}\sin\tfrac{1}{2}(\phi(t)+\phi^0(\tau)+\Omega(t)+\Omega^0)\sin\tfrac{1}{2}(\phi(t)-\phi^0(\tau)+\Omega(\tau)-\Omega^0)\right]$$

Um eine obere Schranke für $\inf_{0\leq\tau<\infty}|\boldsymbol{x}(t)-\boldsymbol{x}^p(\tau)|$ zu bekommen, kann man τ so wählen, daß

$$\phi(t)=\phi^0(\tau)$$

gilt. Aus dieser Schranke läßt sich dann leicht ablesen, wie das η in (65) zu wählen ist, damit $|\boldsymbol{x}(t)-\boldsymbol{x}^p(\tau)|<\varepsilon$ gilt. Auch hier seien dem Leser die Details überlassen.

Damit ist gezeigt, daß die periodischen Näherungslösungen orbital stabil sind bezüglich der Gesamtheit der Näherungslösungen.

9 Singularitäten

In den Beispielen (cf. Kapitel II) haben wir immer wieder feststellen müssen, daß die Störungsrechnung Resultate liefert, die nicht uneingeschränkt gültig sein können, indem die erhaltenen Formeln Nenner enthalten, die für gewisse Werte der vorkommenden Variablen verschwinden, d.h. an einzelnen Stellen singulär sind. Der vorliegende Paragraph gibt eine ausführliche Analyse dieses Problems. Dabei sind die Abschn. 9.1 und 9.4 eher theoretischer Natur, während in Abschn. 9.2 die Methode zur Vermeidung der Singularitäten dargestellt wird, die dann in Abschn. 9.3 auf einige Probleme von Kapitel II angewandt wird.

9.1 Einführende Betrachtungen

Betrachten wir ein DGl.-System des Typs:

$$\dot{\boldsymbol{x}} = \boldsymbol{f}(\boldsymbol{x}) \tag{1}$$

Wir haben uns bisher kaum um Regularitätsvoraussetzungen für $\boldsymbol{f}(\boldsymbol{x})$ gekümmert, ja wir haben sogar außer acht gelassen, daß $\boldsymbol{f}$ gar nicht für alle möglichen Werte von $\boldsymbol{x}$ definiert zu sein braucht! Gerade hier aber liegt der Schlüssel zu den genannten Schwierigkeiten.

Es ist bequem, folgende Terminologie zu verwenden: $\boldsymbol{x}^*$ heißt reguläre Stelle von (1), falls an der Stelle $\boldsymbol{x}^*$ gilt: $\boldsymbol{f}$ ist definiert und stetig, alle partiellen Ableitungen $\partial f_i/\partial x_j$, $\partial^2 f_i/\partial x_j \partial x_k, \ldots$ existieren und sind stetig.

Eine Stelle, die diese Bedingungen nicht erfüllt, nennen wir eine Singularität von (1).

Betrachten wir zur Illustration das ein-dimensionale Keplerproblem, d.h. den Sturz eines masselosen Mobils in den Zentralkörper. Dieser wird durch folgende DGl. beschrieben: $\ddot{x} + 1/x^2 = 0$, bzw. durch folgendes System 1. Ordnung: $\dot{x}_1 = x_2$, $\dot{x}_2 = -1/x_1^2$. Offenbar besteht die ganze x_2-Achse aus Singularitäten. Es ist klar, daß die Singularitäten dieses Beispiels physikalischen Ursprung haben, rühren sie doch direkt von der Definition der Gravitationskraft her.

Mit solchen Singularitäten wollen wir uns in der Folge nicht befassen. *Wir schränken deshalb die Betrachtung des Systems* (1) *auf ein Gebiet* Γ *des* $\boldsymbol{x}$*-Raumes ein, das aus regulären Stellen von* (1) *besteht.*

Es gilt dann für das System (1) der **Globale Existenzsatz**. *Zu* $\boldsymbol{x}^0 \in \Gamma$ *gibt es ein* t*-Intervall* $J = (m_1, m_2)$ $(m_1 < 0, m_2 > 0)$ *und eine in* J *definierte Funktion* $\boldsymbol{x}(t)$, *so daß gilt:*

a) $\boldsymbol{x}(t) \in \Gamma$ *für* $t \in J$

b) $\boldsymbol{x}(t)$ *ist stetig, stetig differenzierbar und erfüllt* (1) *sowie die Anfangsbedingung* $\boldsymbol{x}(0) = \boldsymbol{x}^0$

c) *Jede andere Lösung von* (1) *zur Anfangsbedingung* $\boldsymbol{x}^0$ *stimmt entweder mit* $\boldsymbol{x}(t)$ *überein oder stellt eine Einschränkung von* $\boldsymbol{x}(t)$ *auf ein kleineres Definitionsintervall dar. Man nennt* J *deshalb das maximale Definitionsintervall.*

d) *Entweder gilt* $m_2 = \infty$, *oder* $\boldsymbol{x}(t)$ *verläßt für* $t \to m_2$ *jede kompakte Teilmenge von* Γ. *Analoges gilt für* m_1.

Nehmen wir den Begriff der Transformation zu unseren Betrachtungen hinzu. Wir nennen[1] die Transformation $\boldsymbol{x} = \boldsymbol{E}(\boldsymbol{y})$ von (1) (die Dimensionen von $\boldsymbol{x}$

[1] Wir verwenden den Buchstaben E weil im folgenden Beispiel $\boldsymbol{E}(\boldsymbol{y})$ eine Elementtransformation darstellt.

und $\mathbf{y}$ seien gleich) regulär in $\mathbf{y}^*$, falls gilt: a) *an der Stelle* $\mathbf{y}^*$ *ist* $\boldsymbol{E}$ *definiert, stetig, alle partiellen Ableitungen existieren und sind stetig* b) $\boldsymbol{E}(\mathbf{y}^*)$ *gehört zu* Γ (d.h. man kann $\boldsymbol{f}(\boldsymbol{E}(\mathbf{y}^*))$ bilden) c) *die Jacobi-Matrix* $\partial\boldsymbol{E}/\partial\mathbf{y}$ *ist für* $\mathbf{y}=\mathbf{y}^*$ *invertierbar.*

Es sei Δ ein Gebiet von regulären Stellen von $\boldsymbol{E}$ im $\mathbf{y}$-Raum. Betrachten wir das folgende DGl.-System:

$$\dot{\mathbf{y}} = \left(\frac{\partial \boldsymbol{E}}{\partial \mathbf{y}}\right)^{-1} \boldsymbol{f}(\boldsymbol{E}(\mathbf{y})) \tag{2}$$

Offenbar sind die Punkte, von Δ reguläre Stellen von (2), und es gilt für (2) der globale Existenzsatz. Sei etwa $\mathbf{y}(t)$ die durch den Existenzsatz garantierte Lösung von (2) zur Anfangsbedingung $\mathbf{y}^0$ mit (maximalem) Definitionsintervall (n_1, n_2). Setzen wir voraus, daß

$$\boldsymbol{x}^0 = \boldsymbol{E}(\mathbf{y}^0) \tag{3}$$

gilt, so folgt (vergl. Abschn. 1.2, Lemma 1):

$$\boldsymbol{E}(\mathbf{y}(t)) \tag{4}$$

ist eine Lösung von (1) zum Anfangswert $\boldsymbol{x}^0$, d.h. (4) stimmt mit $\boldsymbol{x}(t)$ überein oder ist eine Einschränkung davon, i.e.

$$m_1 \leqslant n_1 \qquad n_2 \leqslant m_2 \tag{5}$$

Es erhebt sich die Frage, wann in den Ungleichungen (5) die Gleichheitszeichen gelten (denn nur dann darf man korrekter Weise anstelle des Problems (1) das DGl.-System (2) lösen!).

Ist z.B. $\boldsymbol{E}(\mathbf{y})$ umkehrbar (d.h. es gibt eine auf Γ definierte Funktion $\boldsymbol{E}^{-1}(\boldsymbol{x})$ mit Werten in Δ, so daß $\boldsymbol{E}^{-1}(\boldsymbol{E}(\mathbf{y}))=\mathbf{y}$ für alle $\mathbf{y}\in\Delta$ und $\boldsymbol{E}(\boldsymbol{E}^{-1}(\boldsymbol{x}))=\boldsymbol{x}$ für alle $\boldsymbol{x}\in\Gamma$ gilt), dann ist leicht einzusehen, daß in (5) die Gleichheitszeichen gelten. Im Laufe unserer Betrachtungen haben wir nicht nur umkehrbare Transformationen verwendet. Insbesondere hatten die meisten Elementtransformationen diese Eigenschaft nicht. Betrachten wir, um etwas Konkretes vor Augen zu haben, das DGl.-System

$$\dot{x}_1 = x_2, \qquad \dot{x}_2 = -x_1 + f(x_1, x_2) \tag{6}$$

Als Gebiet Γ wählen wir einen Kreis mit $\mathbf{0}$ als Mittelpunkt und Radius r. Für $\boldsymbol{E}(\mathbf{y})$ setzen wir

$$E_1(\mathbf{y}) = y_2 \cos y_1, \qquad E_2(\mathbf{y}) = -y_2 \sin y_1 \tag{7}$$

wobei wir als Gebiet Δ den Streifen $0 < y_2 < r$ wählen. Das Bild von Δ unter (7) ist $\Gamma - \{\mathbf{0}\}$, d.h. die Kreisscheibe Γ ohne ihren Mittelpunkt. Wollte man Γ als Bild von Δ unter $\boldsymbol{E}$, müßte man zu Δ die Punkte der y_1-Achse hinzufügen. Dort ist aber $\partial\boldsymbol{E}/\partial\mathbf{y}$ nicht invertierbar. Das transformierte System (6) heißt:

$$\dot{y}_1 = 1 - \frac{1}{y_2} f(y_2 \cos y_1, -y_2 \sin y_1) \cos y_1, \qquad \dot{y}_2 = -f(y_2 \cos y_1, -y_2 \sin y_1) \sin y_1 \tag{8}$$

(Die Nicht-Invertierbarkeit von $\partial \boldsymbol{E}/\partial \mathbf{y}$ für $y_2 = 0$ spiegelt sich im Auftreten von y_2 als Nenner in (8)).

Wir fragen nach den Bedingungen, unter denen die Systeme (6) und (8) in dem Sinne äquivalent sind, daß in (5) die Gleichheitszeichen gelten.

Es gelte zunächst: $f(0, 0) = 0$.

Unter dieser Voraussetzung, so wollen wir zeigen, gelten die Gleichheitszeichen, also z.B. $n_2 = m_2$. Ist $n_2 = \infty$, dann haben wir nichts mehr zu beweisen. Es sei $n_2 < \infty$. Wir beginnen mit folgender Bemerkung. Die Lösung $\mathbf{y}(t)$ verläßt schließlich jeden Streifen. D.h. zum Streifen $S = \{(y_1, y_2) \mid 0 < \rho \leqslant y_2 \leqslant R < r\}$ gibt es eine Zahl $\bar{t} < n_2$, so daß $\mathbf{y}(t)$ für $\bar{t} < t < n_2$ außerhalb von S ist. Wäre S kompakt, würde unsere Behauptung sofort aus dem globalen Existenzsatz (Aussage d)) folgen. Durchgeht man den Beweis des globalen Existenzsatzes, so erkennt man, daß die Kompaktheit nur gebraucht wird um zu gewährleisten, daß die rechten Seiten des DGl.-Systems sowie deren erste Ableitungen global beschränkt sind. Da die rechten Seiten von (8) in y_1 2π-periodisch sind, besitzt (8) die genannten Beschränktheitseigenschaften auch in S, und somit folgt die Existenz der Zahl $\bar{t}$.

Betrachten wir eine Folge von Streifen S_i:

$$S_i = \left\{(y_1, y_2) \,\middle|\, r\frac{1}{2^{i+1}} \leqslant y_2 \leqslant r\left(1 - \frac{1}{2^{i+1}}\right)\right\}$$

Aufgrund der obigen Überlegung gibt es dazu eine positive, monoton wachsende durch n_2 beschränkte Zahlfolge $\bar{t}_i$ mit der Eigenschaft: Für $j \geqslant i$ gilt[1]: $\mathbf{y}(\bar{t}_j) \in S_i^c \cap \Delta$. Bezeichnen wir den Grenzwert der Folge $\bar{t}_i$ mit $\bar{t}$. (Offenbar gilt $\bar{t} \leqslant n_2$). Als nächstes bestimmen wir das Bild K_i von $S_i^c \cap \Delta$ unter $\boldsymbol{E}$. K_i ist die Vereinigung einer Kreisscheibe (mit Radius $r(1/2^{i+1})$) und eines Kreisringes (mit Radien $r(1 - 1/2^{i+1})$ und r), beide mit $\mathbf{0}$ als Mittelpunkt. Wir wollen zeigen, daß $\bar{t} \geqslant m_2$ gilt (hieraus folgt $n_2 \geqslant m_2$ und wegen $n_2 \leqslant m_2$ also $n_2 = m_2$). Nehmen wir das Gegenteil an: $\bar{t} < m_2$. Dann ist $\boldsymbol{x}(\bar{t})$ wohldefiniert. Wegen: $\boldsymbol{x}(\bar{t}_i) = \boldsymbol{E}(\mathbf{y}(\bar{t}_i))$ und infolge der Stetigkeit von $\boldsymbol{x}(t)$ folgt:

$$\boldsymbol{x}(\bar{t}) = \lim_{i \to \infty} \boldsymbol{x}(\bar{t}_i) \tag{9}$$

$\boldsymbol{x}(\bar{t})$ ist in Γ. Nehmen wir an, es sei $\boldsymbol{x}(\bar{t}) \neq \mathbf{0}$. Dann ist der kürzeste Abstand von $\boldsymbol{x}(\bar{t})$ zu $\bar{K}_i$ [2] von einem Index i_0 an größer als eine positive Konstante σ. Da $\boldsymbol{x}(\bar{t}_i) \in \bar{K}_i$ gilt, folgt, insbesondere für $i > i_0$, $|\boldsymbol{x}(\bar{t}) - \boldsymbol{x}(\bar{t}_i)| > \sigma$ im Widerspruch zu (9). Also muß $\boldsymbol{x}(\bar{t}) = \mathbf{0}$ gelten. Wegen $f(0, 0) = 0$ ist $\mathbf{0}$ eine Lösung von (6). Zufolge der Eindeutigkeit der Lösung ergibt sich $\boldsymbol{x}(t) \equiv \mathbf{0}$, insbesondere also $\boldsymbol{x}^0 = \mathbf{0}$. Da es kein $\mathbf{y}^0 \in \Delta$ mit $\boldsymbol{E}(\mathbf{y}^0) = \mathbf{0}$ gibt, erhalten wir einen Widerspruch zu (3).

Es sei $f(0, 0) \neq 0$.

Dann gibt es Lösungen von (6), die zur Zeit $t = 0$ nicht im Nullpunkt der x_1, x_2-Ebene sind, jedoch zu einem späteren Zeitpunkt c. Es sei $\boldsymbol{x}(t)$ eine

---

[1] c bezeichnet das Komplement einer Menge, $\cap$ den Durchschnitt zweier Mengen.

[2] $^{-}$bezeichnet die abgeschlossene Hülle.

solche Lösung mit maximalem Definitionsintervall (m_1, m_2) mit $m_1 < 0 < c < m_2$. Da $\boldsymbol{x}(0) = \boldsymbol{x}^0 \neq \boldsymbol{0}$ ist, gibt es ein $\boldsymbol{y}^0$, so daß (3) gilt. Betrachten wir die Lösung $\boldsymbol{y}(t)$ zum Anfangswert $\boldsymbol{y}^0$ des Systems (8). Wir wollen zeigen, daß $n_2 \leq c$ gilt. Wäre $n_2 > c$, wäre $\boldsymbol{y}(c)$ wohldefiniert und es würde $\boldsymbol{E}(\boldsymbol{y}(c)) = \boldsymbol{x}(c) = \boldsymbol{0}$ gelten. Da $\boldsymbol{y}(c)$ zu Δ gehört, kein Punkt von Δ jedoch durch $\boldsymbol{E}$ auf $\boldsymbol{0}$ abgebildet wird, erhalten wir einen Widerspruch.

Für eine vollständige Äquivalenz der Systeme (1) und (2) bzw. (6) und (8) ist nicht nur nötig, daß in (5) die Gleichheitszeichen gelten, sondern auch, daß es zu jedem $\boldsymbol{x}^0$ aus Γ ein $\boldsymbol{y}^0$ aus Δ gibt, so daß Gl. (3) gilt. Dies braucht, wie wir an unserem Beispiel sehen, nicht der Fall zu sein, denn keiner der Punkte des Streifens Δ wird durch (7) auf $\boldsymbol{0}$ abgebildet. (Für alle übrigen Punkte $\boldsymbol{x}^0$ aus Γ gibt es hingegen ein $\boldsymbol{y}^0$, so daß (3) gilt). Dies bedeutet: Eine Lösung des Systems (6) kann durch das System (8) nicht beschrieben werden. Dieser Schönheitsfehler kann im Fall $f(0,0) = 0$ eliminiert werden (und nur dieser Fall ist sinnvoll, denn im anderen sind die Systeme (6) und (8) ja auch aus den früher dargelegten Gründen nicht äquivalent). Unter dieser Voraussetzung kann die Definition des DGl.-Systems (8) nämlich auf die y_1-Achse ausgedehnt werden. Durch stetige Fortsetzung findet man:

$$\dot{y}_1 = 1 - \frac{\partial f}{\partial x_1}(0,0)\cos^2 y_1 + \frac{\partial f}{\partial x_2}(0,0)\sin y_1 \cos y_1; \qquad \dot{y}_2 = 0 \tag{10}$$

Bezeichnet man die Vereinigung von Δ mit der y_1-Achse mit Δ^+, so ist durch (8) und (10) jetzt auf Δ^+ ein DGl.-System definiert. In Δ^+ gibt es nun aber Punkte die auf $\boldsymbol{0}$ abgebildet werden (nämlich alle Punkte der y_1-Achse!). Die beiden Gleichungen (10) können unabhängig voneinander gelöst werden. Sei $y_1(t)$ eine Lösung der ersten Gleichung (10). Fügen wir $y_2(t) \equiv 0$ hinzu, so stellt das Paar $y_1(t), 0$ eine Lösung unseres auf Δ^+ definierten Systems dar. Bei der Abbildung (7) geht diese Lösung in die Lösung $\boldsymbol{x}(t) \equiv \boldsymbol{0}$ des Systems (6) über. Das auf Δ^+ erweiterte System (8) ist also nun dem ursprünglichen System (6) vollkommen äquivalent.

Diese Untersuchungen haben eigentlich ein enttäuschendes Ergebnis. Wie wir gesehen haben, ist die Bedingung $f(0,0) = 0$ nicht nur hinreichend sondern auch notwendig dafür, daß das $\boldsymbol{y}$-DGl.-System durch stetige Fortsetzung so ergänzt werden kann, daß es äquivalent zum $\boldsymbol{x}$-System wird. Bei den meisten Problemen ist die Bedingung verletzt, so daß eine Transformation des Typs (7) auf Amplituden- und Winkelvariable nicht zu einem äquivalenten System führen kann.

Daher müssen wir im folgenden die bisherigen Methoden der Störungstheorie modifizieren.

9.2 Modifizierte Störungstheorie

Im vorigen Abschnitt haben wir gesehen, daß das Einführen von Elementen gemäß §1 i.allg. ein DGl.-System erzeugt, das zum ursprünglichen nicht völlig äquivalent ist. Der sich daran anschließenden Störungstheorie im Sinne von §2 und §3 kommt daher ebenfalls nur begrenzte Bedeutung zu. Wir entwickeln deshalb jetzt eine modifizierte Störungstheorie, die diese Unzulänglichkeit eliminiert.

Lassen wir §1 bis §3 Revue passieren, so stellen wir fest, daß wir jeweils in zwei Schritten vorgegangen sind:

Variante I

1. Schritt: Einführung von Elementen durch Ausführung der Elementtransformation.

2. Schritt: Konstruktion einer fast-identischen Transformation mit dem Ziel, schließlich ein möglichst einfaches DGl.-System zu erhalten.

Im folgenden werden wir genau umgekehrt vorgehen:

Variante II

Schritt I: Konstruktion einer fast-identischen Transformation.

Schritt II: Durchführung der Elementtransformation.

Zur Klärung der Situation betrachten wir die beiden folgenden Diagramme:

$$\begin{array}{ccc} \dot{\boldsymbol{x}} = \boldsymbol{f}(\boldsymbol{x}) & & \\ \downarrow{\scriptstyle \boldsymbol{x}=\boldsymbol{E}(\boldsymbol{y})} & & \\ \dot{\boldsymbol{y}} = \boldsymbol{g}(\boldsymbol{y}) & \xrightarrow[\boldsymbol{y}=\boldsymbol{V}(\bar{\boldsymbol{y}})]{} & \dot{\bar{\boldsymbol{y}}} = \bar{\boldsymbol{g}}(\bar{\boldsymbol{y}}) \end{array}$$

Diagramm zu Variante I

$$\begin{array}{ccc} \dot{\boldsymbol{x}} = \boldsymbol{f}(\boldsymbol{x}) & \xrightarrow{\boldsymbol{x}=\boldsymbol{U}(\bar{\boldsymbol{x}})} & \dot{\bar{\boldsymbol{x}}} = \bar{\boldsymbol{f}}(\bar{\boldsymbol{x}}) \\ & & \downarrow{\scriptstyle \bar{\boldsymbol{x}}=\boldsymbol{E}(\bar{\boldsymbol{y}})} \\ & & \dot{\bar{\boldsymbol{y}}} = \boldsymbol{h}(\bar{\boldsymbol{y}}) \end{array}$$

Diagramm zu Variante II

Hierbei bezeichnen $\boldsymbol{V}$ und $\boldsymbol{U}$ fast-identische Transformationen, $\boldsymbol{E}$ die Elementtransformation.

Der Vorteil der neuen Variante ist:

a) Die fast-identische Transformation erzeugt, aufgrund ihrer Invertierbarkeit, ein äquivalentes System $\dot{\bar{\boldsymbol{x}}} = \bar{\boldsymbol{f}}(\bar{\boldsymbol{x}})$

b) $\bar{\boldsymbol{f}}$ erfüllt, im Gegensatz zu $\boldsymbol{f}$, in vielen Fällen die im Abschn. 9.1 diskutierte Voraussetzung, so daß die Anwendung der Elementtransformation $\boldsymbol{E}$ ein äquivalentes System $\dot{\bar{\boldsymbol{y}}} = \boldsymbol{h}(\bar{\boldsymbol{y}})$ ergibt.

Bemerkenswert ist die Tatsache, daß das abschließend zu behandelnde DGl.-System bei beiden Varianten gleich ist, d.h. daß $\bar{\boldsymbol{g}} = \boldsymbol{h}$ gilt. Diese später zu beweisende Aussage gestattet es, die beiden Diagramme durch ein einziges zu ersetzen:

$$\begin{array}{ccc} \dot{\boldsymbol{x}} = \boldsymbol{f}(\boldsymbol{x}) & \xrightarrow{\boldsymbol{x}=\boldsymbol{U}(\bar{\boldsymbol{x}})} & \dot{\bar{\boldsymbol{x}}} = \bar{\boldsymbol{f}}(\bar{\boldsymbol{x}}) \\ \downarrow{\scriptstyle \boldsymbol{x}=\boldsymbol{E}(\boldsymbol{y})} & & \downarrow{\scriptstyle \bar{\boldsymbol{x}}=\boldsymbol{E}(\bar{\boldsymbol{y}})} \\ \dot{\boldsymbol{y}} = \boldsymbol{g}(\boldsymbol{y}) & \xrightarrow[\boldsymbol{y}=\boldsymbol{V}(\bar{\boldsymbol{y}})]{} & \dot{\bar{\boldsymbol{y}}} = \bar{\boldsymbol{g}}(\bar{\boldsymbol{y}}) \end{array}$$

Das alte Verfahren liefert also ein Resultat dem allgemeinere Gültigkeit zukommt, als aufgrund der Herleitung zu erwarten ist. Grob gesprochen kann man sich das wie folgt erklären: Durch die Elementtransformation $\boldsymbol{E}$ wird ein zum ursprünglichen System $\dot{\boldsymbol{x}}=\boldsymbol{f}$ nicht völlig äquivalentes System $\dot{\boldsymbol{y}}=\boldsymbol{g}$ konstruiert. Dann wird eine fast-identische Transformation $\boldsymbol{V}$ ausgeführt, die ein System $\dot{\bar{\boldsymbol{y}}}=\bar{\boldsymbol{g}}$ liefert, das zu $\dot{\boldsymbol{y}}=\boldsymbol{g}$ wiederum nicht äquivalent ist. Hieraus darf nun nicht ohne weiteres gefolgert werden, daß auch $\dot{\bar{\boldsymbol{y}}}=\bar{\boldsymbol{g}}$ und $\dot{\boldsymbol{x}}=\boldsymbol{f}$ nicht äquivalent sind.

Es sei Γ ein Gebiet von regulären Stellen des DGl.-Systems:

$$\dot{\boldsymbol{x}}=\boldsymbol{f}^0(\boldsymbol{x})+\varepsilon\boldsymbol{f}^1(\boldsymbol{x})+\cdots \tag{11}$$

Es bezeichne $\boldsymbol{E}(\boldsymbol{y})$ die Elementtransformation, welche auf dem Gebiet Δ des $\boldsymbol{y}$-Raumes regulär sei. Für das Folgende ist es zweckmäßig, den Operator $\mathscr{E}$ einzuführen. Er ordnet einer auf Γ regulären Funktion $\boldsymbol{f}$ eine auf Δ reguläre Funktion $\mathscr{E}\boldsymbol{f}$ zu:

$$(\mathscr{E}\boldsymbol{f})(\boldsymbol{y})=\left(\frac{\partial\boldsymbol{E}(\boldsymbol{y})}{\partial\boldsymbol{y}}\right)^{-1}\boldsymbol{f}(\boldsymbol{E}(\boldsymbol{y})) \tag{12}$$

(Vergl. Formel (1, 8)). Unterwirft man das System (11) der Transformation $\boldsymbol{E}$, dann heißt das neue System:

$$\dot{\boldsymbol{y}}=\boldsymbol{g}^0(\boldsymbol{y})+\varepsilon\boldsymbol{g}^1(\boldsymbol{y})+\cdots \qquad \text{mit } \boldsymbol{g}^\iota=\mathscr{E}\boldsymbol{f}^\iota \tag{13}$$

Wir nehmen nun an, daß das System (13) ein System des Typs (3, 1) sei, so daß die Störungstheorie von Abschn. 3.2 durchgeführt werden kann. Als Resultat erhalten wir zwei Folgen von auf Δ regulären Funktionen $\boldsymbol{v}^1$, $\boldsymbol{v}^2,\ldots,\bar{\boldsymbol{g}}^1$, $\bar{\boldsymbol{g}}^2,\ldots$, welche zusammen mit $\boldsymbol{g}^0$, $\boldsymbol{g}^1,\ldots$, die Störungsgleichungen erfüllen (Vergl. (2, 19)):

$$\begin{aligned}&\boldsymbol{g}^0\times\boldsymbol{v}^1+\boldsymbol{g}^1 &&=\bar{\boldsymbol{g}}^1\\ &\boldsymbol{g}^0\times\boldsymbol{v}^2+\boldsymbol{g}^1\times\boldsymbol{v}^1+\tfrac{1}{2}\boldsymbol{g}^0\times\boldsymbol{v}^1\times\boldsymbol{v}^1+\boldsymbol{g}^2&&=\bar{\boldsymbol{g}}^2\\ &\cdot\\ &\cdot\\ &\cdot\end{aligned} \tag{14}$$

Die folgende Voraussetzung ist zentral für unsere Betrachtungen:

Voraussetzung *Zu den Funktionen* $\boldsymbol{v}^1$, $\boldsymbol{v}^2,\ldots$ *gibt es auf* Γ *reguläre Funktionen* $\boldsymbol{u}^1$, $\boldsymbol{u}^2,\ldots$, *so daß gilt:*

$$\boldsymbol{v}^\iota=\mathscr{E}\boldsymbol{u}^\iota \tag{15}$$

Nun sind wir in der Lage, die Variante II zu beschreiben.

Schritt I. Das gegebene System (11) ist mittels (12) auf Elemente zu transformieren, und die Störungsgleichungen sind gemäß Abschn. 3.2 zu lösen. Die Voraussetzung ist zu überprüfen, und bejahendenfalls sind die Funktionen $\boldsymbol{u}^\iota(\boldsymbol{x})$ zu bestimmen. Diese verwenden wir, um eine fast-identische Transformation $\boldsymbol{U}$ zu definieren, welche wir auf das System (11) anwenden wollen.

Wie üblich setzen wir (cf. Gl. (2, 5), (2, 18), (3, 20))

$$\boldsymbol{U}(\boldsymbol{x})=\boldsymbol{x}+\sum_{\iota=1}^{\infty}\varepsilon^\iota\sum_{r=1}^{i}\frac{1}{r!}\sum_{j_1+j_2+\cdots+j_r=\iota}\boldsymbol{u}^{j_1}\circ\boldsymbol{u}^{j_2}\circ\cdots\circ\boldsymbol{u}^{j_r} \tag{16}$$

Wir bilden das transformierte System

$$\dot{\bar{\boldsymbol{x}}} = \boldsymbol{f}^0(\bar{\boldsymbol{x}}) + \varepsilon \bar{\boldsymbol{f}}^1(\bar{\boldsymbol{x}}) + \cdots \tag{17}$$

aus den Störungsgleichungen

$$\begin{aligned} &\boldsymbol{f}^0 \times \boldsymbol{u}^1 + \boldsymbol{f}^1 = \bar{\boldsymbol{f}}^1 \\ &\boldsymbol{f}^0 \times \boldsymbol{u}^2 + \boldsymbol{f}^1 \times \boldsymbol{u}^1 + \tfrac{1}{2}\boldsymbol{f}^0 \times \boldsymbol{u}^1 \times \boldsymbol{u}^1 + \boldsymbol{f}^2 = \bar{\boldsymbol{f}}^2 \\ &\vdots \end{aligned} \tag{18}$$

(Da die Funktionen $\boldsymbol{u}^\iota$ bekannt sind, gestattet (18) die Berechnung der $\bar{\boldsymbol{f}}^\iota$). Für eine Approximation der Ordnung k brechen wir die formalen Reihen (16), (17) wie üblich ab. Damit ist Schritt I beschrieben.

Schritt II. Er besteht darin, die Elementtransformation $\boldsymbol{E}$ auf (17) anzuwenden:

$$\dot{\bar{\boldsymbol{y}}} = \mathscr{E}\boldsymbol{f}^0 + \varepsilon \mathscr{E}\bar{\boldsymbol{f}}^1 + \cdots \tag{19}$$

Nun müssen wir zeigen, daß entsprechend unserer Ankündigung diese Vorschriften dasselbe Resultat ergeben wie die Variante I, d.h. daß

$$\mathscr{E}\bar{\boldsymbol{f}}^\iota = \bar{\boldsymbol{g}}^\iota \tag{20}$$

gilt. Zum Beweis beginnen wir mit dem folgenden Lemma:

Lemma 1 *Es seien* $\boldsymbol{f}$ *und* $\boldsymbol{u}$ *reguläre Funktionen in* Γ. *Dann gilt in* Δ:

$$\mathscr{E}(\boldsymbol{f} \times \boldsymbol{u}) = (\mathscr{E}\boldsymbol{f}) \times (\mathscr{E}\boldsymbol{u}) \tag{21}$$

Beweis. Wir bezeichnen die Komponenten von $\boldsymbol{f}$, $\boldsymbol{u}$, $\mathscr{E}\boldsymbol{f}$, $\mathscr{E}\boldsymbol{u}$ mit f_ι, u_ι, g_ι, v_i, diejenigen der Matrizen $\partial\boldsymbol{E}/\partial\boldsymbol{y}$, $(\partial\boldsymbol{E}/\partial\boldsymbol{y})^{-1}$ mit $e_{\iota j}$, $e_{\iota j}^{-1}$. Weiter benützen wir die Einsteinsche Summenkonvention (über doppelt vorkommende Indizes wird summiert). Schließlich verwenden wir den Substitutionsoperator *:

$$f_\iota^* = f_\iota(\boldsymbol{E}(\boldsymbol{y})) \tag{22}$$

Offenbar ist Gl. (21) folgenden Gleichungen äquivalent:

$$\left[\frac{\partial f_r}{\partial x_k} u_k - \frac{\partial u_r}{\partial x_k} f_k\right]^* = e_{r\iota}\left[\frac{\partial g_\iota}{\partial y_k} v_k - \frac{\partial v_\iota}{\partial y_k} g_k\right] \qquad r = 1, 2, \ldots, n \tag{23}$$

Aus

$$g_\iota = e_{\iota p}^{-1} f_p^*, \quad v_k = e_{ks}^{-1} u_s^*$$

folgt

$$\frac{\partial g_\iota}{\partial y_k} v_k = \frac{\partial e_{\iota p}^{-1}}{\partial y_k} e_{ks}^{-1} f_p^* u_s^* + \left(\frac{\partial f_p}{\partial x_k}\right)^* u_k^* e_{\iota p}^{-1}$$

$$\frac{\partial v_\iota}{\partial y_k} g_k = \frac{\partial e_{\iota s}^{-1}}{\partial y_k} e_{kp}^{-1} f_p^* u_s^* + \left(\frac{\partial u_p}{\partial x_k}\right)^* f_k^* e_{\iota p}^{-1}$$

Führt man diese Ausdrücke in (23) ein, so sieht man, daß (23) äquivalent ist mit

$$\left[\frac{\partial e_{ip}^{-1}}{\partial y_k} e_{ks}^{-1} - \frac{\partial e_{is}^{-1}}{\partial y_k} e_{kp}^{-1}\right] f_p^* u_s^* e_{ri} = 0$$

Wir werden zeigen, daß die eckige Klammer verschwindet: Zu diesem Zwecke differenzieren wir die Relation $e_{ij}^{-1} e_{jk} = \delta_{ik}$ nach y_r, lösen nach $\partial e_{ip}^{-1}/\partial y_k$ auf und multiplizieren das Resultat mit e_{ks}^{-1}

$$\frac{\partial e_{ip}^{-1}}{\partial y_k} e_{ks}^{-1} = -\frac{\partial e_{rj}}{\partial y_k} e_{ir}^{-1} e_{jp}^{-1} e_{ks}^{-1}$$

Wegen

$$\frac{\partial e_{rj}}{\partial y_k} = \frac{\partial^2 E_r}{\partial y_k \partial y_j} = \frac{\partial^2 E_r}{\partial y_j \partial y_k} = \frac{\partial e_{rk}}{\partial y_j}$$

folgt

$$\frac{\partial e_{ip}^{-1}}{\partial y_k} e_{ks}^{-1} = -\frac{\partial e_{rk}}{\partial y_j} e_{ir}^{-1} e_{jp}^{-1} e_{ks}^{-1} = -\frac{\partial e_{rj}}{\partial y_k} e_{ir}^{-1} e_{kp}^{-1} e_{js}^{-1} = \frac{\partial e_{is}^{-1}}{\partial y_k} e_{kp}^{-1}$$

Hieraus folgt die Behauptung. ■

Es bereitet keinerlei Mühe, mit Hilfe von Lemma 1 die Gültigkeit von Gl. (20) zu beweisen: Man wendet den Operator $\mathscr{E}$ auf Gl. (18) an, benützt mehrfach Lemma 1, verwendet Gl. (13) und (15) sowie (14).

Es bleiben die folgenden Fragen:

(i) Unter welchen Bedingungen ist die Voraussetzung (15) erfüllt.

(ii) Unter welchen Bedingungen ist die Durchführung von Schritt II im Sinne des vorigen Abschnittes erlaubt, d.h. liefert Schritt II ein äquivalentes System.

Wir wollen die allgemeine Beantwortung der beiden Fragen auf den übernächsten Abschnitt verschieben und zunächst an einem Beispiel die neue Methode illustrieren.

Beispiel Wir betrachten das folgende DGl.-System:

$$\dot{x}_1 = x_2 + \varepsilon(-2x_2 - 2x_1 x_2) \qquad \dot{x}_2 = -x_1 + \varepsilon(1 + 2x_1 + x_1^2 - x_2^2) \tag{24}$$

(Ohne näher darauf einzugehen, bemerken wir, daß es sich bei (24) um eine drastisch vereinfachte Version des in §5 behandelten Satellitenproblems handelt).

Als Elementtransformation wählen wir

$$E_1 = a \cos \phi \qquad E_2 = -a \sin \phi \tag{25}$$

Unterwerfen wir das System (24) der Transformation (25), finden wir:

$$\dot{\phi} = 1 - \varepsilon\left(2 + \frac{1 + a^2}{a} \cos \phi\right) \qquad \dot{a} = \varepsilon(a^2 - 1) \sin \phi \tag{26}$$

Man erkennt, daß das System (26) für $a=0$ nicht definiert ist, (26) ist also nicht äquivalent zu (24). Führen wir die Störungsrechnung zum Problem (26) durch. Nach der Integrationstheorie von Abschn. 3.2 findet man aus der ersten Störungsgleichung (14)

$$\bar{\boldsymbol{g}}^1=\begin{pmatrix}-2\\0\end{pmatrix};\qquad \boldsymbol{v}^1=\begin{pmatrix}-\dfrac{1+a^2}{a}\sin\phi\\-(a^2-1)\cos\phi\end{pmatrix}\tag{27}$$

Mit

$$\boldsymbol{g}^1\times\boldsymbol{v}^1+\tfrac{1}{2}\boldsymbol{g}^0\times\boldsymbol{v}^1\times\boldsymbol{v}^1=\begin{pmatrix}-2-2\dfrac{1+a^2}{a}\cos\phi\\2(a^2-1)\sin\phi\end{pmatrix}$$

folgt aus der zweiten Störungsgleichung (14):

$$\bar{\boldsymbol{g}}^2=\begin{pmatrix}-2\\0\end{pmatrix};\qquad \boldsymbol{v}^2=\begin{pmatrix}-2\dfrac{1+a^2}{a}\sin\phi\\-2(a^2-1)\cos\phi\end{pmatrix}\tag{28}$$

usw.

Versuchen wir nun Funktionen $\boldsymbol{u}^i$ zu finden, so daß (15) gilt. Wir bilden zunächst im Hinblick auf die Definition (12) von $\mathscr{E}$ den Ausdruck $(\partial\boldsymbol{E}/\partial\boldsymbol{y})\boldsymbol{v}^i$. Man findet

$$\frac{\partial\boldsymbol{E}}{\partial\boldsymbol{y}}\boldsymbol{v}^1=\begin{pmatrix}1+a^2(\sin^2\phi-\cos^2\phi)\\2a^2\sin\phi\cos\phi\end{pmatrix}$$

Nun suchen wir eine Funktion $\boldsymbol{u}^1$, so daß gilt: $\boldsymbol{u}^{1*}=(\partial\boldsymbol{E}/\partial\boldsymbol{y})\boldsymbol{v}^1$ (* bezeichnet die in (22) definierte Substitutionsoperation). Offenbar gilt:

$$\boldsymbol{u}^1(\boldsymbol{x})=\begin{pmatrix}1+x_2^2-x_1^2\\-2x_1x_2\end{pmatrix}\tag{29}$$

und analog:

$$\boldsymbol{u}^2(\boldsymbol{x})=\begin{pmatrix}2+2x_2^2-2x_1^2\\-4x_1x_2\end{pmatrix},\qquad \bar{\boldsymbol{f}}^1(\boldsymbol{x})=\bar{\boldsymbol{f}}^2(\boldsymbol{x})=\begin{pmatrix}-2x_2\\2x_1\end{pmatrix}\tag{30}$$

Wir stellen fest: In diesem Spezialfall ist es uns gelungen, die Funktionen $\boldsymbol{u}^1$, $\boldsymbol{u}^2,\ldots$ zu ermitteln. Betrachten wir überdies das dem DGl.-System (17) entsprechende System

$$\dot{\bar{x}}_1=\bar{x}_2-\varepsilon 2\bar{x}_2-\varepsilon^2 2\bar{x}_2+\cdots;\qquad \dot{\bar{x}}_2=-\bar{x}_1+\varepsilon 2\bar{x}_1+\varepsilon^2 2\bar{x}_1+\cdots\tag{31}$$

so sehen wir, daß die hinreichende Bedingung des Abschn. 9.1 erfüllt ist, indem $\boldsymbol{f}(\mathbf{0})=\mathbf{0}$ gilt. Den Ausführungen dieses Abschnittes gemäß erhalten wir, wenn wir das System (31) der Elementtransformation (25) unterwerfen, ein völlig äquivalentes System:

$$\dot{\bar{\phi}}=1-2\varepsilon-2\varepsilon^2+\cdots; \quad \dot{\bar{a}}=0 \tag{32}$$

Die Lösungen von (32) sind, um das abschließende Resultat zu erhalten, in

$$\boldsymbol{U}(\boldsymbol{E}(\boldsymbol{y})) \tag{33}$$

einzusetzen, wobei $\boldsymbol{E}$ die Elementtransformation (25), $\boldsymbol{U}$ die fast-identische Transformation (16) bezeichnet. Die explizite Berechnung des Ausdrucks (33) ergibt, mit

$$\begin{cases} U_1(\boldsymbol{x})=x_1+\varepsilon(1+x_2^2-x_1^2)+\varepsilon^2(2-x_1+2x_2^2-2x_1^2+x_1^3-3x_1x_2^2)+\cdots \\ U_2(\boldsymbol{x})=x_2+\varepsilon(-2x_1x_2)+\varepsilon^2(-x_2-4x_1x_2+3x_1^2x_2-x_2^3)+\cdots \end{cases} \tag{34}$$

folgendes Resultat, das keine Nenner enthält:

$$\begin{cases} U_1(\boldsymbol{E}(\boldsymbol{y}))=a\cos\phi+\varepsilon(1-a^2\cos 2\phi) \\ \qquad\qquad +\varepsilon^2(2-a\cos\phi-2a^2\cos 2\phi+a^3\cos 3\phi)+\cdots \\ U_2(\boldsymbol{E}(\boldsymbol{y}))=-a\sin\phi+\varepsilon a^2\sin 2\phi+\varepsilon^2(a\sin\phi+2a^2\sin 2\phi-a^3\sin 3\phi)+\cdots \end{cases} \tag{35}$$

Es ist instruktiv, das Ergebnis der neuen Methode mit dem Resultat der alten Prozedur zu vergleichen. Das letztere erhält man, indem man die Lösungen von (32) in den Ausdruck:

$$\boldsymbol{E}(\boldsymbol{V}(\boldsymbol{y})) \tag{36}$$

einsetzt. Hierbei bezeichnet $\boldsymbol{V}$ die durch $\boldsymbol{v}^1$, $\boldsymbol{v}^2, \ldots$ gemäß der Formel

$$\boldsymbol{V}(\boldsymbol{y})=\boldsymbol{y}+\varepsilon\boldsymbol{v}^1+\varepsilon^2(\boldsymbol{v}^2+\tfrac{1}{2}\boldsymbol{v}^1\circ\boldsymbol{v}^1)+\cdots \tag{37}$$

definierte fast-identische Transformation. Die Auswertung von (37) ergibt:

$$V_1=\phi-\varepsilon\frac{1+a^2}{a}\sin\phi+\varepsilon^2\left[-2\frac{1+a^2}{a}\sin\phi+\left(a^2+\frac{1}{a^2}\right)\sin\phi\cos\phi\right]+\cdots \tag{38}$$

$$V_2=a-\varepsilon(a^2-1)\cos\phi+\varepsilon^2\left[-2(a^2-1)\cos\phi+\frac{1}{2}\left(\frac{1}{a}-a^3\right)\sin^2\phi+(a^3-a)\cos^2\phi\right]+\cdots$$

Setzt man diese Ausdrücke in die Elementtransformation (25) ein, erhält man (36):

$$E_1(\boldsymbol{V}(\boldsymbol{y})) = \;[a-\varepsilon(a^2-1)\cos\phi+\varepsilon^2(..)+\cdots]\cos\left[\phi-\varepsilon\frac{1+a^2}{a}\sin\phi+\varepsilon^2(..)+\cdots\right]$$

$$E_2(\boldsymbol{V}(\boldsymbol{y})) = -[a-\varepsilon(a^2-1)\cos\phi+\varepsilon^2(..)+\cdots]\sin\left[\phi-\varepsilon\frac{1+a^2}{a}\sin\phi+\varepsilon^2(..)+\cdots\right] \tag{39}$$

Ein Vergleich von (39) und (35) ergibt: Man erhält die Formeln (35) aus (39), indem man die Ausdrücke (39) nach Potenzen von ε entwickelt. Man sieht, daß also formal die Gleichung

$$\boldsymbol{U}(\boldsymbol{E}(\boldsymbol{y})) = \boldsymbol{E}(\boldsymbol{V}(\boldsymbol{y})) \tag{40}$$

gilt, wenn $\boldsymbol{U}$ bzw. $\boldsymbol{V}$ die formalen Reihen (16) bzw. (37) bezeichnen. *Diese Gleichung gilt jedoch nicht mehr exakt, falls nur endlich viele Glieder der Reihen* (35) *und* (39) *verwendet werden. In diesem Fall besitzt* (35) *einen wesentlichen Vorteil gegenüber* (39), *ist doch die abgebrochene Reihe* (35) *auch für* $a=0$ *definiert, während das Abbrechen in den eckigen Klammern von* (39) *das Entstehen von nicht hebbaren Singularitäten bewirkt.* Die modifizierte Methode ist also nicht nur von akademischem Interesse, sondern es kommt ihr auch praktische Bedeutung zu. □

Wir kehren zu allgemeinen Betrachtungen zurück. Die modifizierte Methode erfordert die Berechnung von

$$\boldsymbol{U}(\boldsymbol{E}(\boldsymbol{y})) \tag{41}$$

Es bietet sich dazu folgendes Vorgehen an: Man bestimmt zu den Funktionen $\boldsymbol{v}^i$ die Funktionen $\boldsymbol{u}^i$, so daß (15) gilt, dann berechnet man $\boldsymbol{U}(\boldsymbol{x})$ nach (16) und substituiert $\boldsymbol{E}(\boldsymbol{y})$. Diese Methode ist jedoch umständlich; wir zeigen, daß die Berechnung der $\boldsymbol{u}^i$ vermieden werden kann. Wir beweisen zuerst

Lemma 2 *Es seien* $\boldsymbol{u}_1, \boldsymbol{u}_2, \boldsymbol{u}_3, \ldots$ *reguläre Funktionen in* Γ. *Dann gelten in* Δ *folgende Beziehungen*

$$(\boldsymbol{u}_1\circ\boldsymbol{u}_2)^* = \boldsymbol{E}\circ\mathscr{E}\boldsymbol{u}_1\circ\mathscr{E}\boldsymbol{u}_2 \tag{42.1}$$

$$(\boldsymbol{u}_1\circ\boldsymbol{u}_2\circ\boldsymbol{u}_3)^* = \boldsymbol{E}\circ\mathscr{E}\boldsymbol{u}_1\circ\mathscr{E}\boldsymbol{u}_2\circ\mathscr{E}\boldsymbol{u}_3 \tag{42.2}$$

$$\vdots$$

(* bezeichnet nach wie vor den Substitutionsoperator, der in Gl. (22) definiert ist, $\mathscr{E}$ wurde in (12) eingeführt).

Beweis. Aus

$$\frac{\partial(\boldsymbol{u}_1^*)}{\partial\boldsymbol{y}} = \left(\frac{\partial\boldsymbol{u}_1}{\partial\boldsymbol{x}}\right)^*\frac{\partial\boldsymbol{E}}{\partial\boldsymbol{y}} \quad \text{folgt} \quad \left(\frac{\partial\boldsymbol{u}_1}{\partial\boldsymbol{x}}\right)^* = \frac{\partial(\boldsymbol{u}_1^*)}{\partial\boldsymbol{y}}\left(\frac{\partial\boldsymbol{E}}{\partial\boldsymbol{y}}\right)^{-1}$$

und somit:

$$(\boldsymbol{u}_1 \circ \boldsymbol{u}_2)^* = \left(\frac{\partial \boldsymbol{u}_1}{\partial \boldsymbol{x}}\right)^* \boldsymbol{u}_2^* = \frac{\partial(\boldsymbol{u}_1^*)}{\partial \boldsymbol{y}} \left(\frac{\partial \boldsymbol{E}}{\partial \boldsymbol{y}}\right)^{-1} \boldsymbol{u}_2^*$$

$$= \boldsymbol{u}_1^* \circ \mathscr{E}\boldsymbol{u}_2 = \left(\frac{\partial \boldsymbol{E}}{\partial \boldsymbol{y}} \left(\frac{\partial \boldsymbol{E}}{\partial \boldsymbol{y}}\right)^{-1} \boldsymbol{u}_1^*\right) \circ \mathscr{E}\boldsymbol{u}_2 = \boldsymbol{E} \circ \mathscr{E}\boldsymbol{u}_1 \circ \mathscr{E}\boldsymbol{u}_2$$

d.h. die Gültigkeit von (42.1) ist gezeigt. Weiter folgt

$$(\boldsymbol{u}_1 \circ \boldsymbol{u}_2 \circ \boldsymbol{u}_3)^* = ((\boldsymbol{u}_1 \circ \boldsymbol{u}_2) \circ \boldsymbol{u}_3)^* = \boldsymbol{E} \circ \mathscr{E}(\boldsymbol{u}_1 \circ \boldsymbol{u}_2) \circ \mathscr{E}\boldsymbol{u}_3$$

$$= \left[\frac{\partial \boldsymbol{E}}{\partial \boldsymbol{y}} \left(\frac{\partial \boldsymbol{E}}{\partial \boldsymbol{y}}\right)^{-1} (\boldsymbol{u}_1 \circ \boldsymbol{u}_2)^*\right] \circ \mathscr{E}\boldsymbol{u}_3 = (\boldsymbol{E} \circ \mathscr{E}\boldsymbol{u}_1 \circ \mathscr{E}\boldsymbol{u}_2) \circ \mathscr{E}\boldsymbol{u}_3$$

$$= \boldsymbol{E} \circ \mathscr{E}\boldsymbol{u}_1 \circ \mathscr{E}\boldsymbol{u}_2 \circ \mathscr{E}\boldsymbol{u}_3$$

womit auch die Richtigkeit von Gl. (42.2) erwiesen ist. Schließlich ist klar, daß auch die weiteren Gleichungen dieses Typs gültig sind. ■

Wenden wir Lemma 2 auf Gl. (16) an, so folgt mit (15)

$$\boldsymbol{U}(\boldsymbol{E}(\boldsymbol{y})) = \boldsymbol{U}^* = \boldsymbol{E}(\boldsymbol{y}) + \sum_{\iota=1}^{\infty} \varepsilon^{\iota} \sum_{r=1}^{\iota} \frac{1}{r!} \sum_{j_1+j_2+\cdots+j_r=\iota} \boldsymbol{E} \circ \boldsymbol{v}^{j_1} \circ \cdots \circ \boldsymbol{v}^{j_r} \tag{43}$$

oder, wenn wir die ersten Terme dieser Summe ausschreiben:

$$\boldsymbol{U}(\boldsymbol{E}(\boldsymbol{y})) = \boldsymbol{E}(\boldsymbol{y}) + \varepsilon \boldsymbol{E} \circ \boldsymbol{v}^1 + \varepsilon^2 (\boldsymbol{E} \circ \boldsymbol{v}^2 + \tfrac{1}{2} \boldsymbol{E} \circ \boldsymbol{v}^1 \circ \boldsymbol{v}^1) + \cdots \tag{43}$$

Wendet man diese Formel auf das früher besprochene Beispiel an, findet man erneut das Resultat (35).

In unserem Beispiel fanden wir die Gl. (40). Wir wollen uns überzeugen, daß Gl. (40) eine formal allgemein gültige Gleichung ist.

Aus Gl. (2, 6) folgt:

$$\boldsymbol{E}(\boldsymbol{V}) = \boldsymbol{E} + \frac{1}{1!} \boldsymbol{E} \circ \boldsymbol{v} + \frac{1}{2!} \boldsymbol{E} \circ \boldsymbol{v} \circ \boldsymbol{v} + \cdots$$

Führt man in diese Formel den Ausdruck

$$\boldsymbol{v} = \sum_{\iota=1}^{\infty} \varepsilon^{\iota} \boldsymbol{v}^{\iota}$$

ein, so ergibt sich die rechte Seite von (43) und somit die Behauptung.

Wir haben also gezeigt, daß die ursprüngliche und die modifizierte Störungstheorie formal äquivalent sind. Der Leser muß sich des formalen Charakters dieser Aussage jedoch bewußt sein; sobald endliche Abschnitte der auftretenden Reihen verwendet werden, entstehen drastische Unterschiede (man beachte die Diskussion am Schluß unseres Beispiels).

Wir schließen mit einer Bemerkung über die Behandlung von unwesentlich ausgearteten Systemen (cf. Abschn. 3.3). Man erinnert sich, daß in Abschn. 3.3 gemäß dem folgenden Diagramm verfahren wurde:

$$\begin{array}{l} \dot{\boldsymbol{x}} = \boldsymbol{f}(\boldsymbol{x}) \\ \quad \Big\downarrow \scriptstyle{\boldsymbol{x} = \boldsymbol{E}(\mathbf{y})} \\ \dot{\mathbf{y}} = \mathbf{g}(\mathbf{y}) \xrightarrow[\mathbf{y} = \mathbf{V}(\bar{\mathbf{y}})]{} \dot{\bar{\mathbf{y}}} = \bar{\mathbf{g}}(\bar{\mathbf{y}}) \xrightarrow[\bar{\mathbf{y}} = \bar{\mathbf{V}}(\bar{\bar{\mathbf{y}}})]{} \dot{\bar{\bar{\mathbf{y}}}} = \bar{\bar{\mathbf{g}}}(\bar{\bar{\mathbf{y}}}) \end{array}$$

Diagramm fur Variante I im unwesentlich ausgearteten Fall

Hierbei werden die auf Δ regulären Funktionen $\bar{\boldsymbol{v}}^i$, welche $\bar{\boldsymbol{V}}$ definieren, aus den Gln. (3, 38) gewonnen, welche mit den gegenwärtigen Bezeichnungen wie folgt lauten:

$$\bar{\mathbf{g}}^1 \times \bar{\boldsymbol{v}}^1 + \bar{\mathbf{g}}^2 = \tilde{\mathbf{g}}^2$$

$$\bar{\mathbf{g}}^1 \times \bar{\boldsymbol{v}}^2 + \bar{\mathbf{g}}^2 \times \bar{\boldsymbol{v}}^1 + \tfrac{1}{2}\bar{\mathbf{g}}^1 \times \bar{\boldsymbol{v}}^1 \times \bar{\boldsymbol{v}}^1 + \bar{\mathbf{g}}^3 = \tilde{\mathbf{g}}^3$$

$$\vdots$$

Ferner gilt für die Funktionen $\bar{\bar{\mathbf{g}}}^i$, die $\bar{\bar{\mathbf{g}}}$ definieren:

$$\bar{\bar{\mathbf{g}}}^1 = \bar{\mathbf{g}}^1 + \mathbf{g}^0 \times \bar{\boldsymbol{v}}^1, \qquad \bar{\bar{\mathbf{g}}}^2 = \tilde{\mathbf{g}}^2 + \mathbf{g}^0 \times \bar{\boldsymbol{v}}^2 + \tfrac{1}{2}\mathbf{g}^0 \times \bar{\boldsymbol{v}}^1 \times \bar{\boldsymbol{v}}^1, \ldots$$

(cf. (3, 39)).

Man wird, in Ergänzung der früheren Voraussetzung, im vorliegenden Fall zusätzlich folgende Forderung aufstellen.

Voraussetzung *Zu den Funktionen $\bar{\boldsymbol{v}}^1$, $\bar{\boldsymbol{v}}^2, \ldots$ gibt es auf Γ reguläre Funktionen $\bar{\boldsymbol{u}}^1$, $\bar{\boldsymbol{u}}^2, \ldots$, so daß gilt: $\bar{\boldsymbol{v}}^i = \mathscr{E}\bar{\boldsymbol{u}}^i$.*

Dann kann man nicht nur das System $\dot{\bar{\boldsymbol{x}}} = \bar{\boldsymbol{f}}(\bar{\boldsymbol{x}})$ definieren (cf. Gl. (17), (18)), sondern auch ein System

$$\dot{\bar{\bar{\boldsymbol{x}}}} = \bar{\bar{\boldsymbol{f}}}(\bar{\bar{\boldsymbol{x}}}) = \boldsymbol{f}^0(\bar{\bar{\boldsymbol{x}}}) + \mathscr{E}\bar{\bar{\boldsymbol{f}}}^1(\bar{\bar{\boldsymbol{x}}}) + \cdots$$

wobei die $\bar{\bar{\boldsymbol{f}}}^i$ wie folgt definiert sind

$$\bar{\boldsymbol{f}}^1 \times \bar{\boldsymbol{u}}^1 + \bar{\boldsymbol{f}}^2 = \tilde{\boldsymbol{f}}^2$$

$$\bar{\boldsymbol{f}}^1 \times \bar{\boldsymbol{u}}^2 + \bar{\boldsymbol{f}}^2 \times \bar{\boldsymbol{u}}^1 + \tfrac{1}{2}\bar{\boldsymbol{f}}^1 \times \bar{\boldsymbol{u}}^1 \times \bar{\boldsymbol{u}}^1 + \bar{\boldsymbol{f}}^3 = \tilde{\boldsymbol{f}}^3$$

$$\vdots$$

$$\bar{\bar{\boldsymbol{f}}}^1 = \bar{\boldsymbol{f}}^1 + \boldsymbol{f}^0 \times \bar{\boldsymbol{u}}^1, \qquad \bar{\bar{\boldsymbol{f}}}^2 = \tilde{\boldsymbol{f}}^2 + \boldsymbol{f}^0 \times \bar{\boldsymbol{u}}^2 + \tfrac{1}{2}\boldsymbol{f}^0 \times \bar{\boldsymbol{u}}^1 \times \bar{\boldsymbol{u}}^1, \ldots$$

Der formale Zusammenhang zwischen den Systemen $\dot{\bar{\boldsymbol{x}}} = \bar{\boldsymbol{f}}(\bar{\boldsymbol{x}})$ und $\dot{\bar{\bar{\boldsymbol{x}}}} = \bar{\bar{\boldsymbol{f}}}(\bar{\bar{\boldsymbol{x}}})$ wird durch die fast-identische Transformation $\bar{\boldsymbol{x}} = \bar{\boldsymbol{U}}(\bar{\bar{\boldsymbol{x}}})$ vermittelt, wobei

$$\bar{\boldsymbol{U}}(\boldsymbol{x}) = \boldsymbol{x} + \sum_{\iota=1}^{\infty} \varepsilon^{\iota} \sum_{r=1}^{i} \frac{1}{r!} \sum_{j_1+\cdots+j_r=\iota} \bar{\boldsymbol{u}}^{j_1} \circ \bar{\boldsymbol{u}}^{j_2} \circ \cdots \circ \bar{\boldsymbol{u}}^{j_r}$$

gilt.

Aus Lemma 1 folgt sofort, daß $\mathscr{E}\bar{\bar{\boldsymbol{f}}}^{\iota} = \bar{\bar{\boldsymbol{g}}}^{\iota}$ gilt.

Das letzte Diagramm wird also durch folgendes ersetzt:

$$\begin{array}{ccccc}
\dot{\boldsymbol{x}} = \boldsymbol{f}(\boldsymbol{x}) & \xrightarrow{\boldsymbol{x} = \boldsymbol{U}(\bar{\boldsymbol{x}})} & \dot{\bar{\boldsymbol{x}}} = \bar{\boldsymbol{f}}(\bar{\boldsymbol{x}}) & \xrightarrow{\bar{\boldsymbol{x}} = \bar{\boldsymbol{U}}(\bar{\bar{\boldsymbol{x}}})} & \dot{\bar{\bar{\boldsymbol{x}}}} = \bar{\bar{\boldsymbol{f}}}(\bar{\bar{\boldsymbol{x}}}) \\
\Big\downarrow {\scriptstyle \boldsymbol{x} = \boldsymbol{E}(\boldsymbol{y})} & & \Big\downarrow {\scriptstyle \bar{\boldsymbol{x}} = \boldsymbol{E}(\bar{\boldsymbol{y}})} & & \Big\downarrow {\scriptstyle \bar{\bar{\boldsymbol{x}}} = \boldsymbol{E}(\bar{\bar{\boldsymbol{y}}})} \\
\dot{\boldsymbol{y}} = \boldsymbol{g}(\boldsymbol{y}) & \xrightarrow[\boldsymbol{y} = \boldsymbol{V}(\bar{\boldsymbol{y}})]{} & \dot{\bar{\boldsymbol{y}}} = \bar{\boldsymbol{g}}(\bar{\boldsymbol{y}}) & \xrightarrow[\bar{\boldsymbol{y}} = \bar{\boldsymbol{V}}(\bar{\bar{\boldsymbol{y}}})]{} & \dot{\bar{\bar{\boldsymbol{y}}}} = \bar{\bar{\boldsymbol{g}}}(\bar{\bar{\boldsymbol{y}}})
\end{array}$$

9.3 Anwendungen

Wir wollen die Methode des letzten Abschnittes auf Probleme, die in Kapitel II behandelt wurden, anwenden.

9.3.1 Der schwere, symmetrische, schnelle Kreisel mit Luftwiderstand

Wir betrachten das in Abschn. 4.2.2 behandelte Kreiselproblem. Auf der einen Seite wurden dort die vier Quaternionenvariablen u_1, u_2, u_3, u_4 und die drei Eulervariablen y_1, y_2, y_3 verwendet (sie bilden zusammen den Vektor $\boldsymbol{x}$ in der Terminologie von Abschn. 9.2) andererseits die Elementvariable ϕ_1, ϕ_2, Ω, a_1, a_2, a_3, a_4. Die Elementtransformation lautete (cf. Gl. (4, 48))

$$\begin{array}{llll}
E_1 = a_1 \cos(\phi_1 + \Omega) & E_3 = a_2 \cos(\phi_1 - \Omega) & E_5 = a_3\sqrt{2m}\cos\phi_2 & \\
 & & & E_7 = a_4 \\
E_2 = -a_1 \sin(\phi_1 + \Omega) & E_4 = -a_2 \sin(\phi_1 - \Omega) & E_6 = -a_3\sqrt{2m}\sin\phi_2 &
\end{array}$$

In Abschn. 4.2.2 ist die im letzten Abschnitt mit $\boldsymbol{v}^1$ bezeichnete Größe bestimmt worden. Wir fanden (cf. Gl. (4, 52))

$$\begin{aligned}
\boldsymbol{v}^1 = \frac{1}{(1+m)a_4} &(A_1 \sin(2\phi_1 - \phi_2), A_2 \sin(2\phi_1 - \phi_2), A_3 \sin(2\phi_1 - \phi_2), \\
&- B_1 \cos(2\phi_1 - \phi_2), -B_2 \cos(2\phi_1 - \phi_2), -B_3 \cos(2\phi_1 - \phi_2), 0)^T
\end{aligned}$$

wobei A_1, A_2, A_3, B_1, B_2, B_3 durch die Gln. (4, 49) definiert sind. Zur Konstruktion einer Approximation 1. Ordnung haben wir gemäß Gl. (43) den Ausdruck $\boldsymbol{E} + \boldsymbol{E} \circ \boldsymbol{v}^1$ zu bilden und in diesen die Lösungen (4, 55) des Systems (4, 54) einzusetzen. Man findet:

$$\left\{\begin{aligned}
u_1(s) &= a_1\cos(\phi_1+\Omega)+\varepsilon\gamma\frac{a_2a_3}{a_4}\cos(\phi_1-\phi_2-\Omega) && \phi_i\to\bar\phi_i(s)\\
u_2(s) &= -a_1\sin(\phi_1+\Omega)+\varepsilon\gamma\frac{a_2a_3}{a_4}\sin(\phi_1-\phi_2-\Omega) && \Omega\to\bar\Omega(s)\\
u_3(s) &= a_2\cos(\phi_1-\Omega)-\varepsilon\gamma\frac{a_1a_3}{a_4}\cos(\phi_1-\phi_2+\Omega)\\
u_4(s) &= -a_2\sin(\phi_1-\Omega)-\varepsilon\gamma\frac{a_1a_3}{a_4}\sin(\phi_1-\phi_2+\Omega)\\
y_1(s) &= a_3\sqrt{2m}\cos\phi_2+\varepsilon\delta\frac{a_1a_2}{a_4}\cos 2\phi_1 && a_i\to\bar a_i(s)\\
y_2(s) &= -a_3\sqrt{2m}\sin\phi_2-\varepsilon\delta\frac{a_1a_2}{a_4}\sin 2\phi_1\\
y_3(s) &= a_4
\end{aligned}\right. \tag{44}$$

mit

$$\gamma=\frac{\sqrt{2m}}{2(1+m)}\qquad \delta=\frac{2a}{A(1+m)}$$

Man beachte, daß diese Formeln auch die Fälle $a_1=0$ oder $a_2=0$ erfassen. $a_4=0$ ist weiterhin eine Singularität.

9.3.2 Das Satellitenproblem

Wir betrachten das in §5 behandelte (unwesentlich ausgeartete) Satellitenproblem. Es ist nicht schwer einzusehen, daß die in Abschn. 9.2 genannten Voraussetzungen erfüllt sind; wir wenden uns deshalb sogleich der Konstruktion von $\boldsymbol{U}(\bar{\boldsymbol{U}}(\boldsymbol{E}(\bar{\bar{\boldsymbol{y}}})))$ zu. Mit

$$\boldsymbol{U}=\bar{\boldsymbol{x}}+\varepsilon\boldsymbol{u}^1(\bar{\boldsymbol{x}}),\qquad \bar{\boldsymbol{U}}=\bar{\bar{\boldsymbol{x}}}+\varepsilon\bar{\boldsymbol{u}}^1(\bar{\bar{\boldsymbol{x}}}),\qquad \mathscr{C}\boldsymbol{u}^1=\boldsymbol{v}^1,\qquad \mathscr{C}\bar{\boldsymbol{u}}^1=\bar{\boldsymbol{v}}^1,$$

folgt, bis auf Terme höherer Ordnung in ε:

$$\boldsymbol{x}=\boldsymbol{U}(\bar{\boldsymbol{U}}(\boldsymbol{E}(\bar{\bar{\boldsymbol{y}}})))=\boldsymbol{E}(\bar{\bar{\boldsymbol{y}}})+\varepsilon\frac{\partial\boldsymbol{E}}{\partial\bar{\bar{\boldsymbol{y}}}}[\boldsymbol{v}^1(\bar{\bar{\boldsymbol{y}}})+\bar{\boldsymbol{v}}^1(\bar{\bar{\boldsymbol{y}}})] \tag{45}$$

Dabei bedeutet:

$$\begin{aligned}\boldsymbol{E}^T=(&a_1\cos\tfrac12(\phi_1+\Omega_2),\,-a_1\sin\tfrac12(\phi_1+\Omega_2),\,a_2\cos\tfrac12(\phi_1-\Omega_2),\\ &-a_2\sin\tfrac12(\phi_1-\Omega_2),\,a_3\cos(\phi_1-\Omega_1)+\frac{1}{a_4},\,-a_3\sin(\phi_1-\Omega_1),\,a_4,\,\Omega_3)\end{aligned}$$

$$\boldsymbol{v}^1=(r^1,\,s_1^1,\,s_2^1,\,s_3^1,\,t_1^1,\,t_2^1,\,t_3^1,\,t_4^1)^T,\qquad \bar{\boldsymbol{v}}^1=(\bar r^1,\,\bar s_1^1,\,\bar s_2^1,\,\bar s_3^1,\,\bar t_1^1,\,\bar t_2^1,\,\bar t_3^1,\,\bar t_4^1)^T$$

Die Funktionen r^1, s_i^1, t_i^1, $\bar r^1$, $\bar s_i^1$, $\bar t_i^1$ sind durch (5, 57), (5, 65) definiert.

Die Auswertung der Formel (45) ergibt (für die Bezeichnung der Variablen cf. (5, 47)):

$$\begin{aligned}
u_1 &= \bar{\bar{a}}_1 \cos\tfrac{1}{2}(\bar{\bar{\phi}}_1+\bar{\bar{\Omega}}_2) - \varepsilon(r^1+s_2^1+\bar{r}^1+\bar{s}_2^1)\frac{\bar{\bar{a}}_1}{2}\sin\tfrac{1}{2}(\bar{\bar{\phi}}_1+\bar{\bar{\Omega}}_2)\\
&\quad + \varepsilon(t_1^1+\bar{t}_1^1)\cos\tfrac{1}{2}(\bar{\bar{\phi}}_1+\bar{\bar{\Omega}}_2)\\
u_2 &= -\bar{\bar{a}}_1 \sin\tfrac{1}{2}(\bar{\bar{\phi}}_1+\bar{\bar{\Omega}}_2) - \varepsilon(r^1+s_2^1+\bar{r}^1+\bar{s}_2^1)\frac{\bar{\bar{a}}_1}{2}\cos\tfrac{1}{2}(\bar{\bar{\phi}}_1+\bar{\bar{\Omega}}_2)\\
&\quad - \varepsilon(t_1^1+\bar{t}_1^1)\sin\tfrac{1}{2}(\bar{\bar{\phi}}_1+\bar{\bar{\Omega}}_2)\\
u_3 &= \bar{\bar{a}}_2 \cos\tfrac{1}{2}(\bar{\bar{\phi}}_1-\bar{\bar{\Omega}}_2) - \varepsilon(r^1-s_2^1+\bar{r}^1-\bar{s}_2^1)\frac{\bar{\bar{a}}_2}{2}\sin\tfrac{1}{2}(\bar{\bar{\phi}}_1-\bar{\bar{\Omega}}_2)\\
&\quad + \varepsilon(t_2^1+\bar{t}_2^1)\cos\tfrac{1}{2}(\bar{\bar{\phi}}_1-\bar{\bar{\Omega}}_2) \qquad (46)\\
u_4 &= -\bar{\bar{a}}_2 \sin\tfrac{1}{2}(\bar{\bar{\phi}}_1-\bar{\bar{\Omega}}_2) - \varepsilon(r^1-s_2^1+\bar{r}^1-\bar{s}_2^1)\frac{\bar{\bar{a}}_2}{2}\cos\tfrac{1}{2}(\bar{\bar{\phi}}_1-\bar{\bar{\Omega}}_2)\\
&\quad - \varepsilon(t_2^1+\bar{t}_2^1)\sin\tfrac{1}{2}(\bar{\bar{\phi}}_1-\bar{\bar{\Omega}}_2)\\
\rho &= \bar{\bar{a}}_3\cos(\bar{\bar{\phi}}_1-\bar{\bar{\Omega}}_1) + \frac{1}{\bar{\bar{a}}_4} - \varepsilon(\bar{\bar{a}}_3 r^1 - \bar{\bar{a}}_3 s_1^1 + \bar{\bar{a}}_3\bar{r}^1 - \bar{\bar{a}}_3\bar{s}_1^1)\sin(\bar{\bar{\phi}}_1-\bar{\bar{\Omega}}_1)\\
&\quad + \varepsilon(t_3^1+\bar{t}_3^1)\cos(\bar{\bar{\phi}}_1-\bar{\bar{\Omega}}_1) - \varepsilon(t_4^1+\bar{t}_4^1)\frac{1}{\bar{\bar{a}}_4^2}\\
\rho' &= -\bar{\bar{a}}_3\sin(\bar{\bar{\phi}}_1-\bar{\bar{\Omega}}_1) - \varepsilon(\bar{\bar{a}}_3 r^1 - \bar{\bar{a}}_3 s_1^1 + \bar{\bar{a}}_3\bar{r}^1 - \bar{\bar{a}}_3\bar{s}_1^1)\cos(\bar{\bar{\phi}}_1-\bar{\bar{\Omega}}_1)\\
&\quad - \varepsilon(t_3^1+\bar{t}_3^1)\sin(\bar{\bar{\phi}}_1-\bar{\bar{\Omega}}_1)\\
p &= \bar{\bar{a}}_4 + \varepsilon(t_4^1+\bar{t}_4^1) \qquad \Omega = \bar{\bar{\Omega}}_3 + \varepsilon(s_3^1+\bar{s}_3^1)
\end{aligned}$$

Die Argumente in den Funktionen r^1, $s_\iota^1, \ldots$ sind $\bar{\bar{\phi}}_1, \bar{\bar{\Omega}}_\iota$, $\bar{\bar{a}}_\iota$.

In Abschn. 5.5 haben wir die Singularitäten diskutiert, die in den Funktionen r^1, $s_i^1, \ldots$ auftreten, insbesondere die durch $a_3=0$ definierte Kreisbahnsingularität. Wir haben damals festgestellt, daß a_3 als Nenner in s_1^1 auftritt (und nur in dieser Funktion). In den Formeln (46) tritt nun s_1^1 nur in der Kombination $a_3 s_1^1$ auf, somit sind die Formeln (46) stetig auf die Hyperebene $a_3=0$ fortsetzbar. Setzen wir die Lösungen (5, 68) des gemittelten Systems (5, 67) in (46) ein, so enthält diese Lösungsschar auch die Kreisbahnen.

9.4 Begründung der modifizierten Störungstheorie

In diesem Abschnitt sollen die in Abschn. 9.2 noch offengelassenen Fragen abgeklärt werden. Es geht hierbei, wie man sich erinnert, vornehmlich um die Frage der Durchführbarkeit der modifizierten Methode, ferner um die Äquivalenzfrage. Es wird in diesem Zusammenhang nicht unser Ziel sein, eine Theorie zu entwickeln, die alle behandelten Beispiele bis ins Detail deckt. Wir

begnügen uns mit einer typischen Situation, die das Wesentliche zeigt, ohne einen unermeßlichen Schreibaufwand zu erfordern.
Wir betrachten ein System der Ordnung 4 und bezeichnen die Variablen mit x_1, x_2, x_3, x_4. Die Komponenten der rechten Seiten des Ausgangsdgl.-Systems

$$\dot{\boldsymbol{x}} = \boldsymbol{f}^0(\boldsymbol{x}) + \varepsilon \boldsymbol{f}^1(\boldsymbol{x}) + \cdots \tag{47}$$

seien Elemente einer Funktionsklasse P von Funktionen, die auf der kompakten Menge

$$x_1^2 + x_2^2 \leq A; \qquad x_3^2 + x_4^2 \leq A \tag{48}$$

definiert sind und Darstellungen der Form

$$\sum_{j_1, j_2, j_3, j_4} p_{j_1 j_2 j_3 j_4}(x_1^2 + x_2^2, x_3^2 + x_4^2) x_1^{j_1} x_2^{j_2} x_3^{j_3} x_4^{j_4} \tag{48}$$

haben. j_1, j_2, j_3, j_4 bezeichnen nicht-negative ganze Zahlen, die Summation soll sich nur über endlich viele Terme erstrecken; die Funktionen $p_{j_1 j_2 j_3 j_4}(r_1, r_2)$ sollen, zusammen mit allen ihren partiellen Ableitungen, auf dem abgeschlossenen Rechteck

$$[0, A] \times [0, A] \tag{49}$$

definiert und stetig sein.
Weiter wollen wir voraussetzen, daß die Elementtransformation zum System (47) wie folgt heißt:

$$\begin{aligned} x_1 &= E_1 = a_1 \cos \beta_1 & x_3 &= E_3 = a_2 \cos \beta_2 \\ x_2 &= E_2 = -a_1 \sin \beta_1 & x_4 &= E_4 = -a_2 \sin \beta_2 \end{aligned} \tag{50}$$

mit

$$\begin{pmatrix} \beta_1 \\ \beta_2 \end{pmatrix} = B \begin{pmatrix} \phi \\ \Omega \end{pmatrix} \qquad \text{wo} \quad B = \begin{pmatrix} b_{11} & b_{12} \\ b_{21} & b_{22} \end{pmatrix}$$

Die Elemente von B seien Zahlen, B sei regulär. Schließlich wollen wir noch annehmen, daß das ungestörte Problem, in den Elementen ausgedrückt, folgende Gestalt habe:

$$\dot{\phi} = \omega(a_1^2, a_2^2), \qquad \dot{\Omega} = 0, \qquad \dot{a}_1 = \dot{a}_2 = 0 \tag{51}$$

Die Funktion $\omega(r_1, r_2)$ soll dieselben Eigenschaften haben wie die Funktionen p. Überdies soll ω im Rechteck (49) streng positiv sein.
Der Leser wird bemerken, daß die hiermit skizzierte Situation typisch ist für die in Kapitel II behandelten Beispiele.

9.4.1 D'Alembert-Funktionen

Führen wir eine weitere Klasse, T, von Funktionen ein. Sie sollen auf der Menge

$$-\infty < \beta_1 < \infty, \qquad -\infty < \beta_2 < \infty, \qquad 0 \leq a_1 \leq \sqrt{A}, \qquad 0 \leq a_2 \leq \sqrt{A} \tag{52}$$

definiert sein und Darstellungen der Form

$$\sum_{m_1, m_2} q_{m_1 m_2}(a_1^2, a_2^2) a_1^{|m_1|} a_2^{|m_2|} e^{i \cdot (m_1 \beta_1 + m_2 \beta_2)} \tag{52}$$

besitzen. m_1, m_2 bezeichnen ganze Zahlen; wiederum erstrecke sich die Summation nur über endlich viele Terme. Die Funktionen $q_{m_1 m_2}$ sind komplexwertig; ihre Real- und Imaginärteile sollen dieselben Eigenschaften haben wie die Funktionen $p_{j_1 j_2 j_3 j_4}$. (52) stellt offenbar genau dann eine reellwertige Funktion dar, wenn für alle m_1, m_2,

$$\bar{q}_{m_1 m_2} = q_{-m_1 - m_2}{}^{1)} \tag{53}$$

gilt. Da wir auch in Zukunft nur reelle Funktionen betrachten wollen, fordern wir (53). Die Funktionsklassen P und T sind offenbar abgeschlossen gegenüber Addition und Multiplikation mit reellen Zahlen. P ist offensichtlich auch abgeschlossen gegenüber der Multiplikation zweier seiner Elemente. Wir wollen zeigen, daß auch T diese Eigenschaft hat.

Es genügt einen Ausdruck der Form

$$a_1^{|m_1| + |m_1'|} \cdot e^{i(m_1 + m_1')\beta_1} \tag{54}$$

zu betrachten und zwei Fälle zu unterscheiden.

a) Haben m_1 und m_1' dasselbe Vorzeichen, dann gilt $|m_1| + |m_1'| = |m_1 + m_1'|$ und somit ist (54) gleich

$$a_1^{|m_1 + m_1'|} e^{i(m_1 + m_1')\beta_1},$$

also von der gewünschten Form.

b) Es sei jetzt etwa $m_1 \leqslant 0$ und $m_1' \geqslant 0$. Wir unterscheiden wiederum zwei Fälle:

α) Aus $m_1 + m_1' \geqslant 0$ folgt:

$$a_1^{|m_1| + |m_1'|} = a_1^{-m_1 + m_1'} = a_1^{-2m_1} a_1^{m_1 + m_1'} = a_1^{-2m_1} a_1^{|m_1 + m_1'|}$$

so daß (54) jetzt in der folgenden Form geschrieben werden kann: $(a_1^2)^{-m_1} a_1^{|m_1 + m_1'|} e^{i(m_1 + m_1')\beta_1}$. Dieser Ausdruck hat die gewünschte Form.

β) Aus $m_1 + m_1' \leqslant 0$ folgt schließlich:

$$a_1^{|m_1| + |m_1'|} = a_1^{-m_1 + m_1'} = a_1^{2m_1'} a_1^{-(m_1 + m_1')} = a_1^{2m_1'} \cdot a_1^{|m_1 + m_1'|}$$

so daß (54) jetzt wie folgt heißt

$$(a_1^2)^{m_1'} a_1^{|m_1 + m_1'|} e^{i(m_1 + m_1')\beta_1}.$$

Aus diesen Betrachtungen folgt jetzt leicht die Behauptung, daß das Produkt zweier Funktionen aus T wieder in T liegt. (Die Realitätsbedingung folgt aus der Bemerkung, daß das Produkt zweier reeller Funktionen wieder eine reelle Funktion ist).

---

[1] $^-$bezeichnet hier konjugiert komplex.

Weiter bemerkt man, daß P auch abgeschlossen ist gegenüber Differentiation, während T diese Eigenschaft nicht hat.

Wir wollen jetzt zeigen, daß P und T über die Transformation $\boldsymbol{E}$, cf. Gl. (50), ineinander übergeführt werden können.

Bezeichnet *, wie in (22), den Substitutionsoperator, dann gilt:

Lemma 3 a) *Für* $f \in P$ *gilt:* $f^* \in T$

b) *Zu* $h \in T$ *gibt es ein und nur ein* $f \in P$, *so daß gilt* $f^* = h$

Beweis. Da die Punktmenge (48) das Bild der Punktmenge (52) unter $\boldsymbol{E}$ ist, folgt, daß der Operator $*$ auf den Funktionen von P definiert ist.

a) Da $a_1 \cos\beta_1$, $-a_1 \sin\beta_1$, $a_2 \cos\beta_2$, $-a_2 \sin\beta_2$ in T sind, folgt, dank den Abgeschlossenheitseigenschaften von T, daß auch

$$f^* = \sum_{j_1, j_2, j_3, j_4} p_{j_1 j_2 j_3 j_4}(a_1^2, a_2^2)(a_1 \cos\beta_1)^{j_1}(-a_1 \sin\beta_1)^{j_2}(a_2 \cos\beta_2)^{j_3}(-a_2 \sin\beta_2)^{j_4}$$

in T liegt.

b) Nehmen wir an, die Funktion h habe die Darstellung (52). Betrachten wir den Ausdruck

$$h_m^1 = a_1^{|m|} \cdot e^{i \cdot m\beta_1}.$$

Offenbar gilt:

$$\begin{aligned} h_m^1 &= a_1^{|m|}[e^{i(\operatorname{sgn} m)\beta_1}]^{|m|} = a_1^{|m|}[\cos\beta_1 + \operatorname{sgn} m \cdot i \cdot \sin\beta_1]^{|m|} \\ &= \sum_{k=0}^{|m|} (\operatorname{sgn} m \cdot i)^k \binom{|m|}{k} a_1^{|m|}(\cos\beta_1)^{|m|-k}(\sin\beta_1)^k \end{aligned}$$

Definieren wir:

$$f_m^1 = \sum_{k=0}^{|m|} (\operatorname{sgn} m \cdot i)^k \binom{|m|}{k} x_1^{|m|-k}(-x_2)^k = (x_1 - i \cdot \operatorname{sgn} m \cdot x_2)^{|m|}$$

Offenbar gilt

$$f_m^{1*} = h_m^1 \tag{55}$$

Ferner:

$$\bar{f}_m^1 = f_{-m}^1 \tag{56}$$

Nun bilden wir zur Funktion (52) den folgenden Ausdruck:

$$f = \sum_{m_1, m_2} q_{m_1 m_2}(x_1^2 + x_2^2, x_3^2 + x_4^2)(x_1 - i \cdot \operatorname{sgn} m_1 \cdot x_2)^{|m_1|}(x_3 - i \cdot \operatorname{sgn} m_2 \cdot x_4)^{|m_2|} \tag{57}$$

Es ist offensichtlich, daß (57) eine Funktion der Klasse P ist (die Realität von f folgt aus (53) und (56)), und wegen (55) folgt

$$f^* = h \tag{58}$$

Es bleibt zu zeigen, daß es nur eine Funktion mit der Eigenschaft (58) gibt. Sei $f_1(\boldsymbol{x}^0) \neq f_2(\boldsymbol{x}^0)$ für $\boldsymbol{x}^0$ in der Punktmenge (48). Es gibt ein $\mathbf{y}^0$ aus der Menge (52), so daß $\boldsymbol{E}(\mathbf{y}^0) = \boldsymbol{x}^0$ gilt. Folglich ist $f_1(\boldsymbol{E}(\mathbf{y}^0)) \neq f_2(\boldsymbol{E}(\mathbf{y}^0))$, woraus die Behauptung folgt. ■

9.4.2 D'Alembert-Vektorfunktionen

Wir wollen den Raum **P** derjenigen vier-dimensionalen Vektorfunktionen, die auf der Menge (48) definiert sind, einführen, deren Komponenten Funktionen aus P sind. **P** ist offensichtlich abgeschlossen gegenüber der Addition, der Multiplikation mit reellen Zahlen, und, was besonders wichtig ist, gegenüber der Kommutatorbildung $\times$. Weiter führen wir eine Klasse **T** von vier-dimensionalen Vektorfunktionen ein, die auf der offenen Menge

$$-\infty < \beta_1 < \infty, \qquad -\infty < \beta_2 < \infty, \qquad 0 < a_1 < \sqrt{A}, \qquad 0 < a_2 < \sqrt{A} \tag{59}$$

definiert sind und Darstellungen der Form

$$\sum_{m_1, m_2, i, \sigma} q^{c,i,\sigma}_{m_1 m_2}(a_1^2, a_2^2)\boldsymbol{e}_c(m_1, m_2, i, \sigma) + q^{s,i,\sigma}_{m_1 m_2}(a_1^2, a_2^2)\boldsymbol{e}_s(m_1, m_2, i, \sigma) \tag{60}$$

haben. Hierbei sind m_1, m_2 ganze Zahlen, i ist der Werte 1 und 2 fähig, σ nimmt die Werte -1 und 1 an. Die Funktionen q^c und q^s sollen reellwertige Funktionen sein, die überdies dieselben Eigenschaften haben wie die Funktionen $q_{m_1 m_2}$ der Gl. (52). (Man beachte, daß dies bedeutet, daß die Funktionen q^c, q^s nicht nur auf der Menge (59), sondern sogar auf (52) definiert sein und die Regularitätsbedingungen erfüllen müssen). Weiter ist:

$$\begin{aligned}
\boldsymbol{e}_c(m_1, m_2, 1, \sigma) &= a_1^{|m_1|} a_2^{|m_2|} \cdot \begin{pmatrix} \dfrac{1}{a_1} d_{11} c(m_1 + \sigma, m_2) \\ \dfrac{1}{a_1} d_{21} c(m_1 + \sigma, m_2) \\ \sigma \cdot s(m_1 + \sigma, m_2) \\ 0 \end{pmatrix} \\
\boldsymbol{e}_c(m_1, m_2, 2, \sigma) &= a_1^{|m_1|} a_2^{|m_2|} \cdot \begin{pmatrix} \dfrac{1}{a_2} d_{12} c(m_1, m_2 + \sigma) \\ \dfrac{1}{a_2} d_{22} c(m_1, m_2 + \sigma) \\ 0 \\ \sigma \cdot s(m_1, m_2 + \sigma) \end{pmatrix}
\end{aligned} \tag{61}$$

$$e_s(m_1, m_2, 1, \sigma) = a_1^{|m_1|} a_2^{|m_2|} \cdot \begin{pmatrix} \frac{1}{a_1} d_{11} s(m_1+\sigma, m_2) \\ \frac{1}{a_1} d_{21} s(m_1+\sigma, m_2) \\ -\sigma c(m_1+\sigma, m_2) \\ 0 \end{pmatrix}$$

$$e_s(m_1, m_2, 2, \sigma) = a_1^{|m_1|} a_2^{|m_2|} \cdot \begin{pmatrix} \frac{1}{a_2} d_{12} s(m_1, m_2+\sigma) \\ \frac{1}{a_2} d_{22} s(m_1, m_2+\sigma) \\ 0 \\ -\sigma c(m_1, m_2+\sigma) \end{pmatrix} \tag{61}$$

Dabei wurden die Abkürzungen $c(m_1, m_2) = \cos(m_1\beta_1 + m_2\beta_2)$, $s(m_1, m_2) = \sin(m_1\beta_1 + m_2\beta_2)$ verwendet. d_{11}, d_{12}, d_{21}, d_{22} sind die Elemente der inversen Matrix zu B.

Ehe wir auf den Zusammenhang zwischen den Räumen **P** und **T** eingehen, betrachten wir die Jacobi-Matrix der Elementtransformation (50):

$$\frac{\partial \boldsymbol{E}}{\partial \boldsymbol{y}} = -\begin{pmatrix} a_1 \sin\beta_1 b_{11} & a_1 \sin\beta_1 b_{12} & -\cos\beta_1 & 0 \\ a_1 \cos\beta_1 b_{11} & a_1 \cos\beta_1 b_{12} & \sin\beta_1 & 0 \\ a_2 \sin\beta_2 b_{21} & a_2 \sin\beta_2 b_{22} & 0 & -\cos\beta_2 \\ a_2 \cos\beta_2 b_{21} & a_2 \cos\beta_2 b_{22} & 0 & \sin\beta_2 \end{pmatrix} = \boldsymbol{E}_y \tag{62}$$

Diese Matrix ist auf der Menge (59) invertierbar (nicht jedoch auf (52)), man findet:

$$\left(\frac{\partial \boldsymbol{E}}{\partial \boldsymbol{y}}\right)^{-1} = -\begin{pmatrix} \frac{1}{a_1}\sin\beta_1 d_{11} & \frac{1}{a_1}\cos\beta_1 d_{11} & \frac{1}{a_2}\sin\beta_2 d_{12} & \frac{1}{a_2}\cos\beta_2 d_{12} \\ \frac{1}{a_1}\sin\beta_1 d_{21} & \frac{1}{a_1}\cos\beta_1 d_{21} & \frac{1}{a_2}\sin\beta_2 d_{22} & \frac{1}{a_2}\cos\beta_2 d_{22} \\ -\cos\beta_1 & \sin\beta_1 & 0 & 0 \\ 0 & 0 & -\cos\beta_2 & \sin\beta_2 \end{pmatrix} = \boldsymbol{E}_y^{-1} \tag{63}$$

Hieraus folgt: der früher (Gl. (12)) eingeführte Operator $\mathscr{E} : \mathscr{E}\boldsymbol{f} = (\partial \boldsymbol{E}/\partial \boldsymbol{y})^{-1} \boldsymbol{f}(\boldsymbol{E})$ ist auf den Vektorfunktionen von **P** definiert und liefert vier-dimensionale Vektorfunktionen, die auf (59) (nicht auf (52)) definiert sind. Wir behaupten:

Lemma 4 a) *Für* $\boldsymbol{f} \in \mathbf{P}$ *gilt:* $\mathscr{E}\boldsymbol{f} \in \mathbf{T}$
b) *Zu* $\boldsymbol{h} \in \mathbf{T}$ *gibt es ein und nur ein* $\boldsymbol{f} \in \mathbf{P}$, *so daß* $\mathscr{E}\boldsymbol{f} = \boldsymbol{h}$ *gilt.*

B e w e i s. Wir beginnen mit folgender Vorbereitung. Wir führen die Vektoren $\boldsymbol{c}(m_1, m_2, k)$ und $\boldsymbol{s}(m_1, m_2, k)$ ein, $k = 1, 2, 3$ oder 4. Der erstere weist an der Stelle k den Ausdruck $a_1^{|m_1|}a_2^{|m_2|}c(m_1, m_2)$ auf, sonst Nullen, der zweite hat an der Stelle k das Element $a_1^{|m_1|}a_2^{|m_2|}s(m_1, m_2)$ und sonst Nullen, also etwa

$$\boldsymbol{c}(m_1, m_2, 3) = \begin{pmatrix} 0 \\ 0 \\ a_1^{|m_1|}\, a_2^{|m_2|}\, c(m_1, m_2) \\ 0 \end{pmatrix}; \qquad \boldsymbol{s}(m_1, m_2, 1) = \begin{pmatrix} a_1^{|m_1|}\, a_2^{|m_2|}\, s(m_1, m_2) \\ 0 \\ 0 \\ 0 \end{pmatrix} \tag{64}$$

Ohne viel Mühe verifiziert man folgende Formeln:

$$\begin{aligned}
\boldsymbol{E}_{\mathbf{y}}^{-1}\boldsymbol{c}(m_1, m_2, 1) &= \tfrac{1}{2}[-\boldsymbol{e}_s(m_1, m_2, 1, 1) + \boldsymbol{e}_s(m_1, m_2, 1, -1)] \\
\boldsymbol{E}_{\mathbf{y}}^{-1}\boldsymbol{c}(m_1, m_2, 2) &= \tfrac{1}{2}[-\boldsymbol{e}_c(m_1, m_2, 1, 1) - \boldsymbol{e}_c(m_1, m_2, 1, -1)] \\
\boldsymbol{E}_{\mathbf{y}}^{-1}\boldsymbol{c}(m_1, m_2, 3) &= \tfrac{1}{2}[-\boldsymbol{e}_s(m_1, m_2, 2, 1) + \boldsymbol{e}_s(m_1, m_2, 2, -1)] \\
\boldsymbol{E}_{\mathbf{y}}^{-1}\boldsymbol{c}(m_1, m_2, 4) &= \tfrac{1}{2}[-\boldsymbol{e}_c(m_1, m_2, 2, 1) - \boldsymbol{e}_c(m_1, m_2, 2, -1)] \\
\boldsymbol{E}_{\mathbf{y}}^{-1}\boldsymbol{s}(m_1, m_2, 1) &= \tfrac{1}{2}[\boldsymbol{e}_c(m_1, m_2, 1, 1) - \boldsymbol{e}_c(m_1, m_2, 1, -1)] \\
\boldsymbol{E}_{\mathbf{y}}^{-1}\boldsymbol{s}(m_1, m_2, 2) &= \tfrac{1}{2}[-\boldsymbol{e}_s(m_1, m_2, 1, 1) - \boldsymbol{e}_s(m_1, m_2, 2, -1)] \\
\boldsymbol{E}_{\mathbf{y}}^{-1}\boldsymbol{s}(m_1, m_2, 3) &= \tfrac{1}{2}[\boldsymbol{e}_c(m_1, m_2, 2, 1) - \boldsymbol{e}_c(m_1, m_2, 1, -1)] \\
\boldsymbol{E}_{\mathbf{y}}^{-1}\boldsymbol{s}(m_1, m_2, 4) &= \tfrac{1}{2}[-\boldsymbol{e}_s(m_1, m_2, 2, 1) - \boldsymbol{e}_s(m_1, m_2, 2, -1)]
\end{aligned} \tag{65}$$

Durch Linearkombination folgt andererseits aus diesen Formeln:

$$\begin{aligned}
\boldsymbol{e}_c(m_1, m_2, 1, 1) &= \boldsymbol{E}_{\mathbf{y}}^{-1}(\boldsymbol{s}(m_1, m_2, 1) - \boldsymbol{c}(m_1, m_2, 2)) \\
\boldsymbol{e}_s(m_1, m_2, 1, 1) &= \boldsymbol{E}_{\mathbf{y}}^{-1}(-\boldsymbol{c}(m_1, m_2, 1) - \boldsymbol{s}(m_1, m_2, 2))
\end{aligned} \tag{66}$$

sowie 6 weitere, analoge Formeln, die wir nicht aufzuschreiben brauchen.

Wir kommen nun zum eigentlichen Beweis des Lemmas:

a) Sei $\boldsymbol{f}(\boldsymbol{x})$ aus $\mathbf{P}$. Bilden wir $\boldsymbol{f}(\boldsymbol{E}(\mathbf{y}))$. Die Komponenten dieser Vektorfunktion sind, nach Lemma 3, Funktionen aus T, besitzen also eine Darstellung der Form (52). Hieraus folgt sofort, daß sich $\boldsymbol{f}(\boldsymbol{E})$ in der Form

$$\boldsymbol{f}(\boldsymbol{E}) = \sum_{m_1, m_2, k} q_{m_1 m_2}^{c,k}(a_1^2, a_2^2)\boldsymbol{c}(m_1, m_2, k) + q_{m_1 m_2}^{s,k}(a_1^2, a_2^2)\boldsymbol{s}(m_1, m_2, k) \tag{67}$$

darstellen läßt, wobei die Funktionen q^c, q^s die üblichen Bedingungen erfüllen. Multipliziert man (67) von links mit $\boldsymbol{E}_{\mathbf{y}}^{-1}$ und wendet die Formeln (65) an, so ergibt sich, daß $\mathscr{E}\boldsymbol{f}$ tatsächlich die Gestalt (60) hat, also zu $\mathbf{T}$ gehört.

b) Es werde $\boldsymbol{h} \in \mathbf{T}$ durch (60) dargestellt. Greifen wir einen Term aus dieser Summe heraus:

$$\boldsymbol{h}_{m_1 m_2}^{c,1,1} = q_{m_1 m_2}^{c,1,1}(a_1^2, a_2^2)\boldsymbol{e}_c(m_1, m_2, 1, 1).$$

Zu dieser Größe betrachten wir den Ausdruck

$$\boldsymbol{f}_{m_1 m_2}^{*\,c,1,1} = q_{m_1 m_2}^{c,1,1}(a_1^2, a_2^2)(\boldsymbol{s}(m_1, m_2, 1) - \boldsymbol{c}(m_1, m_2, 2)).$$

Jede Komponente dieses Vektors ist offensichtlich eine Funktion aus T. Es gibt also, nach Lemma 3, eine Vektorfunktion $f^{c,1,1}_{m_1m_2}$ aus **P**, so daß gilt:

$$(f^{c,1,1}_{m_1m_2})^* = f^{*c,1,1}_{m_1m_2}$$

Wegen (66) gilt sogar

$$\mathscr{E}f^{c,1,1}_{m_1m_2} = h^{c,1,1}_{m_1m_2}.$$

Indem man diese Überlegung für jeden Term der Summe (60) wiederholt und die Linearität des Operators $\mathscr{E}$ bedenkt, folgt die eine Hälfte der Behauptung.

Wir wollen uns noch mit der Eindeutigkeit befassen. Es seien $f_1(x)$, $f_2(x)$ zwei Vektorfunktionen aus **P**, für die $\mathscr{E}f_1 = \mathscr{E}f_2$ auf der Menge (59) gilt. Hieraus folgt durch Multiplikation mit E_y, daß im Bereich (59) $f_1^* = f_2^*$ gilt. Hieraus schließt man, genau gleich wie beim Eindeutigkeitsbeweis zum Lemma 3, daß

$$f_1 = f_2 \tag{68}$$

auf der Menge

$$0 < x_1^2 + x_2^2 < A, \qquad 0 < x_3^2 + x_4^2 < A \tag{69}$$

gilt. (Das Gebiet (69) ist das Bild der Menge (59) unter E). Das Gebiet (69) ist dicht in der Menge (48). Deshalb folgt aus der Stetigkeit von f_1 und f_2 sowie aus (68), daß f_1 und f_2 auch auf (48) übereinstimmen. ■

Wir haben früher schon bemerkt, daß die Funktionenklasse **P** abgeschlossen ist gegenüber der Addition, der Multiplikation mit reellen Zahlen sowie der Kommulatorbildung.

Offensichtlich ist auch die Klasse **T** gegenüber der Addition und der Multiplikation mit einer Zahl abgeschlossen. Zudem gilt:

Lemma 5 *Mit h_1 und h_2 ist auch $h_1 \times h_2$ in* **T**.

Beweis. Zu $h_i \in \mathbf{T}$ gibt es nach Lemma 4 $f_i \in \mathbf{P}$, so daß $\mathscr{E}f_i = h_i$ gilt. Mit f_1, f_2 ist $f_1 \times f_2$ in **P**, also $\mathscr{E}(f_1 \times f_2)$, nach Lemma 4, in **T**. Da E auf (59) regulär ist, gilt, nach Lemma 1, $\mathscr{E}(f_1 \times f_2) = \mathscr{E}f_1 \times \mathscr{E}f_2 = h_1 \times h_2$ im Gebiet (59), woraus die Behauptung folgt. ■

9.4.3 Anwendungen

Wir nehmen an, daß die Vektorfunktionen $f^1, f^2, \ldots$ des Ausgangsdgl.-Systems $\dot{x} = f^0(x) + \varepsilon f^1(x) + \cdots$ (cf. Gl. (11)) Elemente aus **P** sind. Dann sind die Vektorfunktionen $g^i = \mathscr{E}f^i$ zufolge Lemma 4 in **T**. Gemäß dem Abschn. 9.2 (Schritt I) über die modifizierte Störungstheorie sind die Störungsgleichungen

$$\begin{gathered} g^0 \times v^1 + g^1 = \bar{g}^1 \\ g^0 \times v^2 + g^1 \times v^1 + \tfrac{1}{2} g^0 \times v^1 \times v^1 + g^2 = \bar{g}^2 \\ \vdots \end{gathered} \tag{70}$$

(Vergl. Gl. (14)) im Sinne von Abschn. 3.2 zu behandeln, sodann ist festzustellen, ob es Funktionen $\boldsymbol{u}^\iota$ gibt, so daß $\boldsymbol{v}^\iota = \mathscr{E}\boldsymbol{u}^\iota$ gilt (cf. "Voraussetzung" in Abschn. 9.2). Diese Frage kann, dank Lemma 4 mit ja beantwortet werden, falls wir zeigen können, daß die Integrationstechnik von Abschn. 3.2 Vektorfunktionen $\boldsymbol{v}^\iota$ liefert, die zur Klasse **T** gehören. Nehmen wir im Sinne einer Induktionsvoraussetzung an, die Funktionen $\boldsymbol{v}^1, \ldots, \boldsymbol{v}^{\iota-1}$ seien schon bestimmt, und sie seien Elemente von **T**. Dann ist, dank Lemma 5, auch $\mathscr{F}^\iota$ (cf. Gl. (3, 13.i)) in **T** und also, nach Definition, durch eine Summe der Form (60) darstellbar. Da das Resultat (3, 15) des Integrationsprozesses des Abschn. 3.2 linear in $\mathscr{F}^\iota$ ist, genügt es, in der Darstellung (60) von $\mathscr{F}^\iota$ einen Term zu betrachten, sagen wir

$$\mathscr{F}^\iota = q(a_1^2, a_2^2)\boldsymbol{e}_c(m_1, m_2, 1, \sigma) = q(a_1^2, a_2^2)a_1^{|m_1|}a_2^{|m_2|} \cdot \begin{pmatrix} \frac{1}{a_1} d_{11}c(m_1+\sigma, m_2) \\ \frac{1}{a_1} d_{21}c(m_1+\sigma, m_2) \\ \sigma \cdot s(m_1+\sigma, m_2) \\ 0 \end{pmatrix} \tag{71}$$

(der einfacheren Schreibweise halber, haben wir diesen einzelnen Term $\mathscr{F}^\iota$ genannt, bei q haben wir mehrere Indizes weggelassen). Zuerst bemerken wir, daß

$$(m_1+\sigma)\beta_1 + m_2\beta_2 = [(m_1+\sigma)b_{11} + m_2 b_{21}]\phi + [(m_1+\sigma)b_{12} + m_2 b_{22}]\Omega \tag{72}$$

gilt und nehmen eine Fallunterscheidung vor:

1. Fall. $N = (m_1+\sigma)b_{11} + m_2 b_{21} = 0$. Dann folgt sofort aus (3, 15), daß $\bar{\boldsymbol{g}}^\iota = \mathscr{F}^\iota$ gilt, und somit $\boldsymbol{v}^\iota = \boldsymbol{0}$. D.h. $\boldsymbol{v}^\iota$ ist trivialerweise in **T**.

2. Fall. $N = (m_1+\sigma)b_{11} + m_2 b_{21} \neq 0$. In diesem Fall folgt aus (3, 15) einerseits $\bar{\boldsymbol{g}}^\iota = \boldsymbol{0}$ und andererseits, man beachte (51),

$$\boldsymbol{v}^\iota = \frac{q(a_1^2, a_2^2)}{\omega(a_1^2, a_2^2)N}\boldsymbol{e}_s(m_1, m_2, 1, \sigma)$$

$$+ \frac{-2\sigma \dfrac{\partial\omega(a_1^2, a_2^2)}{\partial a_1^2} \cdot q(a_1^2, a_2^2)}{\omega^2(a_1^2, a_2^2)N^2} \begin{pmatrix} a_1^{|m_1|+1} a_2^{|m_2|} s(m_1+\sigma, m_2) \\ 0 \\ 0 \\ 0 \end{pmatrix}$$

Der erste Term gehört offensichtlich zu **T**. Hinsichtlich des zweiten Terms bemerken wir, daß es leicht ist, eine Vektorfunktion aus **P** zu finden, deren Bild unter $\mathscr{E}$ der zweite Term ist. Folglich gehört auch dieser zu **T** und somit auch

$\boldsymbol{v}^\iota$. Ersetzen wir in (71) $\boldsymbol{e}_c(m_1, m_2, 1, \sigma)$ durch einen der anderen Vektoren (61), erhalten wir dieselbe Schlußfolgerung, so daß wir folgendes Resultat bewiesen haben:

Satz 1 *Falls die Funktionen f^ι zur Klasse* **P** *gehören, falls überdies die Integrationstechnik von Abschn.* 3.2 *zur Behandlung der Störungsgleichungen* (70) *verwendet wird, so ist die modifizierte Störungstheorie durchführbar, und die Funktionen $\boldsymbol{u}^\iota$ und $\bar{f}^\iota$ gehören zur Klasse* **P**.

Wir wollen uns weiter mit dem Fall unwesentlich ausgearteter Systeme beschäftigen. Gemäß Abschn. 9.2 zerfällt das Vorgehen in dieser Situation in zwei Schritte. Zuerst ist eine normale Störungsrechnung auszuführen, d.h. es müssen die Funktionen $\boldsymbol{v}^\iota$, $\bar{\boldsymbol{g}}^\iota$, $\boldsymbol{u}^\iota$, $\bar{f}^\iota$ bestimnt werden. Indem wir an den am Anfang dieses Abschnittes gemachten Voraussetzungen festhalten, wissen wir aus Satz 1, daß die Funktionen $\boldsymbol{u}^\iota$ und $\bar{f}^\iota$ zur Klasse **P** gehören; dagegen gehören die Funktionen $\boldsymbol{v}^\iota$ und $\bar{\boldsymbol{g}}^\iota$ zur Menge **T**. Der zweite Schritt besteht darin, die Gleichungen

$$\begin{aligned} \bar{\boldsymbol{g}}^1 \times \bar{\boldsymbol{v}}^1 + \bar{\boldsymbol{g}}^2 &= \bar{\boldsymbol{g}}^2 \\ \bar{\boldsymbol{g}}^1 \times \bar{\boldsymbol{v}}^2 + \bar{\boldsymbol{g}}^2 \times \bar{\boldsymbol{v}}^1 + \tfrac{1}{2}\bar{\boldsymbol{g}}^1 \times \bar{\boldsymbol{v}}^1 \times \bar{\boldsymbol{v}}^1 + \bar{\boldsymbol{g}}^3 &= \bar{\boldsymbol{g}}^3 \\ &\vdots \end{aligned} \tag{73}$$

gemäß Abschn. 3.3 zu behandeln.

Unsere Aufgabe ist zu zeigen, daß es zu den hieraus resultierenden $\bar{\boldsymbol{v}}^\iota$ Funktionen $\bar{\boldsymbol{u}}^\iota$ gibt, so daß $\bar{\boldsymbol{v}}^\iota = \mathscr{E}\bar{\boldsymbol{u}}^\iota$ gilt. Gemäß Lemma 4 genügt es zu zeigen, daß die $\bar{\boldsymbol{v}}^i$ zur Klasse **T** gehören.

Wir wollen diesen Beweis nicht im allgemeinsten denkbaren Fall antreten, sondern unter der Voraussetzung, daß

$$\bar{\boldsymbol{g}}^1 = M_\Phi(\boldsymbol{g}^1) = M_\Phi(\mathscr{E}\boldsymbol{f}^1) = (\bar{R}^1(a_1^2, a_2^2), \nu(a_1^2, a_2^2), 0, 0)^T \tag{74}$$

gilt, wobei die Funktionen $\bar{R}^1$, ν dieselben Eigenschaften haben wie $\omega(a_1^2, a_2^2)$ (cf. Gl. (51)). (Im allgemeinsten Fall könnte $\bar{R}^1$ auch von Ω abhängen).

Nehmen wir an, die Funktionen $\bar{\boldsymbol{v}}^1, \ldots, \bar{\boldsymbol{v}}^{\iota-1}$ seien schon bestimmt, und sie seien Elemente von **T**. Dann ist, dank Lemma 5, auch $\bar{\mathscr{F}}^{\iota+1}$ (cf. Gl. (3, 40.i+1) in **T** und also nach Definition durch eine Summe der Form (60) darstellbar. Da das Resultat (3, 44) des Integrationsprozesses von Abschn. 3.3 linear in $\bar{\mathscr{F}}^{\iota+1}$ ist, genügt es, in der Darstellung (60) von $\bar{\mathscr{F}}^{\iota+1}$ einen Term zu betrachten, sagen wir den Term $q(a_1^2, a_2^2)\boldsymbol{e}_c(m_1, m_2, 1, \sigma)$, also

$$\bar{\mathscr{F}}^{\iota+1} = q(a_1^2, a_2^2) a_1^{|m_1|} a_2^{|m_2|} \begin{pmatrix} \dfrac{1}{a_1} d_{11} c(m_1+\sigma, m_2) \\ \dfrac{1}{a_1} d_{21} c(m_1+\sigma, m_2) \\ \sigma s(m_1+\sigma, m_2) \\ 0 \end{pmatrix} \tag{75}$$

Mit Blick auf Gl. (72) müssen wir jetzt die Fälle $M=0$, $M\neq 0$ mit $M=(m_1+\sigma)b_{12}+m_2 b_{22}$ betrachten. Im ersten Fall ist $\tilde{\boldsymbol{g}}^{\iota+1}=\tilde{\mathscr{F}}^{\iota+1}$ und $\bar{\boldsymbol{v}}^{\iota}=\mathbf{0}$, $\bar{\boldsymbol{v}}^{\iota}$ ist also trivialerweise in **T**. Im zweiten Fall ist $\tilde{\boldsymbol{g}}^{\iota+1}=\mathbf{0}$ und, mit (74):

$$\bar{\boldsymbol{v}}^{\iota}=\frac{q}{\nu\cdot M}\boldsymbol{e}_s(m_1,m_2,1,\sigma)-\frac{2\sigma\dfrac{\partial\bar{R}^1}{\partial(a_1^2)}q}{\nu^2\cdot M^2}\cdot\begin{pmatrix}a_1^{|m_1|+1}\cdot a_2^{|m_2|}s(m_1+\sigma,m_2)\\0\\0\\0\end{pmatrix}$$

$$-\frac{2\sigma\dfrac{\partial\nu}{\partial(a_1^2)}q}{\nu^2\cdot M^2}\begin{pmatrix}0\\a_1^{|m_1|+1}a_2^{|m_2|}s(m_1+\sigma,m_2)\\0\\0\end{pmatrix}\tag{76}$$

Der erste Term gehört offensichtlich zu **T**. Von den beiden anderen zeigt man ebenfalls leicht, daß sie zu **T** gehören. Wir erhalten

Satz 2 *Falls die Funktionen* $\boldsymbol{f}^{\iota}$ *zu* **P** *gehören und ein unwesentlich ausgeartetes System bilden, das der Bedingung* (74) *genügt, falls überdies die Integrationstechnik von Abschn.* 3.3 *angewandt wird, so ist die modifizierte Störungstheorie durchführbar, und die Funktionen* $\boldsymbol{u}^{\iota}$, $\bar{\boldsymbol{f}}^{\iota}$, $\bar{\boldsymbol{u}}^{\iota}$, $\bar{\bar{\boldsymbol{f}}}^{\iota}$ *gehören zur Klasse* **P**.

Mit den Sätzen 1 und 2 ist gezeigt, daß die modifizierte Störungstheorie tatsächlich immer durchführbar ist.

9.4.4 Die Äquivalenzfrage

Gemäß den Sätzen 1 und 2 liefert die Durchführung der modifizierten Störungstheorie der Ordnung k Systeme

$$\dot{\bar{\boldsymbol{x}}}=\boldsymbol{f}^0(\bar{\boldsymbol{x}})+\varepsilon\bar{\boldsymbol{f}}^1(\bar{\boldsymbol{x}})+\cdots+\varepsilon^{k+1}\bar{\boldsymbol{f}}^{k+1}(\bar{\boldsymbol{x}})\tag{77a}$$

bzw.

$$\dot{\bar{\bar{\boldsymbol{x}}}}=\boldsymbol{f}^0(\bar{\bar{\boldsymbol{x}}})+\varepsilon\bar{\bar{\boldsymbol{f}}}^1(\bar{\bar{\boldsymbol{x}}})+\cdots+\varepsilon^{k+1}\bar{\bar{\boldsymbol{f}}}^{k+1}(\bar{\bar{\boldsymbol{x}}})\tag{77b}$$

wobei die $\bar{\boldsymbol{f}}^{\iota}$, $\bar{\bar{\boldsymbol{f}}}^{\iota}$ zur Klasse **P** gehören, und es erhebt sich die Frage, ob die aus diesen durch Elementtransformation entstandenen Systeme

$$\dot{\bar{\boldsymbol{y}}}=\boldsymbol{g}^0(\bar{\boldsymbol{y}})+\varepsilon\bar{\boldsymbol{g}}^1(\bar{\boldsymbol{y}})+\cdots+\varepsilon^{k+1}\bar{\boldsymbol{g}}^{k+1}(\bar{\boldsymbol{y}})\tag{78a}$$

bzw.

$$\dot{\bar{\bar{\boldsymbol{y}}}}=\boldsymbol{g}^0(\bar{\bar{\boldsymbol{y}}})+\varepsilon\bar{\bar{\boldsymbol{g}}}^1(\bar{\bar{\boldsymbol{y}}})+\cdots+\varepsilon^{k+1}\bar{\bar{\boldsymbol{g}}}^{k+1}(\bar{\bar{\boldsymbol{y}}})\tag{78b}$$

zu den ursprünglichen Systemen (77) im Sinne von Abschn. 9.1 äquivalent

sind. Hinsichtlich des Systems (78a) muß diese Frage i.allg. mit nein beantwortet werden, wie das folgende Beispiel zeigt:
Wir wählen

$$B=\begin{pmatrix}1 & 1\\ 1 & -1\end{pmatrix},\qquad \mathscr{E}f^1=\boldsymbol{g}^1=\boldsymbol{e}_c(0,-1,1,1)=\begin{pmatrix}\frac{1}{2}\frac{a_2}{a_1}\cos 2\Omega\\ \frac{1}{2}\frac{a_2}{a_1}\cos 2\Omega\\ a_2\sin 2\Omega\\ 0\end{pmatrix}$$

(cf. Gln. (50), (61)). Man erkennt sofort, daß eine Störungsrechnung der Ordnung 0 $\bar{\boldsymbol{g}}^1=\boldsymbol{g}^1$ ergeben wird; ferner, daß $\boldsymbol{g}^1$ nicht stetig auf die a_2-Achse fortsetzbar ist. Hieraus folgt, ganz ähnlich wie in Abschn. 9.1, daß die beiden Systeme

$$\dot{\bar{\boldsymbol{x}}}=\boldsymbol{f}^0(\bar{\boldsymbol{x}})+\varepsilon\bar{\boldsymbol{f}}^1(\bar{\boldsymbol{x}})\quad\text{und}\quad\dot{\bar{\boldsymbol{y}}}=\boldsymbol{g}^0(\bar{\boldsymbol{y}})+\varepsilon\bar{\boldsymbol{g}}^1(\bar{\boldsymbol{y}})$$

nicht äquivalent sind. Der formale Grund liegt darin, daß die Komponenten $\bar{g}_2^1$, $\bar{g}_3^1$, $\bar{g}_4^1$ der Funktion $\bar{\boldsymbol{g}}^1$ von Ω abhängen.

Satz 3 Voraussetzung. a) *Die Elemente* d_{21}, d_{22} *der Matrix* $D=B^{-1}$ (Definition von B cf. Gl. (50)) *seien von Null verschieden.*
b) *Es sei* $\boldsymbol{f}(\boldsymbol{x})$ *aus* **P**. *Die Komponenten* g_2, g_3, g_4 *von* $\boldsymbol{g}=\mathscr{E}\boldsymbol{f}$ *seien von* ϕ *und* Ω *unabhängig.*
Behauptung. *Die Systeme*

$$\dot{\boldsymbol{x}}=\boldsymbol{f}(\boldsymbol{x})\quad\textit{und}\quad\dot{\boldsymbol{y}}=\boldsymbol{g}(\boldsymbol{y})=\mathscr{E}\boldsymbol{f}$$

sind im Sinne von Abschn. 9.1 *äquivalent.*

Bevor wir diesen Satz beweisen, der an sich mit Störungstheorie nichts zu tun hat, wollen wir etwas über seine Bedeutung für die Störungstheorie sagen. Man bemerkt, daß die zentrale Voraussetzung b) für unwesentlich ausgeartete Systeme immer erfüllt ist. Gemäß Abschn. 3.3 liefert die Störungstheorie in diesem Fall nämlich ein System der Form

$$\begin{cases}\dot{\bar{\boldsymbol{\phi}}}=\boldsymbol{\omega}(\bar{\boldsymbol{a}})+\varepsilon\boldsymbol{R}^1(\bar{\boldsymbol{\Omega}},\bar{\boldsymbol{a}})+\quad\cdots\quad+\cdots\\ \dot{\bar{\boldsymbol{\Omega}}}=\qquad\varepsilon\boldsymbol{\nu}(\bar{\boldsymbol{a}})\qquad+\quad\cdots\quad+\cdots\\ \dot{\bar{\boldsymbol{a}}}=\qquad\qquad\qquad+\varepsilon^2\boldsymbol{T}^2(\bar{\boldsymbol{a}})+\cdots\end{cases}$$

Liegt ein ausgeartetes, aber nicht unwesentlich ausgeartetes System vor, dann können zwei Fälle eintreten. Liefert die Störungstheorie des Abschn. 3.2 ein System, das von Ω unabhängig ist (was für die Kreiselbeispiele des Paragraphen 4 zutrifft), dann ist der Satz anwendbar, andernfalls natürlich nicht.

Beweis von Satz 3. Aus der Definition des Operators $\mathscr{E}$ (cf. Gl. (12)) und mit (63) folgt:

$$\begin{aligned}
g_1 &= -\frac{1}{a_1}\sin\beta_1 f_1^* d_{11} - \frac{1}{a_1}\cos\beta_1 f_2^* d_{11} - \frac{1}{a_2}\sin\beta_2 f_3^* d_{12} - \frac{1}{a_2}\cos\beta_2 f_4^* d_{12}\\
g_2(a_1, a_2) &= -\frac{1}{a_1}\sin\beta_1 f_1^* d_{21} - \frac{1}{a_1}\cos\beta_1 f_2^* d_{21} - \frac{1}{a_2}\sin\beta_2 f_3^* d_{22} - \frac{1}{a_2}\cos\beta_2 f_4^* d_{22}\\
g_3(a_1, a_2) &= \cos\beta_1 f_1^* - \sin\beta_1 f_2^*\\
g_4(a_1, a_2) &= \cos\beta_2 f_3^* - \sin\beta_2 f_4^*
\end{aligned} \tag{79}$$

mit

$$f_\iota^* = f_\iota(a_1\cos\beta_1, -a_1\sin\beta_1, a_2\cos\beta_2, -a_2\sin\beta_2)$$

Da die Funktionen f_ι aus P sind, sind die Funktionen f_ι^* auf

$$-\infty<\beta_1<\infty, \qquad -\infty<\beta_2<\infty, \qquad -\sqrt{A}\leq a_1\leq\sqrt{A}, \qquad -\sqrt{A}\leq a_2\leq\sqrt{A} \tag{80}$$

definiert, stetig, beliebig oft stetig differenzierbar. Dasselbe gilt, wie aus (79) folgt, für die Funktion

$$h(a_1, a_2) = a_1 a_2 g_2(a_1, a_2) \tag{81}$$

sowie für die Funktionen g_3 und g_4. Da diese drei Funktionen nur von a_1, a_2, nicht von ϕ und Ω, somit nicht von β_1 und β_2 abhängen, ändert sich ihr Wert nicht, wenn wir β_1 durch $\beta_1+\pi$ oder β_2 durch $\beta_2+\pi$ ersetzen. D.h. es gilt also etwa

$$\begin{aligned}
h(a_1, a_2) &= -a_2\sin(\beta_1+\pi)\cdot f_1(a_1\cos(\beta_1+\pi), -a_1\sin(\beta_1+\pi),\\
&\qquad\qquad a_2\cos\beta_2, -a_2\sin\beta_2)d_{21}+\cdots\\
&= a_2\sin\beta_1\cdot f_1(-a_1\cos\beta_1, a_1\sin\beta_1, a_2\cos\beta_2, -a_2\sin\beta_2)d_{21}+\cdots\\
&= -h(-a_1, a_2)
\end{aligned}$$

Eine analoge Aussage gilt bezüglich a_2; ferner haben auch die Funktionen g_3 und g_4 diese Eigenschaften.
Es gilt also insbesondere im Bereich (80)

$$h(0, a_2) = h(a_1, 0) = g_3(0, a_2) = g_3(a_1, 0) = g_4(0, a_2) = g_4(a_1, 0) = 0 \tag{82}$$

Betrachten wir die Funktion $h(a_1, a_2)/a_1a_2$. Sie stimmt für $a_1\neq 0$ und $a_2\neq 0$ mit $g_2(a_1, a_2)$ überein. Dank (82) und infolge der Differenzierbarkeitseigenschaften von h läßt sie sich auf die a_1- und a_2-Achse stetig fortsetzen. Wir wollen im folgenden unter $g_2(a_1, a_2)$ die so erweiterte Funktion verstehen.
Wir möchten auch die Funktion g_1 erweitern. Da sie jedoch nicht von ϕ und Ω unabhängig zu sein braucht, können wir nicht dieselbe Überlegung anwenden wie bei g_2. Unter Benützung der Abkürzungen

$$\begin{aligned}
G^{(1)}(\beta_1, \beta_2, a_1, a_2) &= -\sin\beta_1\cdot f_1^* - \cos\beta_1\cdot f_2^*\\
G^{(2)} &= -\sin\beta_2 f_3^* - \cos\beta_2 f_4^*
\end{aligned}$$

($G^{(1)}$, $G^{(2)}$ sind im Bereich (80) definiert, stetig, beliebig oft stetig differenzierbar) betrachten wir noch einmal die Gleichung für g_2. Da $d_{21} \neq 0$ ist, gilt:

$$\frac{G^{(1)}(\beta_1, \beta_2, a_1, a_2)}{a_1} = \frac{g_2(a_1, a_2)}{d_{21}} - \frac{d_{22}}{d_{21} a_2} G^{(2)}(\beta_1, \beta_2, a_1, a_2)$$

Die rechte Seite dieser Gleichung ist in Punkten mit $a_2 \neq 0$ stetig. Insbesondere existiert

$$\lim_{a_1 \to 0} \frac{G^{(1)}(\beta_1, \beta_2, a_1, a_2)}{a_1}$$

Daraus folgt aber

$$G^{(1)}(\beta_1, \beta_2, 0, a_2) = 0 \quad \text{für } a_2 \neq 0 \tag{83a}$$

Da die Funktion $G^{(1)}$ stetig ist, muß dann aber auch

$$G^{(1)}(\beta_1, \beta_2, 0, 0) = 0 \tag{83b}$$

gelten. Aus (83) und den Differenzierbarkeitseigenschaften folgt, daß $G^{(1)}(\beta_1, \beta_2, a_1, a_2)/a_1$ stetig auf die a_2-Achse fortgesetzt werden kann. Ähnliches gilt für $G^{(2)}/a_2$. Mit $g_1 = d_{11} \cdot (G^{(1)}/a_1) + d_{12} \cdot (G^{(2)}/a_2)$ folgt nun tatsächlich, daß g_1 auf den ganzen Bereich (80) stetig fortgesetzt werden kann, d.h. $\boldsymbol{g}$ ist auf (80) definiert und stetig.

Aus der Gleichung $\boldsymbol{g} = (\boldsymbol{E}_y)^{-1} \boldsymbol{f}^*$ folgt

$$\boldsymbol{f}^* = \boldsymbol{E}_y \boldsymbol{g} \tag{84}$$

Diese Gleichung gilt zunächst nur auf dem Gebiet (59); aus Stetigkeitsgründen folgt, daß sie aber auch auf der Menge (52) gilt. Mit (62), (82) folgert man dann leicht aus (84) (indem man $a_1 = 0$ bzw. $a_2 = 0$ setzt), daß

$$f_1(0, 0, x_3, x_4) = f_2(0, 0, x_3, x_4) = 0$$

$$f_3(x_1, x_2, 0, 0) = f_4(x_1, x_2, 0, 0) = 0$$

Diese Bedingungen sind eine offensichtliche Verallgemeinerung der Voraussetzung $f(0, 0) = 0$ in Abschn. 9.1. Der Rest des Beweises besteht darin, die dort durchgeführten Betrachtungen, in etwas verallgemeinerter Form, zu wiederholen. ■

10 Algebraische Aspekte der Störungstheorie

Wie wir gesehen haben (§3 und §5) kommt es gelegentlich vor, daß man zwei durch Lie-Reihen erzeugte fast-identische Transformationen konstruieren und zusammensetzen muß. Es stellt sich die Frage, ob die Zusammensetzung wieder als Lie-Reihe aufgefaßt werden kann, und wenn ja, wie die erzeugende Funktion der Zusammensetzung mit den Erzeugenden der einzelnen Transformationen zusammenhängt. Die im folgenden zu besprechende Methode gestattet, diese Frage zu beantworten und ergibt, als Nebenprodukt sozusagen, einen neuen Zugang zu den Störungsgleichungen.

10.1 Bezeichnungen

Es bezeichne $\mathcal{F}$ die Menge der unendlich oft differenzierbaren (Vektor-) Funktionen, die den $\mathbf{R}^n$ in sich abbilden. (Typische Elemente aus $\mathcal{F}$ sind $\boldsymbol{u}(\boldsymbol{x})$, $\boldsymbol{v}(\boldsymbol{x}), \ldots$ und die Identität $\mathbf{1}(\boldsymbol{x})=\boldsymbol{x}$) $\mathcal{F}$ ist mit der üblichen Addition und Multiplikation mit reellen Zahlen ein Vektorraum.

Zur Bereicherung der Struktur von $\mathcal{F}$ führen wir das Dot-Produkt $\boldsymbol{u} \circ \boldsymbol{v} = (\partial \boldsymbol{u}/\partial \boldsymbol{x})\boldsymbol{v}$ ein, das, wie man sich erinnert, weder kommutativ noch assoziativ, jedoch distributiv ist.

Betrachten wir jetzt weiter den Raum $L[\mathcal{F}, \mathcal{F}]$ der linearen Operatoren von $\mathcal{F} \to \mathcal{F}$. (Typische Elemente sind A, B, $C, \ldots$). Der Raum $L[\mathcal{F}, \mathcal{F}]$ kann bekanntlich als Vektorraum aufgefasst werden.

Führen wir weiter als "Multiplikation" in $L[\mathcal{F}, \mathcal{F}]$ die Zusammensetzung von zwei Operatoren ein. Diese Multiplikation ist nicht kommutativ, hingegen assoziativ und distributiv.

Die eigentlichen Objekte unserer Untersuchungen sind nun Potenzreihen in einer Unbestimmten μ, deren Koeffizienten im einen Fall Funktionen aus $\mathcal{F}$, im anderen Operatoren aus $L[\mathcal{F}, \mathcal{F}]$ sind:

$$\boldsymbol{u}(\boldsymbol{x}, \mu) = \sum_{i=0}^{\infty} \mu^i \boldsymbol{u}_i(\boldsymbol{x}) \tag{1}$$

$$A(\mu) = \sum_{i=0}^{\infty} \mu^i A_i \tag{2}$$

Die Menge der Objekte (1) nennen wir $\mathcal{P}(\mathcal{F})$, diejenigen des Typs (2): $\mathcal{P}(L[\mathcal{F}, \mathcal{F}])$. In diesen Mengen ist in natürlicher Weise eine Vektorraumstruktur definiert. Überdies wollen wir in beiden Räumen die folgende naheliegende Multiplikation einführen. In $\mathcal{P}(\mathcal{F})$:

$$\boldsymbol{u}(\boldsymbol{x}, \mu) \circ \boldsymbol{v}(\boldsymbol{x}, \mu) = \sum_{i=0}^{\infty} \mu^i \sum_{j+k=i} \boldsymbol{u}_j(\boldsymbol{x}) \circ \boldsymbol{v}_k(\boldsymbol{x}) \tag{3}$$

und in $\mathcal{P}(L[\mathcal{F}, \mathcal{F}])$:

$$A(\mu)B(\mu) = \sum_{i=0}^{\infty} \mu^i \sum_{j+k=i} A_j B_k \tag{4}$$

Die Multiplikation (4) ist natürlich nicht kommutativ, aber assoziativ und distributiv, ferner ist die identische Abbildung sowohl Rechts- wie Linksneutralelement.

Weiter wollen wir unendliche Summen von Elementen aus $\mathcal{P}(\mathcal{F})$ resp. $\mathcal{P}(L[\mathcal{F}, \mathcal{F}])$ bilden. Dazu führen wir folgenden Begriff ein: die Funktion $\boldsymbol{u}_{(m)}(\boldsymbol{x}, \mu)$ heißt vom Gewicht m, falls die Koeffizienten von $\mu^i (i = 0, \ldots, m-1)$ in (1) gleich Null sind. Indem wir $\boldsymbol{u}_{(m)}(\boldsymbol{x}, \mu) = \sum_{i=m}^{\infty} \mu^i \boldsymbol{u}_{mi}(\boldsymbol{x})$ setzen, definieren wir:

$$\sum_{m=0}^{\infty} \boldsymbol{u}_{(m)}(\boldsymbol{x}, \mu) = \sum_{i=0}^{\infty} \mu^i \sum_{m=0}^{i} \boldsymbol{u}_{mi}(\boldsymbol{x}) \tag{5}$$

Die Definition für Elemente aus $\mathscr{P}(L[\mathscr{F}, \mathscr{F}])$ verläuft genau analog. Wir geben zwei für das folgende wichtige Beispiele:

Beispiel 1 (Die Zusammensetzung zweier Lie-Reihen) In §2 haben wir, in leicht veränderter Bezeichnung, die Lie-Reihe

$$\boldsymbol{v}(\boldsymbol{x}, \mu) = \boldsymbol{x} + \mu \boldsymbol{v}(\boldsymbol{x}) + \frac{\mu^2}{2!} \boldsymbol{v} \circ \boldsymbol{v} + \frac{\mu^3}{3!} \boldsymbol{v} \circ \boldsymbol{v} \circ \boldsymbol{v} + \cdots \tag{6}$$

eingeführt und ihre Einsetzung in eine Potenzreihe $\boldsymbol{u}(\boldsymbol{x}, \mu) = \sum_{i=0}^{\infty} \mu^i \boldsymbol{u}_i(\boldsymbol{x})$

$$\boldsymbol{u}(\boldsymbol{v}(\boldsymbol{x}, \mu), \mu) = \sum_{i=0}^{\infty} \mu^i \Bigg[\sum_{j+k=i} \frac{1}{k!} \boldsymbol{u}_j \circ \underbrace{\boldsymbol{v} \circ \cdots \circ \boldsymbol{v}}_{k\text{-Faktoren}} \Bigg] \tag{7}$$

Die Formel (7) können wir nun wie folgt interpretieren: Für eine gegebene Potenzreihe $\boldsymbol{u}(\boldsymbol{x}, \mu)$ sind die Ausdrücke $\mu^i (1/i!) \boldsymbol{u}(\boldsymbol{x}, \mu) \circ \underbrace{\boldsymbol{v} \circ \boldsymbol{v} \circ \cdots \circ \boldsymbol{v}}_{i\text{-Faktoren}}$ vermöge (3) wohldefiniert und vom Gewicht i. Deshalb existiert die Summe

$$\sum_{i=0}^{\infty} \mu^i \frac{1}{i!} \boldsymbol{u}(\boldsymbol{x}, \mu) \circ \boldsymbol{v} \circ \cdots \circ \boldsymbol{v}$$

und sie ist, wie man leicht nachrechnet, gleich dem Ausdruck auf der rechten Seite von (7).

Von besonderem Interesse wird es im folgenden sein, wenn $\boldsymbol{u}(\boldsymbol{x}, \mu)$ selbst eine Lie-Reihe ist, also

$$\boldsymbol{u}(\boldsymbol{x}, \mu) = \boldsymbol{x} + \mu \boldsymbol{u}(\boldsymbol{x}) + \frac{\mu^2}{2!} \boldsymbol{u} \circ \boldsymbol{u} + \cdots \tag{8}$$

Dann heißt (7) offenbar:

$$\boldsymbol{u}(\boldsymbol{v}(\boldsymbol{x}, \mu), \mu) = \sum_{i=0}^{\infty} \mu^i \Bigg[\sum_{j+k=i} \frac{1}{j!\,k!} \underbrace{\boldsymbol{u} \circ \boldsymbol{u} \cdots \circ \boldsymbol{u}}_{j\text{ Faktoren}} \circ \underbrace{\boldsymbol{v} \circ \boldsymbol{v} \circ \cdots \circ \boldsymbol{v}}_{k\text{ Faktoren}} \Bigg] \tag{9}$$

□

Beispiel 2 (Die Lie-Reihe einer Potenzreihe) Es sei

$$\boldsymbol{w}(\boldsymbol{x}, \mu) = \sum_{i=1}^{\infty} \mu^i \boldsymbol{w}_i(\boldsymbol{x})$$

Dann ist es natürlich, die Lie-Reihe für $\boldsymbol{w}(\boldsymbol{x}, \mu)$ wie folgt zu definieren: Gemäß (3) sind die Ausdrücke $(1/k!) \boldsymbol{w} \circ \boldsymbol{w} \circ \boldsymbol{w} \circ \cdots \circ \boldsymbol{w}$ (k-Faktoren) wohldefiniert und vom Gewicht k; deshalb existiert die Summe

$$\sum_{k=0}^{\infty} \frac{1}{k!} \boldsymbol{w} \circ \cdots \circ \boldsymbol{w}$$

tatsächlich gilt, wie man leicht sieht:

$$\sum_{k=0}^{\infty} \frac{1}{k!} \boldsymbol{w} \circ \cdots \circ \boldsymbol{w} = \sum_{i=0}^{\infty} \mu^i \sum_{r=1}^{i} \frac{1}{r!} \sum_{j_1 + \cdots + j_r = i} \boldsymbol{w}_{j_1} \circ \boldsymbol{w}_{j_2} \circ \cdots \circ \boldsymbol{w}_{j_r} \tag{10}$$

Es wird zu zeigen sein, daß man $\boldsymbol{w}$ so wählen kann, daß die rechten Seiten von (9) und (10) übereinstimmen. An sich könnte dieses Ziel erreicht werden, indem man einen Koeffizientenvergleich durchführte. Allerdings wird dann die wahre Struktur des Zusammenhangs zwischen $\boldsymbol{w}$ sowie $\boldsymbol{u}$ und $\boldsymbol{v}$ nicht deutlich. Aus diesem Grund ist ein komplizierterer Weg einzuschlagen, der insbesondere über die Operatorreihen (2) führt. Der Grund für diesen Umweg liegt darin, daß die Multiplikation (4), im Gegensatz zum Produkt (3), assoziativ ist.

□

10.2 Die Hausdorff-Campbell-Formel

Es sei $A = \mu A_1$, A_1 aus $L[\mathscr{F}, \mathscr{F}]$ vorgegeben. Dann definieren wir das Element $\exp A \in \mathscr{P}(L[\mathscr{F}, \mathscr{F}])$ wie folgt:

$$\exp A = \sum_{i=0}^{\infty} \mu^i \frac{A_1^i}{i!} \tag{11}$$

wobei $A_1^i = A_1 A_1 \cdots A_1$ (i Faktoren) gesetzt wurde. Allgemeiner sei $C = \sum_{j=1}^{\infty} \mu^j C_j$ aus $\mathscr{P}(L[\mathscr{F}, \mathscr{F}])$ vom Gewicht 1. Dann ist das i-fache Produkt von C, C^i, wohldefiniert und vom Gewicht i. Folglich ist folgende Verallgemeinerung von (11) möglich

$$\exp C = \sum_{i=0}^{\infty} \frac{1}{i!} C^i \tag{12}$$

Wir sind nun in der Lage, die Hauptfrage dieses Abschnittes zu formulieren: Zu $A = \mu A_1$, $B = \mu B_1$ suchen wir $C \in \mathscr{P}(L[\mathscr{F}, \mathscr{F}])$ mit Gewicht 1, so daß gilt:

$$\exp B \exp A = \exp C \tag{13}$$

An sich könnte dieses Problem durch Koeffizientenvergleich bezüglich μ gelöst werden (woraus folgt, daß unser Problem genau eine Lösung hat), wir gelangen aber auf anderem Weg zu tieferer Einsicht.

Es ist zweckmäßig, einen Ableitungsbegriff einzuführen. Sei $F \in \mathscr{P}(L[\mathscr{F}, \mathscr{F}])$. Dann definieren wir

$$\dot{F} = \left(\sum_{i=0}^{\infty} \mu^i F_i\right)^{\cdot} = \sum_{i=0}^{\infty} \mu^i (i+1) F_{i+1} \tag{14}$$

Das folgende Lemma faßt einige Eigenschaften zusammen:

Lemma 1 a) *Seien $F, G \in \mathscr{P}(L[\mathscr{F}, \mathscr{F}])$. Dann gilt $(FG)^{\cdot} = \dot{F}G + F\dot{G}$* (Produktregel).

Für das Folgende seien $F_{(m)}, G_{(m)} \in \mathscr{P}(L[\mathscr{F}, \mathscr{F}])$ mit Gewicht m. Dann gilt:

b) $$\left(\sum_{m=0}^{\infty} F_{(m)}\right)\left(\sum_{m=0}^{\infty} G_{(m)}\right) = \sum_{k=0}^{\infty}\left(\sum_{n+j=k} F_{(n)} G_{(j)}\right)$$

c) $$\left(\sum_{m=0}^{\infty} F_{(m)}\right)^{\cdot} = \sum_{m=0}^{\infty} \dot{F}_{(m)}$$

Beweis. Zunächst gilt:

$$(FG)^{\cdot} = \sum_{i=0}^{\infty} \mu^i (i+1) \sum_{k+j=i+1} F_k G_j$$

Andererseits ist

$$\dot{F}G = \sum_{i=0}^{\infty} \mu^i \sum_{k+j=i} (k+1) F_{k+1} G_j = \sum_{i=0}^{\infty} \mu^i \sum_{n+j=i+1} n F_n G_j$$

ferner:

$$F\dot{G} = \sum_{i=0}^{\infty} \mu^i \sum_{n+j=i+1} j F_n G_j$$

Also

$$\dot{F}G + F\dot{G} = \sum_{i=0}^{\infty} \mu^i \Bigl(\sum_{n+j=i+1} (n+j) F_n G_j \Bigr) = \sum_{i=0}^{\infty} \mu^i (i+1) \sum_{n+j=i+1} F_n G_j$$

womit a) bewiesen ist.
Wir wenden uns der Formel b) zu. Für die linke Seite folgt sofort:

$$\Bigl(\sum_{m=0}^{\infty} F_{(m)} \Bigr) \Bigl(\sum_{m=0}^{\infty} G_{(m)} \Bigr) = \sum_{i=0}^{\infty} \mu^i \sum_{a+c=i} \Bigl(\sum_{b=0}^{a} F_{ba} \sum_{d=0}^{c} G_{dc} \Bigr) \tag{15}$$

Andererseits erhalten wir für $F_{(n)} G_{(j)}$ (man beachte $F_{(n)} G_{(j)}$ ist vom Gewicht $n+j$):

$$F_{(n)} G_{(j)} = \sum_{l=0}^{\infty} \mu^{l+(n+j)} \sum_{r+s=l} F_{nn+r} G_{jj+s}$$

Folglich

$$\sum_{n+j=k} F_{(n)} G_{(j)} = \sum_{l=0}^{\infty} \mu^{k+l} \Bigl(\sum_{n+j=k} \sum_{r+s=l} F_{nn+r} G_{jj+s} \Bigr)$$

Und schließlich

$$\sum_{k=0}^{\infty} \sum_{n+j=k} F_{(n)} G_{(j)} = \sum_{i=0}^{\infty} \mu^i \sum_{\gamma=0}^{i} \Bigl(\sum_{n+j=\gamma} \sum_{r+s=i-\gamma} F_{nn+r} G_{jj+s} \Bigr) \tag{16}$$

Es bleibt zu zeigen, daß die rechten Seiten von (15) und (16) übereinstimmen. Wir zeigen, daß jeder Term von (15) in (16) enthalten ist: Sei a, c, b, d gewählt, so daß $a+c=i$, $0 \leq b \leq a$, $0 \leq d \leq c$. Wir setzen $n=b$, $j=d$, $r=a-b$, $s=c-d$. Offenbar ist $F_{nn+r} G_{jj+s}$ mit $\gamma = b+d$ in (16) enthalten. Umgekehrt zeigen wir, daß jeder Term von (16) in (15) enthalten ist: Wähle $0 \leq \gamma \leq i$ und sei n, j, r, s so, daß $n+j=\gamma$, $r+s=i-\gamma$. Wir setzen: $b=n$, $a=n+r$, $d=j$, $c=j+s$. Offenbar ist: $a+c=i$, $0 \leq b=n \leq a$, $0 \leq d=j \leq c$.
Damit ist der Beweis von b) erbracht.

Schließlich beweisen wir c). Zunächst gilt:

$$\left(\sum_{m=0}^{\infty} F_{(m)}\right)^{\cdot} = \left(\sum_{i=0}^{\infty} \mu^i \left(\sum_{j=0}^{i} F_{ji}\right)\right)^{\cdot} = \sum_{i=1}^{\infty} \mu^{i-1} i \left(\sum_{j=0}^{i} F_{ji}\right)$$

Andererseits ist:

$$\dot{F}_{(m)} = \sum_{j=m-1}^{\infty} \mu^j (j+1) F_{mj+1}, \quad \text{also} \quad \sum_{m=0}^{\infty} \dot{F}_{(m)} = \sum_{i=1}^{\infty} \mu^{i-1} i \sum_{j=0}^{i} F_{ji} \qquad \blacksquare$$

Im nächsten Lemma stellen wir Hilfsmittel bereit, um unser Problem lösen zu können. Wir führen noch folgende Bezeichnung ein: Für $F, G \in \mathcal{P}(L[\mathcal{F}, \mathcal{F}])$ setzen wir[1)]

$$F \times G = -FG + GF \tag{17}$$

Diese Kommutatormultiplikation ist antikommutativ, nicht-assoziativ (hinsichtlich Klammern verwenden wir unsere übliche Konvention: ein mehrfaches Produkt ohne Klammern denkt man sich von links nach rechts geklammert) und distributiv.

Lemma 2 a) *Sei* $C \in \mathcal{P}(L[\mathcal{F}, \mathcal{F}])$ *vom Gewicht* 1. *Dann gilt:*

$$\exp(-C)\exp(C) = \mathrm{Id}$$

b) *Sei* $A = \mu A_1$, $A_1, B \in L[\mathcal{F}, \mathcal{F}]$. *Dann gilt:*

$$\exp(-A) B \exp A = \sum_{k=0}^{\infty} \frac{(-1)^k}{k!} B \times \underbrace{A \times \cdot \cdot \times A}_{k \text{ Faktoren}}$$

c) *Sei* $C \in \mathcal{P}(L[\mathcal{F}, \mathcal{F}])$ *vom Gewicht* 1. *Dann gilt:*

$$\exp(-C)(\exp C)^{\cdot} = \sum_{i=0}^{\infty} \frac{(-1)^i}{(i+1)!} \dot{C} \times \underbrace{C \times \cdot \cdot \times C}_{i \text{ Faktoren}}$$

Beweis. a) Mit

$$\exp C = \sum_{i=0}^{\infty} \frac{1}{i!} C^i \quad \text{und} \quad \exp(-C) = \sum_{i=0}^{\infty} \frac{(-1)^i}{i!} C^i$$

folgt aus Lemma 1 Eigenschaft b):

$$\exp(-C) \exp C = \sum_{k=0}^{\infty} \left(\sum_{n+j=k} \frac{(-1)^n}{n!\, j!} C^n C^j \right) = \sum_{k=0}^{\infty} \frac{1}{k!} \left(\sum_{j=0}^{k} \binom{k}{j} (-1)^{k-j} \right) C^k = \mathrm{Id}$$

b) Mit Lemma 1, b) gilt:

$$\exp(-A) B \exp A = \sum_{k=0}^{\infty} \sum_{i+j=k} \frac{(-1)^i}{i!\, j!} A^i B A^j = \sum_{k=0}^{\infty} \frac{(-1)^k}{k!} \sum_{j=0}^{k} (-1)^{k-j} \binom{k}{j} A^j B A^{k-j}$$

1) Es ist zweckmäßig, das Vorzeichen entgegen der üblichen Definition einzuführen.

Es bleibt also zu zeigen, daß

$$\sum_{j=0}^{k}(-1)^{k-j}\binom{k}{j}A^jBA^{k-j}=B\times A\times\cdots\times A$$

gilt.

Wir führen den Beweis induktiv. Der Fall $k=0$ ist trivial. Der Induktionsschritt von k auf $k+1$ läuft wie folgt:

$$(B\times A\times\cdots\times A)\times A=-\sum_{j=0}^{k}(-1)^{k-j}\binom{k}{j}A^jBA^{k+1-j}+\sum_{j=0}^{k}(-1)^{k-j}\binom{k}{j}A^{j+1}BA^{k-j}$$

$$=(-1)^{k+1}BA^{k+1}-\sum_{j=1}^{k}(-1)^{k-j}\binom{k}{j}A^jBA^{k+1-j}+\sum_{j=1}^{k+1}(-1)^{k+1-j}\binom{k}{j-1}A^jBA^{k+1-j}$$

$$=(-1)^{k+1}\binom{k+1}{0}BA^{k+1}+\sum_{j=1}^{k}(-1)^{k+1-j}\left[\binom{k}{j}+\binom{k}{j-1}\right]A^jBA^{k+1-j}+\binom{k}{k}A^{k+1}B$$

$$=\sum_{j=0}^{k+1}(-1)^{k+1-j}\binom{k+1}{j}A^jBA^{k+1-j}$$

Dies erbringt den Beweis von b). Man beachte, daß dieser Beweis auch genügt im Falle A, $B\in\mathscr{P}(L[\mathscr{F},\mathscr{F}])$, A mit Gewicht 1.

c) Unter Benutzung von Lemma 1 c), a) folgt einerseits:

$$(\exp C)^{\cdot}=\sum_{m=0}^{\infty}\frac{1}{m!}(C^m)^{\cdot}=\sum_{m=1}^{\infty}\frac{1}{m!}\sum_{k=0}^{m-1}C^{m-k-1}\dot{C}C^k=\sum_{m=0}^{\infty}\frac{1}{(m+1)!}\sum_{k=0}^{m}C^{m-k}\dot{C}C^k$$

Andererseits finden wir, wieder mit Lemma 1 b)

$$(\exp C)\Bigg(\sum_{n=0}^{\infty}\frac{(-1)^n}{(n+1)!}\dot{C}\times\underbrace{C\times\cdots\times C}_{n\text{ Faktoren}}\Bigg)$$

$$=\sum_{m=0}^{\infty}\sum_{n+j=m}\frac{(-1)^n}{(n+1)!\,j!}C^j\cdot\dot{C}\times\underbrace{C\times\cdots\times C}_{n\text{ Faktoren}}$$

$$=\sum_{m=0}^{\infty}\frac{1}{(m+1)!}\sum_{j=0}^{m}(-1)^{m-j}\binom{m+1}{j}C^j\cdot\dot{C}\times\underbrace{C\times\cdots\times C}_{m-j\text{ Faktoren}}$$

Dank Lemma 2 a) ist unsere Behauptung c) bewiesen, falls

$$\sum_{k=0}^{m}C^{m-k}\dot{C}C^k=\sum_{j=0}^{m}(-1)^{m-j}\binom{m+1}{j}C^j\cdot\dot{C}\times\underbrace{C\times\cdots\times C}_{m-j\text{ Faktoren}}\tag{18}$$

gilt. Wir führen einen Induktionsbeweis. (18) ist richtig für $m=0$. Wir geben jetzt den Induktionsschluß von $m-1$ auf m. Unter Verwendung von

$$\binom{m}{j}+\binom{m}{j-1}=\binom{m+1}{j}$$

finden wir:

$$\sum_{j=0}^{m}(-1)^{m-j}\binom{m+1}{j}C^j\cdot\dot C\times\underbrace{C\times\cdots\times C}_{m-j\text{ Faktoren}}=(-1)^m\dot C\times\underbrace{C\times\cdots\times C}_{m\text{ Faktoren}}$$
$$+\sum_{j=1}^{m}(-1)^{m-j}\binom{m+1}{j}C^j\cdot\dot C\times\underbrace{C\times\cdots\times C}_{m-j\text{ Faktoren}}$$
$$=(-1)^m\dot C\times\underbrace{C\times\cdots\times C}_{m\text{ Faktoren}}$$
$$+\sum_{j=1}^{m-1}(-1)^{m-j}\binom{m}{j}C^j\cdot\dot C\times\underbrace{C\times\cdots\times C}_{m-j\text{ Faktoren}}+C^m\dot C$$
$$+\sum_{j=1}^{m}(-1)^{m-j}\binom{m}{j-1}C^j\cdot\dot C\times\underbrace{C\times\cdots\times C}_{m-j\text{ Faktoren}}$$

Nun verwenden wir folgende Formel

$$C^j\cdot\dot C\times\underbrace{C\times\cdots\times C}_{m-j\text{ Faktoren}}=-C^j\Big(\dot C\times\underbrace{C\times\cdots\times C}_{m-j-1\text{ Faktoren}}\Big)C+C^{j+1}\cdot\dot C\times\underbrace{C\times\cdots\times C}_{m-j-1\text{ Faktoren}}$$

und finden weiter

$$=(-1)^{m+1}\Big(\dot C\times\underbrace{C\times\cdots\times C}_{m-1\text{ Faktoren}}\Big)C+(-1)^m C\Big(\dot C\times\underbrace{C\times\cdots\times C}_{m-1\text{ Faktoren}}\Big)$$
$$+\sum_{j=1}^{m-1}(-1)^{m-j+1}\binom{m}{j}C^j\cdot\Big(\dot C\times\underbrace{C\times\cdots\times C}_{m-j-1\text{ Faktoren}}\Big)C$$
$$+\sum_{l=2}^{m}(-1)^{m-l+1}\binom{m}{l-1}C^l\cdot\dot C\times\underbrace{C\times\cdots\times C}_{m-l\text{ Factoren}}+C^m\dot C$$
$$+\sum_{j=1}^{m}(-1)^{m-j}\binom{m}{j-1}C^j\cdot\dot C\times\underbrace{C\times\cdots\times C}_{m-j\text{ Faktoren}}$$

Wir bemerken, daß der 2., 4. und letzte Term sich aufheben, folglich bleibt

$$=\sum_{j=0}^{m-1}(-1)^{m-j+1}\binom{m}{j}C^j\Big(\dot C\times\underbrace{C\times\cdots\times C}_{m-j-1\text{ Faktoren}}\Big)C+C^m\dot C$$
$$=\left[\sum_{j=0}^{m-1}(-1)^{m-1-j}\binom{m}{j}C^j\Big(\dot C\times\underbrace{C\times\cdots\times C}_{m-1-j\text{ Faktoren}}\Big)\right]C+C^m\dot C$$

Hieraus ergibt sich unter Verwendung der Induktionsvoraussetzung schließlich

$$=\left[\sum_{k=0}^{m-1} C^{m-1-k}\dot{C}C^k\right]C+C^m\dot{C}=\sum_{k=0}^{m} C^{m-k}\dot{C}C^k$$

Hiermit ist auch die Formel c) bewiesen. ■

Wir kehren nun zu unserer Hauptaufgabe zurück, zur Bestimmung von C, so daß (13) gilt, wobei $A=\mu A_1$, $B=\mu B_1$ ist, während C aus $\mathscr{P}(L[\mathscr{F},\mathscr{F}])$ vom Gewicht 1 ist. Wir wollen für die Unbekannte C eine Differentialgleichung herleiten. Es bezeichne X die linke Seite von (13). Mit $(\exp A)^{\cdot}=\exp A A_1$ ergibt die Produktregel

$$\begin{aligned}\dot{X}&=\exp B\, B_1 \exp A+\exp B \exp A\, A_1\\ &=\exp B\, B_1\exp A+XA_1\end{aligned}$$

Wegen Lemma 2, a) gilt: $\exp B\, B_1 \exp A = X\exp(-A)B_1\exp A$. Folglich

$$\dot{X}=XG \qquad G=\sum_{i=0}^{\infty}\mu^i G_i = A_1+\exp(-A)B_1\exp A,$$

also

$$G_0=A_1+B_1, \qquad G_i=\frac{(-1)^i}{i!}B_1\times\underbrace{A_1\times\cdots\times A_1}_{i\ \text{Faktoren}} \tag{19}$$

Der letzte Schritt folgt mit Lemma 2 b). Weiter gilt wegen $X=\exp C$, (19), $(\exp C)^{\cdot}=\dot{X}=XG=\exp C G$. Mit Lemma 2a) und c) endlich

$$G=\sum_{i=0}^{\infty}\frac{(-1)^i}{(i+1)!}\dot{C}\times\underbrace{C\times\cdots\times C}_{i\ \text{Faktoren}} \tag{20}$$

Unter Verwendung von (19), $C=\sum_{i=1}^{\infty}\mu^i C_i$ folgt aus (20), da, wie wir schon bemerkt haben, das Problem (13) genau eine Lösung C hat:

Satz 1 *Zu* $A=\mu A_1$, $B=\mu B_1$, A_1, $B_1\in L[\mathscr{F},\mathscr{F}]$ *gibt es genau ein* $C=\sum_{i=1}^{\infty}\mu^i C_i\in\mathscr{P}(L[\mathscr{F},\mathscr{F}])$, *so daß* $\exp B\exp A=\exp C$, *und es gilt:*

$$C_{n+1}=\frac{1}{n+1}G_n-\frac{1}{n+1}\sum_{k=1}^{n-1}\frac{(-1)^k}{(k+1)!}\sum_{j_0+j_1+\cdots+j_k=n+1} j_0 C_{j_0}\times C_{j_1}\times\cdots\times C_{j_k} \tag{21}$$

Wertet man die Formel (21) für $n=0$, 1, 2 aus, findet man:

$$\begin{aligned}&C_1=A_1+B_1, \qquad C_2=\tfrac{1}{2}A_1\times B_1,\\ &C_3=\tfrac{1}{12}A_1\times B_1\times B_1+\tfrac{1}{12}B_1\times A_1\times A_1\end{aligned}$$

Also

$$C=\mu(A_1+B_1)+\mu^2\tfrac{1}{2}A_1\times B_1+\mu^3(\tfrac{1}{12}B_1\times A_1\times A_1+\tfrac{1}{12}A_1\times B_1\times B_1)+\cdots \tag{22}$$

Welches ist nun der Vorteil unserer komplizierten Herleitung gegenüber einem einfachen Koeffizientenvergleich in (13)? Aus (22) bzw. (21) ersieht man, daß die C_ι aus A_1, B_1 durch den Kommutator sowie Addition und Multiplikation mit Zahlen aufgebaut sind, d.h. unter Vermeidung des einfachen Produkts $A_1 B_1$. Diese Einsicht in die Struktur von C ist nur auf einem komplizierten Weg, wie dem hier dargelegten, möglich.

Die Formel (22) heißt Hausdorff-Campbell-Formel.

10.3 Die Zusammensetzung zweier Lie-Reihen

Ein Operator F aus $L[\mathscr{F}, \mathscr{F}]$ ordnet einer Funktion $f(\boldsymbol{x})$ aus $\mathscr{F}$ die Bildfunktion Ff aus $\mathscr{F}$ zu. Verallgemeinernd wollen wir definieren, was es heißt, ein Operator $F = \sum_{\iota=0}^{\infty} \mu^\iota F_\iota$ aus $\mathscr{P}(L[\mathscr{F}, \mathscr{F}])$ wirke auf ein Element $f = \sum_{\iota=0}^{\infty} \mu^\iota f_\iota$.

$$Ff = \left(\sum_{\iota=0}^{\infty} \mu^\iota F_\iota\right)\left(\sum_{\iota=0}^{\infty} \mu^\iota f_\iota\right) \overset{\text{Def}}{=} \sum_{\iota=0}^{\infty}\left(\sum_{j=0}^{\infty} \mu^{\iota+j} F_\iota f_j\right)$$

$$= \sum_{j=0}^{\infty}\left(\sum_{\iota=0}^{\infty} \mu^{\iota+j} F_\iota f_j\right) = \sum_{k=0}^{\infty} \mu^k \left(\sum_{\iota+j=k} F_\iota f_j\right) \tag{23}$$

(Es bereitet keine Schwierigkeiten, die Äquivalenz der Formeln in (23) einzusehen). Wir geben zwei einfache Eigenschaften.

Lemma 3 a) *Es seien F, G aus $\mathscr{P}(L[\mathscr{F}, \mathscr{F}])$, $f(\boldsymbol{x})$ eine (gewöhnliche) Funktion aus $\mathscr{F}$. Dann gilt:*

$$(FG)(f(\boldsymbol{x})) = F(G(f(\boldsymbol{x})))$$

b) *Es sei $C = \sum_{m=0}^{\infty} C_{(m)}$, $C_{(m)} \in \mathscr{P}(L[\mathscr{F}, \mathscr{F}])$ vom Gewicht m, $f(\boldsymbol{x})$ wie in* a). *Dann gilt:*

$$Cf(\boldsymbol{x}) = \sum_{m=0}^{\infty} C_{(m)} f(\boldsymbol{x})$$

Beweis. Mit

$$F = \sum_{\iota=0}^{\infty} \mu^\iota F_\iota, \quad G = \sum_{\iota=0}^{\infty} \mu^\iota G_\iota, \qquad FG = \sum_{\iota=0}^{\infty} \mu^\iota \sum_{k+j=\iota} F_k G_j$$

folgt einerseits mit (23)

$$(FG)(f(\boldsymbol{x})) = \sum_{\iota=0}^{\infty} \mu^\iota \left(\sum_{k+j=\iota} F_k G_j f(\boldsymbol{x})\right)$$

Andererseits mit

$$Gf(\boldsymbol{x}) = \sum_{\iota=0}^{\infty} \mu^\iota G_\iota f(\boldsymbol{x})$$

und der Definition (23)

$$F(Gf) = \sum_{k=0}^{\infty} \mu^k \Big(\sum_{i+r=k} F_i G_r f \Big)$$

Somit ist a) gezeigt. Zum Beweis von b) setzen wir

$$C_{(m)} = \sum_{j=m}^{\infty} \mu^j C_{mj}$$

und folglich

$$C = \sum_{m=0}^{\infty} C_{(m)} = \sum_{k=0}^{\infty} \mu^k \sum_{j=0}^{k} C_{jk}$$

Mit (23), also

$$Cf(\boldsymbol{x}) = \sum_{k=0}^{\infty} \mu^k \Big(\sum_{j=0}^{k} C_{jk} f(\boldsymbol{x}) \Big)$$

Andererseits, mit

$$C_{(m)} f(\boldsymbol{x}) = \sum_{j=m}^{\infty} \mu^j C_{mj} f(\boldsymbol{x})$$

$$\sum_{m=0}^{\infty} C_{(m)} f(\boldsymbol{x}) = \sum_{j=0}^{\infty} \mu^j \Big(\sum_{m=0}^{j} C_{mj} f(\boldsymbol{x}) \Big)$$

Somit ist die Richtigkeit von b) nachgewiesen. ■

Der folgende Operator aus $L[\mathscr{F}, \mathscr{F}]$ spielt im weiteren die zentrale Rolle, $\boldsymbol{u}(\boldsymbol{x}) \in \mathscr{F}_r$:

$$D_{\boldsymbol{u}} : f(\boldsymbol{x}), \mathscr{F} \to D_{\boldsymbol{u}} f = f \circ \boldsymbol{u}, \mathscr{F} \tag{24}$$

Lemma 4

a) $\alpha D_{\boldsymbol{u}} + \beta D_{\boldsymbol{v}} = D_{\alpha \boldsymbol{u} + \beta \boldsymbol{v}}$; $\quad D_{\boldsymbol{u}} \times D_{\boldsymbol{v}} = D_{\boldsymbol{u} \times \boldsymbol{v}} \quad \alpha, \beta \in \mathbf{R}$; $\boldsymbol{u}, \boldsymbol{v} \in \mathscr{F}$ [1)]

b) *Sei*

$$C = \sum_{i=0}^{\infty} \mu^i D_{\boldsymbol{w}_i}, \qquad \boldsymbol{w} = \sum_{i=0}^{\infty} \mu^i \boldsymbol{w}_i(\boldsymbol{x}), \qquad \boldsymbol{h} = \sum_{i=0}^{\infty} \mu^i \boldsymbol{h}_i(\boldsymbol{x}), \qquad \boldsymbol{w}_i, \boldsymbol{h}_i \in \mathscr{F}$$

Dann gilt: $C\boldsymbol{h} = \boldsymbol{h} \circ \boldsymbol{w}$

B e w e i s. Sei f beliebig aus $\mathscr{F}$, dann gilt:

$$(\alpha D_{\boldsymbol{u}} + \beta D_{\boldsymbol{v}}) f = \alpha f \circ \boldsymbol{u} + \beta f \circ \boldsymbol{v} = f \circ (\alpha \boldsymbol{u} + \beta \boldsymbol{v})$$

$$(D_{\boldsymbol{u}} \times D_{\boldsymbol{v}}) f = (-D_{\boldsymbol{u}} D_{\boldsymbol{v}} + D_{\boldsymbol{v}} D_{\boldsymbol{u}}) f = -(f \circ \boldsymbol{v}) \circ \boldsymbol{u} + (f \circ \boldsymbol{u}) \circ \boldsymbol{v} = f \circ (\boldsymbol{u} \times \boldsymbol{v})$$

---

1) Hierbei bezeichnet $\boldsymbol{u} \times \boldsymbol{v}$ wieder den üblichen Kommutator zwischen Vektorfunktionen.

Beim letzten Schritt wurde Gl. (2, 12) verwendet. Somit ist a) nachgewiesen. Zum Beweis von b) benützen wir (23), (3)

$$Ch = \sum_{k=0}^{\infty} \mu^k \Big(\sum_{i+r=k} D_{w_i} h_r \Big) = \sum_{k=0}^{\infty} \mu^k \Big(\sum_{i+r=k} h_r \circ w_i \Big) = h \circ w \qquad \blacksquare$$

Wir kehren nun zur Gleichung (13) zurück. Wir setzen $A = \mu D_u$, $B = \mu D_v$ und betrachten die Gleichung

$$(\exp B \exp A)\mathbf{1}(x) = (\exp C)\mathbf{1}(x) \tag{25}$$

($\mathbf{1}(x)$ bezeichnet die identische Funktion in $\mathscr{F}$).
Offenbar ist

$$\exp A \mathbf{1}(x) = \sum_{i=0}^{\infty} \frac{\mu^i}{i!} u \circ u \circ \cdots \circ u \qquad (i \text{ Faktoren})$$

Folglich mit Lemma 3 a), (23)

$$(\exp B \exp A)\mathbf{1}(x) = \sum_{k=0}^{\infty} \mu^k \sum_{i+j=k} \frac{1}{i!\,j!} D_v^i \underbrace{u \circ u \circ \cdots \circ u}_{j \text{ Faktoren}}$$

$$= \sum_{k=0}^{\infty} \mu^k \sum_{i+j=k} \frac{1}{i!\,j!} \underbrace{u \circ \cdots \circ u}_{j \text{ Faktoren}} \circ \underbrace{v \circ v \circ \cdots \circ v}_{i \text{ Faktoren}} \tag{26}$$

Man beachte, daß die rechte Seite von (26) mit der rechten Seite von (9) übereinstimmt. Wir wenden uns dem Ausdruck $(\exp C)\mathbf{1}(x)$ zu. Unter Verwendung von Satz 1, Lemma 4 a) folgt:

$$C = \mu(D_u + D_v) + \mu^2 \tfrac{1}{2} D_u \times D_v + \mu^3 (\tfrac{1}{12} D_u \times D_v \times D_v + \tfrac{1}{12} D_v \times D_u \times D_u) + \cdots$$

$$= \mu D_{u+v} + \mu^2 D_{\frac{1}{2} u \times v} + \mu^3 (D_{\frac{1}{12} u \times v \times v + \frac{1}{12} v \times u \times u}) + \cdots \overset{\text{Def}}{=} \sum_{i=1}^{\infty} \mu^i D_{w_i}$$

Also mit (12), Lemma 3 b), Lemma 4 b)

$$(\exp C)\mathbf{1}(x) = \sum_{i=0}^{\infty} \frac{1}{i!} (C^i \mathbf{1}(x)) = \sum_{i=0}^{\infty} \frac{1}{i!} \underbrace{w \circ w \circ \cdots \circ w}_{i \text{ Faktoren}} \tag{27}$$

Die rechte Seite von (27) stellt aber die Lie-Reihe zu

$$w = \sum_{i=1}^{\infty} \mu^i w_i = \mu(u + v) + \mu^2 \tfrac{1}{2} u \times v + \mu^3 (\tfrac{1}{12} u \times v \times v + \tfrac{1}{12} v \times u \times u) + \cdots \tag{28}$$

dar, cf. Beispiel 2. Somit ist der folgende Satz bewiesen:

Satz 2 *Es sei*

$$u(x, \mu) = x + \mu u(x) + \frac{\mu^2}{2!} u \circ u + \cdots \tag{29}$$

$$v(x, \mu) = x + \mu v(x) + \frac{\mu^2}{2!} v \circ v + \cdots \tag{30}$$

Dann gilt für die Zusammensetzung

$$\boldsymbol{u}(\boldsymbol{v}(\boldsymbol{x}, \mu), \mu) = \boldsymbol{x} + \boldsymbol{w} + \frac{1}{2!}\boldsymbol{w} \circ \boldsymbol{w} + \cdots \tag{31}$$

mit

$$\boldsymbol{w} = \mu(\boldsymbol{u} + \boldsymbol{v}) + \mu^2 \tfrac{1}{2}\boldsymbol{u} \times \boldsymbol{v} + \mu^3(\tfrac{1}{12}\boldsymbol{u} \times \boldsymbol{v} \times \boldsymbol{v} + \tfrac{1}{12}\boldsymbol{v} \times \boldsymbol{u} \times \boldsymbol{u}) + \cdots \tag{32}$$

Das in Satz 2 enthaltene Resultat hat eine gewisse Bedeutung im Zusammenhang mit dem Singularitätenproblem bei unwesentlich ausgearteten Systemen. Um das zu verstehen, geben wir nochmals das in §9 untersuchte Diagramm wieder:

$$\begin{array}{ccccc}
\dot{\boldsymbol{x}} = \boldsymbol{f}(\boldsymbol{x}) & \xrightarrow[\boldsymbol{u}]{\boldsymbol{x} = \boldsymbol{U}(\bar{\boldsymbol{x}})} & \dot{\bar{\boldsymbol{x}}} = \bar{\boldsymbol{f}}(\bar{\boldsymbol{x}}) & \xrightarrow[\bar{\boldsymbol{u}}]{\bar{\boldsymbol{x}} = \bar{\boldsymbol{U}}(\bar{\bar{\boldsymbol{x}}})} & \dot{\bar{\bar{\boldsymbol{x}}}} = \bar{\bar{\boldsymbol{f}}}(\bar{\bar{\boldsymbol{x}}}) \\
{\scriptstyle \boldsymbol{x} = \boldsymbol{E}(\boldsymbol{y})}\downarrow & & & & \downarrow{\scriptstyle \bar{\bar{\boldsymbol{x}}} = \boldsymbol{E}(\bar{\bar{\boldsymbol{y}}})} \\
\dot{\boldsymbol{y}} = \boldsymbol{g}(\boldsymbol{y}) & \xrightarrow[\boldsymbol{y} = \boldsymbol{V}(\bar{\boldsymbol{y}})]{\boldsymbol{v}} & \dot{\bar{\boldsymbol{y}}} = \bar{\boldsymbol{g}}(\bar{\boldsymbol{y}}) & \xrightarrow[\bar{\boldsymbol{y}} = \bar{\boldsymbol{V}}(\bar{\bar{\boldsymbol{y}}})]{\bar{\boldsymbol{v}}} & \dot{\bar{\bar{\boldsymbol{y}}}} = \bar{\bar{\boldsymbol{g}}}(\bar{\bar{\boldsymbol{y}}})
\end{array}$$

Hierbei bezeichnen $\boldsymbol{u}$, $\boldsymbol{v}$, $\bar{\boldsymbol{u}}$, $\bar{\boldsymbol{v}}$ die Erzeugenden der entsprechenden Lie-Reihen. Das wesentlichste Ergebnis von §9 bestand darin, zu zeigen, daß zu $\boldsymbol{f}$, $\boldsymbol{E}$, $\boldsymbol{v}$, $\bar{\boldsymbol{v}}$ die Funktionen $\boldsymbol{u}$, $\bar{\boldsymbol{u}}$ so bestimmt werden können, daß das obige Diagramm gilt. In der Praxis wird man $\boldsymbol{v}$, $\bar{\boldsymbol{v}}$, sowie die Zusammensetzung $\boldsymbol{w}_v$ der beiden gemäß (32) bestimmen. Um daraus die Erzeugende einer Transformation $\boldsymbol{x} \to \bar{\bar{\boldsymbol{x}}}$ zu finden, welche $\boldsymbol{f}$ in $\bar{\bar{\boldsymbol{f}}}$ überführt, wird man versuchen die Gleichung

$$\mathscr{E}\boldsymbol{w} = \boldsymbol{w}_v \tag{33}$$

zu lösen. Es ist nicht trivial, daß diese Gleichung lösbar ist. Dank der Tatsache, daß (32) nur Kommutatoren (und keine Dot-Produkte) enthält, kann die Lösbarkeit von (33) wie folgt eingesehen werden. Es seien $\boldsymbol{u}$, $\bar{\boldsymbol{u}}$ die nach Abschn. 9.4 existierenden Funktionen und $\boldsymbol{w}_u$ ihre Zusammensetzung gemäß (32). Dank Lemma 1, Abschn. 9.2 und wegen $\boldsymbol{v} = \mathscr{E}\boldsymbol{u}$, $\bar{\boldsymbol{v}} = \mathscr{E}\bar{\boldsymbol{u}}$ gilt: $\mathscr{E}\boldsymbol{w}_u = \boldsymbol{w}_v$.

10.4 Eine Herleitung der Störungsgleichungen

Die in den vorigen Abschnitten entwickelte Theorie kann dazu verwendet werden, um die fundamentale Formel (2, 10) neu herzuleiten. Wir betrachten die Aussage b) von Lemma 2, wobei wir A durch $-A$ ersetzen:

$$\exp AB \exp(-A) = \sum_{k=0}^{\infty} \frac{1}{k!} B \times \underbrace{A \times \cdots \times A}_{k \text{ Faktoren}} \tag{34}$$

Wir definieren $B = D_{\boldsymbol{f}}$, $A = \mu D_{\boldsymbol{u}}$. Genau wie in Abschn. 10.3 lassen wir unsere Operatoren-Gleichung auf die Funktion $\mathbf{1}(\boldsymbol{x})$ wirken. Für die rechte Seite erhalten wir mit Lemma 4

$$\left(\sum_{k=0}^{\infty}\frac{1}{k!}B\times A\times\cdots\times A\right)\mathbf{1}(\boldsymbol{x})=\left(\sum_{k=0}^{\infty}\frac{\mu^k}{k!}D_{\boldsymbol{f}}\times D_{\boldsymbol{u}}\cdots\times D_{\boldsymbol{u}}\right)\mathbf{1}(\boldsymbol{x})$$

$$=\sum_{k=0}^{\infty}\frac{\mu^k}{k!}D_{\boldsymbol{f}\times\boldsymbol{u}\times\cdots\times\boldsymbol{u}}\mathbf{1}(\boldsymbol{x})$$

$$=\sum_{k=0}^{\infty}\frac{\mu^k}{k!}\boldsymbol{f}\times\boldsymbol{u}\times\boldsymbol{u}\cdots\times\boldsymbol{u}$$

Dies stellt die rechte Seite der Formel (2, 10) dar. Betrachten wir jetzt

$$B\exp(-A)\mathbf{1}(\boldsymbol{x})=\sum_{i=0}^{\infty}\frac{\mu^i}{i!}(-1)^i D_{\boldsymbol{f}}D_{\boldsymbol{u}}^i\mathbf{1}(\boldsymbol{x})=\sum_{i=0}^{\infty}\frac{\mu^i}{i!}(-1)^i\underbrace{\boldsymbol{u}\circ\boldsymbol{u}\cdots\circ\boldsymbol{u}}_{i\text{ Faktoren}}\circ\boldsymbol{f}$$

$$=\left(\sum_{i=0}^{\infty}\frac{\mu^i}{i!}(-1)^i\boldsymbol{u}\circ\boldsymbol{u}\circ\cdots\circ\boldsymbol{u}\right)\circ\boldsymbol{f}$$

Diesen Ausdruck nennen wir, cf. (2, 17), $(\partial\mathbf{V}/\partial\boldsymbol{x})\boldsymbol{f}$. Nun folgt weiter mit Lemma 3 b)

$$\exp A\left(\frac{\partial\mathbf{V}}{\partial\boldsymbol{x}}\boldsymbol{f}\right)=\sum_{i=0}^{\infty}\frac{\mu^i}{i!}D_{\boldsymbol{u}}^i\left(\frac{\partial\mathbf{V}}{\partial\boldsymbol{x}}\boldsymbol{f}\right)=\sum_{i=0}^{\infty}\frac{\mu^i}{i!}\left(\frac{\partial\mathbf{V}}{\partial\boldsymbol{x}}\boldsymbol{f}\right)\circ\underbrace{\boldsymbol{u}\circ\boldsymbol{u}\circ\cdots\circ\boldsymbol{u}}_{i\text{ Faktoren}}$$

Der Ausdruck rechts bedeutet aber

$$\left(\frac{\partial\mathbf{V}}{\partial\boldsymbol{x}}(\boldsymbol{x},\mu)\boldsymbol{f}(\boldsymbol{x})\right)\Bigg|_{\boldsymbol{x}\to\boldsymbol{U}(\boldsymbol{x},\mu)}$$

Womit die Herleitung von (2, 10) vollständig ist.

Kommentare und Literaturhinweise zu Kapitel III

§7 Die Strukturbetrachtungen des §7 sind der Arbeit [K6] von U. Kirchgraber und M. Vitins entnommen.

§8 Für eine allgemeine Einführung in die Theorie Hamiltonscher Systeme verweisen wir auf H. Goldstein [G5] oder E. Stiefel und G. Scheifele ([S7], Kapitel VIII, IX). Die in Abschn. 8.3 dargestellte Herleitung der kanonischen Störungsgleichungen aus den allgemeinen Störungsgleichungen ist auch in der Arbeit [H2] von G. Hori enthalten. Es sei darauf hingewiesen, daß auch der umgekehrte Weg möglich ist: durch Verdoppelung der Variablen kann jedes DGl.-System formal zu einem kanonischen System gemacht werden. Diese Idee zur Herleitung von Störungsgleichungen haben A. A. Kamel [K2] und J. Choi und B. Tapley [C1] benutzt.

Zu dem in Abschn. 8.5 diskutierten gekoppelten Pendelproblem gibt es eine grosse Zahl von Arbeiten z.B. A. Blaquière [B9], G. Hori [H9], A. H. v. der Burgh [B10], E. Mettler [M9], N. Sigrist [S10], [S11]. Für die Bedeutung der

Gl. (48) für die Bewegung von geladenen Teilchen im Zyklotron cf. T. Sigurgeirsson [S12], B. L. Cohen [C5], W. Joho [J1].

§9 Das Singularitätenproblem scheint zuerst im Rahmen der kanonischen Satellitentheorie von D. Brouwer durch R. H. Lyddane [L2] behandelt worden zu sein. Später wurde von verschiedenen Autoren erkannt, daß eine elegante Behandlung des Problems möglich ist durch Verwendung der Lie-Reihen-Methode, falls das vorgelegte System kanonisch ist: G. Hori [H10], J. Henrard [H11], N. Sigrist [S10]. Die Behandlung nicht-kanonischer Probleme ist wesentlich komplizierter. Ein erster Versuch stellt die Dissertation von R. Kunz [K13] dar. §9 ist neu.

§10 Nachdem den Verfassern die formale Ähnlichkeit zwischen der Erzeugenden der Zusammensetzung zweier Lie-Reihen und der sog. Hausdorff-Campbell-Formel, F. Hausdorff [H12], aufgefallen war, gelang es F. Spirig [S13], [S14] den Zusammenhang tatsächlich herzustellen. §10 basiert auf seinen Ideen. Es sei noch bemerkt, daß die Zusammensetzung zweier Lie-Reihen in der von A. Deprit begründeten Variante [D1] leichter zu gewinnen ist (cf. J. Henrard [H3]). Dafür bereitet es in dieser Theorie größere Schwierigkeiten, die fast-identische Transformation umzukehren.

Man kann sich fragen, welche Vorteile die auf Lie-Reihen gegründete Störungstheorie gegenüber der klassischen Methode von Krylow-Bogoliubov hat. Es scheint uns, daß ihre Bedeutung im Aufbau der Störungsgleichungen durch Kommutatoren liegt. Als Bestätigung können wir die Untersuchungen in diesem Kapitel aufführen. Eine weitere vielversprechende Möglichkeit besteht darin, die übersichtliche Struktur der Störungsgleichungen zur automatisierten Durchführung der Störungstheorie mittels Computer auszunützen. Erste Resultate in dieser Richtung sind: A. Deprit und A. Rom [D3], J. Henrard [H13], [H14].

Kapitel IV

Die bisherigen Untersuchungen haben formalen Charakter. Es geht deshalb in diesem letzten Kapitel darum zu zeigen, daß die mit der Mittelwertmethode gefundenen Näherungen das ursprünglich vorgegebene System in befriedigender Weise beschreiben.

Dies geschieht in zwei Richtungen. Einerseits zeigen wir in §11, daß die Lösungen des vorgegebenen Problems sich von den konstruierten Näherungslösungen, unter gewissen Voraussetzungen, in geeigneten Zeitintervallen nur wenig voneinander unterscheiden. Andererseits zeigen wir in §12 und §13, daß aus dem geometrischen Verhalten des gemittelten Systems unter Umständen auf das geometrische Verhalten des ursprünglichen Problems geschlossen werden kann.

11 Fehlerabschätzungen

11.1 Transformation durch Lie-Reihen

In diesem Abschnitt stellen wir die Idee, ein Differentialgleichungssystem durch eine Lie-Reihe zu transformieren, auf eine exakte Grundlage. Als Nebenprodukt erhalten wir eine neue Herleitung der Störungsgleichungen.

Es sei G ein Gebiet des $\mathbf{R}^n$, $\boldsymbol{u}(\boldsymbol{x}, \varepsilon)$ bilde $G \times (-\varepsilon_{00}, \varepsilon_{00})$ in den $\mathbf{R}^n$ ab und sei in allen Variablen beliebig oft differenzierbar (eine solche Funktion wollen wir fortan C^∞ nennen). Es bezeichne $\boldsymbol{U}(\mu, \boldsymbol{x}, \varepsilon)$ die Lösung des Anfangswertproblems:

$$\frac{\mathrm{d}\boldsymbol{U}}{\mathrm{d}\mu} = \boldsymbol{u}(\boldsymbol{U}, \varepsilon), \qquad \boldsymbol{U}(0, \boldsymbol{x}, \varepsilon) = \boldsymbol{x} \tag{1}$$

Aus der Theorie der gewöhnlichen Differentialgleichungen (cf. H. W. Knobloch und F. Kappel [K20], Kapitel III) weiß man:

$\boldsymbol{U}$ ist auf der Menge $D = \{(\mu, \boldsymbol{x}, \varepsilon) \mid \boldsymbol{x} \in G,\ \ \varepsilon \in (-\varepsilon_{00}, \varepsilon_{00}),\ \ \mu \in (m_-(\boldsymbol{x}, \varepsilon), m_+(\boldsymbol{x}, \varepsilon))\}$ definiert, wobei (m_-, m_+), $m_- < 0$, $m_+ > 0$, das maximale Definitionsintervall der Lösung zu fester Anfangsbedingung und festem ε bezeichnet. Diese Lösung ist eindeutig bestimmt. D ist offen in $\mathbf{R}^{n+2}$ und $\boldsymbol{U}$ ist beliebig oft nach den x_i und ε differenzierbar. Diese Ableitungen sind selbst noch einmal nach μ differenzierbar und die Ableitungen sind vertauschbar. Alle Ableitungen sind stetig.

Im folgenden werden wir mehrfach von einer einfachen Aussage Gebrauch machen, die aus der Unabhängigkeit von $\boldsymbol{u}(\boldsymbol{x}, \varepsilon)$ von μ und der genannten Eindeutigkeit der Lösung von (1) folgt:

Mit $(\mu^*, \boldsymbol{x}^*, \varepsilon^*) \in D$ ist auch $(-\mu^*, \boldsymbol{U}(\mu^*, \boldsymbol{x}^*, \varepsilon^*), \varepsilon^*) \in D$ und es gilt:

$$\boldsymbol{U}(-\mu^*, \boldsymbol{U}(\mu^*, \boldsymbol{x}^*, \varepsilon^*), \varepsilon^*) = \boldsymbol{x}^* \tag{2}$$

(cf. Fig. 1)

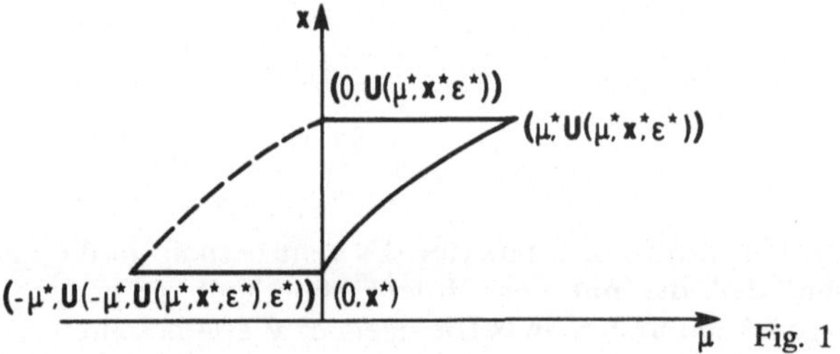

Fig. 1

$U(\mu, x, \varepsilon)$ wird die Bedeutung der Lie-Reihe übernehmen.
Führen wir eine weitere C^∞-Funktion $f(x, \varepsilon): G\times(-\varepsilon_{00}, \varepsilon_{00})\to\mathbf{R}^n$ ein (sie beschreibt das mit U zu transformierende DGl.-System $\dot{x} = f(x, \varepsilon)$).
Unser Ziel ist zunächst der Beweis der folgenden Lemmata:

Lemma 1 *Die Funktion*[1)]

$$U(\mu, x, \varepsilon)\circ f(x, \varepsilon)\Big|_{(\mu, x, \varepsilon)\to(-\mu, U(\mu, x, \varepsilon), \varepsilon)} : D\to\mathbf{R}^n$$

ist beliebig oft nach μ differenzierbar und es gilt in D

$$\frac{\partial^k}{\partial\mu^k}\left\{U(\mu, x, \varepsilon)\circ f(x, \varepsilon)\Big|_{(\mu, x, \varepsilon)\to(-\mu, U(\mu, x, \varepsilon), \varepsilon)}\right\}$$

$$= U\circ(f\times\overbrace{u\times u\cdots\times u}^{k\text{ Faktoren}})\Big|_{(\mu, x, \varepsilon)\to(-\mu, U(\mu, x, \varepsilon), \varepsilon)}$$

Lemma 2 *Die Funktion*

$$f(x, \varepsilon)\Big|_{(x, \varepsilon)\to(U(\mu, x, \varepsilon), \varepsilon)} : D\to\mathbf{R}^n$$

ist beliebig oft nach μ differenzierbar, und es gilt in D:

$$\frac{\partial^k}{\partial\mu^k}\left\{f(x, \varepsilon)\Big|_{(x, \varepsilon)\to(U(\mu, x, \varepsilon), \varepsilon)}\right\} = f\circ\overbrace{u\circ u\circ\cdots\circ u}^{k\text{ Faktoren}}\Big|_{(x, \varepsilon)\to(U(\mu, x, \varepsilon), \varepsilon)}$$

---

1) Wir erinnern an die Definition des Dot-Produkts: $U\circ f = (\partial U/\partial x)f$, des Kommutators $f\times u = f\circ u - u\circ f$, der Pfeilnotation: nach der Bildung von $U\circ f$ soll μ, x, ε durch $-\mu$, $U(\mu, x, \varepsilon)$, ε respektive ersetzt werden.

B e w e i s. Wir führen die Funktionen

$$\boldsymbol{\phi}(\mu, \boldsymbol{x}, \varepsilon)\colon \quad (\mu, \boldsymbol{x}, \varepsilon) \to \frac{\partial \boldsymbol{U}}{\partial \boldsymbol{x}}(\mu, \boldsymbol{x}, \varepsilon)\boldsymbol{f}(\boldsymbol{x}, \varepsilon) \equiv \boldsymbol{U} \circ \boldsymbol{f}, \qquad D \to \mathbf{R}^n$$

$$\boldsymbol{\psi}(\mu, \boldsymbol{x}, \varepsilon)\colon \quad (\mu, \boldsymbol{x}, \varepsilon) \to (-\mu, \boldsymbol{U}(\mu, \boldsymbol{x}, \varepsilon), \varepsilon), \qquad D \to D$$

ein. Nach der Kettenregel ist auch die Zusammensetzung von $\boldsymbol{\phi}$ und $\boldsymbol{\psi}: \boldsymbol{\phi}(-\mu, \boldsymbol{U}(\mu, \boldsymbol{x}, \varepsilon), \varepsilon)$, $D \to \mathbf{R}^n$ nach μ differenzierbar, und es gilt mit (1) für $(\bar{\mu}, \bar{\boldsymbol{x}}, \bar{\varepsilon}) \in D$:

$$\frac{\partial}{\partial \bar{\mu}} \boldsymbol{\phi}(-\bar{\mu}, \boldsymbol{U}(\bar{\mu}, \bar{\boldsymbol{x}}, \bar{\varepsilon}), \bar{\varepsilon}) = -\frac{\partial \boldsymbol{\phi}}{\partial \mu}(-\bar{\mu}, \boldsymbol{U}(\bar{\mu}, \bar{\boldsymbol{x}}, \bar{\varepsilon}), \bar{\varepsilon}) + \frac{\partial \boldsymbol{\phi}}{\partial \boldsymbol{x}}(-\bar{\mu}, \boldsymbol{U}(\bar{\mu}, \bar{\boldsymbol{x}}, \bar{\varepsilon}), \bar{\varepsilon})\boldsymbol{u}(\boldsymbol{U}(\bar{\mu}, \bar{\boldsymbol{x}}, \bar{\varepsilon}), \bar{\varepsilon}) \tag{3}$$

Wir widmen uns der Umformung dieses Ausdrucks. Die Zusammensetzung von $\boldsymbol{U}(\mu, \boldsymbol{x}, \varepsilon)$ mit $\boldsymbol{\psi}(\mu, \boldsymbol{x}, \varepsilon)$: $\boldsymbol{U}(-\mu, \boldsymbol{U}(\mu, \boldsymbol{x}, \varepsilon), \varepsilon)$, $D \to \mathbf{R}^n$ ist gleich $\boldsymbol{x}$, cf. (2), und nach μ differenzierbar. Folglich für $(\bar{\mu}, \bar{\boldsymbol{x}}, \bar{\varepsilon}) \in D$:

$$-\frac{\partial \boldsymbol{U}}{\partial \mu}(-\bar{\mu}, \boldsymbol{U}(\bar{\mu}, \bar{\boldsymbol{x}}, \bar{\varepsilon}), \bar{\varepsilon}) + \frac{\partial \boldsymbol{U}}{\partial \boldsymbol{x}}(-\bar{\mu}, \boldsymbol{U}(\bar{\mu}, \bar{\boldsymbol{x}}, \bar{\varepsilon}), \bar{\varepsilon})\boldsymbol{u}(\boldsymbol{U}(\bar{\mu}, \bar{\boldsymbol{x}}, \bar{\varepsilon}), \bar{\varepsilon}) = \boldsymbol{0}$$

Oder, indem wir $(\bar{\mu}, \bar{\boldsymbol{x}}, \bar{\varepsilon}) = \boldsymbol{\psi}(\mu, \boldsymbol{x}, \varepsilon)$ setzen und (2) berücksichtigen:

$$-\frac{\partial \boldsymbol{U}}{\partial \mu}(\mu, \boldsymbol{x}, \varepsilon) + \frac{\partial \boldsymbol{U}}{\partial \boldsymbol{x}}(\mu, \boldsymbol{x}, \varepsilon)\boldsymbol{u}(\boldsymbol{x}, \varepsilon) = \boldsymbol{0}$$

für $(\mu, \boldsymbol{x}, \varepsilon) \in D$. Folglich finden wir für $(\mu, \boldsymbol{x}, \varepsilon) \in D$ mit der Definition von $\boldsymbol{\phi}(\mu, \boldsymbol{x}, \varepsilon)$

$$\frac{\partial \boldsymbol{\phi}}{\partial \boldsymbol{x}}(\mu, \boldsymbol{x}, \varepsilon)\boldsymbol{u}(\boldsymbol{x}, \varepsilon) - \frac{\partial \boldsymbol{\phi}}{\partial \mu}(\mu, \boldsymbol{x}, \varepsilon) = (\boldsymbol{U} \circ \boldsymbol{f}) \circ \boldsymbol{u} - \frac{\partial \boldsymbol{U}}{\partial \mu} \circ \boldsymbol{f} = (\boldsymbol{U} \circ \boldsymbol{f}) \circ \boldsymbol{u} - (\boldsymbol{U} \circ \boldsymbol{u}) \circ \boldsymbol{f} = \boldsymbol{U} \circ (\boldsymbol{f} \times \boldsymbol{u}) \tag{4}$$

wobei wir die in D gültige Beziehung $(\boldsymbol{U} \circ \boldsymbol{f}) \circ \boldsymbol{u} - (\boldsymbol{U} \circ \boldsymbol{u}) \circ \boldsymbol{f} = \boldsymbol{U} \circ (\boldsymbol{f} \times \boldsymbol{u})$ benützt haben. Setzen wir in (4) $(\mu, \boldsymbol{x}, \varepsilon)^T = \boldsymbol{\psi}(\bar{\mu}, \bar{\boldsymbol{x}}, \bar{\varepsilon})$, was für $(\bar{\mu}, \bar{\boldsymbol{x}}, \bar{\varepsilon}) \in D$ erlaubt ist, so stimmt die linke Seite von (4) mit der rechten Seite von (3) überein und wir erhalten also für $(\mu, \boldsymbol{x}, \varepsilon) \in D$:

$$\frac{\partial}{\partial \mu}\Big\{\boldsymbol{U}(\mu, \boldsymbol{x}, \varepsilon) \circ \boldsymbol{f}(\boldsymbol{x}, \varepsilon)\Big|_{(\mu, \boldsymbol{x}, \varepsilon) \to (-\mu, \boldsymbol{U}(\mu, \boldsymbol{x}, \varepsilon), \varepsilon)}\Big\} = \boldsymbol{U}(\mu, \boldsymbol{x}, \varepsilon) \circ (\boldsymbol{f}(\boldsymbol{x}, \varepsilon) \times \boldsymbol{u}(\boldsymbol{x}, \varepsilon))\Big|_{(\mu, \boldsymbol{x}, \varepsilon) \to (-\mu, \boldsymbol{U}(\mu, \boldsymbol{x}, \varepsilon), \varepsilon)}$$

Iterierte Anwendung dieser Formel ergibt die Behauptung des ersten Lemmas.

Der Beweis des zweiten Lemmas ist einfacher. Wir betrachten die Abbildungen

$$(\mu, \boldsymbol{x}, \varepsilon) \to (\boldsymbol{U}(\mu, \boldsymbol{x}, \varepsilon), \varepsilon), \qquad D \to G \times (-\varepsilon_{00}, \varepsilon_{00})$$
$$(\boldsymbol{x}, \varepsilon) \to \boldsymbol{f}(\boldsymbol{x}, \varepsilon), \qquad G \times (-\varepsilon_{00}, \varepsilon_{00}) \to \mathbf{R}^n$$

Ihre Zusammensetzung $\boldsymbol{f}(\boldsymbol{U}(\mu, \boldsymbol{x}, \varepsilon), \varepsilon): D \to \mathbf{R}^n$ ist nach μ differenzierbar, und es gilt für $(\mu, \boldsymbol{x}, \varepsilon) \in D$

$$\frac{\partial}{\partial \mu}\{(\boldsymbol{f}(\boldsymbol{x}, \varepsilon)\Big|_{(\boldsymbol{x}, \varepsilon) \to (\boldsymbol{U}(\mu, \boldsymbol{x}, \varepsilon), \varepsilon)}\} = \boldsymbol{f}(\boldsymbol{x}, \varepsilon) \circ \boldsymbol{u}(\boldsymbol{x}, \varepsilon)\Big|_{(\boldsymbol{x}, \varepsilon) \to (\boldsymbol{U}(\mu, \boldsymbol{x}, \varepsilon), \varepsilon)}$$

Die mehrfache Anwendung dieser Formel ergibt das Lemma 2. ■

Als weitere Vorbereitung bemerken wir, daß folgende Variante der Taylorformel gilt. Es sei $\boldsymbol{F}(\mu): [0, \mu_0] \to \mathbf{R}^n$ eine beliebig oft differenzierbare Funktion. Dann gilt für jedes k aus $\mathbf{N}$:

$$\boldsymbol{F}(\mu_0) = \boldsymbol{F}(0) + \frac{1}{1!}\boldsymbol{F}'(0)\mu_0 + \frac{1}{2!}\boldsymbol{F}''(0)\mu_0^2 + \cdots + \frac{1}{k!}\boldsymbol{F}^{(k)}(0)\mu_0^k + \frac{1}{k!}\int_0^1 (1-t)^k \frac{\mathrm{d}^{k+1}}{\mathrm{d}t^{k+1}}\boldsymbol{F}(t\mu_0)\,\mathrm{d}t \tag{6}$$

Wir beweisen die Formel durch vollständige Induktion. Für $k=0$ gilt:

$$\boldsymbol{F}(0) + \int_0^1 \frac{\mathrm{d}}{\mathrm{d}t}\boldsymbol{F}(t\mu_0)\,\mathrm{d}t = \boldsymbol{F}(0) + \boldsymbol{F}(t\mu_0)\Big|_0^1 = \boldsymbol{F}(\mu_0)$$

Vollziehen wir nun den Übergang von k auf $k+1$:

$$\int_0^1 (1-t)^k \frac{\mathrm{d}^{k+1}}{\mathrm{d}t^{k+1}}\boldsymbol{F}(t\mu_0)\,\mathrm{d}t =$$

$$-\frac{(1-t)^{k+1}}{k+1}\frac{\mathrm{d}^{k+1}}{\mathrm{d}t^{k+1}}\boldsymbol{F}(t\mu_0)\Big|_0^1 + \frac{1}{k+1}\int_0^1 (1-t)^{k+1}\frac{\mathrm{d}^{k+2}}{\mathrm{d}t^{k+2}}\boldsymbol{F}(t\mu_0)\,\mathrm{d}t$$

$$= \frac{1}{k+1}\boldsymbol{F}^{(k+1)}(0)\mu_0^{k+1} + \frac{1}{k+1}\int_0^1 (1-t)^{k+1}\frac{\mathrm{d}^{k+2}}{\mathrm{d}t^{k+2}}\boldsymbol{F}(t\mu_0)\,\mathrm{d}t$$

Hieraus folgt die Induktionsbehauptung.

Aus Formel (6) und den Lemmata 1,2 ergeben sich sofort folgende Aussagen (man beachte, daß mit $(\mu_0, \boldsymbol{x}_0, \varepsilon_0)$, $\mu_0 > 0$ auch $(\mu, \boldsymbol{x}_0, \varepsilon_0)$, $0 \leq \mu \leq \mu_0$, in D ist).

Lemma 1′ *Sei* $(\mu_0, \boldsymbol{x}_0, \varepsilon_0) \in D$, $\mu_0 > 0$. *Dann gilt:*

$$\frac{\partial \boldsymbol{U}}{\partial \boldsymbol{x}}(-\mu_0, \boldsymbol{U}(\mu_0, \boldsymbol{x}_0, \varepsilon_0), \varepsilon_0)\boldsymbol{f}(\boldsymbol{U}(\mu_0, \boldsymbol{x}_0, \varepsilon_0), \varepsilon_0)$$

$$= \boldsymbol{f}(\boldsymbol{x}_0, \varepsilon_0) + \frac{\mu_0}{1!}\boldsymbol{f}(\boldsymbol{x}_0, \varepsilon_0) \times \boldsymbol{u}(\boldsymbol{x}_0, \varepsilon_0) + \cdots + \frac{\mu_0^k}{k!}\boldsymbol{f}(\boldsymbol{x}_0, \varepsilon_0) \times \overbrace{\boldsymbol{u}(\boldsymbol{x}_0, \varepsilon_0) \times \cdots \times \boldsymbol{u}(\boldsymbol{x}_0, \varepsilon_0)}^{k \text{ Faktoren}} \tag{7}$$

$$+ \frac{\mu_0^{k+1}}{k!}\int_0^1 (1-t)^k \left[\frac{\partial \boldsymbol{U}}{\partial \boldsymbol{x}}(\mu, \boldsymbol{x}, \varepsilon)\boldsymbol{f}(\boldsymbol{x}, \varepsilon) \times \overbrace{\boldsymbol{u}(\boldsymbol{x}, \varepsilon) \times \boldsymbol{u}(\boldsymbol{x}, \varepsilon) \times \cdots \times \boldsymbol{u}(\boldsymbol{x}, \varepsilon)}^{(k+1) \text{ Faktoren}}\right]\Bigg|_{(\mu, \boldsymbol{x}, \varepsilon) \to (-\mu_0 t, \boldsymbol{U}(\mu_0 t, \boldsymbol{x}_0, \varepsilon_0), \varepsilon_0)} dt$$

Lemma 2′ *Sei* $(\mu_0, \boldsymbol{x}_0, \varepsilon_0) \in D$, $\mu_0 > 0$. *Dann gilt:*

$$\boldsymbol{U}(\mu_0, \boldsymbol{x}_0, \varepsilon_0) =$$

$$\boldsymbol{x}_0 + \frac{\mu_0}{1!}\boldsymbol{u}(\boldsymbol{x}_0, \varepsilon_0) + \frac{\mu_0^2}{2!}\boldsymbol{u}(\boldsymbol{x}_0, \varepsilon_0) \circ \boldsymbol{u}(\boldsymbol{x}_0, \varepsilon_0) + \cdots + \frac{\mu_0^k}{k!}\overbrace{\boldsymbol{u}(\boldsymbol{x}_0, \varepsilon_0) \circ \cdots \circ \boldsymbol{u}(\boldsymbol{x}_0, \varepsilon_0)}^{k \text{ Faktoren}}$$

$$+ \frac{\mu_0^{k+1}}{k!}\int_0^1 (1-t)^k \overbrace{\boldsymbol{u}(\boldsymbol{x}, \varepsilon) \circ \cdots \circ \boldsymbol{u}(\boldsymbol{x}, \varepsilon)}^{(k+1) \text{ Faktoren}}\Bigg|_{(\boldsymbol{x}, \varepsilon) \to (\boldsymbol{U}(\mu_0 t, \boldsymbol{x}_0, \varepsilon_0), \varepsilon_0)} dt \tag{8}$$

Abgesehen vom Integralterm erkennt man in (8) den Anfang einer Lie-Reihe, in (7) den Anfang eines mit einer Lie-Reihe formal transformierten Vektorfeldes $\boldsymbol{f}$ (Vergl. die Formeln (2,5), (2,10)). Wir wollen nun $\boldsymbol{U}$ benützen, um eine Transformation zu definieren. Es sei $\Delta \subset G$ ein Gebiet, so daß für jedes[1] $\bar{\boldsymbol{x}} \in \bar{\Delta}$ und $\varepsilon \in (-\varepsilon_{00}, \varepsilon_{00})$ gilt: $\boldsymbol{U}(\mu, \bar{\boldsymbol{x}}, \varepsilon)$ existiert mindestens für $\mu \in [0, 1]$, anders ausgedrückt: $m_+(\bar{\boldsymbol{x}}, \varepsilon) > 1$. D.h. für $(\bar{\boldsymbol{x}}, \varepsilon) \in \Delta \times (-\varepsilon_{00}, \varepsilon_{00})$ ist $(1, \bar{\boldsymbol{x}}, \varepsilon)$ in D. Somit ist

$$\bar{\boldsymbol{f}}(\bar{\boldsymbol{x}}, \varepsilon) = \frac{\partial \boldsymbol{U}}{\partial \boldsymbol{x}}(-1, \boldsymbol{U}(1, \bar{\boldsymbol{x}}, \varepsilon), \varepsilon)\boldsymbol{f}(\boldsymbol{U}(1, \bar{\boldsymbol{x}}, \varepsilon), \varepsilon) \tag{9}$$

in $\Delta \times (-\varepsilon_{00}, \varepsilon_{00})$ wohl definiert und eine C^∞-Funktion. Es ist zu zeigen, daß (9) das unter $\boldsymbol{U}(1, \bar{\boldsymbol{x}}, \varepsilon)$ transformierte Vektorfeld $\boldsymbol{f}(\boldsymbol{x}, \varepsilon)$ darstellt.

Lemma 3 *Ist* $\bar{\boldsymbol{x}}(t, \varepsilon)$ *eine Lösung von* $\dot{\bar{\boldsymbol{x}}} = \bar{\boldsymbol{f}}(\bar{\boldsymbol{x}}, \varepsilon)$ *(bezüglich des Gebiets* Δ*), so ist* $\boldsymbol{x}(t, \varepsilon) = \boldsymbol{U}(1, \bar{\boldsymbol{x}}(t, \varepsilon), \varepsilon)$ *eine Lösung von* $\dot{\boldsymbol{x}} = \boldsymbol{f}(\boldsymbol{x}, \varepsilon)$.

Beweis. Offenbar gilt:

$$\dot{\boldsymbol{x}}(t, \varepsilon) = \frac{\partial \boldsymbol{U}}{\partial \boldsymbol{x}}(1, \bar{\boldsymbol{x}}(t, \varepsilon), \varepsilon)\frac{\partial \boldsymbol{U}}{\partial \boldsymbol{x}}(-1, \boldsymbol{U}(1, \bar{\boldsymbol{x}}(t, \varepsilon), \varepsilon)\boldsymbol{f}(\boldsymbol{x}(t, \varepsilon), \varepsilon) \tag{10}$$

[1] $\bar{\Delta}$ bezeichnet die abgeschlossene Hülle von Δ.

Die Zusammensetzung der Funktionen $\boldsymbol{U}(\mu, \boldsymbol{x}, \varepsilon)$ und $\boldsymbol{\psi}(\mu, \boldsymbol{x}, \varepsilon)$: $\boldsymbol{U}(-\mu, \boldsymbol{U}(\mu, \boldsymbol{x}, \varepsilon), \varepsilon) = \boldsymbol{x}$, $D \to \mathbf{R}^n$ ist nach $\boldsymbol{x}$ differenzierbar. Die Ableitung ergibt für $(\bar{\mu}, \bar{\boldsymbol{x}}, \bar{\varepsilon}) \in D$, E bezeichnet die Einheitsmatrix,:

$$\frac{\partial \boldsymbol{U}}{\partial \boldsymbol{x}}(-\bar{\mu}, \boldsymbol{U}(\bar{\mu}, \bar{\boldsymbol{x}}, \bar{\varepsilon}), \bar{\varepsilon}) \frac{\partial \boldsymbol{U}}{\partial \boldsymbol{x}}(\bar{\mu}, \bar{\boldsymbol{x}}, \bar{\varepsilon}) = E$$

D.h. die Matrizen $\partial \boldsymbol{U}/\partial \boldsymbol{x}(-\bar{\mu}, \boldsymbol{U}(\bar{\mu}, \bar{\boldsymbol{x}}, \bar{\varepsilon}), \bar{\varepsilon})$ und $\partial \boldsymbol{U}/\partial \boldsymbol{x}(\bar{\mu}, \bar{\boldsymbol{x}}, \bar{\varepsilon})$ sind invers. Somit folgt aus (10): $\dot{\boldsymbol{x}}(t, \varepsilon) = \boldsymbol{f}(\boldsymbol{x}(t, \varepsilon), \varepsilon)$, also die Behauptung. ∎

Lemma 3 besagt, daß wir zur Lösung des Systems $\dot{\boldsymbol{x}} = \boldsymbol{f}(\boldsymbol{x}, \varepsilon)$ das System $\dot{\bar{\boldsymbol{x}}} = \bar{\boldsymbol{f}}(\bar{\boldsymbol{x}}, \varepsilon)$ verwenden können. $\bar{\boldsymbol{f}}(\bar{\boldsymbol{x}}, \varepsilon)$ wiederum besitzt die Darstellung (7) (mit $\mu_0 = 1$).

Wir beschäftigen uns nun mit den Integraltermen in (7) und (8) und werden zeigen, daß sie unter geeigneten Voraussetzungen als Störterme aufgefaßt werden können.

Wir erinnern daran, daß $\boldsymbol{x}$ im Rahmen der Störungstheorie in die Winkel- und Amplitudenvariablen zerfällt. Analog werden dann auch $\boldsymbol{f}$ und $\boldsymbol{u}$ zerlegt:

$$\boldsymbol{x} = \begin{pmatrix} \boldsymbol{\phi} \\ \boldsymbol{a} \end{pmatrix}, \quad \boldsymbol{f} = \begin{pmatrix} \boldsymbol{R}(\boldsymbol{\phi}, \boldsymbol{a}, \varepsilon) \\ \boldsymbol{T}(\boldsymbol{\phi}, \boldsymbol{a}, \varepsilon) \end{pmatrix}, \quad \boldsymbol{u} = \begin{pmatrix} \boldsymbol{r}(\boldsymbol{\phi}, \boldsymbol{a}, \varepsilon) \\ \boldsymbol{t}(\boldsymbol{\phi}, \boldsymbol{a}, \varepsilon) \end{pmatrix} \tag{11}$$

(Wir verzichten, um die Notation zu vereinfachen, in diesem Zusammenhang darauf, die langsamen Winkelvariablen $\boldsymbol{\Omega}$ aufzuführen) Die Dimension von $\boldsymbol{\phi}$ sei r, diejenige von $\boldsymbol{a}$ nennen wir t. Das Gebiet G sei dann von der Form $G = \mathbf{R}^r \times G_a$ mit $G_a \subset \mathbf{R}^t$, und wir nehmen an, daß die Funktionen $\boldsymbol{R}, \boldsymbol{T}, \boldsymbol{r}, \boldsymbol{t}$ in jeder Komponente von $\boldsymbol{\phi}$ 2π-periodisch seien. (Bezeichnet $\boldsymbol{e}_j$ den j-ten Einheitsvektor in $\mathbf{R}^r$, dann lautet diese Bedingung für $\boldsymbol{r}$ etwa: $\boldsymbol{r}(\boldsymbol{\phi} + 2\pi \boldsymbol{e}_j, \boldsymbol{a}, \varepsilon) = \boldsymbol{r}(\boldsymbol{\phi}, \boldsymbol{a}, \varepsilon)$ für $(\boldsymbol{\phi}, \boldsymbol{a}, \varepsilon) \in G \times (-\varepsilon_{00}, \varepsilon_{00})$ und $1 \leq j \leq r$). Unter diesen Verhältnissen geben wir der Funktion $\boldsymbol{U}$ folgende Gestalt:

$$\boldsymbol{U} = \begin{pmatrix} \boldsymbol{\Phi}(\mu, \boldsymbol{\phi}, \boldsymbol{a}, \varepsilon) \\ \boldsymbol{A}(\mu, \boldsymbol{\phi}, \boldsymbol{a}, \varepsilon) \end{pmatrix}$$

wobei

$$\begin{aligned} &\frac{\partial \boldsymbol{\Phi}}{\partial \mu} = \boldsymbol{r}(\boldsymbol{\Phi}, \boldsymbol{A}, \varepsilon) \qquad &&\frac{\partial \boldsymbol{A}}{\partial \mu} = \boldsymbol{t}(\boldsymbol{\Phi}, \boldsymbol{A}, \varepsilon) \\ &\boldsymbol{\Phi}(0, \boldsymbol{\phi}, \boldsymbol{a}, \varepsilon) = \boldsymbol{\phi} &&\boldsymbol{A}(0, \boldsymbol{\phi}, \boldsymbol{a}, \varepsilon) = \boldsymbol{a} \end{aligned} \tag{12}$$

gilt. Aus der Periodizitätsbedingung über $\boldsymbol{r}, \boldsymbol{t}$ und der Eindeutigkeit der Lösung folgt eine weitere Beziehung, die ähnlich ist zu (2):

Mit $(\mu^*, \boldsymbol{\phi}^*, \boldsymbol{a}^*, \varepsilon^*) \in D$ *ist auch* $(\mu^*, \boldsymbol{\phi}^* + 2\pi \boldsymbol{e}_j, \boldsymbol{a}^*, \varepsilon^*) \in D$ *und es gilt* (cf. Fig. 2)

$$\begin{aligned} \boldsymbol{\Phi}(\mu^*, \boldsymbol{\phi}^* + 2\pi \boldsymbol{e}_j, \boldsymbol{a}^*, \varepsilon^*) &= 2\pi \boldsymbol{e}_j + \boldsymbol{\Phi}(\mu^*, \boldsymbol{\phi}^*, \boldsymbol{a}^*, \varepsilon^*) \\ \boldsymbol{A}(\mu^*, \boldsymbol{\phi}^* + 2\pi \boldsymbol{e}_j, \boldsymbol{a}^*, \varepsilon^*) &= \boldsymbol{A}(\mu^*, \boldsymbol{\phi}^*, \boldsymbol{a}^*, \varepsilon^*) \end{aligned} \tag{13}$$

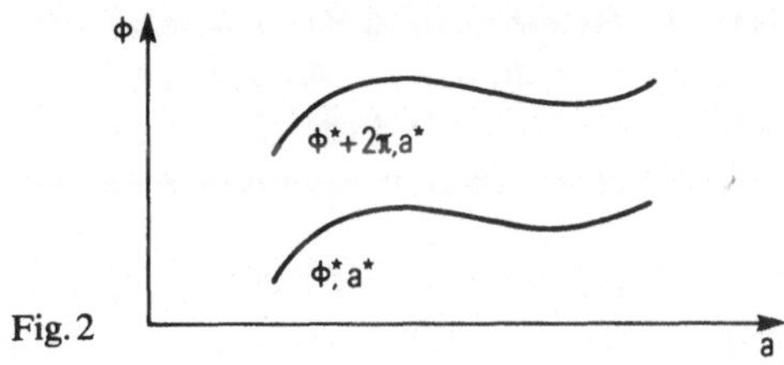

Fig. 2

Aus (13) folgt, daß

$$\frac{\partial \boldsymbol{U}}{\partial \boldsymbol{x}}=\begin{pmatrix} \dfrac{\partial \boldsymbol{\Phi}}{\partial \boldsymbol{\phi}} & \dfrac{\partial \boldsymbol{\Phi}}{\partial \boldsymbol{a}} \\ \dfrac{\partial \boldsymbol{A}}{\partial \boldsymbol{\phi}} & \dfrac{\partial \boldsymbol{A}}{\partial \boldsymbol{a}} \end{pmatrix}$$

bezüglich jeder Komponente von $\boldsymbol{\phi}$ 2π-periodisch ist.

Es soll weiter vorausgesetzt werden, daß sich auch das Gebiet Δ als kartesisches Produkt schreiben läßt: $\Delta=\mathbf{R}^r\times\Delta_a$ mit $\Delta_a\subset G_a$, $\bar{\Delta}=\mathbf{R}^r\times\bar{\Delta}_a$ (Jede Lösung von (12) mit $\boldsymbol{\phi}\in\mathbf{R}^r$, $\boldsymbol{a}\in\bar{\Delta}_a$, $\varepsilon\in(-\varepsilon_{00},\varepsilon_{00})$ existiert also mindestens auf dem Intervall $[0,1]$).

Dann stellt $D'=[0,1]\times\bar{\Delta}\times[-\varepsilon'_{00},\varepsilon'_{00}]$, $0<\varepsilon'_{00}<\varepsilon_{00}$ eine Teilmenge von D dar. Es sollen nun die Integranden von (7) und (8) auf D' studiert werden. Betrachten wir etwa

$$\chi(\sigma,\boldsymbol{\phi}_0,\boldsymbol{a}_0,\varepsilon_0)=\frac{\partial \boldsymbol{U}}{\partial \boldsymbol{x}}(\mu,\boldsymbol{\phi},\boldsymbol{a},\varepsilon)\Bigg|_{(\mu,\boldsymbol{\phi},\boldsymbol{a},\varepsilon)\to(-\sigma,\boldsymbol{\Phi}(\sigma,\boldsymbol{\phi}_0,\boldsymbol{a}_0,\varepsilon_0),\boldsymbol{A}(\sigma,\boldsymbol{\phi}_0,\boldsymbol{a}_0,\varepsilon_0),\varepsilon_0)}$$

auf D'. Mit $(\sigma,\boldsymbol{\phi}_0,\boldsymbol{a}_0,\varepsilon_0)$ ist auch $(\sigma,\boldsymbol{\phi}_0+2\pi\boldsymbol{e}_j,\boldsymbol{a}_0,\varepsilon_0)$ in D'. Es geht um $\chi(\sigma,\boldsymbol{\phi}_0+2\pi\boldsymbol{e}_j,\boldsymbol{a}_0,\varepsilon_0)$. Mit $(\sigma,\boldsymbol{\phi}_0,\boldsymbol{a}_0,\varepsilon_0)\in D$ ist auch, wegen (2), $(-\sigma,\boldsymbol{\Phi}(\sigma,\boldsymbol{\phi}_0,\boldsymbol{a}_0,\varepsilon_0),\ \boldsymbol{A}(\sigma,\boldsymbol{\phi}_0,\boldsymbol{a}_0,\varepsilon_0),\varepsilon_0)$ in D. Wegen (13) gilt dann aber: $(-\sigma,\boldsymbol{\Phi}(\sigma,\boldsymbol{\phi}_0,\boldsymbol{a}_0,\varepsilon_0)+2\pi\boldsymbol{e}_j,\boldsymbol{A}(\sigma,\boldsymbol{\phi}_0,\boldsymbol{a}_0,\varepsilon_0),\varepsilon_0)=(-\sigma,\boldsymbol{\Phi}(\sigma,\boldsymbol{\phi}_0+2\pi\boldsymbol{e}_j,\boldsymbol{a}_0,\varepsilon_0),$ $\boldsymbol{A}(\sigma,\boldsymbol{\phi}_0+2\pi\boldsymbol{e}_j,\boldsymbol{a}_0,\varepsilon_0),\varepsilon_0)\in D$. Wegen der Periodizität von $\partial\boldsymbol{U}/\partial\boldsymbol{x}$ also: $\chi(\sigma,\boldsymbol{\phi}_0+2\pi\boldsymbol{e}_j,\boldsymbol{a}_0,\varepsilon)=\chi(\sigma,\boldsymbol{\phi}_0,\boldsymbol{a}_0,\varepsilon_0)$. D.h. χ ist in den Komponenten von $\boldsymbol{\phi}_0$ 2π-periodisch. Entsprechendes gilt über die weiteren Ausdrücke, die in den Integranden von (7), (8) vorkommen. D.h. die Integranden sind in allen Komponenten von $\boldsymbol{\phi}_0$ 2π-periodisch. Diese Eigenschaft wird durch die Integration nicht zerstört, und wir stellen fest: *Die Integralterme sind in den Komponenten von $\boldsymbol{\phi}_0$ 2π-periodische Funktionen.* Wenn wir noch verlangen, daß $\bar{\Delta}_a$ kompakt ist, dann ist jede auf D' definierte, in den Komponenten von $\boldsymbol{\phi}_0$ 2π-periodische, stetige Funktion beschränkt. Setzen wir schließlich

$$\boldsymbol{f}(\boldsymbol{x},\varepsilon)=\sum_{i=0}^{\infty}\varepsilon^i\boldsymbol{f}^i(\boldsymbol{x}),\quad \boldsymbol{u}(\boldsymbol{x},\varepsilon)=\varepsilon\sum_{i=0}^{N-1}\varepsilon^i\boldsymbol{u}^{i+1}(\boldsymbol{x})$$

wobei $\boldsymbol{f}$, $\boldsymbol{u}$ auf $G\times(-\varepsilon_{00},\varepsilon_{00})$ definiert und C^∞ sein sollen, so folgt, für $N\leqslant k$:

Satz 1 *Es gibt auf* $\Delta\times(-\varepsilon_{00}', \varepsilon_{00}')=\mathbf{R}^r\times\Delta_a\times(-\varepsilon_{00}', \varepsilon_{00}')$ *definierte Funktionen* $\boldsymbol{U}(\bar{\boldsymbol{x}}, \varepsilon)=(\boldsymbol{\Phi}(\bar{\boldsymbol{\phi}}, \bar{\boldsymbol{a}}, \varepsilon), \ \boldsymbol{A}(\bar{\boldsymbol{\phi}}, \bar{\boldsymbol{a}}, \varepsilon))^T$ [*mit* $\boldsymbol{\Phi}(\bar{\boldsymbol{\phi}}+2\pi\boldsymbol{e}_j, \bar{\boldsymbol{a}}, \varepsilon)=\boldsymbol{\Phi}(\bar{\boldsymbol{\phi}}, \bar{\boldsymbol{a}}, \varepsilon)+2\pi\boldsymbol{e}_j$, $\boldsymbol{A}(\bar{\boldsymbol{\phi}}+2\pi\boldsymbol{e}_j, \bar{\boldsymbol{a}}, \varepsilon)=\boldsymbol{A}(\bar{\boldsymbol{\phi}}, \bar{\boldsymbol{a}}, \varepsilon)$] *und* $\bar{\boldsymbol{f}}(\bar{\boldsymbol{x}}, \varepsilon)=(\bar{\boldsymbol{R}}(\bar{\boldsymbol{\phi}}, \bar{\boldsymbol{a}}, \varepsilon), \ \bar{\boldsymbol{T}}(\bar{\boldsymbol{\phi}}, \bar{\boldsymbol{a}}, \varepsilon))^T$ [$\bar{\boldsymbol{R}}$, $\bar{\boldsymbol{T}}$ *2π-periodisch in den Komponenten von* $\bar{\boldsymbol{\phi}}$], *so daß gilt:*

(i)
$$\bar{\boldsymbol{f}}(\bar{\boldsymbol{x}}, \varepsilon)=\sum_{\iota=0}^{k}\varepsilon^\iota\bar{\boldsymbol{f}}^\iota(\bar{\boldsymbol{x}})+\varepsilon^{k+1}\boldsymbol{\rho}_1(\bar{\boldsymbol{x}}, \varepsilon)$$

mit
$$\bar{\boldsymbol{f}}^\iota(\bar{\boldsymbol{x}})=\sum_{r=0}^{\iota}\frac{1}{r!}\sum_{\substack{j_0\in\mathbf{N}_0,\ 1\le j_s\le N\\ j_0+j_1+\cdots+j_r=\iota}}\boldsymbol{f}^{j_0}(\bar{\boldsymbol{x}})\times\boldsymbol{u}^{j_1}(\bar{\boldsymbol{x}})\times\cdots\times\boldsymbol{u}^{j_r}(\bar{\boldsymbol{x}}) \tag{14}$$

Dabei gibt es eine Schranke M_1, *so daß gilt*[1]:

$$|\boldsymbol{\rho}_1(\bar{\boldsymbol{x}}, \varepsilon)|\le M_1 \qquad \text{für } (\bar{\boldsymbol{x}}, \varepsilon)\in\Delta\times(-\varepsilon_{00}', \varepsilon_{00}')$$

(ii)
$$\boldsymbol{U}(\bar{\boldsymbol{x}}, \varepsilon)=\bar{\boldsymbol{x}}+\sum_{\iota=1}^{k}\varepsilon^\iota\boldsymbol{U}^\iota(\bar{\boldsymbol{x}})+\varepsilon^{k+1}\boldsymbol{\rho}_2(\bar{\boldsymbol{x}}, \varepsilon)$$

mit
$$\boldsymbol{U}^\iota(\bar{\boldsymbol{x}})=\sum_{r=1}^{\iota}\frac{1}{r!}\sum_{\substack{1\le j_s\le N\\ j_1+j_2+\cdots+j_r=\iota}}\boldsymbol{u}^{j_1}(\bar{\boldsymbol{x}})\circ\boldsymbol{u}^{j_2}(\bar{\boldsymbol{x}})\circ\cdots\circ\boldsymbol{u}^{j_r}(\bar{\boldsymbol{x}}) \tag{15}$$

Dabei gibt es eine Schranke M_2, *so daß gilt:*

$$|\boldsymbol{\rho}_2(\bar{\boldsymbol{x}}, \varepsilon)|\le M_2 \quad \text{für} \quad (\bar{\boldsymbol{x}}, \varepsilon)\in\Delta\times(-\varepsilon_{00}', \varepsilon_{00}')$$

(iii) *Falls* $\bar{\boldsymbol{x}}(t, \varepsilon)$ *eine Lösung von* $\dot{\bar{\boldsymbol{x}}}=\bar{\boldsymbol{f}}(\bar{\boldsymbol{x}}, \varepsilon)$ *bezüglich* $\Delta\times(-\varepsilon_{00}', \varepsilon_{00}')$ *ist, so ist* $\boldsymbol{x}(t, \varepsilon)=\boldsymbol{U}(\bar{\boldsymbol{x}}(t, \varepsilon), \varepsilon)$ *Lösung von* $\dot{\boldsymbol{x}}=\boldsymbol{f}(\boldsymbol{x}, \varepsilon)$.

Bemerkung 1. Natürlich ist i.allg. $k=N$, der Allgemeinheit halber haben wir jedoch den Fall $k>N$ zugelassen.
Die Gleichungen (14) stimmen, für $0\le i\le N$, mit den Störungsgleichungen (2,19) überein. Wir können uns also die $\boldsymbol{u}^\iota$, $\boldsymbol{f}^\iota$ nach der Methode von §3 bestimmt denken. Satz 1 besagt dann, daß das gegebene Problem $\dot{\boldsymbol{x}}=\boldsymbol{f}(\boldsymbol{x}, \varepsilon)$ bis auf den Restterm $\varepsilon^{N+1}\boldsymbol{\rho}_1(\boldsymbol{x}, \varepsilon)$ (wir setzen hier $k=N$) zum gemittelten Problem $\dot{\bar{\boldsymbol{x}}}=\sum_{\iota=0}^{N}\varepsilon^\iota\bar{\boldsymbol{f}}^\iota(\bar{\boldsymbol{x}})$ äquivalent ist.
In den nächsten Abschnitten wird die Bedeutung der Vernachlässigung des Terms $\varepsilon^{N+1}\boldsymbol{\rho}_1(\boldsymbol{x}, \varepsilon)$ untersucht werden.

Bemerkung 2. Das Gebiet $\boldsymbol{\Delta}$ braucht sich vom Gebiet G nur beliebig wenig zu unterscheiden, wenn man ε_{00}' genügend klein wählt. Gegeben ist ja das DGl.-System:

$$\frac{\partial\boldsymbol{\Phi}}{\partial\mu}=\varepsilon\sum_{\iota=0}^{N-1}\varepsilon^\iota\boldsymbol{r}^{\iota+1}(\boldsymbol{\Phi}, \boldsymbol{A}) \qquad \frac{\partial\boldsymbol{A}}{\partial\mu}=\varepsilon\sum_{\iota=0}^{N-1}\varepsilon^\iota\boldsymbol{t}^{\iota+1}(\boldsymbol{\Phi}, \boldsymbol{A}) \tag{16}$$

auf $\mathbf{R}^r\times G_a\times(-\varepsilon_{00}, \varepsilon_{00})$. Falls die $\boldsymbol{t}^i(\boldsymbol{\Phi}, \boldsymbol{A})$ auf $\mathbf{R}^r\times G_a$ beschränkt sind, was angenommen werden darf, findet man sofort die folgende a priori Abschätzung:

[1] Mit | | bezeichnen wir irgend eine Norm im $\mathbf{R}^n$.

$|\mathbf{A}(\mu, \boldsymbol{\phi}, \boldsymbol{a}, \varepsilon) - \boldsymbol{a}| \leq \varepsilon \cdot |\mu| \cdot \text{const}$. Da Δ durch die Forderung definiert ist, daß die Lösungen von (16), zu Anfangsbedingungen in Δ, mindenstens in $[0, 1]$ existieren, ist ersichtlich, daß genügt, Δ nur unwesentlich kleiner als G zu wählen.

11.2 Ein Approximationslemma

In diesem Abschnitt wollen wir ein Hilfsmittel bereitstellen, um den Einfluß eines Restterms in einem DGl.-System festzustellen.

Es sei $\boldsymbol{g}(\boldsymbol{z}): \mathbf{R}^n \to \mathbf{R}^n$ eine mindestens Lipschitz-stetige Funktion und

$$\dot{\boldsymbol{z}} = \boldsymbol{g}(\boldsymbol{z}) \tag{17}$$

das zugehörige DGl.-System. Von den Lösungen $\boldsymbol{z}(t, \boldsymbol{\xi})$, mit $\boldsymbol{z}(0, \boldsymbol{\xi}) = \boldsymbol{\xi}$ wollen wir der Einfachheit halber annehmen, daß sie für jedes $\boldsymbol{\xi}$ aus einer Teilmenge $G \subset \mathbf{R}^n$ für $t \in [0, \infty)$ existieren. Nebst dem System (17), das wir als ungestörtes Problem bezeichnen können, betrachten wir das folgende, gestörte Problem

$$\dot{\boldsymbol{y}} = \boldsymbol{g}(\boldsymbol{y}) + \boldsymbol{h}(t, \boldsymbol{y}) \tag{18}$$

Hierbei ist $\boldsymbol{h}: (T_-, T_+) \times G \to \mathbf{R}^n$ eine ebenfalls Lipschitz-stetige Funktion, die auf ihrem Definitionsbereich durch die Konstante M beschränkt sei; $T_+ > 0$, $T_- < 0$; G das schon genannte Gebiet. Es sei $(t, \boldsymbol{y}(t))$ eine Lösung von (18) bezüglich $(T_-, T_+) \times G$ mit Definitionsbereich (m_-, m_+), $m_+ > 0$, $m_- < 0$.

Ziel dieses Abschnittes ist es, die Differenz zwischen $\boldsymbol{y}(t)$ und der entsprechenden Lösung von (17) abzuschätzen, d.h. den Ausdruck: $|\boldsymbol{y}(t) - \boldsymbol{z}(t, \boldsymbol{y}(0))|$.

Die Qualität einer solchen Abschätzung hängt wesentlich von der Stärke der gemachten Voraussetzungen ab. Begnügt man sich etwa damit, für $\boldsymbol{g}$ eine Lipschitzbedingung in G zu fordern (d.h. es gibt eine Zahl $\lambda > 0$, so daß für $\boldsymbol{y}_1, \boldsymbol{y}_2 \in G$ gilt: $|\boldsymbol{g}(\boldsymbol{y}_1) - \boldsymbol{g}(\boldsymbol{y}_2)\boldsymbol{g} \leq \lambda\, |\boldsymbol{y}_1 - \boldsymbol{y}_2|$), dann erhält man das folgende triviale

Lemma 4 *Für $T \in [0, m_+)$ gilt*

$$|\boldsymbol{y}(T) - \boldsymbol{z}(T, \boldsymbol{y}(0))| \leq MT\mathrm{e}^{\lambda T} \tag{19}$$

falls $\boldsymbol{z}(t, \boldsymbol{y}(0)) \in G$ für $0 \leq t \leq T$.

Die Abschätzung (19) ist zwar für manche Zwecke nützlich, in vielen Fällen aber zu pessimistisch. Wir werden ein Kriterium herleiten, das auf der folgenden Voraussetzung beruht: Es gibt eine stetige Funktion $\omega(t): \mathbf{R}^+ \to \mathbf{R}^+$, so daß gilt:

$$|\boldsymbol{z}(t, \boldsymbol{\xi}^1) - \boldsymbol{z}(t, \boldsymbol{\xi}^2)| \leq \omega(t)\, |\boldsymbol{\xi}^1 - \boldsymbol{\xi}^2| \qquad \text{für } t \in \mathbf{R}^+, \boldsymbol{\xi}^1, \boldsymbol{\xi}^2 \in G. \tag{20}$$

Man könnte also sagen, daß nun statt für $\boldsymbol{g}(\boldsymbol{y})$, für $\boldsymbol{z}(t, \boldsymbol{\xi})$ eine Lipschitzbedingung eingeführt werde, oder auch, daß wir das Abweichen benachbarter Lösungen des ungestörten Problems voneinander in die Betrachtung einarbeiten. Es gilt

Lemma 5 *Für $T \in (0, m_+)$ gilt*

$$|\boldsymbol{y}(T) - \boldsymbol{z}(T, \boldsymbol{y}(0))| \leq M \int_0^T \omega(s)\, ds \tag{21}$$

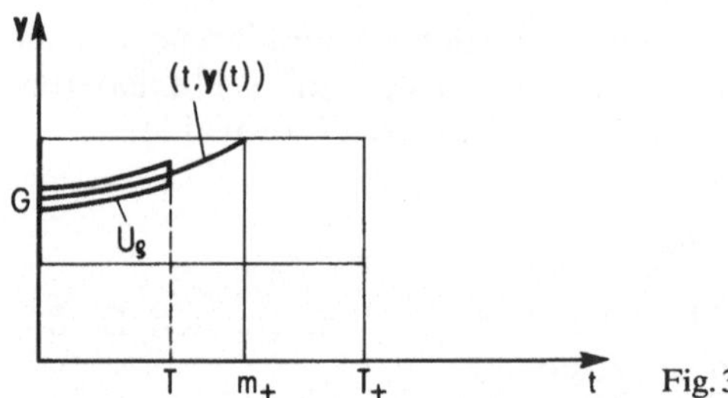

Fig. 3

Beweis. Sei $T \in (0, m_+)$. Offenbar gibt es ein $\rho > 0$ so, daß die abgeschlossene ρ-Umgebung U_ρ von $\{(t, \mathbf{y}(t)) | \, 0 \leq t \leq T\}$ d.h.

$$U_\rho = \{(t, \mathbf{y}) | \, |\mathbf{y} - \mathbf{y}(t)| \leq \rho, \, t \in [0, T]\}$$

in $(T_-, T_+) \times G$ enthalten ist (Fig. 3). Da die Projektion der kompakten Menge U_ρ in den y-Raum kompakt ist und in G liegt, wo $\mathbf{g}(\mathbf{y})$ Lipschitz-stetig ist, erfüllt $\mathbf{g}(\mathbf{y})$ in U_ρ eine Lipschitzbedingung, d.h. es gibt eine Konstante λ, so daß für $(t, \mathbf{y}^1)$, $(t, \mathbf{y}^2) \in U_\rho$ die Abschätzung $|\mathbf{g}(\mathbf{y}^1) - \mathbf{g}(\mathbf{y}^2)| \leq \lambda \, |\mathbf{y}^1 - \mathbf{y}^2|$ gilt.
Sei $0 \leq \sigma < T$. Bilden wir

$$\boldsymbol{d}(\sigma, \Delta) = \mathbf{y}(\sigma + \Delta) - \boldsymbol{z}(\sigma + \Delta, \sigma, \mathbf{y}(\sigma))$$

für $0 \leq \Delta \leq T - \sigma$. Hierbei bezeichnet $\boldsymbol{z}(t, t^0, \boldsymbol{\xi})$ diejenige Lösung von (17), für die $\boldsymbol{z}(t^0, t^0, \boldsymbol{\xi}) = \boldsymbol{\xi}$ ist. (Es gilt: $\boldsymbol{z}(t, t^0, \boldsymbol{\xi}) = \boldsymbol{z}(t - t^0, \boldsymbol{\xi})$)
Es bezeichne m_2 diejenige positive Zahl $\leq T \quad \sigma$, für die gilt:

$$(\sigma + \Delta, \boldsymbol{z}(\sigma + \Delta, \sigma, \mathbf{y}(\sigma))) \in \mathring{U}_\rho \qquad \text{für } 0 \leq \Delta < m_2$$
$$(\sigma + m_2, \boldsymbol{z}(\sigma + m_2, \sigma, \mathbf{y}(\sigma))) \in \partial U_\rho$$

dabei bezeichnet $\mathring{U}_\rho$ das Innere von U_ρ, ∂U_ρ den Rand. m_2 beschreibt somit den Zeitpunkt, zu dem die Bahn $(\sigma + \Delta, \boldsymbol{z}(\sigma + \Delta, \sigma, \mathbf{y}(\sigma)))$ die Menge $\mathring{U}_\rho$ verläßt.

Wir zeigen zuerst:

Für $0 \leq \Delta \leq m_2$ *gilt:* $|\boldsymbol{d}(\sigma, \Delta)| \leq \Delta M e^{\lambda \Delta}$. (22)

Für $\Delta \in [0, m_2]$ gelten offenbar folgende Formeln:

$$\mathbf{y}(\sigma + \Delta) = \mathbf{y}(\sigma) + \int_\sigma^{\sigma + \Delta} [\mathbf{g}(\mathbf{y}(s)) + \boldsymbol{h}(s, \mathbf{y}(s))] \, ds$$

$$= \mathbf{y}(\sigma) + \int_0^{\Delta} [\mathbf{g}(\mathbf{y}(\sigma + s)) + \boldsymbol{h}(\sigma + s, \mathbf{y}(\sigma + s))] \, ds$$

$$\boldsymbol{z}(\sigma + \Delta, \sigma, \mathbf{y}(\sigma)) = \boldsymbol{z}(\Delta, \mathbf{y}(\sigma)) = \mathbf{y}(\sigma) + \int_0^{\Delta} \mathbf{g}(\boldsymbol{z}(s, \mathbf{y}(\sigma))) \, ds.$$

Hieraus findet man durch Subtraktion und Anwendung der Dreiecksungleichung

$$|\boldsymbol{d}(\sigma, \Delta)| \leqslant \lambda \int_0^\Delta |\boldsymbol{d}(\sigma, s)| \, \mathrm{d}s + M\Delta.$$

Aus dem bekannten **Lemma von Gronwall** folgt die Behauptung. (Zum Lemma von Gronwall: Es sei $\phi(t)$: $[t_0, t_1] \to \mathbf{R}^+$ stetig, es gelte für positive Zahlen a, b und alle $t \in [t_0, t_1]$:

$$\phi(t) \leqslant a \int_{t_0}^t \phi(s) \, \mathrm{d}s + b$$

Also

$$a \geqslant \frac{a\phi(t)}{a \int_{t_0}^t \phi(s) \, \mathrm{d}s + b} = \left(\ln\left[a \int_{t_0}^t \phi(s) \, \mathrm{d}s + b\right]\right)^{\cdot}$$

somit durch Integration zwischen t_0 und t und Delogarithmierung: $\phi(t) \leqslant a \int_{t_0}^t \phi(s) \, \mathrm{d}s + b \leqslant b e^{a(t-t_0)}$ für $t \in [t_0, t_1]$).

Zur in Δ streng monoton wachsenden Funktion $\Delta M \mathrm{e}^{\lambda\Delta}$, die für $\Delta = 0$ Null ist und für $\Delta \to \infty$ selbst gegen ∞ strebt, gibt es genau einen positiven Wert m, so daß $mM\mathrm{e}^{\lambda m} = \rho/2$ gilt. Man beachte, daß m von σ unabhängig ist. Offenbar gilt:

Falls $T - \sigma \leqslant m$, dann ist $m_2 = T - \sigma$; falls $T - \sigma > m$, dann ist $m_2 \geqslant m$. (23)
Wäre nämlich, im ersten Fall, $m_2 < T - \sigma$, dann würde aus der Definition von m_2 einerseits folgen: $|\boldsymbol{d}(\sigma, m_2)| = \rho$; anderseits folgt aus (22):

$$|\boldsymbol{d}(\sigma, m_2)| \leqslant m_2 M \mathrm{e}^{\lambda m_2} \leqslant \frac{\rho}{2}$$

Dieser Widerspruch schließt die Annahme aus. Wäre im zweiten Fall $m_2 < m$, dann hätten wir $m_2 < T - \sigma$, und wir schließen wie oben auf einen Widerspruch.

Es sei nun $\vartheta = \frac{T}{N}$, N so groß, daß $\vartheta < m$. Offenbar ist

$$\begin{aligned} \boldsymbol{y}(T) - \boldsymbol{z}(T, \boldsymbol{y}(0)) &= \boldsymbol{y}(N\vartheta) - \boldsymbol{z}(N\vartheta, \boldsymbol{y}(0)) \\ &= \sum_{k=0}^{N-1} [\boldsymbol{z}((N-k-1)\vartheta, \boldsymbol{y}((k+1)\vartheta)) - \boldsymbol{z}((N-k)\vartheta, \boldsymbol{y}(k\vartheta))] \\ &= \sum_{k=0}^{N-1} [\boldsymbol{z}((N-k-1)\vartheta, \boldsymbol{y}((k+1)\vartheta)) - \boldsymbol{z}((N-k-1)\vartheta, \boldsymbol{z}(\vartheta, \boldsymbol{y}(k\vartheta)))] \end{aligned}$$

Betrachten wir $|\boldsymbol{y}((k+1)\vartheta) - \boldsymbol{z}(\vartheta, \boldsymbol{y}(k\vartheta))| = |\boldsymbol{d}(k\vartheta, \vartheta)|$. Gemäß (23) gilt: Falls

$(N-k)\vartheta \leq m$, dann ist $m_2 = (N-k)\vartheta \geq \vartheta$, da $k = 0, \ldots, N-1$; folglich nach (22):

$$|\boldsymbol{d}(k\vartheta, \vartheta)| \leq \vartheta M e^{\lambda\vartheta} < m M e^{\lambda m} = \frac{\rho}{2}.$$

Falls $(N-k)\vartheta > m$, dann ist $m_2 \geq m > \vartheta$, folglich wieder wegen (22)

$$|\boldsymbol{d}(k\vartheta, \vartheta)| \leq \vartheta M e^{\lambda\vartheta} < \frac{\rho}{2}$$

Es gilt also in jedem Fall

$$|\boldsymbol{d}(k\vartheta, \vartheta)| \leq \vartheta M e^{\lambda\vartheta} < \frac{\rho}{2}$$

Das bedeutet, daß die Ungleichung (20) anwendbar ist, und wir finden

$$|\boldsymbol{y}(T) - \boldsymbol{z}(T, \boldsymbol{y}(0))| \leq \sum_{k=0}^{N-1} \omega((N-k-1)\vartheta)\vartheta M e^{\lambda\vartheta}$$

Diese Ungleichung gilt für jedes $\vartheta < m$. Folglich können wir den Grenzübergang $\vartheta \to 0$ betrachten. Wir erhalten die gewünschte Ungleichung (21). ■

11.3 Fehlerabschätzungen für die Mittelwertmethode

11.3.1 Abschätzung für ein großes Zeitintervall

Wir greifen auf Satz 1 zurück, setzen

$$k = N, \qquad \bar{\boldsymbol{x}} = \begin{pmatrix} \boldsymbol{\phi} \\ \boldsymbol{a} \end{pmatrix}$$

(d.h. wir lassen zur Vereinfachung der Notation die Querstriche weg, man darf jedoch nicht vergessen, daß es sich im folgenden nicht um das ursprüngliche System handelt, sondern um das transformierte),

$$\bar{\boldsymbol{f}}^{\iota} = \begin{pmatrix} \bar{\boldsymbol{R}}^{\iota} \\ \bar{\boldsymbol{T}}^{\iota} \end{pmatrix}, \qquad \boldsymbol{\rho}_1 = \begin{pmatrix} \boldsymbol{\rho}_{\phi} \\ \boldsymbol{\rho}_a \end{pmatrix}.$$

Dann betrachten wir einerseits das System

$$\begin{cases} \dot{\boldsymbol{\phi}} = \boldsymbol{\omega}(\boldsymbol{a}) + \sum_{\iota=1}^{N} \varepsilon^{\iota} \bar{\boldsymbol{R}}^{\iota}(\boldsymbol{\phi}, \boldsymbol{a}) + \varepsilon^{N+1} \boldsymbol{\rho}_{\phi}(\boldsymbol{\phi}, \boldsymbol{a}, \varepsilon) \\ \dot{\boldsymbol{a}} = \qquad \sum_{\iota=1}^{N} \varepsilon^{\iota} \bar{\boldsymbol{T}}^{\iota}(\boldsymbol{a}) \qquad + \varepsilon^{N+1} \boldsymbol{\rho}_a(\boldsymbol{\phi}, \boldsymbol{a}, \varepsilon) \end{cases} \tag{24}$$

wobei auf dem Definitionsgebiet $\mathbf{R}^r \times \Delta_a \times (-\varepsilon'_{00}, \varepsilon'_{00})$

$$|\boldsymbol{\rho}_{\phi}(\boldsymbol{\phi}, \boldsymbol{a}, \varepsilon)| \leq M_1, \qquad |\boldsymbol{\rho}_a(\boldsymbol{\phi}, \boldsymbol{a}, \varepsilon)| \leq M_1 \tag{25}$$

gilt, und andererseits das gemittelte System, das aus (24) durch Weglassen der

Restterme entsteht:

$$\begin{cases} \dot{\boldsymbol{\phi}} = \boldsymbol{\omega}(\boldsymbol{a}) + \sum_{\iota=1}^{N} \varepsilon^{\iota} \bar{\boldsymbol{R}}^{\iota}(\boldsymbol{\phi}, \boldsymbol{a}) \\ \dot{\boldsymbol{a}} = \sum_{\iota=1}^{N} \varepsilon^{\iota} \bar{\boldsymbol{T}}^{\iota}(\boldsymbol{a}) \end{cases} \tag{26}$$

Es sei $\boldsymbol{\phi}(t)$, $\boldsymbol{a}(t)$ irgend eine Lösung von (24) mit Definitionsbereich (T_-, T_+), $\boldsymbol{z}(t, \boldsymbol{\xi})$ bezeichne diejenige Lösung der zweiten Gleichung (26.2) von (26), für die $\boldsymbol{z}(0, \boldsymbol{\xi}) = \boldsymbol{\xi}$ gilt. Im folgenden werden wir uns ausschließlich mit der Differenz zwischen $\boldsymbol{a}(t)$ und $\boldsymbol{z}(t, \boldsymbol{a}(0))$ befassen und auf die Frage, wie gut $\boldsymbol{\phi}(t)$ approximiert werden kann, gar nicht eintreten. Denn einerseits ist die Kenntnis von $\boldsymbol{a}(t)$ in vielen Anwendungen wichtiger als das Verhalten von $\boldsymbol{\phi}(t)$, und anderseits ist eine gute Abschätzung bezüglich $\boldsymbol{\phi}(t)$ sehr viel schwieriger.

Nehmen wir an, die Funktionen $\bar{\boldsymbol{T}}^{\iota}$ erfüllen auf Δ_a Lipschitzbedingungen. Dann erfüllt die rechte Seite von (26.2) eine Lipschitzbedingung bezüglich $\boldsymbol{a}$ in $\Delta_a \times (-\varepsilon'_{00}, \varepsilon'_{00})$ mit einer Lipschitzkonstanten der Form εl, l unabhängig von ε.

Denken wir uns $\boldsymbol{\phi}(t)$, $\boldsymbol{a}(t)$ im Restterm von (24.2) eingesetzt:

$$\dot{\boldsymbol{a}} = \sum_{\iota=1}^{N} \varepsilon^{\iota} \bar{\boldsymbol{T}}^{\iota}(\boldsymbol{a}) + \varepsilon^{N+1} \boldsymbol{\rho}_a(\boldsymbol{\phi}(t), \boldsymbol{a}(t), \varepsilon) \tag{27}$$

Dann können wir eine Abschätzung aufgrund von Lemma 4 bekommen.

Satz 2 *Es seien L, ρ von ε unabhängige, vorgegebene Konstanten, so daß für jedes $\varepsilon \in (0, \varepsilon'_{00})$ $\boldsymbol{z}(t, \boldsymbol{a}(0))$ für $t \in [0, L/\varepsilon]$ samt seiner ρ-Umgebung in Δ_a liegt. Dann gibt es ein $\varepsilon_0 < \varepsilon'_{00}$ und eine Konstante K, so daß für jedes $\varepsilon \in (0, \varepsilon_0)$ $\boldsymbol{\phi}(t)$, $\boldsymbol{a}(t)$ mindestens in $[0, L/\varepsilon]$ existiert, und es gilt:*

$$|\boldsymbol{a}(t) - \boldsymbol{z}(t, \boldsymbol{a}(0))| \leq K\varepsilon^N \qquad \textit{für } t \in \left[0, \frac{L}{\varepsilon}\right]$$

Beweis. (27) übernimmt die Bedeutung von (18) und es gilt dann $m_+ = T_+$. Sei $0 < T < \min(T_+, L/\varepsilon)$. Dann ist Lemma 4 anwendbar, und es gilt:

$$|\boldsymbol{a}(T) - \boldsymbol{z}(T, \boldsymbol{a}(0))| \leq M_1 \varepsilon^{N+1} \frac{L}{\varepsilon} e^{l\varepsilon \cdot (L/\varepsilon)} = LM_1 e^{lL} \varepsilon^N \tag{28}$$

Wählen wir ε_0, so daß

$$LM_1 e^{lL} \varepsilon_0^N < \frac{\rho}{2}$$

gilt. Offenbar muß für alle $0 < \varepsilon < \varepsilon_0$ $T_+ > L/\varepsilon$ gelten, da sonst $\boldsymbol{a}(T)$ das Gebiet Δ_a für $T \to T_+$ nicht verlassen würde, wegen unserer Abschätzung. Die Behauptung des Satzes ergibt sich deshalb mit

$$K = LM_1 e^{lL}. \qquad \blacksquare$$

Bemerkung 1. Die Forderung, $z(t, a(0))$ liege für $t\in[0, L/\varepsilon]$ samt einer ρ-Umgebung in Δ_a, ist natürlich, wie man sieht, wenn man zur Beschreibung der Gl. (26.2) statt der Zeit t die „langsame" Zeit $\tau=\varepsilon t$ einführt. Die neue Gleichung heißt nun $a'=\bar{T}^1(a)+\varepsilon\bar{T}^2(a)+\cdots+\varepsilon^{N-1}\bar{T}^N(a)$ und die Forderung besagt dann einfach, daß die Lösung dieser Gleichung zur selben Anfangsbedingung, mindestens in einem Intervall der Form $[0, L]$ existieren müsse.

Bemerkung 2. Die Abschätzung des Satzes 2 gilt für ein Zeitintervall der Form $[0, L/\varepsilon]$. Dieses Intervall ist um so größer, je kleiner ε ist. Es handelt sich also um ein großes Intervall, in dem durch ε vermittelten Maßstab.

In folgendem Spezialfall erhalten wir Abschätzungen, die für noch größere Zeitintervalle gelten: Sind nämlich die ersten p der Funktionen $\bar{T}^i$ identisch Null: $\bar{T}^1=\bar{T}^2=\cdots=\bar{T}^p=0$, dann hat die früher eingeführte Lipschitzkonstante die Form $\varepsilon^{p+1}l$, und wir erhalten eine Abschätzung der Form

$$|a(t)-z(t, a(0))|\leq K\cdot\varepsilon^{N-p} \qquad \text{für } t\in\left[0, \frac{L}{\varepsilon^{p+1}}\right]$$

Wir erinnern daran, daß wir in §7 Bedingungen für das Verschwinden der Funktionen $\bar{T}^1, \bar{T}^2, \ldots$ angegeben haben.

11.3.2 Abschätzung auf einem unendlichen Zeitintervall

Im folgenden wollen wir uns mit einer Abschätzung befassen, die sogar auf $t\in[0,\infty)$ gilt. Wir beschränken uns auf den Fall $N=1$ in (24):

$$\begin{cases}\dot{\phi}=\omega(a)+\varepsilon\bar{R}^1(\phi, a)+\varepsilon^2\rho_\phi(\phi, a, \varepsilon)\\ \dot{a}=\qquad\quad\ \varepsilon\bar{T}^1(a)\quad\ +\varepsilon^2\rho_a(\phi, a, \varepsilon)\end{cases} \tag{29}$$

und betrachten überdies die Gleichung:

$$a'=\frac{\mathrm{d}a}{\mathrm{d}\tau}=\bar{T}^1(a) \qquad \tau=\varepsilon t \tag{30}$$

deren Lösung wir mit $z(\tau, \xi)$ bezeichnen, wobei wie üblich $z(0, \xi)=\xi$ gilt.

Satz 3 Voraussetzung. (30) *besitzt eine Gleichgewichtslösung, d.h. es gibt einen Punkt* $\mathbf{A}\in\Delta_a$, *so daß* $\bar{T}^1(\mathbf{A})=\mathbf{0}$ *gilt. Diese Gleichgewichtslösung ist asymptotisch stabil in der linearen Approximation, d.h. alle Eigenwerte der Matrix* $B=\partial\bar{T}^1(\mathbf{A})/\partial a$ *haben negative Realteile. Der Einzugsbereich von* $\mathbf{A}$ *besteht aus ganz* Δ_a, *d.h. für jedes* $\xi\in\Delta_a$ *gilt* $\lim_{\tau\to\infty} z(\tau, \xi)=\mathbf{A}$. *Schließlich erfülle* $\bar{T}^1$ *in* Δ_a *eine Lipschitzbedingung und sei mindestens zweimal stetig differenzierbar.*

Behauptung. *Zu* $\xi\in\Delta_a$ *gibt es ein* $0<\varepsilon_0<\varepsilon'_{00}$ *und eine Konstante K, so daß für alle* $0<\varepsilon<\varepsilon_0$ *gilt: Jede Lösung* $\phi(t)$, $a(t)$ *von* (29) *mit* $a(0)=\xi$ *existiert für* $t\geq 0$, *und es gilt:*

$$|z(\varepsilon t, \xi)-a(t)|\leq K\cdot\varepsilon \tag{31}$$

für $t\geq 0$ *und alle* $\varepsilon\in(0, \varepsilon_0)$.

Beweis. Die Bahn von $\boldsymbol{z}(\tau, \boldsymbol{\xi})$, i.e. $\{\boldsymbol{a} \mid \boldsymbol{a} = \boldsymbol{z}(\tau, \boldsymbol{\xi}), \tau \geq 0\}$, und der Rand des Gebietes Δ_a haben positiven Abstand, so daß es eine ρ-Umgebung U_ρ der Bahn gibt, die in Δ_a gelegen ist.

Die Lipschitzkonstante für $\bar{\boldsymbol{T}}^1$ werden wir mit λ bezeichnen. Weiter folgt aus den Voraussetzungen über $\bar{\boldsymbol{T}}^1$, daß es eine Funktion $\tilde{\boldsymbol{T}}^1(\boldsymbol{v})$ gibt, so daß $\bar{\boldsymbol{T}}^1(\boldsymbol{A} + \boldsymbol{v}) = B\boldsymbol{v} + \tilde{\boldsymbol{T}}^1(\boldsymbol{v})$ gilt. Dabei hat $\tilde{\boldsymbol{T}}^1(\boldsymbol{v})$ die folgenden Eigenschaften: $\tilde{\boldsymbol{T}}^1(\boldsymbol{0}) = \boldsymbol{0}$; es gibt eine in R monoton nach Null fallende Funktion $c(R)$, so daß gilt: $|\tilde{\boldsymbol{T}}^1(\boldsymbol{v}^1) - \tilde{\boldsymbol{T}}^1(\boldsymbol{v}^2)| \leq c(R)\,|\boldsymbol{v}^1 - \boldsymbol{v}^2|$ für $|\boldsymbol{v}^1| < R, |\boldsymbol{v}^2| < R$.

Wir zerlegen den Beweis in mehrere Schritte.

1. Schritt. $\boldsymbol{z}(\tau, \boldsymbol{\eta})$ existiert nach Voraussetzung trivialerweise für jedes $\boldsymbol{\eta} \in \Delta_a$ für $\tau \in [0, \infty)$ und liegt in Δ_a. Wir erhalten deshalb

$$|\boldsymbol{z}(\tau, \boldsymbol{\eta}_1) - \boldsymbol{z}(\tau, \boldsymbol{\eta}_2)| \leq |\boldsymbol{\eta}_1 - \boldsymbol{\eta}_2| + \lambda \int_0^\tau |\boldsymbol{z}(s, \boldsymbol{\eta}^1) - \boldsymbol{z}(s, \boldsymbol{\eta}^2)|\, \mathrm{d}s$$

also nach dem Gronwallschen Lemma für jedes τ und alle $\boldsymbol{\eta}_1, \boldsymbol{\eta}_2 \in \Delta_a$:

$$|\boldsymbol{z}(\tau, \boldsymbol{\eta}_1) - \boldsymbol{z}(\tau, \boldsymbol{\eta}_2)| \leq \mathrm{e}^{\lambda\tau}\, |\boldsymbol{\eta}_1 - \boldsymbol{\eta}_2| \tag{32}$$

2. Schritt. Wir untersuchen die Lösungen von (30) in der Nähe von $\boldsymbol{z} = \boldsymbol{A}$. Setzen wir $\boldsymbol{z} = \boldsymbol{A} + \boldsymbol{v}$. Dann geht (30) über in

$$\boldsymbol{v}' = B\boldsymbol{v} + \tilde{\boldsymbol{T}}^1(\boldsymbol{v}), \qquad |\boldsymbol{v}| < R$$

Betrachten wir die Lösung $\mathrm{e}^{B\tau}\boldsymbol{v}_0$ des Systems $\boldsymbol{v}' = B\boldsymbol{v}$. Aus der Voraussetzung über die Eigenwerte von B folgt bekanntlich, daß es Zahlen $\kappa > 1$, $\beta > 0$ gibt, so daß für jeden Vektor $\boldsymbol{v}_0$ die Abschätzung $|\mathrm{e}^{\tau B}\boldsymbol{v}_0| \leq \kappa \mathrm{e}^{-\beta\tau}|\boldsymbol{v}_0|$ gilt. Sei R so klein, daß $\kappa \cdot c(R) - \beta \overset{\mathrm{Def}}{=} -\gamma < 0$ gilt. Ferner betrachten wir diejenigen Lösungen $\boldsymbol{v}(\tau, \boldsymbol{v}_0)$, für die $\kappa\, |\boldsymbol{v}_0| < R$ gilt. Man erkennt leicht, daß folgende Integraldarstellung richtig ist (Variation-der-Konstanten-Formel)

$$\boldsymbol{v}(\tau, \boldsymbol{v}_0) = \mathrm{e}^{B\tau}\boldsymbol{v}_0 + \int_0^\tau \mathrm{e}^{B(\tau - s)}\tilde{\boldsymbol{T}}^1(\boldsymbol{v}(s, \boldsymbol{v}_0))\, \mathrm{d}s$$

Also

$$|\boldsymbol{v}(\tau, \boldsymbol{v}_0)| \leq \kappa \mathrm{e}^{-\beta\tau}\, |\boldsymbol{v}_0| + \kappa c(R) \int_0^\tau \mathrm{e}^{-\beta(\tau - s)}\, |\boldsymbol{v}(s, \boldsymbol{v}_0)|\, \mathrm{d}s$$

Durch Multiplikation mit $\mathrm{e}^{\beta\tau}$:

$$\mathrm{e}^{\beta\tau}\, |\boldsymbol{v}(\tau, \boldsymbol{v}_0)| \leq \kappa\, |\boldsymbol{v}_0| + \kappa c(R) \int_0^\tau \mathrm{e}^{\beta s}\, |\boldsymbol{v}(s, \boldsymbol{v}_0)|\, \mathrm{d}s$$

und Anwendung des Gronwall-Lemmas

$$|\boldsymbol{v}(\tau, \boldsymbol{v}_0)| \leq \kappa\, |\boldsymbol{v}_0|\, \mathrm{e}^{(\kappa c(R) - \beta)\tau} = \kappa\, |\boldsymbol{v}_0|\, \mathrm{e}^{-\gamma\tau} < R$$

Aus der letzten Ungleichung dürfen wir schließen: Die Lösungen $\boldsymbol{v}(\tau, \boldsymbol{v}_0)$ mit $|\boldsymbol{v}_0| < R/\kappa$ existieren bezüglich $|\boldsymbol{v}| < R$ auf $[0, \infty)$. Gilt sogar $|\boldsymbol{v}_0| < R/2\kappa^2$, so ist $|\boldsymbol{v}(\tau, \boldsymbol{v}_0)| < R/2\kappa$ für $\tau \in [0, \infty)$.

Sei $\boldsymbol{v}_0, \boldsymbol{v}_1$ mit $|\boldsymbol{v}_0| < R/\kappa$, $|\boldsymbol{v}_1| < R/\kappa$; wir setzen $\boldsymbol{v}_0(\tau) = \boldsymbol{v}(\tau, \boldsymbol{v}_0)$, $\boldsymbol{v}_1(\tau) = \boldsymbol{v}(\tau, \boldsymbol{v}_1)$. Mit der obigen Integraldarstellung findet man leicht:

$$|\boldsymbol{v}_0(\tau) - \boldsymbol{v}_1(\tau)| \leq \kappa \cdot \mathrm{e}^{-\beta\tau} |\boldsymbol{v}_0 - \boldsymbol{v}_1| + \kappa \cdot c(R) \cdot \int_0^\tau \mathrm{e}^{-\beta(\tau - s)} |\boldsymbol{v}_0(s) - \boldsymbol{v}_1(s)| \, ds$$

und folglich, genau wie oben

$$|\boldsymbol{v}(\tau, \boldsymbol{v}_0) - \boldsymbol{v}(\tau, \boldsymbol{v}_1)| \leq \kappa \mathrm{e}^{-\gamma\tau} |\boldsymbol{v}_0 - \boldsymbol{v}_1| \tag{33}$$

für $\tau \in [0, \infty)$ und $|\boldsymbol{v}_0| < R/\kappa$, $|\boldsymbol{v}_1| < R/\kappa$.

3. Schritt. Da $\boldsymbol{\xi}$ im Einzugsbereich von $\boldsymbol{A}$ liegt, gibt es eine Zahl L, so daß $|\boldsymbol{z}(L, \xi) - \boldsymbol{A}| < R/4\kappa^2$ gilt.

Der eigentliche Beweis. Es sei $\boldsymbol{\phi}(t)$, $\boldsymbol{a}(t)$ eine Lösung von (29) mit $\boldsymbol{a}(0) = \boldsymbol{\xi}$ und Definitionsbereich $[0, T_+)$. Führen wir diese Lösung in (29.2) ein:

$$\dot{\boldsymbol{a}} = \varepsilon \bar{\boldsymbol{T}}^1(\boldsymbol{a}) + \varepsilon^2 \boldsymbol{\rho}_a(\boldsymbol{\phi}(t), \boldsymbol{a}(t), \varepsilon) \tag{34}$$

Daneben betrachten wir:

$$\dot{\boldsymbol{z}} = \varepsilon \bar{\boldsymbol{T}}^1(\boldsymbol{z}) \tag{35}$$

mit Lösung $\boldsymbol{z}(\varepsilon t, \boldsymbol{\eta})$, $\boldsymbol{z}(0, \boldsymbol{\eta}) = \boldsymbol{\eta}$.
Auf diese Situation können wir Lemma 5 anwenden, unter Berücksichtigung von (25), (32):

$$|\boldsymbol{a}(t) - \boldsymbol{z}(\varepsilon t, \boldsymbol{\xi})| \leq M_1 \varepsilon^2 \int_0^t \mathrm{e}^{\lambda \varepsilon t} \, dt \leq \varepsilon \frac{M_1}{\lambda} \mathrm{e}^{\lambda L}$$

falls $t < \min(m_+ = T_+, L/\varepsilon)$. Sei nun $\varepsilon' < \varepsilon'_{00}$ so, daß $\varepsilon'_0 M_1/\lambda \cdot \mathrm{e}^{\lambda L} < \rho/2$. Da die Bahn von $\boldsymbol{z}(\tau, \boldsymbol{\xi})$ samt ihrer ρ-Umgebung in Δ_a liegt, folgt:

$$\textit{Für } \varepsilon < \varepsilon'_0 \textit{ ist } m_+ > \frac{L}{\varepsilon} \textit{ und es gilt } |\boldsymbol{a}(t) - \boldsymbol{z}(\varepsilon t, \boldsymbol{\xi})| \leq K_1 \varepsilon, \qquad t \in \left[0, \frac{L}{\varepsilon}\right] \tag{36}$$

Nach Konstruktion (Schritt 3) ist $|\boldsymbol{z}(\varepsilon L/\varepsilon, \boldsymbol{\xi}) - \boldsymbol{A}| < R/4\kappa^2$. Setzen wir $\boldsymbol{a}(L/\varepsilon) = \boldsymbol{a}_0$. Dank (36) gibt es ein $\varepsilon''_0 < \varepsilon'_0$, so daß für alle $\varepsilon < \varepsilon''_0$ gilt:

$$|\boldsymbol{a}_0 - \boldsymbol{A}| \leq \left| \boldsymbol{a}_0 - \boldsymbol{z}\left(\varepsilon \frac{L}{\varepsilon}, \boldsymbol{\xi}\right) \right| + \left| \boldsymbol{z}\left(\varepsilon \frac{L}{\varepsilon}, \boldsymbol{\xi}\right) - \boldsymbol{A} \right| < \frac{R}{2\kappa^2} \tag{37}$$

Wir untersuchen jetzt $|\boldsymbol{z}(\varepsilon s, \boldsymbol{a}_0) - \boldsymbol{a}(L/\varepsilon + s)|$. Für $0 \leq s < m_+ - L/\varepsilon$ und solange $|\boldsymbol{a}(L/\varepsilon + s) - \boldsymbol{A}| < R/\kappa$, wegen Lemma 5, (25), (33):

$$\left| \boldsymbol{z}(\varepsilon s, \boldsymbol{a}_0) - \boldsymbol{a}\left(\frac{L}{\varepsilon} + s\right) \right| \leq \varepsilon^2 M_1 \kappa \int_0^s \mathrm{e}^{-\gamma \varepsilon s} \, ds \leq \varepsilon \frac{M_1 \kappa}{\gamma} \tag{38}$$

Wegen (37) folgt, cf. Schritt 2, $|\boldsymbol{z}(\varepsilon s, \boldsymbol{a}_0) - \boldsymbol{A}| < R/2\kappa$ für alle s, somit

$$\left| \boldsymbol{a}\left(\frac{L}{\varepsilon} + s\right) - \boldsymbol{A} \right| \leq \frac{R}{2\kappa} + \varepsilon \frac{M_1 \kappa}{\gamma}$$

Folglich gibt es ein $\varepsilon_0''' = \varepsilon_0 < \varepsilon_0''$, so daß $|\boldsymbol{a}(L/\varepsilon + s) - \boldsymbol{A}| < R/\kappa$. Daraus folgern wir aber:

Für $\varepsilon < \varepsilon_0$ *gilt* $m_+ = \infty$, *und es gilt*: $\left|\boldsymbol{z}(\varepsilon s, \boldsymbol{a}_0) - \boldsymbol{a}\left(\frac{L}{\varepsilon} + s\right)\right| \leq K_2\varepsilon,\ s \in [0, \infty)$ (39)

Schließlich finden wir nochmals mit (33), (36), (39) für $s \in [0, \infty)$

$$\left|\boldsymbol{z}\left(\varepsilon\frac{L}{\varepsilon} + \varepsilon s, \boldsymbol{\xi}\right) - \boldsymbol{a}\left(\frac{L}{\varepsilon} + s\right)\right| \leq \left|\boldsymbol{z}\left(\varepsilon s, \boldsymbol{z}\left(\varepsilon\frac{L}{\varepsilon}, \boldsymbol{\xi}\right)\right) - \boldsymbol{z}(\varepsilon s, \boldsymbol{a}_0)\right| + \left|\boldsymbol{z}(\varepsilon s, \boldsymbol{a}_0) - \boldsymbol{a}\left(\frac{L}{\varepsilon} + s\right)\right|$$

$$\leq \kappa\left|\boldsymbol{z}\left(\varepsilon\frac{L}{\varepsilon}, \boldsymbol{\xi}\right) - \boldsymbol{a}_0\right| + K_2\varepsilon \leq (\kappa K_1 + K_2)\varepsilon$$

Diese letzte Abschätzung, zusammen mit (36), ergibt die Behauptung des Satzes. ∎

Aus Satz 3 ist ersichtlich, daß es wichtig ist, den Einzugsbereich einer asymptotisch stabilen Gleichgewichtslage zu kennen. Wir geben im folgenden ein Kriterium, um diesen abzuschätzen.

11.3.3 Einzugsbereich einer asymptotisch stabilen Lösung

Es sei

$$\dot{\boldsymbol{x}} = \boldsymbol{f}(\boldsymbol{x}) \qquad \boldsymbol{f}: \mathbf{R}^n \to \mathbf{R}^n, \qquad \boldsymbol{f}(\boldsymbol{0}) = \boldsymbol{0} \tag{40}$$

vorgegeben, wobei die üblichen Regularitätsbedingungen erfüllt seien. Es sei $\boldsymbol{x}(t)$ eine Lösung, die auf $[0, \infty)$ existiert, und $|\boldsymbol{x}(t)|$ sei beschränkt. Ihre positive Grenzmenge Γ ist definiert als Menge aller Punkte $\boldsymbol{p} \in \mathbf{R}^n$ mit der Eigenschaft: zu $\boldsymbol{p}$ gibt es eine Folge t_n mit $\lim_{n\to\infty} t_n = \infty$, so daß gilt $\lim_{n\to\infty} \boldsymbol{x}(t_n) = \boldsymbol{p}$.
Grenzmengen haben einige wichtige Eigenschaften, die wir herleiten wollen.

(1) Γ *ist nicht leer, abgeschlossen und beschränkt*
$\boldsymbol{x}(t)$ liegt in einer Kugel $\bar{K}$ des $\mathbf{R}^n$. Jede Folge $\boldsymbol{x}(t_n)$ besitzt somit eine konvergente Teilfolge. Damit ist gezeigt, daß Γ nicht leer und beschränkt ist. Es sei nun $\boldsymbol{p}_n$ eine Folge von Punkten aus Γ, die gegen $\boldsymbol{p}$ konvergiere. Es sei ε_n eine Folge mit $\lim_{n\to\infty} \varepsilon_n = 0$, und τ_k eine Folge mit $\lim_{k\to\infty} \tau_k = \infty$. Da $\boldsymbol{p}_k$ zu Γ gehört, gibt es einen Wert $t_k > \tau_k$, so daß $|\boldsymbol{p}_k - \boldsymbol{x}(t_k)| < \varepsilon_k$. Offenbar ist $\lim_{k\to\infty} t_k = \infty$. Sei $\varepsilon > 0$ vorgegeben. Wählen wir K so groß, daß für $k > K$ gilt: $|\boldsymbol{p} - \boldsymbol{p}_k| < \varepsilon/2$, $\varepsilon_k < \varepsilon/2$. Dann gilt: Für $k > K$ ist $|\boldsymbol{p} - \boldsymbol{x}(t_k)| \leq |\boldsymbol{p} - \boldsymbol{p}_k| + |\boldsymbol{p}_k - \boldsymbol{x}(t_k)| \leq \varepsilon$. D.h. $\boldsymbol{p} \in \Gamma$, also ist Γ tatsächlich abgeschlossen. ∎

(2) Γ *ist invariant*
Es sei $\boldsymbol{\xi}$ ein Punkt aus Γ. Dann gibt es eine Folge t_k, $\lim_{k\to\infty} t_k = \infty$, so daß $\lim_{k\to\infty} \boldsymbol{x}(t_k) = \boldsymbol{\xi}$. Sei T beliebig vorgegeben, so daß $\boldsymbol{x}(T, \boldsymbol{\xi})$ existiert. Dann ist aus

Stetigkeitsgründen für alle genügend großen k auch $\boldsymbol{x}(T, \boldsymbol{x}(t_k))$ definiert. Nun gilt ja $\boldsymbol{x}(T, \boldsymbol{x}(t_k)) = \boldsymbol{x}(T+t_k)$. Folglich $\lim_{k\to\infty} \boldsymbol{x}(T+t_k) = \boldsymbol{x}(T, \boldsymbol{\xi})$, d.h. $\boldsymbol{x}(T, \boldsymbol{\xi}) \in \Gamma$. Hieraus folgt, daß $\boldsymbol{x}(t, \xi) \in \bar{K}$ ist, folglich auf $(-\infty, \infty)$ definiert und in Γ. ∎

(3) *$\boldsymbol{x}(t)$ strebt gegen Γ*

D.h. zu jeder Umgebung U von Γ gibt es ein T, so daß $\boldsymbol{x}(t) \in U$ für $t > T$. Falls die Aussage falsch ist, gibt es eine Umgebung U_0 von Γ und eine monoton gegen ∞ wachsende Folge T_n, so daß gilt: $\boldsymbol{x}(T_n) \notin U_0$. Da die Folge $|\boldsymbol{x}(T_n)|$ beschränkt ist, gibt es eine konvergente Teilfolge $\boldsymbol{x}(T_{n_k})$, die gegen einen Punkt $\boldsymbol{p}_0$ strebt. $\boldsymbol{p}_0$ liegt definitionsgemäß in Γ, jedoch $\boldsymbol{p}_0 \notin U_0$. Das ist ein Widerspruch. ∎

Wir kommen nun zu dem angekündigten Satz über Einzugsgebiete.

Satz 4 *Sei $V(\boldsymbol{x})$ eine stetig differenzierbare Funktion mit Definitionsbereich $D \subset \mathbf{R}^n$. Ω_l bezeichne eine Komponente des Gebiets $\{\boldsymbol{x} \mid V(\boldsymbol{x}) < l\}$, von der wir annehmen, daß sie beschränkt sei, sie enthalte den Nullpunkt, und es gelte $\bar{\Omega}_l \subset D$. Überdies verlangen wir:*

(i) $V(\boldsymbol{x}) > 0$ *für* $\boldsymbol{x} \in \Omega_l - \{\mathbf{0}\}$

(ii) $\dot{V}(\boldsymbol{x}) \overset{\text{Def}}{=} \left(\dfrac{\partial V(\boldsymbol{x})}{\partial \boldsymbol{x}}\right)^T \boldsymbol{f}(\boldsymbol{x}) < 0$ *für* $\boldsymbol{x} \in \Omega_l - \{\mathbf{0}\}$

Dann strebt jede Lösung $\boldsymbol{x}(t)$ mit $\boldsymbol{x}(0) \in \Omega_l$ gegen $\mathbf{0}$.

Beweis. Sei $\boldsymbol{x}(t)$ gegeben mit $\boldsymbol{x}(0) \in \Omega_l$. Betrachte $V(t) = V(\boldsymbol{x}(t))$. $V(t)$ ist monoton fallend, dank (ii). $\boldsymbol{x}(t)$ kann also Ω_l nicht verlassen, ist somit auf $[0, \infty)$ definiert. Da V nach unten beschränkt ist, konvergiert $V(t)$: $\lim_{t\to\infty} V(t) = l_0$. Führen wir nun die Grenzwertmenge Γ von $\boldsymbol{x}(t)$ ein. Für $\boldsymbol{p} \in \Gamma$ gilt offensichtlich $V(\boldsymbol{p}) = l_0$. Wegen der Invarianz von Γ somit $V(\boldsymbol{x}(t, \boldsymbol{p})) = l_0$. Hieraus schließen wir

$$[V(\boldsymbol{x}(t, \boldsymbol{p}))]^{\cdot}|_{t=0} = \left(\frac{\partial V}{\partial \boldsymbol{x}}(\boldsymbol{p})\right)^T \boldsymbol{f}(\boldsymbol{p}) = \dot{V}(\boldsymbol{p}) = 0$$

Da $\dot{V}$ nur für $\boldsymbol{x} = \mathbf{0}$ verschwindet, folgt $\Gamma = \{\mathbf{0}\}$. Mit der Eigenschaft (3) folgt die Behauptung des Satzes. ∎

11.4 Anwendungen

11.4.1 Die Gleichung von Duffing

Wir wollen die folgende Dgl. studieren:

$$\ddot{x} + x = \varepsilon f(t, x, \dot{x}) = \varepsilon\left[2\gamma x - \frac{8}{3}\beta x^3 - 2\delta\dot{x} + 2\cos t\right] \tag{41}$$

mit positiven Konstanten δ, β; $\gamma \in \mathbf{R}$. Sie beschreibt z.B. das in Fig. 4 gezeigte mechanische Problem, wobei F eine Feder mit der nicht-linearen

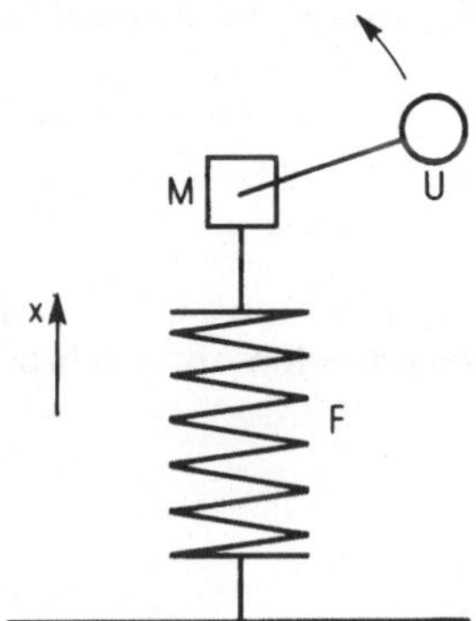

Fig. 4

Rückstellkraft $-x+\varepsilon(2\gamma x-\frac{8}{3}\beta x^3)$ bezeichnet, M ist ein Motor, der eine Unwucht U gleichförmig dreht, wodurch der Term $\varepsilon 2\cos t$ bewirkt wird. $-\varepsilon 2\delta\dot{x}$ beschreibt die Reibung. Wir führen $\phi=t$, sowie Elemente gemäß

$$\begin{cases} x=a_1\cos\phi-a_2\sin\phi \\ \dot{x}=-a_1\sin\phi-a_2\cos\phi \end{cases} \tag{42}$$

ein und finden

$$\dot{\phi}=1, \qquad \dot{a}_1=-\varepsilon f\sin\phi, \qquad \dot{a}_2=-\varepsilon f\cos\phi \tag{43}$$

Das über ϕ gemittelte System heißt, wenn wir $\tau=\varepsilon t$, $'=\mathrm{d}/\mathrm{d}\tau$ einführen

$$a_1'=-\delta a_1+\gamma a_2-\beta(a_1^2+a_2^2)a_2;\ a_2'=-\delta a_2-\gamma a_1+\beta(a_1^2+a_2^2)a_1-1 \tag{44}$$

Im Hinblick auf die Anwendung von Satz 3 sei bemerkt, daß (44) die Bedeutung des Systems (30) hat. Wir untersuchen deshalb die Gleichgewichtslagen von (44), ihre Stabilität und Einzugsbereiche. Falls wir eine Gleichgewichtslage (A_1, A_2) haben, führen wir sowohl für A_1, A_2 wie für a_1, a_2 Polarkoordinaten ein:

$$A_1=r\cos\theta \qquad A_2=r\sin\theta \qquad a_1=A_1+a\cos(\theta+\Omega) \qquad a_2=A_2+a\sin(\theta+\Omega) \tag{45}$$

Die neuen Variablen sind also Ω, a. Die transformierte Dgl. lautet:

$$\begin{cases} \Omega'=-\gamma+\beta(r^2+2r^2\cos^2\Omega+3ra\cos\Omega+a^2) \\ a'=-\delta a+\beta(r^2a\sin 2\Omega+ra^2\sin\Omega) \end{cases} \tag{46}$$

Befassen wir uns zunächst mit der Frage nach der E x i s t e n z von Gleichgewichten für (44). Es muß $-\delta A_1+\gamma A_2-\beta(A_1^2+A_2^2)A_2=0$, $-\delta A_2-\gamma A_1+\beta(A_1^2+A_2^2)A_1-1=0$ gelten, oder mit $R=r^2$: $R(\delta^2+(\gamma-\beta R)^2)=1$. Es soll die Abhängigkeit zwischen R und γ untersucht werden, wobei δ, β als

Parameter zu betrachten sind. Wir stellen γ als Funktion von R dar:

$$\gamma = \beta R \pm \sqrt{\frac{1}{R} - \delta^2} \tag{47}$$

Offenbar muß $0 < R \leqslant 1/\delta^2$ sein. Das qualitative Verhalten der Funktion $\gamma(R)$ ist verschieden, je nachdem ob $\delta^2 \geqslant (3/4)\beta^{2/3}$ oder $0 < \delta^2 < (3/4)\beta^{2/3}$ (cf. Fig. 5).

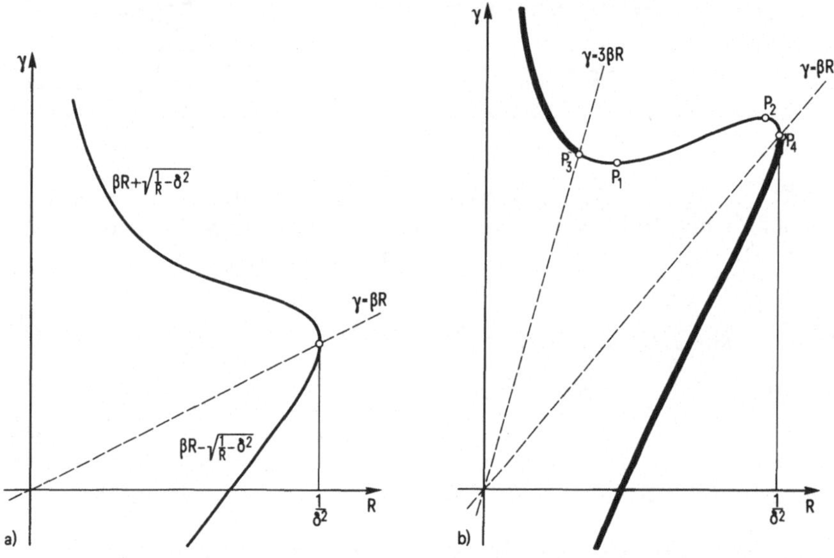

Fig. 5

Aus Fig. 5 folgt, daß wir für jeden Wert von γ mindestens eine Gleichgewichtslage, manchmal drei, in Ausnahmefällen zwei haben. Zur Diskussion ihrer Stabilität transformieren wir (46) auf kartesische Koordinaten: $u = a \cos \Omega$, $v = a \sin \Omega$. Das neue System heißt, wenn wir alle nicht-linearen Terme in u, v vernachlässigen: $u' = -\delta u + (\gamma - \beta R)v$; $v' = (-\gamma + 3\beta R)u - \delta v$. Man sieht leicht, daß der Nullpunkt dieses Systems genau dann asymptotisch stabil ist, wenn

$$\gamma^2 - 4\beta R\gamma + 3\beta^2 R^2 + \delta^2 = \frac{1}{R} \mp 2\beta R \sqrt{\frac{1}{R} - \delta^2} > 0 \tag{48}$$

gilt. Zur Interpretation dieser Bedingung bemerken wir folgende Formel:

$$\gamma'(R) = \frac{\mp 1}{2R\sqrt{\frac{1}{R} - \delta^2}} \left[\frac{1}{R} \mp 2\beta R \sqrt{\frac{1}{R} - \delta^2}\right] \tag{49}$$

Aus (48), (49) folgert man nun leicht: Alle Gleichgewichtslagen, die durch Fig. 5 dargestellt werden, sind asymptotisch stabil in der linearen Approximation mit Ausnahme derer, die durch das Bogenstück P_1P_2 dargestellt werden.

Im folgenden interessieren wir uns für solche Werte der Parameter, für die drei Gleichgewichtslagen existieren, und studieren, nacheinander, die Einzugsbereiche der asymptotisch stabilen Lagen.

Um Satz 4 anwenden zu können, müssen wir eine Funktion V mit den erforderlichen Eigenschaften haben. Das System (44) ist kanonisch für $\delta = 0$. Es ist deshalb naheliegend, als Funktion V die zugehörige Hamiltonfunktion zu versuchen. Bezogen auf das System (46) lautet diese:

$$\begin{aligned} V(\Omega, a) &= \frac{\beta}{2} r^2 a^2 \left(1 + 2\cos^2\Omega - \frac{\gamma}{\beta r^2}\right) + \beta r a^3 \cos\Omega + \frac{\beta a^4}{4} \\ &= \frac{\beta}{4} a^2 (a + 2r\cos\Omega)^2 + \frac{\beta r^2 a^2}{2}\left(1 - \frac{\gamma}{\beta r^2}\right) \end{aligned} \tag{50}$$

Die Bildung von $\dot{V}(\Omega, a)$ ergibt:

$$\dot{V}(\Omega, a) = -\delta\beta r^2 a^2 \left(1 + 2\cos^2\Omega - \frac{\gamma}{\beta r^2}\right) - 3\beta\delta r a^3 \cos\Omega - \beta\delta a^4 \tag{51}$$

Betrachten wir nun die Ausdrücke V, $\dot{V}$ im Hinblick auf ihre Vorzeichen für kleine Werte von a (d.h. also in der Nähe der Gleichgewichtslösung). Für beide Ausdrücke wird das Vorzeichen durch $1 + 2\cos^2\Omega - \gamma/(\beta r^2)$ bestimmt. Falls

$$\gamma < \beta R \quad \text{oder} \quad \gamma > 3\beta R \tag{52}$$

haben V, $\dot{V}$ in einer Umgebung von $a = 0$ konstantes Vorzeichen, und zwar ist V im ersten Fall positiv, im zweiten negativ. $\dot{V}$ hat jeweils das entgegengesetzte Vorzeichen von V. Die Ungleichungen (52) bewirken, daß wir uns auf diejenigen Gleichgewichtspunkte beschränken müssen, die in Fig. 5 auf dem fett ausgezogenen Teil der Kurve liegen. Es sei bemerkt, daß P_3 unter P_4 liegt, i.e. $\gamma_3 < \gamma_4$, genau wenn

$$0 < \delta^2 < 2^{1/3} 3^{-2/3} \beta^{2/3} = 0{,}607\beta^{2/3} \tag{53}$$

Wir wollen annehmen, (53) sei erfüllt, wählen $\gamma \in (\gamma_3, \gamma_4)$ und haben dann zwei asymptotisch stabile Gleichgewichtslagen. Betrachten wir zuerst diejenige mit grösserem R-Wert. Für diese Lösung kann man die Ungleichung

$$\tfrac{3}{4}\beta R < \gamma < \beta R$$

nachweisen. Aus der letzten Formel und (50) folgt, daß V nur am Gleichgewichtspunkt 0 verschwindet, sonst positiv ist. $\dot{V}$ hingegen verschwindet nicht nur im Gleichgewichtspunkt, sondern auch auf der Kurve Γ:

$$a(\Omega) = -\tfrac{3}{2} r\cos\Omega \pm \tfrac{1}{2} r \sqrt{\cos^2\Omega + 4\left(-1 + \frac{\gamma}{\beta r^2}\right)} \tag{54}$$

Aus (54) folgt, daß die Wurzel nur für einen gewissen Ω-Bereich reell ist.

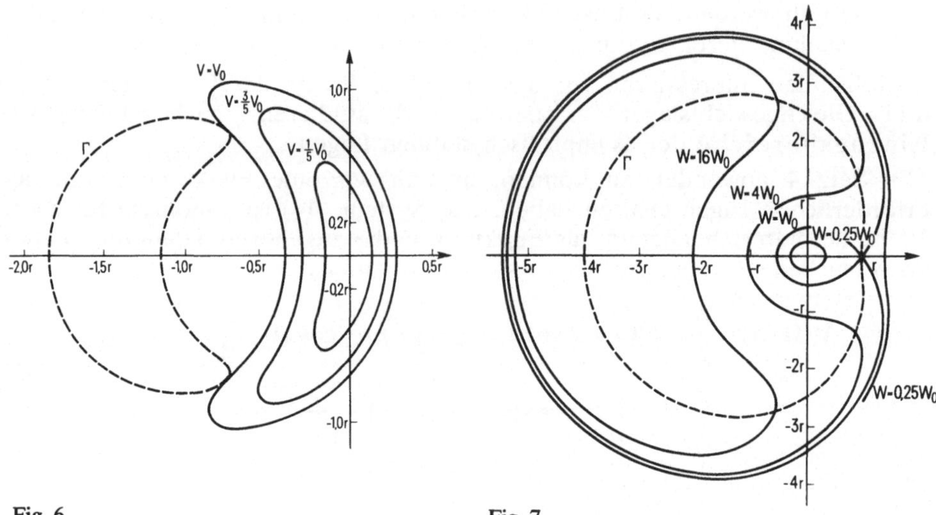

Fig. 6 Fig. 7

$\dot{V}=0$ ist somit eine geschlossene Kurve (a, Ω als Polarkoordinaten in der u-v-Ebene betrachtend), welche den Nullpunkt nicht enthält (cf. Fig. 6). V ist im Äußeren von $\dot{V}=0$ negativ. Es geht deshalb offenbar darum, das größte Gebiet Ω_l der Form $\Omega_l=\{(\Omega, a) \mid V(\Omega, a)<l\}$ zu bestimmen, das im Äußeren von $\dot{V}=0$ liegt. Zu diesem Zweck bestimmen wir das Minimum V_0 von V auf $\dot{V}=0$ und setzen dann $l=V_0$ (cf. Fig. 6).

Wie man nachrechnet, wird dieses Minimum für

$$a=3r\sqrt{1-\frac{\gamma}{\beta r^2}}, \qquad \cos\Omega=-2\sqrt{1-\frac{\gamma}{\beta r^2}}$$

angenommen, der entsprechende V-Wert ist

$$V_0=\tfrac{27}{4}\beta r^4\left(1-\frac{\gamma}{\beta r^2}\right)^2 \tag{55}$$

Betrachten wir schließlich den zweiten, asymptotisch stabilen Gleichgewichtspunkt, also denjenigen mit kleinerem R-Wert. Für ihn gilt $\gamma>3\beta R$. V ist nun nicht mehr global nicht negativ, sondern in einer Umgebung des Gleichgewichts negativ, jedoch für große Werte von a positiv (cf. Gl. (50)).

Um Satz 4 neuerdings anwenden zu können, verwenden wir statt V die Funktionen $W=-V$, $\dot{W}=-\dot{V}$. Die Kurven $W=0$ und $\dot{W}=0$ werden durch folgende Gleichungen beschrieben:

$$W=0:\ a(\Omega)=\left(-2\cos\Omega+\sqrt{2\left(\frac{\gamma}{\beta R}-1\right)}\right)r \tag{56(a)}$$

$$\dot{W}=0:\ a(\Omega)=\left(-\frac{3}{2}\cos\Omega+\sqrt{\left(\frac{\gamma}{\beta R}-1\right)+\frac{1}{4}\cos^2\Omega}\right)r \tag{56(b)}$$

Es handelt sich offenbar um geschlossene Kurven, die den Nullpunkt enthalten. Es ist leicht zu sehen, daß die Kurve $\dot{W}=0$ im Innern der Kurve $W=0$ liegt. Es geht deshalb darum, das größte beschränkte Gebiet $\Omega_l=\{(\Omega,a)\mid W(\Omega,a)<l\}$ zu bestimmen, das im Innern der Kurve $\dot{W}=0$ liegt. Dazu gehen wir genau gleich vor wie im vorigen Fall. Wir bestimmen das Minimum W_0 von W auf $\dot{W}=0$ und setzen $l=W_0$. Das Minimum wird für

$$\Omega=0,\ a=-\frac{3}{2}r+r\sqrt{\frac{\gamma}{\beta r^2}-\frac{3}{4}}$$

angenommen, und es ist (cf. Fig. 7)

$$W_0=\frac{\beta}{4}r^4\left[-\frac{9}{2}+3\frac{\gamma}{\beta r^2}+\frac{\gamma^2}{\beta^2r^4}-4\left(\frac{\gamma}{\beta r^2}-\frac{3}{4}\right)^{3/2}\right]>0$$

Geben wir ein **Zahlenbeispiel.** Es sei

$\beta=1 \quad \gamma=3 \quad \delta=0{,}1$

Man findet folgende zwei Gleichgewichtslagen

$A_1=1{,}844 \quad A_2=-0{,}352 \quad r=1{,}877 \quad \theta=-10{,}8°$

$A_1=-0{,}347 \quad A_2=-0{,}012 \quad r=0{,}347 \quad \theta=182{,}0°$

Für die beiden Gebiete findet man:

$$V(\Omega,a)=\tfrac{1}{4}a^2(a+3{,}754\cos\Omega)^2+0{,}262a^2<1{,}848$$

bzw. $$W(\Omega,a)=-\tfrac{1}{4}a^2(a+0{,}694\cos\Omega)^2+1{,}440a^2<0{,}782$$

Und es ergibt sich folgendes Bild (Fig. 8). ■

11.4.2 Bifurkation

Wir greifen auf das in Abschn. 6.2 diskutierte System (6,18) zurück:

$$\begin{cases}\dot{\phi}=1+\varepsilon^2g_1^1(a) & +0(\varepsilon^3)\\ \dot{a}=\quad\varepsilon^2a\left[\nu\dfrac{A'_{11}+A'_{22}}{2}+\chi a^2\right] & +0(\varepsilon^3)\\ \dot{\boldsymbol{\rho}}=D\boldsymbol{\rho} & +\quad 0(\varepsilon)\end{cases} \tag{57}$$

wobei $0(\varepsilon^3)$, $0(\varepsilon)$ Funktionen von ϕ, a, $\boldsymbol{\rho}$, ε bezeichnen, welche 2π-periodisch

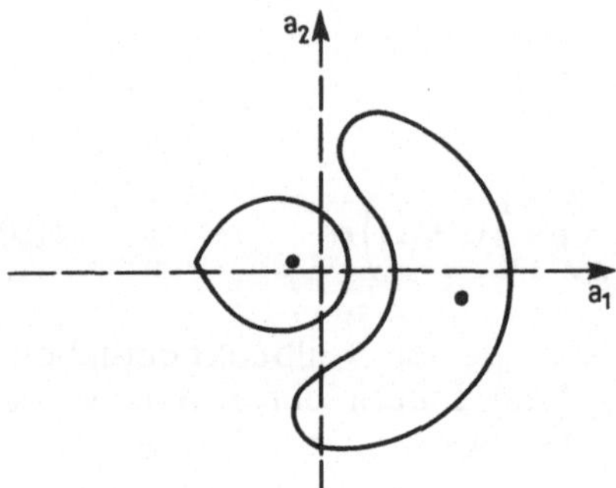

Fig. 8

in ϕ sind. Überdies gilt auf jedem Gebiet der Form $\mathbf{R}\times(a_1, a_2)\times\{\boldsymbol{\rho} \mid |\boldsymbol{\rho}|<\rho_0\}$, $a_2>a_1>0$, eine Abschätzung der Form: const. ε^3 bzw: const. ε. Neben (57) betrachten wir das System

$$\begin{cases} \dot{\tilde{a}} = \varepsilon^2\left[\nu\dfrac{A'_{11}+A'_{22}}{2}+\chi\tilde{a}^2\right]\tilde{a} \\ \dot{\tilde{\boldsymbol{\rho}}} = D\tilde{\boldsymbol{\rho}} \end{cases} \tag{58}$$

Setzen wir die Gültigkeit der in Abschn. 6.2 gemachten Annahmen 3,4 voraus, so hat (58) eine asymptotisch stabile Gleichgewichtslage $(a^0, \mathbf{0})$, die Menge $(a_1, a_2)\times\{\boldsymbol{\rho} \mid |\boldsymbol{\rho}|<\rho_0\}$, $0<a_1<a^0<a_2$ ist ihr Einzugsgebiet. Obwohl Satz 3 in der vorliegenden Situation nicht direkt anwendbar ist, ist offensichtlich, daß analoge Überlegungen das folgende Resultat geben: Sei $\phi(t)$, $a(t)$, $\boldsymbol{\rho}(t)$ Lösung von (57); $\tilde{a}(t)$, $\tilde{\boldsymbol{\rho}}(t)$ diejenige Lösung von (58), für die $\tilde{a}(0)=a(0)$, $\tilde{\boldsymbol{\rho}}(0)=\boldsymbol{\rho}(0)$ ist. Dann gilt für alle genügend kleinen ε, daß beide Lösungen auf $[0,\infty)$ existieren, ferner gibt es eine von ε unabhängige Konstante K, so daß

$$|\tilde{a}(t)-a(t)|\leq K\cdot\varepsilon, \qquad |\tilde{\boldsymbol{\rho}}(t)-\boldsymbol{\rho}(t)|\leq K\cdot\varepsilon \qquad \text{für } t\in[0,\infty)$$

gilt.

11.5 Fehlerabschätzung unter Benutzung einer Liapunov-Funktion

In diesem Abschnitt leiten wir ein Resultat her, das in gewissem Sinne eine Verallgemeinerung von Satz 3 darstellt. Wir betrachten neuerdings das System (29)

$$\begin{cases} \dot{\boldsymbol{\phi}} = \boldsymbol{\omega}(\boldsymbol{a})+\varepsilon\bar{\boldsymbol{R}}^1(\boldsymbol{\phi}, \boldsymbol{a})+\varepsilon^2\boldsymbol{\rho}_\phi(\boldsymbol{\phi}, \boldsymbol{a}, \varepsilon) \\ \dot{\boldsymbol{a}} = \qquad \varepsilon\bar{\boldsymbol{T}}^1(\boldsymbol{a}) \quad +\varepsilon^2\boldsymbol{\rho}_a(\boldsymbol{\phi}, \boldsymbol{a}, \varepsilon) \end{cases} \tag{59}$$

sowie die Gleichung

$$\boldsymbol{a}' = \frac{\mathrm{d}\boldsymbol{a}}{\mathrm{d}\tau} = \bar{\boldsymbol{T}}^1(\boldsymbol{a}), \qquad \tau = \varepsilon t \tag{60}$$

Das Definitionsgebiet sei wieder $\mathbf{R}^r \times \Delta_a$; es gelten die üblichen Perioditäts- und Regularitätsbedingungen. Wiederum sei $\mathbf{A}$ eine Nullstelle von $\bar{\boldsymbol{T}}^1 : \bar{\boldsymbol{T}}^1(\mathbf{A}) = \mathbf{0}$. Wir wollen nun jedoch nicht verlangen, daß die Gleichgewichtslage $\mathbf{A}$ bezüglich (60) asymptotisch stabil ist in der linearen Approximation, sondern nur die Existenz einer Liapunov-Funktion fordern:

Es sei $V(\boldsymbol{a}): K_R = \{\boldsymbol{a} \mid |\boldsymbol{a} - \mathbf{A}| \leq R\} \to \mathbf{R}$, $R > 0$ beliebig, $K_R \subset \Delta_a$, stetig differenzierbar, und es gelte:

(i) $V(\boldsymbol{a}) > 0$ für $\boldsymbol{a} \in K_R - \{\mathbf{A}\}$, $\quad V(\mathbf{A}) = 0$

(ii) $[\partial V/\partial \boldsymbol{a}]^T \bar{\boldsymbol{T}}^1 < 0$ für $\boldsymbol{a} \in K_R - \{\mathbf{A}\}$

(iii) $|[\partial V/\partial \boldsymbol{a}]^T \boldsymbol{b}| \leq m\,|\boldsymbol{b}|$ für alle $\boldsymbol{a} \in K_R$ und jedes $\boldsymbol{b} \in \mathbf{R}^t$ mit einer geeigneten Zahl m (Man beachte, daß die Existenz dieser Zahl m trivial ist, und (iii) nur der Einführung der Zahl m dient).

Bemerkung. Aus der Existenz einer Liapunov-Funktion V mit den Eigenschaften (i), (ii) folgt bekanntlich, daß $\mathbf{A}$ Liapunov-stabil ist bezüglich (60) [D.h. zu $\delta > 0$ gibt es eine Zahl R_0, so daß aus $|\boldsymbol{z}_0 - \mathbf{A}| < R_0$ die Gl. $|\boldsymbol{z}(\tau, \boldsymbol{z}_0) - \mathbf{A}| < \delta$, $\tau \in [0, \infty)$ folgt] ja, daß $\mathbf{A}$ asymptotisch stabil ist [D.h. es gibt ein R_{00}, so daß aus $|\boldsymbol{z}_0 - \mathbf{A}| < R_{00}$ folgt $\lim_{\tau \to \infty} \boldsymbol{z}(\tau, \boldsymbol{z}_0) = \mathbf{A}$], $\boldsymbol{z}(\tau, \boldsymbol{z}_0)$ bezeichnet wie üblich diejenige Lösung von (60), die der Anfangsbedingung $\boldsymbol{z}(0, \boldsymbol{z}_0) = \boldsymbol{z}_0$ genügt. Wir verzichten auf einen Beweis dieser Aussagen, da der Beweis des folgenden Satzes dieselben Elemente enthält.

Schließlich wollen wir, wie in Abschn. 11.3, voraussetzen, daß Δ_a Einzugsbereich von $\mathbf{A}$ sei. Unter den genannten Voraussetzungen gilt:

Satz 5 *Sei $\boldsymbol{\xi} \in \Delta_a$. Zu $\eta > 0$, beliebig klein, gibt es ein ε^0, so daß für $0 < \varepsilon < \varepsilon^0$ gilt: Sei $\boldsymbol{\phi}(t)$, $\boldsymbol{a}(t)$ eine Lösung von (59) mit $\boldsymbol{a}(0) = \boldsymbol{\xi}$. Diese Lösung existiert auf $[0, \infty)$, und es gilt:*

$$|\boldsymbol{z}(\varepsilon t, \boldsymbol{\xi}) - \boldsymbol{a}(t)| < \eta$$

Beweis. Kern des Beweises ist die folgende lokale Aussage:
Zu $\delta > 0$, beliebig klein, existieren positive Zahlen R_0, ε_0, so daß gilt:

Jede Lösung $\boldsymbol{\phi}(t)$, $\boldsymbol{a}(t)$ von (59) – mit $0 < \varepsilon < \varepsilon_0$, $|\boldsymbol{a}(0) - \mathbf{A}| < R_0$ – existiert auf $[0, \infty)$, und es gilt: $|\boldsymbol{a}(t) - \mathbf{A}| < \delta$ (61)

Zum Beweis von (61) setzen wir $\alpha = \min V(\boldsymbol{a})$, wobei das Minimum bezüglich der Menge $S_0 = \{\boldsymbol{a} \mid \delta \leq |\boldsymbol{a} - \mathbf{A}| \leq R\}$ zu nehmen ist. Wegen (i), der Stetigkeit von V, der Kompaktheit von S_0 folgt $\alpha > 0$. Sei $l \in (0, \alpha)$, und betrachten wir die Fläche $F = \{\boldsymbol{a} \mid V(\boldsymbol{a}) = l\}$. Offenbar gilt:

$$\boldsymbol{a} \in F \Rightarrow |\boldsymbol{a} - \mathbf{A}| < \delta \tag{62}$$

Aus dem Mittelwertsatz folgt, mit (i),

$$V(\boldsymbol{a}) = \left[\frac{\partial V}{\partial \boldsymbol{a}}(\boldsymbol{A} + \vartheta(\boldsymbol{a}) \cdot (\boldsymbol{a} - \boldsymbol{A}))\right]^T (\boldsymbol{a} - \boldsymbol{A})$$

mit $0 < \vartheta(\boldsymbol{a}) < 1$. Wegen (iii) also:

$$|V(\boldsymbol{a})| \leq m\,|\boldsymbol{a} - \boldsymbol{A}| < \frac{l}{2} \quad \text{für } |\boldsymbol{a} - \boldsymbol{A}| < \frac{l}{2m} = R_0$$

Das bedeutet:

$$\boldsymbol{a} \in F \Rightarrow |\boldsymbol{a} - \boldsymbol{A}| \geq R_0 \tag{63}$$

F liegt also, cf. (62), (63), in $S_1 = \{\boldsymbol{a} \mid R_0 \leq |\boldsymbol{a} - \boldsymbol{A}| \leq \delta\}$.

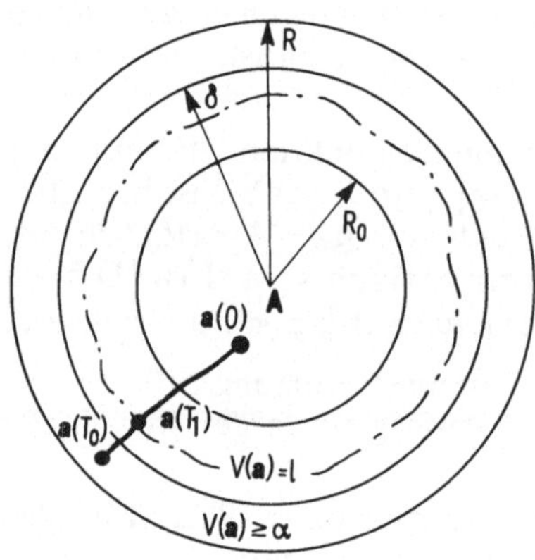

Fig. 9

In dieser kompakten Menge ist $[\partial V/\partial \boldsymbol{a}]^T \bar{\boldsymbol{T}}^1$ wegen (ii) und der Stetigkeit, von 0 weg beschränkt, es gibt also ein $k > 0$, so daß gilt:

$$\boldsymbol{a} \in F \Rightarrow \left[\frac{\partial V}{\partial \boldsymbol{a}}\right]^T \bar{\boldsymbol{T}}^1 \leq -k \tag{64}$$

Hieraus folgt, mit $|\boldsymbol{\rho}_a(\boldsymbol{\phi}, \boldsymbol{a}, \varepsilon)| \leq M$ für $(\boldsymbol{\phi}, \boldsymbol{a}, \varepsilon) \in \mathbf{R}^r \times \Delta_a \times [0, \varepsilon'_{00}]$

$$\boldsymbol{\phi} \in \mathbf{R}^r,\ \boldsymbol{a} \in F \Rightarrow \left[\frac{\partial V}{\partial \boldsymbol{a}}\right]^T [\varepsilon \bar{\boldsymbol{T}}^1 + \varepsilon^2 \boldsymbol{\rho}_a] \leq -\varepsilon[k - \varepsilon m M] < 0 \tag{65}$$

Die letzte Ungleichung gilt für $\varepsilon \in (0, \varepsilon_0)$ mit ε_0 genügend klein. Sei nun $\boldsymbol{\phi}(t)$, $\boldsymbol{a}(t)$ eine Lösung von (59) mit $|\boldsymbol{a}(0) - \boldsymbol{A}| < R_0$. Bilden wir $V(t) = V(\boldsymbol{a}(t))$. Offenbar gilt:

$$V(0) = V(\boldsymbol{a}(0)) < \frac{l}{2}, \qquad \dot{V}(t) = \left[\frac{\partial V}{\partial \boldsymbol{a}}\right]^T [\varepsilon \bar{\boldsymbol{T}}^1 + \varepsilon^2 \boldsymbol{\rho}_a](\boldsymbol{\phi}(t), \boldsymbol{a}(t)) \tag{66}$$

Würde die Lösung nicht auf $[0,\infty)$ existieren, gäbe es einen Zeitpunkt T_0 mit $\delta \leqslant |\boldsymbol{a}(T_0)-\mathbf{A}|<R$, also $V(T_0)=V(\boldsymbol{a}(T_0))\geqslant \alpha > l$. Aus Stetigkeitsgründen gibt es dann aber einen Zeitpunkt T_1, $0<T_1<T_0$ mit $V(T_1)=V(\boldsymbol{a}(T_1))=l$, also $\boldsymbol{a}(T_1)\in F$, und $\dot{V}(T_1)\geqslant 0$. Anderseits folgt aber aus (66) und (65) $\dot{V}(T_1)<0$. Damit ist gezeigt, daß die Lösung auf $[0,\infty)$ existiert, und daß die behauptete Abschätzung gilt.

Der Rest des Beweises von Satz 5 verläuft nun in gewohnten Bahnen: Sei $\boldsymbol{\phi}(t)$, $\boldsymbol{a}(t)$ die Lösung mit $\boldsymbol{a}(0)=\boldsymbol{\xi}$ und $\eta>0$ vorgegeben. Aufgrund von (61), und weil $\mathbf{A}$ Liapunov-stabil ist bezüglich (60), gibt es Zahlen ε_1, R_1, so daß für $\varepsilon\in(0,\varepsilon_1)$ gilt:

$$\text{Falls } |\boldsymbol{a}(T)-\mathbf{A}|<R_1 \text{ ist, gilt } |\boldsymbol{a}(t)-\mathbf{A}|<\frac{\eta}{2} \text{ für } t\in[T,\infty) \tag{67a}$$

$$\text{Falls } |\boldsymbol{z}(\tau_0,\boldsymbol{\xi})-\mathbf{A}|<R_1 \text{ ist, gilt } |\boldsymbol{z}(\tau,\boldsymbol{\xi})-\mathbf{A}|<\frac{\eta}{2} \text{ für } \tau\in[\tau_0,\infty) \tag{67b}$$

Da $\boldsymbol{\xi}$ im Einzugsbereich von $\mathbf{A}$ ist, gibt es ein L, so daß

$$|\boldsymbol{z}(L,\boldsymbol{\xi})-\mathbf{A}|<\frac{R_1}{2} \tag{68}$$

gilt. Wegen Satz 2 gibt es zu diesem L ein $\varepsilon_2\in(0,\varepsilon_1)$, so daß für $0<\varepsilon<\varepsilon_2$ gilt:

$$|\boldsymbol{a}(t)-\boldsymbol{z}(\varepsilon t,\boldsymbol{\xi})|<\frac{R_1}{2}<\eta \qquad \text{für } t\in\left[0,\frac{L}{\varepsilon}\right] \tag{69}$$

Nun gilt, wegen (68), (69)

$$\left|\boldsymbol{a}\left(\frac{L}{\varepsilon}\right)-\mathbf{A}\right| \leqslant \left|\boldsymbol{a}\left(\frac{L}{\varepsilon}\right)-\boldsymbol{z}(L,\boldsymbol{\xi})\right|+|\boldsymbol{z}(L,\boldsymbol{\xi})-\mathbf{A}|<R_1 \tag{70}$$

Somit ist (67a) mit $T=L/\varepsilon$ anwendbar

$$|\boldsymbol{a}(t)-\mathbf{A}|<\frac{\eta}{2} \qquad \text{für } t\in\left[\frac{L}{\varepsilon},\infty\right)$$

Wegen (68) ist (67b) anwendbar

$$|\boldsymbol{z}(\varepsilon t,\boldsymbol{\xi})-\mathbf{A}|<\frac{\eta}{2} \qquad t\in\left[\frac{L}{\varepsilon},\infty\right)$$

Diese beiden Abschätzungen und (69) ergeben die Behauptung von Satz 5. ∎

Bemerkungen. 1. Man erkennt, daß die Voraussetzungen von Satz 3 diejenigen von Satz 5 implizieren. Jedoch enthält Satz 5 den früheren Satz nicht, da die Aussage von Satz 3 viel stärker ist, als diejenige von Satz 5.

2. Unter geeigneten Voraussetzungen ist es möglich, mit Hilfe des Lemmas 5, das Resultat von Satz 5 zu verbessern.

11.6 Ein Resonanzproblem

Der in Abschn. 11.1 bewiesene Satz 1 setzt voraus, daß die Störungsgleichungen (2,19) bzw. (2,20) in einem Gebiet $G = \mathbf{R}^r \times G_a$, $G_a \subset \mathbf{R}^t$ gemäß der Technik von §3 behandelt werden können. Nun treten ja bei der Integration der Störungsgleichungen eine endliche Anzahl von Nennern der Form $(\boldsymbol{n}, \boldsymbol{\omega}(\boldsymbol{a}))$ auf, wobei $\boldsymbol{n} \in \mathbf{Z}^r$ ist. Satz 1 erfordert also insbesondere, daß diese Nenner in G_a nirgends verschwinden. De facto heißt das: Man wählt das Gebiet G_a geeignet. Interessiert man sich jedoch für Bereiche des $\boldsymbol{a}$-Raumes, die auch Nullstellen von $(\boldsymbol{n}, \boldsymbol{\omega}(\boldsymbol{a}))$ enthalten, dann kann man z.B. durch geeignetes Einführen einer "langsamen" Winkelvariablen Ω das Auftreten eines solchen kritischen Nenners verhindern. Freilich erkauft man sich dadurch meist ein sehr viel komplizierteres gemitteltes System. Im folgenden untersuchen wir, unter speziellen Voraussetzungen, eine Alternative.

Wir betrachten, wie üblich, das System

$$\begin{cases} \dot{\boldsymbol{\phi}} = \boldsymbol{\omega}(\boldsymbol{a}) + \varepsilon \boldsymbol{R}(\boldsymbol{\phi}, \boldsymbol{a}) \\ \dot{\boldsymbol{a}} = \qquad\quad \varepsilon \boldsymbol{T}(\boldsymbol{\phi}, \boldsymbol{a}) \end{cases} \tag{71}$$

wo $\boldsymbol{\omega}, \boldsymbol{R}, \boldsymbol{T}$: $\mathbf{R}^r \times G_a \rightarrow \mathbf{R}^{r,t}$ die üblichen Bedingungen erfüllen. Wir führen die (endliche) Fourier-Entwicklung von $\boldsymbol{T}$ ein:

$$\boldsymbol{T} = \mathbf{A}_0(\boldsymbol{a}) + \sum_{\boldsymbol{n} \neq \mathbf{0}} \mathbf{A}_{\boldsymbol{n}}(\boldsymbol{a}) \cos(\boldsymbol{n}, \boldsymbol{\phi}) + \boldsymbol{B}_{\boldsymbol{n}}(\boldsymbol{a}) \sin(\boldsymbol{n}, \boldsymbol{\phi})$$

und nehmen an, daß genau ein Term kritisch ist, d.h. für $\boldsymbol{n} = \boldsymbol{m}$ mit $\mathbf{A}_{\boldsymbol{m}} \not\equiv \mathbf{0}$ oder $\boldsymbol{B}_{\boldsymbol{m}} \not\equiv \mathbf{0}$ gilt: Die Funktion

$$N(\boldsymbol{a}) = (\boldsymbol{m}, \boldsymbol{\omega}(\boldsymbol{a}))$$

hat Nullstellen in G_a. Alle übrigen Ausdrücke der Form $(\boldsymbol{n}, \boldsymbol{\omega})$ seien auf G_a von Null weg beschränkt.

Wir wollen im Folgenden eine Lösung $\boldsymbol{\phi}(t)$, $\boldsymbol{a}(t)$ von (71) studieren, für die

$$N(\boldsymbol{a}(0)) = 0$$

gilt. In diesem Fall ist etwa die Konstruktion einer Approximation 1. Ordnung (im Sinne des Kapitels I) nicht möglich. Jedoch können wir nach wie vor das zu (71), bezüglich $\boldsymbol{\phi}$, gemittelte System bilden:

$$\bar{\boldsymbol{a}}' = \bar{\boldsymbol{T}}(\bar{\boldsymbol{a}}), \qquad \bar{\boldsymbol{T}}(\bar{\boldsymbol{a}}) = \mathbf{A}_0(\bar{\boldsymbol{a}}) \qquad ' = \frac{d}{d\tau}, \qquad \tau = \varepsilon t \tag{72}$$

Wir wollen zeigen, daß (72) auch dann eine gute Approximation für das System (71) liefert, wenn $N(\boldsymbol{a}(t))$ zwar für $t = 0$ Null ist, jedoch im Laufe der Zeit (betragsmäßig) anwächst.

Führen wir die Funktion $N(t) = N(\boldsymbol{a}(t))$ und ihre Ableitung

$$N(t)=\varepsilon\left(\frac{\partial N}{\partial \boldsymbol{a}}\right)^T \boldsymbol{T}\Big|_{\substack{\boldsymbol{\phi}=\boldsymbol{\phi}(t)\\ \boldsymbol{a}=\boldsymbol{a}(t)}} \tag{73}$$

ein. Es ist zweckmäßig, folgende Funktion zu verwenden

$$\lambda(\boldsymbol{\phi}, \boldsymbol{a})=\left[\frac{\partial N}{\partial \boldsymbol{a}}(\boldsymbol{a})\right]^T \boldsymbol{T}(\boldsymbol{\phi}, \boldsymbol{a}) \tag{74}$$

Von dieser Funktion werden wir verlangen, daß sie in einem geeigneten Gebiet von Null verschieden ist, um das (betragsmäßige) Anwachsen von $N(t)$ zu garantieren.

Wir setzen $\boldsymbol{a}(0)=\boldsymbol{a}^0$, bezeichnen mit $\bar{\boldsymbol{a}}(\tau, \tau_0, \boldsymbol{\xi})$ diejenige Lösung von (72), für die $\bar{\boldsymbol{a}}(\tau_0, \tau_0, \boldsymbol{\xi})=\boldsymbol{\xi}$ gilt, und betrachten $\bar{\boldsymbol{a}}(\tau)=\bar{\boldsymbol{a}}(\tau, 0, \boldsymbol{a}^0)$. Sie existiere für $0\leqslant \tau\leqslant L$ und liege samt ihrer ρ-Umgebung U_ρ in G_a (L, ρ unabhängig von ε). Jede Lösung $\bar{\boldsymbol{a}}(\tau, \tau_0, \boldsymbol{\xi})$ mit $\boldsymbol{\xi}\in U_\rho$ existiere ebenfalls für $\tau_0\leqslant\tau\leqslant\tau_0+L$, und es gebe eine Konstante[1)] C_1, so daß für $\boldsymbol{\xi}_1, \boldsymbol{\xi}_2\in U_\rho$, $\tau_0\leqslant\tau\leqslant\tau_0+L$ gilt:

$$|\bar{\boldsymbol{a}}(\tau, \tau_0, \boldsymbol{\xi}_1)-\bar{\boldsymbol{a}}(\tau, \tau_0, \boldsymbol{\xi}_2)|\leqslant C_1\,|\boldsymbol{\xi}_1-\boldsymbol{\xi}_2| \tag{75}$$

Alle diese Bedingungen sind fast trivialerweise erfüllt. Die nächste Bedingung ist entscheidend: Es sei $\tilde{L}$, $0<\tilde{L}<L$, so bestimmt, daß gilt:

1. *In der ρ-Umgebung U_1 der Bahn $B_1=\{\bar{\boldsymbol{a}}(\tau)\,|\,0\leqslant\tau\leqslant\tilde{L}\}$ gilt:*

$$\lambda(\boldsymbol{\phi}, \boldsymbol{a})>d>0 \tag{76}$$

für alle $\boldsymbol{\phi}\in\mathbf{R}^r$, d unabhängig von ε.

2. *In der ρ-Umgebung U_2 der Bahn $B_2=\{\bar{\boldsymbol{a}}(\tau)\,|\,\tilde{L}\leqslant\tau\leqslant L\}$ ist $N(\boldsymbol{a})$ positiv und von Null weg beschränkt.*

Bemerkung. Die Ungleichung (76) könnte auch durch $\lambda<-d<0$ ersetzt werden; wir bleiben bei (76), um etwas Konkretes vor Augen zu haben.

Satz 6 *Unter den gemachten Voraussetzungen gilt: Für alle genügend kleinen ε existiert $\boldsymbol{\phi}(t)$, $\boldsymbol{a}(t)$ für $t\in[0, L/\varepsilon]$, und es gilt:*

$$|\boldsymbol{a}(t)-\bar{\boldsymbol{a}}(\varepsilon t)\,|\leqslant C\sqrt{\varepsilon}$$

mit einer von ε unabhängigen Konstanten C.

Beweis. 1. Schritt. Wir betrachten das Zeitintervall $t\in[0, 1/\sqrt{\varepsilon}]=I_1$. Offenbar ist $\bar{\boldsymbol{a}}(\varepsilon t)$ in diesem sicher definiert und Teil der Bahn B_1, für alle genügend kleinen ε. Ferner gilt die Integraldarstellung

$$\bar{\boldsymbol{a}}(\varepsilon t)=\boldsymbol{a}^0+\varepsilon\int_0^t \bar{\boldsymbol{T}}(\bar{\boldsymbol{a}}(\varepsilon s))\,\mathrm{d}s$$

Für $\boldsymbol{a}(t)$ haben wir die Darstellung $\boldsymbol{a}(t)=\boldsymbol{a}^0+\varepsilon\int_0^t \boldsymbol{T}(\boldsymbol{\phi}(s), \boldsymbol{a}(s))\,\mathrm{d}s$ (solange $\boldsymbol{\phi}(t)$, $\boldsymbol{a}(t)$ definiert ist). Mit der Beschränktheit von $\boldsymbol{T}$, $\bar{\boldsymbol{T}}$ auf $\mathbf{R}^r\times G_a$ folgt:

[1)] Im folgenden bezeichnen $C_1, C_2, \ldots$ von ε unabhängige, positive Konstanten.

$$|\boldsymbol{a}(t)-\bar{\boldsymbol{a}}(\varepsilon t)| \leqslant \varepsilon \cdot C_2 t \leqslant \sqrt{\varepsilon} C_2 \tag{77}$$

Daraus ergibt sich sofort, daß für alle genügend kleinen ε, $\boldsymbol{a}(t)$ *im Intervall* I_1 *existiert, in* U_1 *verläuft und die Abschätzung* (77) *gilt.*

Wir setzen

$$t_1=\frac{1}{\sqrt{\varepsilon}}, \qquad \boldsymbol{a}\left(\frac{1}{\sqrt{\varepsilon}}\right)=\boldsymbol{a}^1, \qquad \bar{\boldsymbol{a}}(\varepsilon t, \varepsilon t_1, \boldsymbol{a}^1)=\bar{\bar{\boldsymbol{a}}}(\varepsilon t)$$

Zufolge von (75), (77) gilt:

$$\begin{aligned}|\bar{\bar{\boldsymbol{a}}}(\varepsilon t)-\bar{\boldsymbol{a}}(\varepsilon t)| &= |\bar{\boldsymbol{a}}(\varepsilon t, \varepsilon t_1, \boldsymbol{a}^1)-\bar{\boldsymbol{a}}(\varepsilon t, \varepsilon t_1, \bar{\boldsymbol{a}}(\varepsilon t_1))| \\ &\leqslant C_1 C_2 \sqrt{\varepsilon} = C_3 \sqrt{\varepsilon} \qquad \text{für } t \in \left[\frac{1}{\sqrt{\varepsilon}}, \frac{\tilde{L}}{\varepsilon}\right]\end{aligned} \tag{78}$$

Eine Hilfsbetrachtung. Es sei $[T_1, T_2]$ ein Intervall, auf dem $N(t)$ nicht verschwindet.

Weiter ist

$$\boldsymbol{t}(\boldsymbol{\phi}, \boldsymbol{a})=\sum_{\boldsymbol{n}\neq \boldsymbol{0}} \frac{\boldsymbol{B}_{\boldsymbol{n}}(\boldsymbol{a})}{(\boldsymbol{n}, \boldsymbol{\omega})} \cos(\boldsymbol{n}, \boldsymbol{\phi})-\frac{\boldsymbol{A}_{\boldsymbol{n}}(\boldsymbol{a})}{(\boldsymbol{n}, \boldsymbol{\omega})} \sin(\boldsymbol{n}, \boldsymbol{\phi})$$

die Lösung von

$$\frac{\partial \boldsymbol{t}}{\partial \boldsymbol{\phi}} \boldsymbol{\omega}+\boldsymbol{T}=\bar{\boldsymbol{T}}$$

(d.h. der ersten Störungsgleichung!) Dann gilt:

$$\begin{aligned}\boldsymbol{a}(t)=\boldsymbol{a}(T_1)&+\varepsilon \int_{T_1}^{t} \bar{\boldsymbol{T}}(\boldsymbol{a}(s))\, \mathrm{d}s+\varepsilon^2 \int_{T_1}^{t} \left[\frac{\partial \boldsymbol{t}}{\partial \boldsymbol{a}} \boldsymbol{T}+\frac{\partial \boldsymbol{t}}{\partial \boldsymbol{\phi}} \boldsymbol{R}\right](\boldsymbol{\phi}(s), \boldsymbol{a}(s))\, \mathrm{d}s \\ &+\varepsilon[-\boldsymbol{t}(\boldsymbol{\phi}(t), \boldsymbol{a}(t))+\boldsymbol{t}(\boldsymbol{\phi}(T_1), \boldsymbol{a}(T_1))]\end{aligned} \tag{79}$$

Denn (79) gilt für $t=T_1$, und durch Differentiation folgt:

$$\begin{aligned}\dot{\boldsymbol{a}}(t)&=\varepsilon \bar{\boldsymbol{T}}(\boldsymbol{a}(t))+\varepsilon^2\left[\frac{\partial \boldsymbol{t}}{\partial \boldsymbol{a}} \boldsymbol{T}+\frac{\partial \boldsymbol{t}}{\partial \boldsymbol{\phi}} \boldsymbol{R}\right](\boldsymbol{\phi}(t), \boldsymbol{a}(t)) \\ &\quad+\varepsilon\left[-\frac{\partial \boldsymbol{t}}{\partial \boldsymbol{\phi}} \boldsymbol{\omega}-\varepsilon \frac{\partial \boldsymbol{t}}{\partial \boldsymbol{\phi}} \boldsymbol{R}-\varepsilon \frac{\partial \boldsymbol{t}}{\partial \boldsymbol{a}} \boldsymbol{T}\right](\boldsymbol{\phi}(t), \boldsymbol{a}(t)) \\ &=\varepsilon \boldsymbol{T}(\boldsymbol{\phi}(t), \boldsymbol{a}(t)).\end{aligned}$$

Aus der Definition von $\boldsymbol{t}$ folgt durch Differentiation:

$$\frac{\partial \boldsymbol{t}}{\partial \boldsymbol{\phi}}=\sum_{\boldsymbol{n}\neq \boldsymbol{0}} \frac{-\boldsymbol{B}_{\boldsymbol{n}}(\boldsymbol{a}) \boldsymbol{n}^T}{(\boldsymbol{n}, \boldsymbol{\omega})} \sin(\boldsymbol{n}, \boldsymbol{\phi})-\frac{\boldsymbol{A}_{\boldsymbol{n}}(\boldsymbol{a}) \boldsymbol{n}^T}{(\boldsymbol{n}, \boldsymbol{\omega})} \cos(\boldsymbol{n}, \boldsymbol{\phi})$$

$$\begin{aligned}\frac{\partial \boldsymbol{t}}{\partial \boldsymbol{a}}=\sum_{\boldsymbol{n}\neq \boldsymbol{0}} &\left[\frac{\partial \boldsymbol{B}_{\boldsymbol{n}}(\boldsymbol{a})}{\partial \boldsymbol{a}} \frac{1}{(\boldsymbol{n}, \boldsymbol{\omega})}-\frac{\boldsymbol{B}_{\boldsymbol{n}}(\boldsymbol{a}) \boldsymbol{n}^T}{(\boldsymbol{n}, \boldsymbol{\omega})^2} \frac{\partial \boldsymbol{\omega}}{\partial \boldsymbol{a}}\right] \cos(\boldsymbol{n}, \boldsymbol{\phi}) \\ &-\left[\frac{\partial \boldsymbol{A}_{\boldsymbol{n}}(\boldsymbol{a})}{\partial \boldsymbol{a}} \frac{1}{(\boldsymbol{n}, \boldsymbol{\omega})}-\frac{\boldsymbol{A}_{\boldsymbol{n}}(\boldsymbol{a}) \boldsymbol{n}^T}{(\boldsymbol{n}, \boldsymbol{\omega})^2} \frac{\partial \boldsymbol{\omega}}{\partial \boldsymbol{a}}\right] \sin(\boldsymbol{n}, \boldsymbol{\phi})\end{aligned}$$

Offenbar existieren in $\mathbf{R}^r \times G_a$ Abschätzungen des folgenden Typs[1)]

$$|\boldsymbol{t}| \leqslant \frac{C_4}{|N(\boldsymbol{a})|}, \qquad \left|\frac{\partial \boldsymbol{t}}{\partial \boldsymbol{\phi}}\right| \leqslant \frac{C_4}{|N(\boldsymbol{a})|}, \qquad \left|\frac{\partial \boldsymbol{t}}{\partial \boldsymbol{a}}\right| \leqslant \frac{C_4}{|N(\boldsymbol{a})|^2} \tag{80}$$

2. Schritt. Es geht nun um das Intervall $[1/\sqrt{\varepsilon}=t_1, \tilde{L}/\varepsilon]$. Bezeichnen wir mit $[t_1, m)$ das maximale Definitionsintervall von $\boldsymbol{a}(t)$ bezüglich U_1 und $I_2 = [t_1, \min(m, \tilde{L}/\varepsilon))$. Da $\boldsymbol{a}(t)$ auch für $t \in [0, t_1]$ in U_1 verlaufen ist, gilt für $t \in I_2$ wegen (73), (74), (76):

$$\dot{N}(s) = \varepsilon\lambda(\boldsymbol{\phi}(s), \boldsymbol{a}(s)) \geqslant \varepsilon \cdot d, \qquad 0 \leqslant s \leqslant t$$

Also

$$N(t) = \int_0^t \dot{N}(s)\,\mathrm{d}s \geqslant \varepsilon \cdot d \cdot t > 0 \qquad t \in I_2$$

somit

$$0 < \frac{1}{N(t)} < \frac{1}{\varepsilon \cdot d \cdot t} \qquad t \in I_2 \tag{81}$$

Das bedeutet: Die Formel (79) ist in I_2 anwendbar, mit $T_1 = t_1$. Bemerken wir noch, daß

$$\bar{\bar{\boldsymbol{a}}}(\varepsilon t) = \boldsymbol{a}^1 + \varepsilon \int_{t_1}^t \bar{\boldsymbol{T}}(\bar{\bar{\boldsymbol{a}}}(\varepsilon s))\,\mathrm{d}s$$

gilt, so folgt mit (79), (80), (81), wenn wir die Lipschitzkonstante von $\bar{\boldsymbol{T}}$ mit C_5 bezeichnen:

$$|\boldsymbol{a}(t) - \bar{\bar{\boldsymbol{a}}}(\varepsilon t)| \leqslant C_5\varepsilon \int_{t_1}^t |\boldsymbol{a}(s) - \bar{\bar{\boldsymbol{a}}}(\varepsilon s)|\,\mathrm{d}s + \varepsilon^2 \cdot \int_{t_1}^t \frac{C_6}{|N(s)|^2}\,\mathrm{d}s + \varepsilon\frac{C_7}{N(t)}$$

$$\leqslant C_5 \cdot \varepsilon \int_{t_1}^t |\boldsymbol{a}(s) - \bar{\bar{\boldsymbol{a}}}(\varepsilon s)|\,\mathrm{d}s + \varepsilon^2 \int_{1/\sqrt{\varepsilon}}^\infty \frac{C_6}{\varepsilon^2 d^2 s^2}\,\mathrm{d}s + \varepsilon\frac{C_7}{\varepsilon d \cdot 1/\sqrt{\varepsilon}}$$

$$= C_5 \cdot \varepsilon \int_{t_1}^t |\boldsymbol{a}(s) - \bar{\bar{\boldsymbol{a}}}(\varepsilon s)|\,\mathrm{d}s + C_8\sqrt{\varepsilon}$$

Folglich mit dem Gronwall-Lemma

$$|\boldsymbol{a}(t) - \bar{\bar{\boldsymbol{a}}}(\varepsilon t)| \leqslant \sqrt{\varepsilon} C_8 e^{C_5\tilde{L}} = C_9\sqrt{\varepsilon}$$

Zusammen mit (78) finden wir daraus

$$|\boldsymbol{a}(t) - \bar{\boldsymbol{a}}(\varepsilon t)| \leqslant (C_9 + C_3)\sqrt{\varepsilon} = C_{10}\sqrt{\varepsilon} \tag{82}$$

für $t \in I_2$. Aus dieser Gleichung wiederum folgt sofort, daß für alle genügend kleinen ε, *$\boldsymbol{a}(t)$ im Intervall $[1/\sqrt{\varepsilon}, \tilde{L}/\varepsilon]$ existiert, in U_1 verläuft und die Ungleichung* (82) *gilt.*

[1)] Wir verwenden die Vertikalstriche | | auch zur Bezeichnung von Matrizennormen

Wir setzen

$$t_2=\frac{\tilde{L}}{\varepsilon},\qquad \boldsymbol{a}\left(\frac{\tilde{L}}{\varepsilon}\right)=\boldsymbol{a}^2,\qquad \bar{\boldsymbol{a}}(\varepsilon t,\varepsilon t_2,\boldsymbol{a}^2)=\hat{\boldsymbol{a}}(\varepsilon t)$$

Zufolge von (75), (82) gilt:

$$\begin{aligned}|\hat{\boldsymbol{a}}(\varepsilon t)-\bar{\boldsymbol{a}}(\varepsilon t)|&=|\bar{\boldsymbol{a}}(\varepsilon t,\varepsilon t_2,\boldsymbol{a}^2)-\bar{\boldsymbol{a}}(\varepsilon t,\varepsilon t_2,\bar{\boldsymbol{a}}(\varepsilon t_2))|\\ &\leq C_1C_{10}\sqrt{\varepsilon}=C_{11}\sqrt{\varepsilon}\qquad \text{für } t\in\left[\frac{\tilde{L}}{\varepsilon},\frac{L}{\varepsilon}\right]\end{aligned}\tag{83}$$

3. Schritt. Es geht schließlich um das Intervall $[\tilde{L}/\varepsilon, L/\varepsilon]$. Wir bezeichnen das maximale Definitionsintervall von $\boldsymbol{a}(t)$ bezüglich U_2 mit $[t_2, m)$ und $I_3=[t_2,\min(m, L/\varepsilon))$. Nach Voraussetzung ist $N(t)$ in I_3 positiv und von Null weg beschränkt. (79) läßt sich also anwenden mit $T_1=t_2$. Weiter gilt:

$$\hat{\boldsymbol{a}}(\varepsilon t)=\boldsymbol{a}^2+\varepsilon\int_{t_2}^{t}\bar{\boldsymbol{T}}(\hat{\boldsymbol{a}}(\varepsilon s))\,\mathrm{d}s$$

somit eine Abschätzung der Form:

$$|\boldsymbol{a}(t)-\hat{\boldsymbol{a}}(\varepsilon t)|\leq\varepsilon C_5\int_{t_2}^{t}|\boldsymbol{a}(s)-\hat{\boldsymbol{a}}(\varepsilon s)|\,\mathrm{d}s+\varepsilon C_{12}$$

Also $|\boldsymbol{a}(t)-\hat{\boldsymbol{a}}(\varepsilon t)|\leq\varepsilon C_{13}$ und mit (83) schließlich

$$|\boldsymbol{a}(t)-\bar{\boldsymbol{a}}(\varepsilon t)|\leq\varepsilon C_{13}+\sqrt{\varepsilon}C_{11}\tag{84}$$

Hieraus folgern wir, *daß $\boldsymbol{a}(t)$ bezüglich U_2 in $[\tilde{L}/\varepsilon, L/\varepsilon]$ existiert und* (84) *erfüllt,* falls nur ε genügend klein ist. Da für genügend kleine ε auch $\varepsilon<\sqrt{\varepsilon}$ gilt, folgt endlich die Behauptung des Satzes. ■

Betrachten wir als **Anwendung** die folgende Differentialgleichung

$$\begin{cases}\ddot{x}+x=\varepsilon f(\phi_1,x,\dot{x})\\ \dot{\phi}_1=\nu(\varepsilon t)\end{cases}\tag{85}$$

wobei f in ϕ_1, bei festgehaltenem x und $\dot{x}$, 2π-periodisch sei. Mit

$$x=a_2\cos\phi_2,\qquad \dot{x}=-a_2\sin\phi_2,\qquad a_1=\varepsilon t$$

folgt wie üblich,

$$\begin{cases}\dot{\phi}_1=\nu(a_1)\\ \dot{\phi}_2=1-\dfrac{\varepsilon}{a_2}f(\phi_1,a_2\cos\phi_2,-a_2\sin\phi_2)\cos\phi_2\\ \dot{a}_1=\varepsilon\\ \dot{a}_2=-\varepsilon f(\phi_1,a_2\cos\phi_2,-a_2\sin\phi_2)\sin\phi_2\end{cases}$$

Setzen wir insbesondere

$$f=F(x,\dot{x})+E\sin\phi_1$$

so erhalten wir

$$\begin{cases}\dot{\phi}_1 = \nu(a_1)\\ \dot{\phi}_2 = 1 - \dfrac{\varepsilon}{a_2} F(a_2 \cos \phi_2, -a_2 \sin \phi_2) \cos \phi_2 - \dfrac{\varepsilon}{a_2}\dfrac{E}{2}[\sin(\phi_1+\phi_2)+\sin(\phi_1-\phi_2)]\\ \dot{a}_1 = \varepsilon\\ \dot{a}_2 = -\varepsilon F(a_2 \cos \phi_2, -a_2 \sin \phi_2) \sin \phi_2 - \varepsilon \dfrac{E}{2}[-\cos(\phi_1+\phi_2)+\cos(\phi_1-\phi_2)]\end{cases} \tag{86}$$

Offenbar ist $\omega_1 = \nu(a_1)$, $\omega_2 = 1$. Es sei

$$\nu(a_1) = 1 + ka_1, \qquad k > 0.$$

Betrachtet man die Fourier-Entwicklung der rechten Seite von $\dot{a}_2$, erkennt man sofort, daß

$$N(\boldsymbol{a}) = \omega_1 - \omega_2 = ka_1$$

der kritische Nenner ist; er verschwindet für $a_1 = 0$. Daraus gewinnt man λ:

$$\lambda = k > 0$$

und die von uns entwickelte Theorie ist anwendbar.

Führen wir weiter das über ϕ_1, ϕ_2 gemittelte System (71) ein

$$\begin{cases}\dot{\bar{a}}_1 = \varepsilon\\ \dot{\bar{a}}_2 = -\varepsilon\delta_e(\bar{a}_2)\bar{a}_2\end{cases} \tag{87}$$

mit

$$\delta_e(\bar{a}_2) = \frac{1}{\bar{a}_2}\frac{1}{2\pi}\int_0^{2\pi} F(\bar{a}_2 \cos \phi_2, -\bar{a}_2 \sin \phi_2) \sin \phi_2 \, d\phi_2$$

Wählen wir, um etwas Konkretes vor Augen zu haben, speziell

$$F(x, \dot{x}) = -\delta\dot{x} - 2\gamma x + \beta x^3 \tag{88}$$

Dann gilt $\delta_e(\bar{a}_2) = \delta/2$ und folglich lautet (87)

$$\begin{cases}\dot{\bar{a}}_1 = \varepsilon\\ \dot{\bar{a}}_2 = -\varepsilon \dfrac{\delta}{2} \bar{a}_2\end{cases}$$

Die Lösung ist

$$\bar{a}_1 = \varepsilon t \qquad \bar{a}_2 = \bar{a}_2^0 \cdot e^{-\varepsilon t\delta/2} \tag{89}$$

Man sieht: Im Rahmen der so konstruierten Näherung (die im Intervall $[0, L/\varepsilon]$ bis auf einen Fehler der Größenordnung $\sqrt{\varepsilon}$ mit der exakten Lösung von (86) übereinstimmt, diese also, für genügend kleine ε, beliebig genau approximiert) spielt weder die äußere Anregung (beschrieben durch den Term $\varepsilon E \sin \phi_1$), noch die nichtlineare Rückstellkraft $\varepsilon(-2\gamma x + \beta x^3)$ eine Rolle.

Es ist nicht uninteressant, das obige Vorgehen mit folgender Betrachtung zu vergleichen. Wie wir als Einleitung zum gegenwärtigen Abschnitt bemerkt haben, können wir durch Einführung einer „langsamen" Winkelvariablen Ω das Auftreten eines kritischen Nenners immer vermeiden. Setzen wir $\Omega = \phi_2 - \phi_1$. Dann geht (86) über in:

$$\begin{cases} \dot{\phi}_2 = 1 - \dfrac{\varepsilon}{a_2} F(a_2 \cos \phi_2, -a_2 \sin \phi_2) \cos \phi_2 - \dfrac{\varepsilon}{a_2} \dfrac{E}{2} [\sin(2\phi_2 - \Omega) - \sin \Omega] \\ \dot{\Omega} = 1 - \nu(a_1) - \dfrac{\varepsilon}{a_2} F(a_2 \cos \phi_2, -a_2 \sin \phi_2) \cos \phi_2 - \dfrac{\varepsilon}{a_2} \dfrac{E}{2} [\sin(2\phi_2 - \Omega) - \sin \Omega] \\ \dot{a}_1 = \varepsilon \\ \dot{a}_2 = -\varepsilon F(a_2 \cos \phi_2, -a_2 \sin \phi_2) \sin \phi_2 - \varepsilon \dfrac{E}{2} [-\cos(2\phi_2 - \Omega) + \cos \Omega] \end{cases} \tag{90}$$

Nun begnügen wir uns mit der Elimination von ϕ_2 und vermeiden damit das Auftreten eines Nenners $1 - \nu(a_1)$. Das gemittelte System lautet dann (ohne die $\bar{\phi}_2$-Gleichung)

$$\begin{cases} \dot{\bar{\Omega}} = 1 - \nu(\varepsilon t) + \varepsilon \left[-\chi_e(\bar{a}_2) + \dfrac{E}{2\bar{a}_2} \cdot \sin \bar{\Omega} \right] \\ \dot{\bar{a}}_2 = -\varepsilon \left[\delta_e(\bar{a}_2)\bar{a}_2 + \dfrac{E}{2} \cdot \cos \bar{\Omega} \right] \end{cases} \tag{91}$$

mit $$\chi_e(\bar{a}_2) = \frac{1}{\bar{a}_2} \frac{1}{2\pi} \int_0^{2\pi} F(\bar{a}_2 \cos \phi_2, -\bar{a}_2 \sin \phi_2) \cos \phi_2 \, d\phi_2$$

Speziell finden wir unter der Annahme (88)

$$\begin{cases} \dot{\bar{\Omega}} = 1 - \nu(\varepsilon t) + \varepsilon \left[\gamma - \dfrac{3}{8} \beta \bar{a}_2^2 + \dfrac{E}{2\bar{a}_2} \sin \bar{\Omega} \right] \\ \dot{\bar{a}}_2 = -\varepsilon \left[\dfrac{\delta}{2} \bar{a}_2 + \dfrac{E}{2} \cos \bar{\Omega} \right] \end{cases} \tag{92}$$

Das System (91) approximiert das System (90) im Intervall $[0, L/\varepsilon]$ bis auf einen Fehler von der Größenordnung ε und zwar unabhängig von der Wahl von $\nu(\varepsilon t)$. (Im Gegensatz zum System (87) ist es jedoch i.allg. nicht elementar integrierbar).

Das System (92) ist insbesondere auch im Fall $\nu \equiv 1$ (d.h. $k = 0$) anwendbar. Unter dieser Voraussetzung stimmt (92), bis auf triviale Modifikationen, mit dem in Abschn. 11.4 behandelten Problem überein, und wir wissen: (92) hat eine oder drei Gleichgewichtslagen, je nach Wahl der Parameter. Vergleicht man nun eine solche Gleichgewichtslösung (welche eine Lösung von (90) bis auf einen Fehler der Größenordnung ε approximiert) mit der entsprechenden Näherungslösung (89) für den Fall $k > 0$, so sieht man, daß diese sich nach dem Zeitintervall $[0, L/\varepsilon]$ in der Größenordnung 1 unterscheiden. Das Verhalten der Lösungen ist also wesentlich verschieden, je nachdem, ob $k > 0$ (das System „aus der Resonanz herauskommt"), oder ob $k = 0$ ist (das System „in der Resonanz hängenbleibt"). □

12 Invariante Mannigfaltigkeiten bei dissipativen Systemen

Durch die Fehlerabschätzungen der letzten Abschnitte haben wir die in den Kapiteln I und III rein formal entwickelte und in Kapitel II angewandte Methode zur Beschreibung oszillierender Systeme einer gewissen mathematischen Begründung unterzogen. Dieser Prozess soll in etwas anderer Richtung fortgesetzt werden. Es geht nun um die Existenz und Stabilität von invarianten Mengen wie geschlossene Kurven, Tori etc. (*Eine Menge M heißt invariant bezüglich eines autonomen DGl.-Systems, falls jede Lösung, die in M startet, sich für alle Zeiten in M aufhält*). Ihre Kenntnis ist für die Einsicht in die qualitative Struktur eines Systems von zentraler Bedeutung. Weiß man beispielsweise von einem System, daß es eine invariante Gerade, sowie eine invariante geschlossene Kurve hat, daß ferner jede Lösung, die nicht auf der Geraden startet, gegen die geschlossene Kurve strebt, dann kann man von einer vollständigen Diskussion des Systems sprechen. Die Bedeutung der Mittelwertmethode für derartige Untersuchungen besteht nun im folgenden: Die von uns zu benützenden Methoden gestatten es nicht, invariante Mengen für beliebige Systeme nachzuweisen. Vielmehr muß unser System aufspaltbar sein in ein „ungestörtes System" und eine Störung. Dieses „ungestörte Problem" muß schon alle die gewünschten Merkmale haben, und zwar mit kräftigen Stabilitätseigenschaften, damit sie sich auch bei Hinzunahme der Störung durchsetzen. Diese wesentliche Bedingung an das „ungestörte Problem" zeigt, daß die Aufspaltung in „ungestörtes Problem" und Störung nicht trivial ist, insbesondere muß darauf hingewiesen werden, daß es i.allg. keineswegs genügt, das „ungestörte Problem" durch Nullsetzen eines kleinen Parameters zu definieren. Hingegen erhält man oft eine geeignete Aufspaltung, indem man die Mittelwertmethode anwendet: Man unterwirft das gegebene Problem der durch die Mittelwertmethode N-ter Ordnung definierten fast-identischen Transformation und erhält damit ein System, das sich zusammensetzt aus dem als gemittelten System bezeichneten Teil und Resttermen (die von der exakten Anwendung der fast-identischen Transformation herrühren), die wir als Störung betrachten werden.

12.1 Invariante Mannigfaltigkeiten für Abbildungen

Zur Motivation der folgenden Untersuchungen wollen wir kurz zeigen, daß jedes DGl.-System

$$\dot{\boldsymbol{x}} = \boldsymbol{f}(\boldsymbol{x}) \tag{1}$$

mit einer Abbildung $\boldsymbol{P}$, wir wollen sie Poincaré-Abbildung nennen, zusammenhängt. Bezeichnen wir mit $\boldsymbol{x}(t, \boldsymbol{x}^0)$ diejenige Lösung von (1), für die $\boldsymbol{x}(0, \boldsymbol{x}^0) = \boldsymbol{x}^0$ gilt. Wählen wir $\sigma \neq 0$ beliebig, aber fest, dann wird durch

$$\boldsymbol{P} : \boldsymbol{x}^0 \to \boldsymbol{x}(\sigma, \boldsymbol{x}^0) \tag{2}$$

eine Abbildung definiert, deren Studium großen Aufschluß über das System (1) ergibt. Falls $\boldsymbol{p}$ beispielsweise Fixpunkt von $\boldsymbol{P}$ (also eine einpunktige invariante Menge) ist, so ist $\boldsymbol{x}(t, \boldsymbol{p})$ eine σ-periodische Lösung von (1).

Wegen diesem engen Zusammenhang zwischen DGl.-Systemen und Abbildungen, befassen wir uns nun zuerst ausführlich mit der Frage nach invarianten Mannigfaltigkeiten von Abbildungen, statt von DGl.-Systemen, die genaue Untersuchung des Zusammenhangs in einen späteren Abschnitt verschiebend.

Zur Motivation des Typs von Abbildungen, die wir untersuchen wollen, betrachten wir folgendes DGl.-System:

$$\begin{cases} \dot{\phi} = \omega + R^1(\phi, a) \\ \dot{a} = \qquad T^1(\phi, a) \end{cases} \tag{3}$$

wobei R^1, T^1 2π-periodisch in ϕ sind. Führen wir nun eine Störungsrechnung N-ter Ordnung durch, erhalten wir ein System der Form (Zur Vereinfachung der Notation bezeichnen wir die Variablen wieder mit ϕ und a):

$$\begin{cases} \dot{\phi} = \omega + \bar{R}^1(a) + \bar{R}^2(\phi, a) \\ \dot{a} = \qquad \bar{T}^1(a) + \bar{T}^2(\phi, a) \end{cases}$$

wobei $\bar{R}^2$, $\bar{T}^2$ 2π-periodisch in ϕ sind und als Restterme betrachtet werden können. Wir nehmen weiter an, die Gleichung $\dot{a} = \bar{T}^1(a)$ besitze eine Gleichgewichtslösung A, welche asymptotisch stabil ist in der linearen Approximation, d.h. es gilt: $\partial \bar{T}^1(A)/\partial a = -B$ mit $B > 0$. In einer Umgebung von A erhalten wir ein System der Form (a bezeichnet jetzt die Abweichung von A):

$$\begin{cases} \dot{\phi} = \omega + \tilde{R}^1(a) + \tilde{R}^2(\phi, a) \\ \dot{a} = \qquad -Ba \quad + \widetilde{\Delta T}^1(a) + \tilde{T}^2(\phi, a) \end{cases}$$

Für kleine Werte von a kann $\widetilde{\Delta T}^1$ wie $\tilde{T}^2$ und $\tilde{R}^2$ als Restterm aufgefasst werden. Die zu diesem System gehörige Poincaré-Abbildung hat, wie man leicht sieht, folgende Gestalt

$$\boldsymbol{P}\colon \begin{pmatrix} \phi^0 \\ a^0 \end{pmatrix} \to \begin{pmatrix} \phi(\sigma, \phi^0, a^0) \\ e^{-B\sigma} a^0 + \Delta a(\sigma, \phi^0, a^0) \end{pmatrix} \tag{4}$$

Aus der 2π-Periodizität von $\tilde{R}^2$, $\tilde{T}^2$ bezüglich ϕ folgt, daß die Funktionen $\phi(\sigma, \phi^0, a^0) - \phi^0$ (nicht $\phi(\sigma, \phi^0, a^0)$!) und $\Delta a(\sigma, \phi^0, a^0)$ 2π-periodisch bezüglich ϕ^0 sind.

Aufgrund dieser Diskussion betrachten wir folgende Klasse von Abbildungen:

$$\boldsymbol{P}\colon \begin{pmatrix} \boldsymbol{z} \\ \boldsymbol{y} \end{pmatrix} \to \begin{pmatrix} \boldsymbol{f}(\boldsymbol{z}, \boldsymbol{y}) \\ L\boldsymbol{y} + \boldsymbol{Y}(\boldsymbol{z}, \boldsymbol{y}) = \boldsymbol{e}(\boldsymbol{z}, \boldsymbol{y}) \end{pmatrix} \tag{5}$$

wobei $\boldsymbol{y}$ einen t-, $\boldsymbol{z}$ einen r-dimensionalen Vektor bezeichnet. L ist eine $t \times t$-Matrix, die Funktionen $\boldsymbol{f}$, $\boldsymbol{Y}$ sind Abbildungen von $\mathbf{R}^r \times \mathbf{R}^t$ in $\mathbf{R}^r$ resp. $\mathbf{R}^t$.

Mit $|\cdot|$ bezeichnen wir irgendwelche Normen in $\mathbf{R}^r$ und $\mathbf{R}^t$. Wir setzen voraus, daß $\boldsymbol{f}$ und $\boldsymbol{Y}$ Lipschitzbedingungen erfüllen, d.h. es gibt Konstanten K_{zz},

K_{zy}, K_{yz}, K_{yy}, so daß für beliebige $\boldsymbol{z}, \bar{\boldsymbol{z}}, \boldsymbol{y}, \bar{\boldsymbol{y}}$ gilt:

$$\begin{aligned} |\boldsymbol{f}(\boldsymbol{z}, \boldsymbol{y}) - \boldsymbol{f}(\bar{\boldsymbol{z}}, \bar{\boldsymbol{y}})| &\leq K_{zz}\, |\boldsymbol{z} - \bar{\boldsymbol{z}}| + K_{zy}\, |\boldsymbol{y} - \bar{\boldsymbol{y}}| \\ |\boldsymbol{Y}(\boldsymbol{z}, \boldsymbol{y}) - \boldsymbol{Y}(\bar{\boldsymbol{z}}, \bar{\boldsymbol{y}})| &\leq K_{yz}\, |\boldsymbol{z} - \bar{\boldsymbol{z}}| + K_{yy}\, |\boldsymbol{y} - \bar{\boldsymbol{y}}| \end{aligned} \tag{6}$$

Weiter verlangen wir, daß $\boldsymbol{Y}(\boldsymbol{z}, \boldsymbol{y})$ auf $\mathbf{R}^r \times \mathbf{R}^l$ beschränkt ist.
Die Matrix L sei expandierend, d.h. es gibt eine Konstante $l < 1$, so daß

$$|L^{-1}\boldsymbol{y}| \leq l\, |\boldsymbol{y}| \tag{7}$$

gilt (Man beachte, daß die Abbildung (4) diese Eigenschaft hat, falls σ negativ gewählt wird).
Schließlich führen wir die Größen α, β ein:

$$\alpha = K_{zz} \qquad \beta = \frac{1}{l} - K_{yy} \tag{8}$$

Betrachten wir als Vorbereitung den Fall $\boldsymbol{Y} \equiv \boldsymbol{0}$. Offenbar ist die Mannigfaltigkeit $M = \{(\boldsymbol{z}, \boldsymbol{y}) \mid \boldsymbol{y} = \boldsymbol{0}\}$ unter $\boldsymbol{P}$ invariant. Ferner gilt: Ist das Bild eines Punktes in M, so ist der Punkt selbst in M.

Es bezeichne $\boldsymbol{y}^n$ die Projektion von $\boldsymbol{P}^n(\boldsymbol{z}, \boldsymbol{y})$ ($\boldsymbol{P}^n$ bezeichnet die n-te Iterierte von $\boldsymbol{P}$) in $\boldsymbol{y}$-Richtung. Dann gilt offenbar infolge der Expansionseigenschaft von L: $\boldsymbol{y}^n$ ist genau dann gleichmäßig beschränkt bezüglich n (d.h. es gibt eine Konstante K mit $|\boldsymbol{y}^n| \leq K$, für alle $n \in \mathbf{N}$), falls $(\boldsymbol{z}, \boldsymbol{y}) \in M$. Dies bedeutet: Betrachtet man zu einem beliebigen Punkt sukzessive seine Iterierten, so ist M charakterisiert als diejenige Punktmenge, bei der die Projektionen in den $\boldsymbol{y}$-Raum beschränkt bleiben.

Schließlich besitzt M folgende Attraktionseigenschaft: Existieren die iterierten Inversen eines Punktes, d.h. kennen wir eine Punktfolge $Q^j = (\boldsymbol{z}^{-j}, \boldsymbol{y}^{-j})$ $j = 0, 1, 2, \ldots$, wobei $(\boldsymbol{z}^{-j}, \boldsymbol{y}^{-j}) = \boldsymbol{P}(\boldsymbol{z}^{-j-1}, \boldsymbol{y}^{-j-1})$ erfüllt ist, dann gilt: Die Punktfolge Q^j strebt gegen M für $j \to \infty$.

Der folgende Satz besagt nun, daß die genannten Eigenschaften auch noch für $\boldsymbol{Y} \not\equiv \boldsymbol{0}$ erhalten bleiben, wenn man M geeignet definiert und gewisse Bedingungen an die Konstanten K_{zz}, K_{zy}, K_{yz}, K_{yy} stellt.

Satz 1 Voraussetzung. (a) *Es gibt eine Zahl $\rho \geq 1$, so daß gilt: $\beta > \rho > \alpha$.*
(b) *Es gilt: $K_{yz} \cdot K_{zy} < \frac{1}{4}(\rho - \alpha)(\beta - \rho)$.*

Behauptung. *Es gibt eine auf $\mathbf{R}^r$ definierte beschränkte Funktion $\boldsymbol{g}(\boldsymbol{z})$, welche eine Lipschitzbedingung erfüllt, so daß gilt:*

(i) *Die Menge $M = \{(\boldsymbol{z}, \boldsymbol{g}(\boldsymbol{z})) \mid \boldsymbol{z} \in \mathbf{R}^r\}$ ist unter $\boldsymbol{P}$ invariant. Umgekehrt: Ist das Bild eines Punktes in M, so gehört der Punkt selbst zu M.*

(ii) *Falls die Projektion $\boldsymbol{y}^n$ von $\boldsymbol{P}^n(\boldsymbol{z}, \boldsymbol{y})$ in $\boldsymbol{y}$-Richtung gleichmäßig beschränkt ist bezüglich $n \in \mathbf{N}$, dann gilt $(\boldsymbol{z}, \boldsymbol{y}) \in M$.*

(iii) *Nehmen wir an, wir hätten eine Punktefolge $Q^j = (\boldsymbol{z}^{-j}, \boldsymbol{y}^{-j})$, so daß Q^j das Bild von Q^{j+1} unter $\boldsymbol{P}$ ist für $j = 0, 1, 2, \ldots$ Dann gilt: Die Folge Q^j strebt für*

$j \to \infty$ gegen M. Genauer: Für eine Zahl $\chi > 1$ gilt:

$$|\mathbf{y}^{-j} - \mathbf{g}(\mathbf{z}^{-j})| \leq \frac{1}{\chi^j} |\mathbf{y}^0 - \mathbf{g}(\mathbf{z}^0)| \qquad j = 1, 2, \ldots$$

(iv) *Falls $\mathbf{Y}(\mathbf{z}, \mathbf{y})$ und $\boldsymbol{f}(\mathbf{z}, \mathbf{y}) - \mathbf{z}$ in den Komponenten von $\mathbf{z}$ 2π-periodisch sind, gilt dasselbe auch für $\mathbf{g}(\mathbf{z})$.*

Zum Verständnis des Satzes betrachte man Fig. 1a und 1b.

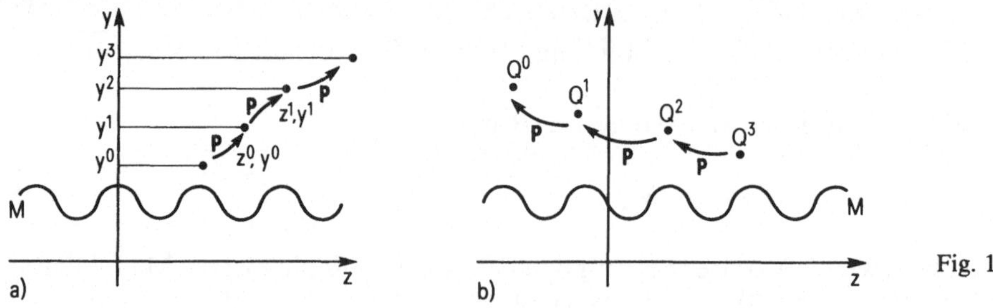

Fig. 1

Bemerkungen 1. Die durch (i), (ii), (iii), (iv) beschriebenen Eigenschaften der Mannigfaltigkeit *M*, nennen wir die Invarianz-, Maximalitäts-, Stabilitäts- und Attraktivitäts-, Periodizitätseigenschaft von *M*.

2. Falls $\boldsymbol{P}$ eine beschränkte maximale invariante Mannigfaltigkeit *M* besitzt dann ist *M* die einzige beschränkte invariante Mannigfaltigkeit von $\boldsymbol{P}$.

3. Wir kommen zu einer Diskussion der Voraussetzungen des Satzes. Die Forderung (a) besagt einerseits, daß $\beta > 1$, andererseits, daß $\beta > \alpha$ sein muß. Wir wollen uns zunächst überlegen, daß die Voraussetzung $\beta > 1$ in gewissem Sinne notwendig ist. Wir betrachten den Fall $r = t = 1$ und die Abbildung

$$\boldsymbol{P}: \begin{pmatrix} z \\ y \end{pmatrix} \to \begin{pmatrix} f(z, y) \\ e(y) = Ly + Y(y) \end{pmatrix}$$

d.h. wir nehmen an, daß Y unabhängig ist von z. Zunächst folgt aus $|y| = |L^{-1}Ly| \leq l\,|Ly|$ die Ungleichung $|Ly| \geq 1/l\,|y|$ und damit

$$\begin{aligned} |e(y) - e(\bar{y})| &= |L(y - \bar{y}) - (Y(\bar{y}) - Y(y))| \geq |L(y - \bar{y})| - |Y(\bar{y}) - Y(y)| \\ &\geq \left(\frac{1}{l} - K_{yy}\right) |y - \bar{y}| = \beta\,|y - \bar{y}| \end{aligned} \tag{9}$$

Falls $e(y)$ differenzierbar ist, folgt aus (9) $|e'(y)| \geq \beta$. Die Abbildung $e(y)$ besitzt mindestens einen Fixpunkt y^*. Ein Fixpunkt y^* ist lokal attraktiv oder abstoßend, je nachdem, ob $|e'(y^*)| \lesseqgtr 1$ gilt. Ist y^* attraktiver Fixpunkt, so ist $M = \{(z, y^*) \mid z \in \mathbf{R}\}$ attraktive invariante Mannigfaltigkeit von $\boldsymbol{P}$. Eine solche steht aber im Widerspruch zur Maximalitätseigenschaft. Die Bedingung $\beta > 1$ bewirkt, daß es keine solche Mannigfaltigkeit geben kann; läßt man sie fallen, mag eine Mannigfaltigkeit dieses Typs existieren (cf. Fig. 2)

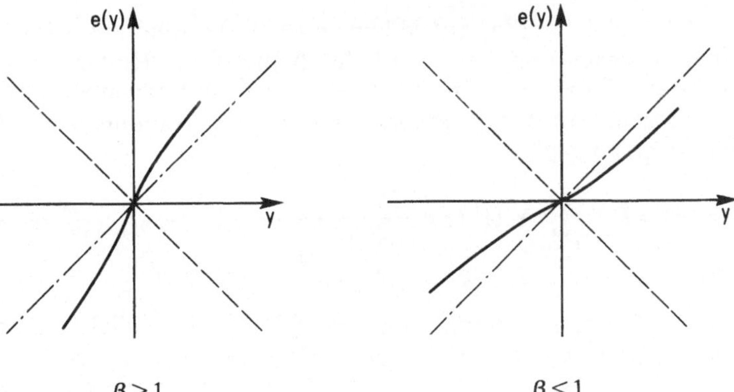

Fig. 2

Betrachten wir nun die Bedingung $\alpha < \beta$. Um zu zeigen, daß sie ebenfalls in gewissem Sinne notwendig ist, betrachten wir den folgenden Fall: $r = t = 1$, f, Y sind Funktionen von z allein. Dann wird durch

$$g(z) = -\sum_{k=0}^{\infty} L^{-(k+1)} Y(f^k(z)), \tag{10}$$

wobei f^k die k-te Iterierte von f bezeichnet, eine invariante Mannigfaltigkeit der Abbildung (5) definiert, deren Projektion in den y-Raum beschränkt ist. Umgekehrt ist dies die einzige invariante Mannigfaltigkeit mit dieser Eigenschaft. (Man betrachte einen Punkt auf der Mannigfaltigkeit und seine Iterierten unter $\boldsymbol{P}$, die wieder auf ihr liegen müssen).

Wir wählen nun für $f(z)$ speziell $f(z) = 2 \arctan (A \tan z/2)$, $A > 0$, wobei der arctan im selben Intervall $(j\pi, (j+1)\pi]$ liegen soll wie $z/2$. Man zeigt leicht, daß $f^k(z) = 2 \arctan (A^k \tan z/2)$ gilt, also

$$g(z) = -\sum_{k=0}^{\infty} L^{-(k+1)} Y\left(2 \arctan \left[A^k \tan \frac{z}{2}\right]\right)$$

Es geht darum zu zeigen, daß die Aussage von Satz 1 falsch sein kann, falls die Bedingung $\alpha < \beta$ verletzt ist. Wir konstruieren einen Fall mit $\alpha > \beta > \rho \geqslant 1$. Es sei $A > 1$. Dann kann $\alpha = A$ gesetzt werden, und diese Lipschitzbedingung für $f(z)$ ist optimal. Ferner ist $\beta = 1/l = L > 1$. Es sei also $A > L > 1$. $f^k(z)$ bildet offenbar das Intervall $[0, \pi]$ in sich ab. Die 2π-periodische Funktion $Y(z)$ sei stetig differenzierbar, und es gelte für $z \in [0, \pi]$ die Ungleichung $Y'(z) \geqslant m > 0$. Wir behaupten, $g(z)$ erfüllt keine Lipschitzbedingung. Betrachten wir die Ableitung $g'(z)$. Offenbar konvergiert die formal abgeleitete Reihe (es sei $z/2 = u$):

$$-\sum_{k=0}^{\infty} L^{-(k+1)} Y'(f^k(z)) \frac{A^k}{\cos^2 u + A^{2k} \sin^2 u}$$

von $g(z)$ gleichmäßig auf jedem in $(0, 2\pi)$ enthaltenen Intervall; $g(z)$ ist also differenzierbar und $g'(z)$ wird durch die obige Reihe dargestellt. Wir wollen nun das Verhalten von $g'(z)$ für $z \downarrow 0$ untersuchen und $g'(z)$ nach oben abschätzen. Für $z \in (0, \pi)$ gilt, mit den Abkürzungen $\chi = L^{-1}A^{-1}$, $D = A^{-2}$ und wegen $\chi > D$

$$-g'(z) = L^{-1} \sum_{k=0}^{\infty} Y'(f^k(z)) \frac{(L^{-1}A^{-1})^k}{\dfrac{\cos^2 u}{A^{2k}} + \sin^2 u} \geqslant L^{-1} m \sum_{k=0}^{\infty} \frac{\chi^k}{D^k + u^2} \geqslant L^{-1} m \sum_{k=0}^{\infty} \frac{D^k}{D^k + u^2}$$

Da $D < 1$ gilt, ist die Funktion $D^x/(D^x + u^2)$ bezüglich x monoton fallend, und wir erhalten weiter

$$-g'(z) \geqslant L^{-1} m \sum_{k=0}^{\infty} \int_k^{k+1} \frac{D^x}{D^x + u^2} \mathrm{d}x = L^{-1} m \int_0^{\infty} \frac{D^x}{D^x + u^2} \mathrm{d}x$$
$$= \left(-\frac{m}{L \ln D}\right)\left[-\ln \frac{z^2}{4} + \ln\left(1 + \frac{z^2}{4}\right)\right]$$

Hieraus folgt:

$$g'(z) \to -\infty$$

für $z \downarrow 0$. D.h. in der Tat, die invariante Mannigfaltigkeit erfüllt keine Lipschitzbedingung.

Schließlich betrachten wir die Bedingung (b). Die Lipschitzkonstanten K_{yz}, K_{zy} beschreiben die Kopplung der Abbildung in Bezug auf die beiden Richtungen. Die Voraussetzung (b) kann deshalb als eine Bedingung an die Stärke der Kopplung interpretiert werden. Interessant ist hierbei, daß sie insbesondere erfüllt ist, wenn entweder $\boldsymbol{f}$ unabhängig ist von $\boldsymbol{y}$ oder $\boldsymbol{e}$ unabhängig von $\boldsymbol{z}$.

Beweis von Satz 1. Eine Gleichung für $\boldsymbol{g}$. Als erstes wollen wir eine Gleichung für die Funktion $\boldsymbol{g}(\boldsymbol{z})$, welche die invariante Mannigfaltigkeit $M = \{(\boldsymbol{z}, \boldsymbol{g}(\boldsymbol{z}))\}$ definiert, aufstellen. Offenbar gilt:

$$\boldsymbol{P}: \begin{pmatrix} \boldsymbol{z} \\ \boldsymbol{g}(\boldsymbol{z}) \end{pmatrix} \to \begin{pmatrix} \boldsymbol{f}(\boldsymbol{z}, \boldsymbol{g}(\boldsymbol{z})) \\ L\boldsymbol{g}(\boldsymbol{z}) + \boldsymbol{Y}(\boldsymbol{z}, \boldsymbol{g}(\boldsymbol{z})) \end{pmatrix}$$

Damit mit $(\boldsymbol{z}, \boldsymbol{g}(\boldsymbol{z}))^T$ auch der Bildpunkt auf M liegt, muß gelten:

$$L\boldsymbol{g}(\boldsymbol{z}) + \boldsymbol{Y}(\boldsymbol{z}, \boldsymbol{g}(\boldsymbol{z})) = \boldsymbol{g}(\boldsymbol{f}(\boldsymbol{z}, \boldsymbol{g}(\boldsymbol{z})))$$

oder

$$\boldsymbol{g}(\boldsymbol{z}) = -L^{-1}\boldsymbol{Y}(\boldsymbol{z}, \boldsymbol{g}(\boldsymbol{z})) + L^{-1}\boldsymbol{g}(\boldsymbol{f}(\boldsymbol{z}, \boldsymbol{g}(\boldsymbol{z}))) \tag{11}$$

Umgekehrt gilt: Ist $\boldsymbol{g}(\boldsymbol{z})$ eine Funktion, für die (11) gilt, dann wird durch $M = \{(\boldsymbol{z}, \boldsymbol{g}(\boldsymbol{z})) \mid \boldsymbol{z} \in \mathbf{R}^r\}$ eine invariante Mannigfaltigkeit von $\boldsymbol{P}$ definiert. Zur Lösung der Gl. (11) führen wir den Operator $\mathcal{T}_{\boldsymbol{g}}$ ein:

$$\mathcal{T}_{\boldsymbol{g}}(\boldsymbol{z}) = -L^{-1}\boldsymbol{Y}(\boldsymbol{z}, \boldsymbol{g}(\boldsymbol{z})) + L^{-1}\boldsymbol{g}(\boldsymbol{f}(\boldsymbol{z}, \boldsymbol{g}(\boldsymbol{z}))) \tag{12}$$

und gehen nun so vor: Wir definieren einen geeigneten vollständigen metrischen Raum, zeigen, daß $\mathcal{T}$ diesen in sich abbildet und kontrahierend ist. Hieraus folgt dann bekanntlich die Existenz eines Fixpunktes von (12), d.h. die Existenz einer Lösung von (11).

Der metrische Raum C_μ. Wir betrachten die Menge der auf $\mathbf{R}^r$ definierten, beschränkten Funktionen, die eine Lipschitzbedingung mit Lipschitzkonstante μ erfüllen:

$$C_\mu = \{\boldsymbol{g}(\boldsymbol{z}) \mid \sup_{\boldsymbol{z}\in\mathbf{R}^r} |\boldsymbol{g}(\boldsymbol{z})| < \infty, |\boldsymbol{g}(\boldsymbol{z}) - \boldsymbol{g}(\bar{\boldsymbol{z}})| \leq \mu\, |\boldsymbol{z} - \bar{\boldsymbol{z}}|\}$$

Wir führen eine Metrik in C_μ ein, indem wir setzen:

$$\|\boldsymbol{f} - \boldsymbol{g}\| = \sup_{\boldsymbol{z}\in\mathbf{R}^r} |\boldsymbol{f}(\boldsymbol{z}) - \boldsymbol{g}(\boldsymbol{z})|$$

Offenbar ist C_μ ein metrischer Raum. Zum Beweis der Vollständigkeit betrachten wir eine Cauchy-Folge $\boldsymbol{g}_n(\boldsymbol{z})$. Für jedes $\boldsymbol{z} \in \mathbf{R}^r$, fest, ist $\boldsymbol{g}_n(\boldsymbol{z}) \in \mathbf{R}^t$ und, wegen $|\boldsymbol{g}_n(\boldsymbol{z}) - \boldsymbol{g}_m(\boldsymbol{z})| \leq \|\boldsymbol{g}_n - \boldsymbol{g}_m\|$, Cauchy-Folge des $\mathbf{R}^t$, zufolge der Vollständigkeit von $\mathbf{R}^t$ also konvergent; nennen wir den Grenzwert $\boldsymbol{g}(\boldsymbol{z})$. Wir zeigen nun, daß $\boldsymbol{g}$ Element von C_μ ist. Da $\boldsymbol{g}_n(\boldsymbol{z})$ Cauchy-Folge in C_μ ist, gibt es zu jedem $\varepsilon > 0$ ein $N(\varepsilon) \in \mathbf{N}$, so daß für alle $\boldsymbol{z}$ und alle n, m mit $n > N$, $m > N$ gilt:

$$|\boldsymbol{g}_n(\boldsymbol{z}) - \boldsymbol{g}_m(\boldsymbol{z})| \leq \varepsilon \tag{13}$$

Da $\boldsymbol{g}_m(\boldsymbol{z})$ für $m \to \infty$ im Sinne der Norm des $\mathbf{R}^t$ gegen $\boldsymbol{g}(\boldsymbol{z})$ konvergiert und wegen der Stetigkeit dieser Norm folgt:

$$|\boldsymbol{g}_n(\boldsymbol{z}) - \boldsymbol{g}(\boldsymbol{z})| \leq \varepsilon \tag{14}$$

Hieraus findet man

$$|\boldsymbol{g}(\boldsymbol{z})| \leq |\boldsymbol{g}_n(\boldsymbol{z})| + |\boldsymbol{g}(\boldsymbol{z}) - \boldsymbol{g}_n(\boldsymbol{z})| \leq \|\boldsymbol{g}_n(\boldsymbol{z})\| + \varepsilon$$

d.h. $\|\boldsymbol{g}(\boldsymbol{z})\|$ ist wohldefiniert. Um die Lipschitzbedingung nachzuweisen, bemerken wir, daß gilt:

$$|\boldsymbol{g}_n(\boldsymbol{z}) - \boldsymbol{g}_n(\bar{\boldsymbol{z}})| \leq \mu\, |\boldsymbol{z} - \bar{\boldsymbol{z}}|$$

für alle $\boldsymbol{z}, \bar{\boldsymbol{z}} \in \mathbf{R}^r$. Ähnlich wie oben folgt daraus:

$$|\boldsymbol{g}(\boldsymbol{z}) - \boldsymbol{g}(\bar{\boldsymbol{z}})| \leq \mu\, |\boldsymbol{z} - \bar{\boldsymbol{z}}|$$

Schließlich haben wir zu zeigen, daß $\boldsymbol{g}_n(\boldsymbol{z})$ im Sinne der Metrik des C_μ gegen $\boldsymbol{g}$ konvergiert. Sei $\varepsilon > 0$ vorgegeben; dann gibt es ein $N(\varepsilon) \in \mathbf{N}$, so daß (14) für alle $n > N$ und alle $\boldsymbol{z}$ gilt, d.h. aber

$$\|\boldsymbol{g}_n - \boldsymbol{g}\| \leq \varepsilon.$$

Neben dem Raum C_μ betrachten wir auch den Raum C_μ^P der Funktionen, die in C_μ und überdies in jeder Komponente z_l von z periodisch mit Periode 2π sind:

$$C_\mu^P = \{\mathbf{g}(z) \mid \mathbf{g}(z) \in C_\mu, \mathbf{g}(z)\ 2\pi\text{-periodisch in jeder Komponente von } z\}$$

Um zu zeigen, daß auch C_μ^P ein vollständiger metrischer Raum ist, genügt es, die Periodizitätseigenschaft der Grenzfunktion $\mathbf{g}(z)$ einer Cauchy–Folge $\mathbf{g}_n(z)$ nachzuweisen. Nun gilt ja

$$\mathbf{g}_n(z_1, \ldots, z_k + 2\pi, \ldots, z_r) = \mathbf{g}_n(z_1, \ldots, z_k, \ldots, z_r)$$

woraus sich durch den Grenzübergang $n \to \infty$ die Behauptung sofort ergibt.

Abschätzungen für $\mathcal{T}$. Sei $\mathbf{g}$ eine Funktion aus C_μ oder C_μ^P. Dann bildet $\mathcal{T}_{\mathbf{g}}(z)$ den $\mathbf{R}^r$ in den $\mathbf{R}^t$ ab. Da $\mathbf{Y}$ beschränkt ist, gilt dasselbe für $\mathcal{T}_{\mathbf{g}}$. Wir zeigen nun, daß $\mathcal{T}_{\mathbf{g}}(z)$ eine Lipschitzbedingung erfüllt und bestimmen die Lipschitzkonstante. Offenbar gilt:

$$|\mathcal{T}_{\mathbf{g}}(z) - \mathcal{T}_{\mathbf{g}}(\bar{z})| \le l[K_{yz} + K_{yy}\mu + K_{zz}\mu + K_{zy}\mu^2]\,|z - \bar{z}| \tag{15}$$

Im Hinblick auf die zu erzwingende Kontraktionseigenschaft betrachten wir, mit $\mathbf{g}, \mathbf{h} \in C_\mu$ oder C_μ^P:

$$\begin{aligned} |\mathcal{T}_{\mathbf{g}}(z) - \mathcal{T}_{\mathbf{h}}(z)| &\le l[K_{yy}\,\|\mathbf{g} - \mathbf{h}\| + |\mathbf{g}(\mathbf{f}(z, \mathbf{g})) - \mathbf{g}(\mathbf{f}(z, \mathbf{h}))| \\ &\quad + |\mathbf{g}(\mathbf{f}(z, \mathbf{h})) - \mathbf{h}(\mathbf{f}(z, \mathbf{h}))|] \\ &\le l[1 + K_{yy} + \mu K_{zy}]\,\|\mathbf{g} - \mathbf{h}\| \end{aligned} \tag{16}$$

Damit mit $\mathbf{g}$ auch $\mathcal{T}_{\mathbf{g}}$ in C_μ liegt, muß offenbar

$$l[K_{yz} + K_{yy}\mu + K_{zz}\mu + K_{zy}\mu^2] \le \mu$$

gelten. Damit $\mathcal{T}$ kontrahierend ist, ist

$$l[1 + K_{yy} + \mu K_{zy}] < 1$$

zu fordern. Diese beiden Ungleichungen sind äquivalent mit

$$\begin{aligned} &\frac{1}{\mu} K_{yz} + \mu K_{zy} \le \beta - \alpha = A \\ &\qquad \mu K_{zy} < \beta - 1 = B \end{aligned} \tag{17}$$

Wir zeigen nun, daß es möglich ist, μ so zu wählen, daß die Ungleichungen (17) erfüllt sind, falls die Voraussetzungen des Satzes 1 erfüllt sind.

Man betrachte die Funktion $\gamma(\mu) = (1/\mu)K_{yz} + \mu K_{zy}$ für $\mu > 0$. Sie ist immer positiv, ferner gilt: $\gamma(\mu) \to \infty$ für $\mu \to 0$ und $\gamma(\mu) \to \infty$ für $\mu \to \infty$.

Bei $\mu = \sqrt{K_{yz}/K_{zy}}$ nimmt die Funktion ihr Minimum $2\sqrt{K_{yz}K_{zy}}$ an. Aus den Voraussetzungen (a), (b) folgt:

$$A^2 - 4K_{zy}K_{yz} = (\beta - \alpha)^2 - 4K_{zy}K_{yz} \ge (\rho - \alpha)(\beta - \rho) - 4K_{zy}K_{yz} > 0$$

Folglich sind

$$\mu_1 = \frac{A - \sqrt{A^2 - 4K_{zy}K_{yz}}}{2K_{zy}} \qquad \mu_2 = \frac{A + \sqrt{A^2 - 4K_{zy}K_{yz}}}{2K_{zy}}$$

positive reelle Zahlen und es gilt:

(17a) ist erfüllt für $\mu \in (\mu_1, \mu_2)$

Ferner

(17b) ist erfüllt für $\mu \in \left(0, \frac{B}{K_{zy}}\right)$

Es gibt also ein μ, so daß die Ungleichungen (17) gelten, genau wenn $\mu_1 < B/K_{zy}$, also

$$A - 2B < \sqrt{A^2 - 4K_{zy}K_{yz}}. \tag{18}$$

(18) ist trivialerweise erfüllt, wenn $A - 2B = -\alpha - \beta + 2 \leq 0$ gilt. Betrachten wir nun den Fall $A - 2B = -\alpha - \beta + 2 > 0$. Aus den Voraussetzungen (a), (b) von Satz 1 folgt:

$$K_{yz}K_{zy} < \tfrac{1}{4}(\rho - \alpha)(\beta - \rho) < \tfrac{1}{4}(\beta - \alpha)(\beta - 1) = \tfrac{1}{4}AB < \tfrac{1}{2}AB = AB - \tfrac{1}{2}AB < AB - B^2 \tag{19}$$

(Für den letzten Schritt wurde die Ungleichung $A - 2B > 0$ verwendet). Daraus ergibt sich

$$(A - 2B)^2 = A^2 - 4(AB - B^2) < A^2 - 4K_{zy}K_{yz}$$

Wegen $A - 2B > 0$ folgt $A - 2B < \sqrt{A^2 - 4K_{zy}K_{yz}}$, also wiederum (18).
Damit ist gezeigt: μ kann so gewählt werden, daß $\mathcal{T}$ den Raum C_μ in sich abbildet und kontrahierend ist.
Schließlich bemerken wir noch, daß mit $\boldsymbol{g}$ auch $\mathcal{T}_{\boldsymbol{g}}$ in C_μ^P ist, falls $\boldsymbol{Y}$ und f die in (iv) formulierten Bedingungen erfüllen.
Aus dem Prinzip der kontrahierenden Abbildung folgt nun, daß der Operator $\mathcal{T}$ in C_μ (bzw. C_μ^P) einen Fixpunkt hat, d.h. die Gleichung (11) besitzt eine Lösung in C_μ (bzw. C_μ^P).
Schließlich wollen wir noch eine Abschätzung für $\|\boldsymbol{g}\|$ herleiten. Aus (11) folgt:

$$|\boldsymbol{g}(\boldsymbol{z})| \leq l\,\|\boldsymbol{Y}\| + l\,\|\boldsymbol{g}\|$$

wobei $\|\boldsymbol{Y}\| = \sup_{\boldsymbol{z}\in\mathbf{R}^r, \boldsymbol{y}\in\mathbf{R}^t} |\boldsymbol{Y}(\boldsymbol{z}, \boldsymbol{y})|$. Somit:

$$\|\boldsymbol{g}\| \leq \frac{l}{1-l}\|\boldsymbol{Y}\| \tag{20}$$

D i e w e i t e r e n E i g e n s c h a f t e n. Zur weiteren Behandlung ist es zweckmässig, die Abbildung $\boldsymbol{P}$ in einem Koordinatensystem zu beschreiben, das der invarianten Mannigfaltigkeit besonders angepasst ist. Wir definieren neue Koordinaten $\tilde{\boldsymbol{z}}$, $\tilde{\boldsymbol{y}}$

durch:

$$\begin{cases}\tilde{z}=z\\ \tilde{y}=y-g(z)\end{cases} \quad \text{bzw.} \quad \begin{cases} \\ y=\tilde{y}+g(\tilde{z})\end{cases}$$

Nun gilt es, die Abbildung P in den neuen Koordinaten auszudrücken. Dies geschieht durch die folgende Sequenz von Formeln:

$$\tilde{P}:\begin{pmatrix}\tilde{z}\\ \tilde{y}\end{pmatrix}\xrightarrow[\text{Transformation}]{\text{Koordinaten}}\begin{pmatrix}\tilde{z}\\ \tilde{y}+g(\tilde{z})\end{pmatrix}\xrightarrow{\text{Abbildung}}\begin{pmatrix}f(\tilde{z},\tilde{y}+g(\tilde{z}))\\ L\tilde{y}+Lg(\tilde{z})+Y(\tilde{z},\tilde{y}+g(\tilde{z}))\end{pmatrix}\xrightarrow[\text{Transformation}]{\text{Koordinaten}}$$

$$\xrightarrow{\text{rückwärts}}\begin{pmatrix}f(\tilde{z},\tilde{y}+g(\tilde{z}))\\ L\tilde{y}+Lg(\tilde{z})+Y(\tilde{z},\tilde{y}+g(\tilde{z}))-g(f(\tilde{z},\tilde{y}+g(\tilde{z})))\end{pmatrix}\stackrel{\text{Def.}}{=}\begin{pmatrix}f(\tilde{z},\tilde{y}+g(\tilde{z}))\\ L\tilde{y}+\tilde{Y}(\tilde{z},\tilde{y})\end{pmatrix}$$

Die invariante Mannigfaltigkeit besitzt in diesem Koordinatensystem die Darstellung $\tilde{y}=0$, wie sofort mit (11) folgt.

Wir leiten nun eine Abschätzung her, die es gestatten wird die verbleibenden Eigenschaften leicht zu beweisen.

Aus der Definition von $\tilde{Y}(\tilde{z}.\tilde{y})$ und wegen $\tilde{Y}(\tilde{z},0)=0$ folgt

$$|\tilde{Y}(\tilde{z},\tilde{y})|=|\tilde{Y}(\tilde{z},\tilde{y})-\tilde{Y}(\tilde{z},0)|\leq[K_{yy}+\mu K_{zy}]\,|\tilde{y}|$$

Ganz ähnlich wie in (9) folgt:

$$|L\tilde{y}+\tilde{Y}(\tilde{z},\tilde{y})|\geq|L\tilde{y}|-|\tilde{Y}(\tilde{z},\tilde{y})|\geq\left[\frac{1}{l}-K_{yy}-\mu K_{zy}\right]\cdot|\tilde{y}|$$

Es gilt also

$$|L\tilde{y}+\tilde{Y}(\tilde{z},\tilde{y})|\geq\chi\cdot|\tilde{y}| \tag{21}$$

wobei $\chi=1/l-K_{yy}-\mu K_{zy}$ gemäß der zweiten Ungleichung (17) größer als 1 ist. Betrachten wir nun die Iterierten $\tilde{P}^n(\tilde{z},\tilde{y})$ unserer Abbildung $\tilde{P}$ und bezeichnen wir die entsprechende $\tilde{y}$-Komponente mit $\tilde{y}^n$. Aus (21) folgt dann die folgende Abschätzung

$$|\tilde{y}^n|\geq\chi^n\,|\tilde{y}| \tag{22}$$

Aus (22) ergibt sich: $\tilde{y}^n$ ist genau dann gleichmäßig beschränkt, wenn $\tilde{y}=0$. Damit ist Aussage (ii) bewiesen.

Um nun den zweiten Teil der Aussage (i) und die Behauptung (iii) zu beweisen, betrachten wir die in (iii) eingeführte Punkt–Folge Q^j, die im neuen Koordinatensystem die Darstellungen $(\tilde{z}^{-j},\tilde{y}^{-j})$ haben möge, wobei $(\tilde{z}^{-j},\tilde{y}^{-j})=\tilde{P}(\tilde{z}^{-j-1},\tilde{y}^{-j-1})$ gilt. Also $(\tilde{z}^0,\tilde{y}^0)=\tilde{P}^j(\tilde{z}^{-j},\tilde{y}^{-j})$. Mit (22) deshalb:

$$|\tilde{y}^0|\geq\chi^j\,|\tilde{y}^{-j}| \tag{23}$$

Indem wir zuerst $j=1$ und $\tilde{y}^0=0$ setzen, folgt $\tilde{y}^{-1}=0$. Damit ist der zweite Teil der Behauptung (i) nachgewiesen. Weiter folgt aus (23) und den Transformationsformeln und wegen $\chi>1$:

$$|\tilde{y}^{-j}|=|y^{-j}-g(z^{-j})|\leq\frac{1}{\chi^j}|y^0-g(z^0)|\to 0 \qquad \text{für } j\to\infty$$ ■

Für die folgende Diskussion nehmen wir an, daß $\boldsymbol{P}$ invertierbar sei. Aufgrund der Attraktivitätseigenschaft der invarianten Mannigfaltigkeit folgt dann, daß für jeden Punkt $(\boldsymbol{z}^0, \boldsymbol{y}^0)$ die Folge $(\boldsymbol{z}^{-j}, \boldsymbol{y}^{-j}) = \boldsymbol{P}^{-j}(\boldsymbol{z}^0, \boldsymbol{y}^0)$ gegen die Mannigfaltigkeit strebt. Es soll im folgenden untersucht werden, auf welche Weise das geschieht. Grob gesprochen werden wir zeigen, daß es zu $(\boldsymbol{z}^0, \boldsymbol{y}^0)$ einen Punkt $(\tilde{\boldsymbol{z}}^0, \boldsymbol{g}(\tilde{\boldsymbol{z}}^0))$ auf der Mannigfaltigkeit gibt, so daß für die Punktfolge $(\tilde{\boldsymbol{z}}^{-j}, \boldsymbol{g}(\tilde{\boldsymbol{z}}^{-j})) = \boldsymbol{P}^{-j}(\tilde{\boldsymbol{z}}^0, \boldsymbol{g}(\tilde{\boldsymbol{z}}^0))$ gilt

$$\lim_{j\to\infty} |\boldsymbol{z}^{-j} - \tilde{\boldsymbol{z}}^{-j}| = 0; \qquad \lim_{j\to\infty} |\boldsymbol{y}^{-j} - \boldsymbol{g}(\tilde{\boldsymbol{z}}^{-j})| = 0$$

Wenn wir die Punktfolgen $(\boldsymbol{z}^{-j}, \boldsymbol{y}^{-j})$ bzw. $(\tilde{\boldsymbol{z}}^{-j}, \boldsymbol{g}(\tilde{\boldsymbol{z}}^{-j}))$ als "Lösung" zu $\boldsymbol{P}$ bezeichnen, so können wir das Resultat wie folgt aussprechen: *Jede Lösung strebt gegen eine auf der Mannigfaltigkeit gelegene Lösung.*

Wir gehen von der folgenden auf $\mathbf{R}^r \times \mathbf{R}^t$ definierten und als invertierbar vorausgesetzten Abbildung $\boldsymbol{P}$ aus:

$$\boldsymbol{P}: \begin{pmatrix} \boldsymbol{z} \\ \boldsymbol{y} \end{pmatrix} \to \begin{pmatrix} \boldsymbol{z} + \boldsymbol{Z}(\boldsymbol{z}, \boldsymbol{y}) = \boldsymbol{f}(\boldsymbol{z}, \boldsymbol{y}) \\ \boldsymbol{e}(\boldsymbol{z}, \boldsymbol{y}) \end{pmatrix}$$

wobei die folgenden Voraussetzungen gelten mögen:

(i) $\{(\boldsymbol{z}, \boldsymbol{0}) \mid \boldsymbol{z} \in \mathbf{R}^r\}$ ist maximale invariante Mannigfaltigkeit für $\boldsymbol{P}$.

(ii) Es gibt eine Zahl $\lambda < 1$, so daß für jede Folge $(\boldsymbol{z}^{-j}, \boldsymbol{y}^{-j}) = \boldsymbol{P}^{-j}(\boldsymbol{z}^0, \boldsymbol{y}^0)$ gilt

$$|\boldsymbol{y}^{-j}| \leq \lambda^j \, |\boldsymbol{y}^0| \qquad j \in \mathbf{N}_0$$

(iii) Für beliebige $(\boldsymbol{z}^i, \boldsymbol{y}^i)$ gilt: $|\boldsymbol{Z}(\boldsymbol{z}^1, \boldsymbol{y}^1) - \boldsymbol{Z}(\boldsymbol{z}^2, \boldsymbol{y}^2)| \leq \kappa[|\boldsymbol{z}^1 - \boldsymbol{z}^2| + |\boldsymbol{y}^1 - \boldsymbol{y}^2|]$

Aufgrund des Beweises von Satz 1 wissen wir, daß es durch Koordinatentransformation immer möglich ist, die Mannigfaltigkeit in der Form $\boldsymbol{y} = \boldsymbol{0}$ darzustellen, so daß die Voraussetzung (i) keine Einschränkung der Allgemeinheit bedeutet. Die Voraussetzung (ii) versteht sich von selbst. Die erste Komponente $\boldsymbol{f}$ von $\boldsymbol{P}$ haben wir hier aufgespalten in Identität und Rest, wobei dieser gemäß (iii) eine Lipschitzbedingung mit Lipschitzkonstanten κ erfüllt, die später eingeschränkt wird. Daß die Aufspaltung natürlich ist, sieht man leicht, wenn man die Funktion $\phi(\sigma, \phi^0, a^0)$ in der Poincaré–Abbildung (4) näher betrachtet.

Wir sind nun in der Lage, unser Resultat zu formulieren.

Satz 2 Voraussetzung. $(1+\kappa)\lambda < 1$.

Behauptung. *Sei* $(\boldsymbol{z}^{-j}, \boldsymbol{y}^{-j}) = \boldsymbol{P}^{-j}(\boldsymbol{z}^0, \boldsymbol{y}^0)$. *Dann gibt es ein* $\tilde{\boldsymbol{z}}^0$, *so daß für* $(\tilde{\boldsymbol{z}}^{-j}, \boldsymbol{0}) = \boldsymbol{P}^{-j}(\tilde{\boldsymbol{z}}^0, \boldsymbol{0})$ *gilt:*

$$|\tilde{\boldsymbol{z}}^{-j} - \boldsymbol{z}^{-j}| \leq C \, |\boldsymbol{y}^0| \, \lambda^j, \qquad j \in \mathbf{N}_0$$

wobei C nur von κ *und* λ *abhängt.*

Beweis. Wir führen die Abbildung $\boldsymbol{P}_0$

$$\boldsymbol{P}_0: \boldsymbol{z} \to \boldsymbol{z} + \boldsymbol{Z}(\boldsymbol{z}, \boldsymbol{0})$$

ein, welche die Einschränkung von $\boldsymbol{P}$ auf die Mannigfaltigkeit darstellt. Falls die Behauptung stimmt, gilt: $\tilde{z}^0 = \boldsymbol{P}_0^j(\tilde{z}^{-j})$, also $\tilde{z}^0 = \lim_{j\to\infty} \boldsymbol{P}_0^j(\tilde{z}^{-j})$. Wegen

$$|\boldsymbol{P}_0^j(\tilde{z}^{-j}) - \boldsymbol{P}_0^j(z^{-j})| \leq (1+\kappa)^j\, |\tilde{z}^{-j} - z^{-j}|$$
$$\leq [(1+\kappa)\lambda]^j C\, |y^0|$$

und der Voraussetzung des Satzes folgt: $\lim_{j\to\infty} \boldsymbol{P}_0^j(\tilde{z}^{-j}) = \lim_{j\to\infty} \boldsymbol{P}_0^j(z^{-j})$. D.h., falls die Behauptung richtig ist, gilt:

$$\tilde{z}^0 = \lim_{j\to\infty} \boldsymbol{P}_0^j(z^{-j})$$

Aus dieser Formel folgt, daß es nur ein $\tilde{z}^0$ mit den im Satz behaupteten Eigenschaften geben kann.

Zum Beweis des Satzes wollen wir nun zeigen, daß die vorige Formel zur Definition eines Vektors $\tilde{z}^0$ benützt werden kann, der die gewünschten Eigenschaften hat. Der Schlüssel zum Beweis bildet folgende Abschätzung:

Sei (z_i, y_i) $(i = 0, 1, \ldots, m)$ so daß $(z_i, y_i) = \boldsymbol{P}^i(z_0, y_0)$. Überdies definieren wir $\tilde{z}_i (i = 0, 1, \ldots, m)$ durch $\tilde{z}_i = \boldsymbol{P}_0^i(z_0)$. Dann gilt:

$$|z_m - \tilde{z}_m| \leq C\, |y_m| \quad \textit{mit} \quad C = \frac{\kappa}{(1-\lambda)\left(\frac{1}{\lambda} - (1+\kappa)\right)}$$

Zum Beweis bemerken wir zuerst, daß die folgenden Formeln gelten

$$z_r = z_0 + \sum_{i=0}^{r-1} \boldsymbol{Z}(z_i, y_i), \qquad \tilde{z}_r = z_0 + \sum_{i=0}^{r-1} \boldsymbol{Z}(\tilde{z}_i, \boldsymbol{0})$$

Wegen (ii) gilt: $|y_r| \leq \lambda^{m-r}\, |y_m|$, so daß wir mit (iii) finden:

$$|z_r - \tilde{z}_r| \leq \kappa \sum_{i=0}^{r-1} |z_i - \tilde{z}_i| + \kappa\, |y_m|\, \lambda^m \sum_{i=0}^{r-1} \lambda^{-i}$$
$$\leq \kappa \sum_{i=0}^{r-1} |z_i - \tilde{z}_i| + c\left(\frac{1}{\lambda}\right)^{r-1} \qquad \text{mit } c = \frac{\kappa\, |y_m|}{1-\lambda}\lambda^m$$

Benutzen wir die Abkürzungen $|z_i - \tilde{z}_i| = c d_i$, $1/\lambda = \chi$, dann folgt

$$d_r \leq \kappa \sum_{i=0}^{r-1} d_i + \chi^{r-1} \stackrel{\text{Def.}}{=} u_r \qquad r = 1, 2, \ldots, m$$

Hieraus folgt:

$$u_{r+1} - u_r = \kappa d_r + \chi^r(1-\lambda) \leq \kappa u_r + \chi^r$$

und weiter:

$$\frac{u_{r+1}}{(1+\kappa)^r} - \frac{u_r}{(1+\kappa)^{r-1}} \leq \left[\frac{1}{\lambda(1+\kappa)}\right]^r \qquad r = 1, 2, \ldots, m-1$$

Durch Addition all dieser Ungleichungen folgt mit $u_1 = 1$

$$\frac{u_m}{(1+\kappa)^{m-1}} - 1 \leq \sum_{r=1}^{m-1} \left[\frac{1}{\lambda(1+\kappa)}\right]^r = \frac{1-[\lambda(1+\kappa)]^{m-1}}{[\lambda(1+\kappa)]^{m-1} - [\lambda(1+\kappa)]^m}$$

woraus nach kurzer Rechnung die Behauptung folgt.

Zum Beweis unseres Satzes führen wir folgende Größen ein:

$$\tilde{z}_k^j = \boldsymbol{P}_0^k(\boldsymbol{z}^{-j}) \qquad k = 0, 1, 2, \ldots, j.$$

Wenden wir die oben bewiesene Aussage mit $(\boldsymbol{z}_0, \boldsymbol{y}_0) = (\boldsymbol{z}^{-j-m}, \boldsymbol{y}^{-j-m})$ an, dann folgt wegen $\boldsymbol{y}_m = \boldsymbol{y}^{-j}$ (woraus wegen Voraussetzung (ii) $|\boldsymbol{y}_m| \leq \lambda^j |\boldsymbol{y}^0|$ folgt), $\boldsymbol{z}_m = \boldsymbol{z}^{-j}$, $\tilde{\boldsymbol{z}}_m = \boldsymbol{P}_0^m(\boldsymbol{z}^{-j-m}) = \tilde{\boldsymbol{z}}_m^{j+m}$:

$$|\boldsymbol{z}^{-j} - \tilde{\boldsymbol{z}}_m^{j+m}| \leq C\,|\boldsymbol{y}^0|\,\lambda^j \qquad m = 1, 2, \ldots, \qquad j = 1, 2, \ldots \tag{24}$$

Aus dieser Abschätzung folgt, mit $|\boldsymbol{P}_0^j(\boldsymbol{z}) - \boldsymbol{P}_0^j(\tilde{\boldsymbol{z}})| \leq (1+\kappa)^j\,|\boldsymbol{z} - \tilde{\boldsymbol{z}}|$,

$$\begin{aligned} |\tilde{\boldsymbol{z}}_j^j - \tilde{\boldsymbol{z}}_{j+m}^{j+m}| &= |\boldsymbol{P}_0^j(\boldsymbol{z}^{-j}) - \boldsymbol{P}_0^{j+m}(\boldsymbol{z}^{-j-m})| = |\boldsymbol{P}_0^j(\boldsymbol{z}^{-j}) - \boldsymbol{P}_0^j(\tilde{\boldsymbol{z}}_m^{j+m})| \\ &\leq C\,|\boldsymbol{y}^0|\,[(1+\kappa)\lambda]^j \end{aligned}$$

Dank der Voraussetzung des Satzes ist die Folge $\{\tilde{z}_j^j\}$ folglich eine Cauchy-Folge, mithin konvergent. Bezeichnen wir den Grenzwert mit $\tilde{z}^0$. Führen wir nunmehr die Folge $\tilde{\boldsymbol{z}}^{-j} = \boldsymbol{P}_0^{-j}(\tilde{\boldsymbol{z}}^0)$ ein. Offenbar gilt:

$$\boldsymbol{P}_0^{-j}(\tilde{\boldsymbol{z}}_m^m) = \boldsymbol{P}_0^{-j}(\boldsymbol{P}_0^m(\boldsymbol{z}^{-m})) = \boldsymbol{P}_0^{m-j}(\boldsymbol{z}^{-m}) = \tilde{\boldsymbol{z}}_{m-j}^m$$

Durch Grenzübergang $m \to \infty$ folgt daraus

$$\boldsymbol{P}_0^{-j}(\tilde{\boldsymbol{z}}^0) = \tilde{\boldsymbol{z}}^{-j} = \lim_{m\to\infty} \tilde{\boldsymbol{z}}_{m-j}^m = \lim_{m\to\infty} \tilde{\boldsymbol{z}}_m^{j+m}$$

Wir sind folglich in der Lage, auch in (24) den Grenzübergang $m \to \infty$ vornehmen zu können. Als Resultat erhalten wir die im Satz genannte Abschätzung. ∎

12.2 Differenzierbarkeitseigenschaften der invarianten Mannigfaltigkeit

Wir setzen das Studium der Abbildung

$$\boldsymbol{P}: \begin{pmatrix} \boldsymbol{z} \\ \boldsymbol{y} \end{pmatrix} \to \begin{pmatrix} \boldsymbol{f}(\boldsymbol{z}, \boldsymbol{y}) \\ L\boldsymbol{y} + \boldsymbol{Y}(\boldsymbol{z}, \boldsymbol{y}) \end{pmatrix} \tag{25}$$

in diesem Abschnitt fort, uns jetzt um Differentiationseigenschaften bemühend. Wir brauchen in diesem Zusammenhang den Begriff der Ableitung einer Vektorfunktion $\boldsymbol{v}(\boldsymbol{x}): \mathbf{R}^m \to \mathbf{R}^n$. *$\boldsymbol{v}$ heisst an der Stelle $\boldsymbol{x}$ differenzierbar, falls es eine $n \times m$-Matrix $\partial\boldsymbol{v}/\partial\boldsymbol{x}$ gibt, so daß gilt:*

$$\lim_{\boldsymbol{h}\to\boldsymbol{0}} \frac{\boldsymbol{v}(\boldsymbol{x}+\boldsymbol{h}) - \boldsymbol{v}(\boldsymbol{x}) - \dfrac{\partial\boldsymbol{v}}{\partial\boldsymbol{x}}\boldsymbol{h}}{|\boldsymbol{h}|} = \boldsymbol{0} \tag{26}$$

Hierbei bedeutet $\lim_{\boldsymbol{h}\to\boldsymbol{0}} \boldsymbol{w}(\boldsymbol{h})=\boldsymbol{0}$ *für eine Funktion* $\boldsymbol{w}(\boldsymbol{h})$ *des* $\mathbf{R}^m$ *in den* $\mathbf{R}^n$*: zu* $\varepsilon>0$ *gibt es* $\delta>0$ *so, daß aus* $|\boldsymbol{h}|<\delta$ *folgt* $|\boldsymbol{w}(\boldsymbol{h})|<\varepsilon$*; oder äquivalent: für jede Folge* $\boldsymbol{h}_k$ *mit* $\lim_{k\to\infty}|\boldsymbol{h}_k|=0$ *gilt* $\lim_{k\to\infty}|\boldsymbol{w}(\boldsymbol{h}_k)|=0$.

Aus (26) folgt sofort die Existenz der partiellen Ableitungen $\partial v_i/\partial x_j$ $(i=1,\ldots,n,\ j=1,\ldots,m)$ und daß $\partial\boldsymbol{v}/\partial\boldsymbol{x}$ die Matrix der partiellen Ableitungen ist. Umgekehrt gilt: Existieren die partiellen Ableitungen $\partial v_i/\partial x_i$ und sind sie stetig, so ist $\boldsymbol{v}$ differenzierbar.

Weiter brauchen wir die Norm $|A|$ einer $n\times m$-Matrix A:

$$|A|=\sup_{\substack{\boldsymbol{x}\in\mathbf{R}^m\\ \boldsymbol{x}\neq\boldsymbol{0}}}\frac{|A\boldsymbol{x}|}{|\boldsymbol{x}|} \tag{27}$$

Offenbar gilt:

$$|A\boldsymbol{x}|\leqslant|A|\,|\boldsymbol{x}| \qquad \text{für } \boldsymbol{x}\in\mathbf{R}^m \tag{28}$$

Ist B eine zweite $n\times m$-Matrix so gilt

$$|A+B|\leqslant|A|+|B| \tag{29.1}$$

Ist C eine $m\times l$-Matrix, dann ist AC eine $n\times l$-Matrix, und es folgt leicht

$$|AC|\leqslant|A|\,|C| \tag{29.2}$$

Ferner sei bemerkt, daß der Raum der $n\times m$-Matrizen mit $|A-B|$ als Metrik vollständig ist.

Schließlich weisen wir noch auf folgende Abschätzung hin, die wir in der Folge häufig brauchen und die das beinhaltet, was vom Mittelwertsatz der Differentialrechnung in höheren Dimensionen noch bleibt: Falls $\partial\boldsymbol{v}(\boldsymbol{x})/\partial\boldsymbol{x}$ für alle $\boldsymbol{x}$ existiert und es eine Konstante K gibt, so daß $|\partial\boldsymbol{v}(\boldsymbol{x})/\partial\boldsymbol{x}|\leqslant K$ für alle $\boldsymbol{x}$ gilt, dann ist

$$|\boldsymbol{v}(\boldsymbol{x})-\boldsymbol{v}(\boldsymbol{y})|\leqslant K\,|\boldsymbol{x}-\boldsymbol{y}| \qquad \text{für alle } \boldsymbol{x},\boldsymbol{y} \tag{30}$$

Im Hinblick auf die Abbildung (25) führen wir die Ableitungen

$$\frac{\partial\boldsymbol{f}(\boldsymbol{z},\boldsymbol{y})}{\partial\boldsymbol{z}},\ \frac{\partial\boldsymbol{f}(\boldsymbol{z},\boldsymbol{y})}{\partial\boldsymbol{y}},\ \frac{\partial\boldsymbol{Y}(\boldsymbol{z},\boldsymbol{y})}{\partial\boldsymbol{z}},\ \frac{\partial\boldsymbol{Y}(\boldsymbol{z},\boldsymbol{y})}{\partial\boldsymbol{y}}$$

ein. Man beachte, daß diese Matrizen folgende Dimensionen haben: $r\times r$, $r\times t$, $t\times r$, $t\times t$ respektive.

Nehmen wir an, jede dieser Ableitungen sei uniform beschränkt, d.h. es gibt Konstanten K_{zz}, K_{zy}, K_{yz}, K_{yy}, so daß für alle $\boldsymbol{z}$, $\boldsymbol{y}$ gilt:

$$\left|\frac{\partial\boldsymbol{f}(\boldsymbol{z},\boldsymbol{y})}{\partial\boldsymbol{z}}\right|\leqslant K_{zz},\quad \left|\frac{\partial\boldsymbol{f}(\boldsymbol{z},\boldsymbol{y})}{\partial\boldsymbol{y}}\right|\leqslant K_{zy},\quad \left|\frac{\partial\boldsymbol{Y}(\boldsymbol{z},\boldsymbol{y})}{\partial\boldsymbol{z}}\right|\leqslant K_{yz},\quad \left|\frac{\partial\boldsymbol{Y}(\boldsymbol{z},\boldsymbol{y})}{\partial\boldsymbol{y}}\right|\leqslant K_{yy} \tag{31}$$

Unter Benutzung des Resultates (30) folgt hieraus:

$$\begin{aligned}|\boldsymbol{f}(\boldsymbol{z},\boldsymbol{y})-\boldsymbol{f}(\bar{\boldsymbol{z}},\bar{\boldsymbol{y}})| &\leqslant|\boldsymbol{f}(\boldsymbol{z},\boldsymbol{y})-\boldsymbol{f}(\bar{\boldsymbol{z}},\boldsymbol{y})|+|\boldsymbol{f}(\bar{\boldsymbol{z}},\boldsymbol{y})-\boldsymbol{f}(\bar{\boldsymbol{z}},\bar{\boldsymbol{y}})|\\ &\leqslant K_{zz}\,|\boldsymbol{z}-\bar{\boldsymbol{z}}|+K_{zy}\,|\boldsymbol{y}-\bar{\boldsymbol{y}}|\end{aligned}$$

und eine analoge Formel für $\mathbf{Y}$. Hieraus ersieht man, daß die Voraussetzungen (31) die Formeln (6) implizieren. Wir verlangen deshalb von nun an (31) statt (6). Weiter sei von jetzt an

$$l \geqslant |L^{-1}| \tag{31}$$

woraus gemäß (28) auch (7) folgt. Wir wenden uns dem zentralen Resultat dieses Abschnittes zu:

Satz 3 Voraussetzung. *Die Funktionen $\mathbf{f}(\mathbf{z}, \mathbf{y})$, $\mathbf{Y}(\mathbf{z}, \mathbf{y})$ sind differenzierbar, die Ableitungen*

$$\frac{\partial \mathbf{f}}{\partial \mathbf{z}}, \frac{\partial \mathbf{f}}{\partial \mathbf{y}}, \frac{\partial \mathbf{Y}}{\partial \mathbf{z}}, \frac{\partial \mathbf{Y}}{\partial \mathbf{y}}$$

sind alle gleichmäßig stetig bezüglich $\mathbf{z}$, $\mathbf{y}$, es gelten die Abschätzungen (31) *und die Voraussetzungen von Satz* 1 *sind erfüllt.*

Behauptung. *Dann ist die Funktion $\mathbf{g}(\mathbf{z})$, deren Existenz Satz* 1 *garantiert, differenzierbar, und die Ableitung ist gleichmässig stetig.*

Beweis. Die Funktion $\mathbf{g}(\mathbf{z})$ des Satzes 1 wurde als Grenzwert der Folge

$$\mathbf{g}^0, \quad \mathcal{T}_{\mathbf{g}^0} = \mathbf{g}^1, \quad \mathcal{T}_{\mathbf{g}^1} = \mathbf{g}^2, \ldots \tag{32}$$

erhalten, wobei $\mathbf{g}^0$ ein beliebiges Element aus C_μ ist. Dabei war $\mathcal{T}_{\mathbf{g}}$ durch

$$\mathcal{T}_{\mathbf{g}}(\mathbf{z}) = -L^{-1}\mathbf{Y}(\mathbf{z}, \mathbf{g}(\mathbf{z})) + L^{-1}\mathbf{g}(\mathbf{f}(\mathbf{z}, \mathbf{g}(\mathbf{z}))) \tag{33}$$

definiert.

Der Beweis von Satz 3 beruht auf folgender Idee: Ist $\mathbf{g}$ eine differenzierbare Funktion, dann dank der Voraussetzung über $\mathbf{f}$ und $\mathbf{Y}$ auch $\mathcal{T}_{\mathbf{g}}$. Dies bedeutet: Startet man die Iteration mit einer differenzierbaren Funktion $\mathbf{g}^0$, dann ist jede der Funktionen $\mathbf{g}^1, \mathbf{g}^2, \ldots$ differenzierbar. Gelingt es nun zu zeigen, daß die Folge der Ableitungen

$$\frac{\partial \mathbf{g}^0}{\partial \mathbf{z}}, \frac{\partial \mathbf{g}^1}{\partial \mathbf{z}}, \ldots$$

gleichmäßig gegen einen Grenzwert $G(\mathbf{z})$ konvergiert, dann wird die Funktion $\mathbf{g}$ des Satzes 1 differenzierbar sein, und ihre Ableitung wird mit $G(\mathbf{z})$ übereinstimmen.

Die Durchführung dieses Konzepts erfordert mehrere Schritte. Zunächst bilden wir die Ableitung $\partial\mathcal{T}_{\mathbf{g}}(\mathbf{z})/\partial \mathbf{z}$:

$$\frac{\partial \mathcal{T}_{\mathbf{g}}}{\partial \mathbf{z}} = -L^{-1}\frac{\partial \mathbf{Y}(\mathbf{z}, \mathbf{g})}{\partial \mathbf{z}} - L^{-1}\frac{\partial \mathbf{Y}(\mathbf{z}, \mathbf{g})}{\partial \mathbf{y}}\frac{\partial \mathbf{g}}{\partial \mathbf{z}} + L^{-1}\frac{\partial \mathbf{g}(\mathbf{f}(\mathbf{z}, \mathbf{g}))}{\partial \mathbf{z}}\left[\frac{\partial \mathbf{f}(\mathbf{z}, \mathbf{g})}{\partial \mathbf{z}} + \frac{\partial \mathbf{f}(\mathbf{z}, \mathbf{g})}{\partial \mathbf{y}}\frac{\partial \mathbf{g}}{\partial \mathbf{z}}\right] \tag{34}$$

Indem wir die $t \times r$-Matrix $\partial\mathbf{g}/\partial\mathbf{z}$ mit $G(\mathbf{z})$ bezeichnen, definieren wir den

Operator $\mathcal{S}_{\mathbf{g},G}(\boldsymbol{z})$ wie folgt:

$$\mathcal{S}_{\mathbf{g},G}(\boldsymbol{z}) = -L^{-1}\frac{\partial \boldsymbol{Y}(\boldsymbol{z},\mathbf{g})}{\partial \boldsymbol{z}} - L^{-1}\frac{\partial \boldsymbol{Y}(\boldsymbol{z},\mathbf{g})}{\partial \mathbf{y}}G + L^{-1}G(\boldsymbol{f}(\boldsymbol{z},\mathbf{g}))\left[\frac{\partial \boldsymbol{f}(\boldsymbol{z},\mathbf{g})}{\partial \boldsymbol{z}} + \frac{\partial \boldsymbol{f}(\boldsymbol{z},\mathbf{g})}{\partial \mathbf{y}}G\right] \tag{35}$$

Wir wollen für die Funktionen $G(\boldsymbol{z})$ einen geeigneten vollständigen metrischen Raum definieren. Wir setzen

$$D_\chi = \{G(\boldsymbol{z}) \mid G(\boldsymbol{z}): \mathbf{R}^r \to t\times r\text{-Matrizen}, \sup_{\boldsymbol{z}\in\mathbf{R}^r}|G(\boldsymbol{z})| \leq \chi,\ G(\boldsymbol{z}) \text{ gleichmäßig stetig}\}$$

Gleichmäßig stetig heißt: zu $\varepsilon > 0$ gibt es $\delta > 0$, so daß für alle $\boldsymbol{z}$ und jedes $\boldsymbol{h}$ mit $|\boldsymbol{h}| < \delta$ gilt: $|G(\boldsymbol{z}+\boldsymbol{h}) - G(\boldsymbol{z})| \leq \varepsilon$.

Wir führen eine Metrik wie folgt ein:

$$\|F - G\| = \sup_{\boldsymbol{z}\in\mathbf{R}^r}|F(\boldsymbol{z}) - G(\boldsymbol{z})|$$

Zum Beweis der Vollständigkeit betrachten wir eine Cauchy–Folge $G_n(\boldsymbol{z})$ aus D_χ. Für jedes feste $\boldsymbol{z}$ ist $G_n(\boldsymbol{z})$ offenbar eine Cauchy–Folge im vollständigen metrischen Raum der $t\times r$-Matrizen. Bezeichnen wir das Grenzelement mit $G(\boldsymbol{z})$. Aus $|G_n(\boldsymbol{z})| \leq \chi$, der Konvergenz der $G_n(\boldsymbol{z})$ gegen $G(\boldsymbol{z})$ und der Stetigkeit der Matrizennorm folgt $|G(\boldsymbol{z})| \leq \chi$, für jedes $\boldsymbol{z}$. Es bleibt die gleichmäßige Stetigkeit von $G(\boldsymbol{z})$ nachzuweisen: Sei $\varepsilon > 0$ vorgegeben. Zu $\varepsilon/3$ gibt es eine Zahl $N \in \mathbf{N}$, so daß für n, $m > N$ und jedes $\boldsymbol{z}$ gilt: $|G_n(\boldsymbol{z}) - G_m(\boldsymbol{z})| < \varepsilon/3$. Durch Grenzübergang $m \to \infty$ folgt, wie vorher: $|G_n(\boldsymbol{z}) - G(\boldsymbol{z})| \leq \varepsilon/3$ für $n > N$ und alle $\boldsymbol{z}$ (damit ist gerade gezeigt, daß die $G_n(\boldsymbol{z})$ im Sinne der Metrik von D_χ gegen G konvergieren). Sei $n > N$ fest gewählt. Infolge der gleichmäßigen Stetigkeit von $G_n(\boldsymbol{z})$ gibt es zu $\varepsilon/3$ ein δ, so daß gilt: Für jedes $\boldsymbol{z}$ und jedes $\boldsymbol{h}$ mit $|\boldsymbol{h}| < \delta$ gilt: $|G_n(\boldsymbol{z}+\boldsymbol{h}) - G_n(\boldsymbol{z})| < \varepsilon/3$. Für jedes $\boldsymbol{z}$ und beliebiges $\boldsymbol{h}$ mit $|\boldsymbol{h}| < \delta$ gilt somit:

$$|G(\boldsymbol{z}+\boldsymbol{h}) - G(\boldsymbol{z})| \leq |G(\boldsymbol{z}+\boldsymbol{h}) - G_n(\boldsymbol{z}+\boldsymbol{h})| + |G_n(\boldsymbol{z}+\boldsymbol{h}) - G_n(\boldsymbol{z})|$$

$$+ |G_n(\boldsymbol{z}) - G(\boldsymbol{z})| \leq \frac{\varepsilon}{3} + \frac{\varepsilon}{3} + \frac{\varepsilon}{3} = \varepsilon$$

Damit ist gezeigt, daß $G(\boldsymbol{z}) \in D_\chi$.

Wir wenden uns nun der Frage zu, unter welchen Bedingungen $\mathcal{S}_{\mathbf{g},G}$ den Produktraum $C_\mu \times D_\chi$ in D_χ abbildet und wann $\mathcal{S}_{\mathbf{g},G}$ bezüglich G, bei festem $\mathbf{g}$, kontrahierend ist. Zunächst folgt aus (35) die folgende Abschätzung

$$|\mathcal{S}_{\mathbf{g},G}(\boldsymbol{z})| \leq l[K_{yz} + K_{yy}\chi + K_{zz}\chi + K_{zy}\chi^2] \tag{36}$$

und

$$\|\mathcal{S}_{\mathbf{g},G} - \mathcal{S}_{\mathbf{g},\bar{G}}\| \leq l[K_{yy} + K_{zz} + 2\chi K_{zy}]\,\|G - \bar{G}\| \tag{37}$$

Damit $|\mathcal{S}_{\mathbf{g},G}| \leq \chi$ gilt und für die Kontraktionseigenschaft, müssen wir fordern:

$$\begin{aligned} \frac{1}{\chi} K_{yz} + \chi K_{zy} &\leq A \\ 2\chi K_{zy} &< A \end{aligned} \tag{38}$$

wobei A die in (17) eingeführte Bedeutung hat. Da die erste Gl. (38) identisch ist mit der ersten Gl. (17) folgt, daß χ genau dann die erste Ungleichung (38) erfüllt, wenn χ im Intervall $[\mu_1, \mu_2]$ liegt, wobei $\mu_{1,2}$ im Anschluß an (17) definiert wurde. Die zweite Gl. (38) besagt offenbar, daß χ in der linken Hälfte des Intervalls $[\mu_1, \mu_2]$ gewählt werden muß (cf. Definition von μ_1, μ_2). Es ist also möglich, χ so zu wählen, daß (38) gilt; ja es ist sogar möglich, χ und μ so zu wählen, daß $\chi = \mu$ gilt.

Nun zeigen wir, daß $\mathcal{S}_{\mathbf{g},G}(\mathbf{z})$ gleichmäßig stetig ist. Es gilt, wir überlassen die einfache Verifikation dem Leser,:

a) Seien $A(\mathbf{z})$, $B(\mathbf{z})$ zwei $t \times r$-Matrizen, die gleichmäßig stetig sind, dann gilt dasselbe für die Summe.

b) Sind $A(\mathbf{z})$, $B(\mathbf{z})$ gleichmäßig stetige $n \times m$- bzw. $m \times l$-Matrizen, deren Norm uniform beschränkt ist, dann ist das Produkt gleichmäßig stetig.

c) Ist $A(\mathbf{z}, \mathbf{y})$ eine gleichmäßig stetige Matrix auf $\mathbf{R}^r \times \mathbf{R}^t$, $\mathbf{g}(\mathbf{z}): \mathbf{R}^r \to \mathbf{R}^t$ ebenfalls gleichmäßig stetig, dann ist auch $A(\mathbf{z}, \mathbf{g}(\mathbf{z}))$ gleichmäßig stetig.

Hieraus folgt nun sofort, daß mit $\mathbf{g} \in C_\mu$ und $G \in D_\chi$ die Funktion $\mathcal{S}_{\mathbf{g},G}$ gleichmäßig stetig ist und also mit den vorigen Betrachtungen in D_χ. Ferner erinnern wir uns, daß $\mathcal{S}_{\mathbf{g},G}$ bezüglich G (bei festem $\mathbf{g} \in C_\mu$) kontrahierend ist, mit von $\mathbf{g}$ unabhängiger Kontraktionskonstanten.

Zur weiteren Behandlung unseres Problems beweisen wir das folgende Lemma.

Lemma 1 Voraussetzung. *Es seien C, D zwei vollständige metrische Räume und* a) *$\mathcal{T}_{\mathbf{g}} : C, \mathbf{g} \to C$, $\mathcal{T}_{\mathbf{g}}$ sei eine kontrahierende Abbildung des Raumes C in sich.* b) *$\mathcal{S}_{\mathbf{g},G} : C \times D$, $\mathbf{g}, G \to D$, $\mathcal{S}_{\mathbf{g},G}$ sei eine Abbildung mit einer Kontraktionseigenschaft bezüglich G: Es gibt eine Zahl $q < 1$, so daß für alle $\mathbf{g} \in C$, G, $\bar{G} \in D$ gilt:*

$$\|\mathcal{S}_{\mathbf{g},G} - \mathcal{S}_{\mathbf{g},\bar{G}}\| \leq q \, \|G - \bar{G}\|, \qquad q < 1$$

Nach dem Prinzip der kontrahierenden Abbildung besitzt $\mathcal{T}_{\mathbf{g}}$ einen Fixpunkt $\mathbf{g}^*$, ebenso hat $\mathcal{S}_{\mathbf{g}^*,G}$ einen Fixpunkt G^*. Es gelte noch: c) *$\mathcal{S}_{\mathbf{g},G^*}$ ist stetig bezüglich $\mathbf{g}$ bei $\mathbf{g}^*$*

Behauptung. *Sei $(\mathbf{g}_0, G_0) \in C \times D$ beliebig. Definieren wir die Folgen:*

$$\mathbf{g}_n = \mathcal{T}_{\mathbf{g}_{n-1}}, \qquad G_n = \mathcal{S}_{\mathbf{g}_{n-1}, G_{n-1}}$$

dann gilt:

$$\mathbf{g}_n \to \mathbf{g}^*, \qquad G_n \to G^* \quad \text{für} \quad n \to \infty$$

Beweis von Lemma 1. Die erste Aussage folgt sofort aus dem Prinzip der kontrahierenden Abbildung. Zum Beweis der zweiten Aussage bemerken wir:

$$\|G_{n+1}-G^*\| = \|\mathcal{S}_{g_n,G_n}-\mathcal{S}_{g^*,G^*}\| \leq \|\mathcal{S}_{g_n,G_n}-\mathcal{S}_{g_n,G^*}\| + \|\mathcal{S}_{g_n,G^*}-\mathcal{S}_{g^*,G^*}\|$$
$$\leq q\varepsilon_n + \alpha_n \tag{39}$$

wobei wir zur Abkürzung $\varepsilon_n = \|G_n - G^*\|$ und $\alpha_n = \|\mathcal{S}_{g_n,G^*} - \mathcal{S}_{g^*,G^*}\|$ gesetzt haben. Wir behaupten $\lim\limits_{n\to\infty} \varepsilon_n = 0$. Es sei $\varepsilon > 0$ vorgegeben. Wegen *c*) gibt es ein N, so daß für $n \geq N$ gilt: $|\alpha_n| < (\varepsilon/2)(1-q)$. Wegen $q < 1$ gibt es überdies ein M, so daß $q^M \cdot \varepsilon_N < \varepsilon/2$. Sei nun $k > N+M$. Aus (39) folgt dann:

$$\varepsilon_k \leq q^{k-(N+M)} q^M \varepsilon_N + \frac{\varepsilon}{2}(1-q)(1+q+q^2+\cdots+q^{k-N-1}) < \varepsilon \qquad \blacksquare$$

Unsere Operatoren $\mathcal{T}_g$ und $\mathcal{S}_{g,G}$ erfüllen die Voraussetzung a) b) des Lemmas. Es bleibt die Voraussetzung c). Wir betrachten folgende Funktion:

$$S(z, y) = -L^{-1}\frac{\partial Y(z, y)}{\partial z} - L^{-1}\frac{\partial Y(z, y)}{\partial y} G^*(z)$$
$$+ L^{-1} G^*(f(z, y)) \cdot \left[\frac{\partial f(z, y)}{\partial z} + \frac{\partial f(z, y)}{\partial y} G^*(z)\right]$$

Sie ist gleichmäßig stetig bezüglich z, y, insbesondere gilt: Zu $\varepsilon > 0$ gibt es $\delta > 0$, so daß für alle z, y und h mit $|h| < \delta$ gilt:

$$|S(z, y+h) - S(z, y)| < \varepsilon$$

(Dies folgt analog wie die gleichmäßige Stetigkeit von $\mathcal{S}_{g,G}(z)$). Es sei nun $g \in C_\mu$ mit $\|g - g^*\| < \delta$, also $|g(z) - g^*(z)| < \delta$ für alle z. Dann folgt für jedes z

$$|\mathcal{S}_{g,G^*}(z) - \mathcal{S}_{g^*,G^*}(z)| = |S(z, g(z)) - S(z, g^*(z))|$$
$$= |S(z, g^*(z) + [g(z) - g^*(z)]) - S(z, g^*(z))| < \varepsilon$$

d.h.

$$\|\mathcal{S}_{g,G^*} - \mathcal{S}_{g^*,G^*}\| < \varepsilon$$

Damit ist die Stetigkeit c) nachgewiesen und Lemma 1 auf unsere Situation anwendbar. Wählen wir etwa als Ausgangspunkt für unser Iterationsverfahren die Nullfunktion in den Räumen C_μ, D_χ:

$$g_0(z) = \mathbf{0} \qquad G_0(z) = 0$$

Offenbar ist $g_0(z)$ differenzierbar, und es gilt

$$\frac{\partial g_0}{\partial z} = G_0(z).$$

Es ist offensichtlich, daß $g_1(z)$ differenzierbar ist und daß

$$\frac{\partial g_1(z)}{\partial z} = G_1(z)$$

gilt. So fortfahrend findet man

(i) Die Folge $\boldsymbol{g}_n(\boldsymbol{z})$ konvergiert im Sinne der Metrik des Raumes C_μ gegen die Funktion $\boldsymbol{g}(\boldsymbol{z})$ von Satz 1. Die $\boldsymbol{g}_n(\boldsymbol{z})$ sind differenzierbar und es gilt $\partial \boldsymbol{g}_n/\partial \boldsymbol{z} = G_n(\boldsymbol{z})$.

(ii) Die Folge $G_n(\boldsymbol{z})$ konvergiert im Sinne der Metrik des Raumes D_χ gegen eine Funktion $G(\boldsymbol{z}) \in D_\chi$.

(Da jetzt keine Gefahr einer Verwechslung mehr besteht, lassen wir den * zur Bezeichnung der Fixelemente wieder weg). Es bleibt zu zeigen, daß $\boldsymbol{g}(\boldsymbol{z})$ differenzierbar ist. Wir erwarten natürlich, daß $\partial \boldsymbol{g}(\boldsymbol{z})/\partial \boldsymbol{z} = G(\boldsymbol{z})$ gilt. Wir stützen den Beweis auf das folgende Lemma:

Lemma 2 Voraussetzung. *Es sei* $\Delta = \mathbf{R}^r - \mathbf{0}$ *und* $\boldsymbol{\phi}_n : \Delta \to \mathbf{R}^t$ *eine Folge von Funktionen, die gleichmäßig gegen eine Funktion* $\boldsymbol{\phi} : \Delta \to \mathbf{R}^t$ *konvergiert. Es existiere* $\lim_{\boldsymbol{k}\to\mathbf{0}} \boldsymbol{\phi}_n(\boldsymbol{h})$ *für jedes n.*

Behauptung. *Dann existieren* $\lim_{\boldsymbol{h}\to\mathbf{0}} \boldsymbol{\phi}(\boldsymbol{h})$ *und* $\lim_{n\to\infty} (\lim_{\boldsymbol{h}\to\mathbf{0}} \boldsymbol{\phi}_n(\boldsymbol{h}))$, *und die beiden Limites sind gleich.*

Beweis von Lemma 2. Wir benützen das folgende Cauchy-Kriterium, das der Leser überprüfen möge:
$\lim_{\boldsymbol{h}\to\mathbf{0}} \boldsymbol{\psi}(\boldsymbol{h})$ *existiert, genau wenn: Zu jedem* $\varepsilon > 0$ *gibt es ein* $\delta > 0$, *so daß* $\boldsymbol{h}$, $\bar{\boldsymbol{h}} \in \Delta$, $|\boldsymbol{h}| < \delta$, $|\bar{\boldsymbol{h}}| < \delta$ *impliziert:* $|\boldsymbol{\psi}(\boldsymbol{h}) - \boldsymbol{\psi}(\bar{\boldsymbol{h}})| < \varepsilon$.
Wir zeigen zuerst, daß $\lim_{\boldsymbol{h}\to\mathbf{0}} \boldsymbol{\phi}(\boldsymbol{h})$ existiert. Sei $\varepsilon > 0$ vorgegeben. Es gibt ein $n \in \mathbf{N}$, so daß für alle $\boldsymbol{h} \in \Delta$ gilt: $|\boldsymbol{\phi}(\boldsymbol{h}) - \boldsymbol{\phi}_n(\boldsymbol{h})| < \varepsilon/3$. Da, für dieses n, $\lim_{\boldsymbol{h}\to\mathbf{0}} \boldsymbol{\phi}_n(\boldsymbol{h})$ existiert, dibt es ein δ, so daß für alle $\boldsymbol{h}$, $\bar{\boldsymbol{h}} \in \Delta$ mit $\boldsymbol{h}| < \delta, |\bar{\boldsymbol{h}}| < \delta$ gilt: $\boldsymbol{\phi}_n(\boldsymbol{h}) - \boldsymbol{\phi}_n(\bar{\boldsymbol{h}})| < \varepsilon/3$. Sei nun $\boldsymbol{h}$, $\bar{\boldsymbol{h}} \in \Delta$ mit $|\boldsymbol{h}| < \delta$, $|\bar{\boldsymbol{h}}| < \delta$. Dann findet man:

$$|\boldsymbol{\phi}(\boldsymbol{h}) - \boldsymbol{\phi}(\bar{\boldsymbol{h}})| \leq |\boldsymbol{\phi}(\boldsymbol{h}) - \boldsymbol{\phi}_n(\boldsymbol{h})| + |\boldsymbol{\phi}_n(\boldsymbol{h}) - \boldsymbol{\phi}_n(\bar{\boldsymbol{h}})| + |\boldsymbol{\phi}_n(\bar{\boldsymbol{h}}) - \boldsymbol{\phi}(\bar{\boldsymbol{h}})| < \varepsilon$$

Wir zeigen jetzt, daß $\lim_{\boldsymbol{h}\to\mathbf{0}} \boldsymbol{\phi}(\boldsymbol{h})$ Grenzwert der Folge $\lim_{\boldsymbol{h}\to\mathbf{0}} \boldsymbol{\phi}_n(\boldsymbol{h})$ ist. Sei $\varepsilon > 0$ vorgegeben. Es gibt eine Zahl $N \in \mathbf{N}$, so daß für $n > N$ und $\boldsymbol{h} \in \Delta$ gilt: $|\boldsymbol{\phi}(\boldsymbol{h}) - \boldsymbol{\phi}_n(\boldsymbol{h})| < \varepsilon$. Führen wir in dieser Ungleichung den Grenzübergang $\boldsymbol{h} \to \mathbf{0}$ durch, so folgt: $|\lim_{\boldsymbol{h}\to\mathbf{0}} \boldsymbol{\phi}(\boldsymbol{h}) - \lim_{\boldsymbol{h}\to\mathbf{0}} \boldsymbol{\phi}_n(\boldsymbol{h})| \leq \varepsilon$ für $n > N$. ■

Es folgt jetzt die Anwendung von Lemma 2 auf unser Problem. Gemäß (26) haben wir für jedes $\boldsymbol{z}$ zu zeigen, daß

$$\lim_{\boldsymbol{h}\to\mathbf{0}} \frac{\boldsymbol{g}(\boldsymbol{z}+\boldsymbol{h}) - \boldsymbol{g}(\boldsymbol{z}) - G(\boldsymbol{z})\boldsymbol{h}}{|\boldsymbol{h}|} = \mathbf{0} \tag{40}$$

gilt. Wir führen die folgende Hilfsfunktion ein

$$\boldsymbol{\phi}_n(\boldsymbol{h}) = \frac{\boldsymbol{g}_n(\boldsymbol{z}+\boldsymbol{h}) - \boldsymbol{g}_n(\boldsymbol{z}) - G_n(\boldsymbol{z})\boldsymbol{h}}{|\boldsymbol{h}|}$$

$\boldsymbol{\phi}_n$ konvergiert auf Δ punktweise gegen

$$\boldsymbol{\phi}(\boldsymbol{h}) = \frac{\boldsymbol{g}(\boldsymbol{z}+\boldsymbol{h}) - \boldsymbol{g}(\boldsymbol{z}) - G(\boldsymbol{z})\boldsymbol{h}}{|\boldsymbol{h}|}$$

Wir müssen zeigen, daß diese Konvergenz gleichmäßig ist. Sei $\varepsilon > 0$ gegeben. Führen wir die Funktion $\boldsymbol{\gamma}(\boldsymbol{h})$ ein:

$$\boldsymbol{\gamma}(\boldsymbol{h}) = \boldsymbol{g}_n(\boldsymbol{z}+\boldsymbol{h}) - \boldsymbol{g}_m(\boldsymbol{z}+\boldsymbol{h}) - (G_n(\boldsymbol{z}) - G_m(\boldsymbol{z}))\boldsymbol{h}$$

Für sie gilt:

$$|\boldsymbol{\phi}_n(\boldsymbol{h}) - \boldsymbol{\phi}_m(\boldsymbol{h})| = \frac{|\boldsymbol{\gamma}(\boldsymbol{h}) - \boldsymbol{\gamma}(\boldsymbol{0})|}{|\boldsymbol{h}|} \tag{41}$$

Um Formel (30) anwenden zu können, bemerken wir $\partial \boldsymbol{g}_n(\boldsymbol{z})/\partial \boldsymbol{z} = G_n(\boldsymbol{z})$ und bilden

$$\frac{\partial \boldsymbol{\gamma}(\boldsymbol{h})}{\partial \boldsymbol{h}} = G_n(\boldsymbol{z}+\boldsymbol{h}) - G_m(\boldsymbol{z}+\boldsymbol{h}) - (G_n(\boldsymbol{z}) - G_m(\boldsymbol{z}))$$

Aus der Tatsache, daß die G_n eine Cauchy-Folge in D_χ bilden, folgt: Zu $\varepsilon > 0$ gibt es ein N, so daß für $n, m > N$ und alle $\boldsymbol{z}$ gilt: $|G_n(\boldsymbol{z}) - G_m(\boldsymbol{z})| < \varepsilon/2$. Folglich für alle $\boldsymbol{h}$ und $n, m > N: |\partial\boldsymbol{\gamma}(\boldsymbol{h})/\partial\boldsymbol{h}| < \varepsilon$. Hieraus finden wir, wegen (30) und (41), für alle n, $m > N$ und alle $\boldsymbol{h} \neq \boldsymbol{0}$

$$|\boldsymbol{\phi}_n(\boldsymbol{h}) - \boldsymbol{\phi}_m(\boldsymbol{h})| < \varepsilon$$

woraus durch den Grenzübergang $n \to \infty$ die gleichmäßige Konvergenz folgt. Als nächstes bemerken wir, daß wegen $G_n(\boldsymbol{z}) = \partial \boldsymbol{g}_n(\boldsymbol{z})/\partial \boldsymbol{z}$, für jedes n gilt: $\lim_{\boldsymbol{h}\to\boldsymbol{0}} \boldsymbol{\phi}_n(\boldsymbol{h}) = \boldsymbol{0}$. Anwendung des Lemmas ergibt (40). Damit ist Satz 3 bewiesen. ■

12.3 Die Existenz invarianter Tori

Wir betrachten ein System der folgenden Form:

$$\begin{cases} \dot{\boldsymbol{\phi}} = \boldsymbol{\omega} + \varepsilon \bar{\boldsymbol{R}}^1(\boldsymbol{a}) + \varepsilon^2 \bar{\boldsymbol{R}}^2(\boldsymbol{\phi}, \boldsymbol{a}) \\ \dot{\boldsymbol{a}} = \qquad \varepsilon \bar{\boldsymbol{T}}^1(\boldsymbol{a}) + \varepsilon^2 \bar{\boldsymbol{T}}^2(\boldsymbol{\phi}, \boldsymbol{a}) \end{cases} \tag{42}$$

$\boldsymbol{\phi}$, $\boldsymbol{a}$ seien Vektoren der Dimension r bzw. t, die Funktionen $\bar{\boldsymbol{R}}^1$, $\bar{\boldsymbol{R}}^2$, $\bar{\boldsymbol{T}}^1$, $\bar{\boldsymbol{T}}^2$ seien auf $\mathbf{R}^r \times \Delta_a$, $\Delta_a \subset \mathbf{R}^t$ definiert, 2π-periodisch in den Komponenten von $\boldsymbol{\phi}$, mindestens zweimal stetig differenzierbar, $\bar{\boldsymbol{T}}^1$ erfülle auf Δ_a eine Lipschitzbedingung. Mit $\bar{\boldsymbol{\phi}}(t, t^0, \boldsymbol{\phi}^0, \boldsymbol{a}^0)$, $\bar{\boldsymbol{a}}(t, t^0, \boldsymbol{\phi}^0, \boldsymbol{a}^0)$ bezeichnen wir diejenige Lösung von (42), die sich zum Zeitpunkt t^0 am Punkt $\boldsymbol{\phi}^0$, $\boldsymbol{a}^0$ befindet. Weiter setzen wir $\bar{\boldsymbol{\phi}}(t, 0, \boldsymbol{\phi}^0, \boldsymbol{a}^0) = \bar{\boldsymbol{\phi}}(t, \boldsymbol{\phi}^0, \boldsymbol{a}^0)$, $\bar{\boldsymbol{a}}(t, 0, \boldsymbol{\phi}^0, \boldsymbol{a}^0) = \bar{\boldsymbol{a}}(t, \boldsymbol{\phi}^0, \boldsymbol{a}^0)$. Da das System (42) autonom ist, gilt: $\bar{\boldsymbol{\phi}}(t, t^0, \boldsymbol{\phi}^0, \boldsymbol{a}^0) = \bar{\boldsymbol{\phi}}(t - t^0, \boldsymbol{\phi}^0, \boldsymbol{a}^0)$, $\bar{\boldsymbol{a}}(t, t^0, \boldsymbol{\phi}^0, \boldsymbol{a}^0) = \bar{\boldsymbol{a}}(t - t^0, \boldsymbol{\phi}^0, \boldsymbol{a}^0)$.

Neben (42) führen wir das folgende System ein:

$$\boldsymbol{z}' = \bar{\boldsymbol{T}}^1(\boldsymbol{z}) \qquad ' = \frac{d}{d\tau} \tag{43}$$

Seine Lösung nennen wir $z(\tau, z^0)$ mit $z(0, z^0) = z^0$.
Ziel dieses Abschnittes ist der Beweis des folgenden Satzes:

Satz 4 Voraussetzung. *Nebst den oben genannten Voraussetzungen gelte: Das System (43) besitzt eine Gleichgewichtslage* $\mathbf{A}$, *welche asymptotisch stabil ist in der linearen Approximation, d.h. alle Eigenwerte der Matrix* $B = \partial\bar{\mathbf{T}}^1/\partial \boldsymbol{a}(\mathbf{A})$ *haben negative Realteile.*
Behauptung. *Für alle genügend kleinen* ε *gilt: Es gibt eine Funktion* $\mathbf{g}(\boldsymbol{\phi}): \mathbf{R}^r \to \mathbf{R}^l$, *welche eine Lipschitzbedingung erfüllt und* 2π*-periodisch ist bezüglich der Komponenten von* $\boldsymbol{\phi}$ *und so daß gilt:*
(i) *Die Mannigfaltigkeit* $\mathcal{M} = \{(t, \boldsymbol{\phi}, \boldsymbol{a}) \mid t \in \mathbf{R}, \boldsymbol{\phi} \in \mathbf{R}^r, \ \boldsymbol{a} = \mathbf{g}(\boldsymbol{\phi})\}$ *ist invariant bezüglich (42), d.h. aus* $(t^0, \boldsymbol{\phi}^0, \boldsymbol{a}^0) \in \mathcal{M}$ *folgt* $(t, \bar{\boldsymbol{\phi}}(t, t^0, \boldsymbol{\phi}^0, \boldsymbol{a}^0), \bar{\boldsymbol{a}}(t, t^0, \boldsymbol{\phi}^0, \boldsymbol{a}^0)) \in \mathcal{M}$ *für* $t \in \mathbf{R}$.
(ii) $\mathcal{M}$ *ist stabil für* $t \to \infty$, *d.h. zu jeder Umgebung* $\mathcal{U}_\delta = \{(t, \boldsymbol{\phi}, \boldsymbol{a}) \mid t \in \mathbf{R}, \boldsymbol{\phi} \in \mathbf{R}^r, |\boldsymbol{a} - \mathbf{g}(\boldsymbol{\phi})| < \delta\}$ *von* $\mathcal{M}$ *gibt es eine Umgebung* $\mathcal{U}_d \subset \mathcal{U}_\delta$, *so daß gilt: Aus* $(t^0, \boldsymbol{\phi}^0, \boldsymbol{a}^0) \in \mathcal{U}_d$ *folgt* $(t, \bar{\boldsymbol{\phi}}(t, t^0, \boldsymbol{\phi}^0, \boldsymbol{a}^0), \bar{\boldsymbol{a}}(t, t^0, \boldsymbol{\phi}^0, \boldsymbol{a}^0)) \in \mathcal{U}_\delta$ *für* $t > t^0$.
(iii) $\mathcal{M}$ *ist attraktiv für* $t \to \infty$, *d.h. es gibt eine Umgebung* $\mathcal{U}_\rho$ *von* $\mathcal{M}$, *so daß gilt: Aus* $(t^0, \boldsymbol{\phi}^0, \boldsymbol{a}^0) \in \mathcal{U}_\rho$ *folgt* $\lim_{t \to \infty} \operatorname{dist}((t, \bar{\boldsymbol{\phi}}(t, t^0, \boldsymbol{\phi}^0, \boldsymbol{a}^0), \bar{\boldsymbol{a}}(t, t^0, \boldsymbol{\phi}^0, \boldsymbol{a}^0)), \mathcal{M}) = 0$.

Ferner werden wir als Korollar zu diesem Satz und zu Satz 3, §11 die folgende Aussage erhalten:

Korollar 1 Voraussetzung. *Es gelte die Voraussetzung von Satz 4. Überdies sei* Δ_a *Einzugsgebiet von* $\mathbf{A}$ *bezüglich (43). Es sei* $\boldsymbol{\xi} \in \Delta_a$.
Behauptung. *Für alle genügend kleinen* ε *gilt: Jede Lösung* $(t, \bar{\boldsymbol{\phi}}(t, t^0, \boldsymbol{\phi}^0, \boldsymbol{\xi}), \bar{\boldsymbol{a}}(t, t^0, \boldsymbol{\phi}^0, \boldsymbol{\xi}))$ *strebt für* $t \to \infty$ *gegen* $\mathcal{M}$.

Bemerkungen. 1. Die Aussage des Satzes und des Korollars ist trivial für den Fall $\bar{\boldsymbol{R}}^2 = \bar{\boldsymbol{T}}^2 = \mathbf{0}$. Dann gilt offenbar $\mathbf{g}(\boldsymbol{z}) = \mathbf{A}$.

2. Bildet man die Mannigfaltigkeit $M = \{(\boldsymbol{\phi}, \boldsymbol{a}) \mid \boldsymbol{\phi} \in \mathbf{R}^r, \ \boldsymbol{a} = \mathbf{g}(\boldsymbol{\phi})\}$ mittels der fast-identischen Transformation und der Elementtransformation, durch die das System (42) entstanden ist, in den $\boldsymbol{x}$-Raum ab, so entsteht dort eine Mannigfaltigkeit, die die Struktur eines r-dimensionalen Torus hat.

Wir denken uns $\mathbf{A}$ in den Nullpunkt verschoben. Ferner kehren wir in (42) die Zeit um. Dadurch entsteht wieder ein System des Typs (42) und (43), wobei nun gilt: $\mathbf{0}$ ist Gleichgewichtslage von (43), alle Eigenwerte von $B = (\partial\bar{\mathbf{T}}^1/\partial\boldsymbol{a})(\mathbf{0})$ haben positive Realteile, Δ_a ist Einzugsgebiet von $\mathbf{0}$ bezüglich (43) für $t \to -\infty$. Unter dieser Annahme werden wir im folgenden arbeiten. Natürlich werden wir dann Stabilität und Attraktivität für $t \to -\infty$ erhalten.

12.3.1 Zusammenhang zwischen P-Abbildung und DGl.-System

Wir beginnen mit einer Vorbemerkung. Betrachten wir ein DGl.-System $\dot{\boldsymbol{x}} = \boldsymbol{f}(\boldsymbol{x})$, wobei $\boldsymbol{f}(\boldsymbol{x}): \mathbf{R}^n \to \mathbf{R}^n$ eine Lipschitzbedingung erfülle: $|\boldsymbol{f}(\boldsymbol{x}) - \boldsymbol{f}(\boldsymbol{y})| \leq \lambda\,|\boldsymbol{x} - \boldsymbol{y}|$ für alle $\boldsymbol{x}$, $\boldsymbol{y} \in \mathbf{R}^n$. Bezeichnen wir, wie üblich, die Lösungen mit $\boldsymbol{x}(t, t^0, \boldsymbol{x}^0)$ bzw. $\boldsymbol{x}(t, \boldsymbol{x}^0)$. Dann existieren diese für jedes t^0, $\boldsymbol{x}^0$ auf $\mathbf{R}$; es gilt die Gruppeneigenschaft $\boldsymbol{x}(t_1, \boldsymbol{x}(t_2, \boldsymbol{x}^0)) = \boldsymbol{x}(t_1 + t_2, \boldsymbol{x}^0)$ für alle $\boldsymbol{x}^0$, t_1, t_2 und überdies erfüllt $\boldsymbol{x}(t, \boldsymbol{x}^0)$ auf kompakten t-Intervallen eine Lipschitzbedingung: $|\boldsymbol{x}(t, \boldsymbol{x}^0) - \boldsymbol{x}(t, \boldsymbol{x}^1)| \leqslant e^{\lambda|t|} |\boldsymbol{x}^0 - \boldsymbol{x}^1|$. Diese Aussagen folgen sofort aus dem globalen Existenzsatz, dem Gronwall-Lemma und der Festellung $|\boldsymbol{f}(\boldsymbol{x})| \leqslant |\boldsymbol{f}(\boldsymbol{0})| + \lambda\, |\boldsymbol{x}|$.

Betrachten wir jetzt ein DGl.-System der Form:

$$\begin{cases} \dot{\boldsymbol{\phi}} = \boldsymbol{R}(\boldsymbol{\phi}, \boldsymbol{a}) \\ \dot{\boldsymbol{a}} = \boldsymbol{T}(\boldsymbol{\phi}, \boldsymbol{a}) \end{cases} \tag{44}$$

wobei die Funktionen $\boldsymbol{R}$, $\boldsymbol{T}$ auf $\mathbf{R}^r \times \mathbf{R}^t$ definiert, 2π-periodisch bezüglich den Komponenten von $\boldsymbol{\phi}$, Lipschitz auf $\mathbf{R}^r \times \mathbf{R}^t$ sind. Die Lösung von (44) bezeichnen wir mit $\boldsymbol{\phi}(t, t^0, \boldsymbol{z}, \boldsymbol{y})$, $\boldsymbol{a}(t, t^0, \boldsymbol{z}, \boldsymbol{y})$ bzw. $\boldsymbol{\phi}(t, \boldsymbol{z}, \boldsymbol{y})$, $\boldsymbol{a}(t, \boldsymbol{z}, \boldsymbol{y})$. Definieren wir nun die auf $\mathbf{R}^r \times \mathbf{R}^t$ definierte Poincaré-Abbildung:

$$\boldsymbol{P}: \begin{pmatrix} \boldsymbol{z} \\ \boldsymbol{y} \end{pmatrix} \rightarrow \begin{pmatrix} \boldsymbol{\phi}(1, \boldsymbol{z}, \boldsymbol{y}) \\ \boldsymbol{a}(1, \boldsymbol{z}, \boldsymbol{y}) \end{pmatrix} \tag{45}$$

Aufgrund der Gruppeneigenschaft gilt:

$$\boldsymbol{P}^k: \begin{pmatrix} \boldsymbol{z} \\ \boldsymbol{y} \end{pmatrix} \rightarrow \begin{pmatrix} \boldsymbol{\phi}(k, \boldsymbol{z}, \boldsymbol{y}) \\ \boldsymbol{a}(k, \boldsymbol{z}, \boldsymbol{y}) \end{pmatrix} \tag{46}$$

für $k \in \mathbf{Z}$; für $k = -1$ erhalten wir also insbesondere die inverse Abbildung von $\boldsymbol{P}$.

Um einzusehen, daß $\boldsymbol{\phi}(1, \boldsymbol{z}, \boldsymbol{y}) - \boldsymbol{z}$, $\boldsymbol{a}(1, \boldsymbol{z}, \boldsymbol{y})$ 2π-periodisch ist in den Komponenten von $\boldsymbol{z}$, bemerken wir, daß

$$\boldsymbol{\phi}(t, \boldsymbol{z} + 2\pi \boldsymbol{e}_j, \boldsymbol{y}) = 2\pi \boldsymbol{e}_j + \boldsymbol{\phi}(t, \boldsymbol{z}, \boldsymbol{y}), \qquad \boldsymbol{a}(t, \boldsymbol{z} + 2\pi \boldsymbol{e}_j, \boldsymbol{y}) = \boldsymbol{a}(t, \boldsymbol{z}, \boldsymbol{y}) \tag{47}$$

gilt; hierbei bezeichnet $\boldsymbol{e}_j$ den j-ten Einheitsvektor. Die Richtigkeit von (47) folgt aus der Tatsache, daß sowohl die linke als auch die rechte Seite von (47) Lösung von (44) ist, und daß die beiden Lösungen für $t = 0$ übereinstimmen.

Wir stellen nun den Zusammenhang zwischen invarianten Mannigfaltigkeiten von Abbildungen und DGl.-Systemen her.

Lemma 3 Voraussetzung. ***P** besitzt eine invariante Mannigfaltigkeit* $M = \{(\boldsymbol{z}, \boldsymbol{y}) \mid \boldsymbol{z} \in \mathbf{R}^r, \boldsymbol{y} = \boldsymbol{g}(\boldsymbol{z})\}$, *welche die in Satz* 1 *beschriebenen Eigenschaften hat.*
Behauptung. $\mathcal{M} = \{(t, \boldsymbol{z}, \boldsymbol{y}) \mid t \in \mathbf{R}, \boldsymbol{z} \in \mathbf{R}^r, \boldsymbol{y} = \boldsymbol{g}(\boldsymbol{z})\}$ *ist invariant unter* (44), *stabil und* (*global*) *attraktiv* (*für* $t \rightarrow -\infty$)

Beweis. *Wir zeigen zuerst, daß* $\mathcal{M}$ *invariant ist unter* (44).

Als Vorbereitung beweisen wir: Es gibt eine Konstante N, so daß gilt:

$$|\boldsymbol{a}(t, \boldsymbol{z}, \boldsymbol{g}(\boldsymbol{z}))| \leqslant N$$

für beliebige t, z. Es sei $N = \max |\boldsymbol{a}(t, \boldsymbol{z}, \boldsymbol{g}(\boldsymbol{z}))|$, wobei das Maximum über $t \in [0, 1]$, $\boldsymbol{z} \in \mathbf{R}^r$ zu nehmen ist. Das Maximum existiert, weil $\boldsymbol{a}(t, \boldsymbol{z}, \boldsymbol{g}(\boldsymbol{z}))$ stetig, in den Komponenten von $\boldsymbol{z}$ 2π-periodisch und das t-Intervall kompakt ist. Sei t nun beliebig. Wähle $k \in \mathbf{Z}$, so daß $k \leqslant t < k+1$. Offenbar gilt, infolge der

Invarianz von M bezüglich $\boldsymbol{P}$, mit (46) und $(\tilde{\boldsymbol{z}}, \tilde{\boldsymbol{y}}) \overset{\text{Def.}}{=} (\boldsymbol{\phi}(k, \boldsymbol{z}, \boldsymbol{g}(\boldsymbol{z})), \boldsymbol{a}(k, \boldsymbol{z}, \boldsymbol{g}(\boldsymbol{z}))) = \boldsymbol{P}^k(\boldsymbol{z}, \boldsymbol{g}(\boldsymbol{z})) : \tilde{\boldsymbol{y}} = \boldsymbol{g}(\tilde{\boldsymbol{z}})$. Mit der Gruppeneigenschaft für (44) folgt:

$$(\boldsymbol{\phi}(t, \boldsymbol{z}, \boldsymbol{g}(\boldsymbol{z})), \boldsymbol{a}(t, \boldsymbol{z}, \boldsymbol{g}(\boldsymbol{z}))) = (\boldsymbol{\phi}(t-k, \tilde{\boldsymbol{z}}, \boldsymbol{g}(\tilde{\boldsymbol{z}})), \boldsymbol{a}(t-k, \tilde{\boldsymbol{z}}, \boldsymbol{g}(\tilde{\boldsymbol{z}})))$$

Hieraus ergibt sich die Behauptung mit der Definition von N.

Als nächstes zeigen wir nun

$$\boldsymbol{a}(t, t^0, \boldsymbol{z}, \boldsymbol{g}(\boldsymbol{z})) = \boldsymbol{g}(\boldsymbol{\phi}(t, t^0, \boldsymbol{z}, \boldsymbol{g}(\boldsymbol{z}))) \tag{48}$$

für beliebige t, t^0, $\boldsymbol{z}$. Sei t^0, $\boldsymbol{z}$ gewählt und t^* beliebig, aber fest. Wir setzen $\boldsymbol{a}^* = \boldsymbol{a}(t^*, t^0, \boldsymbol{z}, \boldsymbol{g}(\boldsymbol{z}))$, $\boldsymbol{\phi}^* = \boldsymbol{\phi}(t^*, t^0, \boldsymbol{z}, \boldsymbol{g}(\boldsymbol{z}))$. Offenbar gilt für $k \in \mathbf{N}$

$$\begin{aligned}\boldsymbol{P}^k(\boldsymbol{\phi}^*, \boldsymbol{a}^*) = \begin{pmatrix}\boldsymbol{\phi}(k, \boldsymbol{\phi}^*, \boldsymbol{a}^*)\\ \boldsymbol{a}(k, \boldsymbol{\phi}^*, \boldsymbol{a}^*)\end{pmatrix} &= \begin{pmatrix}\boldsymbol{\phi}(k, \boldsymbol{\phi}(t^*-t^0, \boldsymbol{z}, \boldsymbol{g}(\boldsymbol{z})), \boldsymbol{a}(t^*-t^0, \boldsymbol{z}, \boldsymbol{g}(\boldsymbol{z})))\\ \boldsymbol{a}(k, \boldsymbol{\phi}(t^*-t^0, \boldsymbol{z}, \boldsymbol{g}(\boldsymbol{z})), \boldsymbol{a}(t^*-t^0, \boldsymbol{z}, \boldsymbol{g}(\boldsymbol{z})))\end{pmatrix}\\ &= \begin{pmatrix}\boldsymbol{\phi}(k+t^*-t^0, \boldsymbol{z}, \boldsymbol{g}(\boldsymbol{z}))\\ \boldsymbol{a}(k+t^*-t^0, \boldsymbol{z}, \boldsymbol{g}(\boldsymbol{z}))\end{pmatrix}\end{aligned}$$

Weil $|\boldsymbol{a}(k+t^*-t^0, \boldsymbol{z}, \boldsymbol{g}(\boldsymbol{z}))| \leq N$, aufgrund der Vorbereitung, folgt: die $\boldsymbol{y}$-Komponente von $\boldsymbol{P}^k(\boldsymbol{\phi}^*, \boldsymbol{a}^*)$ ist gleichmäßig beschränkt für $k \in \mathbf{N}$; also wegen der Eigenschaft (ii) der Mannigfaltigkeit M (cf. Satz 1): $\boldsymbol{a}^* = \boldsymbol{g}(\boldsymbol{\phi}^*)$.

Bevor wir uns mit der Stabilität von $\mathcal{M}$ befassen, müssen wir eine Abschätzung bereitstellen. Mit der Invarianz von $\mathcal{M}$ folgt:

$$\begin{aligned}|\boldsymbol{a}(t, \boldsymbol{z}, \boldsymbol{y}) - \boldsymbol{g}(\boldsymbol{\phi}(t, \boldsymbol{z}, \boldsymbol{y}))| &\leq |\boldsymbol{a}(t, \boldsymbol{z}, \boldsymbol{y}) - \boldsymbol{g}(\boldsymbol{\phi}(t, \boldsymbol{z}, \boldsymbol{g}(\boldsymbol{z})))|\\ &\quad + |\boldsymbol{g}(\boldsymbol{\phi}(t, \boldsymbol{z}, \boldsymbol{g}(\boldsymbol{z}))) - \boldsymbol{g}(\boldsymbol{\phi}(t, \boldsymbol{z}, \boldsymbol{y}))|\\ &= |\boldsymbol{a}(t, \boldsymbol{z}, \boldsymbol{y}) - \boldsymbol{a}(t, \boldsymbol{z}, \boldsymbol{g}(\boldsymbol{z}))|\\ &\quad + |\boldsymbol{g}(\boldsymbol{\phi}(t, \boldsymbol{z}, \boldsymbol{g}(\boldsymbol{z}))) - \boldsymbol{g}(\boldsymbol{\phi}(t, \boldsymbol{z}, \boldsymbol{y}))|\end{aligned}$$

Nach einer Bemerkung am Anfang unserer Betrachtungen erfüllen die Funktionen $\boldsymbol{\phi}(t, \boldsymbol{z}, \boldsymbol{y})$, $\boldsymbol{a}(t, \boldsymbol{z}, \boldsymbol{y})$ eine Lipschitzbedingung in $[-1, 1] \times \mathbf{R}^r \times \mathbf{R}^t$. Auch $\boldsymbol{g}$ erfüllt nach Voraussetzung eine Lipschitzbedingung in $\mathbf{R}^r$. Deshalb gibt es eine Konstante $\gamma \geq 1$, so daß für $t \in [-1, 1]$, $\boldsymbol{z} \in \mathbf{R}^r$, $\boldsymbol{y} \in \mathbf{R}^t$ gilt:

$$|\boldsymbol{a}(t, \boldsymbol{z}, \boldsymbol{y}) - \boldsymbol{g}(\boldsymbol{\phi}(t, \boldsymbol{z}, \boldsymbol{y}))| \leq \gamma\, |\boldsymbol{y} - \boldsymbol{g}(\boldsymbol{z})| \tag{49}$$

Wir zeigen: *$\mathcal{M}$ ist stabil bezüglich* (44) *für $t \to -\infty$.*

Wir betrachten Umgebungen $\mathcal{U}_d$ von $\mathcal{M}$ der Form: $\mathcal{U}_d = \{(t, \boldsymbol{z}, \boldsymbol{y}) \mid |\boldsymbol{y} - \boldsymbol{g}(\boldsymbol{z})| < d\}$ und Umgebungen U_d von M des Typs: $U_d = \{(\boldsymbol{z}, \boldsymbol{y}) \mid |\boldsymbol{y} - \boldsymbol{g}(\boldsymbol{z})| < d\}$.

Die Stabilität von M bezüglich $\boldsymbol{P}$ bedeutet: Zu $D > 0$ gibt es ein $d < D$, so daß gilt

$$\text{Falls } (\boldsymbol{z}, \boldsymbol{y}) \in U_d \text{ folgt } \boldsymbol{P}^{-k}(\boldsymbol{z}, \boldsymbol{y}) \in U_D \text{ für } k = 0, 1, 2, \ldots \tag{50}$$

Sei $\delta > 0$. Zu $D = \delta/\gamma$ gibt es also ein d, so daß (50) gilt.

Wir zeigen: Aus $(t^0, \boldsymbol{z}, \boldsymbol{y}) \in \mathcal{U}_d$ folgt $(t, \boldsymbol{\phi}(t, t^0, \boldsymbol{z}, \boldsymbol{y}), \boldsymbol{a}(t, t^0, \boldsymbol{z}, \boldsymbol{y})) \in \mathcal{U}_\delta$ für $t \leq t^0$. Sei $k \in \mathbf{N}_0$, so daß $t^0 - k - 1 \leq t \leq t^0 - k$. Dann können wir setzen:

$$\boldsymbol{\phi}(t, t^0, \boldsymbol{z}, \boldsymbol{y}) = \boldsymbol{\phi}(t - t^0 + k, \boldsymbol{\phi}(-k, \boldsymbol{z}, \boldsymbol{y}), \boldsymbol{a}(-k, \boldsymbol{z}, \boldsymbol{y}))$$

$$\boldsymbol{a}(t, t^0, \boldsymbol{z}, \boldsymbol{y}) = \boldsymbol{a}(t - t^0 + k, \boldsymbol{\phi}(-k, \boldsymbol{z}, \boldsymbol{y}), \boldsymbol{a}(-k, \boldsymbol{z}, \boldsymbol{y}))$$

Mit (49) und der Stabilität von M bezüglich $\boldsymbol{P}$ folgt:

$$|\boldsymbol{a}(t, t^0, \boldsymbol{z}, \boldsymbol{y}) - \boldsymbol{g}(\boldsymbol{\phi}(t, t^0, \boldsymbol{z}, \boldsymbol{y}))| \leq \gamma\, |\boldsymbol{a}(-k, \boldsymbol{z}, \boldsymbol{y}) - \boldsymbol{g}(\boldsymbol{\phi}(-k, \boldsymbol{z}, \boldsymbol{y}))| < \delta$$

Schließlich zeigen wir: *$\mathcal{M}$ ist attraktiv für* (44) *für* $t \to -\infty$.
Die Attraktivität von M bezüglich $\boldsymbol{P}$ bedeutet:

$$\lim_{k \to \infty} |\boldsymbol{a}(-k, \boldsymbol{z}, \boldsymbol{y}) - \boldsymbol{g}(\boldsymbol{\phi}(-k, \boldsymbol{z}, \boldsymbol{y}))| = 0$$

Sei $\delta > 0$. Wir wählen K_0, so daß für $k > K_0$ gilt: $|\boldsymbol{a}(-k, \boldsymbol{z}, \boldsymbol{y}) - \boldsymbol{g}(\boldsymbol{\phi}(-k, \boldsymbol{z}, \boldsymbol{y}))| < \delta/\gamma$. Wir zeigen: Für $t < t_0 - K_0 - 1$ gilt: $|\boldsymbol{a}(t, t^0, \boldsymbol{z}, \boldsymbol{y}) - \boldsymbol{g}(\boldsymbol{\phi}(t, t^0, \boldsymbol{z}, \boldsymbol{y}))| < \delta$. Wähle $k \in \mathbf{N}_0$, so daß $t_0 - k - 1 \leq t < t_0 - k$. Offenbar ist $k > K_0$. Dann folgt mit (49):

$$\begin{aligned} &|\boldsymbol{a}(t, t^0, \boldsymbol{z}, \boldsymbol{y}) - \boldsymbol{g}(\boldsymbol{\phi}(t, t^0, \boldsymbol{z}, \boldsymbol{y}))| \\ &= |\boldsymbol{a}(t - t_0 + k, \boldsymbol{\phi}(-k, \boldsymbol{z}, \boldsymbol{y}), \boldsymbol{a}(-k, \boldsymbol{z}, \boldsymbol{y})) - \boldsymbol{g}(\boldsymbol{\phi}(t - t_0 + k, \boldsymbol{\phi}(-k, \boldsymbol{z}, \boldsymbol{y}), \boldsymbol{a}(-k, \boldsymbol{z}, \boldsymbol{y})))| \\ &\leq \gamma\, |\boldsymbol{a}(-k, \boldsymbol{z}, \boldsymbol{y}) - \boldsymbol{g}(\boldsymbol{\phi}(-k, \boldsymbol{z}, \boldsymbol{y}))| < \delta \end{aligned}$$

■

12.3.2 Abschätzungen für ein Hilfssystem

Wir betrachten ein DGl.-System der folgenden Form:

$$\begin{cases} \dot{\boldsymbol{\phi}} = \boldsymbol{\omega} + \tilde{\boldsymbol{R}}^1(\boldsymbol{a}, \boldsymbol{p}) + \tilde{\boldsymbol{R}}^2(\boldsymbol{\phi}, \boldsymbol{a}, \boldsymbol{p}) \\ \dot{\boldsymbol{a}} = \quad B(\boldsymbol{p})\boldsymbol{a} \quad + \tilde{\boldsymbol{T}}^2(\boldsymbol{\phi}, \boldsymbol{a}, \boldsymbol{p}) \end{cases} \tag{51}$$

Hierbei haben wir einen Parametervektor $\boldsymbol{p}$ eingeführt, der in einem Parameterraum P variieren möge. Die Funktionen $\tilde{\boldsymbol{R}}^1$, $\tilde{\boldsymbol{R}}^2$, $\tilde{\boldsymbol{T}}^2$ seien auf $\mathbf{R}^r \times \mathbf{R}^t \times P$ definiert, 2π-periodisch bezüglich der Komponenten von $\boldsymbol{\phi}$. Überdies mögen sie einer Lipschitzbedingung bezüglich $\boldsymbol{\phi}$ und $\boldsymbol{a}$ genügen mit einer von $\boldsymbol{p}$ unabhängigen Lipschitzkonstanten, $B(\boldsymbol{p})$ ist eine $t \times t$-Matrix. Aufgrund einer früheren Bemerkung erfüllen die Lösungen $\boldsymbol{\phi}(t, \boldsymbol{z}, \boldsymbol{y}, \boldsymbol{p})$, $\boldsymbol{a}(t, \boldsymbol{z}, \boldsymbol{y}, \boldsymbol{p})$ von (51) eine Lipschitzbedingung, wobei die Lipschitzkonstante von $\boldsymbol{p}$ unabhängig ist; es gibt also eine Konstante L, so daß für $t \in [-1, 1]$, $\boldsymbol{z}^i \in \mathbf{R}^r$, $\boldsymbol{y}^i \in \mathbf{R}^t$, $\boldsymbol{p} \in P$ gilt:

$$\begin{aligned} |\boldsymbol{\phi}(t, \boldsymbol{z}^1, \boldsymbol{y}^1, \boldsymbol{p}) - \boldsymbol{\phi}(t, \boldsymbol{z}^2, \boldsymbol{y}^2, \boldsymbol{p})| &\leq \frac{L}{2}[|\boldsymbol{z}^1 - \boldsymbol{z}^2| + |\boldsymbol{y}^1 - \boldsymbol{y}^2|] \\ |\boldsymbol{a}(t, \boldsymbol{z}^1, \boldsymbol{y}^1, \boldsymbol{p}) - \boldsymbol{a}(t, \boldsymbol{z}^2, \boldsymbol{y}^2, \boldsymbol{p})| &\leq \frac{L}{2}[|\boldsymbol{z}^1 - \boldsymbol{z}^2| + |\boldsymbol{y}^1 - \boldsymbol{y}^2|] \end{aligned} \tag{52}$$

Führen wir nun auch von $\boldsymbol{p}$ abhängige Lipschitzkonstanten für die Funktionen $\tilde{\boldsymbol{R}}^1$, $\tilde{\boldsymbol{R}}^2$, $\tilde{\boldsymbol{T}}^2$, sowie eine Schranke für $\tilde{\boldsymbol{T}}^2$ ein:

$$\begin{aligned} |\tilde{\boldsymbol{R}}^1(\boldsymbol{a}^1, \boldsymbol{p}) - \tilde{\boldsymbol{R}}^1(\boldsymbol{a}^2, \boldsymbol{p})| &\leq \lambda_z^1(\boldsymbol{p})\, |\boldsymbol{a}^1 - \boldsymbol{a}^2| \\ |\tilde{\boldsymbol{R}}^2(\boldsymbol{\phi}^1, \boldsymbol{a}^1, \boldsymbol{p}) - \tilde{\boldsymbol{R}}^2(\boldsymbol{\phi}^2, \boldsymbol{a}^2, \boldsymbol{p})| &\leq \lambda_z^2(\boldsymbol{p})[|\boldsymbol{\phi}^1 - \boldsymbol{\phi}^2| + |\boldsymbol{a}^1 - \boldsymbol{a}^2|] \\ |\tilde{\boldsymbol{T}}^2(\boldsymbol{\phi}^1, \boldsymbol{a}^1, \boldsymbol{p}) - \tilde{\boldsymbol{T}}^2(\boldsymbol{\phi}^2, \boldsymbol{a}^2, \boldsymbol{p})| &\leq \lambda_y^2(\boldsymbol{p})[|\boldsymbol{\phi}^1 - \boldsymbol{\phi}^2| + |\boldsymbol{a}^1 - \boldsymbol{a}^2|] \\ |\tilde{\boldsymbol{T}}^2(\boldsymbol{\phi}, \boldsymbol{a}, \boldsymbol{p})| &\leq M(\boldsymbol{p}) \end{aligned} \tag{53}$$

Nun definieren wir, cf. Gl. (5), (45)

$$\begin{cases} \boldsymbol{f}(\boldsymbol{z}, \boldsymbol{y}) = \boldsymbol{\phi}(1, \boldsymbol{z}, \boldsymbol{y}, \boldsymbol{p}) \\ \boldsymbol{e}(\boldsymbol{z}, \boldsymbol{y}) = \boldsymbol{a}(1, \boldsymbol{z}, \boldsymbol{y}, \boldsymbol{p}) = \mathrm{e}^{B(\boldsymbol{p})}\boldsymbol{y} + \int_0^1 \mathrm{e}^{B(\boldsymbol{p})(1-s)}\,\tilde{\boldsymbol{T}}^2(\boldsymbol{\phi}(s, \boldsymbol{z}, \boldsymbol{y}, \boldsymbol{p}), \boldsymbol{a}(s, \boldsymbol{z}, \boldsymbol{y}, \boldsymbol{p}), \boldsymbol{p})\,\mathrm{d}s \end{cases} \tag{54}$$

$$\stackrel{\text{Def}}{=} L\boldsymbol{y} + \boldsymbol{Y}(\boldsymbol{z}, \boldsymbol{y})$$

Es gelte für eine positive Zahl $\beta(\boldsymbol{p})$:

$$|\mathrm{e}^{-B(\boldsymbol{p})}\boldsymbol{y}| \leqslant \mathrm{e}^{-\beta(\boldsymbol{p})}\,|\boldsymbol{y}|$$

so daß wir

$$l = \mathrm{e}^{-\beta(\boldsymbol{p})} \tag{55}$$

definieren können. Führen wir weiter eine Konstante $k \geqslant 1$ wie folgt ein:

$$|\mathrm{e}^{B(\boldsymbol{p})u}\boldsymbol{y}| \leqslant k\,|\boldsymbol{y}| \quad \text{für} \quad u \in [0, 1], \boldsymbol{p} \in P, \boldsymbol{y} \in \mathbf{R}^{t} \tag{56}$$

Dann folgt sofort aus (54), (53), (52)

$$\sup_{\boldsymbol{z}, \boldsymbol{y}} |\boldsymbol{Y}(\boldsymbol{z}, \boldsymbol{y})| \leqslant kM(\boldsymbol{p}) \tag{57}$$

und

$$|\boldsymbol{Y}(\boldsymbol{z}^1, \boldsymbol{y}^1) - \boldsymbol{Y}(\boldsymbol{z}^2, \boldsymbol{y}^2)| \leqslant kL\lambda_y^2 \cdot [|\boldsymbol{z}^1 - \boldsymbol{z}^2| + |\boldsymbol{y}^1 - \boldsymbol{y}^2|] \tag{58}$$

Im Hinblick auf (6) definieren wir

$$K_{yz} = K_{yy} = kL\lambda_y^2 \tag{59}$$

Aus einer zu (54) analogen Integraldarstellung für $\boldsymbol{a}(t, \boldsymbol{z}, \boldsymbol{y}, \boldsymbol{p})$ folgt mit (56), (53), (52)

$$|\boldsymbol{a}(t, \boldsymbol{z}^1, \boldsymbol{y}^1, \boldsymbol{p}) - \boldsymbol{a}(t, \boldsymbol{z}^2, \boldsymbol{y}^2, \boldsymbol{p})| \leqslant kL\lambda_y^2\,|\boldsymbol{z}^1 - \boldsymbol{z}^2| + k(1 + L\lambda_y^2)\,|\boldsymbol{y}^1 - \boldsymbol{y}^2| \tag{60}$$

Für $\boldsymbol{\phi}(1, \boldsymbol{z}, \boldsymbol{y}, \boldsymbol{p})$ haben wir folgende Integraldarstellung:

$$\boldsymbol{\phi}(1, \boldsymbol{z}, \boldsymbol{y}, \boldsymbol{p}) = \boldsymbol{z} + \boldsymbol{\omega} + \int_0^1 \tilde{\boldsymbol{R}}^1(\boldsymbol{a}(s, \boldsymbol{z}, \boldsymbol{y}, \boldsymbol{p}), \boldsymbol{p})\,\mathrm{d}s$$

$$+ \int_0^1 \tilde{\boldsymbol{R}}^2(\boldsymbol{\phi}(s, \boldsymbol{z}, \boldsymbol{y}, \boldsymbol{p}), \boldsymbol{a}(s, \boldsymbol{z}, \boldsymbol{y}, \boldsymbol{p}), \boldsymbol{p})\,\mathrm{d}s$$

Mit (60), (53), (52) ergibt sich daraus:

$$|\boldsymbol{\phi}(1, \boldsymbol{z}^1, \boldsymbol{y}^1, \boldsymbol{p}) - \boldsymbol{\phi}(1, \boldsymbol{z}^2, \boldsymbol{y}^2, \boldsymbol{p})|$$

$$\leqslant (1 + kL\lambda_z^1\lambda_y^2 + L\lambda_z^2)\,|\boldsymbol{z}^1 - \boldsymbol{z}^2| + (k\lambda_z^1 + kL\lambda_z^1\lambda_y^2 + L\lambda_z^2)\,|\boldsymbol{y}^1 - \boldsymbol{y}^2|$$

Im Hinblick auf (6) definieren wir:

$$K_{zz} = 1 + kL\lambda_z^1\lambda_y^2 + L\lambda_z^2, \qquad K_{zy} = k\lambda_z^1 + kL\lambda_z^1\lambda_y^2 + L\lambda_z^2 \tag{61}$$

Falls die Konstanten K_{zz}, K_{zy}, K_{yz}, K_{yy}, l den Voraussetzungen a), b) des Satzes 1 genügen, dann folgt mit Lemma 3, daß das System (51) eine invariante, für $t \to -\infty$ stabile und (global) attraktive Mannigfaltigkeit $\mathcal{M}$ besitzt.

12.3.3 Lokale Identifikation

Wir kehren zu unserem ursprünglichen Problem (42) zurück und zeigen, daß es zu diesem ein System des Typs (51) gibt, so daß die beiden in einer Umgebung von $\boldsymbol{a} = \mathbf{0}$ übereinstimmen. Wir erinnern daran, daß $\bar{\boldsymbol{T}}^1(\mathbf{0}) = \mathbf{0}$ gilt und daß alle Eigenwerte der Matrix $B = (\partial \bar{\boldsymbol{T}}^1/\partial \boldsymbol{a})(\mathbf{0})$ positive Realteile haben. Aus der letzten Bedingung folgt, daß es eine geeignete Norm und eine Zahl $b > 0$ gibt, so daß

$$|e^{-B\varepsilon t}\mathbf{y}| < e^{-b\varepsilon t}|\mathbf{y}|, \qquad t \geq 0 \tag{62}$$

gilt. Mit dieser Norm soll im folgenden gearbeitet werden. Sei $R_0 < 1$ so, daß $\{\boldsymbol{a} \mid |\boldsymbol{a}| < R_0\} \subset \Delta_a$. Dann folgt aus den Regularitätsvoraussetzungen über $\bar{\boldsymbol{T}}^1(\boldsymbol{a})$, daß für jedes $\delta < R_0$ gilt: $\bar{\boldsymbol{T}}^1(\boldsymbol{a})$ besitzt in $\{\boldsymbol{a} \mid |\boldsymbol{a}| < \delta\}$ eine Darstellung der Form:

$$\bar{\boldsymbol{T}}^1(\boldsymbol{a}) = B\boldsymbol{a} + \overline{\boldsymbol{\Delta T}}^1(\boldsymbol{a}), \tag{63}$$

wobei es eine von δ unabhängige Konstante c_0 gibt, so daß gilt[1)]

$$|\overline{\boldsymbol{\Delta T}}^1(\boldsymbol{a})| \leq c_0\delta^2, \qquad \left|\frac{\partial \overline{\boldsymbol{\Delta T}}^1}{\partial \boldsymbol{a}}(\boldsymbol{a})\right| \leq c_0\delta \tag{64}$$

Zur Konstruktion des angekündigten Systems vom Typ (51) benützen wir das folgende Lemma:

Lemma 4 *Es sei $\boldsymbol{q}(\boldsymbol{\phi}, \boldsymbol{a})$ eine Funktion, die auf der Menge $D = \{(\boldsymbol{\phi}, \boldsymbol{a}) \mid \boldsymbol{\phi} \in \mathbf{R}^r, |\boldsymbol{a}| < \delta\}$ definiert und stetig partiell nach den Komponenten von $\boldsymbol{\phi}$ und $\boldsymbol{a}$ differenzierbar ist. Es gelte:*

$$|\boldsymbol{q}(\boldsymbol{\phi}, \boldsymbol{a})| \leq m, \qquad \left|\frac{\partial \boldsymbol{q}}{\partial \boldsymbol{\phi}}(\boldsymbol{\phi}, \boldsymbol{a})\right| \leq m_\phi, \qquad \left|\frac{\partial \boldsymbol{q}}{\partial \boldsymbol{a}}(\boldsymbol{\phi}, \boldsymbol{a})\right| \leq m_a$$

auf D.
Dann gibt es eine Funktion $\tilde{\boldsymbol{q}}(\boldsymbol{\phi}, \boldsymbol{a})$ mit:

(i) *$\tilde{\boldsymbol{q}}(\boldsymbol{\phi}, \boldsymbol{a})$ ist definiert auf $\mathbf{R}^r \times \mathbf{R}^t$ und stetig differenzierbar*

(ii) *Es gilt: $|\tilde{\boldsymbol{q}}(\boldsymbol{\phi}, \boldsymbol{a})| \leq m$, $|(\partial\tilde{\boldsymbol{q}}/\partial\boldsymbol{\phi})(\boldsymbol{\phi}, \boldsymbol{a})| \leq m_\phi$, $|(\partial\tilde{\boldsymbol{q}}/\partial\boldsymbol{a})(\boldsymbol{\phi}, \boldsymbol{a})| \leq \gamma m_a$ auf $\mathbf{R}^r \times \mathbf{R}^t$ $\gamma > 1$ ist von der Konstruktion, den verwendeten Normen, nicht jedoch von $\boldsymbol{q}$ und δ abhängig.*

(iii) *Es gilt: $\tilde{\boldsymbol{q}}(\boldsymbol{\phi}, \boldsymbol{a}) = \boldsymbol{q}(\boldsymbol{\phi}, \boldsymbol{a})$ für $\boldsymbol{\phi} \in \mathbf{R}^r$, $|\boldsymbol{a}| < \delta/3$*

(iv) *Falls $\boldsymbol{q}(\boldsymbol{\phi}, \boldsymbol{a})$ in den Komponenten von $\boldsymbol{\phi}$ 2π-periodisch ist, so gilt dasselbe für $\tilde{\boldsymbol{q}}(\boldsymbol{\phi}, \boldsymbol{a})$.*

---

1) $|\ |$ bezeichne auch eine geeignete Matrizennorm.

Der **Beweis** des Lemmas beruht auf der Existenz von Funktionen $\psi(y, \delta)$ wie sie Fig. 3 zeigt, wobei $\sup|\partial\psi(y, \delta)/\partial y|$ bezüglich δ gleichmäßig beschränkt ist. Die Definition von $\tilde{\boldsymbol{q}}(\boldsymbol{\phi}, \boldsymbol{a})$ erfolgt durch die Formel:

$$\tilde{\boldsymbol{q}}(\boldsymbol{\phi}, \boldsymbol{a}) = \boldsymbol{q}(\boldsymbol{\phi}, \psi(a_1, \delta), \psi(a_2, \delta), \ldots, \psi(a_t, \delta))$$

und es ist leicht einzusehen, daß $\tilde{\boldsymbol{q}}(\boldsymbol{\phi}, \boldsymbol{a})$ die genannten Eigenschaften hat.

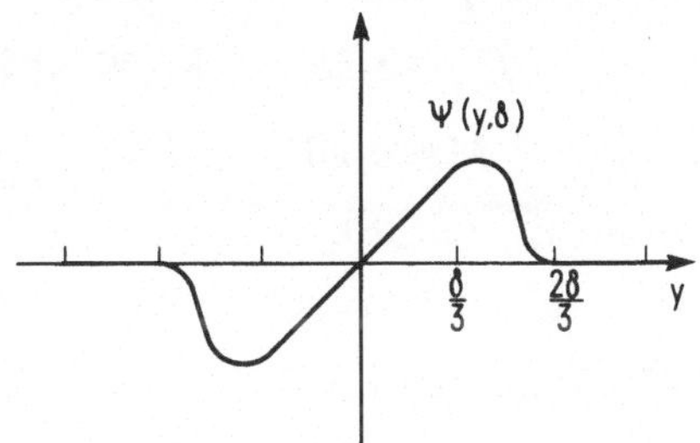

Fig. 3

Wir denken uns das Lemma auf die Funktionen $\bar{\boldsymbol{R}}^1$, $\bar{\boldsymbol{R}}^2$, $\bar{\boldsymbol{T}}^2$ (cf. Gl. (42)), $\overline{\boldsymbol{\Delta T}^1}$ (cf. Gl. (63)) angewandt. Als Resultat erhalten wir Funktionen $\tilde{\boldsymbol{R}}^1$, $\tilde{\boldsymbol{R}}^2$, $\tilde{\boldsymbol{T}}^2$, $\widetilde{\boldsymbol{\Delta T}}^1$, die auf $\mathbf{R}^r \times \mathbf{R}^t$ definiert sind und für die gilt:

$$\begin{aligned} &\tilde{\boldsymbol{R}}^1(\boldsymbol{a}) = \bar{\boldsymbol{R}}^1(\boldsymbol{a}), \qquad &&\tilde{\boldsymbol{R}}^2(\boldsymbol{\phi}, \boldsymbol{a}) = \bar{\boldsymbol{R}}^2(\boldsymbol{\phi}, \boldsymbol{a}), \\ &\tilde{\boldsymbol{T}}^2(\boldsymbol{\phi}, \boldsymbol{a}) = \bar{\boldsymbol{T}}^2(\boldsymbol{\phi}, \boldsymbol{a}), \qquad &&\widetilde{\boldsymbol{\Delta T}}^1(\boldsymbol{\phi}, \boldsymbol{a}) = \overline{\boldsymbol{\Delta T}^1}(\boldsymbol{\phi}, \boldsymbol{a}) \end{aligned} \tag{65}$$

für $\boldsymbol{\phi} \in \mathbf{R}^r$, $|\boldsymbol{a}| < \delta/3$. Ferner gilt auf $\mathbf{R}^r \times \mathbf{R}^t$ mit einer von R_0, aber nicht von δ abhängigen Konstanten c_1

$$\begin{aligned} &|\tilde{\boldsymbol{R}}^1(\boldsymbol{a})| \leq c_1, &&\left|\frac{\partial \tilde{\boldsymbol{R}}^1}{\partial \boldsymbol{a}}(\boldsymbol{a})\right| \leq \gamma c_1 && \\ &|\tilde{\boldsymbol{R}}^2(\boldsymbol{\phi}, \boldsymbol{a})| \leq c_1, &&\left|\frac{\partial \tilde{\boldsymbol{R}}^2}{\partial \boldsymbol{\phi}}(\boldsymbol{\phi}, \boldsymbol{a})\right| \leq c_1, &&\left|\frac{\partial \tilde{\boldsymbol{R}}^2}{\partial \boldsymbol{a}}(\boldsymbol{\phi}, \boldsymbol{a})\right| \leq \gamma c_1 \\ &|\tilde{\boldsymbol{T}}^2(\boldsymbol{\phi}, \boldsymbol{a})| \leq c_1, &&\left|\frac{\partial \tilde{\boldsymbol{T}}^2}{\partial \boldsymbol{\phi}}(\boldsymbol{\phi}, \boldsymbol{a})\right| \leq c_1, &&\left|\frac{\partial \tilde{\boldsymbol{T}}^2}{\partial \boldsymbol{a}}(\boldsymbol{\phi}, \boldsymbol{a})\right| \leq \gamma c_1 \\ &|\widetilde{\boldsymbol{\Delta T}}^1(\boldsymbol{a})| \leq c_0\delta^2, &&\left|\frac{\partial \widetilde{\boldsymbol{\Delta T}}^1}{\partial \boldsymbol{a}}\right| \leq \gamma c_0 \delta && \end{aligned} \tag{66}$$

Betrachten wir nun das folgende System:

$$\begin{cases} \dot{\boldsymbol{\phi}} = \boldsymbol{\omega} + \varepsilon \tilde{\boldsymbol{R}}^1(\boldsymbol{a}) + \varepsilon^2 \tilde{\boldsymbol{R}}^2(\boldsymbol{\phi}, \boldsymbol{a}) \\ \dot{\boldsymbol{a}} = \qquad \varepsilon B\boldsymbol{a} \quad + \varepsilon \widetilde{\boldsymbol{\Delta T}}^1(\boldsymbol{a}) + \varepsilon^2 \tilde{\boldsymbol{T}}^2(\boldsymbol{\phi}, \boldsymbol{a}) \end{cases} \tag{67}$$

Das System (67) übernimmt die Rolle des Systems (51). Der Parametervektor besteht aus ε und δ. Für die in (53) eingeführten Konstanten finden wir leicht mit (66)

$$\lambda_z^1 = \varepsilon\gamma c_1, \qquad \lambda_z^2 = \varepsilon^2\gamma c_1, \qquad \lambda_y^2 = \varepsilon\delta\gamma c_0 + \varepsilon^2\gamma c_1, \qquad M = \varepsilon\delta^2 c_0 + \varepsilon^2 c_1$$

Wir fordern folgende Relation zwischen ε und δ:

$$\varepsilon < \delta^2 \tag{68}$$

Aus (59), (61), (55), (62), (68) ergeben sich folgende Abschätzungen, mit einer genügend großen, von ε und δ unabhängigen Konstanten c_2:

$$K_{yz} \leqslant c_2\varepsilon\delta, \qquad K_{yy} \leqslant c_2\varepsilon\delta, \qquad K_{zz} \leqslant 1 + c_2\varepsilon\delta, \qquad K_{zy} \leqslant c_2\varepsilon,$$
$$M \leqslant c_2\varepsilon\delta^2, \qquad l \leqslant \frac{1}{1+b\varepsilon}$$

somit (cf. Gl. (8))

$$\alpha \leqslant 1 + c_2\varepsilon\delta \qquad \beta \geqslant 1 + \varepsilon(b - c_2\delta)$$

Wir verlangen für δ:

$$\delta < \frac{b}{8c_2k} < \frac{b}{8c_2} \tag{69}$$

Dann folgt $\alpha \leqslant 1 + \varepsilon b/8$, $\beta \geqslant 1 + \varepsilon\frac{7}{8}b$. Wir setzen $\rho = 1 + \varepsilon b/2$, womit Voraussetzung (a) von Satz 1 erfüllt ist. Nun folgt

$$\tfrac{1}{4}(\rho - \alpha)(\beta - \rho) \geqslant \varepsilon^2 \tfrac{9}{256} b^2 > \varepsilon^2 \frac{b^2}{32}$$

Anderseits ist

$$K_{yz}K_{zy} \leqslant \varepsilon^2 c_2^2 \delta$$

und die Voraussetzung (b) von Satz 1 ist erfüllt, wenn wir zusätzlich zu (69)

$$\delta < \frac{b^2}{32c_2^2} \tag{70}$$

verlangen.

Wir denken uns δ so gewählt, daß (69), (70) gilt; dann ist für jedes $\varepsilon < \delta^2$ Satz 1 anwendbar, und es folgt mit der Bemerkung am Schluß von Abschn. 12.3.2, daß (67) für jedes $\varepsilon < \delta^2$ eine invariante, bezüglich den Komponenten von $\boldsymbol{\phi}$ 2π-periodische, für $t \to -\infty$ stabile und (global) attraktive Mannigfaltigkeit $\mathcal{M} = \{(t, \boldsymbol{\phi}, \boldsymbol{a}) \mid t \in R, \boldsymbol{\phi} \in \mathbf{R}^r, \boldsymbol{a} = \mathbf{g}(\boldsymbol{\phi})\}$ besitzt. Aus (20) folgt

$$\|\mathbf{g}(\boldsymbol{z})\| \leqslant \frac{k}{\dfrac{1}{l} - 1} M \leqslant \frac{kc_2}{b}\delta^2 \leqslant \frac{\delta}{8} \tag{71}$$

Es bleibt folgende Frage zu klären. Wir interessieren uns ja nicht für das System (67), sondern für das ursprüngliche System (42). Nach Konstruktion stimmen die Systeme (42) und (67) im Streifen

$$S_{\delta/3} = \left\{(t, \boldsymbol{\phi}, \boldsymbol{a}) \mid t \in \mathbf{R}, \boldsymbol{\phi} \in \mathbf{R}^r, |\boldsymbol{a}| < \frac{\delta}{3}\right\}$$

überein, cf. Gl. (65), (63). Dank der Abschätzung (71) liegt $\mathcal{M}$ in $S_{\delta/3}$. Hieraus folgt sofort, *daß $\mathcal{M}$ invariante Mannigfaltigkeit von* (42) *ist*: Sei $(t^0, \boldsymbol{\phi}^0, \boldsymbol{a}^0) \in \mathcal{M}$, dann ist die Lösung $(t, \boldsymbol{\phi}(t, t^0, \boldsymbol{\phi}^0, \boldsymbol{a}^0), \boldsymbol{a}(t, t^0, \boldsymbol{\phi}^0, \boldsymbol{a}^0))$ von (67) für alle t in $\mathcal{M}$ und folglich in $S_{\delta/3}$, muß also mit der Lösung $(t, \bar{\boldsymbol{\phi}}(t, t^0, \boldsymbol{\phi}^0, \boldsymbol{a}^0), \bar{\boldsymbol{a}}(t, t^0, \boldsymbol{\phi}^0, \boldsymbol{a}^0))$ von (42) für alle t übereinstimmen. *$\mathcal{M}$ ist auch stabil und (lokal) attraktiv bezüglich* (42) *für $t \to -\infty$*: Wir betrachten die Umgebung $\mathcal{U}_{\delta/6}$ von $\mathcal{M}$. Offenbar ist, wegen (71), $\mathcal{U}_{\delta/6} \subset S_{\delta/3}$. Da $\mathcal{M}$ stabil ist bezüglich (67), gibt es zu $\delta/6$ eine Zahl $d < \delta/6$, so daß gilt:

Ist $(t^0, \boldsymbol{\phi}^0, \boldsymbol{a}^0) \in \mathcal{U}_d$, so gilt $(t, \boldsymbol{\phi}(t, t^0, \boldsymbol{\phi}^0, \boldsymbol{a}^0), \boldsymbol{a}(t, t^0, \boldsymbol{\phi}^0, \boldsymbol{a}^0)) \in \mathcal{U}_{\delta/6}$ für $t < t^0$. D.h. für $(t^0, \boldsymbol{\phi}^0, \boldsymbol{a}^0) \in \mathcal{U}_d$ stimmen die Lösungen von (42) und (67) für $t < t^0$ überein. Aus der Stabilität und Attraktivität von $\mathcal{M}$ bezüglich (67) für $t \to -\infty$ folgt daraus die Behauptung. Damit ist Satz 4 bewiesen. ■

Wir wenden uns noch dem Korollar 1 zu. Aufgrund von Satz 3, §11 gilt: Es gibt eine Konstante K, so daß für alle genügend kleinen ε gilt: Die Lösung $(t, \bar{\boldsymbol{\phi}}(t, t^0, \boldsymbol{\phi}^0, \boldsymbol{\xi}), \bar{\boldsymbol{a}}(t, t^0, \boldsymbol{\phi}^0, \boldsymbol{\xi}))$ von (42) existiert für $t \in (-\infty, t^0]$, und es gilt da

$$|\bar{\boldsymbol{a}}(t, t^0, \boldsymbol{\phi}^0, \boldsymbol{\xi}) - \boldsymbol{z}(\varepsilon(t - t^0), \boldsymbol{\xi})| \leq K\varepsilon \tag{72}$$

Da $\boldsymbol{z}(\tau, \boldsymbol{\xi}) \to \boldsymbol{0}$ für $\tau \to -\infty$, folgt, daß es, falls nur ε genügend klein ist, einen Zeitpunkt $t^*(\varepsilon)$ gibt, so daß für $t < t^*(\varepsilon)$ gilt: $(t, \bar{\boldsymbol{\phi}}(t, t^0, \boldsymbol{\phi}^0, \boldsymbol{\xi}), \bar{\boldsymbol{a}}(t, t^0, \boldsymbol{\phi}^0, \boldsymbol{\xi})) \in S_{\delta/3}$. Vom Zeitpunkt $t^*(\varepsilon)$ an, stimmt diese Lösung offenbar mit der entsprechenden des Systems (67) überein, strebt also für $t \to -\infty$ gegen $\mathcal{M}$. Damit ist auch das Korollar 1 bewiesen. ■

12.4 Anwendung

Als Beispiel betrachten wir das folgende DGl.-System:

$$\begin{cases} \ddot{x}_1 - \gamma_1 \dot{x}_2 - n_1^2 x_1 = \varepsilon f_1 \\ \ddot{x}_2 + \gamma_2 \dot{x}_1 - n_2^2 x_2 = \varepsilon f_2 \end{cases} \qquad \gamma_\iota > 0,\ n_\iota > 0,\ \varepsilon > 0 \tag{73}$$

Es tritt im Zusammenhang mit Systemen auf, die durch Kreiselvorrichtungen stabilisiert werden. Beispielsweise kann es zur Beschreibung der in Fig. 4 gezeigten Einschienenbahn benutzt werden. Es handelt sich um einen Wagen W, der mit einem Kreisel K ausgerüstet ist, der um die Achse a rotiert. K ist in einen Rahmen R eingebaut, der um die b-Achse drehen kann. Falls K nicht rotiert, befinden sich sowohl K wie der Wagen W im instabilen Gleichgewicht, woraus sich die positive Rückstellkraft $(n_1^2 x_1, n_2^2 x_2)$ in (73) erklärt. Der Einfluß der Rotation von K wird durch die gyroskopischen Terme $(+\gamma_1 \dot{x}_2, -\gamma_2 \dot{x}_1)$ dargestellt. Sie bewirken, daß die Lösung $x_1 = x_2 = 0$ von (73) im Fall $\varepsilon = 0$ stabil ist. Die Störterme εf_1, εf_2 beschreiben weitere kleine Momente. Zur Beschreibung der Reibung setzen wir etwa $f_1 = -\delta_1 \dot{x}_1$, $f_2 = -\delta_2 \dot{x}_2$. Man erkennt leicht, daß jetzt die Gleichgewichtslösung $x_1 = x_2 = 0$ wieder instabil ist. Wir lassen deshalb auf die b-Achse ein Moment der Form $(\alpha' - \beta \dot{x}_1^2)\dot{x}_1$ wirken, so daß also schließlich

$$f_1 = \alpha \dot{x}_1 - \beta \dot{x}_1^3, \qquad \alpha = \alpha' - \delta_1, \qquad \beta > 0, \qquad f_2 = -\delta_2 \dot{x}_2 \tag{74}$$

gilt.

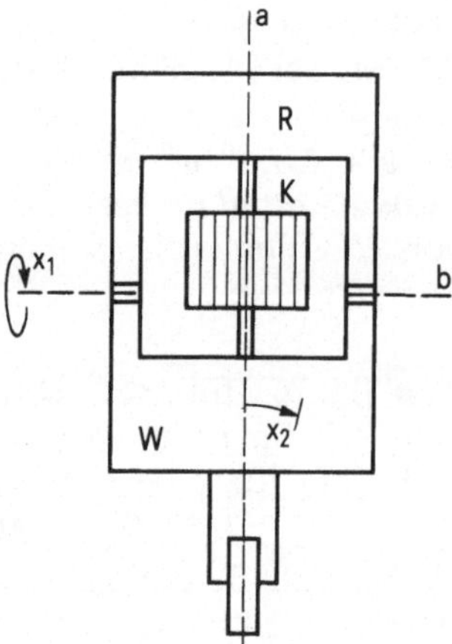

Fig. 4

Es versteht sich, daß die Gl. (73) unter der Voraussetzung kleiner Auslenkungen x_1, x_2 gelten.

Wir führen Elemente ein. Die Untersuchung des ungestörten Problems ($\varepsilon = 0$) legt folgende Definition nahe:

$$\begin{aligned} x_1 &= a_1 \sin \phi_1 + a_2 \sin \phi_2 & \dot{x}_1 &= \omega_1 a_1 \cos \phi_1 + \omega_2 a_2 \cos \phi_2 \\ x_2 &= K_1 a_1 \cos \phi_1 + K_2 a_2 \cos \phi_2 & \dot{x}_2 &= -\omega_1 K_1 a_1 \sin \phi_1 - \omega_2 K_2 a_2 \sin \phi_2 \end{aligned} \tag{75}$$

Hierbei bezeichnen $\omega_1 > \omega_2$ die beiden positiven Lösungen von

$$\omega^4 + (n_1^2 + n_2^2 - \gamma_1 \gamma_2)\omega^2 + n_1^2 n_2^2 = 0 \tag{76}$$

und

$$\begin{aligned} K_1 &= (\omega_1^2 + n_1^2)/\gamma_1 \omega_1 = \gamma_2 \omega_1 / (\omega_1^2 + n_2^2), \\ K_2 &= (\omega_2^2 + n_1^2)/\gamma_1 \omega_2 = \gamma_2 \omega_2 / (\omega_2^2 + n_2^2) \end{aligned} \tag{77}$$

Damit (76) zwei reelle positive Lösungen hat, muß

$$\gamma_1 \gamma_2 > (n_1 + n_2)^2 \tag{78}$$

gelten. Unterwirft man (73) der Elementtransformation (75) folgt:

$$\left\{ \begin{aligned} \dot{\phi}_1 &= \omega_1 - \varepsilon \frac{\gamma_1}{a_1(\omega_1^2 - \omega_2^2)} \left[f_2 \cos \phi_1 + \frac{n_2}{n_1} K_2 f_1 \sin \phi_1 \right] \\ \dot{\phi}_2 &= \omega_2 - \varepsilon \frac{\gamma_1}{a_2(\omega_1^2 - \omega_2^2)} \left[-f_2 \cos \phi_2 - \frac{n_2}{n_1} K_1 f_1 \sin \phi_2 \right] \\ \dot{a}_1 &= -\varepsilon \frac{\gamma_1}{(\omega_1^2 - \omega_2^2)} \left[f_2 \sin \phi_1 - \frac{n_2}{n_1} K_2 f_1 \cos \phi_1 \right] \\ \dot{a}_2 &= -\varepsilon \frac{\gamma_1}{(\omega_1^2 - \omega_2^2)} \left[-f_2 \sin \phi_2 + \frac{n_2}{n_1} K_1 f_1 \cos \phi_2 \right] \end{aligned} \right. \tag{79}$$

Führen wir nun die Mittelbildung in (79) durch. Das gemittelte System heißt:

$$\begin{cases} \dot{a}_1 = \varepsilon b_1[c_1 - \omega_1^2 a_1^2 - 2\omega_2^2 a_2^2]a_1 \\ \dot{a}_2 = \varepsilon b_2[-c_2 + 2\omega_1^2 a_1^2 + \omega_2^2 a_2^2]a_2 \end{cases} \tag{80}$$

mit

$$b_1 = \frac{3\gamma_1\omega_1 n_2 K_2 \beta}{8(\omega_1^2 - \omega_2^2)n_1} > 0, \qquad b_2 = \frac{3\gamma_1\omega_2 n_2 K_1 \beta}{8(\omega_1^2 - \omega_2^2)n_1} > 0,$$

$$c_1 = \frac{-4}{3\beta n_2 K_2}(\delta_2 n_1 K_1 - \alpha n_2 K_2)$$

$$c_2 = \frac{4}{3\beta n_2 K_1}(-\delta_2 n_1 K_2 + \alpha n_2 K_1)$$

Um Satz 4 anwenden zu können, untersuchen wir die Gleichgewichtslagen von (80) und ihre Stabilität. Das Resultat dieser Untersuchung ist in den Fig. 5 und 6 dargestellt.

In drei von diesen sechs Fällen haben wir eine Gleichgewichtslösung, die der Bedingung von Satz 4 genügt: Im 1. Fall ist es Punkt 0, im 6. Fall ist es Punkt A, im 5. Fall Punkt C, falls die folgende Stabilitätsbedingung erfüllt ist:

$$b_1(-2c_2 + c_1) < b_2(-2c_1 + c_2) \tag{81}$$

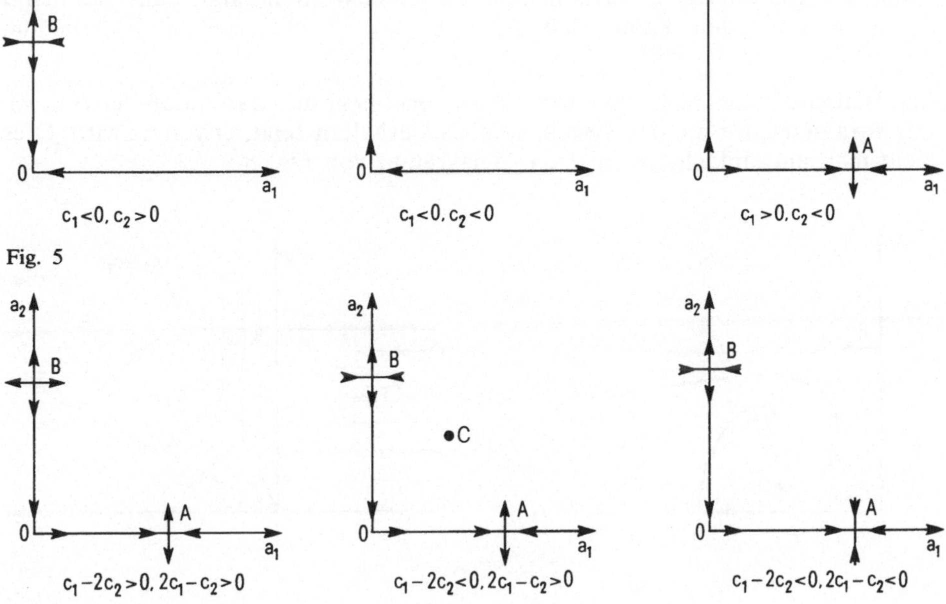

Fig. 5

Fig. 6. $c_1>0$. $c_2>0$

Dieser letzte Fall gehört in den Rahmen der Theorie des vorigen Abschnittes. Die Gleichgewichtslösung C gibt Anlaß zu einer Integralmannigfaltigkeit

$$M: a_1 = g_1(\phi_1, \phi_2) \qquad a_2 = g_2(\phi_1, \phi_2) \tag{82}$$

für das System (79). Da der Unterschied zwischen den g_i und den Komponenten A_i des Punktes C von der Grössenordnung ε ist und die A_i klein sein sollen zufolge der früher genannten Voraussetzung kleiner Auslenkungen, folgt aus (75): Falls $\boldsymbol{\phi}(t)$, $\boldsymbol{a}(t)$ eine Lösung von (79) ist, die zur Zeit $t=0$ auf der Mannigfaltigkeit (82) oder in deren Umgebung liegt, dann variieren die Winkel x_1, x_2 nur wenig um die Gleichgewichtslage $x_1 = x_2 = 0$.

Falls wir eine Lösung haben, die zur Zeit $t=0$ von der Integralmannigfaltigkeit weiter entfernt ist, strebt sie, dank Korollar 1 doch gegen M, falls $\boldsymbol{a}(0)$ im Einzugsbereich von C und ε genügend klein ist. Hinsichtlich des Einzugsbereiches von C bemerken wir, daß ein typisches Phasenportät die in Fig. 7 gezeigte Gestalt hat.

Der 6. Fall kann ebenso behandelt werden, obwohl, streng genommen, die Elementtransformation (75) nicht benutzt werden darf, da die Gl. (79) für $a_2 = 0$ singulär sind. Eine geeignet modifizierte Theorie zeigt, daß dem Punkt A eine periodische Lösung entspricht.

Im 1. Fall schließlich ist der Nullpunkt asymptotisch stabil.

Diskutieren wir abschließend die Charakteristik des Motors $(\alpha' - \beta\dot{x}_1^2)\dot{x}_1$. Man erkennt leicht, daß schon durch den linearen Anteil $\alpha'\dot{x}_1$ allein eventuell ein stabiles Verhalten der Einschienenbahn erreicht werden kann. Falls nämlich α so gewählt werden kann, daß $\beta c_1 < 0$, $\beta c_2 > 0$ gilt (wir sind dann, im wesentlichen, im 1. Fall).

Die Bedeutung des nicht-linearen Terms $-\beta\dot{x}_1^3$ liegt nun darin, daß der Bereich der Parameter, für die das System stabiles Verhalten zeigt, erweitert wird. Dies sieht man am einfachsten im c_1, c_2-Diagramm von Fig. 8.

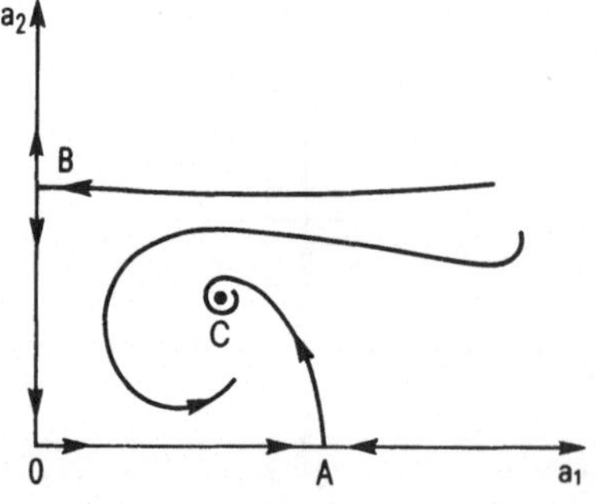

Fig. 7

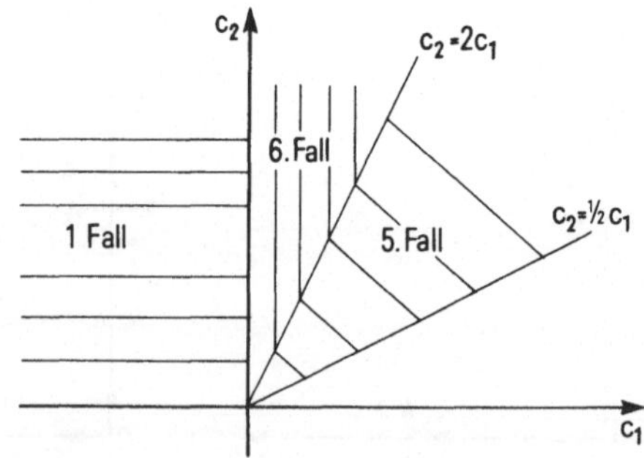

Fig. 8

13 Invariante Mannigfaltigkeiten bei Hamiltonschen Systemen

13.1 Einführende Betrachtungen, das Twist-Theorem

Wir rekapitulieren nochmals die einführenden Bemerkungen in Abschn. 12.1, die zu den grundlegenden Resultaten dieses Abschnittes geführt haben. Wir unterzogen das System

$$\begin{cases} \dot{\phi} = \omega(a) + R^1(\phi, a) \\ \dot{a} = \qquad\quad T^1(\phi, a) \end{cases} \tag{1}$$

einer Störungsrechnung N-ter Ordnung, woraus ein System der Form

$$\begin{cases} \dot{\bar{\phi}} = \bar{R}(\bar{\phi}, \bar{a}) \\ \dot{\bar{a}} = \bar{T}^H(\bar{a}) + \bar{T}^R(\bar{\phi}, \bar{a}) \end{cases} \tag{2}$$

resultiert. Hierbei hat $\bar{T}^R$ die Bedeutung eines Restes, während vom Hauptteil $\bar{T}^H$ verlangt wird, daß er eine Nullstelle A hat, für die $\partial\bar{T}^H(A)/\partial\bar{a} \neq 0$ gilt. Man mag sich fragen, ob es immer möglich ist, ein System (1) in ein System des Typs (2) zu transformieren. Dies ist, wie wir nun zeigen wollen, nicht der Fall. Betrachten wir nämlich ein zwei-dimensionales, nicht-autonomes kanonisches System (bzw. ein drei-dimensionales autonomes System)[1] mit der Hamiltonfunktion

$$H = H^0(a) + H^1(t, \phi, a) = H^0(a) + H^1(\phi_0, \phi, a). \tag{3}$$

(H^1, wie üblich, 2π-periodisch in t (bzw. ϕ_0) und ϕ). Wenden wir auf dieses System eine Störungsrechnung N-ter Ordnung an, so bedeutet dies, bis auf einen Restterm, unter geeigneten Voraussetzungen, die Elimination von t, ϕ (bzw. ϕ_0, ϕ) aus der Hamiltonfunktion, so daß die transformierten Differentialgleichungen wie folgt lauten:

$$\begin{cases} \dot{\bar{\phi}} = \dfrac{\partial \bar{H}^H}{\partial \bar{a}}(\bar{a}) + \dfrac{\partial \bar{H}^R(t, \bar{\phi}, \bar{a})}{\partial \bar{a}} \\[2ex] \dot{\bar{a}} = \qquad\qquad\quad - \dfrac{\partial \bar{H}^R(t, \bar{\phi}, \bar{a})}{\partial \bar{\phi}} \end{cases} \quad \text{bzw.} \quad \begin{cases} \dot{\phi}_0 = 1 \\ \dot{\bar{\phi}} = \dfrac{\partial \bar{H}^H(\bar{a})}{\partial \bar{a}} + \dfrac{\partial \bar{H}^R}{\partial \bar{a}}(\phi_0, \bar{\phi}, \bar{a}) \\[2ex] \dot{\bar{a}} = \qquad\qquad - \dfrac{\partial \bar{H}^R}{\partial \bar{\phi}}(\phi_0, \bar{\phi}, \bar{a}) \end{cases} \tag{4}$$

Ein Vergleich von (4) mit (2) zeigt sofort, daß die Theorie von §12 nicht anwendbar ist, indem der entscheidende Term $\bar{T}^H$ identisch verschwindet und

[1] Cf. Abschn. 1.1.

zwar gilt das, wie man auch N wählt. Damit ist klar, daß für Hamiltonsche Systeme eine neue Theorie entwickelt werden muß.

Genau wie in §12 ziehen wir es vor, Abbildungen statt Differentialgleichungen zu untersuchen.

Es bezeichne $\bar{\phi}(t, \phi^0, a^0)$, $\bar{a}(t, \phi^0, a^0)$ die Lösung von (4), die für $t=0$ durch ϕ^0, a^0 geht. Indem wir diesem Paar den Wert der Lösung zur Zeit $t=2\pi$ zuordnen, definieren wir die Poincaré-Abbildung, welche die folgende Gestalt hat:

$$\boldsymbol{P}:\begin{pmatrix}\phi^0\\ a^0\end{pmatrix}\to\begin{pmatrix}\phi^0+\alpha(a^0)+\Delta\phi(\phi^0, a^0)\\ a^0+\Delta a(\phi^0, a^0)\end{pmatrix} \tag{5}$$

wobei $\Delta\phi(\phi^0, a^0)$, $\Delta a(\phi^0\ a^0)$ in ϕ^0 2π-periodisch sind und mit $\bar{H}^R$ verschwinden. Die 2π-Periodizität bezüglich t drückt sich darin aus, daß der Wert der Lösung zur Zeit $t=n\cdot 2\pi$, $n\in\mathbf{Z}$ gleich der n-ten Iterierten $\boldsymbol{P}^n$ von $\boldsymbol{P}$ ist.

Lassen wir für einen Augenblick die Restterme $\Delta\phi$, Δa in (5) weg. Dann entsteht eine Abbildung $\boldsymbol{T}$:

$$\boldsymbol{T}:\begin{pmatrix}\phi^0\\ a^0\end{pmatrix}\to\begin{pmatrix}\phi^0+\alpha(a^0)\\ a^0\end{pmatrix} \tag{6}$$

die die Eigenschaft hat, daß sie jede Gerade, die parallel zur ϕ^0-Achse ist, invariant läßt. Genauer: $\boldsymbol{T}$ stellt auf jeder solchen Geraden eine Translation dar. Hierbei sind zwei Fälle zu unterscheiden. Entweder ist $\alpha(a^0)\equiv\text{const}$, dann ist der Translationsvektor auf jeder Geraden derselbe, und $\boldsymbol{T}$ ist eine Translation der ϕ^0, a^0-Ebene; oder es ist $d\alpha/da^0\neq 0$, dann ist der Translationsvektor von Gerade zu Gerade verschieden (cf. Fig. 1) und wir sprechen, aus noch zu erläuternden Gründen, von einer Twist-Abbildung. Dementsprechend wird (5) als gestörte Twist-Abbildung bezeichnet.

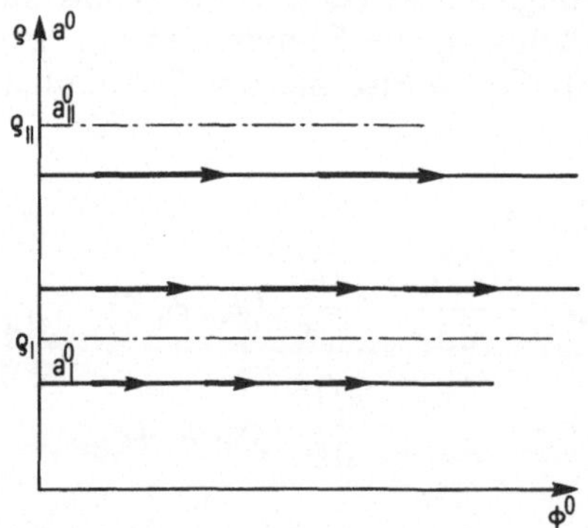

Fig. 1

Man könnte nun erwarten, daß jede der invarianten Geraden von $\boldsymbol{T}$ ein Analogon im gestörten Fall (5) hat, falls nur die Störung genügend klein ist. Dies ist jedoch offensichtlich falsch, wie man durch das triviale Beispiel $\Delta a(\phi^0, a^0)=\varepsilon=\text{const}$ sieht. Nun darf man nicht vergessen, daß (5) die Poincaré-

Abbildung eines kanonischen Systems ist, und man wird erwarten, daß sich diese spezielle Eigenschaft des DGl.-Systems auch in der $\boldsymbol{P}$-Abbildung ausdrückt. Dies ist in der Tat der Fall.

Zunächst erinnern wir an den Satz von Liouville, der besagt, daß der Fluß eines kanonischen Systems im Phasenraum inkompressibel ist. (Um dies in unserem Fall nachzuweisen, bildet man

$$\Delta(t)=\frac{\partial\bar{\phi}}{\partial\phi^0}\frac{\partial\bar{a}}{\partial a^0}-\frac{\partial\bar{\phi}}{\partial a^0}\frac{\partial\bar{a}}{\partial\phi^0}$$

wobei $\bar{\phi}(t,\phi^0,a^0)$, $\bar{a}(t,\phi^0,a^0)$ die früher eingeführte Lösung von (4) bezeichnet, und zeigt $\Delta(t)\equiv 1$, indem man nachweist, daß $\Delta(0)=1$, $\dot{\Delta}(t)\equiv 0$ gilt). Dies bedeutet, daß die Abbildung $\boldsymbol{P}$ flächentreu ist. Für unsere Zwecke ist jedoch nicht direkt diese Bedingung von Bedeutung, sondern die aus ihr folgende Schnittbedingung. Um sie aus der Flächentreue von $\boldsymbol{P}$ herzuleiten, wollen wir annehmen, daß $\bar{a}=0$ Lösung von (4) ist, d.h. die ϕ^0-Achse ist invariant unter $\boldsymbol{P}$. Sei nun $A(\phi^0)$ eine beliebige, in ϕ^0 2π-periodische Funktion; dann wird durch $a^0=A(\phi^0)$ eine "2π-periodische Kurve" C definiert. Betrachten wir auch ihr Bild $\boldsymbol{P}(C)$ unter der Poincaré-Abbildung. Auch $\boldsymbol{P}(C)$ ist "2π-periodisch." Wir behaupten nun: C und $\boldsymbol{P}(C)$ haben einen gemeinsamen Punkt. Wäre dies nicht der Fall, müßte $\boldsymbol{P}(C)$ ganz unterhalb, oder ganz oberhalb von C liegen. Untersuchen wir diesen letzten Fall. Betrachten wir das gestrichelt umrahmte Gebiet $\mathscr{G}_1$: ABCD (Fig. 2) und sein Bild $\mathscr{G}_2=\boldsymbol{P}(\mathscr{G}_1)$ unter $\boldsymbol{P}$. Dieses ist durch Striche und Punkte umrahmt und besitzt die Eckpunkte A'B'C'D'. Die Gebiete $\mathscr{G}_1$ und $\mathscr{G}_2$ sind flächengleich. Infolge der Kongruenz der schraffierten Gebiete folgt, daß das Gebiet $\mathscr{G}_2$ und das durch die Punkte ABEF bestimmte Gebiet $\mathscr{G}_3$ flächengleich sind. Dies ist ein Widerspruch zur Annahme, $\boldsymbol{P}(C)$ verlaufe oberhalb von C.

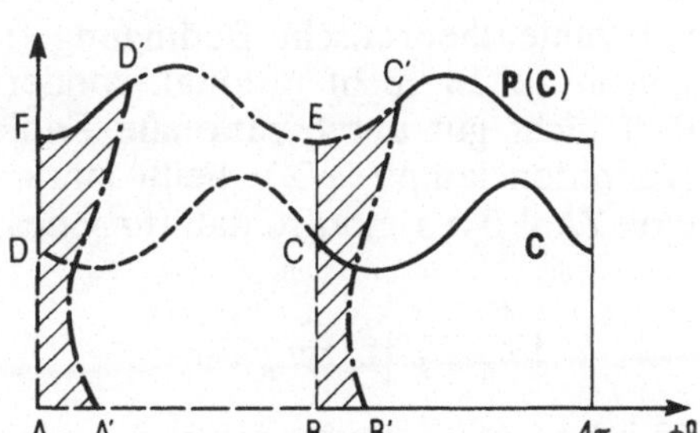

Fig. 2

Wenn es im folgenden um invariante Mannigfaltigkeiten (Kurven) der Abbildung (5) geht, werden wir voraussetzen, daß (5) die soeben dargelegte Schnittbedingung erfüllt.

Weiter werden wir verlangen, daß die Abbildung (6) wirklich eine Twistabbildung ist (und nicht eine Translation).

Unter diesen Voraussetzungen werden wir beweisen, daß jede Gerade (die parallel zur ϕ^0-Achse ist), deren Betrag des Translationsvektors eine gewisse zahlentheoretische Bedingung erfüllt, Anlaß gibt zu einer unter $\boldsymbol{P}$ invarianten "2π-periodischen Kurve", falls die Störung genügend klein ist.

Bevor wir auf eine nähere Erläuterung dieser Bedingung eingehen, wollen wir das Problem (5), (6) einer Transformation unterwerfen. Wir betrachten im folgenden die Abbildungen $\boldsymbol{T}$, $\boldsymbol{P}$ in einem Streifen $\{(\phi^0, a^0) \mid a_\mathrm{I}^0 < a^0 < a_\mathrm{II}^0\}$. Wir nehmen an, daß die Funktion $\alpha(a^0)$ im Intervall $[a_\mathrm{I}^0, a_\mathrm{II}^0]$ die Bedingung $\partial\alpha/\partial a^0 > 0$ erfüllt, also monoton wachsend ist und führen die Größe $\gamma = \alpha(a_\mathrm{II}^0) - \alpha(a_\mathrm{I}^0)$ ein. (O.B.d.A verlangen wir $\gamma \leqslant 1$; dies ist durch genügend kleine Wahl des Streifens immer möglich). Sie ist offenbar ein Maß für die Stärke des Twists ($\gamma = 0$ hieße: (6) bewirkt eine Translation des Streifens). Wir wollen nun die a^0-Achse im Intervall $(a_\mathrm{I}^0, a_\mathrm{II}^0)$ neu so parametrisieren, daß die Funktion α, ausgedrückt in den neuen Variablen, linear ist. Zu diesem Zweck führen wir, anstelle von a^0, die neue Variable ρ ein:

$$\rho = \frac{\alpha(a^0)}{\gamma} \tag{7}$$

Diese Transformation bildet das Intervall $(a_\mathrm{I}^0, a_\mathrm{II}^0)$ auf das Intervall $(\rho_\mathrm{I} = \alpha(a_\mathrm{I}^0)/\gamma,\ \rho_\mathrm{II} = \alpha(a_\mathrm{II}^0)/\gamma)$ der Länge 1 ab und ist wegen der Monotonie von $\alpha(a^0)$ umkehrbar. Drückt man etwa die Abbildung (5) mit ρ aus, so hat diese die folgende Gestalt:

$$\boldsymbol{P}: \begin{pmatrix} \phi^0 \\ \rho \end{pmatrix} \to \begin{pmatrix} \phi^0 + \gamma\rho + \widetilde{\Delta\phi}(\phi^0, \rho) \\ \rho + \widetilde{\Delta a}(\phi^0, \rho) \end{pmatrix} \tag{8}$$

wobei $\widetilde{\Delta\phi}$, $\widetilde{\Delta a}$ 2π-periodische Funktionen von ϕ^0 sind, die sich aus den Funktionen $\Delta\phi$, Δa leicht berechnen. Wählen wir eine der unter $\boldsymbol{T}$ invarianten (d.h. zur ϕ^0-Achse parallelen) Geraden aus: $\rho = \rho_0$, mit $\rho_0 \in (\rho_\mathrm{I}, \rho_\mathrm{II})$, fest. Auf dieser Geraden bewirkt $\boldsymbol{T}$ eine Translation um $\omega = \gamma\rho_0$. Die früher angedeutete zahlentheoretische Bedingung erfordert nun nicht nur, daß das Verhältnis von ω zu 2π nicht rational, sondern sogar stark irrational ist, d.h. $\omega/2\pi$ darf nicht gut durch rationale Zahlen approximierbar sein. Die quantitative Definition lautet: $\omega/2\pi$ heißt stark irrational, falls es eine Zahl $C_0 > 0$, und eine Zahl $\beta > 1$ gibt, so daß für jedes $k \in \mathbf{N}$ und jedes $l \in \mathbf{Z}$ gilt:

$$\left|\frac{\omega}{2\pi} - \frac{l}{k}\right| \geqslant C_0 \frac{1}{k^{\beta+1}} \tag{9}$$

Dies bedeutet intuitiv, daß Brüche mit "großen Nennern" nötig sind, um $\omega/2\pi$ gut zu approximieren.

Für unsere Zwecke ist die Bedingung (9) zu stark, in dem Sinne, daß es möglich ist, daß für jedes $\rho_0 \in (\rho_\mathrm{I}, \rho_\mathrm{II})$ die Zahl $\omega = \gamma\rho_0$ die Bedingung (9) nicht erfüllt. Wir müssen (9) durch eine schwächere Forderung ersetzen:

$$\left|\frac{\omega}{2\pi} - \frac{l}{k}\right| \geqslant \gamma C_0 \frac{1}{k^{\beta+1}} \tag{10}$$

Das folgende Lemma beschreibt die Situation präzise:

Lemma 1 *Es sei $L>0$, $\beta>1$ beliebig vorgegeben. Dann gibt es eine Zahl $C_0(L, \beta)$, so daß gilt: Zu jedem $\gamma \in (0, 1]$ und jedem Intervall I aus $\mathbf{R}^+$ der Länge L, gibt es eine Zahl ω mit*

(i) $$\frac{\omega}{\gamma} \in I$$

(ii) $$\left|\frac{\omega}{2\pi} - \frac{l}{k}\right| \geq \gamma C_0(L, \beta) \frac{1}{k^{\beta+1}} \qquad \text{für alle } k \in \mathbf{N},\ l \in \mathbf{Z}$$

Beweis. Wir führen die folgende Menge ein:

$$\Sigma_{kl} = \left\{\omega \,\middle|\, \frac{\omega}{\gamma} \in I, \left|\frac{\omega}{2\pi} - \frac{l}{k}\right| < \gamma C_0 \frac{1}{k^{\beta+1}}\right\} \qquad \text{mit } k \in \mathbf{N},\ l \in \mathbf{Z}$$

C_0 ist eine Konstante, über die wir später verfügen. Bezeichnen wir mit $\mu(\ )$ das äußere Lebesguesche Maß, dann gilt offenbar $\mu(\Sigma_{kl}) \leq \gamma C_0 4\pi/k^{\beta+1}$. Denken wir uns k fest und lassen wir l variieren. Es wird sich zeigen, daß Σ_{kl} nur für endlich viele Werte von l nicht leer ist. Wir wollen abschätzen für wieviele. Falls $\Sigma_{kl} \neq \emptyset$ ist, gilt für $\omega \in \Sigma_{kl}$:

$$\frac{\omega}{2\pi} - \gamma C_0 \frac{1}{k^{\beta+1}} < \frac{l}{k} < \frac{\omega}{2\pi} + \gamma C_0 \frac{1}{k^{\beta+1}}$$

Indem wir benützen, daß

$$\frac{\omega}{\gamma} \in I \overset{\text{Def}}{=} (\rho_1, \rho_2)$$

gilt, folgt nach Multiplikation mit k:

$$\frac{\gamma\rho_1}{2\pi} k - \gamma C_0 \frac{1}{k^{\beta}} < l < \frac{\gamma\rho_2}{2\pi} k + \gamma C_0 \frac{1}{k^{\beta}}$$

Das bedeutet: die Indizes l, für die Σ_{kl} nicht leer ist, befinden sich in einem Intervall der Länge

$$\frac{\gamma L k}{2\pi} + \frac{\gamma 2 C_0}{k^{\beta}} \leq \frac{Lk}{2\pi} + \frac{2C_0}{k^{\beta}}$$

Definieren wir die Menge Σ durch:

$$\Sigma = \bigcup_{k=1}^{\infty} \bigcup_{l=-\infty}^{\infty} \Sigma_{kl}$$

dann folgt:

$$\mu(\Sigma) \leq \sum_{k=1}^{\infty} \left(\frac{Lk}{2\pi} + \frac{2C_0}{k^{\beta}} + 1\right) \gamma C_0 \frac{4\pi}{k^{\beta+1}} \overset{\text{Def.}}{=} \gamma[C_0^2 d_2 + C_0 d_1(L)]$$

hierbei ist d_2 eine Funktion von β, ebenso die Koeffizienten der linearen Funktion $d_1(L)$.

Die Menge Σ stellt offenbar genau die Menge derjenigen Zahlen des Intervalls $(\gamma\rho_1, \gamma\rho_2)$ dar, die (10) nicht erfüllen. Um zu erzwingen, daß dieses Intervall auch Zahlen ω enthält, die (10) erfüllen, wählen wir C_0 so, daß das Maß von Σ kleiner ist als das Maß γL des Intervalls. Dies erreichen wir, indem wir fordern:

$$C_0^2(L, \beta)d_2(\beta) + C_0(L, \beta)d_1(\beta, L) < L \tag{11}$$

Damit ist der Beweis des Lemmas erbracht. ■

Für unser Problem hat Lemma 1 folgende Bedeutung: Wir denken uns β und $L = 1/2$ ein für allemal gewählt, und C_0 gemäß (11) bestimmt, wobei wir zusätzlich noch $C_0 < 1/2$ fordern wollen. Dann ist es, dank Lemma 1, möglich, im Mittelteil von $(\rho_{\mathrm{I}}, \rho_{\mathrm{II}})$ ein ρ_0 zu finden, daß mit $\omega = \gamma\rho_0$ (10) erfüllt ist.

Da wir im folgenden die Abbildung $\boldsymbol{P}$ in der Nähe von ρ_0 untersuchen wollen, ist es zweckmäßig, statt ρ die Differenz $\rho - \rho_0 = y$ als Koordinate einzuführen. Mit $\omega = \gamma\rho_0$, und indem wir z statt ϕ_0 schreiben, geht (8) über in

$$\boldsymbol{P}: \begin{pmatrix} z \\ y \end{pmatrix} \to \begin{pmatrix} z + \omega + \gamma y + Z(z, y) \\ y + Y(z, y) \end{pmatrix} \tag{12}$$

wobei die Funktionen Y und Z in z 2π-periodisch sind und die Bedeutung von Resttermen haben.

Wir sind nun in der Lage, das von J. Moser stammende Theorem über invariante Kurven der Abbildung $\boldsymbol{P}$ zu formulieren.

Satz 1 (Twist-Theorem) Voraussetzung. a) *ω erfüllt die Bedingung* (10), $\gamma \in (0, 1]$.

b) *Die Funktionen $Z(z, y)$, $Y(z, y)$ sind reell analytisch im Gebiet*

$$D = \{(z, y) \mid z \in \mathbf{C},\ y \in \mathbf{C},\ |\mathrm{Im}\, z| < r_0,\ |y| < r_0\}$$

(*dabei bezeichnet* Im *den imaginären Teil einer komplexen Zahl*). *Ferner sind Z und Y 2π-periodisch in z, d.h. es gilt in D*

$$Z(z + 2\pi, y) = Z(z, y), \qquad Y(z + 2\pi, y) = Y(z, y)$$

c) *Die Abbildung $\boldsymbol{P}$ erfüllt die Schnittbedingung: Sei $\mathbf{g}(z)$ reell analytisch und $g_1(z) - z$, $g_2(z)$ 2π-periodisch in z, $\mathbf{g}(z) \in D$ für $z \in [0, 2\pi]$; dann gibt es zwei Zahlen z_1, z_2 in $[0, 2\pi]$, so daß gilt*

$$\boldsymbol{P}(\mathbf{g}(z_1)) = \mathbf{g}(z_2)$$

Behauptung. *Es gibt eine Funktion $\delta(r_0, \beta, C_0)$, so daß gilt: Falls*

$$|Z(z, y)| + |Y(z, y)| < \gamma\delta(r_0, \beta, C_0) \qquad \textit{für alle } z, y \in D$$

ist, gibt es eine reell analytische, invariante, "2π-periodische" Kurve. Genauer: (i) *Es gibt in* $|\text{Im}\ \xi| < r_0/2$ *reell analytische,* 2π*-periodische Funktionen* $u(\xi)$, $v(\xi)$ *derart, daß die durch die Parameterdarstellung*

$$C: \begin{cases} z = \xi + v(\xi) \\ y = \quad u(\xi) \end{cases}, \qquad \xi \in \mathbf{R}$$

definierte Kurve invariant ist unter $\boldsymbol{P}$. (ii) *Die Parametrisierung* ξ *ist so, daß die* ***Einschränkung von*** $\boldsymbol{P}$ ***auf C durch***

$$\boldsymbol{P}\,|_C : \xi \to \xi + \omega$$

beschrieben werden kann. (iii) *Überdies gilt in* $|\text{Im}\ \xi| < r_0/2$ *die Abschätzung*

$$|u(\xi)| + |v(\xi)| < \frac{r_0}{6}$$

Den Beweis dieses fundamentalen Satzes geben wir in Abschn. 13.2. Diesen Abschnitt beschließen wir mit zwei Bemerkungen. Zunächst die Bezeichnung Twist-Abbildung. Zu diesem Zweck kehren wir zu den Formeln (5) und (6) zurück und bemerken, daß es naheliegend ist, die Variablen ϕ^0, a^0 nicht als kartesische Variable, sondern als Polarkoordinaten in einer Ebene zu interpretieren (Fig. 3). Dank der 2π-Periodizität von $\Delta\phi$, Δa bezüglich ϕ^0 wird dann durch (5) bzw. (6) eine Abbildung der Ebene in sich definiert (jedenfalls solange $\Delta a(\phi^0, 0) = 0$ ist). Die invarianten Kurven von (6) sind nun die konzentrischen Kreise um 0, wobei die Einschränkung von $\boldsymbol{P}$ auf einen solchen Kreis eine Rotation um den Winkel $\alpha(a^0)$ darstellt. Falls $\alpha(a^0) \equiv \text{const}$, stellt $\boldsymbol{T}$ eine Drehung der Ebene dar; falls $d\alpha/da^0 \neq 0$, nun, dann spricht man aus naheliegenden Gründen von einer Twist-Abbildung!

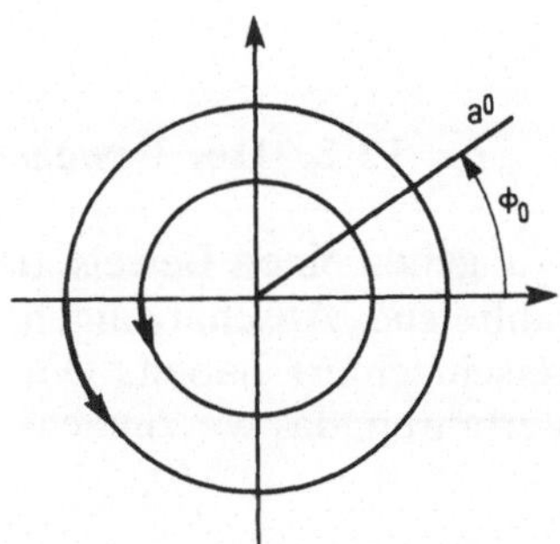

Fig. 3

Das Twist-Theorem garantiert in dieser Interpretation die Existenz geschlossener invarianter Kurven auch für die gestörte Abbildung.

Wir kommen zur zweiten Bemerkung. Der Leser mag sich wundern, warum wir uns hier auf zwei-dimensionale Abbildungen beschränken. In der Tat besitzt das Twist-Theorem ein beliebig-dimensionales Analogon. Wenn wir uns aber auf den ebenen Fall beschränkt haben, so nicht in erster Linie der Einfachheit halber, sondern aus folgendem Grunde: Während bei dissipativen Systemen die invarianten Mannigfaltigkeiten, dank ihrer Attraktionseigenschaften, von zentraler Bedeutung für das qualitative Verhalten eines Systems sind, sind sie, infolge mangelnder Attraktivität, im kanonischen Fall, von geringerer Bedeutung. Wirklich kraftvoll sind sie für zwei-dimensionale Systeme und zwar aus einem topologischen Grund: Während eine geschlossene Kurve die Ebene in eine beschränkte und eine unbeschränkte Komponente zerlegt, gilt das entsprechende für einen n-dimensionalen Torus im $2n$-dimensionalen Euklidschen Raum nicht. Daß dieser Unterschied von erheblicher praktischer Bedeutung ist, sieht man an folgender Anwendung. Ist eine zwei-dimensionale Abbildung Poincaré-Abbildung eines DGl.-Systems, so definiert eine geschlossene invariante Kurve C der Abbildung ein invariantes Gebiet G: Die Lösungen, die auf C starten, bilden einen Zylinder Z im x_1, x_2, t-Raum (cf. Fig. 4). Jede Lösung $\boldsymbol{x}(t)$, die in G startet, kann den Zylinder wegen der Eindeutigkeit der Lösungen nicht verlassen, es gilt also $\boldsymbol{x}(2\pi) \in G$. Hieraus folgt insbesondere, daß jede Lösung die in G startet, in alle Zukunft beschränkt ist. Eine analoge Aussage ist im höher dimensionalen Fall leider nicht möglich.

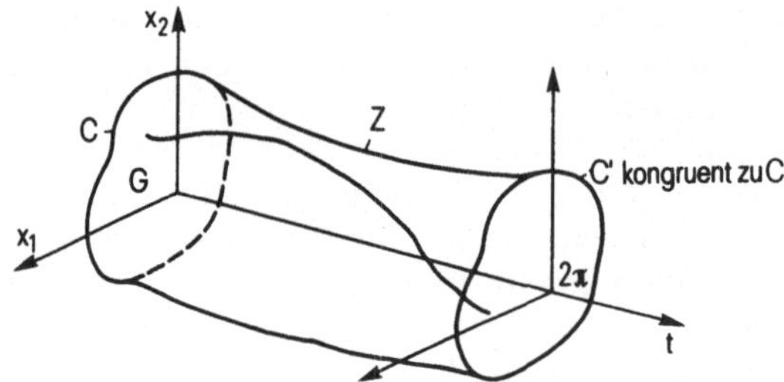

Fig. 4

13.2 Der Beweis des Twist-Theorems

Wir geben einen Beweis, der von H. Rüssmann stammt, wobei wir allerdings zahlreiche Abschätzungen, in der Hoffnung auf grössere Durchsichtigkeit, verschlechtert haben. Der Beweis beruht auf einem modifizierten Newton–Verfahren, das wir zunächst an einem einfachen Beispiel kurz darlegen wollen.

13.2.1 Ein Newton–Verfahren

Gegeben sei eine Funktion $f(x)$. Gesucht sei ihre Inverse $k(x)$, d.h. die Lösung der Gleichung:

$$\mathcal{F}(k)(x) \overset{\text{Def}}{=} f(k(x)) - x = 0 \tag{13}$$

Sei $k^n(x)$ eine Näherungslösung, also $\mathcal{F}(k^n) = \varepsilon$, ε klein. Um eine verbesserte Näherung $k^{n+1}(x) = k^n(x) + \Delta^n(x)$ zu bekommen entwickelt man $\mathcal{F}(k^n + \Delta^n)$ beim Newton–Verfahren nach Δ^n:

$$\mathscr{F}(k^n+\Delta^n)=f(k^n+\Delta^n)-x=f(k^n)-x+f'(k^n)\Delta^n+0([\Delta^n]^2)$$
$$=\mathscr{F}(k^n)+f'(k^n)\Delta^n+0([\Delta^n]^2)=0 \quad (14)$$

und vernachlässigt den Restterm $0([\Delta^n]^2)$, um Δ^n zu bestimmen.

$$\mathscr{F}(k^n)+f'(k^n)\Delta^n=0 \quad (15)$$

Die Lösung dieser Gleichung lautet

$$\Delta^n=-[f'(k^n)]^{-1}\mathscr{F}(k^n)=\frac{x-f(k^n)}{f'(k^n)} \quad (16)$$

Daraus sieht man, daß Δ^n von der Größenordnung ε, der vernachlässigte Term $0([\Delta^n]^2)$ von der Größenordnung ε^2 ist. Während die Lösung des linearen Problems (15) trivial ist, erweist sich das entsprechende Problem beim Beweis des Twist-Theorems als kaum lösbar. Um zu einem modifizierten Verfahren zu kommen, bemerken wir, daß

$$f(k^n)-x=\text{klein}$$

gilt, und wohl auch durch Differentiation:

$$f'(k^n)k^{n'}-1=\text{klein}$$

d.h. $k^{n'}$ ist eine Approximation für $[f'(k^n)]^{-1}$, so daß wir (16) durch

$$\Delta^n=k^{n'}[x-f(k^n)] \quad (17)$$

ersetzen können. Diese Formel vermeidet offenbar die Inversion des linearen Operators $f'(k^n)$. Wir wollen (17) noch auf etwas andere Art herleiten. Es gilt:

$$[\mathscr{F}(k^n)]'+1=[f(k^n)-x]'+1=f'(k^n)k^n \quad (18)$$

Definieren wir nunmehr

$$\Delta^n=k^{n'}E^n \quad (19)$$

mit einer noch zu bestimmenden Funktion E^n. Mit (18), (19) lautet (14) dann:

$$[\mathscr{F}(k^n)+E^n]+[\mathscr{F}(k^n)]'E^n+0([\Delta^n]^2)=0 \quad (20)$$

Indem wir verlangen, daß die erste eckige Klammer verschwindet, folgt

$$E^n=-\mathscr{F}(k^n) \quad (21)$$

was mit (17) übereinstimmt. Falls $\mathscr{F}(k^n)$, $[\mathscr{F}(k^n)]'$ klein von erster Ordnung sind, so sind die vernachlässigten Terme in (20) klein von zweiter Ordnung, und man kann hoffen, daß das modifizierte Newton–Verfahren, ähnlich wie das klassische Verfahren, konvergiert. Wir wollen an dieser Stelle nicht weiter auf die Konvergenzfrage eintreten, sondern einfach festhalten, daß man durch Weglassen von Termen höherer Ordnung in (15) zu einem einfacheren linearen Problem und somit zu einem modifizierten Newton–Verfahren kommen kann.

13.2.2 Das Newton–Verfahren zur Konstruktion invarianter Kurven

Der vorliegende Abschnitt ist der formalen Konstruktion des Newton–Verfahrens für das Twist-Theorem gewidmet. Wir erinnern daran, daß die zu betrachtende Abbildung die Form:

$$\boldsymbol{x} = \begin{pmatrix} z \\ y \end{pmatrix} \to \boldsymbol{P}(\boldsymbol{x}) = \begin{pmatrix} z + \omega + \gamma y + Z(z, y) \\ y + Y(z, y) \end{pmatrix} \tag{22}$$

hat, wobei Z, Y in z 2π-periodisch sind. Betrachten wir nun eine Familie von periodischen Kurven, die durch

$$\boldsymbol{k}(\boldsymbol{x}) = \begin{pmatrix} z + v(z, y) \\ y + u(z, y) \end{pmatrix} \tag{23}$$

beschrieben wird, wobei z hier die Bedeutung des Parameters in einer Parameterdarstellung hat, während y der Scharparameter der Familie ist; u und v seien 2π-periodisch in z. Jede Kurve der Schar wäre invariant unter $\boldsymbol{P}$, wenn gelten würde

$$\mathcal{F}(\boldsymbol{k})(\boldsymbol{x}) \overset{\text{Def.}}{=} \boldsymbol{P}(\boldsymbol{k}(z, y)) - \boldsymbol{k}(z + \omega + \gamma y, y) = \boldsymbol{0} \tag{24}$$

Der einfacheren Notation wegen wollen wir das Einsetzen einer Funktion in eine andere in der Folge mit dem Symbol $\circ$ andeuten.[1)] Überdies führen wir die Funktionen $\boldsymbol{T}$ und $\boldsymbol{\Omega}$ ein:

$$\boldsymbol{T}(\boldsymbol{x}) = \begin{pmatrix} z + \omega + \gamma y \\ y \end{pmatrix} \qquad \boldsymbol{\Omega}(\boldsymbol{x}) = \begin{pmatrix} z + \omega \\ y \end{pmatrix} \tag{25}$$

Dann gilt:

$$\mathcal{F}(\boldsymbol{k}) = \boldsymbol{P} \circ \boldsymbol{k} - \boldsymbol{k} \circ \boldsymbol{T} \tag{26}$$

Es sei nun $\boldsymbol{k}$ eine Näherungslösung unseres Problems, d.h. $\mathcal{F}(\boldsymbol{k})$ sei „klein". Dann suchen wir eine verbesserte Näherung $\boldsymbol{k} + \boldsymbol{\Delta k}$, wobei $\boldsymbol{\Delta k}$ „klein" ist. Offenbar gilt:

$$\begin{aligned} \mathcal{F}(\boldsymbol{k} + \boldsymbol{\Delta k}) &= \boldsymbol{P}(\boldsymbol{k} + \boldsymbol{\Delta k}) - \boldsymbol{k} \circ \boldsymbol{T} - \boldsymbol{\Delta k} \circ \boldsymbol{T} \\ &= \boldsymbol{P} \circ \boldsymbol{k} - \boldsymbol{k} \circ \boldsymbol{T} + (P' \circ \boldsymbol{k}) \boldsymbol{\Delta k} - \boldsymbol{\Delta k} \circ \boldsymbol{T} + \boldsymbol{R} \\ &= \mathcal{F}(\boldsymbol{k}) + \langle (P' \circ \boldsymbol{k}) \boldsymbol{\Delta k} - \boldsymbol{\Delta k} \circ \boldsymbol{T} \rangle + \boldsymbol{R} \end{aligned} \tag{27}$$

Hierbei bedeutet P' die Jacobi-Matrix $\partial \boldsymbol{P} / \partial \boldsymbol{x}$. Für den Rest $\boldsymbol{R}$ gilt:

$$\boldsymbol{R} = \boldsymbol{P}(\boldsymbol{k} + \boldsymbol{\Delta k}) - \boldsymbol{P} \circ \boldsymbol{k} - (P' \circ \boldsymbol{k}) \boldsymbol{\Delta k} \tag{28}$$

Das klassische Newton-Verfahren würde nun darin bestehen, die rechte Seite von (27) gleich Null zu setzen und dabei $\boldsymbol{R}$ zu vernachlässigen. Dies ergäbe eine lineare Gleichung für $\boldsymbol{\Delta k}$. Diese Gleichung ist jedoch nicht einfach, da der

1) Das Symbol $\circ$ bezeichnet hier also ausnahmsweise nicht das Dot-Produkt.

lineare Operator, der auf $\boldsymbol{\Delta k}$ wirkt, von $\boldsymbol{k}$ abhängt und deshalb nicht leicht zu invertieren ist. Vernachlässigen wir deshalb Terme höherer Ordnung wie folgt: Wir definieren (cf. Gl. (19))

$$\boldsymbol{\Delta k} = k'\boldsymbol{E}$$

wobei $\boldsymbol{E}(\boldsymbol{x})$ eine zu bestimmende Funktion ist. Zunächst bemerken wir:

$$\langle \mathscr{F}(\boldsymbol{k})\rangle'\boldsymbol{E} = (P' \circ \boldsymbol{k})\boldsymbol{\Delta k} - (k' \circ \boldsymbol{T})T'\boldsymbol{E}$$

Indem wir mit dieser Gleichung den kritischen Term $(P' \circ \boldsymbol{k})\boldsymbol{\Delta k}$ aus (27) eliminieren:

$$\mathscr{F}(\boldsymbol{k} + \boldsymbol{\Delta k}) = \{\mathscr{F}(\boldsymbol{k}) + (k' \circ \boldsymbol{T})\langle T'\boldsymbol{E} - \boldsymbol{E} \circ \boldsymbol{T}\rangle\} + \langle \mathscr{F}(\boldsymbol{k})\rangle'\boldsymbol{E} + \boldsymbol{R} \tag{29}$$

Wir könnten nun ein Newton-Verfahren dadurch definieren, daß wir das Verschwinden der geschweiften Klammer fordern: mit $\boldsymbol{F} = (k' \circ \boldsymbol{T})^{-1}\mathscr{F}(\boldsymbol{k})$, $\boldsymbol{F}^T = (F_1, F_2)$, $\boldsymbol{E}^T = (\Delta v, \Delta u)$ hieße dann das lineare Problem

$$\begin{cases} \Delta v(z + \omega + \gamma y, y) - \Delta v(z, y) = \gamma \Delta u(z, y) + F_1(z, y) \\ \Delta u(z + \omega + \gamma y, y) - \Delta u(z, y) = \qquad\qquad F_2(z, y) \end{cases} \tag{30}$$

Natürlich wird man verlangen, daß die Lösungen Δu, Δv dieser Gleichungen 2π-periodisch in z sind (denn v und u sollen ja diese Eigenschaft haben) und sie deshalb durch Fourier-Ansatz lösen. Es stellt sich heraus, daß die Lösung Nenner der Form:

$$e^{ik(\omega + \gamma y)} - 1 \qquad k \in \mathbf{Z}$$

enthält. Die Abhängigkeit dieser Nenner von y ist sehr unerwünscht, da sie die Konvergenz der Lösungsfourierreihen zerstört. Wir ersetzen deshalb $\boldsymbol{E} \circ \boldsymbol{T}$ in (29) durch $\boldsymbol{E} \circ \boldsymbol{\Omega}$ ($\boldsymbol{\Omega}$ wurde in (25) definiert) und produzieren einen weiteren Restterm:

$$\mathscr{F}(\boldsymbol{k} + \boldsymbol{\Delta k}) = \{\mathscr{F}(\boldsymbol{k}) + (k' \circ \boldsymbol{T})\langle T'\boldsymbol{E} - \boldsymbol{E} \circ \boldsymbol{\Omega}\rangle\} + (k' \circ \boldsymbol{T})\langle \boldsymbol{E} \circ \boldsymbol{\Omega} - \boldsymbol{E} \circ \boldsymbol{T}\rangle + \langle \mathscr{F}(\boldsymbol{k})\rangle'\boldsymbol{E} + \boldsymbol{R} \tag{31}$$

Hinsichtlich der Größe des neuen Restterms bemerken wir, daß uns die Familie $\boldsymbol{k}$ für kleine Werte von y interessiert, so daß die Differenz von $\boldsymbol{\Omega}$ und $\boldsymbol{T}$ klein ist, mithin ist zu erwarten, daß dieser Term klein ist.

Definiert man das Newtonverfahren durch Nullsetzen des Ausdruckes in den geschweiften Klammern, dann lautet das lineare Problem jetzt:

$$\begin{cases} \Delta v(z + \omega, y) - \Delta v(z, y) = \gamma \Delta u(z, y) + F_1(z, y) \\ \Delta u(z + \omega, y) - \Delta u(z, y) = \qquad\qquad F_2(z, y) \end{cases} \tag{32}$$

Leider ist es noch immer nicht möglich, dieses System zu lösen. Betrachten wir nämlich die zweite Gl. (32), so sehen wir, daß der Mittelwert der linken Seite bezüglich z verschwindet, während das für F_2 i.allg. nicht der Fall ist! Wir müssen (32) deshalb durch

$$\begin{cases}\Delta v(z+\omega, y)-\Delta v(z, y)=\gamma\Delta u(z, y)+F_1(z, y)\\ \Delta u(z+\omega, y)-\Delta u(z, y)= \qquad F_2(z, y)-[F_2](y)\end{cases} \tag{33}$$

ersetzen, wobei

$$[F_2](y)=\frac{1}{2\pi}\int_0^{2\pi} F_2(z, y)\,dz \tag{34}$$

gesetzt wurde. Man mag sich fragen, ob die erste Gl. (33) denn lösbar ist. Dies ist in der Tat möglich. Man muß nämlich beachten, daß die Lösung der zweiten Gl. (33) nur bis auf einen von z unabhängigen Teil bestimmt ist. Diese Freiheit kann man ausnützen, um zu erreichen, daß der Mittelwert der rechten Seite der ersten Gl. (33) verschwindet. Man sieht an dieser Stelle die Bedeutung der Voraussetzung, daß die ungestörte Abbildung eine Twist-Abbildung und nicht eine Drehung ist.

Da wir nun das System (33) und nicht (32) lösen, müssen wir in (31) einen neuen Restterm anbringen. Unter Benützung der Definition (33) für $\boldsymbol{E}$ lautet (31) schließlich

$$\mathscr{F}(\boldsymbol{k}+\boldsymbol{\Delta k})=(k'\circ\boldsymbol{T})\langle\boldsymbol{E}\circ\boldsymbol{\Omega}-\boldsymbol{E}\circ\boldsymbol{T}\rangle+\langle\mathscr{F}(\boldsymbol{k})\rangle'\boldsymbol{E}+\boldsymbol{R}+(k'\circ\boldsymbol{T})\begin{pmatrix}0\\ [F_2]\end{pmatrix} \tag{35}$$

Die Kleinheit des letzten Restterms ist gar nicht evident. Sie wird aus der Schnittbedingung zu folgern sein.

Zusammenfassend haben wir folgenden Algorithmus:

(i) *Gegeben sei eine Approximation* $\boldsymbol{k}$. *Man berechne* $\boldsymbol{F}=(k'\circ\boldsymbol{T})^{-1}\mathscr{F}(\boldsymbol{k})$

(ii) *Man bestimme* $\boldsymbol{E}^T=(\Delta v, \Delta u)$ *gemäß* (33)

(iii) *Man bilde die verbesserte Approximation* $\boldsymbol{k}+\boldsymbol{\Delta k}=\boldsymbol{k}+k'\boldsymbol{E}$. *Es gilt* (35).

13.2.3 Das lineare Problem

Dieser vorbereitende Abschnitt bringt einige Bezeichnungen, die Zusammenstellung einiger trivialer Fakten, sowie eine Untersuchung des linearen Problems (33).

Wir benützen folgende Norm[1]):

$$|\boldsymbol{x}|=|y|+|z| \qquad \text{für } \boldsymbol{x}=\begin{pmatrix}z\\ y\end{pmatrix},$$

$$|B|=\max_{1\le i\le 2}\sum_{j=1}^{2}|b_{ji}| \qquad \text{für } B=\begin{pmatrix}b_{11} & b_{12}\\ b_{21} & b_{22}\end{pmatrix}$$

wobei alle Zahlen aus $\mathbf{C}$ sind. Es gilt dann bekanntlich

$$|B\boldsymbol{x}|\le|B|\,|\boldsymbol{x}|, \qquad |B+C|\le|B|+|C|, \qquad |BC|\le|B|\,|C|,$$
$$|I|=1, \qquad I \text{ Einheitsmatrix}$$

[1]) Wir verwenden die vertikalen Striche einmal im Sinne des Betrages einer komplexen Zahl, ein andermal im Sinne einer Vektor-oder Matrixnorm.

und

$$|B^{-1}| \leq \frac{1}{1-q} \qquad \text{falls } |B-I| \leq q < 1 \tag{36}$$

Diese letzte Gleichung folgt aus der Identität: $B^{-1} = [I-(I-B)]^{-1} = \sum_{k=0}^{\infty} (I-B)^k$.

Im folgenden werden wir Funktionen zweier komplexer Variablen z, y betrachten, die in Gebieten folgender Art definiert sind:

$$D(\delta, s) = \left\{ \boldsymbol{x} = \begin{pmatrix} z \\ y \end{pmatrix} \,\middle|\, |\mathrm{Im}\, z| < \frac{r_0}{2} + \delta, |y| < s \right\}$$

wobei r_0 in Satz 1 eingeführt wurde.

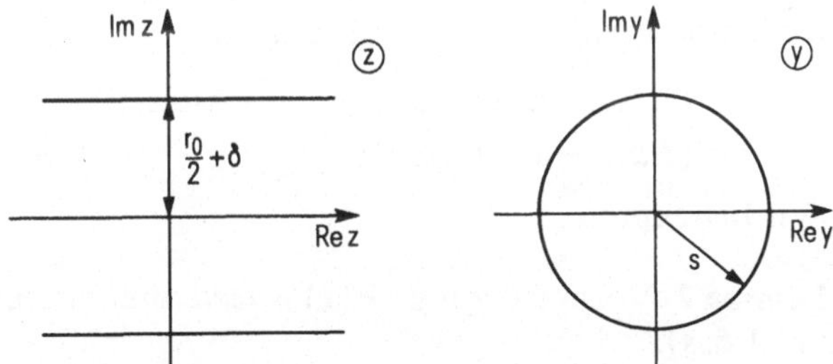

Fig. 5

Insbesondere betrachten wir reell analytische Funktionen auf $D(\delta, s)$, d.h. Funktionen, die in $D(\delta, s)$ analytisch und für reelle z, y reell sind. (Wenn wir von Funktion sprechen, kann, je nach Zusammenhang, auch eine Vektorfunktion, d.h. ein Paar von Funktionen gemeint sein).

Wir erinnern an eine wichtige Eigenschaft dieser Funktionen: Aus einer Schranke für die Funktion können Schranken für die Ableitungen gewonnen werden: Aus $|\boldsymbol{F}(\boldsymbol{x})| \leq m$ für $\boldsymbol{x} \in D(\delta, s)$ folgt:

$$\begin{aligned} &\left|\frac{\partial \boldsymbol{F}}{\partial z}\right| \leq \frac{m}{\rho}, \quad \boldsymbol{x} \in D(\delta-\rho, s); \qquad \frac{1}{2!}\left|\frac{\partial^2 \boldsymbol{F}}{\partial z^2}\right| \leq \frac{m}{\rho^2}, \quad \boldsymbol{x} \in D(\delta-\rho, s); \\ &\left|\frac{\partial^2 \boldsymbol{F}}{\partial z\, \partial y}\right| \leq \frac{m}{\rho\sigma}, \quad \boldsymbol{x} \in D(\delta-\rho, s-\sigma) \end{aligned} \tag{37}$$

Diese Abschätzungen folgen sofort aus der Cauchy-Integralformel und gelten unabhängig, ob $\boldsymbol{F}$ skalar oder ein Vektor ist, bei entsprechender Interpretation der vertikalen Striche.

Zur Diskussion des Systems (33) benötigen wir einige Hilfsresultate, die wir jetzt anschreiben und dann am Schluß des Abschnittes beweisen.

Hilfsresultat 1 *Es sei $\boldsymbol{F}(z, y)$ reell analytisch in $D(\delta, s)$, 2π-periodisch in z,* i.e. *$\boldsymbol{F}(z+2\pi, y) = \boldsymbol{F}(z, y)$ für $\boldsymbol{x} \in D(\delta, s)$, dann gilt:*

$$\boldsymbol{F}(z, y) = \sum_{k \in \mathbf{Z}} \boldsymbol{F}^{(k)}(y) e^{ikz} \qquad \text{mit } \boldsymbol{F}^{(k)}(y) = \frac{1}{2\pi} \int_0^{2\pi} \boldsymbol{F}(z, y) e^{-ikz}\, dz \tag{38}$$

wobei die Koeffizienten $\boldsymbol{F}^{(k)}(y)$ *analytisch in* $|y|<s$ *sind. Ferner gilt* $\boldsymbol{F}^{(k)}(y)=\bar{\boldsymbol{F}}^{(-k)}(y)$ *für reelle* y, $^{-}$*bezeichnet konjugiert komplex.*
Falls $|\boldsymbol{F}(\boldsymbol{x})|\leqslant m$ *für* $\boldsymbol{x}\in D(\delta, s)$, *gilt:*

$$|\boldsymbol{F}^{(k)}(y)|\leqslant m\mathrm{e}^{-|k|(r_0/2+\delta)} \qquad \text{für } k\in\mathbf{Z},\ |y|<s \tag{39}$$

Hilfsresultat 2 *Aus der zahlentheoretischen Bedingung* (10) *folgt:*

$$|\mathrm{e}^{ik\omega}-1|\geqslant 4\gamma C_0 k^{-\beta} \qquad k\in\mathbf{N}$$

Hilfsresultat 3 *Es gilt:*

$$\sum_{k=1}^{\infty} k^{\beta}\mathrm{e}^{-k\rho}\leqslant\frac{1}{\rho^{\beta+1}}\Gamma(\beta+2)$$

wobei Γ *die Gamma-Funktion bezeichnet.*
Betrachten wir nun das System (33):

$$\begin{cases}\Delta v(z+\omega, y)-\Delta v(z, y)=\gamma\Delta u(z, y)+F_1(z, y)\\ \Delta u(z+\omega, y)-\Delta u(z, y)= \qquad\qquad F_2(z, y)-[F_2](y)\end{cases} \tag{40}$$

Wir behaupten:

Lemma 2 Voraussetzung. $\boldsymbol{F}(\boldsymbol{x})$ *is reell analytisch,* 2π*-periodisch in* z, $|\boldsymbol{F}(\boldsymbol{x})|\leqslant m$, *in* $D(\delta, s)$.
Behauptung. *Es gibt eine in* $D(\delta, s)$ *reell analytische Funktion* $\boldsymbol{E}(\boldsymbol{x})=(\Delta v, \Delta u)^T$, 2π*-periodisch in* z, *welche* (40) *erfüllt, und es gilt:*

$$|\boldsymbol{E}(\boldsymbol{x})|=|\Delta u|+|\Delta v|\leqslant\frac{m}{\gamma}C\frac{1}{\rho^{\tau}} \qquad \text{für } \boldsymbol{x}\in D(\delta-2\rho, s)$$

mit

$$C=C(C_0, \beta)=\frac{\Gamma^2(\beta+2)}{(2C_0)^2}+\frac{3\Gamma(\beta+2)}{2C_0}+1 \qquad \tau=2\beta+2$$

für jedes ρ *mit* $0<2\rho<\delta$ *und* $\rho<1$.

Beweis von Lemma 2. Gemäß Hilfsresultat 1 besitzt $\boldsymbol{F}$ eine Fourierdarstellung (38) in $D(\delta, s)$. Offenbar ist

$$\Delta u_p(z, y)=\sum_{k\in\mathbf{Z}-\{0\}}\frac{F_2^{(k)}(y)}{\mathrm{e}^{ik\omega}-1}\mathrm{e}^{ikz} \tag{41}$$

eine formale Lösung von (40.2). Wir zeigen, daß (41) in $D(\delta, s)$ konvergiert. Für $0<\rho<\delta$ gilt, für $\boldsymbol{x}\in D(\delta-\rho, s)$, wegen Hilfsresultat 1, 2, 3

$$|\Delta u_p(z, y)|\leqslant 2\sum_{k=1}^{\infty}\frac{m\mathrm{e}^{-k(r_0/2+\delta)}}{4\gamma C_0 k^{-\beta}}\mathrm{e}^{k(r_0/2+\delta-\rho)}\leqslant\frac{m}{2C_0\gamma}\Gamma(\beta+2)\frac{1}{\rho^{\beta+1}} \tag{42}$$

Hierbei wurde benützt, daß $|\mathrm{e}^{-ik\omega}-1|=|\mathrm{e}^{ik\omega}-1|$ gilt. Nun schließen wir wie folgt: Jedes Glied der Reihe (41) ist eine analytische Funktion in $D(\delta, s)$. Aus

(42) folgt, daß die Reihe (41) in jeder Teilmenge $D(\delta-\rho, s)$ von $D(\delta, s)$ gleichmäßig konvergiert. Somit stellt die Reihe (41) in $D(\delta, s)$ eine analytische Funktion $\Delta u_p(z, y)$ dar, die offenbar Lösung der Gl. (40.2) ist und in $D(\delta-\rho, s)$ die Abschätzung (42) befriedigt.

Δu_p stellt nur eine partikuläre Lösung der Gl. (40.2) dar. Die allgemeinste Lösung entsteht, indem wir zu Δu_p eine beliebige Funktion von y allein addieren. Wir wählen diese Funktion (cf. die Diskussion im Anschluß an Gl. (33)) so, daß die rechte Seite von (40.1) verschwindenden Mittelwert hat. D.h. wir definieren endgültig

$$\Delta u(z, y) = \Delta u_p(z, y) - \frac{1}{\gamma}[F_1](y) \tag{43}$$

wobei $[F_1]$, wie vorher, den Mittelwert von F_1 bezeichnet. Wegen $\|[F_1]\| \leqslant m$ und $\rho < 1$ folgt:

$$|\Delta u(z, y)| \leqslant \frac{m}{\gamma}\left(\frac{1}{2C_0}\Gamma(\beta+2)\frac{1}{\rho^{\beta+1}}+1\right) \leqslant \frac{m}{\gamma}\left(\frac{\Gamma(\beta+2)}{2C_0}+1\right)\frac{1}{\rho^{\beta+1}} \quad \text{für } \boldsymbol{x} \in D(\delta-\rho, s) \tag{44}$$

Wenden wir uns der Lösung der Gl. (40.1) zu. Ihre rechte Seite, bezeichnen wir sie mit $G(z, y)$, ist analytisch in $D(\delta, s)$ mit verschwindendem Mittelwert, besitzt also eine Fourierdarstellung der Form:

$$G(z, y) = \sum_{k \in \mathbf{Z}-\{0\}} G^{(k)}(y) e^{ikz} \tag{45}$$

Ferner gilt offensichtlich folgende Abschätzung:

$$|G(z, y)| \leqslant m\left(\frac{\Gamma(\beta+2)}{2C_0}+2\right)\frac{1}{\rho^{\beta+1}} \qquad \text{für } \boldsymbol{x} \in D(\delta-\rho, s) \tag{46}$$

Folglich ergibt sich eine formale Lösung von (40.1) wie folgt:

$$\Delta v(z, y) = \sum_{k \in \mathbf{Z}-\{0\}} \frac{G^{(k)}(y)}{e^{ik\omega}-1} e^{ikz} \tag{47}$$

(Hier verzichten wir darauf, eine Lösung des homogenen Problems zu addieren).

Ganz ähnlich wie in (42) ergibt sich folgende Abschätzung:

$$|\Delta v(z, y)| \leqslant \frac{m}{\gamma}\left(\frac{\Gamma^2(\beta+2)}{(2C_0)^2}+\frac{\Gamma(\beta+2)}{C_0}\right)\frac{1}{\rho^{2\beta+2}} \tag{48}$$

für $\boldsymbol{x} \in D(\delta-2\rho, s)$. Da ρ beliebig ist, folgt, daß $\Delta v(z, y)$ in $D(\delta, s)$ analytisch ist und weiter, da Lösung von (40.1). Schließlich ergibt sich aus (44) und (48) die im Lemma behauptete Abschätzung. Endlich bemerken wir noch, daß aus (41) bzw. (47) wegen $\boldsymbol{F}^{(k)}(y) = \bar{\boldsymbol{F}}^{(-k)}(y)$ bzw. $G^{(k)}(y) = \bar{G}^{(-k)}(y)$ für reelle y folgt, daß Δu bzw. Δv reell ist, für reelle Argumente. ■

Wir beweisen die Hilfsresultate.

Beweis von Hilfsresultat 1. Die Abbildung $z \to e^{iz} = \zeta$ bildet den Streifen $|\mathrm{Im}\, z| < r_0/2 + \delta$ auf das Ringgebiet $R = \{\zeta \mid r_- = e^{-r_0/2-\delta} < |\zeta| < e^{r_0/2+\delta} = r_+\}$ ab. Definieren wir eine analytische Funktion $\hat{\boldsymbol{F}}(\zeta, y)$ auf $R \times \{y \mid |y| < s\}$ durch Verpflanzung der Funktion $\boldsymbol{F}(z, y)$, indem wir setzen:

$$\hat{\boldsymbol{F}}(e^{iz}, y) = \boldsymbol{F}(z, y) \tag{49}$$

Dank der 2π-Periodizität von $\boldsymbol{F}$ bezüglich z ist $\hat{\boldsymbol{F}}$ auf diese Weise wohldefiniert. Für $\hat{\boldsymbol{F}}(\zeta, y)$ gilt die verallgemeinerte Cauchy-Integralformel (cf. Fig. 6):

$$\hat{\boldsymbol{F}}(\zeta, y) = \frac{1}{2\pi i} \int_{C_2} \frac{\hat{\boldsymbol{F}}(\xi, y)}{\xi - \zeta} d\xi - \frac{1}{2\pi i} \int_{C_1} \frac{\hat{\boldsymbol{F}}(\xi, y)}{\xi - \zeta} d\xi$$

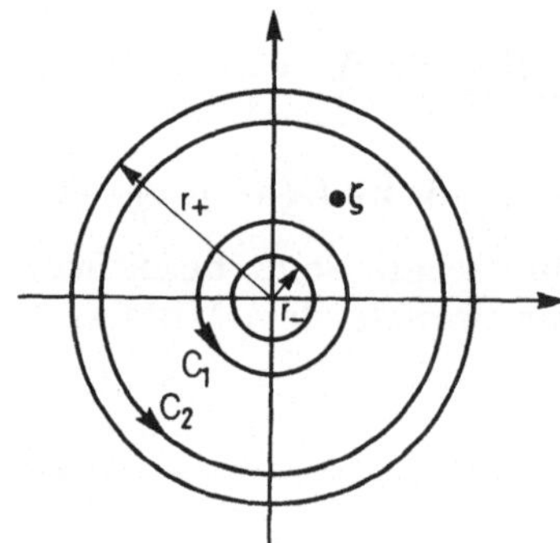

Fig. 6

Entwickeln wir $1/(\xi - \zeta)$ nach ξ:

$$\frac{1}{\xi - \zeta} = \begin{cases} \sum_{k=0}^{\infty} \frac{\zeta^k}{\xi^{k+1}} & \text{für } \xi \in C_2 \\ -\sum_{k=0}^{\infty} \frac{\xi^k}{\zeta^{k+1}} & \text{für } \xi \in C_1 \end{cases}$$

Wegen der gleichmäßigen Konvergenz dieser Reihen erhält man:

$$\hat{\boldsymbol{F}}(\zeta, y) = \sum_{k=-\infty}^{\infty} \boldsymbol{F}^{(k)}(y) \zeta^k$$

$$\text{mit } \boldsymbol{F}^{(k)}(y) = \frac{1}{2\pi i} \int_{C_j} \frac{\hat{\boldsymbol{F}}(\xi, y)}{\xi^{k+1}} d\xi \qquad \begin{cases} j = 2 & \text{für } k \geq 0 \\ j = 1 & \text{für } k \leq -1 \end{cases} \tag{50}$$

Aus dem verallgemeinerten Cauchy-Integralsatz folgt, daß die $\boldsymbol{F}^{(k)}(y)$ nicht von der Wahl der C_j abhängen, insbesondere können wir zur Berechnung der $\boldsymbol{F}^{(k)}(y)$ einfach $C_1 = C_2 = C$ setzen, wo C ein beliebiger Kreis in R ist.[1] Da C_1,

[1] der den Nullpunkt umschließt.

C_2 in R beliebig sind, konvergiert die Reihe (50) in $R \times \{y \mid |y| < s\}$. Ferner sind die durch (50) definierten Funktionen $\boldsymbol{F}^{(k)}(y)$ analytisch in $\{y \mid |y| < s\}$.

Wegen (49) folgt aus (50) die in $D(\delta, s)$ konvergente Reihendarstellung von $\boldsymbol{F}(z, y)$:

$$\boldsymbol{F}(z, y) = \sum_{k=-\infty}^{\infty} \boldsymbol{F}^{(k)}(y) e^{ikz}$$

Wählen wir weiter zur Berechnung der Fourierkoeffizienten: $C_1 = C_2 =$ Einheitskreis und machen wir die Substitution $\xi = e^{iz}$, dann folgt:

$$\boldsymbol{F}^{(k)}(y) = \frac{1}{2\pi} \int_0^{2\pi} \boldsymbol{F}(z, y) e^{-ikz}\, dz$$

Hieraus folgt sofort $\bar{\boldsymbol{F}}^{(k)}(y) = \boldsymbol{F}^{(-k)}(y)$ für reelle Werte von y.

Es bleibt die Abschätzung (39) zu beweisen. Wegen $|\hat{\boldsymbol{F}}| \leq m$ in $R \times \{y \mid |y| < s\}$ folgt aus (50), für $C_j = C$, wenn r den Radius von C bezeichnet:

$$|\boldsymbol{F}^{(k)}| \leq \frac{m}{r^k}$$

Indem wir r gegen r_+ streben lassen, falls $k \geq 0$ ist, bzw. gegen r_-, falls $k < 0$, folgt die Behauptung. ■

B e w e i s von Hilfsresultat 2. Offenbar ist:

$$|e^{ik\omega} - 1| = 2 \left|\sin \frac{k\omega}{2}\right| = 2 \left|\sin\left(\frac{k\omega}{2} - l\pi\right)\right|$$

wobei l eine beliebige ganze Zahl ist. Nun wählen wir speziell l so, daß $|k\omega/2 - l\pi| \leq \pi/2$ gilt, cf. Fig. 7a. Weiter brauchen wir, daß für $|x| \leq \pi/2$ gilt:

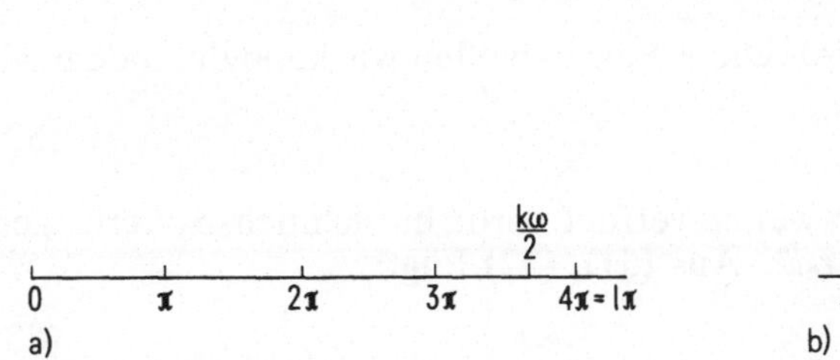

Fig. 7

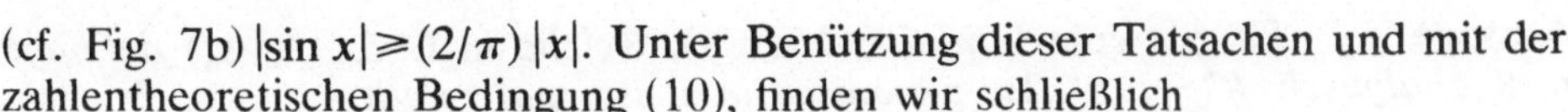

(cf. Fig. 7b) $|\sin x| \geq (2/\pi)\, |x|$. Unter Benützung dieser Tatsachen und mit der zahlentheoretischen Bedingung (10), finden wir schließlich

$$|e^{ik\omega} - 1| \geq \frac{4}{\pi} \left|\frac{k\omega}{2} - l\pi\right| \geq 4\gamma C_0 k^{-\beta}$$ ■

Beweis von Hilfsresultat 3. Mit der Abelschen partiellen Summation gilt:

$$\sum_{k=1}^{n} k^{\beta} e^{-k\rho} = \sum_{k=0}^{n} k^{\beta} e^{-k\rho}$$
$$= \sum_{k=0}^{n} \left(\sum_{m=0}^{k} m^{\beta} \right) (e^{-k\rho} - e^{-(k+1)\rho}) + \left(\sum_{m=0}^{n} m^{\beta} \right) e^{-(n+1)\rho}$$

Unter Benützung folgender Formeln:

$$\sum_{m=0}^{k} m^{\beta} \leqslant k^{\beta+1}, \qquad e^{-k\rho} - e^{-(k+1)\rho} = \rho \int_k^{k+1} e^{-t\rho}\, dt,$$
$$\int_k^{k+1} k^{\beta+1} e^{-t\rho}\, dt \leqslant \int_k^{k+1} t^{\beta+1} e^{-t\rho}\, dt$$

erhält man:

$$\sum_{k=1}^{n} k^{\beta} e^{-k\rho} \leqslant \sum_{k=0}^{n} \rho \int_k^{k+1} t^{\beta+1} e^{-t\rho}\, dt + n^{\beta+1} e^{-(n+1)\rho} = \rho \int_0^{n+1} t^{\beta+1} e^{-t\rho}\, dt + n^{\beta+1} e^{-(n+1)\rho}$$
$$= \frac{1}{\rho^{\beta+1}} \int_0^{(n+1)\rho} \tau^{\beta+1} e^{-\tau}\, d\tau + n^{\beta+1} e^{-(n+1)\rho}$$

Hieraus gibt sich die Behauptung durch den Grenzübergang $n \to \infty$ und mit der Definition von Γ. ∎

13.2.4 Der Induktionsschritt

Wir kommen nun zum eigentlichen Kernstück des Beweises, dem Induktionslemma. Um dieses formulieren zu können, führen wir drei Zahlenfolgen δ_n, s_n, M_n ein:

$$\delta_n = (\delta_{n-1})^{\kappa}, \qquad s_n = (s_{n-1})^{\kappa}, \qquad M_n = (M_{n-1})^{\kappa} \tag{51}$$

wobei $\kappa > 1$ später bestimmt wird. Diese Folgen wollen wir koppeln, indem wir setzen

$$s_0 = \delta_0^{\sigma}, \qquad M_0 = \delta_0^{\mu} \tag{52}$$

wobei über $\sigma > 1$, $\mu > 1$ später weiter verfügt wird; hinsichtlich δ_0 verlangen wir einstweilen $\delta_0 < 1$ und $\delta_0 < r_0/2$. Aus (51), (52) folgt:

$$s_n = \delta_n^{\sigma}, \qquad M_n = \delta_n^{\mu} \tag{53}$$

Zur Formulierung des Lemmas führen wir die "Aussage A_n" ein:

Aussage $\mathbf{A}_n$ *Es gibt eine Funktion $\boldsymbol{k}^n(z, y)$, welche in $D(\delta_n + s_n, s_n)$ definiert, reell analytisch, $k_1^n - z$, k_2^n 2π-periodisch in z, ist, und es gilt:*

$$|\boldsymbol{k}^n(\boldsymbol{x}) - \boldsymbol{x}| \leqslant \delta_0 - \delta_n \qquad \text{für } \boldsymbol{x} \in D(\delta_n, s_n) \overset{\text{Def}}{=} D_n \tag{54.n}$$

$$|[k^n(\boldsymbol{x})]' - I| \leqslant \sqrt{\delta_0} - \sqrt{\delta_n} \tag{55.n}$$

sowie:

$$|\mathcal{F}(\boldsymbol{k}^n)(\boldsymbol{x})| \leq \gamma M_n \qquad \text{für } \boldsymbol{x} \in D_n \tag{56.n}$$

Dazu bemerken wir zuerst, daß wegen (54.n), (55.n) $\mathcal{F}(\boldsymbol{k}^n)$ wohl definiert ist: Wir zeigen zuerst $\boldsymbol{x} \in D_n \Rightarrow \boldsymbol{k}^n(\boldsymbol{x}) \in D$ (d.h. $\boldsymbol{P}(\boldsymbol{k}^n)$ ist definiert für $\boldsymbol{x} \in D_n$). (54.n)$\Rightarrow |v^{n-1}| + |u^{n-1}| \leq \delta_0 - \delta_n$ für $\boldsymbol{x} \in D_n$ (es ist $\boldsymbol{k}^n = (z + v^{n-1}, y + u^{n-1})^T = (k_1^n, k_2^n)^T$).

Also:

$$|\text{Im}\, k_1^n| \leq |\text{Im}(k_1^n - z)| + |\text{Im}\, z| \leq \delta_0 - \delta_n + \frac{r_0}{2} + \delta_n = \delta_0 + \frac{r_0}{2} < r_0 \quad \text{für } \boldsymbol{x} \in D_n.$$

Analog:

$$|k_2^n| \leq |k_2^n - y| + |y| \leq \delta_0 - \delta_n + s_n < \delta_0 < \frac{r_0}{2} < r_0$$

wobei benützt wurde, daß $s_n = \delta_n^\sigma < \delta_n < \delta_0$ gilt.

Zeigen wir nun, daß $\boldsymbol{k}^n \circ \boldsymbol{T}$ (cf. Gl. (25)) wohl definiert ist. Einerseits folgt aus $\boldsymbol{x} \in D_n$:

$$|\text{Im}(z + \omega + \gamma y)| \leq |\text{Im}\, z| + |\text{Im}\, y| \leq \frac{r_0}{2} + \delta_n + s_n,$$

wobei $\gamma \leq 1$ benützt wurde. Andererseits $|y| < s_n$. Da $\boldsymbol{k}^n(\boldsymbol{x})$ auf $D(\delta_n + s_n, s_n)$ definiert ist, folgt die Behauptung.

Also ist $\mathcal{F}(\boldsymbol{k}^n)$ in der Tat definiert.

Wir formulieren nun das Induktionslemma.

Lemma 3 *Es gibt Funktionen* $\sigma(\tau) > 1$, $\mu(\tau) > 1$, $\delta_0(r_0, \tau, C_0) < \min(1, r_0/2)$ (τ, C_0 *gemäß Lemma* 1, 2), *so daß, falls* $\kappa = \frac{4}{3}$ *gesetzt wird und*

$$|Z(z, y)| + |Y(z, y)| \leq \gamma[\delta_0(r_0, \tau, C_0)]^2 \qquad \text{für } \boldsymbol{x} \in D$$

(D *gemäß Satz* 1) *gilt, dann folgt:*

Falls A_n *gilt, gilt* A_{n+1} *und es ist* $|\boldsymbol{k}^{n+1} - \boldsymbol{k}^n| \leq \delta_n - \delta_{n+1}$ in D_{n+1} (*wobei* $\boldsymbol{k}^{n+1}$ *aus* $\boldsymbol{k}^n$ *gemäß dem Algorithmus in Abschn.* 13.2.2 *konstruiert ist*).

Wir zerlegen den Beweis dieses Lemmas in mehrere Schritte.

1. Konstruktion von $\boldsymbol{k}^{n+1}$. Wir stützen uns auf den Algorithmus in Abschn. 13.2.2, wobei alle Schritte jetzt auf ihre Durchführbarkeit überprüft werden müssen.

(i) In D_n: (55.n)$\Rightarrow |k^{n'}| \leq |k^{n'} - I| + |I| \leq \sqrt{\delta_0} + 1 \leq \frac{10}{9}$, falls wir die

Forderung 1: $\delta_0 < \frac{1}{81}$

aufstellen. Also auch $|k^{n'} - I| \leq \sqrt{\delta_0} \leq \frac{1}{9}$. Mit (36) also: $|(k^{n'})^{-1}| \leq \frac{9}{8}$.

(ii) Wir brauchen nun ja nicht $(k^{n'})^{-1}$, sondern $(k^{n'} \circ \boldsymbol{T})^{-1}$. Um (i) benützen zu können, schränken wir das Definitionsgebiet von $\boldsymbol{x}$ ein. Wir wollen:

$\boldsymbol{x} \in D(\frac{4}{5}\delta_n, s_n) \Rightarrow \boldsymbol{T}(\boldsymbol{x}) \in D_n$. Offenbar ist:

$$|\mathrm{Im}(z+\omega+\gamma y)| \leqslant \frac{r_0}{2} + \tfrac{4}{5}\delta_n + s_n < \frac{r_0}{2} + \delta_n, \text{ falls}$$

Forderung 2: $s_n < \frac{1}{5}\delta_n$

gilt. Weiter ist $|y| < s_n$. Also folgt mit (i)

$$\boldsymbol{x} \in D(\tfrac{4}{5}\delta_n, s_n) \quad \Rightarrow \quad |k^{n'} \circ \boldsymbol{T}| \leqslant \tfrac{10}{9}, \quad |(k^{n'} \circ \boldsymbol{T})^{-1}| \leqslant \tfrac{9}{8}$$

Dies führt uns mit (56.n) und der Definition $\boldsymbol{F}^n = (k^{n'} \circ \boldsymbol{T})^{-1} \mathscr{F}(\boldsymbol{k}^n)$ zu folgender Abschätzung

$$|\boldsymbol{F}^n| \leqslant \tfrac{9}{8}\gamma M_n \qquad \text{für} \quad \boldsymbol{x} \in D(\tfrac{4}{5}\delta_n, s_n)$$

(iii) Wir konstruieren jetzt $\boldsymbol{E}^n = (\Delta v^n, \Delta u^n)^T$ als Lösung der Gl. (33) oder (40) mit $\boldsymbol{F} = \boldsymbol{F}^n$. Gemäß Lemma 2 gibt es eine in $D(\frac{4}{5}\delta_n, s_n)$ reell analytische Funktion $\boldsymbol{E}^n$, 2π-periodisch in z, welche (40) erfüllt. Ferner erhalten wir mit $\rho = \frac{1}{5}\delta_n$ und $m = \frac{9}{8}\gamma M_n$ folgende Abschätzung

$$|\boldsymbol{E}^n| \leqslant \tfrac{9}{8} 5^\tau C \frac{M_n}{\delta_n^\tau} \qquad \boldsymbol{x} \in D(\tfrac{2}{5}\delta_n, s_n)$$

Definieren wir $\boldsymbol{\Delta}^n \boldsymbol{k} = k^{n'} \boldsymbol{E}^n$, so folgt aus der vorigen Abschätzung und mit (i)

$$|\boldsymbol{\Delta}^n \boldsymbol{k}| \leqslant \frac{5^{\tau+1}}{4} C \frac{M_n}{\delta_n^\tau} \qquad \boldsymbol{x} \in D(\tfrac{2}{5}\delta_n, s_n)$$

Um eine Abschätzung für $\Delta^n k'$ zu bekommen, verwenden wir die Formeln (37). Man findet:

$$\left|\frac{\partial \boldsymbol{\Delta}^n \boldsymbol{k}}{\partial z}\right| \leqslant \frac{5^{\tau+2}}{4} C \frac{M_n}{\delta_n^{\tau+1}} \quad \text{in} \quad D(\tfrac{1}{5}\delta_n, s_n)$$

$$\left|\frac{\partial \boldsymbol{\Delta}^n \boldsymbol{k}}{\partial y}\right| \leqslant \frac{5^{\tau+1}}{2} C \frac{M_n}{s_n \delta_n^\tau} \quad \text{in} \quad D(\tfrac{2}{5}\delta_n, \tfrac{1}{2}s_n)$$

Folglich mit unserer Matrixnorm und wegen $s_n < \delta_n$, dank Forderung 2:

$$|(\Delta^n k)'| \leqslant \frac{5^{\tau+2}}{2} C \frac{M_n}{\delta_n^\tau s_n} \qquad \text{für } \boldsymbol{x} \in D(\tfrac{1}{5}\delta_n, \tfrac{1}{2}s_n)$$

(iv) Indem wir $\boldsymbol{k}^{n+1} = \boldsymbol{k}^n + \boldsymbol{\Delta}^n \boldsymbol{k}$ setzen, sehen wir, daß diese Funktion jedenfalls in $D(\frac{1}{5}\delta_n, \frac{1}{2}s_n)$ definiert, reell analytisch, $k_1^{n+1} - z$, k_2^{n+1} 2π-periodisch in z, ist. Nun sollte ja $\boldsymbol{k}^{n+1}$ in $D(\delta_{n+1} + s_{n+1}, s_{n+1})$ definiert sein. Wegen $s_{n+1} < \frac{1}{5}\delta_{n+1}$ (Forderung 2) ist: $D(\delta_{n+1} + s_{n+1}, s_{n+1}) \subseteq D(\frac{6}{5}\delta_{n+1}, s_{n+1})$. Wir verlangen deshalb

Forderung 3: $\delta_{n+1} \leqslant \frac{1}{6}\delta_n$, $s_{n+1} \leqslant \frac{1}{2}s_n$

2. Die Gültigkeit der Gleichungen (54.n+1), (55.n+1). Wir werden sofort sehen, daß wir die Gültigkeit der Gleichungen (54.n+1), (55.n+1) nachweisen können, wenn wir fordern, daß

$$\frac{5^{\tau+2}}{2} C \frac{M_n}{\delta_n^\tau s_n} < \frac{1}{2} \delta_n^{1/2}$$

gilt, d.h. wir verlangen (cf. Gl. (53))

Forderung 4: $5^{\tau+2} C \delta_n^{\mu-\tau-\sigma-1/2} < 1$

Wegen $\delta_{n+1} \leqslant \frac{1}{6}\delta_n$ folgt: $\sqrt{\delta_{n+1}} \leqslant \sqrt{\delta_n/6} \leqslant \frac{1}{2}\sqrt{\delta_n}$. Somit für $\boldsymbol{x} \in D_{n+1} \subseteq D(\frac{1}{5}\delta_n, \frac{1}{5}\delta_n)$, unter Verwendung von (55.n), 1., Resultat (iii) und Forderung 4:

$$|k^{n+1'} - I| \leqslant |k^{n'} - I| + |(\Delta^n k)'| \leqslant \sqrt{\delta_0} - \sqrt{\delta_n} + \tfrac{1}{2}\sqrt{\delta_n} = \sqrt{\delta_0} - \tfrac{1}{2}\sqrt{\delta_n} \leqslant \sqrt{\delta_0} - \sqrt{\delta_{n+1}}$$

d.h. (55.n + 1) ist verifiziert. Zur Betrachtung von (54.n + 1) bemerken wir, daß $s_n < \delta_n < \sqrt{\delta_n}$, $\delta_{n+1} \leqslant \frac{1}{6}\delta_n \leqslant \frac{1}{2}\delta_n$ gilt. Folglich mit (54.n), der Abschätzung für $\boldsymbol{\Delta}^n\boldsymbol{k}$ aus 1., (iii) und Forderung 4:

$$|\boldsymbol{k}^{n+1} - \boldsymbol{x}| \leqslant |\boldsymbol{k}^n - \boldsymbol{x}| + |\boldsymbol{\Delta}^n \boldsymbol{k}| \leqslant \delta_0 - \delta_n + \tfrac{1}{2}\sqrt{\delta_n} s_n \leqslant \delta_0 - \tfrac{1}{2}\delta_n \leqslant \delta_0 - \delta_{n+1} \quad \text{für} \quad \boldsymbol{x} \in D_{n+1}$$

Schließlich folgt auch, wegen $\frac{1}{2}\sqrt{\delta_n} - \sqrt{\delta_{n+1}} \geqslant 0$ bzw. $\frac{1}{2}\delta_n - \delta_{n+1} \geqslant 0$

$$|(\Delta^n k)'| \leqslant \tfrac{1}{2}\sqrt{\delta_n} \leqslant \sqrt{\delta_n} - \sqrt{\delta_{n+1}}, \qquad |\boldsymbol{\Delta}^n \boldsymbol{k}| \leqslant \delta_n - \delta_{n+1} \qquad \text{für } \boldsymbol{x} \in D_{n+1} \tag{57}$$

3. Die Abschätzung der Restterme. Es folgt aus der Bemerkung im Anschluß an die Definition der Aussage A_n, daß $\mathscr{F}(\boldsymbol{k}^{n+1})$ wohldefiniert ist. Indem man die Überlegungen von Abschn. 13.2.2 wiederholt, findet man die folgende zu (35) analoge Formel für $\mathscr{F}(\boldsymbol{k}^{n+1})$:

$$\mathscr{F}(\boldsymbol{k}^{n+1}) = \boldsymbol{R}^n + [\mathscr{F}(\boldsymbol{k}^n)]' \boldsymbol{E}^n + (k^{n'} \circ \boldsymbol{T})(\boldsymbol{E}^n \circ \boldsymbol{\Omega} - \boldsymbol{E}^n \circ \boldsymbol{T}) + (k^{n'} \circ \boldsymbol{T})\begin{pmatrix} 0 \\ [F_2^n] \end{pmatrix} \quad \text{für } \boldsymbol{x} \in D_{n+1} \tag{58}$$

$$\boldsymbol{R}^n = \boldsymbol{P}(\boldsymbol{k}^n + \boldsymbol{\Delta}^n \boldsymbol{k}) - \boldsymbol{P}(\boldsymbol{k}^n) - (P' \circ \boldsymbol{k}^n) \boldsymbol{\Delta}^n \boldsymbol{k}$$

Es gilt nun $|\mathscr{F}(\boldsymbol{k}^{n+1})|$ abzuschätzen.

(i) Der Term $\boldsymbol{R}^n$. Zur Abschätzung von $\boldsymbol{R}^n$ verwenden wir im Prinzip die Taylorformel. Wir behaupten zunächst: $\boldsymbol{k}^n + t\boldsymbol{\Delta}^n\boldsymbol{k} \in D(2\delta_0, 2\delta_0)$ für $\boldsymbol{x} \in D_{n+1}$, $t \in [0, 1]$. Zunächst folgt:

$$|\mathrm{Im}[k_1^n + t(\boldsymbol{\Delta}^n \boldsymbol{k})_1]| \leqslant |\mathrm{Im}\, z| + |k_1^n - z| + |(\boldsymbol{\Delta}^n \boldsymbol{k})_1|.$$

Nun verwenden wir: $|\mathrm{Im}\, z| \leqslant r_0/2 + \delta_{n+1}$ (wegen $\boldsymbol{x} \in D_{n+1}$); $|k_1^n - z| \leqslant \delta_0 - \delta_n$ (wegen (54.n)); $|(\boldsymbol{\Delta}^n \boldsymbol{k})_1| \leqslant \delta_n - \delta_{n+1}$ (wegen (57)) und finden

$$|\mathrm{Im}[k_1^n + t(\boldsymbol{\Delta}^n \boldsymbol{k})_1]| \leqslant \frac{r_0}{2} + \delta_0 \leqslant \frac{r_0}{2} + 2\delta_0$$

Und analog

$$|k_2^n + t(\boldsymbol{\Delta}^n\boldsymbol{k})_2| \leq |y| + |k_2^n - y| + |(\boldsymbol{\Delta}^n\boldsymbol{k})_2| \leq \delta_0 + s_{n+1} \leq \delta_0 + \delta_{n+1} \leq 2\delta_0$$

(cf. Forderung 2). Damit ist die Behauptung bewiesen.

Es wird im folgenden wichtig sein, daß $D(2\delta_0, 2\delta_0)$ vom Rand von $D = D(r_0/2, r_0)$ einen positiven Abstand hat (um die Cauchy-Abschätzungen (37) anwenden zu können). Verlangen wir deshalb:

Forderung 5: $\delta_0 < r_0/6$.

Dann beträgt dieser Abstand mindestens δ_0. Weiter führen wir an dieser Stelle ein Maß für die Größe der Störung der Twist-Abbildung (12) ein. Wir fordern:

$$|\boldsymbol{P} - \boldsymbol{T}| \leq \gamma\delta_0^2 \qquad \text{für } \boldsymbol{x} \in D = D\left(\frac{r_0}{2}, r_0\right) \tag{59}$$

Wenden wir die Cauchy-Abschätzungen (37) an. Offenbar gilt mit $\rho = \sigma = \delta_0$, $D(2\delta_0, 2\delta_0) \subseteq D(r_0/2 - \delta_0, r_0 - \delta_0)$ und wegen $\partial^2\boldsymbol{P}/\partial z^2 = \partial^2(\boldsymbol{P} - \boldsymbol{T})/\partial z^2$ etc.:

$$\left|\frac{\partial^2\boldsymbol{P}}{\partial z^2}\right| \leq 2\gamma, \qquad \left|\frac{\partial^2\boldsymbol{P}}{\partial y^2}\right| \leq 2\gamma, \qquad \left|\frac{\partial^2\boldsymbol{P}}{\partial z\,\partial y}\right| \leq \gamma \qquad \boldsymbol{x} \in D(2\delta_0, 2\delta_0) \tag{60}$$

Zur Abschätzung von $\boldsymbol{R}^n$ brauchen wir folgende Integraldarstellung:

$$\int_0^1 (1-t)\frac{\mathrm{d}^2}{\mathrm{d}t^2}\boldsymbol{P}(\boldsymbol{k}^n + t\boldsymbol{\Delta}^n\boldsymbol{k})\,\mathrm{d}t = (1-t)\frac{\mathrm{d}}{\mathrm{d}t}\boldsymbol{P}(\boldsymbol{k}^n + t\boldsymbol{\Delta}^n\boldsymbol{k})\Big|_0^1 + \int_0^1 \frac{\mathrm{d}}{\mathrm{d}t}\boldsymbol{P}(\boldsymbol{k}^n + t\boldsymbol{\Delta}^n\boldsymbol{k})\,\mathrm{d}t$$

$$= \boldsymbol{P}(\boldsymbol{k}^n + \boldsymbol{\Delta}^n\boldsymbol{k}) - \boldsymbol{P}(\boldsymbol{k}^n) - (P' \circ \boldsymbol{k}^n)\boldsymbol{\Delta}^n\boldsymbol{k} = \boldsymbol{R}^n \tag{61}$$

Nun gilt offenbar:

$$\frac{\mathrm{d}}{\mathrm{d}t}\boldsymbol{P}(\boldsymbol{k}^n + t\boldsymbol{\Delta}^n\boldsymbol{k}) = \frac{\partial\boldsymbol{P}}{\partial z}(\boldsymbol{k}^n + t\boldsymbol{\Delta}^n\boldsymbol{k})(\boldsymbol{\Delta}^n\boldsymbol{k})_1 + \frac{\partial\boldsymbol{P}}{\partial y}(\boldsymbol{k}^n + t\boldsymbol{\Delta}^n\boldsymbol{k})(\boldsymbol{\Delta}^n\boldsymbol{k})_2$$

$$\frac{\mathrm{d}^2}{\mathrm{d}t^2}\boldsymbol{P}(\boldsymbol{k}^n + t\boldsymbol{\Delta}^n\boldsymbol{k}) = \frac{\partial^2\boldsymbol{P}}{\partial z^2}(\boldsymbol{k}^n + t\boldsymbol{\Delta}^n\boldsymbol{k})(\boldsymbol{\Delta}^n\boldsymbol{k})_1^2 + 2\frac{\partial^2\boldsymbol{P}}{\partial z\,\partial y}(\boldsymbol{k}^n + t\boldsymbol{\Delta}^n\boldsymbol{k})(\boldsymbol{\Delta}^n\boldsymbol{k})_1(\boldsymbol{\Delta}^n\boldsymbol{k})_2$$

$$+\frac{\partial^2\boldsymbol{P}}{\partial y^2}(\boldsymbol{k}^n + t\boldsymbol{\Delta}^n\boldsymbol{k})(\boldsymbol{\Delta}^n\boldsymbol{k})_2^2$$

Unter Verwendung der Formeln (60) und wegen $|(\boldsymbol{\Delta}^n\boldsymbol{k})_\iota| \leq |\boldsymbol{\Delta}^n\boldsymbol{k}|$:

$$\left|\frac{\mathrm{d}^2\boldsymbol{P}(\boldsymbol{k}^n + t\boldsymbol{\Delta}^n\boldsymbol{k})}{\mathrm{d}t^2}\right| \leq 6\gamma|\boldsymbol{\Delta}^n\boldsymbol{k}|^2 \qquad \boldsymbol{x} \in D_{n+1},\ t \in [0, 1]$$

Unter Benutzung von (61) und der Abschätzung für $|\boldsymbol{\Delta}^n\boldsymbol{k}|$ aus 1., (iii) erhalten wir endlich:

$$|\boldsymbol{R}^n| \leq \tfrac{3}{16}5^{2\tau+2}\,\gamma C^2\frac{M_n^2}{\delta_n^{2\tau}} \qquad \boldsymbol{x} \in D_{n+1} \tag{62}$$

(ii) Der Term $\mathscr{F}(\boldsymbol{k}^n)'\boldsymbol{E}^n$. Gemäß (56.n) gilt: $|\mathscr{F}(\boldsymbol{k}^n)| \leq \gamma M_n$ für $\boldsymbol{x} \in D_n$. Also mit (37)

$$\left|\frac{\partial \mathscr{F}(\boldsymbol{k}^n)}{\partial z}\right| \leqslant \frac{5\gamma M_n}{\delta_n} \quad \text{in } D(\tfrac{4}{5}\delta_n, s_n); \qquad \left|\frac{\partial \mathscr{F}(\boldsymbol{k}^n)}{\partial y}\right| \leqslant \frac{2\gamma M_n}{s_n} \quad \text{in } D(\delta_n, \tfrac{1}{2}s_n)$$

wegen $s_n < \delta_n$ und $D_{n+1} = D(\delta_{n+1}, s_{n+1}) \subseteq D(\frac{4}{5}\delta_n, \frac{1}{2}s_n)$ [cf. Forderung 3]:

$$|\mathscr{F}(\boldsymbol{k}^n)'| \leqslant 5\gamma \frac{M_n}{s_n} \qquad \text{für} \quad \boldsymbol{x} \in D_{n+1}$$

Verwenden wir die Abschätzung für $\boldsymbol{E}^n$ aus 1., (iii) finden wir:

$$|\mathscr{F}(\boldsymbol{k}^n)'\boldsymbol{E}^n| \leqslant \frac{5^{\tau+2}}{4}\gamma C \frac{M_n^2}{s_n \delta_n^\tau} \qquad \text{für } \boldsymbol{x} \in D_{n+1} \tag{63}$$

(iii) Der Term $(k^{n'} \circ \boldsymbol{T})(\boldsymbol{E}^n \circ \boldsymbol{\Omega} - \boldsymbol{E}^n \circ \boldsymbol{T})$. Wir gehen ähnlich vor wie in (i). Zunächst zeigen wir:

$$\begin{pmatrix} z + \omega + t\gamma y \\ y \end{pmatrix} \in D(\tfrac{1}{5}\delta_n, s_{n+1}) \qquad \text{für } \boldsymbol{x} \in D_{n+1},\ t \in [0, 1]$$

In der Tat ist:

$$|\operatorname{Im}(z + \omega + t\gamma y)| \leqslant |\operatorname{Im} z| + |y| \leqslant \frac{r_0}{2} + \delta_{n+1} + s_{n+1} \leqslant \frac{r_0}{2} + \frac{1}{5}\delta_n$$

(cf. 1., (iv)), womit die Behauptung nachgewiesen ist.
Hieraus folgt insbesondere, daß $\boldsymbol{E}^n(z + \omega + t\gamma y, y)$ wohl definiert ist für $\boldsymbol{x} \in D_{n+1}$, $t \in [0, 1]$. Wir stellen nun eine Abschätzung für die Ableitung nach t bereit. Offenbar gilt:

$$\left|\frac{\mathrm{d}\boldsymbol{E}^n(z + \omega + t\gamma y, y)}{\mathrm{d}t}\right| = \left|\frac{\partial \boldsymbol{E}^n}{\partial z}(z + \omega + t\gamma y, y)\right| \gamma\, |y| \qquad \boldsymbol{x} \in D_{n+1},\ t \in [0, 1]$$

Aus der Abschätzung für $\boldsymbol{E}^n$ in 1., (iii) folgt mit (37):

$$\left|\frac{\partial \boldsymbol{E}^n}{\partial z}\right| \leqslant \tfrac{9}{8} 5^{\tau+1} C \frac{M_n}{\delta_n^{\tau+1}} \qquad \text{für } \boldsymbol{x} \in D(\tfrac{1}{5}\delta_n, s_n)$$

Also finden wir, wegen $s_{n+1} < s_n$, schließlich:

$$\left|\frac{\mathrm{d}\boldsymbol{E}^n(z + \omega + t\gamma y, y)}{\mathrm{d}t}\right| \leqslant \tfrac{9}{8} 5^{\tau+1} \gamma C \frac{M_n s_{n+1}}{\delta_n^{\tau+1}} \qquad \text{für} \quad \boldsymbol{x} \in D_{n+1},\ t \in [0, 1]$$

Hieraus folgt nun:

$$|\boldsymbol{E}^n(\boldsymbol{\Omega}) - \boldsymbol{E}^n(\boldsymbol{T})| = \left|\int_0^1 \frac{\mathrm{d}}{\mathrm{d}t} \boldsymbol{E}^n(z + \omega + t\gamma y, y)\, \mathrm{d}t\right|$$

$$\leqslant \tfrac{9}{8} 5^{\tau+1} \gamma C \frac{M_n s_{n+1}}{\delta_n^{\tau+1}} \qquad \text{für} \quad \boldsymbol{x} \in D_{n+1}$$

Benützen wir noch die Abschätzung für $k^{n'}\circ \boldsymbol{T}$ aus 1., (ii), folgt endlich

$$|(k^{n'}\circ \boldsymbol{T})(\boldsymbol{E}^n\circ \boldsymbol{\Omega}-\boldsymbol{E}^n\circ \boldsymbol{T})|\leqslant \frac{5^{\tau+2}}{4}\gamma C\frac{M_n s_{n+1}}{\delta_n^{\tau+1}} \qquad \text{für } \boldsymbol{x}\in D_{n+1} \tag{64}$$

Wir bemerken, daß in (62), (63) rechts die Größe M_n^2, in (64) nur M_n vorkommt. Damit der Term (64) gleich schnell gegen 0 strebt wie (62), (63), muß man s_{n+1} in geeigneter Weise gegen 0 streben lassen, d.h. man muß das Definitionsgebiet von y auf 0 schrumpfen lassen.

(iv) Der Term $(k^{n'}\circ \boldsymbol{T})(0,[F_2^n])^T$ (erster Teil). Dieser Term ist der heikelste, er wird in zwei Teilen behandelt. Wir zerlegen $[F_2^n](y)$ in einen linearen und einen nicht-linearen Teil und untersuchen zunächst nur den letzteren, der wiederum klein ist, weil s_n gegen 0 strebt. Wir definieren:

$$h(y)=\alpha+\beta y \qquad \alpha=[F_2^n](0), \qquad \beta=\frac{\mathrm{d}}{\mathrm{d}y}[F_2^n](y)|_{y=0} \tag{65}$$

Da $[F_2^n]$ für reelle y reell ist, sind die Zahlen α, β reell. Wir behandeln nun $[F_2^n]-h$ ganz ähnlich wie die Ausdrücke in (i), (iii).

$[F_2^n](ty)$ ist wohldefiniert für $|y|<s_{n+1}$, $t\in[0,1]$. Genau wie für $\boldsymbol{R}^n$ in (i) haben wir eine Integraldarstellung

$$[F_2^n](y)-h(y)=\int_0^1 (1-t)\frac{\mathrm{d}^2}{\mathrm{d}t^2}[F_2^n](ty)\,\mathrm{d}t \qquad \text{für} \quad |y|<s_{n+1}$$

Nun ist offenbar

$$\frac{\mathrm{d}^2}{\mathrm{d}t^2}[F_2^n](ty)=\left\{\frac{\mathrm{d}^2}{\mathrm{d}y^2}[F_2^n]\right\}(ty)y^2$$

Um $\mathrm{d}^2/\mathrm{d}y^2[F_2^n]$ abschätzen zu können, benützen wir die Abschätzung für $\boldsymbol{F}^n$ aus 1., (ii):

$$|[F_2^n]|\leqslant|[\boldsymbol{F}^n]|=\left|\frac{1}{2\pi}\int_0^{2\pi}\boldsymbol{F}^n(z,y)\,\mathrm{d}z\right|\leqslant\tfrac{9}{8}\gamma M_n \qquad |y|<s_n$$

und mit (37)

$$\left|\frac{\mathrm{d}^2[F_2^n]}{\mathrm{d}y^2}\right|\leqslant 9\gamma\frac{M_n}{s_n^2} \qquad |y|<\tfrac{1}{2}s_n$$

Hieraus folgt mit der Integraldarstellung:

$$|[F_2^n]-h|\leqslant\tfrac{9}{2}\gamma M_n\left(\frac{s_{n+1}}{s_n}\right)^2 \qquad \text{für } |y|<s_{n+1}.$$

Benutzen wir schließlich die Abschätzung für $k^{n'}\circ \boldsymbol{T}$ aus 1., (ii)

$$\left|(k^{n'}\circ \boldsymbol{T})\begin{pmatrix}0\\ [F_2^n]-h\end{pmatrix}\right|\leqslant 5\gamma M_n\left(\frac{s_{n+1}}{s_n}\right)^2 \qquad \text{für } \boldsymbol{x}\in D_{n+1} \tag{66}$$

Die Abschätzung des Terms $(k^{n'}\circ \boldsymbol{T})(0,h)^T$ verschieben wir in den Teil (vi).

(v) Vorläufige Bilanz. Wir sind nun in der Lage, den größten Teil von $\mathscr{F}(\boldsymbol{k}^{n+1})$ abzuschätzen. Aus (62), (63), (64), (66) folgt mit (58):

$$\left|\mathscr{F}(\boldsymbol{k}^{n+1})-(k^{n'}\circ \boldsymbol{T})\begin{pmatrix}0\\h\end{pmatrix}\right| \leqslant \gamma\left[C_1\frac{M_n^2}{\delta_n^{2\tau}}+C_2\frac{M_n^2}{s_n\delta_n^{\tau}}+C_2\frac{M_n s_{n+1}}{\delta_n^{\tau+1}}+C_3M_n\left(\frac{s_{n+1}}{s_n}\right)^2\right]$$

für $\boldsymbol{x}\in D_{n+1}$, wo

$$C_1=\tfrac{3}{16}5^{2\tau+2}C^2 \qquad C_2=\frac{5^{\tau+2}}{4}C \qquad C_3=5$$

oder indem wir M_n, s_n, s_{n+1} durch δ_n ausdrücken, d.h. die Formeln $M_n=\delta_n^{\mu}$, $s_n=\delta_n^{\sigma}$, $s_{n+1}=\delta_n^{\sigma\kappa}$, $M_{n+1}=\delta_n^{\mu\kappa}$ (cf. Gl. (51), (52), (53)) verwenden.

$$\left|\mathscr{F}(\boldsymbol{k}^{n+1})-(k^{n'}\circ \boldsymbol{T})\begin{pmatrix}0\\h\end{pmatrix}\right|$$
$$\leqslant \gamma[C_1\delta_n^{2\mu-2\tau}+C_2\delta_n^{2\mu-\sigma-\tau}+C_2\delta_n^{\mu+\sigma\kappa-\tau-1}+C_3\delta_n^{\mu+2\sigma\kappa-2\sigma}]$$

Wir möchten nun erreichen, daß eine Abschätzung der Form

$$\left|\mathscr{F}(\boldsymbol{k}^{n+1})-(k^{n'}\circ \boldsymbol{T})\begin{pmatrix}0\\h\end{pmatrix}\right| \leqslant \gamma f_0 M_{n+1} \qquad \boldsymbol{x}\in D_{n+1}$$

gilt, wobei die Konstante f_0 durch genügend kleine Wahl von δ_0 beliebig klein gemacht werden kann. Wegen $M_{n+1}=\delta_n^{\mu\kappa}$ definieren wir

$$f_n=C_1\delta_n^{2\mu-2\tau-\mu\kappa}+C_2\delta_n^{2\mu-\sigma-\tau-\mu\kappa}+C_2\delta_n^{\mu+\sigma\kappa-\tau-1-\mu\kappa}+C_3\delta_n^{\mu+2\sigma\kappa-2\sigma-\mu\kappa}$$

Indem wir fordern, daß alle Exponenten positiv sind, folgt sofort, wegen $\delta_n<\delta_0$, daß $f_n<f_0$ gilt und $f_0(\delta_0)\to 0$ für $\delta_0\to 0$.

Wir verlangen also:

(I) $\quad 2\mu-2\tau-\mu\kappa>0$

(II) $\quad 2\mu-\sigma-\tau-\mu\kappa>0$

(III) $\quad \mu+\kappa\sigma-2\tau-\mu\kappa>0$

(IV) $\quad \mu+2\kappa\sigma-2\sigma-\mu\kappa>0$

(Die Forderung (III) ist, wegen $\tau>2$, stärker als $\mu+\kappa\sigma-\tau-1-\mu\kappa>0$. Wir benützen sie der Bequemlichkeit halber)

An dieser Stelle müssen wir uns erinnern, daß wir auch die Forderungen 1 bis 5 zu erfüllen haben. Die Forderungen 1, 5 betreffen nur die Wahl von δ_0. Die übrigen Forderungen sind hier von Interesse. Sie lauten, durch δ_n ausgedrückt:

Forderung 2: $\delta_n^{\sigma-1}<\frac{1}{5}$

Forderung 3: $\delta_n^{\kappa-1}<\frac{1}{6}$ und $\delta_n^{\sigma(\kappa-1)}<\frac{1}{2}$

Forderung 4: $5^{\tau+2}C\delta_n^{\mu-\tau-\sigma-1/2}<1$

Wir verlangen auch hier, daß die Exponenten postiv sind. Die Forderungen können dann einfach durch genügend kleine Wahl von δ_0 erfüllt werden:

(V) $\sigma-\tau>0$

(VI) $\kappa-1>0$

(VII) $\mu-2\tau-\sigma>0$

(VIII) $\mu-\tau>0$

Die Forderungen V, VII sind wieder etwas schärfer als nötig; V, VI garantieren $\sigma(k-1)>0$, VIII wurde beigefügt, um die ganz am Anfang von Abschn. 13.2.4 aufgestellte Forderung $\mu-1>0$ zu erfüllen; die entsprechenden für σ und κ sind in V, VI enthalten.
Wir wählen im folgenden

$$\kappa=\tfrac{4}{3} \tag{67}$$

Zur weiteren Diskussion führt man am besten eine μ,σ-Ebene mit τ als Einheit ein und bestimmt dort die Lösungsmenge des Ungleichungssystems I bis VIII. Man findet auf diese Weise z.B. folgende Lösung

$$\mu=21\tau \qquad \sigma=12\tau \tag{67}$$

Stellen wir mit dieser Lösung alle unsere Forderungen für δ_0 zusammen:

$$\left.\begin{array}{ll}\text{Forderung A:} & \delta_0<\frac{1}{81},\ \delta_0<r_0/6 \text{ (cf. Forderung 1, 5)}\\ \text{Forderung B:} & \delta_0^{11\tau}<\frac{1}{5}\\ \text{Forderung C:} & \delta_0^{1/3}<\frac{1}{6} \text{ und } \delta_0^{4\tau}<\frac{1}{2}\\ \text{Forderung D:} & 5^{\tau+2}C\delta_0^{7\tau}<1\end{array}\right\} \tag{68}$$

Ferner gilt

$$\left|\mathcal{F}(\boldsymbol{k}^{n+1})-(k^{n'}\circ\boldsymbol{T})\begin{pmatrix}0\\h\end{pmatrix}\right|\leq\gamma f_0 M_{n+1} \qquad \boldsymbol{x}\in D_{n+1} \tag{69}$$

mit

$$f_0=C_1\delta_0^{12\tau}+C_2\delta_0^{\tau}+C_2\delta_0^{7\tau}+C_3\delta_0^{\tau}$$

(vi) Der Term $(k^{n'}\circ\boldsymbol{T})(0,[F_2^n])^T$ (zweiter Teil). Es bleibt die Abschätzung des Terms $(k^{n'}\circ\boldsymbol{T})\binom{0}{h}$, wobei h die in (65) eingeführte Funktion ist.

An dieser Stelle brauchen wir die Schnittbedingung. Wir formulieren sie für die analytische Funktionenschar $\boldsymbol{k}^{n+1}(z,y)$, $z\in[0,2\pi]$; $-s_{n+1}<y<s_{n+1}$. Sie kann offenbar so beschrieben werden: es gibt Funktionen $z_1(y)$, $z_2(y)$, definiert in $(-s_{n+1},s_{n+1})$, mit Werten in $[0,2\pi]$, so daß gilt:

$$\boldsymbol{P}(\boldsymbol{k}^{n+1}(z_1(y),y))=\boldsymbol{k}^{n+1}(z_2(y),y) \qquad -s_{n+1}<y<s_{n+1} \tag{70}$$

Um zu zeigen, wie man aus dieser Beziehung auf die Kleinheit des zur Diskussion stehenden Terms schließt, beginnen wir mit einer heuristischen Betrachtung. Aus (69) folgt: $\mathscr{F}(\boldsymbol{k}^{n+1}) \approx (k^{n'} \circ \boldsymbol{T})\binom{0}{h}$. Da sich $k^{n'}$ nur wenig von der Einheitsmatrix unterscheidet, setzen wir sogar

$$\mathscr{F}(\boldsymbol{k}^{n+1}) = \boldsymbol{P}(\boldsymbol{k}^{n+1}(z, y)) - \boldsymbol{k}^{n+1}(z+\omega+\gamma y, y) \approx \begin{pmatrix} 0 \\ h(y) \end{pmatrix} \tag{71}$$

Die erste Komponente dieser Gl. besagt

$$P_1(\boldsymbol{k}^{n+1}(z, y)) \approx k_1^{n+1}(z+\omega+\gamma y, y)$$

Setzen wir insbesondere $z = z_1(y)$ und benutzen wir zudem die erste Komponente von (70), so folgt

$$k_1^{n+1}(z_2(y), y) \approx k_1^{n+1}(z_1(y)+\omega+\gamma y, y)$$

Daraus folgt aber $z_2(y) \approx z_1(y)+\omega+\gamma y$. (Jedenfalls wenn die Funktion $k_1^{n+1}(z, y)$ bezüglich z umkehrbar ist). Benutzt man die zweite Komponente von (71) und (70), dann ergibt sich:

$$\begin{aligned} h(y) &\approx P_2(\boldsymbol{k}^{n+1}(z_1(y), y)) - k_2^{n+1}(z_1(y)+\omega+\gamma y, y) \\ &= k_2^{n+1}(z_2(y), y) - k_2^{n+1}(z_1(y)+\omega+\gamma y, y) \approx 0 \end{aligned}$$

Es bleibt, diese Überlegungen präzise zu machen.
Definieren wir: $\psi(y) = z_1(y)+\omega+\gamma y$ und $\boldsymbol{\Gamma}(y) = k^{n'}(\psi(y), y) \cdot (0, h(y))^T$
Folglich gilt: $(0, h(y))^T = (k^{n'}(\psi(y), y))^{-1}\boldsymbol{\Gamma}(y)$. Offenbar folgt aus 1., (i) für $y \in (-s_{n+1}, s_{n+1})$ die Abschätzung $|h(y)| \leqslant \frac{9}{8}|\boldsymbol{\Gamma}(y)|$.
Nun arbeiten wir (69), sowie die Schnittbedingung ein:

$$\begin{aligned} |\boldsymbol{\Gamma}(y)| &\leqslant \left|\mathscr{F}(\boldsymbol{k}^{n+1})(z_1, y) - k^{n'}(\psi, y)\begin{pmatrix} 0 \\ h \end{pmatrix}\right| + |\mathscr{F}(\boldsymbol{k}^{n+1})(z_1, y)| \\ &\leqslant \gamma f_0 M_{n+1} + |\boldsymbol{P}(\boldsymbol{k}^{n+1}(z_1, y)) - \boldsymbol{k}^{n+1}(\psi, y)| \\ &= \gamma f_0 M_{n+1} + |\boldsymbol{k}^{n+1}(z_2, y) - \boldsymbol{k}^{n+1}(\psi, y)| \qquad y \in (-s_{n+1}, s_{n+1}) \end{aligned}$$

Es folgt wieder eine Mittelwertsatzbetrachtung:

$$\begin{aligned} |\boldsymbol{k}^{n+1}(z_2, y) - \boldsymbol{k}^{n+1}(\psi, y)| &= \left|\int_0^1 \frac{\mathrm{d}}{\mathrm{d}t}\boldsymbol{k}^{n+1}(\psi + t(z_2-\psi), y)\,\mathrm{d}t\right| \\ &\leqslant |z_2-\psi| \int_0^1 \left|\frac{\partial \boldsymbol{k}^{n+1}}{\partial z}(\psi + t(z_2-\psi), y)\right| \mathrm{d}t \\ &\leqslant \tfrac{10}{9}|z_2-\psi| \qquad y \in (-s_{n+1}, s_{n+1}) \end{aligned}$$

wobei gemäß 1., (i) $|\partial \boldsymbol{k}^{n+1}/\partial z| \leqslant \frac{10}{9}$ gesetzt wurde. Dies ergibt uns folgende Abschätzung für h:

$$|h(y)| \leqslant \tfrac{9}{8}\gamma f_0 M_{n+1} + \tfrac{5}{4}|z_2-\psi| \qquad y \in (-s_{n+1}, s_{n+1}) \tag{72}$$

Wir wollen nun $|z_2-\psi|$ abschätzen. Offenbar gilt:

$$\boldsymbol{\Gamma}(y) = (k^{n'}(\psi, y) - I)\binom{0}{h} + I\binom{0}{h}$$

wegen $|k^{n'} - I| \leq \frac{1}{9}$ (cf. 1., (i)), folgt daraus $|\Gamma_1| \leq \frac{1}{9}|h|$.
Wegen $\mathcal{F}(\boldsymbol{k}^{n+1})(z_1, y) = \boldsymbol{k}^{n+1}(z_2, y) - \boldsymbol{k}^{n+1}(\psi, y)$, der Definition von $\boldsymbol{\Gamma}$, (69), somit

$$\begin{aligned} |k_1^{n+1}(z_2, y) - k_1^{n+1}(\psi, y)| &\leq \left| \left\{ \mathcal{F}(\boldsymbol{k}^{n+1})(z_1, y) - k^{n'}(\psi, y)\binom{0}{h} \right\}_1 \right| + |\Gamma_1| \\ &\leq \gamma f_0 M_{n+1} + \tfrac{1}{9}|h| \end{aligned}$$

Nun führen wir neuerdings eine Mittelwertsatzüberlegung durch:

$$\begin{aligned} |k_1^{n+1}(z_2, y) - k_1^{n+1}(\psi, y)| &= \left| \int_0^1 \frac{\mathrm{d}}{\mathrm{d}t} k_1^{n+1}(\psi + t(z_2 - \psi), y)\,\mathrm{d}t \right| \\ &= |z_2 - \psi| \left| \int_0^1 \frac{\partial k_1^{n+1}}{\partial z}(\psi + t(z_2 - \psi), y)\,\mathrm{d}t \right| \end{aligned}$$

(immer für $-s_{n+1} < y < s_{n+1}$). Nun gilt wegen 2.: $|k^{n+1'} - I| < \frac{1}{9}$, also insbesondere: $|\partial k_1^{n+1}/\partial z - 1| \leq \frac{1}{9}$. Da $\partial k_1^{n+1}/\partial z$ für reelle Argumente reell ist, folgt $\partial k_1^{n+1}/\partial z \geq \frac{8}{9}$. Mithin: $|k_1^{n+1}(z_2, y) - k_1^{n+1}(\psi, y)| \geq \frac{8}{9}|z_2 - \psi|$. D.h. wir finden:

$$|z_2 - \psi| \leq \tfrac{9}{8}\gamma f_0 M_{n+1} + \tfrac{1}{8}|h| \qquad -s_{n+1} < y < s_{n+1}$$

Im Verein mit (72)

$$|h(y)| \leq \tfrac{81}{32}\gamma f_0 M_{n+1} + \tfrac{5}{32}|h(y)| \qquad -s_{n+1} < y < s_{n+1}$$

Also erhalten wir für $|h(y)|$ folgende Abschätzung:

$$|h(y)| \leq 3\gamma f_0 M_{n+1} \qquad -s_{n+1} < y < s_{n+1}$$

Die vorige Abschätzung gilt zunächst nur für reelle Argumente. Da die Funktion h jedoch linear in y ist, ist die Ausdehnung ins Komplexe sehr einfach. Wir erinnern daran, daß $h(y) = \alpha + \beta y$ gilt, mit reellen Zahlen α, β. Dann gilt für komplexe y mit $|y| < s_{n+1}$:

$$\begin{aligned} |h(y)| \leq |\alpha| + |\beta|\,|y| &= \operatorname{sgn}\alpha \cdot \alpha + \operatorname{sgn}\beta \cdot \beta \cdot |y| \\ &= |\operatorname{sgn}\alpha(\alpha + \beta(\operatorname{sgn}\alpha \operatorname{sgn}\beta\,|y|))| \\ &= |\alpha + \beta \cdot (\operatorname{sgn}\alpha \operatorname{sgn}\beta\,|y|)| \\ &= |h(\operatorname{sgn}\alpha \operatorname{sgn}\beta\,|y|)| \leq 3\gamma f_0 M_{n+1} \qquad |y| \leq s_{n+1} \end{aligned}$$

Benutzen wir schließlich die Abschätzung für $k^{n'} \circ \boldsymbol{T}$ aus 1., (ii), dann folgt:

$$\left| (k^{n'} \circ \boldsymbol{T})\binom{0}{h} \right| \leq \tfrac{10}{3}\gamma f_0 M_{n+1} \qquad \boldsymbol{x} \in D_{n+1}$$

und daher mit (69)

$$|\mathcal{F}(\boldsymbol{k}^{n+1})| \leq \tfrac{13}{3}\gamma f_0 M_{n+1} \qquad \boldsymbol{x} \in D_{n+1}$$

Dies bedeutet: (56.n + 1) ist verifiziert, wenn wir zusätzlich zu den Forderungen A–D verlangen

Forderung E: $f_0 = C_1\delta_0^{12\tau} + C_2\delta_0^{\tau} + C_2\delta_0^{7\tau} + C_3\delta_0^{\tau} < \frac{3}{13}$

Zusammenfassend haben wir nun also folgende Situation: Denken wir uns δ_0 so gewählt, daß die Forderungen A bis E erfüllt sind. (Diese Wahl wird durch τ, C und r_0 beeinflußt). Es gelte überdies

$$|Z(\boldsymbol{x})| + |Y(\boldsymbol{x})| \leq \gamma\delta_0^2 \qquad \text{für } \boldsymbol{x} \in D \tag{73}$$

(cf. Gl. (59)). Dann impliziert die Aussage A_n die Aussage A_{n+1}, wobei $\mu = 21\tau$, $\sigma = 12\tau$, $\kappa = \frac{4}{3}$ ist. Ferner gilt: $|\boldsymbol{k}^{n+1} - \boldsymbol{k}^n| \leq \delta_n - \delta_{n+1}$ in D_{n+1}. D.h. Lemma 3 ist vollständig nachgewiesen. ■

13.2.5 Die Induktionsverankerung

Wir befassen uns hier mit der Gültigkeit von A_0. Wir setzen

$$\boldsymbol{k}^0(\boldsymbol{x}) = \boldsymbol{x}$$

Offensichtlich sind (54.0), (55.0) erfüllt. (56.0) lautet:

$$|Z(\boldsymbol{x})| + |Y(\boldsymbol{x})| \leq \gamma\delta_0^{\mu} = \gamma\delta_0^{21\tau} \qquad \boldsymbol{x} \in D_0 \tag{74}$$

Sowohl die Ungleichung (74) als die Ungleichung (73) ist erfüllt, wenn wir *endgültig für die Größe der Störung der Twistabbildung fordern*

$$|Z(\boldsymbol{x})| + |Y(\boldsymbol{x})| \leq \gamma\delta_0^{21\tau} \qquad \boldsymbol{x} \in D \tag{75}$$

(man beachte, daß $D_0 \subseteq D$ gilt)

13.2.6 Der Konvergenzbeweis

Wir betrachten die Funktionenfolge $\boldsymbol{k}^n(z, 0)$ $n = 0, 1, 2, \ldots$ Jede dieser Funktionen ist in $|\text{Im } z| < r_0/2$ definiert, reell analytisch, $k_1^n(z, 0) - z$, $k_2^n(z, 0)$ sind 2π-periodisch in z. Ferner folgt aus $|\boldsymbol{k}^{n+1} - \boldsymbol{k}^n| \leq \delta_n - \delta_{n+1}$ (cf. Lemma 3):

$$|\boldsymbol{k}^{n+m}(z, 0) - \boldsymbol{k}^n(z, 0)| \leq \delta_n - \delta_{n+m} = \delta_0^{(\kappa^n)} - \delta_0^{(\kappa^{n+m})} \qquad \text{für } |\text{Im } z| < \frac{r_0}{2} \tag{76}$$

Das bedeutet aber, daß die $\boldsymbol{k}^n(z, 0)$ eine Cauchy-Folge bilden, also gegen eine in $|\text{Im } z| < r_0/2$ analytische Funktion $\boldsymbol{k}(z)$ konvergieren. Diese ist offenbar reell für reelle Argumente und $k_1(z) - z$, $k_2(z)$ sind 2π-periodisch in z. Aus (76) folgt für $n = 0$ und $m \to \infty$

$$\left|\boldsymbol{k}(z) - \begin{pmatrix} z \\ 0 \end{pmatrix}\right| \leq \delta_0 < \frac{r_0}{6} \tag{77}$$

Schließlich folgt aus Stetigkeitsgründen und mit (56.n)

$$\begin{aligned}|\boldsymbol{P}(\boldsymbol{k}(z))-\boldsymbol{k}(z+\omega)| &= \left|\boldsymbol{P}\left(\lim_{n\to\infty}\boldsymbol{k}^n(z,0)\right)-\lim_{n\to\infty}\boldsymbol{k}^n(z+\omega,0)\right| \\ &= \lim_{n\to\infty}|\boldsymbol{P}(\boldsymbol{k}^n(z,0))-\boldsymbol{k}^n(z+\omega,0)| = \lim_{n\to\infty}|\mathscr{F}(\boldsymbol{k}^n)(z,0)| \\ &\leqslant \lim_{n\to\infty}\gamma M_n = 0\end{aligned}$$

D.h. es gilt

$$\boldsymbol{P}(\boldsymbol{k}(z)) = \boldsymbol{k}(z+\omega) \qquad \text{für } z\in\mathbf{R}$$

Damit ist Satz 1 bewiesen. Die dort genannte Funktion $\delta(r_0, \beta, C_0)$ ist gleich $\delta_0^{21\tau}$, wobei die Größe δ_0 so gewählt werden muß, daß sie die Forderungen A bis E erfüllt. ∎

13.3 Stabilität periodischer Lösungen

Ziel dieses Abschnittes ist es, den folgenden Satz über reell analytische kanonische Differentialgleichungssysteme zu beweisen, der wesentlich auf dem Twist-Theorem beruht.

Satz 2 *Die Hamiltonfunktion* $\kappa(t, y_1, y_2, \varepsilon)=\varepsilon\kappa^1(y_1, y_2)+\varepsilon^2\kappa^2(t, y_1, y_2, \varepsilon)$, κ^2 *in* t 2π*-periodisch, erfülle folgende Voraussetzungen:*

(1) $$\frac{\partial\kappa^1}{\partial y_1}(\mathbf{0}) = \frac{\partial\kappa^1}{\partial y_2}(\mathbf{0}) = 0$$

(2) $$\frac{\partial^2\kappa^1}{\partial y_1\partial y_2}(\mathbf{0}) = 0, \quad \frac{\partial^2\boldsymbol{\kappa}^1}{\partial y_1^2}(\mathbf{0}) = \frac{\partial^2\boldsymbol{\kappa}^1}{\partial y_2^2}(\mathbf{0}) = \omega$$

(3) $$\tfrac{3}{2}h_{40}+\tfrac{1}{2}h_{22}+\tfrac{3}{2}h_{04}-\frac{15}{4\omega}[h_{03}^2+h_{30}^2]-\frac{3}{2\omega}[h_{03}h_{21}+h_{30}h_{12}] -\frac{3}{4\omega}[h_{21}^2+h_{12}^2]\neq 0$$

mit

$$h_{ij} = \frac{1}{i!\,j!}\frac{\partial^{(i+j)}\kappa^1}{\partial y_1^i\,\partial y_2^j}(\mathbf{0})$$

Dann gilt: Das zur Hamiltonfunktion κ *gehörige kanonische System hat, für alle genügend kleinen* $\varepsilon>0$, *eine (im Sinne von Liapunov) stabile,* 2π*-periodische Lösung, welche für* $\varepsilon\to 0$ *gegen* $\mathbf{0}$ *geht.*

Betrachten wir zur Diskussion der Bedingungen das System mit der Hamiltonfunktion $\varepsilon\kappa^1$:

$$\dot{y}_1 = \varepsilon\frac{\partial\kappa^1}{\partial y_2}(y_1, y_2) \qquad \dot{y}_2 = -\varepsilon\frac{\partial\kappa^1}{\partial y_1}(y_1, y_2) \tag{78}$$

Dieses hat offenbar, (cf. Voraussetzung (1)), den Nullpunkt als Gleichgewichtslösung. Wegen Voraussetzung (2) lautet das um den Nullpunkt linearisierte System (78):

$$\begin{cases} \dot{y}_1 = \varepsilon\omega y_2 \\ \dot{y}_2 = -\varepsilon\omega y_1 \end{cases} \tag{79}$$

Die Eigenwerte der zugehörigen Matrix sind $\pm\varepsilon\omega i$. Es liegt also ein sog. kritischer Fall vor, das Stabilitätsverhalten des Gleichgewichts von (78) kann nicht aus (79) abgeleitet werden. Aus dem Hamiltonschen Charakter der Gl. (78) folgt jedoch sofort, daß $\mathbf{0}$ stabile Lösung von (78) ist, denn die Funktion κ^1 ist erstes Integral und besitzt in $\mathbf{0}$ ein lokales Minimum, wie sofort aus der Darstellung

$$\kappa^1 = \tfrac{1}{2}\omega(y_1^2 + y_2^2) + \text{höhere Terme}$$

hervorgeht (O.B.d.A wird $\kappa^1(0,0) = 0$ angenommen).

(Weisen wir noch darauf hin, daß die Eigenwerte eines Gleichgewichtspunkts eines autonomen Hamiltonschen Systems entweder reell und entgegengesetzt gleich (hyperbolischer Fall) oder Null (parabolischer Fall) oder, wie im vorliegenden Satz, konjugiert imaginär (elliptischer Fall) sind.)

Das Hinzutreten des t-abhängigen Teils in der Hamiltonfunktion bewirkt offenbar, daß aus dem stabilen Gleichgewicht eine stabile 2π-periodische Lösung entsteht, wobei die Stabilität durch die Voraussetzung (3) erzwungen wird.

Wir werden wie folgt vorgehen: Zuerst befassen wir uns mit der Stabilität eines Gleichgewichts eines nicht-autonomen Systems, dann beschäftigen wir uns mit der Existenz von periodischen Lösungen und schließlich mit deren Stabilität.

13.3.1 Stabilität von Gleichgewichtslösungen

Betrachten wir ein System, dessen Hamiltonfunktion wie folgt lautet:

$$H(t, x_1, x_2) = \sum_{i=2}^{\infty} H^i(t, x_1, x_2) \tag{80}$$

wobei

$$H^k = \sum_{i+j=k} H_{ij}(t) x_1^i x_2^j \qquad k \geqslant 2$$

Hierbei seien die Funktionen H_{ij} in t 2π-periodisch. Offenbar ist der Nullpunkt Gleichgewichtslösung des Systems (80). Es soll die Stabilität dieser Lösung untersucht werden. In der Folge werden wir (80) als Störungsproblem behandeln, wobei H^2 das ungestörte Problem definiert, während H^3, H^4 als klein von erster bzw. zweiter Ordnung betrachtet werden. Wie üblich werden wir zuerst das ungestörte Problem untersuchen, um Elemente einführen zu können. Zu diesem Zweck ist eine kanonische Form der Floquet-Theorie zu entwickeln. Sodann fügen wir eine Störungstheorie 1. Ordnung an. Dann sind wir in der Lage, das Twist-Theorem anzuwenden.

a) Kanonische Floquet-Theorie Betrachten wir ein lineares ebenes DGl.-System

$$\dot{\boldsymbol{x}} = A(t)\boldsymbol{x} \tag{81}$$

wobei die Matrix $A(t)$ in t 2π-periodisch sei. Es sei $X(t)$ diejenige Matrixlösung der Gl. (81) für die gilt: $X(0) = I =$ Einheitsmatrix. Ferner führen wir die Monodromiematrix $M = X(2\pi)$ ein und nehmen an, daß diese zwei konjugiert komplexe Eigenwerte vom Betrag 1 habe, die wir in der Form $e^{\pm i2\pi\gamma}$ schreiben. (Es sei darauf hingewiesen, daß das Produkt der Eigenwerte von M immer 1 ist, wenn (81) ein kanonisches System darstellt. Denn dann gilt: $A(t) = JS(t)$, wobei $S(t)$ eine symmetrische Matrix und

$$J = \begin{pmatrix} 0 & 1 \\ -1 & 0 \end{pmatrix}$$

die symplektische Matrix ist. Die Behauptung folgt nun aus $\mathrm{Det}(X(t)) = \exp \int_0^t \mathrm{spur}\, A(t)\, dt = 1$). Ziel dieses Abschnitts ist es, das folgende Lemma zu beweisen:

Lemma 4 *Es gibt eine 2π-periodische, kanonische Transformation $\boldsymbol{x} = T(t)\boldsymbol{z}$, welche das System* (81) *in das folgende überführt:*

$$\dot{\boldsymbol{z}} = C\boldsymbol{z} \qquad \text{mit } C = \begin{pmatrix} 0 & \gamma \\ -\gamma & 0 \end{pmatrix}$$

Beweis. Wir wollen den Beweis nicht von Anfang an auf kanonische Systeme und Eigenwerte vom Betrag 1 einschränken und setzen deshalb für die Eigenwerte von M bis auf weiteres $\rho e^{\pm i2\pi\gamma}$. Bezeichnen wir mit $\boldsymbol{v}^T = (a + ib, c + id)$, $\bar{\boldsymbol{v}}^T = (a - ib, c - id)$ die Eigenvektoren von M. Da $\boldsymbol{v}$ und $\bar{\boldsymbol{v}}$ zu verschiedenen Eigenwerten gehören, sind sie linear unabhängig, woraus $\Delta = ad - bc \neq 0$ folgt. O.B.d.A. sei $\Delta > 0$ (andernfalls sind die Rollen von $\boldsymbol{v}$ und $\bar{\boldsymbol{v}}$ zu vertauschen). Definieren wir $A = a/\sqrt{\Delta}$, $B = b/\sqrt{\Delta}$, $C = c/\sqrt{\Delta}$, $D = d/\sqrt{\Delta}$, sowie die Matrizen:

$$W = \begin{pmatrix} A & B \\ C & D \end{pmatrix}, \qquad W^{-1} = \begin{pmatrix} D & -B \\ -C & A \end{pmatrix}$$

Man zeigt nun leicht, daß gilt:

$$W^{-1}MW = \begin{pmatrix} \rho \cos 2\pi\gamma & \rho \sin 2\pi\gamma \\ -\rho \sin 2\pi\gamma & \rho \cos 2\pi\gamma \end{pmatrix}$$

Ferner ist die Matrix W symplektisch, d.h. es gilt: $W^T JW = J$. Unterwerfen wir das System (81) der Transformation:

$$\boldsymbol{x} = W\boldsymbol{y} \tag{82}$$

Das transformierte System heißt:

$$\dot{\boldsymbol{y}} = W^{-1}A(t)W\boldsymbol{y} \overset{\mathrm{Def}}{=} B(t)\boldsymbol{y} \tag{83}$$

Offenbar ist $Y(t) = W^{-1}X(t)W$ Matrixlösung von (83) mit $Y(0) = I$. Führen wir schließlich ein drittes System ein

$$\dot{\boldsymbol{z}} = C\boldsymbol{z} \qquad C = \begin{pmatrix} \frac{1}{2\pi}\ln\rho & \gamma \\ -\gamma & \frac{1}{2\pi}\ln\rho \end{pmatrix} \tag{84}$$

Für dieses System ist:

$$Z(t) = \rho^{t/2\pi}\begin{pmatrix} \cos\gamma t & \sin\gamma t \\ -\sin\gamma t & \cos\gamma t \end{pmatrix}$$

eine Lösungsmatrix mit $Z(0) = I$. Wir zeigen nun, daß sich das System (83) ins System (84) transformieren läßt. Setzen wir nämlich

$$\boldsymbol{y} = Y(t)Z^{-1}(t)\boldsymbol{z} \tag{85}$$

dann folgt, wenn etwa $\boldsymbol{z}$ Lösung von (84) ist:

$$\dot{\boldsymbol{y}} = \dot{Y}Z^{-1}\boldsymbol{z} + Y(Z^{-1})^{\cdot}\boldsymbol{z} + YZ^{-1}\dot{\boldsymbol{z}} = BYZ^{-1}\boldsymbol{z} + Y(-Z^{-1}C)\boldsymbol{z} + YZ^{-1}C\boldsymbol{z} = B\boldsymbol{y}$$

d.h. (85) gibt den Zusammenhang zwischen (83) und (84). Um zu zeigen, daß die Transformation (85) in t 2π-periodisch ist, bemerken wir:

$$Y(2\pi) = W^{-1}X(2\pi)W = W^{-1}MW = Z(2\pi)$$

und, da $Z(s)Z(t) = Z(s+t)$, mithin $Z^{-1}(t) = Z(-t)$:

$$Z^{-1}(t+2\pi) = Z(-2\pi)Z(-t) = Z^{-1}(2\pi)Z^{-1}(t)$$

Schließlich gilt: $Y(t+2\pi) = Y(t)Y(2\pi)$, wegen der 2π-Periodizität von $B(t)$. Somit

$$Y(t+2\pi)Z^{-1}(t+2\pi) = Y(t)Y(2\pi)Z^{-1}(2\pi)Z^{-1}(t) = Y(t)Z^{-1}(t)$$

Nehmen wir nun an, das System (81) sei kanonisch (also $A = JS$, mit einer symmetrischen Matrix S) und es sei $\rho = 1$. Wir wollen uns überlegen, daß auch $X(t)$ symplektisch ist. Dies ist trivialerweise für $t = 0$ wahr. Wegen $A = JS$, $A^T = SJ^T = -SJ$, $A^TJ = -SJ^2 = S$, $JA = J^2S = -S$ (denn $J^2 = -I$) folgt:

$$[X^T(t)JX(t)]^{\cdot} = \dot{X}^TJX + X^TJ\dot{X} = X^TA^TJX + X^TJAX = 0$$

womit sich die Behauptung ergibt. Daß auch $Z(t)$ für $\rho = 1$ symplektisch ist, folgt sofort. Da die symplektischen Matrizen eine Gruppe bilden, folgt die Behauptung des Lemmas. ■

Beispiel Als Anwendung betrachten wir den Fall einer „fast-konstanten" Matrix $A(t)$, die „fast" die Nullmatrix ist:

$$A(t) = \varepsilon\begin{pmatrix} \alpha & \beta \\ -\beta & \alpha \end{pmatrix} + \varepsilon^2 R(t, \varepsilon) \tag{86}$$

wobei $R(t, \varepsilon)$ eine in t 2π-periodische und in ε reguläre 2×2-Matrix ist. Vernachlässigen wir den ε^2-Term zunächst. Es folgt dann sofort, daß M die Eigenwerte $e^{\varepsilon 2\pi\alpha} \cdot e^{\pm 2\pi\varepsilon\beta i}$ hat und daß der Eigenvektor $\boldsymbol{v}^T = (1, i)$ heißt. Folglich ist W die Einheitsmatrix und $B(t)$ mit $A(t)$ identisch. Das bedeutet $Y(t) = X(t)$ und wegen $C = A(t)$ auch $Z(t) = X(t)$. Somit ist $\boldsymbol{x} = WY(t)Z^{-1}(t)\boldsymbol{z}$ die Identität $\boldsymbol{x} = \boldsymbol{z}$.

Was bewirkt der ε^2-Term? Man macht sich klar, daß die Konstruktion des Lemmas für alle genügend kleinen ε immer noch durchführbar ist und daß die Matrizen C und $T = WY(t)Z^{-1}(t)$ folgende Gestalt haben:

$$C = \varepsilon\begin{pmatrix} \alpha + 0(\varepsilon) & \beta + 0(\varepsilon) \\ -\beta + 0(\varepsilon) & \alpha + 0(\varepsilon) \end{pmatrix} \qquad T = \begin{pmatrix} 1 + 0(\varepsilon) & 0(\varepsilon) \\ 0(\varepsilon) & 1 + 0(\varepsilon) \end{pmatrix} \tag{87}$$

wobei $0(\varepsilon)$ Restterme bezeichnen, die mit ε gegen Null gehen. □

Wir kehren zur Hamiltonfunktion (80) zurück. Die zur Hamiltonfunktion H^2 gehörigen Gleichungen haben die Form (81). Denken wir uns die kanonische Transformation $\boldsymbol{x} = T(t)\boldsymbol{z}$ des Lemmas konstruiert. Wenden wir sie auf das ganze System (80) an. Offenbar gilt:

$$\dot{\boldsymbol{z}} = \left[-T^{-1}\dot{T}\boldsymbol{z} + T^{-1}J\frac{\partial H^2}{\partial \boldsymbol{x}}(t, T\boldsymbol{z})\right] + T^{-1}J\frac{\partial}{\partial \boldsymbol{x}}\left\{\sum_{k=3}^{\infty} H^k(t, \boldsymbol{x})\right\}\Bigg|_{\boldsymbol{x}=T\boldsymbol{z}} \tag{88}$$

Der Term in der eckigen Klammer stellt genau die Transformation des linearen Systems (81) dar, ist also gleich $C\boldsymbol{z}$. Dieses Vektorfeld ist aber kanonisch mit der Hamiltonfunktion $\gamma/2(z_1^2 + z_2^2)$. Der zweite Teil des Vektorfeldes (88) ist ebenfalls kanonisch (cf. §8) mit der Hamiltonfunktion $\sum_{k=3}^{\infty} H^k(t, T\boldsymbol{z})$. Somit lautet die transformierte Hamiltonfunktion (80)

$$\frac{\gamma}{2}(z_1^2 + z_2^2) + \sum_{k=3}^{\infty} H^k(t, T\boldsymbol{z}) \tag{89}$$

Nach dieser Vorbereitung stellt das ungestörte Problem wieder einen harmonischen Oszillator dar, und wir führen die Elemente wie üblich ein:

$$z_1 = \sqrt{2a}\sin\phi \qquad z_2 = \sqrt{2a}\cos\phi \tag{90}$$

Die transformierte Hamiltonfunktion (89) ist von folgender Gestalt:

$$\begin{aligned} k = \gamma a &+ (2a)^{3/2}\{k_{3c}\cos 3\phi + k_{3s}\sin 3\phi + k_{1c}\cos\phi + k_{1s}\sin\phi\} \\ &+ (2a)^2\{k_{4c}\cos 4\phi + k_{4s}\sin 4\phi + k_{2c}\cos 2\phi + k_{2s}\sin 2\phi + k_0\} \\ &+ 0\,(a^{5/2}) \end{aligned} \tag{91}$$

mit:

$$k_{3c} = L_{3c} + L_{1c} \qquad k_{3s} = L_{3s} + L_{1s} \qquad k_{1c} = 3L_{3c} - L_{1c}$$
$$k_{1s} = -3L_{3s} + L_{1s}$$

wobei:

$$L_{3c}=\tfrac{1}{4}[T_{12}^3H_{30}+T_{12}^2T_{22}H_{21}+T_{12}T_{22}^2H_{12}+T_{22}^3H_{03}]$$
$$L_{3s}=-\tfrac{1}{4}[T_{11}^3H_{30}+T_{11}^2T_{21}H_{21}+T_{11}T_{21}^2H_{12}+T_{21}^3H_{03}]$$
$$L_{1c}=-\tfrac{1}{4}[3T_{11}^2T_{12}H_{30}+(2T_{11}T_{12}T_{21}+T_{11}^2T_{22})H_{21} +(T_{12}T_{21}^2+2T_{11}T_{21}T_{22})H_{12}+3T_{21}^2T_{22}H_{03}]$$
$$L_{1s}=\tfrac{1}{4}[3T_{11}T_{12}^2H_{30}+(2T_{11}T_{12}T_{22}+T_{12}^2T_{21})H_{21} +(T_{11}T_{22}^2+2T_{12}T_{21}T_{22})H_{12}+3T_{21}T_{22}^2H_{03}]$$

Es ist nicht nötig, die Funktionen k_{4c}, k_{4s}, k_{2c}, k_{2s}, k_0 genauer anzugeben, sie sind genau wie die Funktionen k_{3c}, k_{3s}, k_{1c}, k_{1s} in t 2π-periodisch. Der Ausdruck $0(a^{5/2})$ bezeichnet eine Potenzreihe in $\sqrt{a}$, beginnend mit Gliedern der Ordnung 5 und mit Koeffizienten, die in ϕ trigonometrische Polynome sind, deren Koeffizienten in t 2π-periodisch sind.

b) Störungsrechnung Die Hamiltonfunktion (91) soll nun durch eine kanonische Störungsrechnung vereinfacht werden. Da sie explizite von der Zeit t abhängt, kann die in §8 entwickelte Theorie nicht direkt angewandt werden. t hat jedoch einfach die Bedeutung einer weiteren Winkelvariablen, die der Gleichung $\dot{t}=1$ gehorcht; als konjugierte Wirkungsvariable führen wir eine zusätzliche Variable a_0 ein und betrachten statt der Hamiltonfunktion (91) die neue Hamiltonfunktion $k(t,\phi,a)+a_0$, welche als autonom zu betrachten ist. Gemäß (8, 35) lauten die kanonischen Störungsgleichungen

$$-\frac{\partial s^3}{\partial t}-\gamma\frac{\partial s^3}{\partial\phi}+k^3=\bar{k}^3 \tag{92.1}$$

$$-\frac{\partial s^4}{\partial t}-\gamma\frac{\partial s^4}{\partial\phi}+\frac{1}{2}\left[\frac{\partial k^3}{\partial\phi}\frac{\partial s^3}{\partial a}-\frac{\partial k^3}{\partial a}\frac{\partial s^3}{\partial\phi}\right]+k^4=\bar{k}^4 \tag{92.2}$$

Hierbei bezeichnet k^3, k^4 den zweiten, dritten Term in (91), die Funktionen s^3, s^4 sind die Erzeugenden der kanonischen Transformation. Bei (92.2) wurde schon berücksichtigt, daß $\bar{k}^3=0$ gefunden werden wird (cf. Gl. (94)).

Die Meinung ist nun folgende: Aus den Gleichungen (92) werden die Funktionen s^3, s^4, $\bar{k}^3$, $\bar{k}^4$ wie üblich bestimmt. Durch $s=s^3+s^4$ ist mittels der entsprechenden Lie-Reihe eine kanonische Transformation wohldefiniert, wobei die Hamiltonfunktion k in die folgende übergeführt wird:

$$\bar{k}=\gamma\bar{a}+\bar{k}^3+\bar{k}^4+0(\bar{a}^{5/2}) \tag{93}$$

Dabei hat der Rest $0(\bar{a}^{5/2})$ dieselben Eigenschaften, wie derjenige in (91). Kommen wir zur Behandlung der Gl. (92.1). Wir setzen:

$$s^3=(2a)^{3/2}\{s_{3c}\cos 3\phi+s_{3s}\sin 3\phi+s_{1c}\cos\phi+s_{1s}\sin\phi\},\qquad \bar{k}^3=0 \tag{94}$$

mit in t 2π-periodischen Funktionen $s_{\iota c}$, $s_{\iota s}$. Indem wir in (92.1) einsetzen und die Koeffizienten vergleichen:

$$\begin{cases} \dot{s}_{3c} = -3\gamma s_{3s} + k_{3c} \\ \dot{s}_{3s} = 3\gamma s_{3c} + k_{3s} \end{cases} \qquad \begin{cases} \dot{s}_{1c} = -\gamma s_{1s} + k_{1c} \\ \dot{s}_{1s} = \gamma s_{1c} + k_{1s} \end{cases} \tag{95}$$

Nehmen wir an, es sei möglich, in t 2π-periodische Funktionen s_{ic}, s_{is} zu finden, die die Gleichungen (95) erfüllen. (Dies ist genau dann der Fall, wenn die Fourierdarstellungen von k_{ic}, k_{is} die Terme $\cos(i\gamma t)$, $\sin(i\gamma t)$ nicht enthalten, was sicher erfüllt ist, wenn $\gamma \neq n/i$, $n \in \mathbf{N}$ gilt). Wenden wir uns jetzt der Gl. (92.2) zu. Man überprüft leicht, daß die einzigen trigonometrischen Funktionen, die in der eckigen Klammer vorkommen, die Funktionen $\cos 4\phi$, $\sin 4\phi$, $\cos 2\phi$, $\sin 2\phi$ sind. (92.2) lautet also:

$$-\frac{\partial s^4}{\partial t} - \gamma \frac{\partial s^4}{\partial \phi} + a^2\{D_{4c} \cos 4\phi + D_{4s} \sin 4\phi + D_{2c} \cos 2\phi + D_{2s} \sin 2\phi + D_0\} = \bar{k}^4 \overset{\text{Def}}{=} ca^2 \tag{96}$$

Diese Gleichung lösen wir durch den Ansatz:

$$s^4 = a^2\{s_{4c} \cos 4\phi + s_{4s} \sin 4\phi + s_{2c} \cos 2\phi + s_{2s} \sin 2\phi + s_0\}, \qquad c = M_t[D_0] \tag{97}$$

wobei M_t den Mittelwertoperator bezüglich t bezeichnet. Aus dem Ansatz (97) ergeben sich folgende Gleichungen:

$$\begin{cases} \dot{s}_{4c} = -4\gamma s_{4s} + D_{4c} \\ \dot{s}_{4s} = 4\gamma s_{4c} + D_{4s} \end{cases} \qquad \begin{cases} \dot{s}_{2c} = -2\gamma s_{2s} + D_{2c} \\ \dot{s}_{2s} = 2\gamma s_{2c} + D_{2s} \end{cases} \tag{98}$$
$$\dot{s}_0 = D_0 - c$$

Nehmen wir an, daß auch diese Gleichungen in der gewünschten Weise lösbar seien. Der entscheidende Ausdruck ist nun c. Man findet nach einiger Rechnung:

$$\begin{aligned} c = M_t[&(-18k_{3c}s_{3s} + 18k_{3s}s_{3c} - 6k_{1c}s_{1s} + 6k_{1s}s_{1c}) + (\tfrac{3}{2}T_{11}^4 + 3T_{11}^2T_{12}^2 + \tfrac{3}{2}T_{12}^4)H_{40} \\ &+ (\tfrac{3}{2}T_{11}^3T_{21} + \tfrac{3}{2}T_{11}T_{12}^2T_{21} + \tfrac{3}{2}T_{11}^2T_{12}T_{22} + \tfrac{3}{2}T_{12}^3T_{22})H_{31} \\ &+ (\tfrac{3}{2}T_{11}^2T_{21}^2 + \tfrac{1}{2}T_{12}^2T_{21}^2 + 2T_{11}T_{12}T_{21}T_{22} + \tfrac{1}{2}T_{11}^2T_{22}^2 + \tfrac{3}{2}T_{12}^2T_{22}^2)H_{22} \\ &+ (\tfrac{3}{2}T_{11}T_{21}^3 + \tfrac{3}{2}T_{11}T_{21}T_{22}^2 + \tfrac{3}{2}T_{12}T_{21}^2T_{22} + \tfrac{3}{2}T_{12}T_{22}^3)H_{13} \\ &+ (\tfrac{3}{2}T_{21}^4 + 3T_{21}^2T_{22}^2 + \tfrac{3}{2}T_{22}^4)H_{04}] \end{aligned} \tag{99}$$

Fortsetzung des Beispiels Wir betrachten einen Spezialfall des Problems (80), indem wir

$$H_{ij}(t) = \varepsilon h_{ij} + \varepsilon^2 r_{ij}(t, \varepsilon) \tag{100}$$

setzen, wobei die $r_{ij}(t, \varepsilon)$ in t 2π-periodische Funktionen sind, die h_{ij} aber Konstanten. Insbesondere setzen wir

$$h_{11} = 0 \qquad h_{20} = h_{02} = \tfrac{1}{2}\omega \tag{101}$$

Das zu H^2 gehörige DGl.-System hat die Gestalt (81), die Matrix $A(t)$ ist von der Form (86) mit $\alpha=0$, $\beta=\omega$. Die kanonische Transformation, die den Übergang von (80) zu (89) bewirkt, ist von der Form $\boldsymbol{x}=(I+0(\varepsilon))\boldsymbol{z}$, und es gilt $\gamma=\varepsilon\omega+0(\varepsilon^2)$. Daraus folgt für die Funktionen k_{3c}, k_{3s}, k_{1c}, k_{1s} gemäß (91):

$$\begin{aligned} k_{3c}&=\frac{\varepsilon}{4}[h_{03}-h_{21}]+0(\varepsilon^2) & k_{3s}&=\frac{\varepsilon}{4}[-h_{30}+h_{12}]+0(\varepsilon^2)\\ k_{1c}&=\frac{\varepsilon}{4}[3h_{03}+h_{21}]+0(\varepsilon^2) & k_{1s}&=\frac{\varepsilon}{4}[3h_{30}+h_{12}]+0(\varepsilon^2) \end{aligned} \tag{102}$$

Aus den Gleichungen (95) findet man daraus und wegen $\gamma=\varepsilon\omega+0(\varepsilon^2)$ für s_{3c}, s_{3s}, s_{1c}, s_{1s} die Ausdrücke

$$\begin{aligned} s_{3c}&=-\frac{1}{12\omega}[-h_{30}+h_{12}]+0(\varepsilon) & s_{3s}&=\frac{1}{12\omega}[h_{03}-h_{21}]+0(\varepsilon)\\ s_{1c}&=-\frac{1}{4\omega}[3h_{30}+h_{12}]+0(\varepsilon) & s_{1s}&=\frac{1}{4\omega}[3h_{03}+h_{21}]+0(\varepsilon) \end{aligned}$$

Damit sind wir jetzt in der Lage, den Ausdruck (99) für c in der folgenden Form darzustellen:

$$c=\varepsilon\left\{\tfrac{3}{2}h_{40}+\tfrac{1}{2}h_{22}+\tfrac{3}{2}h_{04}-\frac{15}{4\omega}[h_{03}^2+h_{30}^2]-\frac{3}{2\omega}[h_{03}h_{21}+h_{30}h_{12}]-\frac{3}{4\omega}[h_{21}^2+h_{12}^2]\right\}+0(\varepsilon^2) \tag{103}$$

Hierbei wurde erneut benutzt, daß $T=I+0(\varepsilon)$ gilt.

c) Anwendung des Twist-Theorems Die zu betrachtende Hamiltonfunktion (93) lautet also:

$$k=\gamma a+ca^2+0(a^{5/2}) \tag{104}$$

und damit die zugehörigen Bewegungsgleichungen:

$$\begin{cases}\dot\phi=\gamma+2ca+0(a^{3/2})\\ \dot a= \qquad\quad 0(a^{5/2})\end{cases} \tag{105}$$

Betrachten wir die Lösungen von (104) im t, ϕ, a-Raum und bezeichnen wir mit $\phi(t,t^0,\phi^0,a^0)$, $a(t,t^0,\phi^0,a^0)$ diejenige Lösung, die für $t=t^0$ durch den Punkt t^0, ϕ^0, a^0 geht. Offenbar gilt $a(t,t^0,\phi^0,0)\equiv 0$, d.h. *die Ebene* $a=0$ *ist Integralmannigfaltigkeit von* (105). Wir wollen zeigen, daß diese Integralmannigfaltigkeit in folgendem Sinne stabil ist:

Zu $\varepsilon>0$ *gibt es ein* $\delta>0$, *so daß für jedes Tripel* t^0, ϕ^0, a^0 *mit* $0<a^0<\delta$ *für alle* t *gilt:* $0<a(t,t^0,\phi^0,a^0)<\varepsilon$

D.h. Lösungen, die zu einem Zeitpunkt nahe an der Mannigfaltigkeit sind, bleiben für alle Zeiten in der Nähe.

Wir stützen den Beweis auf die Existenz von mindestens einer invarianten periodischen Kurve C_b der $\boldsymbol{P}$-Abbildung

$$\boldsymbol{P}:\ \begin{pmatrix}\phi^0\\ a^0\end{pmatrix} \longrightarrow \begin{pmatrix}\phi(2\pi, 0, \phi^0, a^0)\\ a(2\pi, 0, \phi^0, a^0)\end{pmatrix} \tag{106}$$

im Innern jedes Streifens $a_{\mathrm{I}} = 0 < a^0 < a_{\mathrm{II}} = b$, b genügend klein.

Zunächst bemerken wir, daß das zwischen der ϕ-Achse und der invarianten Kurve C_b gelegene Gebiet G_b unter $\boldsymbol{P}$ invariant ist. Dies folgt daraus, daß die Lösungskurven von (105), die auf C_b starten, den Halbraum $a > 0$ in zwei Komponenten zerlegen sowie aus der Eindeutigkeit der Lösungen (cf. Fig. 8).

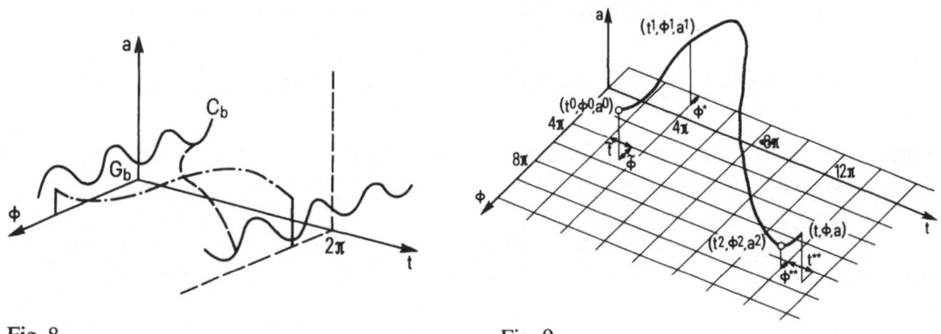

Fig. 8 Fig. 9

Weiter brauchen wir, daß $a(t, t^0, \phi^0, a^0)$ auf der kompakten Menge $0 \leqslant a^0 \leqslant R$, $0 \leqslant \phi^0 \leqslant 2\pi$, $0 \leqslant t^0 \leqslant 2\pi$, $t^0 \leqslant t \leqslant 2\pi$ stetig und damit gleichmäßig stetig ist. Wegen $a(t, t^0, \phi^0, 0) \equiv 0$ folgt, daß es zu jedem $\varepsilon_0 > 0$ ein $\delta_0 > 0$ gibt, so daß in $0 \leqslant a^0 \leqslant \delta_0$, $0 \leqslant \phi^0 \leqslant 2\pi$, $0 \leqslant t^0 \leqslant 2\pi$, $t^0 \leqslant t \leqslant 2\pi$ die Ungleichung $0 < a(t, t^0, \phi^0, a^0) < \varepsilon_0$ gilt.

Es sei nun $\varepsilon > 0$ vorgegeben. Betrachten wir die Lösung $\phi(t, t^0, \phi^0, a^0)$, $a(t, t^0, \phi^0, a^0)$. Aus Fig. 9 sind infolge der Periodizitätseigenschaften des Systems (105) (sie sind in der Zeichnung durch das Gitter angedeutet) folgende Relationen abzulesen:

$$a = a(t, t^0, \phi^0, a^0) = a(t^{**}, 0, \phi^{**}, a^2) \tag{107.a}$$

$$\begin{pmatrix}\phi^2 - (\phi^1 - \phi^*)\\ a^2\end{pmatrix} = \begin{pmatrix}\phi(t^2 - t^1, 0, \phi^*, a^1)\\ a(t^2 - t^1, 0, \phi^*, a^1)\end{pmatrix} = \boldsymbol{P}^{\frac{t^2 - t^1}{2\pi}} \quad (\phi^*, a^1) \tag{107.b}$$

$$a^1 = a(2\pi, \bar{t}, \bar{\phi}, a^0) \tag{107.c}$$

Zufolge der Bemerkung über die Funktion $a(.,.,.,.)$ gibt es zu unserem ε ein b, derart, daß für $0 < a^2 < b$ die Ungleichung $0 < a < \varepsilon$ gilt, cf. (107.a). Falls nun der Streifen $0 < a < b$ im ϕ, a-Raum eine invariante 2π-periodische Kurve

C_b besitzt, dann wird ja dadurch ein invariantes Gebiet G_b definiert, wie wir oben festgestellt haben. Wegen (107.b) liegt also mit (ϕ^*, a^1) auch (ϕ^2, a^2) in G_b und somit gilt $0 < a^2 < b$. Wählen wir nun ε_0 so, daß der Streifen $0 < a < \varepsilon_0$ der ϕ, a-Ebene in G_b liegt. Indem wir nochmals auf die Bemerkung über die Funktion $a(.,.,.,.)$ zurückgreifen, sehen wir, daß es ein δ gibt, derart daß für $0 < a^0 < \delta$ die Ungleichung $0 < a^1 < \varepsilon_0$ gilt, cf. (107.c). Damit ist der Stabilitätsbeweis, bis auf die Frage nach den invarianten 2π-periodischen Kurven erbracht.

Um diese Frage abzuklären, bemerken wir, daß die Lösungen $\phi(t, 0, \phi^0, a^0)$, $a(t, 0, \phi^0, a^0)$ von (105) folgende formale Darstellung besitzen:

$$\begin{cases} \phi = \phi^0 + \gamma t + 2cA^2 t + \phi_3(t, \phi^0)A^3 + \phi_4(t, \phi^0)A^4 + \phi_5(t, \phi^0)A^5 + \cdots \\ \qquad\qquad\qquad\qquad\qquad\qquad\qquad\qquad A = \sqrt{a^0} \\ a = \qquad A^2 \qquad + \qquad a_5(t, \phi^0)A^5 + \cdots \end{cases} \tag{108}$$

wobei die Funktionen $\phi_i(t, \phi^0)$, $a_i(t, \phi^0)$ bezüglich ϕ^0 trigonometrische Polynome sind. Mit der Majorantenmethode zeigt man, daß die Reihen (108) für $t \in [0, 2\pi]$ im Gebiet

$$\{(\phi^0, a^0) \mid \phi^0 \in \mathbf{C}, a^0 \in \mathbf{C}, |\mathrm{Im}\, \phi^0| < \sigma, |A| < \sigma\} \tag{109}$$

σ genügend klein, konvergieren (somit reell analytische Funktionen darstellen) und da das System (105) lösen. Infolgedessen besitzt die $\boldsymbol{P}$-Abbildung (106) folgende Darstellung

$$\boldsymbol{P}: \begin{pmatrix} \phi^0 \\ a^0 \end{pmatrix} \to \begin{pmatrix} \phi^0 + 2\pi\gamma + 4\pi c a^0 + (\sqrt{a^0})^3 \tilde{\phi}(\phi^0, \sqrt{a^0}) \\ a^0 + (\sqrt{a^0})^5 \tilde{a}(\phi^0, \sqrt{a^0}) \end{pmatrix} \tag{110}$$

Diese Abbildung hat die Gestalt der Abbildung (5), mit $\alpha(a^0) = 2\pi\gamma + 4\pi c a^0$.

Wir nehmen in der Folge an, c sei positiv. (Wäre c negativ, ist die $\boldsymbol{P}$-Abbildung anders zu definieren). Wesentlich ist einzig, daß c von Null verschieden ist. Wir betrachten in der ϕ, a-Ebene den Streifen $a_{\mathrm{I}}^0 = 0 < a^0 < a_{\mathrm{II}}^0 = b < \sigma^2$ und parametrisieren ihn, gemäß (7), neu: $\rho = (\gamma + 2ca^0)/2cb$. (Man beachte, daß γ in dieser Formel eine Variable unseres Problems ist und nicht, wie in Abschn. 13.1 und 13.2, das Maß für die Stärke des Twists bezeichnet). Während das Definitionsintervall von ρ durch $(\rho_{\mathrm{I}}, \rho_{\mathrm{II}}) = (\gamma/2cb, \gamma/2cb + 1)$ gegeben ist, heißt die auf ρ transformierte Abbildung:

$$\begin{pmatrix} \phi^0 \\ \rho \end{pmatrix} \to \begin{pmatrix} \phi^0 + 4\pi cb\rho + b^{3/2}(\sqrt{\rho - \rho_{\mathrm{I}}})^3 \tilde{\phi}(\phi^0, \sqrt{b}\sqrt{\rho - \rho_{\mathrm{I}}}) \\ \rho + b^{3/2}(\sqrt{\rho - \rho_{\mathrm{I}}})^5 \tilde{a}(\phi^0, \sqrt{b}\sqrt{\rho - \rho_{\mathrm{I}}}) \end{pmatrix} \tag{111}$$

Wir denken uns nun im Intervall $(\rho_{\mathrm{I}} + \frac{1}{4}, \rho_{\mathrm{II}} - \frac{1}{4})$ einen Wert ρ_0 so gewählt, daß $\omega = 4\pi cb\rho_0$ die Bedingung (10) mit $L = \frac{1}{2}$ und, sagen wir, $\beta = 2$ erfüllt. (Dies ist aufgrund von Lemma 1 möglich). Führen wir schließlich die Variable $y = \rho - \rho_0$ ein. Dann lautet die Abbildung (111)

$$\begin{pmatrix} \phi^0 \\ y \end{pmatrix} \to \begin{pmatrix} \phi^0 + \omega + 4\pi c b y + b^{3/2}(\sqrt{y+\rho_0-\rho_I})^3 \tilde{\phi}(\phi^0, b^{1/2}\sqrt{y+\rho_0-\rho_I}) \\ y + b^{3/2}(\sqrt{y+\rho_0-\rho_I})^5 \tilde{a}(\phi^0, b^{1/2}\sqrt{y+\rho_0-\rho_I}) \end{pmatrix} \tag{112}$$

wobei y im Streifen $y_I = \rho_I - \rho_0 < y < y_{II} = \rho_{II} - \rho_0$ liegt.

Wir beschäftigen uns nun mit der Verifikation der Voraussetzungen zu Satz 1.
a) Der Twist $4\pi cb$ ist in $(0, 1]$, für b genügend klein.
b) Wir wählen $r_0 = \min(\sigma, \frac{1}{4})$. Wegen $\frac{1}{4} < \rho_0 - \rho_I < \frac{3}{4}$ ist $\sqrt{y+\rho_0-\rho_I}$ eine reell analytische Funktion in y für $|y| < \frac{1}{4}$, ferner gilt: $\sqrt{b}\,|\sqrt{y+\rho_0-\rho_I}| < \sqrt{b} < \sigma$, d.h. (112) ist wohldefiniert und reell analytisch in D. Die Periodizitätseigenschaft folgt aus Gl. (108).
c) Die Schnitteigenschaft folgt aus dem kanonischen Charakter der Gl. (105) gemäß der Diskussion in Abschn. 13.1.
Damit sind alle Voraussetzungen von Satz 1 verifiziert.
Wenden wir uns der Abschätzung der Restterme in (112) zu. Es ist offensichtlich, daß für beide eine Abschätzung der Form

$$b^{3/2}M$$

existiert, mit einer von b unabhängigen Konstanten M. Es sei nun δ die in Satz 1 vorkommende Konstante. Dann muß gelten:

$$2b^{3/2}M < 4\pi cb\delta$$

Diese Ungleichung ist offenbar für jedes genügend kleine b erfüllt. Das bedeutet: Jeder Streifen $0 < a^0 < b$, b genügend klein, enthält eine unter $\boldsymbol{P}$ invariante periodische Kurve.
Damit ist die Stabilität der Integralmannigfaltigkeit $a = 0$ von (105) nachgewiesen.
Was bedeutet unser Resultat für das ursprüngliche System (80)? Es ist offensichtlich, daß die Transformation, die die Hamiltonfunktionen (93) und (80) verknüpft, den R-Streifen $0 \leq a < R$ des t, ϕ, a-Raumes auf eine Umgebung U_R der t-Achse im t, x_1, x_2-Raum abbildet, die in einem Zylinder $Z_r = \{(t, x_1, x_2) \mid t \in \mathbf{R}, \sqrt{x_1^2 + x_2^2} < r(R)\}$ enthalten ist, wobei mit R auch r gegen Null geht.
Aus dieser Bemerkung und der Stabilität der Integralmannigfaltigkeit $a = 0$ folgt, wie wir zeigen wollen, die Stabilität der Nullösung des Systems (80). In der Tat: Sei $\bar{\varepsilon} > 0$ vorgegeben. Wählen wir ε, so daß $r(\varepsilon) < \bar{\varepsilon}$ gilt. Zu diesem ε gibt es ein δ so, daß jede Lösung von (105), die im δ-Streifen startet, für alle Zeiten im ε-Streifen bleibt. Das bedeutet aber, daß jede Lösung von (80), die in der Umgebung U_δ der t-Achse startet, den $Z_{\bar{\varepsilon}}$-Zylinder nicht verläßt.
Wir halten zusammenfassend fest: *Die Null-Lösung des Systems* (80) *ist im Sinne von Liapunov stabil, falls* $c \neq 0$ *gilt.*

13.3.2 Existenz und Stabilität von periodischen Lösungen

Wir betrachten in der Folge zunächst das zwei-dimensionale nicht-autonome System:

$$\dot{\boldsymbol{y}} = \varepsilon \boldsymbol{f}^1(\boldsymbol{y}) + \varepsilon^2 \boldsymbol{f}^2(t, \boldsymbol{y}, \varepsilon) \tag{113}$$

$\boldsymbol{y} = (y_1, y_2)^T$, $\boldsymbol{f}^2$ in t 2π-periodisch. Überdies sei

$$\boldsymbol{f}^1(\boldsymbol{0}) = \boldsymbol{0}, \qquad \mathrm{Det}(A) \neq 0 \qquad \text{wo} \quad A = \frac{\partial \boldsymbol{f}^1}{\partial \boldsymbol{y}}(\boldsymbol{0}) \tag{114}$$

Wir behaupten: *Das System* (113) *besitzt, für alle genügend kleinen* ε, *eine* 2π*-periodische Lösung der Form* $\varepsilon \boldsymbol{p}(t, \varepsilon)$, *wobei* $\boldsymbol{p}(t, \varepsilon)$ *analytisch ist in* ε.

Nehmen wir an, die Funktionen $\boldsymbol{f}^i(t, \boldsymbol{y})$ seien analytisch für $|\boldsymbol{y}| < r_0$ und da beschränkt. Dann ist bekanntlich die Lösung $\boldsymbol{y}(t, \boldsymbol{z}, \varepsilon)$ von (113), mit $\boldsymbol{y}(0, \boldsymbol{z}, \varepsilon) = \boldsymbol{z}$, für $t \in [0, 2\pi]$ definiert und in $|\boldsymbol{z}| < r_0/2$, $|\varepsilon| < \varepsilon_0$, mit ε_0 genügend klein, analytisch. Wir entwickeln deshalb $\boldsymbol{y}(t, \boldsymbol{z}, \varepsilon)$ in eine Potenzreihe nach $\boldsymbol{z}$ und ε. Es ist nicht schwer einzusehen, daß diese Entwicklung folgende Gestalt hat:

$$\begin{aligned} \boldsymbol{y}(t, \boldsymbol{z}, \varepsilon) = \boldsymbol{z} + \varepsilon t A \boldsymbol{z} - \varepsilon^2 \boldsymbol{G}(t, \boldsymbol{z}, \varepsilon) - \varepsilon z_1^2 \boldsymbol{F}_{20}(t, \boldsymbol{z}, \varepsilon) \\ - \varepsilon z_1 z_2 \boldsymbol{F}_{11}(t, \boldsymbol{z}, \varepsilon) - \varepsilon z_2^2 \boldsymbol{F}_{02}(t, \boldsymbol{z}, \varepsilon) \end{aligned} \tag{115}$$

wobei die Funktionen $\boldsymbol{G}$, $\boldsymbol{F}_{ij}$ für $t \in [0, 2\pi]$ in $|\boldsymbol{z}| < r_1$, $|\varepsilon| < \varepsilon_1$ beschränkte analytische Funktionen sind, r_1, ε_1 genügend klein.

Um die periodische Lösung der Gl. (113) zu finden, betrachten wir die folgende Gleichung:

$$\boldsymbol{y}(2\pi, \boldsymbol{z}, \varepsilon) = \boldsymbol{z}$$

Im Hinblick auf (115) und wegen der vorausgesetzten Regularität von A, kann sie wie folgt geschrieben werden:

$$\begin{aligned} \boldsymbol{z} = \frac{1}{2\pi} A^{-1}[\varepsilon \boldsymbol{G}(2\pi, \boldsymbol{z}, \varepsilon) + z_1^2 \boldsymbol{F}_{20}(2\pi, \boldsymbol{z}, \varepsilon) + z_1 z_2 \boldsymbol{F}_{11}(2\pi, \boldsymbol{z}, \varepsilon) \\ + z_2^2 \boldsymbol{F}_{02}(2\pi, \boldsymbol{z}, \varepsilon)] \overset{\mathrm{Def}}{=} \mathscr{F}(\boldsymbol{z}, \varepsilon) \end{aligned} \tag{116}$$

Es bezeichne M eine Schranke für $|(1/2\pi)A^{-1}\boldsymbol{G}|$, $|(1/2\pi)A^{-1}\boldsymbol{F}_{ij}|$ in $|\boldsymbol{z}| < r_1$, $|\varepsilon| < \varepsilon_1$.

Dann folgt offenbar:

$$\text{Aus } |\boldsymbol{z}| < \rho; |\varepsilon| < \rho^2 \quad \text{folgt:} \quad |\mathscr{F}(\boldsymbol{z}, \varepsilon)| \leq 4M\rho^2$$

Weil für genügend kleine ρ offensichtlich $4M\rho^2 < \rho$ gilt, finden wir: Für jedes genügend kleine ρ und für alle $\varepsilon < \rho^2$ bildet $\mathscr{F}(\boldsymbol{z}, \varepsilon)$ den Kreis $|\boldsymbol{z}| < \rho$ in sich ab. Wir zeigen weiter, daß $\mathscr{F}$ bezüglich $\boldsymbol{z}$ kontrahierend ist. Es bezeichne λ eine Lipschitzkonstante für die Funktionen $(1/2\pi)A^{-1}\boldsymbol{G}$, $(1/2\pi)A^{-1}\boldsymbol{F}_{ij}$ in $|\boldsymbol{z}| < r_1$, $|\varepsilon| < \varepsilon_1$. Man findet:

Aus $|z'| < \rho$; $|\varepsilon| < \rho^2$ folgt: $|\mathscr{F}(z^1, \varepsilon) - \mathscr{F}(z^2, \varepsilon)| \leq (4\lambda\rho^2 + 6\rho M)\,|z^1 - z^2|$

Das ergibt die Kontraktionseigenschaft, falls ρ genügend klein gewählt wird. Somit folgt: $\mathscr{F}(z, \varepsilon)$ besitzt für alle genügend kleinen ε einen Fixpunkt $z(\varepsilon)$. Da alle Abschätzungen uniform bezüglich ε gelten, ist $z(\varepsilon)$ eine analytische Funktion und schließlich folgt aus (116), daß $z(0) = \mathbf{0}$ gilt. Daraus und mit der Darstellung (115) folgt:

$$\boldsymbol{y}(t, \boldsymbol{z}(\varepsilon), \varepsilon) = \varepsilon \boldsymbol{p}(t, \varepsilon)$$

Damit ist die eingangs gemachte Behauptung nachgewiesen. ∎

Wir kehren nunmehr zu kanonischen Systemen zurück und betrachten die Hamiltonfunktion

$$\kappa(t, y_1, y_2, \varepsilon) = \varepsilon\kappa^1(y_1, y_2) + \varepsilon^2\kappa^2(t, y_1, y_2, \varepsilon) \tag{117}$$

wobei die in Satz 2 gemachten Voraussetzungen gelten mögen.

Das zu (117) gehörige kanonische System ist von der Gestalt der Gleichung (113) und erfüllt die Voraussetzung (114), besitzt also eine 2π-periodische Lösung der Form $\varepsilon\boldsymbol{p}(t, \varepsilon)$. Um die Stabilität dieser Lösung mit Hilfe der in Abschn. 13.3.1 entwickelten Theorie untersuchen zu können, führen wir die folgende Koordinatentransformation durch

$$\boldsymbol{y} = \varepsilon\boldsymbol{p}(t, \varepsilon) + \boldsymbol{x} \tag{118}$$

Die periodische Lösung entspricht dann dem Gleichgewichtspunkt $\boldsymbol{x} = \mathbf{0}$.

Das transformierte System läßt sich aus der folgenden Hamiltonfunktion gewinnen:

$$H(t, \boldsymbol{x}, \varepsilon) = \varepsilon\kappa^1(\varepsilon\boldsymbol{p} + \boldsymbol{x}) + \varepsilon^2\kappa^2(t, \varepsilon\boldsymbol{p} + \boldsymbol{x}, \varepsilon) + \varepsilon\boldsymbol{x}^T J\dot{\boldsymbol{p}} \tag{119}$$

wobei J die symplektische Matrix

$$\begin{pmatrix} 0 & 1 \\ -1 & 0 \end{pmatrix}$$

bezeichnet. Entwickeln wir nunmehr die Hamiltonfunktion H nach Potenzen von $\boldsymbol{x}$:

$$\begin{aligned} H(t, \boldsymbol{x}, \varepsilon) &= \varepsilon\kappa^1(\varepsilon\boldsymbol{p}) + \varepsilon^2\kappa^2(t, \varepsilon\boldsymbol{p}, \varepsilon) \\ &+ \left[\varepsilon\frac{\partial\kappa^1}{\partial\boldsymbol{y}}(\varepsilon\boldsymbol{p}) + \varepsilon^2\frac{\partial\kappa^2}{\partial\boldsymbol{y}}(t, \varepsilon\boldsymbol{p}, \varepsilon) + J\varepsilon\dot{\boldsymbol{p}}\right]^t \boldsymbol{x} \\ &+ \sum_{k=2}^{\infty}\sum_{i+j=k}\frac{1}{i!\,j!}\left[\varepsilon\frac{\partial^k\kappa^1}{\partial y_1^i\,\partial y_2^j}(\varepsilon\boldsymbol{p}) + \varepsilon^2\frac{\partial^k\kappa^2}{\partial y_1^i\,\partial y_2^j}(t, \varepsilon\boldsymbol{p}, \varepsilon)\right]x_1^i x_2^j \end{aligned} \tag{119}$$

Die Terme in der ersten Zeile können weggelassen werden, da sie nur von t abhängen und bei der Bildung der Bewegungsgleichungen deshalb verschwinden; die 1. eckige Klammer verschwindet, da $\varepsilon\boldsymbol{p}(t, \varepsilon)$ Lösung der zu (117) gehörigen Bewegungsgleichungen ist. Der verbleibende Rest in (119) hat nun aber genau die Gestalt der Hamiltonfunktion (80), wobei offenbar

$$H_{ij}(t) = \varepsilon \frac{1}{i!\,j!} \frac{\partial^{i+j}\kappa^1}{\partial y_1^i\,\partial y_2^j}(\mathbf{0}) + \varepsilon^2 r_{ij}(t, \varepsilon) \tag{120}$$

gilt. Wir haben also das Problem der Stabilität der periodischen Lösung nicht nur auf die Frage der Stabilität des Gleichgewichts einer Hamiltonfunktion (80) zurückgeführt, sondern es ist sogar die spezielle Voraussetzung (100) erfüllt, d.h. die entscheidende Größe, c, hat die Gestalt (103). Aus den Überlegungen in **c**) von Abschn. 13.3.1 wissen wir, daß Stabilität vorliegt, falls $c \neq 0$. Dies ist, für genügend kleine ε jedenfalls dann der Fall, wenn der Hauptteil in der Formel (103) von Null verschieden ist.

Damit ist der Beweis von Satz 2 abgeschlossen. ■

13.3.3 Ein Beispiel

Wir untersuchen die folgende Gleichung

$$\ddot{x} + x = \varepsilon[2\alpha x + x^3 + \cos t] \tag{121}$$

die z.B. die Bewegung einer nichtlinearen Feder beschreibt, auf die eine äußere periodische Kraft wirkt, deren Periode in der Nähe der Eigenfrequenz des Systems liegt. Bei Abwesenheit des nichtlinearen Terms x^3 reduziert sich (121) auf eine lineare Gleichung, die sich leicht untersuchen lässt. Die allgemeine Lösung ist dann, falls $\alpha \neq 0$, die Superposition einer 2π-periodischen und einer $(2\pi/\sqrt{1-2\varepsilon\alpha})$-periodischen Lösung. Falls $\alpha = 0$, sind alle Lösungen unbeschränkt. Bei Anwesenheit des nicht-linearen Terms ist Gl. (121) nichttrivial, und es wird interessant zu untersuchen sein, welche Effekte durch diesen Term hervorgerufen werden.

Zunächst bemerken wir, daß (121) aus folgender Hamiltonfunktion hergeleitet werden kann:

$$\mathscr{K} = \tfrac{1}{2}(x_1^2 + x_2^2) - \varepsilon[\alpha x_1^2 + \tfrac{1}{4}x_1^4 + x_1 \cos t] \tag{122}$$

Um schließlich Satz 2 anwenden zu können, bedarf es einiger Vorbereitungen. Die Transformation

$$x_1 = \sqrt{2a}\sin(t+\vartheta) \qquad x_2 = \sqrt{2a}\cos(t+\vartheta) \tag{123}$$

ist insofern kanonisch, als die transformierten Bewegungsgleichungen aus der folgenden Hamiltonfunktion abgeleitet werden können:

$$\mathscr{F} = -\varepsilon[2a\alpha \sin^2(t+\vartheta) + a^2 \sin^4(t+\vartheta) + \sqrt{2a}\sin(t+\vartheta)\cos t] \tag{124}$$

Der nächste Schritt besteht darin, eine t-abhängige, fast-identische kanonische Transformation zu konstruieren, so daß der Hauptteil $\bar{\mathscr{F}}^1$ der transformierten Hamiltonfunktion $\bar{\mathscr{F}} = \varepsilon\bar{\mathscr{F}}^1 + \varepsilon^2(\quad)$ von t unabhängig ist. Dies geschieht gemäß der Methode von §8, und $\bar{\mathscr{F}}^1$ ist nichts anderes als die über t gemittelte Funktion $\mathscr{F}$. Man erhält ohne weiteres:

$$\bar{\mathscr{F}} = -\varepsilon\left[\alpha a + \tfrac{3}{8}a^2 + \frac{\sqrt{2}}{2}\sqrt{a}\sin\vartheta\right] + \varepsilon^2(\cdots) \tag{125}$$

wobei wir der einfacheren Notation halber die Querstriche für die Variablen a, ϑ weggelassen haben. Diskutieren wir nun den Hauptteil des Systems (125). Die zugehörigen Gleichungen heißen:

$$\dot{\vartheta} = -\varepsilon\left[\alpha + \tfrac{3}{4}a + \frac{\sqrt{2}}{4}\frac{1}{\sqrt{a}}\sin\vartheta\right] \qquad \dot{a} = \varepsilon\frac{\sqrt{2}}{2}\sqrt{a}\cos\vartheta \tag{126}$$

Im Hinblick auf Satz 2 suchen wir nach Gleichgewichtslösungen ϑ^*, a^* für dieses System. Man findet sofort:

$$\vartheta^* = \frac{\pi}{2} + k\cdot\pi, \quad k = 0, 1 \qquad \alpha + \tfrac{3}{4}a^* \pm \frac{\sqrt{2}}{4}\frac{1}{\sqrt{a^*}} = 0 \tag{127}$$

wobei im folgenden das obere Zeichen sich auf $k = 0$, das untere auf $k = 1$ bezieht. Die zweite Gl. (127) stellt eine nicht-lineare Gleichung für a^* dar, falls α gegeben ist. Für das Folgende ist es zweckmäßiger, sich jedoch a^* als gegeben vorzustellen und Gl. (127) zur Bestimmung von α zu benutzen:

$$\alpha = -\tfrac{3}{4}a^* \mp \frac{\sqrt{2}}{4}\frac{1}{\sqrt{a^*}} \tag{128}$$

Das Bild der rechten Seite von (128) in Abhängigkeit von a^* und somit die möglichen Werte von α findet man in Fig. 10.

Wir transformieren als nächstes in den Nullpunkt:

$$a = a^* + \Delta a \qquad \vartheta = \vartheta^* + \Delta\vartheta \tag{129}$$

Die transformierte Hamiltonfunktion (125) kann wie folgt geschrieben werden, indem wir sie sogleich nach Δa, $\Delta\vartheta$ entwickeln:

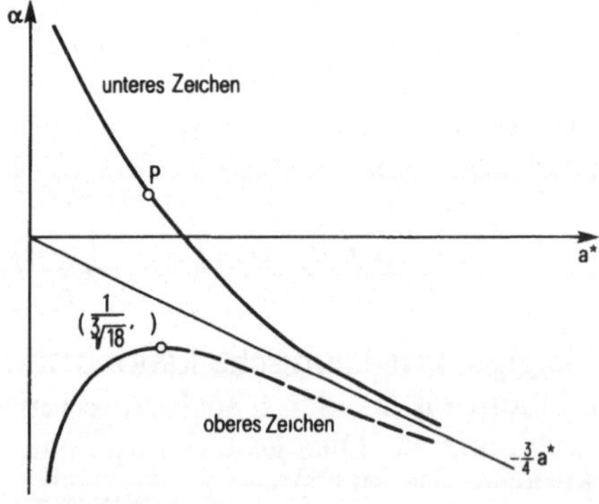

Fig. 10

$$\mathscr{G}=\varepsilon\left[\left(\pm\frac{1}{8\sqrt{2}a^*\sqrt{a^*}}-\frac{3}{8}\right)\Delta a^2\pm\frac{\sqrt{a^*}}{2\sqrt{2}}\Delta\vartheta^2\mp\frac{1}{16\sqrt{2}a^{*2}\sqrt{a^*}}\Delta a^3\right.$$
$$\pm\frac{1}{4\sqrt{2}\sqrt{a^*}}\Delta\vartheta^2\Delta a\pm\frac{5}{128\sqrt{2}a^{*3}\sqrt{a^*}}\Delta a^4\mp\frac{1}{16\sqrt{2}a^*\sqrt{a^*}}\Delta a^2\Delta\vartheta^2$$
$$\left.\mp\frac{\sqrt{a^*}}{24\sqrt{2}}\Delta\vartheta^4+\cdots\right]+\varepsilon^2(\cdots) \tag{130}$$

Damit Satz 2 anwendbar ist, muß ein sog. elliptischer Gleichgewichtspunkt vorliegen, d.h. die Koeffizienten von Δa^2 und $\Delta\vartheta^2$ müssen gleiches Vorzeichen haben. Im Falle des oberen Zeichens bedeutet dies eine Einschränkung für a^* Tatsächlich muß offenbar gelten:

$$a^*<\frac{1}{\sqrt[3]{18}} \tag{131}$$

Dies bedeutet, daß der gestrichelte Teil der Kurve in Fig. 10 für die Anwendung von Satz 2 nicht in Frage kommt.

Leider ist Satz 2 auch auf die Hamiltonfunktion $\mathscr{G}$ noch nicht anwendbar, da die Koeffizienten von Δa^2 und $\Delta\vartheta^2$ nicht gleich groß sind. Wir führen deshalb anstelle von Δa die neue Variable $\Delta\alpha$ vermöge

$$\Delta a=\pm\frac{2a^*}{N_\mp}\Delta\alpha \quad \text{wo} \quad N_\mp=\sqrt{1\mp 3\sqrt{2a^*}a^*} \tag{132}$$

ein, während $\Delta\vartheta$ unverändert bleibt.

Die neue Hamiltonfunktion erhält man, indem man die Substitution (132) in (130) vornimmt und mit $\pm N_\mp/2a^*$ multipliziert:

$$\mathscr{K}=\varepsilon\left[\frac{N_\mp}{4\sqrt{2}\sqrt{a^*}}(\Delta\vartheta^2+\Delta\alpha^2)\mp\frac{1}{4\sqrt{2}\sqrt{a^*}N_\mp^2}\Delta\alpha^3\pm\frac{1}{4\sqrt{2}\sqrt{a^*}}\Delta\vartheta^2\Delta\alpha\right.$$
$$\left.+\frac{5}{16\sqrt{2}\sqrt{a^*}N_\mp^3}\Delta\alpha^4-\frac{1}{8\sqrt{2}\sqrt{a^*}N_\mp}\Delta\alpha^2\Delta\vartheta^2-\frac{N_\mp}{48\sqrt{2}\sqrt{a^*}}\Delta\vartheta^4+\cdots\right]+\varepsilon^2(\cdots) \tag{133}$$

Die jetzige Formulierung des Problems gestattet es nun, Satz 2 anzuwenden. Man findet für die kritische Größe nach einer Rechnung:

$$\frac{1}{32\sqrt{2}\sqrt{a^*}N_\mp^5}[-N_\mp^6-5N_\mp^4+21N_\mp^2-15] \tag{134}$$

Die reellen positiven Nullstellen dieses Ausdruckes können angegeben werden:

$$N_\mp=1, \qquad N_\mp=\sqrt{2\sqrt{6}-3}$$

Hieraus, sowie aus der Definition von $N_\mp$ (gemäß (132)) und der Relation zwischen a^* und α (gemäß (128)) ergeben sich folgende Werte von a^*, α für welche die kritische Größe (134) verschwindet

$$a_1^* = 0, \qquad \alpha_2^* = \sqrt[3]{\frac{20-8\sqrt{6}}{9}} = 0.355\ldots, \qquad \alpha_2 = 0.326\ldots \tag{135}$$

Damit ist folgendes gezeigt: *Alle Punkte auf der ausgezogenen Kurve in* Fig. 10, *mit Ausnahme von P, geben Anlaß zu einer stabilen* 2π*-periodischen Lösung der Ausgangsgleichung* (121). Man beachte insbesondere, daß es für genügend kleine Werte von α zwei stabile 2π-periodische Lösungen gibt, in deutlichem Gegensatz zum Fall ohne den nichtlinearen Term in der Gleichung. Was den Punkt P betrifft, kann nur gesagt werden, daß unsere Analyse nicht ausreicht, die Stabilitätsfrage abzuklären.

Kommentare und Literaturhinweise zu Kapitel IV

§11 Die in Abschn. 11.1 dargestellte exakte Begründung der Lie-Reihen-Methode ist neu; ähnliche Gedankengänge finden sich bei der formalen Untersuchung von J. Henrard in [H3]. Lemma 5 ist ein Spezialfall eines allgemeineren Satzes von U. Kirchgraber [K14]. Mit diesem Satz verwandt ist die nicht-lineare Variante der Variation-der-Konstanten-Formel von V. M. Alekseev [A1]. Die Literatur über Fehlerabschätzungen zur Mittelwertmethode ist sehr groß. Fehlerabschätzungen auf einem t-Intervall der Form $[0, L/\varepsilon)$ finden sich z.B. in: N. N. Bogoliubov, Y. A. Mitropolski [B2], M. M. Khapaev [K15], J. G. Besjes [B11], W. T. Kyner [K8], V. V. Laricheva [L3]. Diese Arbeiten beziehen sich auf die Approximation der Ordnung 0. Approximationen höherer Ordnungen werden z.B. in M. Kruskal [K16], P. P. Zabreiko und I. B. Ledovskaya [Z2], L. Perko [P2] behandelt. Der eine auf $[0, \infty)$ gültige Fehlerabschätzung bietende Satz 3 (oder Teile von ihm) ist von mehreren Autoren mit verschiedenen Methoden behandelt worden: W. S. Loud und P. R. Sethna [L4], C. Banfi [B12], P. R. Sethna und T. J. Moran [S15], P. R. Sethna [S16], W. Eckhaus [E2] (cf. auch F. Verhulst [V5]). Weitere Untersuchungen, welche explizit oder implizit Annahmen machen über das Stabilitätsverhalten der Lösungen des gemittelten Systems: U. Kirchgraber [K17], [K11], [K18], P. R. Sethna und M. Balachandra [S17], A. H. P. van der Burgh [B10], [B13], M. Vitins [V6], W. M. Greenlee und R. E. Snow [G6].
Satz 4 über das Einzugsgebiet einer asymptotisch stabilen Gleichgewichtslösung ist aus J. La Salle und S. Lefschetz [L5].
Das Beispiel in Abschn. 11.4 ist einer Arbeit von W. S. Loud und P. R. Sethna [L4] entnommen.
Abschn. 11.5 ist eine Übertragung von Malkins Theorie der Stabilität bei beständig wirkender Störung, I. Malkin [M3], [M10]. Das im letzten Abschnitt dieses Paragraphen behandelte Resonanzproblem ist mit einem Satz von V. I. Arnold (cf. V. I. Arnold und A. Avez [A2]) verwandt.

§12 Die Theorie der Integralmannigfaltigkeiten bei dissipativen Systemen ist sehr gut entwickelt und entsprechend groß ist die Anzahl der Publikationen. Wir müssen uns deshalb mit einer Auswahl von Zitaten begnügen: N. N. Bogoliubov und Y. A. Mitrpolski [B2], I. G. Malkin [M11], J. Hale [H15], [H16], P. Hartman [H17], W. A. Coppel [C6], A. Halanay [H18], V. A. Pliss [P3], A. Kelley [K19], H. W. Knobloch und F. Kappel [K20], J. E. Marsden und M. McCracken [M8].

Obwohl verwandt mit mehreren der zitierten Arbeiten, scheint uns unser zentraler Existenzsatz (Satz 1) und sein Beweis besonders durchsichtig zu sein.

Die Diskussion der Bedingung $\alpha<\beta$ in Abschn. 12.1 ist änlich wie eine entsprechende Betrachtung in J. Hale [H16]. Lemma 1 ist aus W. Walter [W1]. In J. Hale [H16] gibt es ein ähnliches Theorem wie unser Satz 4. Die Gleichungen für das Kreiselproblem in Abschn. 12.4 stammen aus K. Magnus [M7], [M12]. Dasselbe Problem ist auch in N. Minorsky [M2] und N. V. Butenin [B14] behandelt worden. Für eine nicht-lokale Behandlung des Systems (76) in einem Spezialfall cf. U. Kirchgraber [K21].

§13 Die Theorie der invarianten Mannigfaltigkeiten für kanonische Systeme ist verhältnismässig jung. Sie wurde von A. N. Kolmogorov [K22], [K23], [K24] 1953 initialisiert, dann etwa 10 Jahre später von V. I. Arnold und J. K. Moser und anderen voll entwickelt: V. I. Arnold [A3], V. I. Arnold und A. Avez [A2], J. Moser [M13], C. L. Siegel und J. Moser [S3], J. Moser [M14], H. Rüssmann [R1], G. E. O. Giacaglia [G3], N. N. Bogoliubov, Y. A. Mitropolski, A. M. Samoilenko [B15].

Die Verfasser setzten sich zum Ziel, einen dieser Sätze in großer Ausführlichkeit darzulegen, um es auch dem wenig erfahrenen Leser zu ermöglichen, diese grundsätzlich zwar einfache, aber in der ganzen Durchführung doch recht verwickelte Beweistechnik zu erlernen. Angeregt durch seine elegante Behandlung des funktionentheoretischen Zentrumproblems (H. Rüssmann [R2]) baten sie H. Rüssmann um einen analogen Beweis des Moserschen Twist-Theorems, der von H. Rüssmann alsbald vorgelegt wurde [R3]. Diese Arbeit bildet denn auch die Grundlage für den Beweis von Satz 1. Es sei darauf hingewiesen, daß die Grundidee von Rüssmann aus [R2] durch E. Zehnder zu einem allgemeinen impliziten Funktionentheorem ausgebaut worden ist [Z3], [Z4].

Für Anwendungen des Twist-Theorems verweisen wir auf C. L. Siegel und J. Moser [S3], J. Moser [M15], W. T. Kyner [K12], [K25], M. Braun [B16]. Die Theorie von Abschn. 13.3 hat sich aus Vorarbeiten von N. Sigrist [S10], [S11] herausentwickelt. Satz 2 und eine Anwendung davon wurde in U. Kirchgraber [K26] veröffentlicht.

Referenzliste

[A1] Alekseev, V. M.: An Estimate for the Perturbations of the Solutions of Ordinary Differential Equations. Vest. Mosk. Univ. Ser. I. Math. Mekh. **2** (1961) 28.

[A2] Arnold, V. I., Avez, A.: Problèmes ergodiques de la mécanique classique. 1967.

[A3] Arnold, V. I.: Small Denominators I. On the Mapping of a Circle into Itself. Izv. Akad. Nauk. SSSR Ser. Math. **25** (1961) 21.

[B1] Brouwer, D.: Solution of the Problem of Artificial Satellite Theory Without Drag. Astron. J. **64** (1959) 378.

[B2] Bogoliubov, N. N., Mitropolski, Y. A.: Asymptotische Methoden in der Theorie der nicht-linearen Schwingungen. Moskau 1955/1958/1963, Berlin 1965.

[B3] Beletzkii, V. V.: Motion of an Artificial Satellite about its Center of Mass. 1966.

[B4] Brouwer, D., Clemence, G. M.: Methods of Celestial Mechanics. 1961.

[B5] Brouwer, D., Hori, G.: Theoretical Evaluation of Atmospheric Drag Effects in the Motion of an Artificial Satellite. Astron. J. **66** (1961) 193.

[B6] Burdet, C. A.: Le mouvement Keplerien et les oscillateurs harmoniques. J. Reine Angew. Math. **238** (1969) 71.

[B7] Bruslinskaya, N. N.: Qualitative Integration of a System of *n* Differential Equations in a Region Containing a Singular Point and a Limit Cycle. Sov. Math. Dokl. **2** (1961) 845.

[B8] Bell, G. J.: Predator-Prey Equations Simulating an Immune Response. Math. Biosc. **16** (1973) 291.

[B9] Blaquière, A.: Analyse des Systèmes Non-Linéaires. 1966.

[B10] van der Burgh, A. H. P.: Studies in the Asymptotic Theory of Non-linear Resonance. Thesis Delft, 1974.

[B11] Besjes, J. G.: On the Asymptotic Methods for Non-linear Differential Equations. J. de Méc. **8** (1969) 357.

[B12] Banfi, C.: Sull'approssimazione di processi non stationari in meccanica non lineare. Boll. Un. Mat. Italiana **22** (1967) 442.

[B13] van der Burgh, A. H. P.: On the Higher Order Asymptotic Approximation for the Solutions of the Equations of Motion of an Elastic Pendulum. J. Sound and Vibrat. **42** (1975) 463.

[B14] Butenin, N. V.: Elements of the Theory of Nonlinear Oscillations. 1965.

[B15] Bogoliubov, N. N., Mitropolski, Y. A., Samoilenko, A. M.: Methods of Accelerated Convergence in Nonlinear Mechanics. 1976.

[B16] Braun, M.: On the Applicability of the Third Integral of Motion. J. Diff. Eq. **13** (1973) 300.

[C1] Choi, J., Tapley, B.: An Extended Canonical Perturbation Method. Cel. Mech. **7** (1973) 77.
[C2] Campbell, J., Jeffreys, W.: Equivalence of the Perturbation Theories of Hori and Deprit. Cel. Mech. **2** (1970) 467.
[C3] Cole, J., Kevorkian, J.: Uniformly valid Asymptotic Approximations for certain Non-linear Differential Equations. Proc. Internat. Sympos. Non-linear Diff. Equ. and Non-linear Mechanics. 1963.
[C4] Chafee, N.: The Bifurcation of One or More Closed Orbits from an Equilibrium Point of an Autonomous Differential System. J. Diff. Eq. **4** (1968) 661.
[C5] Cohen, B. L.: Cyclotrons and Synchrocyclotrons. Handbuch d. Phys. XLIV. Instrumentelle Hilfsmittel der Kernphysik I (1959) 105.
[C5] Coppel, W. A.: Stability and Asymptotic Behaviour of Differential Equations. 1965.
[D1] Deprit, A.: Canonical Transformations Depending on a Small Parameter. Cel. Mech. **1** (1969) 12.
[D2] Deutsch, R.: Orbital Dynamics of Space Vehicles. 1963.
[D3] Deprit, A., Rom, A.: The Main Problem of Artificial Satellite Theory for Small and Moderate Eccentricities. Cel. Mech. **2** (1970) 166.
[E1] Eckstein, M., Shi, Y., Kevorkian, J.: Satellite Motion for all Inclination Around an Oblate Planet. Proc. of IAU Symposium **25,** Tessalonika 1966.
[E2] Eckhaus, W.: New Approach to the Asymptotic Theory of Non-linear Oscillations and Wave Propagation. J. Math. Anal. Appl. **49** (1975) 575.
[F1] Friedrichs, K. O.: Advanced Ordinary Differential Equations. 1965.
[F2] Fitzhugh, R.: Impulses and Physiological States in Theoretical Models of Nerve Membrane. Biophysical J. **1** (1961) 445.
[G1] Gröbner, W.: Die Lie-Reihen und ihre Anwendungen. 1960.
[G2] Gröbner, W., Knapp, H.: Contribution to the Method of Lie Series. 1967.
[G3] Giacaglia, G. E. O.: Perturbation Methods in Non-Linear Systems. 1972.
[G4] Garfinkel, B.: The Orbit of a Satellite of an Oblate Planet. Astron. J. **64** (1959) 353.
[G5] Goldstein, H.: Klassische Mechanik. 1963.
[G6] Greenlee, W. M., Snow, R. E.: Two-Timing on the Half Line for Damped Oscillation Equations. J. Math. Anal. Appl. **51** (1975) 394.
[H1] Hori, G.: Theory of General Perturbations with Unspecified Canonical Variables. Publ. Astron. Soc. Japan **18** (1966) 287.
[H2] Hori, G.: Theory of General Perturbations for Noncanonical Systems. Publ. Astron. Soc. Japan **23** (1971) 567.
[H3] Henrard, J.: On a Perturbation Theory Using Lie Transforms. Cel. Mech. **3** (1970) 107.
[H4] Henrard, J., Roels, J.: Equivalence for Lie Transforms. Cel. Mech. **10** (1974) 497.
[H5] Hopf, E.: Abzweigung einer periodischen Lösung von einer

stationären Lösung eines Differentialgleichungssystems. Ber. d. math.-phys. Kl. Sächs. Akad. Wiss. Leipzig. **94** (1942) 3.
[H6] Hsü, I., Kazarinoff, N. D.: An Applicable Hopf Bifurcation Formula and Instability of Small Periodic Solutions of the Field-Noves Model. J. Math. Anal. Appl. **55** (1976) 61.
[H7] Hsü, I., Kazarinoff, N. D.: Existence and Stability of Periodic Solutions of a Third Order Nonlinear Autonomous System Simulating Immune Response in Animals, to appear.
[H8] Hori, G.: The Motion of an Artificial Satellite in the Vicinity of the Critical Inclination. Astron. J. **65** (1960) 291.
[H9] Hori, G.: Non-linear Coupling of Two Harmonic Oscillations. Publ. Astron. Soc. Japan **19** (1967) 229.
[H10] Hori, G.: Theory of General Perturbations in: B. D. Tapley and V. Szebehely (eds.): Recent Advances in Dynamical Astronomy. 1973.
[H11] Henrard, J.: Virtual Singularities in the Artificial Satellite Theory. Cel. Mech. **10** (1974) 437.
[H12] Hausdorff, F.: Die symbolische Exponentialformel in der Gruppentheorie. Ber. Verh. Sächs. Akad. Wiss. Leipzig. Math.-Phys. Kl. **58** (1906) 19.
[H13] Henrard, J.: Poisson Series Processor. Report 77/4 Facultés Universitaires de Namur, 1976.
[H14] Henrard, J., Meyer, K.: Averaging and Bifurcations in Symmetric Systems. SIAM J. Appl. Math. **32** (1977) 133.
[H15] Hale, J.: Oscillations in Nonlinear Systems. 1963.
[H16] Hale, J.: Ordinary Differential Equations. 1969.
[H17] Hartman, P.: Ordinary Differential Equations. 1964.
[H18] Halanay, A.: Differential Equations: Stability, Oscillations, Time Lags. 1966.
[J1] Joho, W.: Extraction of a 590 MeV Proton Beam from the SIN Ring-Cyclotron. Thesis ETH Nr. 4504, 1970.
[K1] Krylow, N., Bogoliubov, N.: Introduction to Nonlinear Mechanics. Acad. Sci. Ukrain. S.S.R. 1937, transl. by S. Lefschetz. Princeton/N.J. 1947.
[K2] Kamel, A. A.: Lie Transforms and the Hamiltonization of Non-Hamiltonian Systems. Cel. Mech. **4** (1971) 397.
[K3] Kamel, A. A.: Perturbation Method in the Theory of Nonlinear Oscillations. Cel. Mech. **3** (1970) 90.
[K4] Kirchgraber, U.: Uniform Treatment of Canonical Perturbation Theories. J. Reine Angew. Math. **259** (1973) 86.
[K5] Kevorkian, J.: The Two Variable Expansion Procedure for the Approximate Solution of Certain Nonlinear Differential Equations. Lectures in Applied Mathematics. (AMS) Vol. 7, (1966).
[K6] Kirchgraber, U., Vitins, M.: The Structure of the Secular System in Non-linear Oscillations. Cel. Mech. **12** (1975) 139.
[K7] Klein, F., Sommerfeld, A.: Über die Theorie des Kreisels. 1965.
[K8] Kyner, W. T.: A Mathematical Theory of the Orbits About an Oblate Planet. J. Soc. Indust. Appl. Math. **13** (1965) 136.

[K9] Kirchgraber, U.: A Set of Elements Based on Polar Coordinates in the KS-Space. Cel. Mech. **8** (1973) 215.

[K10] Knobloch, H. W.: Hopf Bifurcation Via Integral Manifolds. Internat. Konferenz über nicht-lineare Schwingungen Berlin, 1977.

[K11] Kirchgraber, U.: On the Method of Averaging in: V. Szebehely, B. Tapley (eds.): Long-Time Predictions in Dynamics. 1976.

[K12] Kyner, W. T.: Rigorous and Formal Stability of Orbits about an Oblate Planet. Mem. of the Am. Math. Soc. **81** (1968).

[K13] Kunz, R.: Über die Behebung von geometrischen Singularitäten in nicht-kanonischen Störungstheorien. Diss. ETH Nr. 5294, 1974.

[K14] Kirchgraber, U.: Error Estimation for Perturbed Systems. J. Reine Angew. Math. **288** (1976) 202.

[K15] Khapaev, M. M.: On the Method of Averaging and on Certain Problems Connected with Averaging. Diff. Uravneniya **2** (1966) 600.

[K16] Kruskal, M.: Asymptotic Theory of Hamiltonian and other Systems with all Solutions Nearly Periodic. J. Math. Phys. **3** (1962) 806.

[K17] Kirchgraber, U.: New A Posteriori Bounds in the Method of Averages. Mech. Res. Commun. **1** (1974) 173.

[K18] Kirchgraber, U.: Error Bounds for Perturbation Methods. Cel. Mech. **14** (1976) 351.

[K19] Kelley, A.: The Stable, Center-Stable, Center, Center-Unstable and Unstable Manifolds in: R. Abraham, J. Robbin: Transversal Mappings and Flows. 1967.

[K20] Knobloch, H. W., Kappel, F.: Gewöhnliche Differentialgleichungen. Stuttgart 1974.

[K21] Kirchgraber, U.: Behaviour of a 4-dimensional System with a Critical Point. Mech. Res. Comm. **3** (1976) 291.

[K22] Kolmogorov, A. N.: The General Theory of Dynamical Systems and Classical Mechanics in: R. Abraham und J. E. Marsden: Foundations of Mechanics. 1967.

[K23] Kolmogorov, A. N.: Sur les systèmes dynamiques avec un invariant intégral à la surface du tore. Dokl. Akad. Nauk SSSR **93** (1953) 763.

[K24] Kolmogorov, A. N.: On Conservation of Conditionally Periodic Motion under Small Perturbations of the Hamiltonian. Dokl. Akad. Nauk SSSR **98** (1954) 527.

[K25] Kyner, W. T.: Invariant Manifolds in Celestial Mechanics in: B. D. Tapley and V. Szebehely (eds.): Recent Advances in Dynamical Astronomy. 1973.

[K26] Kirchgraber, U.: Stable Periodic Orbits of Hamiltonian Systems. Mech. Res. Comm. **3** (1976) 297.

[L1] Lie, S.: Theorie der Transformationsgruppen. I. 1888.

[L2] Lyddane, R. H.: Small Eccentricities or Inclinations in the Brouwer Theory of the Artificial Satellite. Astron. J. **68** (1963) 555.

[L3] Laricheva, V. V.: On Averaging a Certain Class of Systems of Non-linear Differential Equations. Diff. Uravneniya **2** (1966) 345.

[L4] Loud, W. S., Sethna, P. R.: Some Explicit Estimates for Domains of Attraction. J. Diff. Eq. **2** (1966) 158.

[L5] La Salle, J., Lefschetz, S.: Die Stabilitätstheorie von Liapunov. 1967.

[M1] Mersman, W.: Explicit Recursive Algorithms for the Construction of Equivalent Canonical Transformations. Cel. Mech. **3** (1971) 384.

[M2] Minorsky, N.: Nonlinear Oscillations. 1962.

[M3] Malkin, I. G.: Theorie der Stabilität einer Bewegung. 1959.

[M4] Musen, P.: On the High Order Effects in the Method of Krylow-Bogoliubov and Poincaré. J. Astronaut. Sci. **12** (1965) 129.

[M5] Mitropolski, Y. A.: Certain Aspects des Progrès de la Méthode de Centrage. Centro int. matematico estivo **1** (1972) 171.

[M6] Mitropolski, Y. A.: Problems of the Asymptotic Theory of Nonstationary Vibrations. 1965.

[M7] Magnus, K.: Kreisel, Theorie und Anwendungen. 1971.

[M8] Marsden, J. E., McCracken, M.: The Hopf Bifurcation and its Application. 1976.

[M9] Mettler, E.: Über höhere Näherungen in der Theorie des elastischen Pendels mit innerer Resonanz. ZAMM **55** (1975) 69.

[M10] Malkin, I. G.: Stability in the Case of Constantly Acting Disturbances, Angew. Math. Mechanik (PMM) **8** (1944) 241.

[M11] Malkin, I. G.: Some Problems in the Theory of Nonlinear Oscillations. 1956.

[M12] Magnus, K.: Über ein Verfahren zur Untersuchung nichtlinearer Schwingungssysteme. VDI-Forschungsheft **451** (1955).

[M13] Moser, J.: On Invariant Curves of Area-Preserving Mappings of an Annulus. Nachr. Akad. Wissenschaften Göttingen, Math.-Phys. Kl. IIa, **1** (1962) 1.

[M14] Moser, J.: Stable and Random Motions in Dynamical Systems. 1973.

[M15] Moser, J.: Lectures on Hamiltonian Systems. Mem. of the Am. Math. Soc. **81** (1968).

[N1] Nayfeh, A.: Perturbation Methods. 1973.

[P1] Poincaré, H.: Les méthodes nouvelles de la mécanique céleste. Vol. I–III. 1892–1899.

[P2] Perko, L.: Higher Order Averaging and Related Methods for Perturbed Periodic and Quasi-Periodic Systems. SIAM J. Appl. Math. **17** (1968) 698.

[P3] Pliss, V. A.: Nonlocal Problems of the Theory of Oscillations. 1966.

[R1] Rüssmann, H.: Über invariante Kurven differenzierbarer Abbildungen eines Kreisringes. Nachr. Akad. Wiss. Göttingen, II Math.-Phys. Kl. **5** (1970) 67.

[R2] Rüssmann, H.: Bemerkungen zur Newtonschen Methode, Nachr. Akad. Wiss. Göttingen, II Math. Phys. Kl. **1** (1972) 1.

[R3] Rüssmann, H.: On a New Proof of Moser's Twist Mapping Theorem. Cel. Mech. **14** (1976) 19.

[S1] Shniad, H.: The Equivalence of von Zeipel Mappings and Lie Transforms. Cel. Mech. **2** (1970) 114.

[S2] Stern, D.: A New Formulation of Canonical Perturbation Theory. Cel. Mech. **3** (1971) 241.

[S3] Siegel, C. L., Moser, J. K.: Lectures on Celestial Mechanics. 1971.
[S4] Spirig, F.: Algebraic Aspects of Perturbation Theories, to appear.
[S5] Sagirow, P.: Satelliten-Dynamik. 1970.
[S6] Stumpff, K.: Himmelsmechanik I, II, III. 1959–1974.
[S7] Stiefel, E., Scheifele, G.: Linear and Regular Celestial Mechanics. 1971.
[S8] Scheifele, G.: Géneralisation des éléments de Delaunay en Mécanique céleste. C.R. Acad. Sc. Paris **271** (1970) 729.
[S9] Stiefel, E.: Many-Body Problems in Interplanetary Flight in: G. V. Groves (ed.): Dynamics of Rockets and Satellites. 1965.
[S10] Sigrist, N.: Investigation of Hamiltonian Systems with Resonances and Geometrical Singularities. Thesis ETH Nr. 5429, 1975.
[S11] Sigrist, N.: Qualitative Investigation of Almost Separable Hamiltonian Systems of Two Degrees of Freedom in: V. Szebehely, B. D. Tapley (eds.): Long-Time Predictions in Dynamics. 1976.
[S12] Sigurgeirsson, T.: Focussing in a Synchrotron with Periodic Field Perturbation Treatment. CERN/55-14. Theoretical Studies. 1955.
[S13] Spirig, F.: Algebraic Aspects of Perturbation Theories in: V. Szebehely, B. D. Tapley (eds.): Long-Time Predictions in Dynamics. 1976.
[S14] Spirig, F.: Untersuchungen zu algebraischen und analytischen Aspekten der Störungstheorie für gewöhnliche Differentialgleichungen. Diss. ETH Nr. 6147, 1978.
[S15] Sethna, P. R., Moran, T. J.: Some Nonlocal Results For Weakly Nonlinear Dynamical Systems. Quarterly of Appl. Math. **26** (1968) 175.
[S16] Sethna, P. R.: Method of Averaging for Systems Bounded for Positive Time. J. Math. Anal. Appl. **41** (1973) 621.
[S17] Sethna, P. R., Balachandra, M.: Some Asymptotic Results for Systems with Multiple Time Scales. SIAM J. Appl. Math. **27** (1974) 611.
[V1] van der Pol, B.: Forced Oscillations in a System with Non-linear Resistance. Phil. Mag., 1927.
[V2] Volosov, V. M.: Averaging in Systems of Ordinary Differential Equations. Russ. Math. Surv. **17** (1962) No. 6.
[V3] Vitins, M.: Regular Orbital and Rotational Elements for Artificial Satellites. Diss. ETH Nr. 5174, 1973.
[V4] Vitins, M.: Keplerian Motion and Gyration, to appear.
[V5] Verhulst, F.: On the Theory of Averaging in: V. Szebehely, B. D. Tapley (eds.): Long-Time Predictions in Dynamics. 1976.
[V6] Vitins, M.: Error Bounds in the Method of Averaging Based on Properties of Average Motion, to appear.
[W1] Walter, W.: Gewöhnliche Differentialgleichungen. 1972.
[Z1] v. Zeipel, H.: Recherches sur le mouvement des petites planètes. Arkiv. Mat. Astron, Fysik, **11** Nos. 1, 7; **12** No. 9; **13,** No. 3, 1916–1917.

[Z2] Zabreiko, P. P., Ledovskaya, I. B.: Proof of the Bogoliubov-Krylow-Method for Ordinary Differential Equations. Diff. Uravneniya **5** (1969) 240.

[Z3] Zehnder, E.: A Remark About Newton's Method. Comm. Pure. Appl. Math. **27** (1974) 361.

[Z4] Zehnder, E.: Generalized Implicit Function Theorems with Applications to Some Small Divisor Problems I. Comm. Pure Appl. Math. **28** (1975) 91.

Sachverzeichnis

Leitfäden der angewandten Mathematik und Mechanik

Mathematik

Differenzenapproximationen partieller Anfangswertaufgaben
Von Prof. Dr. rer. nat. *R. Ansorge*, Universität Hamburg
298 Seiten mit zahlreichen Beispielen. Kart. DM 29,80 (Teubner Studienbücher)

Differentialgleichungen
Von Prof. Dr. phil. Dr. h.c. mult. *L. Collatz*, Universität Hamburg
5. Auflage. 226 Seiten mit 136 Bildern, 68 Aufgaben mit Lösungen und zahlreichen Beispielen. Kart. DM 22,80 (Teubner Studienbücher)

Mathematik für Naturwissenschaftler
Von Prof. Dr. rer. nat. *J. Hainzl*, Gesamthochschule Kassel
2., durchgesehene Auflage. 311 Seiten mit 55 Bildern, 203 Übungsaufgaben und zahlreichen Beispielen. Kart. DM 29,– (Teubner Studienbücher)

Graphentheoretische Methoden des Operations Research
Von Prof. Dr. oec. *K. Hässig*, Universität Zürich
ca. 200 Seiten mit ca. 140 Bildern. Kart. ca. DM 26,– (Teubner Studienbücher)

Lineare Wirtschaftsalgebra
Von Prof. Dr. rer. nat. *A. Jaeger*, Universität Bochum, und Dipl.-Math. *K. Wenke*, Bremen
X, 334 Seiten mit 45 Bildern, 136 Aufgaben, 32 Tabellen und zahlreichen Beispielen. Ln. DM 38,–

Mathematische Methoden des Operations Research
Von Prof. Dr. phil. *P. Kall*, Universität Zürich
176 Seiten mit 20 Bildern, 24 Tabellen und 24 Aufgaben. Kart. DM 22,80 (Teubner Studienbücher)

Stochastische Methoden des Operations Research
Von Prof. Dr. phil. *J. Kohlas*, Universität Freiburg i. Ue., Schweiz
192 Seiten mit 107 Beispielen. Kart. DM 24,80 (Teubner Studienbücher)

Potentialtheorie
Von Prof. Dr. rer. nat. *E. Martensen*, Universität Karlsruhe
266 Seiten mit 57 Bildern, 89 Aufgaben und zahlreichen Beispielen. Ln. DM 48,–

Numerik symmetrischer Matrizen
Von Prof. Dr. sc. math. *H.R. Schwarz*, Universität Zürich
Unter Mitwirkung von Prof. Dr. *H. Rutishauser* und Prof. Dr. math. Dr. h.c. Dr. h.c. Dr. h.c. *E. Stiefel*, Eidg. Technische Hochschule Zürich
2., durchgesehene und erweiterte Auflage. 261 Seiten mit 43 Bildern, 49 Beispielen und 68 Aufgaben. Ln. DM 48,–

Einführung in die numerische Mathematik
Von Prof. Dr. math. Dr. h.c. Dr. h.c. Dr. h.c. *E. Stiefel*, Eidg. Technische Hochschule Zürich. Mit Beiträgen von Prof. Dr. sc. math. *H.R. Schwarz*, Universität Zürich
5., erweiterte Auflage. 292 Seiten mit 57 Bildern, 9 Tabellen, 43 Aufgaben und zahlreichen Beispielen. Kart. DM 24,80 (Teubner Studienbücher)

Statistische Qualitätskontrolle
Von Prof. Dr. rer. nat. *W. Uhlmann*, Universität Würzburg
220 Seiten mit 31 Bildern, 8 Tabellen und 91 Aufgaben. Ln. DM 46,–

Direkte Methoden der Variationsrechnung
Von Prof. Dr. rer. nat. *W. Velte*, Universität Würzburg
198 Seiten mit 17 Bildern und 27 Beispielen. Kart. DM 25,80 (Teubner Studienbücher)

(Fortsetzung s. nächste Seite)

Leitfäden der angewandten Mathematik und Mechanik (Fortsetzung)

Mathematische Statistik
Von Prof. Dr. rer. nat. *H. Witting*, Universität Freiburg
3. Auflage (Unveränderter Nachdruck). 223 Seiten mit 7 Bildern, 82 Beispielen, 126 Aufgaben und einem Tabellenanhang. Kart. DM 26,80 (Teubner Studienbücher)

Angewandte Mathematische Statistik
Von Prof. Dr. rer. nat. *H. Witting*, Universität Freiburg, und Dr. rer. nat. *G. Nölle*
194 Seiten mit 97 Beispielen, 123 Aufgaben und einem Anhang „Grundlagen und Hilfsmittel".
Ln. DM 68,–

Mechanik

Kontinuumsmechanik
Von Prof. Dr. rer. nat. *E. Becker*, Technische Hochschule Darmstadt, und Prof. Dr. rer. nat. *W. Bürger*, Universität Karlsruhe
228 Seiten mit 85 Bildern und 110 Aufgaben. Kart. DM 29,– (Teubner Studienbücher)

Bruchmechanik
Von Prof. Dr. rer. nat. *H.G. Hahn*, Universität Kaiserslautern
221 Seiten mit 133 Bildern. Kart. DM 34,– (Teubner Studienbücher)

Stabilitätstheorie
Von Prof. Dr.-Ing. *H. Leipholz*, University of Waterloo, Ontario, Canada
245 Seiten mit 87 Bildern, 63 Beispielen und 1 Tafel. Ln. DM 48,–

Schwingungen
Von Prof. Dr. rer. nat. *K. Magnus*, Technische Universität München
3., durchgesehene Auflage. 251 Seiten mit 197 Bildern und 62 Aufgaben. Kart. DM 24,80 (Teubner Studienbücher)

Grundlagen der Technischen Mechanik
Von Prof. Dr. rer. nat. *K. Magnus*, Technische Universität München, und Dr.-Ing. *H.H. Müller*, Gesamthochschule Siegen
300 Seiten mit 271 Bildern. Kart. DM 26,80 (Teubner Studienbücher)

Übungen zur Technischen Mechanik
Von Dr.-Ing. *H.H. Müller*, Gesamthochschule Siegen, und Prof. Dr. rer. nat. *K. Magnus*, Technische Universität München
292 Seiten mit 296 Bildern. Kart. DM 26,80 (Teubner Studienbücher)

Turbulente Strömungen
Von Dr.-Ing. E. h. *J.C. Rotta*, DFVLR Aerodynamische Versuchsanstalt Göttingen
267 Seiten mit 104 Bildern. Ln. DM 74,–

Theoretische Strömungslehre
Von Prof. Dr. rer. nat. *K. Wieghardt*, Universität Hamburg
2., überarbeitete und erweiterte Auflage. 237 Seiten mit 99 Bildern. Kart. DM 26,80 (Teubner Studienbücher)

Dynamics of Systems of Rigid Bodies
By Prof. Dr.-Ing. *J. Wittenburg*, Technische Universität Hannover
224 pages with 94 figures and 42 problems. Cloth DM 74,–

Preisänderungen vorbehalten

B.G. Teubner Stuttgart